국가기술자격시험 출제기준에 따른 시험 대비
예상문제 및 과년도 출제문제 수록

정밀측정산업기사 문제

정밀측정기술연구회 편

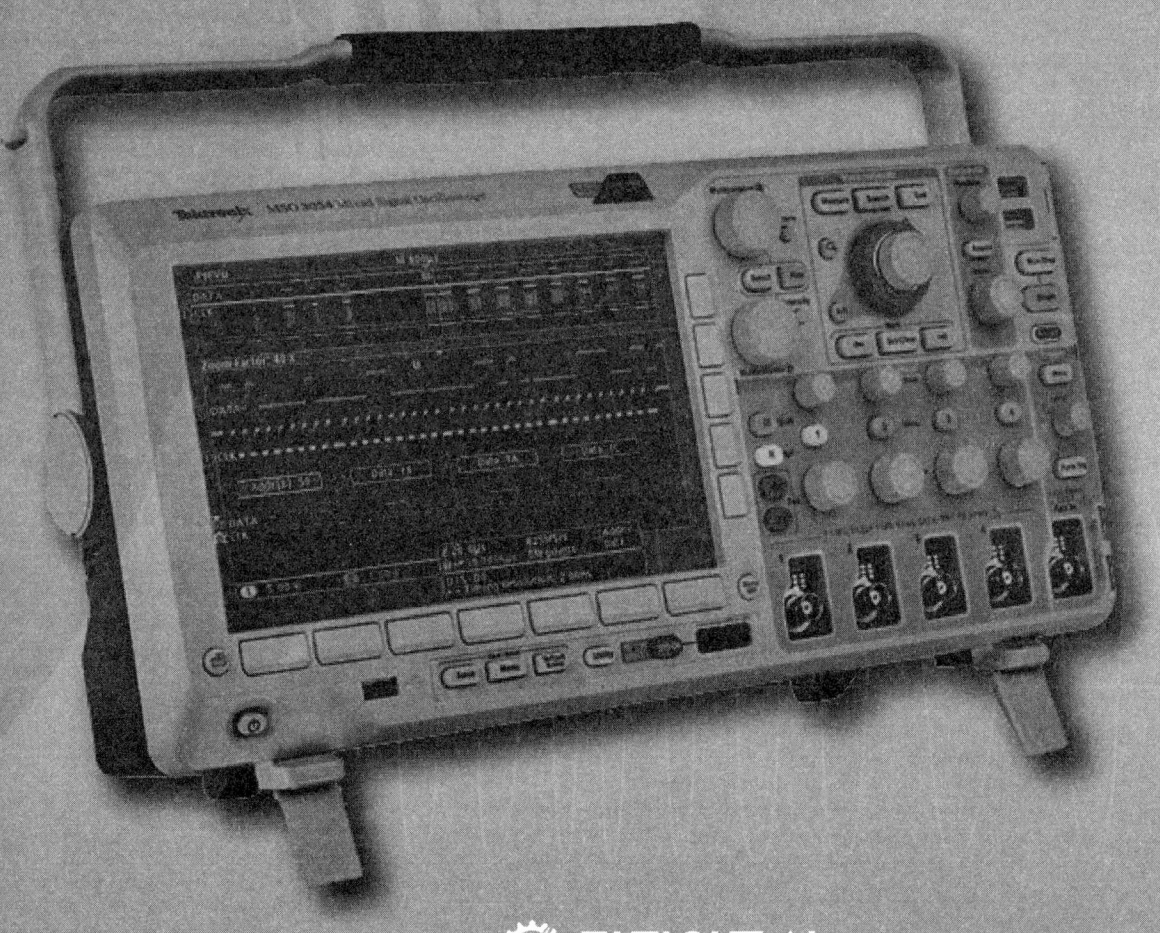

기전연구사

Introduce | 머리말

최근 우리나라의 기계, 자동차, 전자공업의 급속한 발전 및 경제사정의 변혁에 따라 산업기술의 고도화가 급속히 진전되고 국제적으로 모든 산업분야에서 ISO9000시스템 인증, PPM(parts per million), PPB(parts per billion)운동 등 부품 및 제품의 품질 중요성이 날로 높아짐에 따라 제조업체의 시험, 연구, 개발 및 품질관리분야에서 시험·검사, 정밀계측 및 품질평가를 전문적으로 담당할 유능한 정밀측정 국가기술자격증 취득자를 요구하는 기업체가 점점 늘어가고 있다.

정밀측정산업기사는 정밀측정 전공자는 물론 기계, 기계설계, 금형분야 전공자도 기계기술의 기반이 되는 정밀측정분야를 익히는 차원에서 충분히 공부할 수 있는 분야이다.

또한 그 동안 정밀측정분야를 전문적으로 교육하고 있는 대학이나 전문대학 및 전문기관이 극히 적고, 관련 교재가 불충분하여 자격시험을 준비하는 수험생에게 적지 않은 부담이 되었던 것이 사실이다. 따라서 이러한 문제를 해결하기 위해서 이 교재에서는 충분히 자격증을 취득할 수 있도록 최신 출제경향 및 과년도 출제문제를 바탕으로 각 과목별로 구분하여 개정 집필하였다.

한편 저자는 다음과 같은 점에 특히 유의하면서 정밀측정산업기사 문제집을 펴내게 되었다.

첫째, 전 시험과목에 걸쳐 출제경향에 따라 일목 요연하고 일관성있는 이론 정리를 함으로써 출제 가능한 범위를 총망라하였으므로, 전문대학이나, 폴리텍대학은 물론 산업현장 실무자까지도 정밀측정분야의 시험을 대비한 단일 교재로 사용할 수 있도록 하였다.

둘째, 1988년도에 첫 시행되어 최근 개정된 이론 및 실기시험의 출제기준에 따라서 편성하였으며 각 과목마다 문제 풀이에 필요한 해설과 함께 체계적이고 알기 쉽게 전개하였다.

위와 같은 사항에 중점을 두어 짧은 기간 내에 체계적인 이론 습득과 실기능력 배양을 통하여 반드시 합격할 수 있도록 최선의 노력과 성의를 다하였으나, 내용 중 다소의 오류라도 발견된다면 여러 선배님과 독자들의 기탄없는 지도편달을 받아 앞으로 예의 수정·보완할 것을 약속드린다. 바쁘신 중에도 정밀측정분야에 깊은 관심을 기울여 주시는 기전연구사 사장님 이하 임직원 여러분의 헌신적인 노력과 의지가 없었다면 오늘 이 책의 출판 및 지속적인 개정 및 증보가 어려웠을 것이라 믿으며 이 분들에게 깊은 감사를 드리는 바이다.

정밀측정기술연구회

Contents | **차 례**

제1부 정밀측정 ■ 13

제1장 **정밀측정의 기초** ·· 15
- 01. 정밀측정의 개념 / 15
- 02. 측정 방법 / 16
- 03. 측정기의 특성 / 17
- 04. 길이 및 각도의 단위 / 19
- 05. 측정에 미치는 사항 / 21
- 06. 측정오차 / 28
- 07. 표준편차(standard deviation) / 30
- 08. 편위법과 영위법 / 31
- ■ 예상문제 / 32

제2장 **길이의 측정** ·· 45
- 01. 버니어캘리퍼스(vernier calipers) / 45
- 02. 하이트 게이지(height gauge) / 46
- 03. 마이크로미터(micrometer) / 46
- 04. 게이지 블록(gauge block) / 48
- 05. 측장기 / 51
- 06. 다이얼 게이지(dial gauge) / 53
- 07. 공기 마이크로미터(air micrometer) / 54
- 08. 전기 마이크로미터(electrical micrometer) / 55
- ■ 예상문제 / 57

제3장 한계 게이지(limit gauge) ········· 97
01. 한계 게이지 / 97
02. 치수공차 및 끼워맞춤 / 106
■ 예상문제 / 120

제4장 각도 측정 ········· 138
01. 각도 게이지 / 138
02. 눈금원판 / 139
03. 각도 측정기 / 139
04. 수준기 / 140
05. 오토콜리메이터(autocollimator) / 141
06. 삼각법에 의한 측정 / 142
07. 원뿔의 측정 / 144
■ 예상문제 / 148

제5장 기하 편차의 측정 ········· 164
01. 형상 측정 / 164
02. 평면도 측정 / 166
03. 진원도 측정 / 168
04. 원통도 측정 / 169
05. 임의의 선의 윤곽 측정 / 170
06. 임의의 면의 윤곽 측정 / 170
07. 평행도 측정 / 170
08. 직각도 측정 / 170
09. 경사도 측정 / 171
10. 흔들림 / 171
11. 위치 정도의 측정 / 171
■ 예상문제 / 173

제6장 표면 거칠기 측정 ········· 178
01. 표면 거칠기의 의의 / 178
02. 표면 거칠기의 정의 및 표시 / 179

03. 표면 거칠기의 측정법 / 181
■ 예상문제 / 184

제7장 윤곽 측정 ·· 188
01. 공구현미경에 의한 측정 / 188
02. 투영기에 의한 측정 / 190
03. 사용상의 기본 요점 / 191
■ 예상문제 / 192

제8장 나사 측정 ·· 197
01. 나사의 결정량과 기본산 모양 / 197
02. 등가유효지름 / 198
03. 수나사 측정법 / 198
04. 암나사의 측정 / 201
05. 나사 게이지에 의한 검사 / 202
06. 테이퍼 나사용 게이지 측정 / 202
■ 예상문제 / 205

제9장 변환기 ·· 211
01. 기계적 변환 / 211
02. 광학적 변환 / 213
03. 유체적 변환 / 216
04. 전기적 변환 / 216
■ 예상문제 / 219

제2부 정밀가공 ■ 223

제1장 절삭가공 ·· 225
01. 절삭이론 / 225
02. 절삭공구 재료 및 절삭유 / 228

03. 선반가공 / 229

04. 선반 바이트 / 231

05. 선반작업 / 233

06. 드릴가공(drilling) / 234

07. 보링 가공(boring) / 237

08. 밀링 가공(milling) / 238

09. 플레이너, 세이퍼, 슬로터 / 245

10. 연삭가공(grinding) / 246

11. 정밀 입자 가공 / 249

12. 기어 절삭가공(gear cutting) / 251

13. 브로칭 가공(broaching) / 252

■ 예상문제 / 253

제2장 특수가공 ········· 410

01. 기계적 특수가공 / 410

02. 전기적 특수가공 / 411

03. 화학 가공 / 412

■ 예상문제 / 414

제3장 수가공 ········· 425

01. 손작업용 공구 / 425

02. 톱작업 / 425

03. 줄작업 / 425

04. 스크레이퍼 작업 / 425

05. 래핑 작업 / 426

06. 탭 작업 / 426

07. 다이스(dies) / 426

■ 예상문제 / 427

제4장 NC(수치제어) 가공 ········· 429

01. NC의 정의 / 429

■ 예상문제 / 434

제3부 재료시험법 ■ 447

제1장 경도시험, 충격시험 ············ 449
- 01. 경도시험 방법의 종류 / 449
- 02. 대표적인 경도 측정법 / 450
- 03. 충격시험(impact test) / 454
- ■ 예상문제 / 458

제2장 인장시험, 압축, 굽힘, 비틀림, 전단시험 ············ 470
- 01. 인장시험 / 470
- 02. 압축시험(compression test) / 472
- 03. 굽힘시험(bending test) / 473
- 04. 비틀림시험(torsion test) / 474
- 05. 전단시험(shearing test) / 474
- ■ 예상문제 / 476

제3장 피로시험, 마모시험 ············ 493
- 01. 피로시험 / 493
- 02. 마모시험(wear test) / 494

제4장 크리프 시험, 스프링 시험 ············ 496
- 01. 크리프 시험(creep test) / 496
- 02. 스프링 시험(spring test) / 497
- 03. 커핑 시험(cupping test) / 500
- 04. 응력측정법(應力測定法) / 503
- ■ 예상문제 / 516

제5장 비파괴시험 ············ 520
- 01 자력 결함 검사법 / 520
- 02 형광 검사법 / 521
- 03 초단파 검사법 / 522

04 X선 검사법(X-ray test method) / 524
05 감마선(γ-선) 검사법 / 526
■ 예상문제 / 527

제6장 금속의 조직검사 및 결함검사 · 530
01. 조직 및 결함 검사법의 종류 / 530
■ 예상문제 / 539

제4부 도면해독법 ■ 549

제1장 제도 일반 · 551
01. 제도 통칙 / 551
02. 평면도법 / 556
03. 투상법 / 557

제2장 치수공차 및 끼워맞춤 · 561
01. 치수공차 / 561
02. 끼워맞춤 및 IT공차 / 564

제3장 기하학적 특성 · 570
01. 서론 / 570
02. 기하학적 특성 / 571
03. 최대실체조건(最大實體條件 : maximum material condition) / 572
04. 최소실체조건(最小實體條件 : least material condition) / 573
05. 형체치수 무관계(regardless of feature size) / 573
06. 기준(basic)치수와 데이텀(datum) / 573
07. 공차의 도시 방법 / 574
08. 형체 규제기호의 도면상의 표시 / 575
09. 일반 통칙 / 575
10. 최대실체조건(Maxium Material Condition, Ⓜ) / 578

11. 형체치수 무관계(기호 없음, 약자 RFS) / 579
12. 최소실체조건의 원칙(기호 Ⓛ, 약자 LMC) / 580
13. 상호 요구 사항(기호 Ⓡ, 약자 RMR) / 580

제4장 형상공차 및 자세공차 ·· 581

01. 평면도 / 581
02. 진직도 / 582
03. 평행도 / 583
04. 직각도 / 584
05. 경사도 / 589
06. 진원도 / 590
07. 원통도 / 591
08. 윤곽공차방식 / 591
09. 흔들림 / 592

제5장 위치공차 ·· 595

01. 위치도 / 595
02. 동심도(동축도) / 605
03. 대칭도 / 605
04. 동축 형체의 적절한 규제의 선택 / 606
■ 예상문제 / 608

부록 과년도 출제 문제 ■ 667

- 과년도 출제문제 / 669
- 출제기준 / 761

1 정밀측정

제1장 정밀측정의 기초
제2장 길이의 측정
제3장 한계 게이지
제4장 각도 측정
제5장 기하 편차의 측정
제6장 표면 거칠기 측정
제7장 윤곽 측정
제8장 나사 측정
제9장 변환기

제1장
정밀측정의 기초

1. 정밀측정의 개념

1) 정밀측정의 목적

기계로 가공된 기계요소나 부품은 그 사용 목적에 따른 치수, 형상, 공작 및 재료의 좋고 나쁨에 관하여 일정한 기준에 적합해야 한다.

이 중에서 재료에 관한 재료시험을 제외한 치수, 형상 및 표면거칠기 등을 가공 중 또는 제작 후에 측정 또는 검사하는 것을 정밀측정(precision measurement)이라 한다.

공작도에 맞추어 정밀측정을 하면서 공작된 기계요소는 각각 여러 장소에서 임의의 시간에 제작된 후, 한 장소에 모아 조립을 하여도 만족한 기능을 발휘할 수 있을 때 이것을 호환성(互換性 ; interchangeability)이 있다고 한다.

2) 측정과 검사

측정(measurement)이란, 측정량을 단위로서 사용되는 다른 양과 비교하는 것으로서, 측정결과는 측정량 중에 포함된 단위의 수치와 단위와의 곱으로 표시된다. 측정량 L은 직접 측정할 수도 있지만, 이미 알고 있는 표준편의 양 N과의 차 $\Delta = L - N$을 측정하여 이로부터 계산할 수도 있다. 앞쪽을 직접측정, 뒤쪽을 비교측정이라 한다.

검사(inspection)는, 측정하려는 양을 미리 정해 둔 기준량과 비교하여 일치하는가 어떤가를 조사하여 그 결과로서 합격, 또는 불합격을 결정하는 것이다.

3) 측정기의 종류

(1) 도기(standard)

일정한 길이 또는 각도를 눈금 또는 면으로 구체화한 것.

① 선도기(line standard) : 선과 선의 간격을 길이로 나타낸 것이다.
　　예) 표준자, 금속자 등
② 단도기(end standard) : 양 끝면의 간격을 길이로 나타낸 것이다.
　　예) 게이지 블록, 표준 게이지, 한계 게이지, 직각자 등

(2) 지시측정기
측정 중에 표점이 눈금에 따라 이동하거나 눈금이 표선에 따라 이동하는 측정기이다.
예) 버니어캘리퍼스, 마이크로미터 등

(3) 시준기
기계적인 접촉을 광학적으로 확대하여 측정하는 것을 말한다.
예) 현미경, 망원경, 투영기 등

(4) 인디케이터(indicator)
일정량의 조정 또는 지시에 사용하는 것이다.

(5) 게이지(gauge)
측정 중에 움직이는 부분을 갖지 않는 것이다.
예) 드릴 게이지, 반지름 게이지(radius gauge), 피치 게이지, 와이어 게이지 등

4) 측정기의 선택에 있어서 고려해야 할 점

측정기 선택시 고려사항은 측정 대상, 측정환경, 측정수량, 측정방법, 측정범위, 경제적 상황, 측정기 정도 등이지만 주로 ① 제품공차, ② 측정범위, ③ 제품수량을 우선적으로 고려한다.

2. 측정 방법

1) 직접측정(direct measurement)

일정한 길이나 각도가 표시되어 있는 측정기를 사용하여, 측정하고자 하는 부품에 직접 접촉시켜 눈금을 보는 방법.
예) 버니어캘리퍼스, 마이크로미터 등

2) 비교측정(relative measurement)

기준 치수로 되어 있는 표준편과 제품을 측정기로 비교하여 지침이 지시하는 눈금의 차를 읽는 방법

예) 다이얼 게이지, 미니미터, 공기 마이크로미터, 전기 마이크로미터 등

3) 간접측정(indirect measurement)

나사, 기어 등과 같이 형태가 복잡한 것에 이용되며, 기하학적으로 측정값을 구하는 방법이다. 측정에는 간접측정에 관한 것이 많다.

예) 사인 바(sine bar)에 의한 각도의 측정, 롤러와 게이지 블록에 의한 테이퍼 측정, 삼침에 의한 나사의 유효지름 측정법 등

3. 측정기의 특성

1) 감도(sensitvity)

측정기의 민감 정도를 표시하는 것으로 측정하고자 하는 양의 변화에 대한 측정기 눈금 표시량의 변화에 따라 달라진다. 일반적으로 측정기의 감도 E는 측정량의 변화(ΔM)에 대한 지시량의 변화(ΔA)의 비, 즉 $E = \dfrac{\Delta A}{\Delta M}$, 길이 측정기에서 배율(magnification) $V = l/s$과 같다.

예) 눈금 간격 $l = 0.75 \text{ mm}$, 최소 눈금 $s = 1 \mu m$인 인디케이터에서 배율 $= 0.75/0.001 = 750$

2) 정밀도와 정확도

계통적 오차의 작은 정도, 즉 참값에 대한 "한쪽으로의 치우침"의 작은 정도를 정확도(accuracy)라 하며, 우연오차, 즉 측정값의 "흩어짐의 작은 정도"를 정밀도(precision)라 한다. 예를 들면 그림 1-1은 정밀도는 좋으나 정확도가 나쁜 측정(Ⅰ)과, 정확도는 좋으나 정밀도가 나쁜 측정(Ⅱ)을 모형적으로 표시한 것이다. 정확도와 정밀도의 구별은 이와 같이 명확하나 측정에 따라서는 양자를 구별하기 어려운 경우도 있다. 그러므로 실제로는 정확도와 정밀도의 양자를 포함한 것, 또는 그 어느 한쪽을 정도(精度)라 하고 있다.

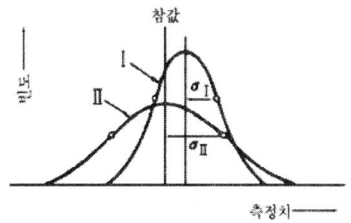

그림 1-1 정밀도와 정확도

정밀도는 우연오차의 크기로 결정되므로, 측정값의 흩어짐의 정도, 즉 분포의 퍼짐을 표시하는 척도인 모표준편차 σ를 사용하여 정밀도를 표시할 수 있다. σ가 작을수록 흩어짐이 작으며 정밀도가 좋음을 표시하고 있다.

표 1-1에 정확도와 정밀도를 비교하였다.

표 1-1 정확도와 정밀도의 비교

	정확도	정밀도
뜻	한쪽으로 치우침이 작은 정도	흩어짐이 작은 정도
양적인 표시법	모평균(母平均)-참값	모표준편차(母標準偏差)
원인	계통적 오차	우연오차

3) 지시 범위와 측정 범위

- 지시 범위(indicating range) : 눈금상에서 읽을 수 있는 측정량의 범위를 말한다.
- 측정 범위 : 최소 눈금값과 최대 눈금과에 의거 표시된 측정량의 범위를 말한다.

예) 대부분의 마이크로미터는 25 mm, 다이얼 게이지는 5 또는 10 mm이다. 마이크로미터의 경우 75부터 100 mm까지와 같이 지시 범위는 반드시 0으로부터 시작할 필요는 없다. 여기서 측정 범위 : 75~100 mm, 지시 범위 : 25 mm이다.

4) 되돌림 오차(backward movement error)

동일 측정량에 대하여 다른 방향으로부터 접근할 경우에 지시의 측정값의 차를 되돌림 오차라고 말한다.

5) 유효숫자(significant figures)

측정값은 일반적으로 같은 양을 몇 번 측정하여 얻은 값의 평균값으로 나타낸다. 예를 들면, 어떤 치수를 측정한 결과 측정값으로 18.76 mm를 얻었을 경우, 수학적으로는 18.76000 … 이라는 뜻이지만 공학적으로는 맨끝 숫자인 6은 반올림하여 6이 되었으므로 측정한 치수를 L이라 하면 L은 다음 범위에 있다.

$$18.755 \leq 18.76 < 18.765$$

일반적으로 측정치는 맨 끝의 숫자까지 뜻이 있으나 그 이하 자리의 수치는 알 수 없다. 이와 같이 숫자 등에서 뜻이 있는 숫자를 유효숫자(有效數字)라 한다.

예)

	수치	자리수		
①	18.76	4		
②	2.50	3	맨끝의 0은 뜻이 있으므로 유효숫자로 간주한다.	2.50 mm를 μm로 나타내려면 2.50×10^3 μm라고 쓴다.
③	38000	5	0은 유효숫자로 간주한다.	유효숫자가 두 자리일 때는 38×10^3이라 쓴다.
④	0.012	2	자리를 정하기 위한 0은 유효숫자로 간주하지 않는다.	

측정치는 수치를 필요한 자리수의 유효숫자로 끝맺음한 것이다. 수치의 맺음법에 대해서는 KS A 0021에 규정되어 있다.

4. 길이 및 각도의 단위

1) 길이의 단위

지구의 극에서 적도까지의 자오선 길이의 1/1000만을 1미터(meter)라 하고, 백금과 이리듐 합금으로 된 미터원기를 1889년 제1회 국제도량형 총회에서 확정하여 1960년까지 사용하였다.

미터원기는 천재지변과 같이 어쩔 수 없는 재해나 사고를 당할 경우에는 파손될 우려가 있을 뿐 아니라 시간이 지남에 따라 미터원기 자체의 길이가 변한다는 것이 알려졌다. 자연 중에서 일정불변한 것을 기준으로 하는 것이 좋겠다는 의견이 나와 제11회 국제도량형 총회(1960년 10월)에서 크립톤(Kr^{86}) 램프의 등적색 빛 파장의 1650763.73배를 1미터로 하는 미터의 정의를 채택하였다. 그러나 1983년 제17차 국제도량형 총회(CGPM)에서 길이의 단위를 다음과 같이 새롭게 규정하여 현재까지 사용하고 있다. 현재 사용하고 있는 길이의 단위인 미터는 "빛이 진공 중에서 1/299 792 458초 동안 진행한 경로의 길이이다"로 정의되었다.

표 1-2는 미터의 접두어이다.

표 1-2 SI 단위계의 배수와 약수의 접두어

배수	접두어	기호	약수	접두어	기호
10^{24}	요 타(yotta)	Y	10^{-1}	데 시(deci)	d
10^{21}	제 타(zetta)	Z	10^{-2}	센 티(centi)	c
10^{18}	엑 사(exa)	E	10^{-3}	밀 리(milli)	m
10^{15}	페 타(peta)	P	10^{-6}	마이크로(micro)	μ
10^{12}	테 라(tera)	T	10^{-9}	나 노(nano)	n
10^{9}	기 가(giga)	G	10^{-12}	피 코(pico)	p
10^{6}	메 가(mega)	M	10^{-15}	펨 토(femto)	f
10^{3}	킬 로(kilo)	k	10^{-18}	아 토(atto)	a
10^{2}	헥 토(hecto)	h	10^{-21}	젭 토(zepto)	z
10^{1}	데 카(deca)	da	10^{-24}	욕 토(yocto)	y

2) 각도의 단위

(1) 도(度 ; degree)

각도는 길이와 길이의 비로서, 또는 원주를 360등분한 호의 중심에 대한 각도를 말한다. 보조단위로는 1°를 60등분한 분(1′)과 1°를 3600등분한 초(1″)가 있다.

(2) 라디안(radian)

원의 반지름과 같은 길이의 호의 중심에 대한 각도를 도(1°)와의 관계(r=반지름)

$$1 \text{ rad} = \frac{r}{2\pi r} \times 360 = \frac{180}{\pi} = 57.29577951°$$

$$1° = 1.745329 \times 10^{-2} \text{ rad} = \frac{1}{57.295} \text{ rad}$$

$$1′ = 2.9089 \times 10^{-4} \text{ rad} = \frac{1}{3437.75} \text{ rad}$$

$$1″ = 4.8481 \times 10^{-6} \text{ rad} = \frac{1}{206265} \text{ rad}$$

보조단위로는 $1 \text{ mrad} = \frac{1}{1000} \text{ rad}$

$$1 \text{ μrad} = \frac{1}{1000000} \text{ rad}$$

5. 측정에 미치는 사항

1) 온도에 의한 영향

물체는 온도의 변화에 따라 팽창 또는 수축하기 때문에, 길이를 나타내려면 표준 온도의 규정이 되어 있어야 한다. 국제규격인 ISO 1(KS B ISO 1)에서는 "제품의 기하특성 사양 및 검증에 이용하는 온도는 20 ℃로 한다" 라고 규정하고 있다. 따라서 기계, 자동차, 금형 등의 설계도면에 표시된 모든 치수 공차는 20 ℃에서의 치수를 나타내고 있으며, 가공한 부품의 측정시에도 당연히 20 ℃의 표준 온도에서 측정하여야 한다. 그러나 실제로는 표준온도 20 ℃일 때에만 측정할 수 없으므로 그 외에서 측정했을 때는 그 온도를 기록해 두고 다음 식으로 측정값을 보정하여 표준온도에서의 길이를 구한다.

$$l_s = l\{1 + \alpha_s(t-20) - \alpha(t'-20)\} \tag{1.1}$$

l_s : 표준온도에서의 피측정물의 길이(mm)
l : 측정치
α_s : 표준자의 선팽창계수(10^{-6}/℃)
t : 표준자의 온도(℃)
α : 피측정물의 선팽창계수(10^{-6}/℃)
t' : 피측정물의 온도(℃)

표 1-3은 각종 재료의 선팽창계수이다.

표 1-3 선팽창계수

(단위 : 10^{-6}/℃)

재 료	선팽창계수	재 료	선팽창계수
납(연)	29.2	콘스탄탄	15.2
아 연	26.7	금	14.2
마그네슘	26.1	니 켈	13.0
일랙트론	24.0	철	12.2
알루미늄	23.8	강	11.5
주 석	23.0	크 롬 강	10.0
듀랄루민	22.6	백 금	9.0
은	19.5	유 리	8.1
구리, 황동	18	크 롬	7.0
양 은	18.0		
청 동	17.5		

예 강철제의 표준자로 청동 부품의 치수를 측정한 결과 측정값은 200.00 mm이었다. 표준자의 온도는 24 ℃, 청동 부품의 온도는 26 ℃일 때 표준온도에서의 부품의 치수는 얼마인가?(표준자 및 청동 부품의 선팽창계수는 각각 11.5×10^{-6}/℃, 17.5×10^{-6}/℃이다.)

풀이 $l_s = l\{1 + \alpha_s(t-20) - \alpha(t'-20)\}$ 에서

$l = 200.00$ mm, $t = 24$ ℃, $t' = 26$ ℃, $\alpha_s = 11.5 \times 10^{-6}$, $\alpha = 17.5 \times 10^{-6}$ 이므로, 이것을 식 (1.1)에 대입하면

$l_s = 200\{1 + 11.5 \times 10^{-6}(24-20) - 17.5 \times 10^{-6}(26-20)\}$

$\quad = 200\{1 + 10^{-6}(46-105)\} = 200 - 0.0118$

$\quad = 199.988$ mm

2) 변형

일반적으로 측정할 때에는 측정기와 시료와의 사이에 측정압이 작용하고 그 때문에 양자에 변형이 생긴다. 이 변형은 일정한 한계 내에 있어야 하며, 그렇지 않을 때에는 허용할 수 없는 측정오차가 생기게 된다. 또한 이 변형은 탄성적인 것이어야 하고 영구변형은 허용되지 않는다. 또한 측정기 및 시료의 자중(自重)에 의한 변형도 생기게 된다.

(1) 압축에 의한 변형

후크의 법칙(Hooke's law)에 의해 표면이 평면인 물체는 측정력에 의해서 줄어든다. 그 변형량 δL은 후크의 법칙에 의해서 다음 식으로 주어진다.

$$\delta L = \frac{PL}{AE} \tag{1.2}$$

A : 단면적(mm^2)
E : 영계수(강에 있어서는 E = 2×10^5 N/mm^2)
P : 측정력(N)
L : 전 길이(mm)

예) A : $9 \times 35 = 315 (mm^2)$, L = 1,000 mm의 강철제 게이지 블록을 P = 9.8 N으로 측정할 경우에는 식 (1.2)에 의해

$$\delta L = \frac{9.8 \times 1000}{315 \times 2 \times 10^5} = 0.159 \times 10^{-3} \text{ mm} ≒ 0.16 \text{ μm}$$

(2) 접촉에 의한 영향

2개의 곡면이 접촉할 경우 압력이 적어서 탄성한도를 넘지 않을 때에는 접촉면에 탄성변형이 일어난다. 이 변형 때문에 피측정물에는 면접촉을 하게 되고 기하학적인 점 또는 선 접촉을 할 때보다도(측정압=0인 경우) 어떤 량 $\delta(\mu m)$만큼 접근하게 된다. 탄성적 접근량 δ는 1881년 독일의 Hertz에 의해 유도된 이론식으로 구할 수 있으나, 피측정물의 면의 상태에 따라 다르다(모두 강철로 보고 계산한 결과임). 이때 측정력 P의 단위는 N이다.

① 구면과 구면인 경우(그림 1.2)

$$\delta = 0.41 \sqrt[3]{P^2(\frac{1}{d} + \frac{1}{D})} \tag{1.3}$$

  d : 작은 구의 지름(mm)
  D : 큰 구의 지름(mm)
  P : 측정력(kg, N)

② 구면과 평면일 경우(그림 1.3)

$$\delta = 0.42 \sqrt[3]{\frac{P^2}{D}} \tag{1.4}$$

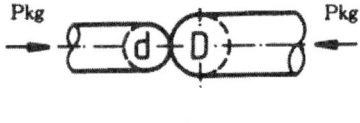

그림 1-2

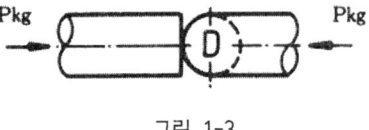

그림 1-3

그림 1-4

그림 1-5

③ 직경이 같은 2개의 구면일 때(그림 1-4)

$$\delta = 0.52 \sqrt[3]{\frac{P^2}{D}} \tag{1.5}$$

④ 구면과 2평면일 경우(그림 1-5)

$$\delta = 0.82 \sqrt[3]{\frac{P^2}{D}} \tag{1.6}$$

⑤ 평면과 원통일 경우(그림 1-6)

$$\delta = 0.05 \frac{P}{L} \sqrt[3]{\frac{1}{D}} \quad (\text{L : 접촉 길이}) \tag{1.7}$$

⑥ 2평면과 원통형일 경우(그림 1-7)

$$\delta = 0.094 \frac{P}{L} \sqrt[3]{\frac{1}{D}} \quad (\text{L : 접촉 길이}) \tag{1.8}$$

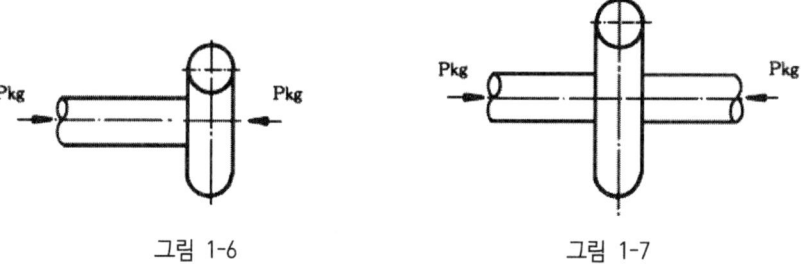

그림 1-6   그림 1-7

⑦ 구면(d)과 원통(D)일 경우(그림 1-8)

$$\delta = 0.45 \sqrt[3]{P^2} \; \frac{\sqrt[4]{(\frac{1}{d} + \frac{1}{D})\frac{1}{d}}}{\sqrt[6]{\frac{2}{d} + \frac{1}{D}}} \tag{1.9}$$

⑧ 직각을 이루어 교차하는 원통과 원통일 경우(그림 1-9)

$$\delta = 0.45 \; \frac{\sqrt[3]{P^2}}{\sqrt[12]{d \cdot D(d+D)^2}} \tag{1.10}$$

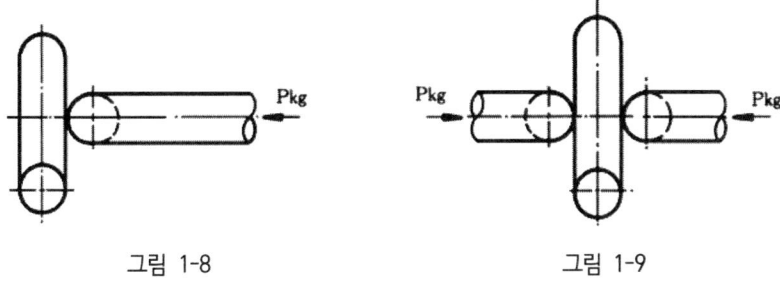

그림 1-8 　　　　　　　　　　　그림 1-9

(3) 지지방법에 의한 변형

막대모양의 시료는 정반과 같은 평면상에 놓았을 때 접촉하는 면의 평면도 오차 때문에 어떤 위치에서 시료가 지지되고 있는지 전혀 알 수 없다. 지지면이 휘어 있다면 시료는 자중에 의해서 휘고 치수가 변하여 측정오차가 생긴다. 그래서 이와 같은 길이가 긴 물건은 에지(edge) 또는 롤러(roller)로 길이 방향에 직각인 2개의 선으로 지지하는 것이 좋다(그림 1-10).

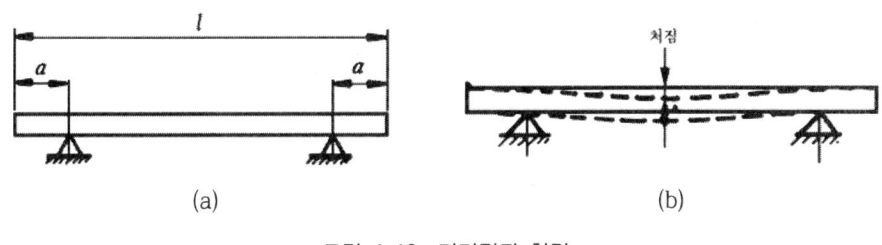

(a) 　　　　　　　　　　　(b)

그림 1-10 지지점과 처짐

이 경우에는 지지점이 분명하기 때문에 보정을 가할 수 있다. 지지점의 위치는 목적에 의해서 적당하게 선택한다. 예를 들면 긴 게이지 블록은 양 단면(측정면)이 항상 평행하게 해야 하므로 a = 0.2113 l로 한다. 이 점은 에어리 점(Airy point)이라 한다. 또 중립면상에 눈금을 만든 선도기에서는 전 길이의 측정오차를 최소로 하기 위해 a = 0.2203 l로 한다. 이 점을 벳셀점(Bessel point)이라고 한다. 전 길이를 이용하는 직선자에서는 a = 0.2232 l로 한다. 이 경우 전 길이에 걸쳐서 휨이 최소로 되고 양 끝과 중앙의 변형이 같다. a = 0.2386 l로 하면 중앙의 변형이 0으로 되기 때문에 지지점의 중간을 사용하는 직선자에 대해서는 적당하다.

(4) 굽힘에 의한 변형

① 고정봉의 한 끝에 측정력이 작용할 때

그림 1-11과 같이 길이 l, 지름 d인 막대(단면 2차모멘트 $I = \dfrac{\pi d^4}{64}$)의 한끝이 지지되고 하단에 측정기를 고정하면 측정력은 상향으로 작용하는데, 이 때의 선단처짐 δ는 다음 식으로 구

할 수 있다.

$$\delta = \frac{P l^3}{3EI} \text{ 또는 } \delta = \frac{P l^2}{E}\left(\frac{l_1}{I_s} + \frac{1}{3}\frac{l_2}{I_a}\right) \tag{1.11}$$

(그림과 같은 외팔보의 경우에 생긴다.)

    E : 세로탄성계수(kg/mm^2)
    P : 측정력(kg)
    I_s, I_a : 단면 2차모멘트(mm^4)

d_1, d_2를 굵게 하든지 l_2 또는 l_1을 짧게 하면 오차를 줄일 수 있다.

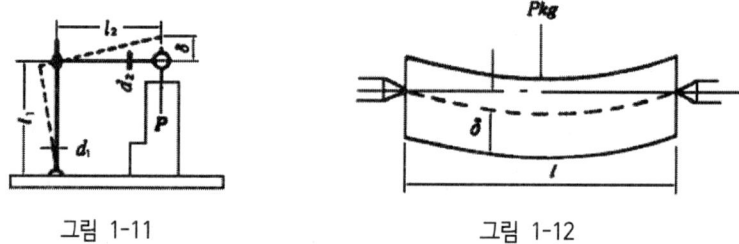

그림 1-11   그림 1-12

② 양끝 지지봉의 중앙에 측정력이 작용할 때

그림 1-12와 같이 길이 l, 지름 d인 둥근봉의 양 끝을 지지하고 중앙을 밀면 측정력 P에 의해 휘게 된다. 이 때 처짐 δ는 다음 식에 의해서 구할 수 있다.

$$\delta = \frac{P l^3}{48EI} \tag{1.12}$$

    I : 단면 2차모멘트(mm^4)
    P : 측정력

3) 기하학적인 문제

(1) 아베의 원리(Abbe's principle)

1890년에 독일 Zeiss사의 창립자 E. Abbe에 의해 "표준자와 피측정물은 같은 축선 위에 있어야 한다"는 원리이다. 이것은 컴퍼레이터의 원리라고도 부른다. 그림 1-13에서 (a)의 외측 마이크로미터는 아베의 원리에 만족하는 구조이다.

측정오차는

$$\varepsilon = L - l = L(1 - \cos\theta)$$
$$= L\left[1 - \left\{(1 - \sin^2\frac{\theta}{2} - \sin^2\frac{\theta}{2})\right\}\right]$$
$$= L - L + 2L\sin^2\frac{\theta}{2}$$
$$= 2L\sin^2\frac{\theta}{2} \fallingdotseq 2L(\frac{\theta}{2})^2$$
$$\therefore \varepsilon = \frac{L}{2}\theta^2 \tag{1.13}$$

(이것은 2차적인 오차로서 대부분의 경우 무시할 수 있다.)

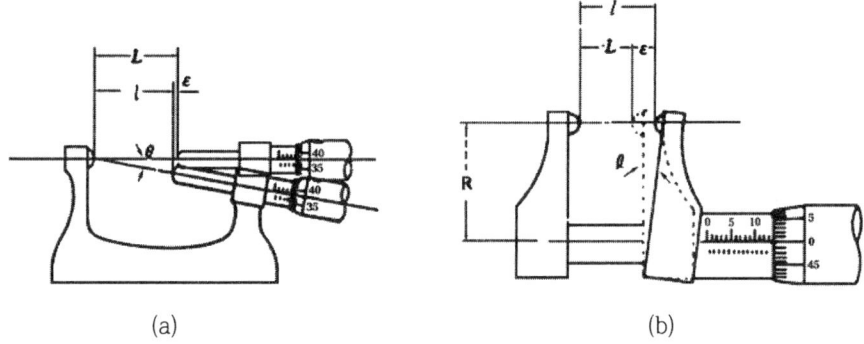

그림 1-13 외측 마이크로미터 및 캘리퍼형 마이크로미터

그림 (b)의 경우, 버니어캘리퍼형의 측정오차는

$$\varepsilon = l\theta \tag{1.14}$$

일반적으로 무시할 수 없는 1차적 오차를 발생한다(캘리퍼형은 아베의 원리를 만족하지 않는 구조이다).

예) $\theta = 1' \fallingdotseq (1/3000$ 라디안$)$
R = 30 mm, L = 30 mm일 때,
식 (1.13)에서
$\varepsilon = \frac{30}{2}(\frac{1}{3000})^2 = 0.002\,\mu m$
(b)의 경우 식 (1.14)에서

$$\varepsilon = l\theta = 30 \times \frac{1}{3000} = 10 \ \mu m$$

4) 시차(parallax)

읽음에 있어서 시선의 방향에 따라 일어나는 오차. 다른 평면 내에 있을 때에는(예 : 버니어캘리퍼스, 마이크로미터) 관측 방향에 의해서 선의 상대위치가 달리 보여 $f = a\phi$인 오차가 발생하므로 항상 눈금에 수직으로 관측하여야 한다.

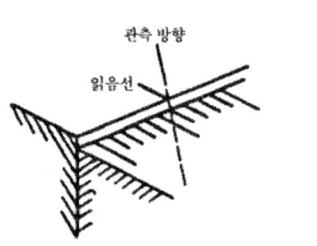

그림 1-14 시차(視差)

6. 측정오차

1) 오차

측정을 할 때 피측정물은 어느 결정된 값을 가지고 있는데, 이 값을 참값이라고 한다. 측정값은 항상 참값과 일치한다고는 할 수 없다.

일치한다는 것은 지극히 드문 일이라고 보는 것이 좋다. 측정값과 참값과의 차를 오차(error)라 하며 다음과 같이 나타낸다.

$$\text{오차} = \text{측정값} - \text{참값}$$

$$\text{오차율} = \frac{\text{오차}}{\text{참값}}$$

$$\text{오차백분율}(\%) = \text{오차율} \times 100 = \frac{\text{오차}}{\text{참값}} \times 100$$

예 a) 지름 26.00 mm의 실린더 안지름을 측정한 결과 26.02 mm이었다.
b) 길이 45 mm의 기계가공품을 측정한 결과 44.95 mm이었다.

풀이 a) 오차 = 26.02 - 26.00 = 0.02

$$\text{오차율} = \left|\frac{0.02}{26.00}\right| = 0.00076923\,(0.077\%)$$

b) 오차 = 44.95 − 45.00 = −0.05

$$오차율 = \left|\frac{-0.05}{45.00}\right| = 0.001111 (0.111\%)$$

오차율의 절대값은 a)가 작다.
따라서 측정정도는 a)가 좋다.

2) 오차가 생기는 원인
(1) 측정기 자체에 의한 것(기기오차)
(2) 측정하는 사람에 의한 것(개인오차)
(3) 외부적인 영향에 의한 경우
① 되돌림오차(後退誤差)
② 접촉오차
③ 시차
④ 온도
⑤ 측정력이 적당치 않을 경우
⑥ 긴 물체의 휨에 의한 오차
⑦ 진동에 의한 경우
⑧ 측정기를 잘못 선택한 경우

3) 측정오차의 종류
(1) 개인오차
측정하는 사람에 따라서 생기는 오차로, 숙련됨에 따라 어느 정도 줄일 수 있다.

(2) 계통오차(systematic error)
동일 측정 조건하에서 같은 크기와 부호를 가진 오차로서 보정(correction)하여 측정치를 수정할 수 있다. 이와 같이 측정기의 보정값을 구하는 것을 교정이라 한다. 측정기를 미리 검사함으로써 수정할 수 있다.

(3) 우연오차(accidental error)
측정기, 측정물 및 환경 등의 원인을 파악할 수 없어 측정자가 보정할 수 없는 오차이다. 이럴 경우에는 여러 번 측정하여 산술 평균값을 구하는 것이 오차를 줄일 수 있는 방법이다.

7. 표준편차(standard deviation)

측정값의 모집단에서 편차 제곱의 합이 평균값의 제곱근 σ를 표준편차라 하며, 모평균 주위의 측정값의 흩어짐의 정도를 표시하는 하나의 지표이다. 또 시료의 표준편차 S도 같은 방법으로 식 (1.15)와 같이 표시할 수 있다.

$$S = \sqrt{\frac{1}{n-1} \sum_{i=1}^{n} (x_i - \overline{x})^2} \tag{1.15}$$

모표준편차 σ는 모집단에 대한 양이므로 직접 구할 수 없다. 일반적으로 측정회수 n은 많이 취할 수 없으므로 σ는 추정값으로서 다음 식 (1.16)을 사용하여 구한다.

$$\sigma = \sqrt{\frac{1}{n} \sum_{i=1}^{n} (x_i - \overline{x})^2} \tag{1.16}$$

x_i : 측정값
$\overline{x}$: 모평균

일반적으로 n < 30인 경우는 식 (1.15)를 사용한다.

표준정규분포곡선(그림 1-15)에서 평균값 $\overline{x}$를 중심으로 $\pm\sigma$, $\pm 2\sigma$, $\pm 3\sigma$의 범위 안에 존재하는 확률값은 다음과 같다.

$\pm\sigma$의 범위 : 68.27 %
$\pm 2\sigma$: 95.45 %
$\pm 3\sigma$: 99.73 %

예 다음의 측정 데이터를 이용하여 a) 평균값, b) 표준편차를 구하여라.

$x_1 = 50.1$, $x_2 = 49.7$, $x_3 = 49.6$, $x_4 = 50.2$

풀이 a) $\overline{x} = \frac{1}{n} \sum x_i = \frac{1}{4}(50.1 + 49.7 + 49.6 + 50.2) = 49.9$

b) $S = \frac{1}{\sqrt{n-1}} \sum \sqrt{(x_i - \overline{x})^2}$

$= \frac{1}{\sqrt{3}} \sqrt{(0.2)^2 + (-0.2)^2 + (-0.3)^2 + (0.3)^2}$

$= \sqrt{\frac{0.26}{3}} = 0.294$

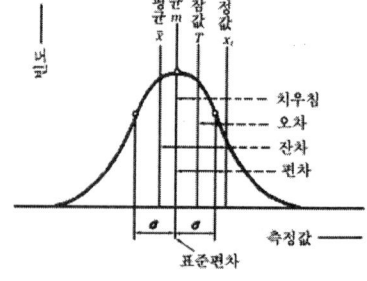

그림 1-15 참값에 대한 측정값, 시료평균, 모평균의 관계

8. 편위법과 영위법

1) 편위법(偏位法)

측정하려고 하는 양의 작용에 의하여 계측기의 지침에 편위를 일으켜 이 편위를 눈금과 비교함으로써 측정을 행하는 방식을 편위법이라고 한다.

예를 들면 그림 1-16의 용수철 저울에 의한 중량 측정의 예와 같이 피측정물의 중량에 의한 용수철에 변위를 일으켜 이것을 지침의 편위로 지시하여 기준량의 눈금과 비교하여 측정치를 얻는 경우이다. 이외에 다이얼 게이지, 가동 코일식 전압계, 전류계 등 일반 계측기는 거의가 다 이 방식의 것이다.

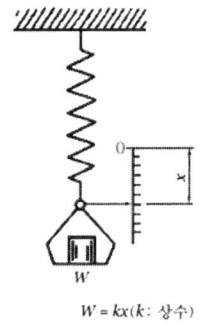

그림 1-16 편위법에 의한 측정

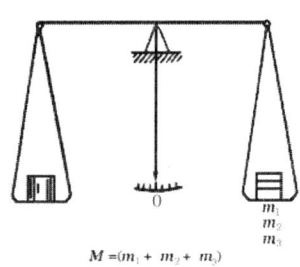

그림 1-17 영위법에 의한 측정

2) 영위법(零位法)

측정하려고 하는 양과 같은 종류로서 크기를 조정할 수가 있는 기준량을 준비하여 기준량을 측정량에 평형시켜 계측기의 지시가 0위치를 나타낼 때의 기준량의 크기로부터 측정량의 크기를 간접적으로 구하는 방식을 영위법이라고 한다. 예를 들면 그림 1-17의 천칭에 의한 질량 측정에서는 천칭의 저울대가 평형(零位)을 나타내도록 추(기준량)를 조정하여 이 때의 추의 크기로부터 측정량의 크기를 구한다.

마이크로미터도 영위법에 속하는 측정의 한 예이며, 이 경우에는 정밀하게 가공된 나사가 기준량이 되며 이것을 회전시켜 측정하려고 하는 길이와 같도록 조정하여 그때의 나사의 회전각으로부터 측정값을 구하는 것이다. 이외에 휘스톤 브리지, 전위차계 등은 이 방식에 속한다. 영위법의 측정에서는 0위치로부터의 불평형(不平衡)을 검출하여 이것을 기준량에 피드 백(feed back)시켜 평형이 되도록 기준량의 크기를 조정하는 것이 특징이다.

예상문제

001. 정밀 측정실의 표준 온도와 습도로서 가장 적합한 것은?
㉮ 20 ℃, 80 %   ㉯ 20 ℃, 70 %
㉰ 20 ℃, 55 %   ㉱ 20 ℃, 40 %

002. 이미 치수를 알고 있는 시험편과의 차를 구하여 치수를 아는 방법은?
㉮ 절대측정   ㉯ 비교측정
㉰ 직접측정   ㉱ 간접측정

003. 다이얼 게이지에 의한 측정은 다음 중 어느 계측법에 속하는가?
㉮ 영위법   ㉯ 치환법
㉰ 보상법   ㉱ 편위법

004. 측정기의 분류 중 마이크로미터는 어느 측정기인가?
㉮ 길이 측정기   ㉯ 각도 측정기
㉰ 평면 측정기   ㉱ 비교 측정기

005. 다음 중 비교 측정기가 아닌 것은?
㉮ 지침측미기   ㉯ 하이트 게이지
㉰ 전기 마이크로미터   ㉱ 공기 마이크로미터

006. 정도란 말을 옳게 설명한 것은?
㉮ 감도   ㉯ 읽음값의 최대치와 최소치의 차
㉰ 표준편차   ㉱ 치우침과 흩어짐을 종합한 것

007. 측정치에서 오차와 보정값은?
㉮ 같은 값이다.   ㉯ 부호는 같으나 절대값은 다르다.
㉰ 부호는 반대이고 절대값은 같다.   ㉱ 부호도 다르고 절대값도 다르다.

정답 1.㉰ 2.㉯ 3.㉱ 4.㉮ 5.㉯ 6.㉱ 7.㉰

008. 동일 측정 조건하에서 항상 같은 크기와 같은 부호를 가지는 오차는?
- ㉮ 우연오차
- ㉯ 간접오차
- ㉰ 계통오차
- ㉱ 관측오차

009. 다음 설명 중 잘못된 것은?
- ㉮ 개인오차 - 측정하는 사람에 따라 생기는 오차
- ㉯ 계기오차 - 측정기 자체에 생긴 오차
- ㉰ 우연오차 - 주위 환경에 따라 생긴 오차
- ㉱ 시차 - 시간이 경과함에 따른 오차

010. 측정기의 정도를 흩어짐과 치우침으로 표시했을 때 가장 좋다고 생각되는 것은?
- ㉮ 측정치의 흩어짐이 작은 것.
- ㉯ 측정치의 치우침이 작은 것.
- ㉰ 측정치의 흩어짐 및 치우침이 다 작은 것.
- ㉱ 측정치의 흩어짐 및 치우침이 다 큰 것.

011. 측정기의 정도의 뜻과 거리가 먼 것은?
- ㉮ 신뢰도
- ㉯ 신속도
- ㉰ 정확도
- ㉱ 정밀도

012. 계기오차란 무엇인가?
- ㉮ 측정치 - 실제치
- ㉯ 측정치 - 시차
- ㉰ 시차 - 실제치
- ㉱ 측정치 - 후퇴오차

013. 표준형 마이크로미터(50~75 mm)의 지시 범위는?
- ㉮ 25 mm
- ㉯ 50 mm
- ㉰ 75 mm
- ㉱ 50~75 mm

014. 동일 조건하에서 측정을 반복하였을 때 측정값의 산포는 무엇인가?
- ㉮ 정밀도
- ㉯ 정확도
- ㉰ 오차
- ㉱ 편심

> **해설** 정밀도란 산포가 작은 정도를 말한다.

정답 8.㉰ 9.㉱ 10.㉰ 11.㉯ 12.㉮ 13.㉮ 14.㉮

015. 다음 중 맞는 것을 골라라.
  ㉮ 오차 = 측정값 - 참값
  ㉯ 오차 = 최대측정값 - 참값
  ㉰ 오차 = 최소측정값 - 참값
  ㉱ 오차 = 최대측정값 - 최소측정값

016. 마이크로미터의 측정 오차 중에서 구조상으로부터 오는 오차의 종류가 아닌 것은?
  ㉮ 아베의 원리에 의한 오차
  ㉯ 시차(parallax)에 의한 오차
  ㉰ 측정력에 의한 오차
  ㉱ 온도에 의한 오차

017. 계통적 오차와 가장 관계가 있는 것은?
  ㉮ 측정자의 부주의
  ㉯ 0점 조정
  ㉰ 시차
  ㉱ 온도 변화

018. 다음 중 계통적 오차의 원인이 아닌 것은?
  ㉮ 눈금오차
  ㉯ 레버비의 오차
  ㉰ 피치오차
  ㉱ 마찰계수의 변화에 따른 오차

019. 다음 측정기의 분류 중에서 지시측정기에 속하는 것은?
  ㉮ 버니어캘리퍼스
  ㉯ 테보 게이지
  ㉰ 표준자
  ㉱ 게이지 블록

020. 다이얼 게이지를 이용한 측정 방법 중 가장 정밀한 측정법은?
  ㉮ 직접측정
  ㉯ 비교측정
  ㉰ 절대측정
  ㉱ 간접측정

021. 감도(sensitivity)를 설명한 것 중 틀린 것은?
  ㉮ 측정량의 변화에 대한 지시량의 변화이다.
  ㉯ 1눈금을 편위시키는데 필요한 최소량과 같다.
  ㉰ 항상 최소 눈금과 같다.
  ㉱ 감도가 높을수록 측정 범위는 작아진다.

022. 공장에서 생산관리에 사용할 목적으로 측정기를 선택할 때 고려해야 할 것 중에 제일 관련이 적은 것은?
  ㉮ 치수의 측정 한계
  ㉯ 공차의 허용 한계
  ㉰ 측정할 시료의 수량 및 구조
  ㉱ 측정할 시료의 기계적 성질

정답 15.㉮ 16.㉱ 17.㉯ 18.㉱ 19.㉮ 20.㉯ 21.㉰ 22.㉱

023. 다음 중 계통적 오차라고 볼 수 없는 것은?
　　㉮ 측장기 베드의 진직도 3 μm　　㉯ 측정값의 최대치와 최소치
　　㉰ 공구현미경 배율오차　　㉱ 마이크로미터의 피치오차

024. 검사 기기의 종류 중 기준기인 표준자 또는 게이지 블록 또는 각도 게이지는 어디에 속하나?
　　㉮ 지시측정기　　㉯ 도기
　　㉰ 측정보조기　　㉱ 시준기

025. 다음 감도를 설명한 것 중 맞지 않는 것은?
　　㉮ 감도가 높을수록 측정 범위는 작아진다.
　　㉯ 감도는 항상 정도와 같다.
　　㉰ 측정량의 변화에 따른 지시량의 변화와의 비이다.
　　㉱ 지침이 한 눈금 움직이기 위한 측정량이다.

026. 공작물의 공차가 ±0.1 mm일 때 이를 검사하는데 사용되는 가장 적당한 측정기의 정도는?
　　㉮ 0.2　　㉯ 0.02
　　㉰ 0.05　　㉱ 0.1

　　해설　공작물 공차의 5~10 % (0.01~0.02)가 적당하다.

027. 눈금상에서 읽을 수 있는 측정량의 범위를 무엇이라 하나?
　　㉮ 측정 범위　　㉯ 최소눈금
　　㉰ 정밀도　　㉱ 지시 범위

028. 대량 생산된 부품이 잘 조립되려면 어느 것이 좋아야 되는가?
　　㉮ 호환성　　㉯ 평행도
　　㉰ 치수　　㉱ 형상 정도

029. 다음 중 옳은 것은 어느 것인가?
　　㉮ 오차 = - 보정값　　㉯ 오차 = 측정치 - 산술평균값
　　㉰ 오차 = 보정값　　㉱ 오차 = 참값 - 측정치

정답　23.㉯　24.㉯　25.㉯　26.㉯　27.㉱　28.㉮　29.㉮

030. 아베의 원리에 맞는 구조를 가진 측정기는?
  ㉮ 하이트 게이지
  ㉯ 봉형(단체형) 내측 마이크로미터
  ㉰ 버니어캘리퍼스
  ㉱ 캘리퍼형 내측 마이크로미터

031. 정규분포곡선에서 표준편차 ±2σ의 범위 내에 들어가는 분포는 전체 수량의 몇 %인가?
  ㉮ 95 %
  ㉯ 99.5 %
  ㉰ 85 %
  ㉱ 90.0 %

032. 측정 오차에 해당되지 않는 것은?
  ㉮ 측정자에 기인하는 오차
  ㉯ 측정 기구의 눈금, 기타 불변의 오차
  ㉰ 측정 기구의 사용 환경에 따른 오차
  ㉱ 조명도에 의한 오차

033. 마이크로미터를 사용하다 보면 오차가 생긴다. 이 가운데 구조상에서 오는 오차에 대해서 열거했다. 해당 없는 것은?
  ㉮ 기차
  ㉯ 자세에 의한 오차
  ㉰ 시차
  ㉱ 측정력

034. 측정량에 대하여 다른 방향으로부터 접근할 경우 지시의 평균값의 차를 무엇이라 하나?
  ㉮ 되돌림오차
  ㉯ 지시오차
  ㉰ 측정오차
  ㉱ 시차

035. 정밀도 $(2.8 + \dfrac{l}{100})$ μm로 표시되는 측정기를 사용하여 100 mm를 측정했을 때 예상되는 오차는 몇 μm인가?(측정길이 l : mm)
  ㉮ 2.5 μm
  ㉯ 3.5 μm
  ㉰ 3.8 μm
  ㉱ 4.8 μm

036. 동일한 측정물을 측정할 때 측정값이 일정하게 나오지 않는 것은 측정기의 무엇이 나쁘기 때문인가?
  ㉮ 인접오차
  ㉯ 지시안정도
  ㉰ 되돌림오차
  ㉱ 좁은 범위 전진 정밀도

정답 30.㉯ 31.㉮ 32.㉱ 33.㉯ 34.㉮ 35.㉰ 36.㉯

037. 다음 중 측정과 큰 관계가 없는 식은?

㉮ $\delta = \dfrac{Pl}{AE}$ ㉯ $l' = l \cdot \alpha \cdot \Delta t$

㉰ $Z = \dfrac{bh^2}{r}$ ㉱ $a = 0.2113\, l$

038. 다음 중 측정오차를 줄일 수 있는 방법은 어느 것인가?

㉮ 측정값에 흩어짐이 있을 때는 평균값을 구한다.
㉯ 측정기 또는 공구는 아베의 원리에 어긋나게 제작한다.
㉰ 측정면과 공작물과의 접촉을 확실하게 하기 위해서는 될수록 측정력을 크게 한다.
㉱ 될 수 있는 한 여러번 측정하여 최대 편차를 구한다.

039. 다음 중 우연오차에 속하지 않는 것은?

㉮ 온도 변화 및 측정자의 심적 변화 등에서 오는 오차이다.
㉯ 보정이 불가능하다.
㉰ 여러 번 측정하여 산술평균을 내어 오차를 줄인다.
㉱ 측정기의 온도, 측정압의 변화에서 오는 오차이다.

040. 측정에서 우연오차를 없애는 최선의 방법은?

㉮ 개인오차를 없앤다. ㉯ 측정기 자체의 오차를 없앤다.
㉰ 반복 측정하여 평균값을 구한다. ㉱ 온도에 의한 오차를 없앤다.

041. 길이가 같고, 온도 변화가 같다면 열팽창계수가 작은 쪽이 큰 쪽보다 치수 변화량은 어떻게 변하는가?

㉮ 커진다. ㉯ 같아진다.
㉰ 작아진다. ㉱ 0이다.

042. 길이가 긴 게이지 블록의 양 끝면이 항상 평행하게 하기 위한 지점은?(l : 게이지 블록의 길이)

㉮ $a = 0.2113\, l$ ㉯ $a = 0.2203\, l$
㉰ $a = 0.2232\, l$ ㉱ $a = 0.2333\, l$

정답 37.㉰ 38.㉮ 39.㉰ 40.㉰ 41.㉰ 42.㉮

043. 중심축의 길이 변화가 가장 적게 유지되도록 지지하는 점(Bessel point)은?(표준자를 지지할 때)
- ㉮ a = 0.2113 l
- ㉯ a = 0.2386 l
- ㉰ a = 0.2232 l
- ㉱ a = 0.2203 l

044. 길이가 1000 mm인 강봉의 길이를 정밀 측정하기 위하여 지지할 때 양끝에서 지점까지의 길이는?
- ㉮ a = 160.5 l
- ㉯ a = 200.5 l
- ㉰ a = 211.3 l
- ㉱ a = 220.3 l

045. 선팽창계수가 24×10^{-6}/℃이고 길이가 100 mm인 제품이 5 ℃ 올라가면 얼마나 팽창하는가?
- ㉮ 12 µm
- ㉯ 15 µm
- ㉰ 18 µm
- ㉱ 20 µm

046. 눈금선의 간격 l = 0.75 mm, 최소눈금 s = 1 µm인 마이크로 인디케이터의 배율 V는?
- ㉮ 0.75
- ㉯ 75
- ㉰ 750
- ㉱ 7500

해설 $V = \dfrac{l}{S} = \dfrac{0.75}{0.001} = 750$

047. 직접측정의 특징이 아닌 것은?
- ㉮ 측정자의 숙련과 경험이 필요없다.
- ㉯ 측정 범위가 넓다.
- ㉰ 측정물의 실제 치수를 직접 읽을 수 있다.
- ㉱ 적은 양의 측정에 유리하다.

048. 길이가 1000 mm인 표준자를 정밀 측정하기 위하여 지지할 때 양끝에서 지점까지의 거리는?
- ㉮ a = 180.5 l
- ㉯ a = 200.5 l
- ㉰ a = 211.3 l
- ㉱ a = 220.3 l

049. 측정기를 선택하는 기준이 아닌 것은?
- ㉮ 공차의 크기
- ㉯ 측정 한계
- ㉰ 측정할 물체의 수량
- ㉱ 측정물의 경도

정답 43.㉱ 44.㉰ 45.㉮ 46.㉰ 47.㉮ 48.㉱ 49.㉱

050. 측정값 14.50이 나타내는 것은?

㉮ 14.495≤14.50 < 14.505
㉯ 14.494≤14.50 < 14.505
㉰ 14.495≤14.50 < 14.500
㉱ 14.500≤14.50 < 14.505

051. 지름 32.00 mm의 둥근 강철봉을 측정하였더니 31.98 mm였다. 오차율은?

㉮ 0.06 %
㉯ 99.94 %
㉰ 6 %
㉱ 94 %

해설 오차 $= \dfrac{\Delta d}{d} = \dfrac{32 - 31.98}{32} \times 100 = 0.06\%$

052. 제품을 측정할 때 온도에 의하여 미치는 영향의 대책 중 틀린 것은?

㉮ 체온의 영향을 고려할 것.
㉯ 측정물과 측정기가 같은 온도의 상태에서 측정할 것.
㉰ 가공한 부품은 항온실에 넣어서 시간이 경과한 후 측정할 것.
㉱ 가공된 제품은 시간이 경과함에 따라서 치수의 변화가 있으므로 바로 측정할 것.

053. 측정기의 일상 점검에 속하지 않는 것은?

㉮ 측정기의 평행도
㉯ 측정기의 평면도
㉰ 측정기의 구조
㉱ 0점 위치

054. 다음 중 비교 측정기는?

㉮ 다이얼 게이지
㉯ 외측 마이크로미터
㉰ 하이트 게이지
㉱ 버니어캘리퍼스

055. 측정기 중에서 아베의 원리에 맞지 않는 구조의 측정기는?

㉮ 외측 마이크로미터
㉯ 단체형(봉형) 내측 마이크로미터
㉰ 버니어캘리퍼스
㉱ 지시 마이크로미터

056. 공작물의 공차가 0.01 mm였을 때 어떤 정밀도의 측정기를 선택하는 것이 옳은가?

㉮ 0.1 mm 측정기
㉯ 0.02 mm 측정기
㉰ 0.04 mm 측정기
㉱ 0.001 mm 측정기

해설 공작물 공차의 1/10 정밀도를 가진 측정기가 가장 적당하다.

정답 50.㉮ 51.㉮ 52.㉱ 53.㉰ 54.㉮ 55.㉰ 56.㉱

057. 측정기 중 실제 치수와 표준 치수와의 차를 측정하는 것은?
   ㉮ 한계 게이지   ㉯ 마이크로미터
   ㉰ 캘리퍼스   ㉱ 게이지 블록

058. 200 mm 게이지 블록과 조(jaw)를 홀더에 넣고 343 N으로 고정하였을 때 변형량을 구하여라.
   (단, 재질은 강철, $B \times H = 35 \times 9$ mm, $E = 2.058 \times 10^5 \, \text{N/mm}^2$)
   ㉮ 약 2 μm   ㉯ 약 3 μm
   ㉰ 약 4 μm   ㉱ 약 1 μm

   해설 $\delta = \dfrac{Pl}{AE} = \dfrac{343 \times 200}{35 \times 9 \times 2.058 \times 10^5} = 0.001 \text{ mm} = 1 \, \mu\text{m}$

059. 측정량이 증감하는 방향이 다름으로써 생기는 동일 치수에 대한 지시량의 차를 무엇이라고 하는가?
   ㉮ 되돌림오차   ㉯ 우발오차
   ㉰ 시차   ㉱ 관측오차

060. 마이크로미터에 의한 측정은 다음 중 어느 계측법에 속하는가?
   ㉮ 치환법   ㉯ 영위법
   ㉰ 편위법   ㉱ 보상법

061. 측정의 기본적인 방법이 아닌 것은?
   ㉮ 절대측정   ㉯ 비교측정
   ㉰ 간접측정   ㉱ 한계게이지 측정

062. 표준자와 피측정물은 같은 축선상에 있어야 한다는 원리는?
   ㉮ 테일러의 원리   ㉯ 호크의 원리
   ㉰ 아베의 원리   ㉱ 토르크의 원리

063. 측정기 선택에 있어서 필요한 사항이 아닌 것은?
   ㉮ 측정 수량   ㉯ 측정 시간
   ㉰ 측정 범위   ㉱ 제품 공차

정답 57.㉱ 58.㉱ 59.㉮ 60.㉯ 61.㉱ 62.㉰ 63.㉯

064. 길이가 1000 mm인 게이지 블록을 2점으로 지지할 때의 에어리 점은 양 끝으로부터 몇 mm인가?
㉮ 211.3 mm
㉯ 220.3 mm
㉰ 222.2 mm
㉱ 238.6 mm

065. 다음 중 설명 중 틀린 것은 어느 것인가?
㉮ 정규분포 곡선은 가로축에 측정값, 세로축에 횟수를 나타낼 때 좌우 대칭의 산형의 곡선이다.
㉯ 각 측정값의 오차를 제곱한 것의 평균치의 제곱근을 표준편차라 하며, 보통 이에 ±를 붙여 표시한다.
㉰ 정규분포에 따라 곡선의 폭이 좁아질수록 측정치의 흩어짐이 작은 것을 나타내며, 이 흩어짐이 작은 정도를 정밀도라 한다.
㉱ 0.00866의 숫자에서 유효숫자는 5자리이다.

066. 측정에 관한 일반적 주의 사항 중 올바르지 않은 것은?
㉮ 버니어캘리퍼스는 아베의 원리에 맞기 때문에 측정오차가 작은 편이다.
㉯ 버니어캘리퍼스, 마이크로미터 등 일반적 길이 측정기는 검사에 합격한 제품이라도 사용기간이 경과하면 차츰 오차가 커진다.
㉰ 기계부품 도면의 치수공차는 20℃를 기준으로 한 것이다.
㉱ 측정기의 최소눈금은 정밀도와는 다르므로 그 측정기의 정도를 확인해 둘 필요가 있다.

067. 강철제의 눈금자로 납(Pb)봉의 길이를 측정한 결과 100.000 mm이었다. 이때의 표준자의 온도는 28 ℃, 납봉의 온도는 32 ℃라 하고, 선팽창계수를 각각 11.5×10⁻⁶/℃, 29.2×10⁻⁶/℃이라 하면 표준온도일 때 납봉의 길이는?
㉮ 99.977 mm
㉯ 99.974 mm
㉰ 100.008 mm
㉱ 100.002 mm

해설 $l_s = 100\{1 + 11.5 \times 10^{-6}(28-20) - 29.2 \times 10^{-6}(32-20)\}$
$= 100(1 + 9.2 \times 10^{-5} - 3.504 \times 10^{-4})$
$= 99.974 \text{ mm}$

정답 64.㉮ 65.㉱ 66.㉮ 67.㉯

068. 마이크로미터에서, 앤빌과 스핀들 사이에 지금 D=5 mm의 강구를 끼우고 측정력을 9.8N 주었을 때, 앤빌과 스핀들의 접근량을 구하여라.

㉮ 3.5 μm   ㉯ 1.8 μm
㉰ 2.2 μm   ㉱ 3 μm

해설 구면과 2평면일 경우

$$\delta = 0.82\sqrt[3]{\frac{P^2}{D}} = 0.82\sqrt[3]{\frac{9.8^2}{5}} = 2.2\,\mu m$$

069. 지름 2 mm의 강구를 평행한 양 평면으로 측정할 때 측정력이 4.9N인 경우에는 강구는 얼마나 작게 측정되는가?(그림 1-5 참조)

㉮ 1.9 μm   ㉯ 2.7 μm
㉰ 0.95 μm   ㉱ 0.45 μm

해설 $\delta = 0.82\sqrt[3]{\frac{P^2}{D}} = 0.82\sqrt[3]{\frac{4.9^2}{2}} = 1.9\,\mu m$

070. 중립면을 만들기 위해서 단면이 H형을 하고 있는 1 m의 표준자는 어느 점에서 지지하면 좋은가?

㉮ 양 끝에서 220 mm인 2개 점에 지지한다.   ㉯ 양 끝에서 211 mm인 2개 점에 지지한다.
㉰ 양 끝면을 지지한다.   ㉱ 중앙에 한 점만 지지한다.

071. 표준자를 공작물에 부착하고 길이를 측정하는 경우 시선의 경사각이 15°, 표준자의 두께가 1.2 mm일 때 얼마의 시차가 생기는가?

㉮ 0.1 mm   ㉯ 0.3 mm
㉰ 0.5 mm   ㉱ 0.7 mm

해설 $1.2 \times \tan15° = 0.321 ≒ 0.3\,mm$

072. 마이크로미터에서, 앤빌과 스핀들 사이에 지금 D=10 mm의 강구를 끼우고 측정력을 10 N 주었을 때, 앤빌과 스핀들의 접근량을 구하여라.

㉮ 1.8 μm   ㉯ 2.5 μm
㉰ 3.0 μm   ㉱ 3.5 μm

해설 구면과 2평면일 경우

$$\delta = 0.82\sqrt[3]{\frac{P^2}{D}} = 0.82\sqrt[3]{\frac{10^2}{10}} = 1.8\,\mu m$$

정답 68.㉰ 69.㉮ 70.㉮ 71.㉯ 72.㉮

073. 측장기에서 지름 20 mm 플러그 게이지를 측정력 10 N으로 측정할 때 평면과 원통면의 접근량은?(측정길이 L=10 mm이다.)

㉮ 0.01 μm ㉯ 0.03 μm
㉰ 0.09 μm ㉱ 1.20 μm

해설 $\delta = 0.094 \dfrac{P}{L} \sqrt[3]{\dfrac{1}{D}} = 0.094 \dfrac{10}{10} \sqrt[3]{\dfrac{1}{20}} = 0.03\,\mu m$

074. 그림 1-12와 같이 지름 10 mm, 길이 250 mm의 둥근봉을 중심지지대로 지지하고, 중앙 위치에 측정력 10 N인 미니미터로 진원도를 측정할 경우 중앙위치에서 휨량을 계산하여라.

$(E = 2.1 \times 10^5 \text{N/mm}^2,\ I = \dfrac{\pi}{64} d^4)$

㉮ 0.05 mm ㉯ 0.08 mm
㉰ 0.01 mm ㉱ 0.032 mm

해설 $\delta = \dfrac{Pl^3}{48 \cdot EI} = \dfrac{64 \times 9.8 \times 250^3}{48 \times 2.058 \times 10^5 \times \pi \times 10^4}$

$= \dfrac{64 \times 10 \times 250^3}{48 \times 2.1 \times 10^5 \times 3.14 \times 10^4}$

$= 0.032\,mm$

075. 측정력 10 N인 측정기로 앤빌과 스핀들 사이에 지름 D=5 mm의 강제(steel) 원통을 끼웠을 때, 앤빌과 스핀들의 접근량을 구하여라(단, 측정 길이는 10 mm이다).

㉮ 0.01 μm ㉯ 0.03 μm
㉰ 0.05 μm ㉱ 1.02 μm

해설 $\delta = 0.094 \dfrac{P}{L} \sqrt[3]{\dfrac{1}{D}} = 0.094 \dfrac{10}{10} \sqrt[3]{\dfrac{1}{5}} = 0.05\,\mu m$

076. 비교측정의 특징이 아닌 것은?

㉮ 많은 양과 고정밀도를 용이하게 측정할 수 있다.
㉯ 자동화가 가능하다.
㉰ 치수 계산이 생략된다.
㉱ 기준 치수가 필요 없다.

077. 기계에서 발생하는 진동, 환경, 자연현상의 급변으로 생기는 우발오차에 대한 대책은?
㉮ 측정력을 적게 하여 무접촉 상태에서 측정한다.
㉯ 측정력을 일정하게 하고 측정 시간을 길게 한다.
㉰ 측정을 수차 반복하여 그 평균을 측정값으로 한다.
㉱ 측정자의 이동속도를 일정하게 한다.

078. 20 ℃에서 길이가 200 mm인 부품이 30℃일 때 얼마나 팽창하겠는가?(단, 재질은 강철이고, 선팽창계수는 24×10^{-6} /℃이다).
㉮ 18 μm
㉯ 24 μm
㉰ 38 μm
㉱ 48 μm

079. 측장기의 표준자 재질이 강재(鋼材)인 측장기로 알루미늄봉을 측정한 결과 35.246 mm이었다. 측정시의 측장기의 표준자의 온도는 23 ℃, 알루미늄봉의 온도는 32 ℃라면 표준온도에서의 알루미늄봉의 길이는?(단, 알루미늄봉의 열팽창계수는 23×10^{-6} /℃, 강의 열팽창계수는 11.5×10^{-6} /℃ 이다.)
㉮ 35.243 mm
㉯ 35.237 mm
㉰ 35.255 mm
㉱ 35.220 mm

080. 측정 물체가 30 ℃에서 101.300 mm로 측정되었을 경우 이 물체의 열팽창계수가 11.5×10^{-6} ℃ 이면 표준온도에서 길이는 몇 mm인가?
㉮ 100.100 mm
㉯ 101.275 mm
㉰ 101.288 mm
㉱ 101.312 mm

정답 77.㉰ 78.㉱ 79.㉯ 80.㉰

제2장 길이의 측정

1. 버니어캘리퍼스(vernier calipers)

바깥지름, 안지름, 깊이, 단차 및 길이를 측정하는 것으로, 미터식에서는 1/20 mm, 1/50 mm까지 읽을 수 있다. 종류로는 M형(1/20 mm까지 측정), CM형(1/50 mm까지 측정)이 있다.

(1) 버니어 눈금 기입방법
S : 어미자의 최소 눈금 간격
V : 아들자의 최소 눈금 간격
C : 어미자와 아들자의 눈금차
n : 아들자의 눈금수라고 하면,

$$(n-1)S = nV$$

$$V = (\frac{n-1}{n})S \qquad ①$$

$$C = S - V \qquad ②$$

①을 ②에 대입하면 $C = S - (\frac{n-1}{n})S = \frac{S}{n}$ 가 된다.

예 어미자의 한 눈금의 간격이 0.5 mm이고 아들자는 24.5 mm를 25등분했을 때 읽을 수 있는 최소 눈금은?

풀이 $\frac{S}{n} = \frac{0.5}{25} = \frac{0.1}{5} = 0.02$ mm

(2) 버니어캘리퍼스 종합 정도

종합 정도는 최소 눈금값 이상이 되어 버니어캘리퍼스에 의한 측정값의 신뢰도가 비교적 낮지만 측정이 쉽다. 표 2-1은 종합정도(KS B 5203)를 표시한다.

표 2-1 종합오차

(단위 : mm)

최소의 눈금값 최대 측정길이	0.1	0.05	0.02
150	±0.1	±0.08	±0.05
200	±0.1	±0.08	±0.05
300	±0.1	±0.10	±0.06
600	±0.15	±0.13	±0.08
1000	±0.20	±0.18	±0.11

2. 하이트 게이지(height gauge)

하이트 게이지는 지그, 대형 부품, 복잡한 형상의 부품 등을 정반상에 놓고 정반의 표면을 기준으로 해서 높이를 측정하는 측정기이며, 또 스크라이버의 선단으로 금긋기 작업을 할 때 사용한다.

(1) 하이트 게이지의 형상

HB형, HM형, HT형 세 종류가 대표적이다.

3. 마이크로미터(micrometer)

1) 마이크로미터의 원리

길이의 변화를 나사의 회전각과 직경에 의해 확대하여 그 확대된 길이에 눈금을 붙여 미소의 길이 변화를 읽도록 한 측정기이다.

표준 마이크로미터는 나사의 피치를 0.5 mm, 딤블(thimble)의 원주눈금이 50 등분이 되어 있기 때문에 딤블의 1눈금의 회전에 의한 스핀들의 이동량(M)은 $M = 0.5 \times \dfrac{1}{50} = \dfrac{1}{100} = 0.01$ mm의 측정이 가능하다.

2) 측정면의 평면도 측정

옵티컬 플랫(optical flat)은 평면도의 측정에 사용되고 백색광에 의한 적색간섭무늬의 수에 의해서 측정한다. 사용 방법은 마이크로미터의 앤빌 또는 스핀들의 측정면에 옵티컬 플랫을 밀착시켜 간섭 무늬를 읽어 간섭무늬 1개를 보통은 0.32 μm(적색광의 반파장)로 계산한다(측정면의 평면도는 표 2-2로 정해져 있다).

표 2-2 측정면의 평면도

최대 측정길이(mm)	간섭무늬의 수
250 미만	2개
250 이상	4개

3) 측정면의 평행도 측정

옵티컬 패러렐(optical parallel)을 양 측정면에 밀착시켜 백색광에 의한 간섭무늬를 읽는다(그림 2-1).

A : 스핀들의 읽음 방향
B : 앤빌측의 읽음 방향
P : 옵티컬 패러렐

그림 2-2에서 무늬의 모양에 의한 평행의 정도는 다음과 같다.

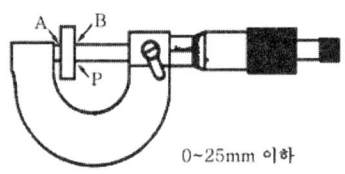

그림 2-1 평행도 측정

a) 양 면은 대체적으로 평면이고 평행하다.
b) 양 면은 대체로 평면이고 적색 간섭무늬 2개의 경우 $0.32 \times 2 = 0.6\,\mu m$ 경사가 있다.
c) 앤빌측은 구면(球面)이고 끝 부분과 중앙부 사이에는 $0.32 \times 2 = 0.64\,\mu m$의 차이가 있고, 스핀들측은 곡면으로 앤빌측과 $0.32 \times 3 = 0.96\,\mu m$으로 약 $1\,\mu m$의 경사가 있다.
d) 앤빌측은 구면($0.64\,\mu m$)이고 스핀들측은 중앙 부분이 치우쳐진 상태이다. KS B 5202 규격에는 표 2-3과 같이 정해져 있다.

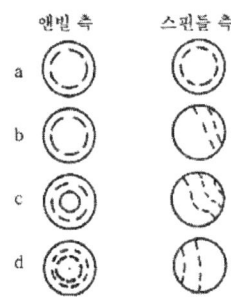

그림 2-2 간섭무늬의 모양

표 2-3 측정면의 평행도(외측 마이크로미터)

최대 측정길이(mm)	평행도(μm)
75 이하	2 (6개)
75 초과 175 이하	3 (9개)
175 초과 275 이하	4
275 초과 375 이하	5
375 초과 475 이하	6
475 초과 500 이하	7

표 2-4 종합오차(KS B 5202 외측 마이크로미터)

(단위 : μm)

최대 측정길이(mm)	종합오차
75 이하	±2
75 초과 150 이하	±3
150 초과 225 이하	±4
225 초과 300 이하	±5
300 초과 375 이하	±6
375 초과 450 이하	±7
450 초과 500 이하	±8

※ 스핀들의 이송 오차는 ±2 μm 이하일 것.

4) 종합오차

표 2-4와 같이 외측마이크로미터의 종합오차는 정해져 있다.

4. 게이지 블록(gauge block)

각 면의 치수가 다른 육면체로 아주 정밀하게 다듬질되어 있다. 이들 각 면을 몇 개 조합하여 밀착(wringing)시켜 필요한 치수로 만들어 길이의 기준으로 한다. 보통 103, 76, 32, 8개가 한 세트로 조합되어 있다.

1) 게이지 블록의 종류

① 요한슨형(Johansson type), ② 호크형(Hoke type), ③ 캐리형(Cary type)

일반적으로 요한슨형이 많이 쓰이고, 호크형은 주로 미국에서 많이 쓰이며, 얇은 치수(주로 0.05~1 mm)에는 캐리형이 사용되나 근래는 거의 생산되지 않는다(그림 2-3은 게이지 블록의 종류이고, 그림 2-4는 단면 모양이다.)

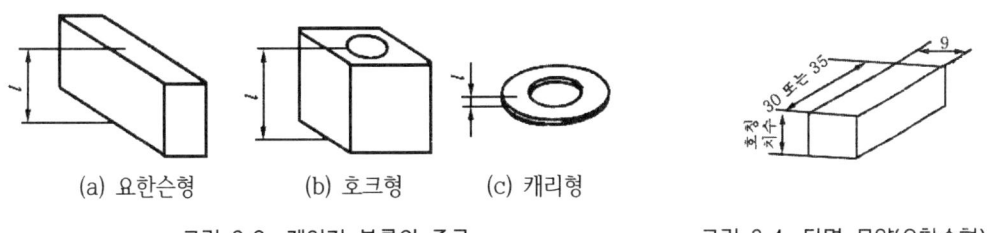

(a) 요한슨형   (b) 호크형   (c) 캐리형

그림 2-3 게이지 블록의 종류   그림 2-4 단면 모양(요한슨형)

2) 치수 조립

최소 개수로 밀착하는 것이 좋으며, 소정 치수의 게이지 블록을 고를 때에는 숫자의 맨 끝에서부터 소수점 아래 치수가 5보다 큰 경우에 5를 뺀 나머지 숫자부터 고르고 다음의 예를 참고로 하면 알기 쉽다.

예)

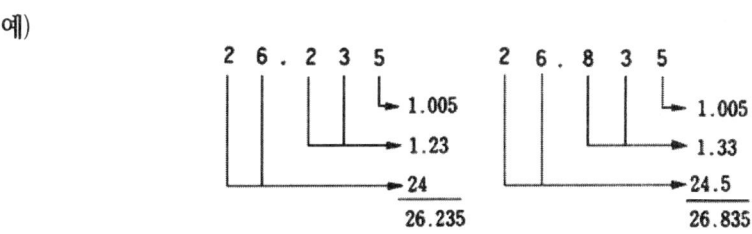

그림 2-5는 게이지 블록의 밀착 방법이다.

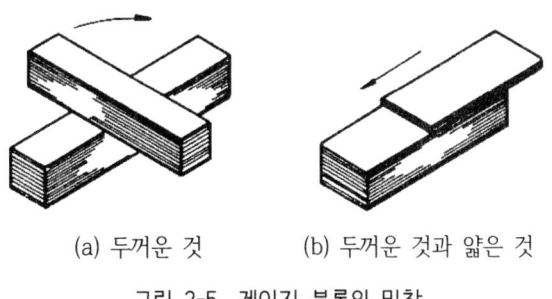

(a) 두꺼운 것   (b) 두꺼운 것과 얇은 것

그림 2-5 게이지 블록의 밀착

3) 게이지 블록의 특징

① 광파장으로부터 직접 길이를 결정할 수 있다.
② 표시하는 길이의 정도가 매우 높다. 그 정도는 0.01 μm에 달한다.
③ 측면이 서로 밀착하는 특성을 가지고 있어서 몇 개의 수로 많은 치수의 기준이 얻어진다.
④ 사용이 편리하다.

4) 정도 등급의 선정

사용 목적 중 가장 높은 요구 정도를 기준으로 해서 그것보다 한 등급 위의 것을 선택해야 한다. 표 2-5를 참고로 하는 것이 좋다.

표 2-5 게이지 블록의 사용 목적과 등급

등 급		사 용 목 적
참조용	K	표준용 게이지 블록의 정도검사
표준용	0	정밀학술 연구용
		검사용, 공작용 게이지 블록의 정도점검, 측정기류의 정도검사
검사용	1	게이지의 정도검사
		기계부품 및 공구 등의 검사
공작용	2	게이지의 제작
		측정기류의 정도조정
		공구, 절삭공구의 장치

5) 정도 정기검사의 주기 및 측정실의 온도

표 2-6과 같이 측정실의 온도, 정도 및 검사주기는 정해져 있다.

표 2-6 측정실의 온도, 정밀도 및 검사주기

등급	측정실의 온도	정밀도(μm)	검사주기
K	20℃±0.2℃	0.06 μm 이하	2년~3년
0			
1	20℃±0.5℃	0.08 μm 이하	
2	20℃±1℃		

5. 측장기

1) 측장기의 원리

측장기 자체에 표준자와 기타의 길이 기준을 갖고 있어 이것과 측미현미경에 의하여 길이를 직접 측정하는 것이다. 표준자의 읽음 방법으로 그림 2-6에 보인 것과 같은 두 가지를 생각할 수 있다. 그림 (a)의 것은 표준자가 헤드에 고정되어 있고 현미경은 측정 헤드에 부착되어 있어 피측정물의 치수에 따라 현미경이 움직여 치수를 읽을 수 있다.

그림 (b)는 표준자가 측정 헤드의 측정축상에 부착되어 표준자의 이동량을 헤드에 고정된 현미경에 의해 읽게 된다. (a), (b)의 경우 모두 측정 헤드가 이동할 때 실제로는 헤드 안내면의 진직오차 때문에 정확하게 직선으로 움직이지 않는다.

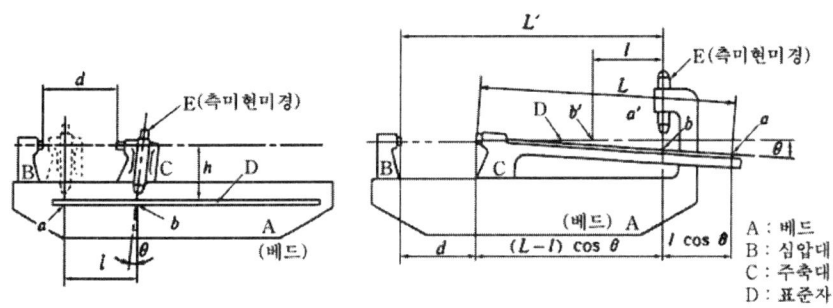

(a) 아베의 원리에 만족하지 않는 측장기   (b) 아베의 원리를 만족하는 측장기

그림 2-6 측장기

측정 헤드가 θ만큼 이동하여 경사졌을 때의 측정오차를 생각하면, (a)의 경우는 그림 2-6에서와 같이 측정오차 Δl은

$$\Delta l = d - l = h \cdot \tan\theta$$

여기서 θ는 아주 작은 값이므로 $\tan\theta \fallingdotseq \theta$, 그래서 $\Delta l = h \cdot \theta$로 되어 오차는 θ의 1차량으로 된다.

(b)의 경우 측정오차 Δl은

$$\Delta l = d - l = \{L - (L-l)\cos\theta\} - l = (L-l)\frac{\theta^2}{2}$$

으로 되어 오차는 θ의 2차량으로 된다.

여기서 θ는 작은 값이므로 θ^2은 더욱 작아져서 결국 오차는 무시해도 좋다.

예) $\theta = 10''(0.00005\,rad)$, $L = 1,000\,mm$, $h = 50\,mm$로 잡을 때, a)의 오차는 $2.5\,\mu m$, b)에서는 $0.0025\,\mu m$로 되어 무시해도 좋은 값이 된다. 이와 같이 측정축선과 표준자의 눈금면이 일직선상에 있을 때 베드의 안내면이 진직에서 벗어나서 발생한 측정오차는 거의 완전히 제거할 수 있다. 이것을 아베의 원리라고 하여 정밀측정에서 매우 중요한 원리이다. 일반 측정기는 대부분 아베의 원리를 채용한 구조로 되어 있다.

2) 측정자의 선택

피측정물의 형상과 측정자의 관계를 다음에 보인다.

(1) 평면과 평면

양 측정면의 평행도가 나쁠 때에는 다음의 오차를 발생한다(그림 2-7).

$$\text{오차}\ dl_1 = d \cdot \frac{\theta}{2}$$

측정 전에는 평행광선정반(optical parallel) 등을 사용해서 평행조정을 해야 한다.

(2) 평면과 구면

측정축선에 대해서 평면 측정자면이 기울어지면 다음의 오차를 발생한다.

$$dl_2 = R \cdot \frac{\theta^2}{2}$$

이 오차는 비교적 작아서 발견이 곤란하다. 경사가 큰 경우에는 게이지 블록을 물려 평면단자의 경사를 조정하여 읽음이 최소로 되도록 하는 것이 좋다. 평면 쪽에는 먼지가 끼기 쉽고 구면 쪽은 표면거칠기, 탄성변형을 무시할 수 없는 경우가 많다.

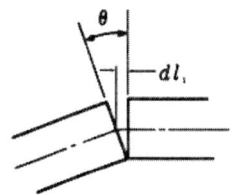
그림 2-7 평행도 불량에 의한 오차

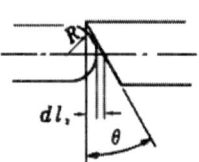
그림 2-8 직각도 불량에 의한 오차

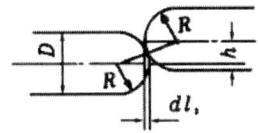

그림 2-9 측정축선의 엇갈림에 의한 오차

(3) 구면과 구면

구의 중심이 측정축상에 있지 않을 때에는 다음의 오차를 발생한다(그림 2-9).

$$dl_3 ≒ h^2/2D$$

이 오차는 검출, 조정이 곤란하다. 이것은 피측정물의 표면거칠기나 탄성변형을 무시할 수 없지만 먼지의 침입이 적어서 평면 측정자의 경우와는 달리 국부적인 측정이 가능하여 피측정물의 평행도 등이 측정된다. 이상과 같이 각각 일장일단이 있어서 요구되는 정도나 피측정물의 상태에 따라서 적당히 선택하여야 한다.

6. 다이얼 게이지(dial gauge)

1) 다이얼 게이지의 원리

다이얼 게이지는 길이의 비교 측정에 사용되며, 평면이나 원통형의 평활도, 원통의 진원도, 축의 흔들림 정도 등의 검사나 측정에 쓰이고 시계형, 부채꼴형 등이 있다. 모두가 스핀들의 적은 움직임을 지렛대나 기어장치로 확대하여 눈금과 지침으로 그 움직임을 읽는다. 눈금은 원둘레를 100등분하여 1눈금이 1/100 mm를 나타내는 것이 보통이지만 특수한 것은 1/1000 mm를 나타내는 것도 있다.

2) 다이얼 게이지의 사용 범위

① 평행도의 측정
② 직각도의 측정
③ 진원도의 측정
④ 두께의 측정
⑤ 깊이의 측정
⑥ 축의 굽힘의 검사
⑦ 공작기계의 정밀도 검사
⑧ 회전축의 흔들림 검사
⑨ 기계가공에 있어서의 이송량 확인

3) 다이얼 게이지의 특징

① 측정범위가 넓다.
② 연속된 변위량의 측정이 가능하다.
③ 소형, 경량으로 취급이 용이하다.
④ 어태치먼트의 사용 방법에 따라 측정이 광범위하다.
⑤ 다이얼 눈금과 지침에 의해서 읽기 때문에 시차가 작아 읽음오차가 적다.
⑥ 다원측정(동시에 많은 개소의 측정이 가능)의 검출기로서 이용할 수 있다.

7. 공기 마이크로미터(air micrometer)

1) 공기 마이크로미터의 원리

압축된 공기의 노즐로부터 측정하고자 하는 물체와의 사이의 작은 틈으로 공기가 빠져나오는데, 결국 물체의 두께가 다른 것은 틈의 거리가 달라지게 되어 이것이 공기 유량 변화의 이유가 된다. 이 유량을 유량계로 측정하여 치수의 값으로 읽도록 만든 것이 공기 마이크로미터(유량식)이다.

측정 가능 범위가 아주 좁기 때문에(예를 들면, 물건의 길이를 게이지 블록과 비교해서) 그 차의 치수만큼을 지시하는 방법을 취하고 있다. 이와 같은 사용 방법의 것을 비교측정기(comparator)라고 한다. 지침측미기, 공기 마이크로미터, 전기 마이크로미터가 모두 비교측정기들이다.

2) 공기 마이크로미터의 종류

① 유량식
② 배압식
③ 진공식
④ 유속식

3) 공기 마이크로미터의 장·단점

(1) 장점

① 배율이 높다(1,000~40,000배).
② 정도가 좋다(예 ±0.5 μm).
③ 접촉 측정자를 사용치 않을 때는 측정력은 거의 0에 가깝다.
④ 안지름 측정이 용이하다.
⑤ 많은 치수의 동시 측정, 자동 선별, 제어가 가능하다.
⑥ 확대 기구에 기계적 요소가 없어서(특히 유량식) 높은 정도를 유지할 수 있다.

⑦ 통과측, 정지측(go side, not go side) 게이지와 달리 치수가 지시되기 때문에 한번의 측정 동작이면 된다.
⑧ 타원, 테이퍼 진원도, 편심, 진직도, 평행도, 직각도, 중심거리 등 상당히 숙련을 필요로 하고, 시간이 많이 걸리던 측정을 간단히 할 수 있다.

(2) 단점
① 응답 시간이 전기식에 비해서 늦다.
② 디지털 지시가 불가능하다.
③ 비교측정기이기 때문에 큰 범위와 작은 범위 두 개의 기준 마스터가 필요하다.
④ 피측정물의 표면이 거칠면 측정값에 신빙성이 없다.
⑤ 대부분의 경우 전용 측정자를 만들어야 하므로 다량 생산이 아니면 비용이 많이 든다.
⑥ 지시 범위가 적어 공차가 큰 것은 측정할 수 없다.
⑦ 압축공기원(에어 콤프레서 등)이 필요하다.

8. 전기 마이크로미터(electrical micrometer)

1) 전기 마이크로미터의 기본 원리

측정자의 기계적 변위를 전기량으로 변환하여 지시계에 나타내는 정밀측정기로서, $0.01\mu m$정도의 미소 변위까지 측정하는 것도 있다.

2) 전기 마이크로미터의 종류

① 차동변압(differential transformer) 식
② 인덕턴스(inductance) 식
③ 캐퍼시턴스(capacitance) 식
④ 스트레인 게이지(strain gauge) 식
⑤ 포텐셔미터(potentiometer) 식

3) 검출기의 종류

① 플런저(plunger) 식
② 지렛대(lever) 식

4) 전기 마이크로미터를 사용한 측정

(1) 보통의 안지름·바깥지름 측정

(2) 연산측정
① 편심 측정
② 두께 측정
③ 직각도 측정
④ 원통도 측정
⑤ 변화가 심한 값의 측정

(3) 특수측정
① 다점 전환 측정
② 광범위 측정
③ 공기 - 전기식 측정
④ 형상 측정

(4) 자동측정

5) 전기 마이크로미터의 장점과 단점

(1) 장점
① 높은 배율이 얻어진다(지시 범위 ±0.5 μm, 최소눈금 0.01 μm의 것이 있다).
② 공기 마이크로미터와 달리 긴 변위의 측정도 가능하다.
③ 기계적 확대기구를 사용하지 않기 때문에 오차가 아주 적다.
④ 릴레이 신호발생이 쉽고 자동측정으로도 결점이 없다.
⑤ 공기 마이크로미터에 비해서 응답속도가 빠르다.
⑥ 연산 측정이 간단하다.
⑦ 디지털 표시가 용이하다.
⑧ 원격 측정이 가능하다.

(2) 단점
① 가격이 비싸다.
② 전원의 변동(전압, 주파수)에 의한 지시에 오차가 생길 염려가 있다.
③ 일반적으로 접촉식이기 때문에 소프트(soft)한 것의 측정에는 별로 좋지 않다.

예상문제

001. 다음 측정기 중에서 높이 측정 및 금긋기를 할 수 있는 측정기는?
㉮ 게이지 블록　　　　　　　　㉯ 다이얼 게이지
㉰ 하이트 게이지　　　　　　　㉱ 스트레이트 에지

002. 직선 상태를 검사할 때 사용되는 것은?
㉮ V-블록　　　　　　　　　　㉯ 스트레이트 에지
㉰ 스크레이퍼　　　　　　　　㉱ 서피스 게이지

003. 현장에서 기계 가공한 부품의 실제 치수 측정에 널리 사용되는 것은?
㉮ 마이크로미터　　　　　　　㉯ 다이얼 게이지
㉰ 한계 게이지　　　　　　　　㉱ 옵티 미터

004. 다음 중 버니어캘리퍼스로 측정이 불가능한 것은?
㉮ 안지름 측정　　　　　　　　㉯ 깊이 측정
㉰ 단차 측정　　　　　　　　　㉱ 나사 유효지름 측정

005. M형 버니어캘리퍼스로 작은 구멍을 측정할 때 일어나는 오차 현상은?
㉮ 실제 지름보다 크게 측정된다.　　㉯ 실제보다 크게도 되고 작게도 측정된다.
㉰ 실제 지름보다 작게 측정된다.　　㉱ 오차는 발생하지 않는다.

006. 안지름 측정에만 사용되는 측정기는?
㉮ 실린더 게이지　　　　　　　㉯ 버니어캘리퍼스
㉰ 측장기　　　　　　　　　　㉱ 한계 게이지

007. 금속판재의 두께를 측정하는데 사용할 수 있는 게이지는?
㉮ 와이어 게이지　　　　　　　㉯ 링 게이지
㉰ 플러그 게이지　　　　　　　㉱ 틈새 게이지

정답　1.㉰　2.㉯　3.㉮　4.㉱　5.㉰　6.㉮　7.㉱

008. 다음 중 바깥지름, 안지름, 깊이를 한 측정기로 측정할 수 있는 것은?
  ㉮ 다이얼 게이지   ㉯ 마이크로미터
  ㉰ 버니어캘리퍼스   ㉱ 하이트 게이지

009. 버니어캘리퍼스의 사용시 주의 사항이 아닌 것은?
  ㉮ 아베의 원리에 맞지 않으므로 가능한 한 측정 조의 안쪽을 사용하여 측정한다.
  ㉯ 슬라이더의 고정 나사는 측정시 항상 클램프해야 한다.
  ㉰ 깊이자의 측정면은 피측정물에 정확히 접촉시켜야 한다.
  ㉱ M형 버니어캘리퍼스는 폭이 좁은 홈 등의 측정에 편리하도록 조 끝이 얇게 제작되어 있어 마모가 빠르다.

010. 다음 중 나머지 3가지와 전연 모양이 다른 게이지가 있다면 어느 것인가?
  ㉮ 버니어캘리퍼스   ㉯ 하이트 게이지
  ㉰ 틈새 게이지(feeler gauge) ㉱ 깊이 게이지

011. 다음 중 내경을 측정할 수 없는 측정기는?
  ㉮ 텔레스코핑 게이지   ㉯ 센터 게이지
  ㉰ 실린더 게이지   ㉱ 스몰 홀 게이지

012. 버니어캘리퍼스에 미동장치가 붙어 있는 것은?
  ㉮ M_1 형   ㉯ 오프셋형
  ㉰ M_2 형   ㉱ 다이얼 캘리퍼스

013. M_1형 버니어캘리퍼스로 작은 구멍을 측정할 때 맞는 것은?
  ㉮ 실제 지름보다 작게 측정된다.   ㉯ 실제 지름과 거의 같다.
  ㉰ 실제 지름보다 크게 또는 작게 된다. ㉱ 실제 지름보다 크게 측정된다.

014. 버니어캘리퍼스의 종류는?
  ㉮ M형   ㉯ HB형
  ㉰ HT형   ㉱ HM형

정답 8.㉰ 9.㉯ 10.㉰ 11.㉯ 12.㉰ 13.㉮ 14.㉮

015. 버니어캘리퍼스에서 어미자의 1눈금이 1 mm일 때 0.05 mm까지 측정하려면 아들자의 눈금은 몇 mm를 몇 등분하여야 하는가?
   ㉮ 아들자의 눈금을 어미자의 9 mm를 50등분
   ㉯ 아들자의 눈금을 어미자의 24 mm를 25등분
   ㉰ 아들자의 눈금을 어미자의 49 mm를 25등분
   ㉱ 아들자의 눈금을 어미자의 19 mm를 20등분

016. 버니어캘리퍼스의 사용 방법 중 적합하지 않은 것은?
   ㉮ 안지름을 측정할 때는 최대값을 읽는다.
   ㉯ 내측 홈의 폭을 측정할 때는 최대값을 읽는다.
   ㉰ 작은 구멍을 측정할 때는 실제 값보다 작게 측정되므로 오차를 보정하는 것이 좋다.
   ㉱ 될 수 있는 한 조의 안쪽으로 측정한다.

017. ±0.5 mm까지 정밀도를 요구하는 공작물을 측정하는데 적합한 측정기는?
   ㉮ 버니어캘리퍼스   ㉯ 마이크로미터
   ㉰ 다이얼 게이지   ㉱ 캘리퍼스

018. 버니어캘리퍼스의 어미자의 눈금이 0.5 mm이고 어미자의 눈금 12 mm를 25등분하였다면 최소 측정값은?
   ㉮ 0.2 mm   ㉯ 0.5 mm
   ㉰ 0.02 mm   ㉱ 0.01 mm

019. 버니어캘리퍼스의 사용법 중 틀린 것은?
   ㉮ 홈의 폭을 측정할 때는 최소값을 취한다.
   ㉯ 회전 가공시에 사용하면 안 된다.
   ㉰ 작은 구멍의 내경을 측정하면 측정값은 실제보다 약간 큰값이 나온다.
   ㉱ 내경 측정에는 최대값을 취한다.

020. 버니어캘리퍼스는 일반적으로 아들자의 1눈금이 어미자의 n-1개의 눈금을 n등분한 것이다. 어미자의 1눈금이 A라고 하면, 읽을 수 있는 최소 치수는?
   ㉮ A/n   ㉯ nA
   ㉰ n-1/nA   ㉱ nA/n-1

정답 15.㉱ 16.㉯ 17.㉮ 18.㉰ 19.㉯ 20.㉮

021. 어미자에 새겨진 0.5 mm의 24눈금(12 mm)으로 아들자를 25등분할 때 어미자와 아들자의 1 눈금의 차는 얼마인가?

㉮ 1/50 mm ㉯ 1/20 mm
㉰ 1/25 mm ㉱ 1/24 mm

해설 $0.5 - \dfrac{12}{25} = \dfrac{25}{50} - \dfrac{24}{50} = \dfrac{1}{50}$ mm

022. 0-25 mm 외측 마이크로미터의 평행도 측정시 사용되는 측정기는?

㉮ 옵티칼플랫 ㉯ 게이지 블록
㉰ 옵티칼패러렐 ㉱ 측미기

023. 버니어캘리퍼스의 종류가 아닌 것은?

㉮ CM형 ㉯ BM형
㉰ M_1형 ㉱ M_2형

024. 버니어캘리퍼스로 작은 구멍 측정시 나타나는 현상은?

㉮ 실제치수보다 크게 측정된다.
㉯ 치수변화는 거의 발생하지 않는다.
㉰ 실제치수보다 작게 측정된다.
㉱ 측정 조의 두께가 두꺼울수록 측정은 정밀하다.

025. 버니어캘리퍼스는 아베의 원리에 위배되는 측정기로서 가능한 한 어미자 어느 부분의 조로써 측정해야 하는가?

㉮ 끝 ㉯ 중앙
㉰ 바깥쪽 ㉱ 안쪽

026. 어미자의 눈금선 간격이 1 mm이고 버니어는 19 mm를 20등분하였다면 최소 측정값은?

㉮ 1/10 mm ㉯ 1/100 mm
㉰ 1/20 mm ㉱ 1/50 mm

027. 버니어캘리퍼스의 어미자 조와 슬라이더 조를 가볍게 합치시켰을 때 광선이 겨우 보일 정도의 틈새는?

㉮ 0.1~0.2 μm ㉯ 6~8 μm
㉰ 3~5 μm ㉱ 10~15 μm

정답 21.㉮ 22.㉯ 23.㉯ 24.㉰ 25.㉱ 26.㉰ 27.㉰

028. 현장에서 가장 많이 사용하는 버니어캘리퍼스는?
  ㉮ M_2형
  ㉯ CM형
  ㉰ M_1형
  ㉱ CB형

029. 최소 측정값 1/20 mm, 측정 범위 300 mm인 버니어캘리퍼스의 측정 불확도는(±2δ)?
  ㉮ ±50 μm
  ㉯ ±60 μm
  ㉰ ±70 μm
  ㉱ ±80 μm

030. 버니어캘리퍼스의 사용상 틀린 것은?
  ㉮ 작은 구멍의 측정오차는 보정할 수 없다.
  ㉯ 불필요한 측정력을 주지 말 것.
  ㉰ 측정면의 돌기는 기름숫돌로 제거한다.
  ㉱ 아베의 원리에 어긋나므로 어미자에 가깝게 측정한다.

031. 버니어캘리퍼스의 슬라이더 눈금면을 ⌷으로 하지 않고, ⌐┐으로 하는 이유는?
  ㉮ 시차의 방지
  ㉯ 재료의 절감
  ㉰ 가공상 편의
  ㉱ 미관상

032. 0.25 mm의 판을 측정할 때 적당한 측정기는?
  ㉮ 게이지 블록
  ㉯ 다이얼 게이지
  ㉰ 버니어캘리퍼스
  ㉱ 마이크로미터

033. 버니어캘리퍼스의 사용상 주의사항 중 틀린 것은?
  ㉮ 필요한 이상의 측정력을 주지 말 것.
  ㉯ 가능한 한 조의 바깥쪽을 택하여 사용한다.
  ㉰ 얇은 쪽보다 두꺼운 쪽의 조를 사용한다.
  ㉱ 안지름 측정에는 최대값, 외측 측정에는 최소의 값을 측정한다.

034. 버니어캘리퍼스의 측정값은?
  ㉮ 7.0 mm
  ㉯ 7.1 mm
  ㉰ 7.2 mm
  ㉱ 7.3 mm

정답 28.㉰ 29.㉱ 30.㉮ 31.㉮ 32.㉱ 33.㉯ 34.㉰

035. 버니어캘리퍼스의 측정값은?

㉮ 4.2 mm
㉯ 4.72 mm
㉰ 9.2 mm
㉱ 9.72 mm

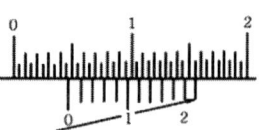

해설 $4.5+(0.02\times 11)=4.5+0.22=4.72\,\text{mm}$

036. 다이를 측정하는데 필요한 정밀도는 0.05 mm이고 바깥지름이 55 mm, 40 mm, 10 mm인 것을 측정하려고 한다. 알맞은 측정기는?

㉮ 마이크로미터   ㉯ 다이얼 게이지
㉰ 캘리퍼스   ㉱ 버니어캘리퍼스

037. 버니어캘리퍼스의 측정값은?

㉮ 14.40 mm
㉯ 14.42 mm
㉰ 14.45 mm
㉱ 14.50 mm

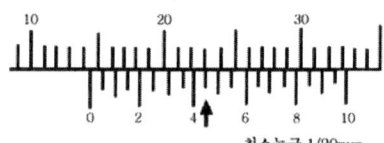

038. 버니어캘리퍼스의 측정값은?

㉮ 62.05 mm
㉯ 62.09 mm
㉰ 62.15 mm
㉱ 62.28 mm

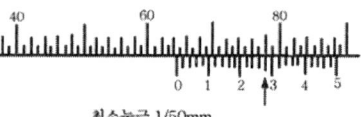

039. 하이트 게이지의 사용 목적 중 틀린 것은?

㉮ 홈의 깊이를 측정할 수 있다.
㉯ 실제 높이를 측정할 수 있다.
㉰ 금긋기를 할 수 있다.
㉱ 다이얼 게이지를 부착하여 비교 측정할 수 있다.

정답 35.㉯ 36.㉮ 37.㉰ 38.㉱ 39.㉮

040. 버니어캘리퍼스로 일반적으로 읽을 수 있는 최소 측정값은?
㉮ 1/200 mm   ㉯ 1/100 mm
㉰ 1/80 mm   ㉱ 1/20 mm

041. 하이트 게이지 중 버니어 눈금 대신 다이얼 게이지가 부착된 것은?
㉮ 다이얼 하이트 게이지   ㉯ 만능 하이트 게이지
㉰ 간이형 하이트 게이지   ㉱ HT형 하이트 게이지

042. 하이트 게이지 중 가장 많이 사용되는 것은?
㉮ HM형   ㉯ HT형
㉰ 다이얼 하이트 게이지   ㉱ HB형

043. 하이트 게이지의 종류가 아닌 것은?
㉮ HA형   ㉯ HB형
㉰ HT형   ㉱ HM형

044. 높이를 측정하는 측정기는?
㉮ 게이지 블록   ㉯ 하이트 게이지
㉰ 스트레이트 에지   ㉱ 한계 게이지

045. −50 μm의 오차가 있는 표준편으로 세팅한 하이트 게이지로 측정한 결과 27.25 mm를 얻었다면 실제값은?
㉮ 27.25 mm   ㉯ 26.75 mm
㉰ 27.20 mm   ㉱ 27.30 mm

046. 오차가 +50 μm인 하이트 게이지로 측정한 결과 55.25 mm의 측정값을 얻었다면 실제값은?
㉮ 55.30 mm   ㉯ 55.40 mm
㉰ 55.20 mm   ㉱ 55.25 mm

정답 40.㉱ 41.㉮ 42.㉯ 43.㉮ 44.㉯ 45.㉰ 46.㉰

047. 하이트 마이크로미터의 특징 중 틀린 것은?
 ㉮ 손으로 직접 게이지 블록을 만지지 않으므로 열팽창의 염려가 없다.
 ㉯ 최소 눈금이 0.001 mm 또는 0.002 mm 로 되어 있다.
 ㉰ 표준형 본체의 측정 범위는 150～300 mm이다.
 ㉱ 여러 개의 게이지 블록이 조합되어 있기 때문에 밀착할 필요가 없고 준비할 시간이 없어 바로 측정이 가능하다.

048. 150 mm 버니어캘리퍼스의 치수 정밀도를 측정할수 있는 측정기는?
 ㉮ 각도 게이지   ㉯ 게이지 블록
 ㉰ 투영기   ㉱ 사인바

049. 다음 측정기 중 아들자와 어미자로 구성 되어 있는 것은?
 ㉮ 버니어캘리퍼스   ㉯ 마이크로미터
 ㉰ 다이얼 게이지   ㉱ 3차원측정기

050. 전기 마이크로미터의 차동변압식에서 차동식으로 하는 이유는?
 ㉮ 직선성을 양호하게 하기 위해서   ㉯ 배율을 증가시키기 위해서
 ㉰ 지시안정도를 높이기 위해서   ㉱ 전기적 연산 측정을 위해서

051. 어미자의 눈금을 필요에 따라서 0점을 조정할 수 있는 하이트 게이지는?
 ㉮ HT형 하이트 게이지   ㉯ HM형 하이트 게이지
 ㉰ 에어 플로팅 하이트 게이지   ㉱ HB형 하이트 게이지

052. 기어 이두께 버니어캘리퍼스는 기어의 무엇을 측정하는 것인가?
 ㉮ 이두께   ㉯ 이끝 높이
 ㉰ 이뿌리 높이   ㉱ 이높이

053. 읽음선과 눈금선의 거리가 250 mm에서 버니어캘리퍼스의 눈금을 읽는다. 버니어 눈금과 어미자의 눈금 단차가 0.3 mm이고 눈금의 수직 위치에서 100 mm 편위된 측면에서 읽었다면 시차는?
 ㉮ 0.012 mm   ㉯ 0.025 mm
 ㉰ 0.003 mm   ㉱ 0.12 mm

정답 47.㉰ 48.㉯ 49.㉮ 50.㉮ 51.㉮ 52.㉮ 53.㉱

해설 그림에서
A : 아래 눈금으로부터 눈까지의 거리
B : 눈 위치의 간격
h : 상하 두 눈금 간의 거리
Δf : 시차에 의한 오차

$A : B = h : \Delta f$ ∴ $\Delta f = \dfrac{B}{A} h$

윗식에 대입하면 $\Delta f = \dfrac{100 \times 0.3}{250} = 0.12\,\text{mm}$

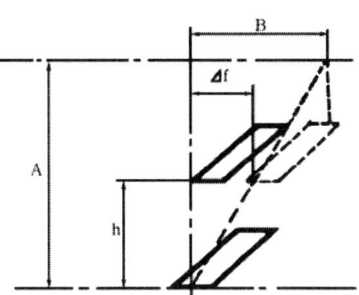

054. 아베의 원리에 위배되지 않는 측정기는?
㉮ 하이트 게이지
㉯ 버니어캘리퍼스
㉰ 외측 마이크로미터
㉱ 내측 마이크로미터

055. 0.01 mm까지 측정할 수 있는 마이크로미터 나사의 피치와 딤블의 눈금에 대하여 옳게 설명한 것은?
㉮ 피치는 0.1 mm이고 원주는 100등분되어 있다.
㉯ 피치는 0.5 mm이고 원주는 50등분되어 있다.
㉰ 피치는 0.1 mm이고 원주는 20등분되어 있다.
㉱ 피치는 0.5 mm이고 원주는 75등분되어 있다.

056. 다음 설명 중 옳은 것은?
㉮ 공기 마이크로미터는 측정부와 지시부가 떨어져서 큰 간격 조작을 할 수 있고, 자동선별 장치와 연결할 수도 있다.
㉯ 나사 마이크로미터는 수나사의 호칭지름을 측정하는 것이며, 암나사의 측정은 할 수가 없다.
㉰ 공기 마이크로미터는 피측정면과 측정기를 접촉시키고 측정하므로 정밀도가 오래 지속하지 못한다.
㉱ 마이크로미터의 라쳇은 1/2회전 공전시킨 후 눈금을 읽는다.

057. 표준형 마이크로미터로 눈금선 간격을 나누어 읽어 0.001 mm까지 측정할 때 눈금선의 굵기는?
㉮ 눈금선 간격을 2등분하여 5 μm
㉯ 눈금선 간격을 1등분하여 10 μm
㉰ 눈금선 간격을 10등분하여 1 μm
㉱ 눈금선 간격을 5등분하여 2 μm

정답 54.㉰ 55.㉯ 56.㉮ 57.㉱

058. 하이트 게이지는 그 원리상으로 볼 때 어느 게이지와 비슷한가?
㉮ 다이얼 게이지 ㉯ 한계 게이지
㉰ 버니어캘리퍼스 ㉱ 마이크로미터

059. 하이트 게이지에서 어미자의 눈금을 이동시킬 수 있는 형식은?
㉮ HT형 ㉯ 간이형 하이트 게이지
㉰ HB형 ㉱ HM형

060. 하이트 게이지에 대한 주의사항 중 틀린 것은?
㉮ 사용 전에 0점을 맞춘다.
㉯ 시차에 주의해야 한다.
㉰ 하이트 게이지는 아베의 원리에 위배되므로 가능한 한 스크라이버를 길게 늘러 사용해야 한다.
㉱ 평면도가 좋은 정반을 사용해야 하며, 먼지, 기름 등 불순물을 깨끗이 제거해야 한다.

061. 다음 표와 같은 오차를 갖는 측정기로 측정하여 10.007 mm의 값을 얻었다. 표를 보고 실제값을 구하여라.

길이(mm)	0	1	5	10	20
오차(μm)	0	0	+1	+1	+2

㉮ 10.004 ㉯ 10.005
㉰ 10.009 ㉱ 10.007

해설 5 초과 10 이하 : 1 μm, 10 초과 20 : 2 μm이다.

062. 하이트 게이지에 테스트 인디케이터를 부착하여 높이를 측정할 때 필요치 않는 부분은?
㉮ 정반 ㉯ V-블록
㉰ 게이지 블록 ㉱ 하이트 마이크로미터

063. −20 μm의 오차가 있는 표준편으로 세팅한 하이트 게이지로서 측정하여 27.25 mm를 얻었다면 실제 값은?
㉮ 27.23 mm ㉯ 27.30 mm
㉰ 27.25 mm ㉱ 26.75 mm

정답 58.㉯ 59.㉮ 60.㉰ 61.㉯ 62.㉯ 63.㉮

064. 하이트 게이지 사용상 주의점이 아닌 것은 다음 중 어느 것인가?
㉮ 아베의 원리에 맞지 않는 구조이므로 스크라이버의 어미자 가까운 곳에서 측정해야 한다.
㉯ 높이를 비교 측정할 때에는 테스트 인디케이터와 게이지 블록을 병용한다.
㉰ 시차를 없애기 위해 어미자와 아들자가 일치하는 눈금에 수직 위치에서 눈금을 읽도록 한다.
㉱ 정반에는 하이트 게이지가 잘 움직일 수 있게 기름칠을 하여야 한다.

065. 측정 길이가 1 m 이상인 대형 하이트 게이지는 어느 형인가?
㉮ HM형 ㉯ HB형
㉰ HT형 ㉱ 에어 플로팅형

066. 길이 측정에 사용되는 미소 이송량을 1/100 mm 이상의 정밀도로 확대하여 측정되는 기구로 기어를 이용한 측정기는?
㉮ 다이얼 게이지 ㉯ 마이크로미터
㉰ 옵티미터 ㉱ 미니미터

067. 다이얼 게이지로 측정할 수 없는 것은?
㉮ 환봉의 외경 ㉯ 공작물의 평면도
㉰ 편심도 ㉱ 공작물의 고저의 차이

068. 다음 기구 중 평면도 측정에 관계 없는 것은?
㉮ 3차원측정기 ㉯ 두께 게이지(thickness gauge)
㉰ 옵티컬 플랫 ㉱ 오토콜리메터

069. 다이얼 게이지의 지시 안정도(반복성)는 일반적으로 최소 눈금의 얼마 범위에 있는가?
㉮ 1눈금의 1/2 ㉯ ±1눈금 내
㉰ 1눈금의 1/5 ㉱ 1눈금의 1/3

070. 내측용 마이크로미터의 눈금은 얼마인가?
㉮ 16.47 mm
㉯ 23.48 mm
㉰ 16.53 mm
㉱ 23.53 mm

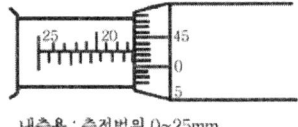

내측용 : 측정범위 0~25mm

071. 마이크로미터의 눈금은 몇 mm를 나타내는가?

㉮ 7.87 mm ㉯ 8.55 mm
㉰ 7.37 mm ㉱ 7.57 mm

해설 슬리브의 읽음   7.5
      딤블의 읽음   0.37 (+
      ─────────────────────
      마이크로미터의 읽음 7.87 mm

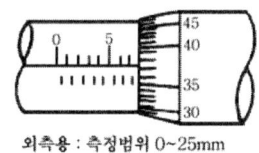

외측용 : 측정범위 0~25mm

072. 마이크로미터의 측정값은?

㉮ 7.85 mm
㉯ 7.37 mm
㉰ 7.56 mm
㉱ 8.35 mm

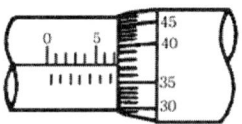

073. 마이크로미터의 측정값은?

㉮ 6.224 mm
㉯ 6.213 mm
㉰ 16.272 mm
㉱ 7.312 mm

해설 버니어 마이크로미터의 눈금 읽는 방법
      슬리브 0.5 mm 눈금의 읽음   6.0 mm
      딤블 0.01 mm 눈금의 읽음   0.21
      아들자와 딤블 눈금의 읽음   0.003 (+
      ──────────────────────────────
      마이크로미터의 읽음   6.213 mm

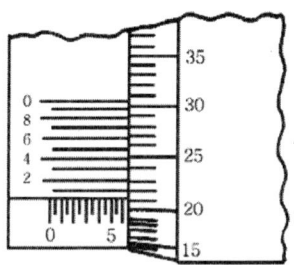

074. 마이크로미터를 보관할 때 잘못된 것은?

㉮ 항온항습실에 보관한다.
㉯ 습기가 없는 곳에 둔다.
㉰ 기름을 발라 둔다.
㉱ 앤빌과 스핀들은 측정력 9.8 N으로 밀착시켜 둔다.

정답 71.㉮ 72.㉯ 73.㉯ 74.㉱

075. 마이크로미터의 크기가 25 mm 간격으로 제작된 이유는?
  ㉮ 중량을 감소하기 위하여 나누어 만든다.
  ㉯ 앤빌 교환식은 정밀도가 낮고 측정 시간이 더 걸리므로 나누어 제작한다.
  ㉰ 1/100 mm까지 측정하기 위하여 나누어 만든다.
  ㉱ 측정 범위를 크게 하면 스핀들의 지름이 가늘고 길게 되어 부정확하다.

076. 마이크로미터에 올바른 측정력을 주기 위한 방법은?
  ㉮ 라쳇 스톱을 3~4회 돌린다.
  ㉯ 라쳇 스톱을 1.5~2회 돌린다.
  ㉰ 손가락으로 5~6회 돌린다.
  ㉱ 손가락으로 1~2회 돌린다.

077. 마이크로미터의 측정면의 평행도 검사에 필요한 것은?
  ㉮ 옵티컬 플랫   ㉯ 다이얼 게이지
  ㉰ 하이트 게이지   ㉱ 옵티컬 패러렐

078. 외측 마이크로미터의 먼지 등에 의한 대략적인 오차는?
  ㉮ 8~11 μm   ㉯ 3~5 μm
  ㉰ 1~2 μm   ㉱ 11~15 μm

079. 지시 마이크로미터에서 인디케이터부의 지시 범위는 얼마인가?
  ㉮ ±0.008 mm   ㉯ ±0.02 mm
  ㉰ ±0.05 mm   ㉱ ±0.01 mm

080. 표준 마이크로미터 스핀들 나사 피치는?
  ㉮ 0.5 mm   ㉯ 0.3 mm
  ㉰ 0.4 mm   ㉱ 0.2 mm

081. 판 두께를 측정하기에 적합한 측정기는?
  ㉮ 마이크로미터   ㉯ 반지름 게이지
  ㉰ 서피스 게이지   ㉱ 직각자

정답 75.㉱ 76.㉮ 77.㉱ 78.㉯ 79.㉯ 80.㉮ 81.㉮

082. 외측 마이크로미터의 0점을 조정할 때 배럴(슬리브) 기선과 딤블의 눈금이 0.01 mm 이하의 차이가 있을 때는 무엇을 돌려야 하나?
㉮ 스핀들
㉯ 배럴(슬리브)
㉰ 래칫 스톱
㉱ 딤블

083. 나사 마이크로미터는 나사의 무엇을 측정하는가?
㉮ 유효지름
㉯ 홈의 지름
㉰ 외경
㉱ 피치

084. 내경을 직접 측정할 수 없는 것은?
㉮ 외측 마이크로미터
㉯ 버니어캘리퍼스
㉰ 삼점식 내측 마이크로미터
㉱ 내측 마이크로미터

085. 마이크로미터에 있어서 스핀들 수나사의 피치가 0.5 mm, 딤블의 눈금이 50등분되어 있을 때 몇 mm까지 측정할 수 있는가?
㉮ 1/20 mm
㉯ 1/100 mm
㉰ 1/50 mm
㉱ 1/10 mm

086. 마이크로미터 등의 측정기를 검사하는데 사용하는 측정기는?
㉮ 다이얼 게이지
㉯ 한계 게이지
㉰ 버니어캘리퍼스
㉱ 게이지 블록

087. 마이크로미터 중 한계 게이지 대용으로 대량 생산 부품의 측정에도 사용할 수 있는 것은?
㉮ 표준 마이크로미터
㉯ 포인트 마이크로미터
㉰ 지시 마이크로미터
㉱ 내측 마이크로미터

088. 마이크로미터 스핀들의 피치는 0.5 mm, 딤블의 원주를 200등분하였다면 최소 눈금은 얼마인가?
㉮ 0.0025 mm
㉯ 0.001 mm
㉰ 0.02 mm
㉱ 0.5 mm

정답 82.㉯ 83.㉮ 84.㉮ 85.㉯ 86.㉱ 87.㉰ 88.㉮

089. 마이크로미터의 앤빌과 스핀들 양 측정면을 맞추었더니 슬리브의 기선에 0.02 mm의 눈금이 일치하였다. 이것으로 측정하여 20.74 mm를 얻었다면 실체 치수는?
㉮ 20.74 mm ㉯ 20.76 mm
㉰ 20.72 mm ㉱ 20.78 mm

090. 서피스 게이지를 이용하여 평행선을 그을 때 필요하지 않은 것은?
㉮ 강철자 ㉯ 마이크로미터
㉰ 정반 ㉱ 금긋기 물감

091. 다음 측정기 중 가장 정확한 측정값을 얻을 수 있는 것은?
㉮ 하이트 게이지 ㉯ 버니어캘리퍼스
㉰ 다이얼 게이지 ㉱ 마이크로미터

092. 마이크로미터의 정밀도와 큰 관계가 없는 것은?
㉮ 측정면의 평면도 ㉯ 측정면의 평행도
㉰ 나사부의 흔들림 ㉱ 프레임의 표면거칠기

093. 구멍의 지름이나 홈의 나비를 측정할 때에는 어떤 측정기구가 적합한가?
㉮ 내측 마이크로미터 ㉯ 외경 마이크로미터
㉰ 다이얼 게이지 ㉱ 게이지 블록

094. 마이크로미터의 기차 측정의 기준이 되는 것은?
㉮ 게이지 블록 ㉯ 옵티컬 플랫
㉰ 다이얼 게이지 ㉱ 옵티컬 패러렐

095. 100 mm 이하의 마이크로미터 측정력은?
㉮ 5~15 N ㉯ 15~25 N
㉰ 25~35 N ㉱ 35~50 N

096. 다음 중 아베의 원리에 맞는 측정기는?
㉮ 캘리퍼형 내측 마이크로미터 ㉯ 봉형(단체형) 내측 마이크로미터
㉰ 버니어캘리퍼스 ㉱ 하이트 게이지

정답 89.㉰ 90.㉯ 91.㉱ 92.㉱ 93.㉮ 94.㉮ 95.㉮ 96.㉯

097. 마이크로미터의 정밀도와 관계가 없는 것은?
　　㉮ 제작회사　　　　　　　　㉯ 나사부의 흔들림
　　㉰ 측정면의 평면도　　　　　㉱ 측정면의 평행도

098. 마이크로미터로 제품을 측정할 때에 먼저 게이지 블록으로 정밀도를 확인한 후 측정하였다. 며칠 후 다시 측정한 결과 치수가 작아졌다. 그 이유는?
　　㉮ 일감의 절삭열에 의해 팽창한 상태로 측정했기 때문에
　　㉯ 측정한 장소가 바뀌었기 때문에
　　㉰ 측정값을 잘못 읽었기 때문에
　　㉱ 측정자가 바뀌었기 때문에

099. 마이크로미터의 부품이 아닌 것은?
　　㉮ 앤빌　　　　　　　　　　㉯ 버니어
　　㉰ 슬리브(배럴)　　　　　　㉱ 테이퍼 너트

100. 브이 앤빌 마이크로미터(V-anvil micrometer)의 용도는?
　　㉮ 나사 측정　　　　　　　㉯ 홀수홈의 탭 또는 리머 바깥지름 측정
　　㉰ 드릴 홈 지름 측정　　　㉱ 내측 홈 측정

101. 외측 마이크로미터 측정면의 평면도는 얼마 이하로 하는가?
　　㉮ 1 μm　　　　　　　　　㉯ 1.5 μm
　　㉰ 2 μm　　　　　　　　　㉱ 2.5 μm

102. 마이크로미터 스핀들 나사부의 흔들림 조정에 사용되는 것은?
　　㉮ 스핀들　　　　　　　　㉯ 테이퍼 너트
　　㉰ 래칫 스톱　　　　　　　㉱ 클램프

103. 측정 범위 200~225 mm의 마이크로미터 종합 정도가 ±4 μm이고, 또한 기준봉의 허용치가 ±4 μm이라면 기준봉 0점 조정시 최대 오차는 몇 μm인가?
　　㉮ ±6 μm　　　　　　　　㉯ ±8 μm
　　㉰ 0　　　　　　　　　　　㉱ ±4 μm

정답　97.㉮　98.㉮　99.㉯　100.㉯　101.㉮　102.㉯　103.㉮

104. 어떤 공작물의 공차가 0.01 mm일 때 가장 적합한 측정기의 최소 눈금은?

㉮ 0.01 mm ㉯ 0.02 mm
㉰ 0.001 mm ㉱ 0.1 mm

105. 마이크로미터의 기준봉(25 mm)이 −4 μm의 오차를 가지고 있다. 이 기준봉으로 영점 조정한 마이크로미터로서 30.504 mm의 측정값을 얻었다면 실제 치수는 얼마인가?

㉮ 30.508 mm ㉯ 30.512 mm
㉰ 30.500 mm ㉱ 30.502 mm

106. 레버식 다이얼 테스트 인디케이터 사용시 측정물에 접촉하는 인디케이터 측정자가 측정면과 이루는 적절한 각도는?

㉮ 가능한 각도를 작게 한다. ㉯ 가능한 한 각도를 크게 한다.
㉰ 45°로 한다. ㉱ 60°로 한다.

107. 지시 마이크로미터에 대한 설명 중 잘못된 것은?

㉮ 사용자의 전문 기술이 필요하다. ㉯ 다이얼 게이지가 장치되어 있다.
㉰ 최소 눈금은 0.001~0.002 mm이다. ㉱ 한계게이지 대용으로 사용할 수 있다.

108. 마이크로미터의 나사 피치가 A이고, 딤블이 N등분되어 있다면 최소 눈금 C를 나타내는 식은?

㉮ $C = N \times A$ ㉯ $C = \frac{1}{N} \times A$

㉰ $C = 2/N \times A$ ㉱ $C = \frac{N}{A}$

109. 측정할 안지름이 큰 경우에 쓰이는 것은?

㉮ 내측 마이크로미터 ㉯ 봉형(단체형) 내측 마이크로미터
㉰ 특수 마이크로미터 ㉱ 지시 마이크로미터

110. 마이크로미터 사용법으로 부적당한 것은?

㉮ 공작물에 앤빌을 가볍게 대고 래칫 스톱으로 5~15 N의 측정력을 가한다.
㉯ 사용 전에 0점이 맞는지 점검한다.
㉰ 외측 마이크로미터의 스핀들과 앤빌 끝은 반원형이, 내측 마이크로미터의 앤빌 끝은 평면형이 좋다.
㉱ 앤빌과 스핀들이 공작물에 똑바로 되도록 측정해야 한다.

정답 104.㉮ 105.㉯ 106.㉮ 107.㉮ 108.㉯ 109.㉯ 110.㉰

111. +2 µm의 계기 자체 오차를 가진 외측 마이크로미터로 측정한 값이 12.28 mm이다. 실제의 길이는?

㉮ 12.26 mm   ㉯ 12.278 mm
㉰ 12.282 mm   ㉱ 12.28 mm

해설   계기오차 = 측정치 - 실제치
실제치 = 측정치 - 계기오차 = 12.28 - (+0.002) = 12.278 mm

112. 다음 마이크로미터에 대한 설명 중 잘못 설명한 것은?

㉮ 래칫은 측정력을 일정하게 하기 위한 장치이다.
㉯ 먼지에 의한 측정 오차는 2~3 µm 정도이다.
㉰ 스핀들을 클램프로 고정하여 스냅 게이지로 사용할 수 있다.
㉱ 봉형 마이크로미터는 외측을 측정하는데 사용한다.

113. 마이크로미터 검사시 필요하지 않은 것은?

㉮ 평행광선 정반(optical parallel)   ㉯ 게이지 블록(gauge block)
㉰ 클리노미터(clinometer)   ㉱ 광선정반(optical flat)

114. 마이크로미터의 래칫 스톱에 대한 설명 중 옳지 않은 것은?

㉮ 래칫 스톱의 역할은 측정력을 일정하게 하여 주는 것이다.
㉯ 래칫 스톱은 지시 마이크로미터에 부착되는 것으로, 일종의 클램프이다.
㉰ 래칫 스톱은 스핀들이 한쪽 방향으로만 전진하게끔 조정하는 경우 이용된다.
㉱ 래칫 스톱의 원리는 원심력을 이용한 것이다.

115. 옵티컬 플랫에 의해 마이크로미터 측정면의 평면도 검사시 간섭무늬가 2개 나타났으면 평면도는 몇 µm인가?(측정에 사용한 빛의 파장은 0.6 µm이다.)

㉮ 0.3   ㉯ 0.6
㉰ 0.9   ㉱ 1.2

116. 옵티컬 플랫에서 급수가 1급이면 평면도 허용값은?

㉮ 0.025 µm   ㉯ 0.05 µm
㉰ 0.1 µm   ㉱ 0.2 µm

해설   1급은 0.05 µm, 2급은 0.1 µm로 정해져 있다.(KS B 5241)

정답   111.㉯ 112.㉱ 113.㉰ 114.㉯ 115.㉯ 116.㉯

117. 다음 마이크로미터 중 한계 게이지 대용으로 대량 생산물 측정에 적합한 것은?
㉮ 기어 마이크로미터 ㉯ 다이얼 게이지 부착 마이크로미터
㉰ 디지털 마이크로미터 ㉱ 그루브 마이크로미터

118. 미소 이동량의 확대 지시 장치에 해당하지 않는 것은?
㉮ 나사를 이용한 것 – 마이크로미터
㉯ 레버를 이용한 것 – 레버미터
㉰ 기어를 이용한 것 – 다이얼 게이지
㉱ 광학 확대장치를 이용한 것 – 옵티미터

119. 옵티컬 플랫(optical flat)에 대한 설명 중 옳은 것은?
㉮ 간섭무늬는 많은 쪽이 평면도가 좋다.
㉯ 간섭무늬가 일정한 거리로 곡선이 되면 평면도는 좋다.
㉰ 간섭무늬의 간격이 일정치 않을 경우 평면도는 좋다.
㉱ 옵티컬 플랫의 중앙을 살짝 눌러서 간섭무늬가 바깥쪽으로 움직이면 凸면이다.

> **해설** 광선정반은 평면도를 조사하는 것으로, 간섭무늬의 수가 적고, 등거리, 평행직선으로 나타날 때에 다듬질면이 좋은 평면이다. 간섭무늬가 평행직선이라도 등거리로 나타나지 않으면 면은 凹 또는 凸로 되었다. 凹면인가 凸면인가를 확인하는 데는, 광선정반의 중앙을 살짝 눌러서 간섭무늬가 바깥쪽으로 움직이면 그 凸면이며, 반대 방향으로 움직이면 凹면이다.

120. KS에서 규정하고 있는 외측 마이크로미터(0~25 mm)의 스핀들 이송 오차(편차)는 얼마를 초과하지 말아야 하는가?
㉮ 1 μm ㉯ 2 μm
㉰ 3 μm ㉱ 4 μm

121. 다음 그림은 광선정반에 의한 평면도 측정 방법이다. 평면도는?(단, b/a=1/4이고, 광선의 평균 파장은 0.64 μm로 한다.)
㉮ 0.08 μm
㉯ 0.16 μm
㉰ 1.28 μm
㉱ 2.56 μm

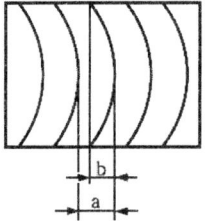

122. 평행광선정반으로 마이크로미터 측정면을 검사하였더니 스핀들측에 2개, 앤빌측에 3개의 무늬가 나타났다. 평행도는?(단, 간섭무늬의 반파장은 0.32 μm이다.)
㉮ 0.32 μm ㉯ 1.92 μm
㉰ 1.6 μm   ㉱ 0.8 μm

123. 게이지 블록 교정시 광파 간섭 측정법을 이용하는 게이지 블록 등급은?
㉮ 1급 ㉯ 2급
㉰ 0급 ㉱ K급

124. 강제 게이지 블록의 선팽창계수는?
㉮ $(5\pm0.2)\times10^{-6}$/℃   ㉯ $(11.5\pm0.1)\times10^{-6}$/℃
㉰ $(9\pm0.3)\times10^{-6}$/℃   ㉱ $(13\pm0.4)\times10^{-6}$/℃

125. 길이 측정에 사용되는 측정기의 설명 중 틀린 것은?
㉮ 마이크로미터 : 나사 이용
㉯ 옵티미터 : 광학 확대장치 이용
㉰ 미니미터 : 전기용량의 변화 이용
㉱ 다이얼 게이지 : 기어를 이용

126. 게이지 블록의 부속품이 아닌 것은?
㉮ 기준봉   ㉯ 평형 조
㉰ 둥근형 조 ㉱ 홀더 포인트

127. 길이가 긴 게이지 블록의 양 끝면이 가장 평행하게 하기 위한 지지점은?(l : 게이지 블록의 길이)
㉮ 0.2203 l ㉯ 0.2113 l
㉰ 0.2386 l ㉱ 0.2232 l

128. 30 mm 게이지 블록을 사용하여 측정하였을 때 마이크로미터 읽음값이 30.003 mm였다. 그 위치에 있어서의 오차는?
㉮ 0.03 mm ㉯ 0.3 mm
㉰ -3 μm   ㉱ 3 μm

정답 122.㉰ 123.㉱ 124.㉯ 125.㉰ 126.㉮ 127.㉯ 128.㉱

129. 강(steel)제 게이지 블록의 경도는 얼마 이상이여야 하는가?
㉮ 800 HV ㉯ 700 HV
㉰ 50 HRC ㉱ 60 HRC

130. 게이지 블록이 밀착이 잘 되려면 다음 중에서 옳은 것은?
㉮ 평면도 ㉯ 진직도
㉰ 중앙 치수 ㉱ 평행도

131. 게이지 블록의 표준 조합이 아닌 것은?
㉮ 76개조 ㉯ 47개조
㉰ 32개조 ㉱ 7개조

132. 게이지 블록 103개조에서 가장 큰 치수는?
㉮ 80 mm ㉯ 70 mm
㉰ 100 mm ㉱ 90 mm

133. 게이지 블록 103개조에서 가장 작은 치수는?
㉮ 1.0 mm ㉯ 0.5 mm
㉰ 1.005 mm ㉱ 1.01 mm

134. 게이지 블록의 재질이 아닌 것은?
㉮ 초경합금 ㉯ 유리
㉰ 세라믹 ㉱ 강

135. 게이지 블록의 용도별 등급이 아닌 것은?
㉮ 표준용 ㉯ 공작용
㉰ 비교용 ㉱ 참조용

136. 1급 게이지 블록은 주로 무슨 용도로 사용하는가?
㉮ 참조용 ㉯ 표준용
㉰ 공작용 ㉱ 검사용

정답 129.㉮ 130.㉮ 131.㉯ 132.㉰ 133.㉯ 134.㉯ 135.㉰ 136.㉱

137. 2급 게이지 블록은 주로 무슨 용도로 사용하는가?
 ㉮ 공작용 ㉯ 표준용
 ㉰ 비교용 ㉱ 참조용

138. 게이지의 정도검사, 기계부품 및 공구 등의 검사에 쓰는 게이지 블록 등급은?
 ㉮ K급 ㉯ 0급
 ㉰ 1급 ㉱ 2급

139. 게이지 블록의 종류가 아닌 것은?
 ㉮ 요한슨형 ㉯ 캐리형
 ㉰ 테일러형 ㉱ 호크형

140. 0급 게이지 블록을 교정할 때 교정실의 온도는?
 ㉮ 20℃±0.2℃ ㉯ 20℃±0.5℃
 ㉰ 20℃±1.2℃ ㉱ 20℃±0.8℃

141. 게이지 블록의 부속품의 종류가 아닌 것은?
 ㉮ 직각자 ㉯ 베이스 블록
 ㉰ 센터 포인트 ㉱ 스크라이버 포인트

142. 표준, 참조용으로 사용되는 게이지 블록은?
 ㉮ 0급 ㉯ K급
 ㉰ 2급 ㉱ 1급

143. 20℃에서 200 mm의 게이지 블록을 손으로 만져서 36℃가 되었다. 이때 게이지 블록에 생긴 오차는?(단, $\alpha = 10 \times 10^{-6}$ ℃ 이다.)
 ㉮ 3.2 μm ㉯ 32 μm
 ㉰ 6.4 μm ㉱ 64 μm

144. 게이지 블록의 부속품으로 내경을 측정할 때 필요치 않은 것은?
 ㉮ 게이지 블록 ㉯ 스크라이버 포인트
 ㉰ 둥근형 조 ㉱ 홀더

정답 137.㉮ 138.㉰ 139.㉯ 140.㉮ 141.㉮ 142.㉮ 143.㉯ 144.㉯

145. +2 μm의 오차가 있는 게이지 블록으로(길이 20 mm) 다이얼 게이지는 0눈금에 세팅해서(최소 눈금 0.001 mm) 지침이 3눈금 적게 돌아갔다면 실제 치수는?
- ㉮ 19.999 mm
- ㉯ 19.997 mm
- ㉰ 20.005 mm
- ㉱ 20.003 mm

146. 다음 중 석정반의 장점이 아닌 것은 어느 것인가?
- ㉮ 밀착이 잘 된다.
- ㉯ 수명이 길다.
- ㉰ 경년 변화가 거의 없다.
- ㉱ 안정성이 있다.

147. 기계 부품이나 공구 검사에 쓰이는 게이지 블록의 등급은?
- ㉮ 0급
- ㉯ 1급
- ㉰ K급
- ㉱ 2급

148. 게이지 블록의 교정을 비교측정에 의하지 않는 게이지블록 등급은?
- ㉮ 0급
- ㉯ 1년
- ㉰ 2급
- ㉱ K급

149. 게이지 블록 교정시 표준 온도는?
- ㉮ 20 ℃
- ㉯ 19 ℃
- ㉰ 18 ℃
- ㉱ 22.5 ℃

150. 게이지 블록의 밀착 상태, 돌기의 유무, 평면도를 알아보는 측정기는?
- ㉮ 오토콜리메이터
- ㉯ 석정반
- ㉰ 스트레이트 에지
- ㉱ 광선정반(optical flat)

151. 게이지 블록의 세척용으로 사용하지 않는 것은?
- ㉮ 휘발유
- ㉯ 경유
- ㉰ 벤젠
- ㉱ 알콜

152. 게이지 블록의 완성 가공법은?
- ㉮ 호닝
- ㉯ 래핑
- ㉰ 슈퍼피니싱
- ㉱ 전해연마

정답 145.㉮ 146.㉮ 147.㉯ 148.㉱ 149.㉮ 150.㉱ 151.㉯ 152.㉯

153. 게이지 블록의 형상이 원형 모양인 것은?
㉮ 캐리형   ㉯ 요한슨형
㉰ 호크형   ㉱ NPL형

154. 게이지 블록 취급상 주의사항이 아닌 것은?
㉮ 측정면은 숫돌로 갈아낸 다음 측정할 것.
㉯ 사용 후 방청유를 발라 둔다.
㉰ 먼지가 없는 건조한 실내에서 사용할 것.
㉱ 목재나 가죽, 천 가제 위에서 취급할 것.

155. 게이지 블록의 특징이 아닌 것은?
㉮ 정밀도가 매우 높다.
㉯ 사용하기가 편리하다.
㉰ 많은 수량으로 밀착할수록 정도가 높아진다.
㉱ 광파장으로부터 직접 길이를 결정할 수 있다.

156. 게이지 블록의 부속품을 이용하여 금긋기를 할 때 필요 없는 것은?
㉮ 베이스 블록   ㉯ 둥근형 조
㉰ 홀더   ㉱ 스크라이버 포인트

157. 게이지 블록의 최대 치수와 최소 치수의 차는 무엇인가?
㉮ 치수편차   ㉯ 공차
㉰ 치수오차   ㉱ 중앙치수

158. 표준온도 20℃에서 100 mm의 게이지 블록을 손으로 만져 21℃가 되었을 때, 게이지 블록에 생기는 오차는 얼마인가?(단, 강의 열팽창계수는 11.5×10^{-6}/℃)
㉮ 11.5 μm   ㉯ 1.15 μm
㉰ 6.15 μm   ㉱ 16.5 μm

159. 게이지 블록 치수 조립에 관계가 적은 것은?
㉮ 되도록 최소 개수로 밀착한다.
㉯ 맨 끝자리 숫자부터 고른다.
㉰ 소숫점 아래 치수가 5보다 큰 경우는 우선 5를 뺀 나머지 숫자를 고른다.
㉱ 밀착이 잘되게 하기 위하여 기름을 바른다.

정답 153.㉮ 154.㉮ 155.㉰ 156.㉯ 157.㉮ 158.㉯ 159.㉱

160. 게이지 블록의 치수가 26.835로 옳게 조립된 것은?

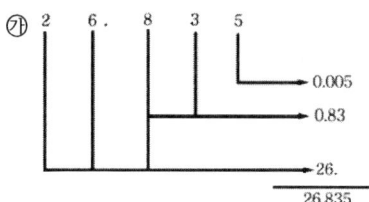
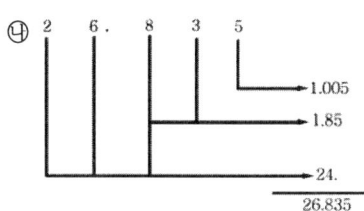
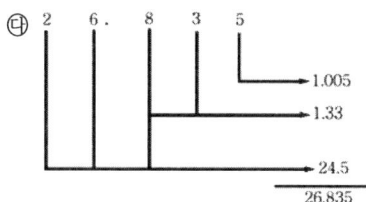
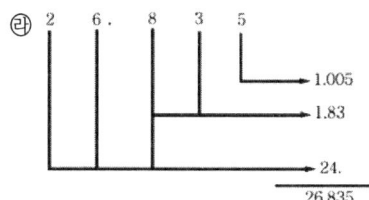

161. 다이얼 게이지가 최소눈금 0.001 mm, 측정범위 1 mm일 때 인접오차를 구하는 범위는?
  ㉮ 2회전   ㉯ 3회전
  ㉰ 4회전   ㉱ 5회전

162. 게이지 블록에 관한 설명 중 틀린 것은?
  ㉮ 게이지 블록만으로도 안지름을 측정할 수가 있다.
  ㉯ 각도를 측정할 때 사인 바와 같이 사용된다.
  ㉰ 밀착된 상태로 보관하면 떼기가 힘들다.
  ㉱ 기름을 약간 묻히면 밀착이 잘 된다.

163. 게이지 블록의 측정면처럼 정밀도가 높고, 경면인 작은 일감의 평면도를 측정하는 것은?
  ㉮ 옵티컬 플랫
  ㉯ 정밀한 자로 측정하는 것.
  ㉰ 마이크로미터에 의한 측정
  ㉱ 다이얼 게이지가 부착된 서피스 게이지에 의한 측정

164. 게이지 블록 정도 검사에 사용할 수 없는 것은?
  ㉮ 테스트 인디케이터   ㉯ 간섭 측미기
  ㉰ 전기 마이크로미터   ㉱ 프로젝션 옵티미터

정답 160.㉰ 161.㉮ 162.㉮ 163.㉮ 164.㉮

165. 다음 측정기 중 실제 치수와 표준 치수와의 차를 측정하는 것은?
㉮ 한계게이지　　　　　　　㉯ 마이크로미터
㉰ 게이지 블록　　　　　　　㉱ 캘리퍼스

166. 게이지 블록의 밀착의 세기는?
㉮ 200~400 N　　　　　　　㉯ 5~10 N
㉰ 30~50 N　　　　　　　　㉱ 450~550 N

167. 게이지 블록의 용도가 아닌 것은?
㉮ 측정기 교정에 이용　　　　㉯ 암나사 유효지름 측정에 이용
㉰ 사인바 이용 각도 측정에 이용　㉱ 높이 비교측정에 이용

168. 밀착(wringing)이란?
㉮ 게이지 블록의 양단 지지방법
㉯ 필요한 치수를 만들기 위하여 게이지 블록을 선택하는 방법
㉰ 게이지 블록을 이용한 높이 측정 방법
㉱ 게이지 블록의 두 사용면을 서로 잘 누르면서 밀착시키는 것.

169. 게이지 블록의 부속품을 사용하여 다음 공구 기능을 대응할 수 없는 것은?
㉮ 하이트 게이지　　　　　　㉯ 컴퍼스
㉰ 한계 게이지　　　　　　　㉱ 다이얼 게이지

170. 강제 게이지 블록 측정면의 경도는?
㉮ 800 HV 이상　　　　　　㉯ 50 HRC 이상
㉰ 600 HV 이상　　　　　　㉱ 40 HRC 이상

171. 광선정반을 게이지 블록 위에 올려놓고, 광선정반을 살며시 눌렀더니 간섭무늬가 가운데로 움직였다고 한다. 이때 중앙 부분의 상태는 어떠한가?
㉮ 볼록한 면이다.
㉯ 오목한 면이다.
㉰ 양호한 평면이다.
㉱ 중앙 부분은 평면이고, 양끝이 경사져 있다.

정답 165.㉯ 166.㉮ 167.㉯ 168.㉱ 169.㉱ 170.㉮ 171.㉯

172. 요한슨식 게이지 블록의 폭과 길이는 얼마인가?
  ㉮ 9×25 mm
  ㉯ 9×35 mm
  ㉰ 12×35 mm
  ㉱ 10×25 mm

173. 게이지 블록의 형태 중 일반적으로 가장 많이 쓰이는 형식은?
  ㉮ 호크형
  ㉯ 자이러형
  ㉰ 요한슨형
  ㉱ 캐리형

174. 게이지 블록으로 17.485mm를 조합하려고 할 때, 가장 오차가 적은 것은?(단, 숫자는 게이지 블록의 치수임)
  ㉮ 1.005+1.48+15.00
  ㉯ 1.005+1.48+12.00+3.00
  ㉰ 1.001+0.004+1.48+15.00
  ㉱ 1.005+1.08+1.40+15.00

175. 비교측정기를 게이지 블록으로서 영점 조정한 후 피측정물을 측정하였더니 28.284의 치수를 얻었다. 이때 측정오차가 +2 ㎛이었으며, 게이지 블록의 치수오차도 −2 ㎛이었다면 실제 치수는?
  ㉮ 28.280 mm
  ㉯ 28.282 mm
  ㉰ 28.284 mm
  ㉱ 28.288 mm

  해설 우선 게이지 블록의 실제 치수를 구한 다음 그 측정값에 측정오차를 보정하여 준다.
  28.284 - 2 ㎛ - 2 ㎛ = 28.280 mm

176. 측장기를 설명한 것 중 틀린 것은?
  ㉮ 길이 측정기이다.
  ㉯ 높이의 비교측정기이다.
  ㉰ 정도가 높다.
  ㉱ 비교적 큰 치수의 것도 측정할 수 있다.

177. 측장기로 측정할 수 없는 것은?
  ㉮ 내경
  ㉯ 암나사
  ㉰ 기어 피치원
  ㉱ 나사의 유효지름

정답 172.㉯ 173.㉰ 174.㉮ 175.㉮ 176.㉯ 177.㉰

178. 만능측장기(최대 측정 범위 300 mm)로 표준자 200 mm인 위치에서 베드면의 변형에 의한 심압대의 기울기가 12′이라면, 이로 인한 측장기 눈금읽은오차는?

㉮ 0.605 μm ㉯ 0.022 μm
㉰ 0.112 μm ㉱ 0.088 μm

179. 만능측장기(최대 100 mm)로 표준자 90 mm인 위치에서 베드면의 변형에 의한 심압대의 기울기가 10′이라면, 이로 인한 측장기의 눈금 읽음오차는?

㉮ 0.1 μm ㉯ 0.261 μm
㉰ 0.28 μm ㉱ 0.042 μm

해설 $\Delta l = (L-l)\dfrac{1}{2}\theta^2 = (100-90) \times \dfrac{1}{2}(10' \times 2.9 \times 10^{-4})^2$

θ 는 여기에서 rad이다.
$1' = 2.9 \times 10^{-4}$ rad

180. 측장기에 대한 설명 중 틀린 것은?

㉮ 비교적 소형 치수의 측정에 쓰인다.
㉯ 각종 게이지나 정밀 공구의 측정에 쓰인다.
㉰ 측정의 최소 눈금은 0.001 mm 이상으로 고정밀 측정이 된다.
㉱ 현미경 고정식, 현미경 이동식의 2가지가 있다.

181. 다이얼 게이지로 2 mm의 편심작업을 하고자 할 때 공작물을 1회전시켰다면 최고점과 최저점의 차이는?

㉮ 4 mm ㉯ 6 mm
㉰ 2 mm ㉱ 8 mm

182. 다음 중 다이얼 게이지가 부착되지 않은 측정기는?

㉮ 실린더 게이지 ㉯ 텔레스코핑 게이지
㉰ 스몰 홀 게이지 ㉱ 구면계

183. 다음 중 다이얼 게이지의 특성이 아닌 것은?

㉮ 시차가 적다. ㉯ 직접 측정이 편리하고 정밀하다.
㉰ 측정 범위가 넓다. ㉱ 다원 측정이 가능하다.

정답 178.㉮ 179.㉱ 180.㉮ 181.㉮ 182.㉯ 183.㉯

184. 최소 눈금이 0.01 mm 지렛대식 다이얼 테스트 인디케이터의 좁은 범위 구간은?
  ㉮ 0.2 mm ㉯ 0.5 mm
  ㉰ 0.8 mm ㉱ 0.1 mm

185. 다음 다이얼 게이지(0.01 mm)의 구조로써 운동의 전달이 맞는 순서로 된 것은?
  ㉮ 스핀들 → 랙 → 피니언 → 제1기어 → 지침 피니언 → 지침
  ㉯ 스핀들 → 피니언 → 가이드 핀 → 제1기어 → 지침 피니언 → 지침
  ㉰ 스핀들 → 피니언 → 랙 → 제1기어 → 지침
  ㉱ 스핀들 → 랙 → 피니언 → 제1기어 → 헤어 코일 → 지침

186. 다이얼 게이지의 취급 설명 중 틀린 것은?
  ㉮ 스핀들이 원활하게 움직이지 않으면 고급 스핀들유를 주입한다.
  ㉯ 건조한 헝겊으로 닦아서 보관한다.
  ㉰ 스핀들이 잘 움직이지 않으면 휘발유로 세척한다.
  ㉱ 스핀들의 측정자는 공작물과 가볍게 접촉되도록 한다.

187. 테스트 인디케이터의 사용 목적 중 틀린 것은?
  ㉮ 평행도 측정 ㉯ 비교 측정
  ㉰ 평면도 측정 ㉱ 깊이 측정

188. 다이얼 게이지에 의한 진원도 측정법이 아닌 것은?
  ㉮ 3점법 ㉯ 직경법
  ㉰ 반경법 ㉱ 촉침법

189. 다이얼 게이지는 다음 중 어느 측정 방법이 좋은가?
  ㉮ 간접 측정 ㉯ 절대 측정
  ㉰ 비교 측정 ㉱ 각도 측정

190. 다이얼 게이지가 최소 눈금이 $\frac{1}{1000}$ mm 일 때 되돌림 오차는?
  ㉮ 약 1 μm ㉯ 약 2 μm
  ㉰ 약 3 μm ㉱ 약 4 μm

정답 184.㉱ 185.㉮ 186.㉮ 187.㉱ 188.㉱ 189.㉰ 190.㉰

191. 다이얼 게이지를 이용하여 링게이지, 내경 등의 안지름 측정에 사용되는 것은?
㉮ 지침 측미기 ㉯ 지렛대식 다이얼테스트 인디케이터
㉰ 실린더 게이지 ㉱ 백 플런저형 다이얼 게이지

192. 다이얼 게이지의 보관 또는 취급시 주의사항이 아닌 것은?
㉮ 충격에 주의해야 한다. ㉯ 건조한 곳에 보관해야 한다.
㉰ 측정 방향은 일치해야 한다. ㉱ 스핀들에는 반드시 고급 오일을 급유한다.

193. 비교 측정용 다이얼 게이지는 어느 오차가 적어야 하는가?
㉮ 광범위 오차 ㉯ 되돌림 오차
㉰ 측정력 ㉱ 인접오차

194. 다음 중 내경 측정에만 이용되는 것은?
㉮ 실린더 게이지 ㉯ 버니어캘리퍼스
㉰ 측장기 ㉱ 게이지 블록

195. 다이얼 게이지로 원통체의 공작물의 진원도를 측정할 때 다음 중 꼭 필요한 것은?
㉮ 캘리퍼스 ㉯ V-블록
㉰ 서피스 게이지 ㉱ 버니어캘리퍼스

196. 다이얼 게이지의 되돌림 오차를 줄이기 위한 것은?
㉮ 제1차 기어 ㉯ 코일 스프링
㉰ 헤어 코일 ㉱ 선형 기어

197. 보통형 다이얼 게이지 0.01 mm의 확대 방식은?
㉮ 레버 ㉯ 기어(gear)
㉰ 레버와 나사 ㉱ 나사

198. 다이얼 게이지에 있어서 오차의 상한 하한 관계를 표시하여 검사에 편리하게 한 것은?
㉮ 단침 ㉯ 장침
㉰ 한계지침 ㉱ 클램프

정답 191.㉰ 192.㉱ 193.㉱ 194.㉮ 195.㉯ 196.㉰ 197.㉯ 198.㉰

199. 다이얼 게이지의 기능을 이용하여 버니어캘리퍼스에 정압장치를 만들어 개인오차를 없애고, 최소값을 0.01 mm로 높일 수 있는 것은?
㉮ 다이얼 캘리퍼스
㉯ 정압 버니어캘리퍼스
㉰ 오프셋 버니어캘리퍼스
㉱ 스위벨 조 버니어캘리퍼스

200. −2 µm의 오차가 있는 게이지 블록을 이용하여 0점 세팅을 하고 측정 결과가 23.035였고 측정오차는 −2 µm였을 때 실제 치수는?
㉮ 23.039 mm ㉯ 23.033 mm
㉰ 23.035 mm ㉱ 23.037 mm

201. 테스트 인디케이터의 측정자는 오차를 줄이기 위한 측정면과의 각도는?
㉮ 각도를 10~30도로 설정한다. ㉯ 가능한 한 각도를 크게 한다.
㉰ 각도를 30도 이상으로 설정한다. ㉱ 가능한 한 각도를 작게 한다.

202. 25 mm 게이지 블록으로 다이얼 게이지 0점에 맞추고 비교측정하였더니 3눈금이 더 돌아갔다면, 이때의 치수는?(단, 최소 눈금이 0.001 mm)
㉮ 25.000 mm ㉯ 25.003 mm
㉰ 24.000 mm ㉱ 24.997 mm

203. 다이얼 게이지로 원통부품의 진원도를 3점법으로 측정하려고 할 때 필요한 공구는?
㉮ 사인 바
㉯ V-블록
㉰ 캘리퍼스
㉱ 마이크로미터

204. 다이얼 게이지에 대한 설명 중 옳은 것은?
㉮ 스핀들의 급유는 동물유를 사용한다.
㉯ 지렛대식은 좁은 장소의 측정에 적합하다.
㉰ 다이얼 게이지 단독으로 측정할 수 있다.
㉱ 지렛대식 다이얼 테스트 인디케이터 쪽이 스핀들식보다 측정압이 크다.

정답 199.㉯ 200.㉰ 201.㉱ 202.㉯ 203.㉯ 204.㉯

205. 시차를 방지하는 방법으로 적당하지 못한 것은?
   ㉮ 눈금의 위치는 눈금판에 대하여 수직이 되도록 한다.
   ㉯ 측정값을 숫자로 표시되도록 한다.
   ㉰ 눈의 위치는 눈금판에 대하여 45°되게 한다.
   ㉱ 측정기에 따라서는 2중 표선을 사용한다.

206. 피스톤의 실린더 내경 검사에 쓰이는 실린더 게이지에 사용하는 측정기는?
   ㉮ 다이얼 게이지   ㉯ 게이지 블록
   ㉰ 마이크로미터   ㉱ 버니어캘리퍼스

207. 다이얼 게이지의 보관 또는 취급시 주의사항이 아닌 것은?
   ㉮ 스핀들과 앤빌을 접촉시켜 보관해야 한다.
   ㉯ 건조한 곳에 보관해야 한다.
   ㉰ 방청유를 칠하여 보관한다.
   ㉱ 충격에 주의해야 한다.

208. 구멍의 안지름 측정에 사용하기가 가장 곤란한 것은?
   ㉮ 버니어캘리퍼스   ㉯ 실린더 게이지
   ㉰ 스냅 게이지   ㉱ 플러그 게이지

209. 다이얼 게이지 취급 중 틀린 것은?
   ㉮ 충격에 주의한다.
   ㉯ 스핀들이 잘 움직이지 않을 때 휘발유로 세척한 후 스핀들유를 칙한다.
   ㉰ 보관시에는 건조한 헝겊으로 닦아서 보관한다.
   ㉱ 스핀들은 공작물에 가볍게 접촉되도록 한다.

210. 다이얼 게이지의 취급 방법 중 맞지 않는 것은?
   ㉮ 스핀들에는 급유하지 않는다.
   ㉯ 건조한 곳에 보관한다.
   ㉰ 스핀들이 잘 움직이나 확인한다.
   ㉱ 비교 측정시 넓은 범위 전진 정도가 좋은 것을 사용한다.

정답 205.㉯ 206.㉮ 207.㉮ 208.㉰ 209.㉯ 210.㉱

211. 다음 홈의 폭 및 구멍 등의 내경 측정에 사용되는 것은?
㉮ 지렛대식 다이얼 테스트 인디케이터
㉯ 실린더 게이지
㉰ 지침 측미기
㉱ 백 플런저형 다이얼 게이지

212. 실린더 게이지의 설명 중 잘못 설명한 것은?
㉮ 안지름의 진원도를 측정할 수 있다.
㉯ 로드는 교환할 수 없으므로 일정한 길이만 측정할 수 있다.
㉰ 안지름 측정에는 내측 마이크로미터보다 측정오차가 적다.
㉱ 세팅할 경우 마이크로미터보다 링 게이지 쪽이 정확하다.

213. 다음 중 비교 측정기는?
㉮ 공기마이크로미터
㉯ 외측 마이크로미터
㉰ 버니어캘리퍼스
㉱ 봉(단체형) 마이크로미터

214. 공기 마이크로미터의 장점은?
㉮ 고장이 많다.
㉯ 디지털 지시가 편리하다.
㉰ 측정력이 많이 필요하다.
㉱ 안지름 측정이 편리하다.

215. 배압식 공기 마이크로미터의 0점 조정은 무엇으로 하는가?
㉮ 압력조정기
㉯ 노즐
㉰ 조정 밸브
㉱ 조리개

216. 공기 마이크로미터의 유량계의 형상은?
㉮ 테이퍼 관
㉯ 원통형 관
㉰ 쌍곡선형 관
㉱ 4각 테이퍼 관

217. 공기 마이크로미터의 형식이 아닌 것은?
㉮ 유량식
㉯ 배출식
㉰ 배압식
㉱ 유속식

정답 211.㉯ 212.㉯ 213.㉮ 214.㉱ 215.㉮ 216.㉮ 217.㉯

218. 유량식 공기 마이크로미터의 눈금을 지시하는 것은?
㉮ 바늘   ㉯ 디지털
㉰ 그래프   ㉱ 플로트

219. 공기 마이크로미터의 종류가 아닌 것은?
㉮ 추출식   ㉯ 진공식
㉰ 배압식   ㉱ 유속식

220. 유량식 공기 마이크로미터의 눈금이 표기되어 있는 부분은?
㉮ 레규레이터   ㉯ 노즐
㉰ 테이퍼관   ㉱ 배율 조정밸브

221. 공기 마이크로미터의 장점이 아닌 것은?
㉮ 안지름 측정이 편리하다.
㉯ 측정력이 거의 없다.
㉰ 고장이 적다.
㉱ 주로 바깥지름을 측정한다.

222. 유량식 공기 마이크로미터에서 유량과 틈새의 관계가 일직선으로 되는 간격은?
㉮ 0.4~0.5 mm   ㉯ 0.015~0.2 mm
㉰ 0.25~0.45 mm   ㉱ 0.1~0.3 mm

223. 공기 마이크로미터의 설명 중 틀린 것은?
㉮ 비교측정기로서 1개의 마스터 게이지만 필요하다.
㉯ 지시 범위가 0.2 mm로서 공차가 큰 경우는 측정이 곤란하다.
㉰ 피측정면과 측정기를 접촉시키지 않고 측정하므로 측정기의 정밀도를 오래 지속시킬 수 있다.
㉱ 측정부와 지시부가 떨어져서 큰 간격 조작을 할 수 있고 자동 선별 장치와 연결할 수도 있다.

224. 공기 마이크로미터에서 많이 사용하는 것은?
㉮ 유속식   ㉯ 진공식
㉰ 유량식   ㉱ 가압식

정답 218.㉱ 219.㉮ 220.㉰ 221.㉱ 222.㉯ 223.㉮ 224.㉰

225. 배압식 공기 마이크로미터에서 노즐과 피측정물과의 틈새가 클수록 배압은?
㉮ 커진다.   ㉯ 변함 없다.
㉰ 작아진다.   ㉱ 같다.

226. 유량식 공기 마이크로미터에서 피측정물과 노즐의 간격 유지는?
㉮ 0.01 ~ 0.15 mm   ㉯ 0.3 ~ 0.5 mm
㉰ 0.6 ~ 0.8 mm   ㉱ 0.8 ~ 1.0 mm

227. 공기 마이크로미터의 장점을 열거한 다음 글에서 옳지 않은 것은?
㉮ 비접촉식 측정이 가능하다.
㉯ 비교적 간단히 높은 배율(5,000 ~ 10,000 배)을 얻을 수 있다.
㉰ 많은 치수의 동시 측정은 불가능하다.
㉱ 구멍 안지름의 측정이 가능하다.

228. 공기 마이크로미터로 가장 효율적으로 측정할 수 있는 것은?
㉮ 정밀 지그의 경사각 측정
㉯ 대량 생산하는 자동차 부품의 정밀한 구멍 지름 측정
㉰ 기계부품의 단차 측정
㉱ 인덱싱 테이블의 회전 각도 오차 측정

229. 배압식 공기 마이크로미터의 배압과 틈새의 관계는?
㉮ 틈새가 작으면 배압은 커지다가 감소한다.
㉯ 틈새가 크면 배압이 커진다.
㉰ 틈새가 작으면 배압이 커진다.
㉱ 틈새가 크면 배압은 감소하다가 증가한다.

230. 다음 중 공기 마이크로미터의 장점이 아닌 것은?
㉮ 기름이나 먼지를 불어내므로 좋다.
㉯ 박판 등 얇은 것은 측정할 수 없다.
㉰ 측정압이 5 ~ 15 gf 정도이다.
㉱ 마모가 적다.

정답 225.㉰ 226.㉮ 227.㉰ 228.㉯ 229.㉰ 230.㉯

231. 공기 마이크로미터의 설명 중 틀린 것은?
㉮ 대량 생산용 공장에서 적합하다.
㉯ 배율과 정도가 높다.
㉰ 유체식 컴퍼레이터이다.
㉱ 유량식 공기 마이크로미터의 배율 조정은 레규레이터로 한다.

232. 다음 설명 중 잘못된 것은?
㉮ 공기 마이크로미터에는 유량식, 유속식, 유도식 등이 있다.
㉯ 공기 마이크로미터는 무접촉식이다.
㉰ 전기 마이크로미터는 주파수의 변동에 영향을 받는다.
㉱ 전기 마이크로미터의 검출기는 지렛대식, 플런저식이 있다.

233. 다음 계측기 중 대량생산품의 안지름 측정에 가장 적당한 것은?
㉮ 공기 마이크로미터　　㉯ 3점식 내측 마이크로미터
㉰ 실린더 게이지　　　　㉱ 전기 마이크로미터

234. 다음 중 공기 마이크로미터의 장점이 아닌 것은?
㉮ 디지털 표시가 쉽다.　　㉯ 정도가 높다.
㉰ 배율이 높다.　　　　　㉱ 측정압이 작다.

235. 공기 마이크로미터의 장점이 될 수 없는 것은?
㉮ 배율 및 정도가 높다.
㉯ 자동 측정과 원격 측정이 가능하다.
㉰ 안지름 측정이 용이하다.
㉱ 비교측정기로 테이퍼, 타원, 진원도 측정이 용이하다.

236. 유량식 공기 마이크로미터에 대한 설명 중 틀린 것은 어느 것인가?
㉮ $0.7\,kg/cm^2$ 정도의 공기압이 필요하다.
㉯ 테이퍼관의 테이퍼는 포물선 형상이다.
㉰ 공기는 조리개를 통하여 공기 중에 방출한다.
㉱ 공기 압축기에서 공급되는 압력은 보통 $3\sim7\,kg/cm^2$ 정도이다.

정답 231.㉱　232.㉮　233.㉮　234.㉮　235.㉯　236.㉰

237. 전기 마이크로미터를 이용하여 측정할 수 없는 것은??
    ㉮ 표면거칠기 측정   ㉯ 링게이지 측정
    ㉰ 정밀 기계부품의 높이 측정   ㉱ 블록의 구멍 높이 측정

238. 전기 마이크로미터의 장점이 아닌 것은?
    ㉮ 릴레이 신호 발생이 쉽다.
    ㉯ 디지털 표시가 용이하다.
    ㉰ 높은 배율을 얻을 수 있다.
    ㉱ 휘기 쉬운 피측정물도 측정이 가능하다.

239. 전기 마이크로미터와 관계 없는 것은?
    ㉮ 차동 변압식   ㉯ 인덕턴스
    ㉰ 포텐셔미터식   ㉱ NPL식

240. 전기 마이크로미터에서 연산 측정의 종류가 아닌 것은?
    ㉮ 높이 비교 측정   ㉯ 원통의 편심 측정
    ㉰ 원통 단면의 직각도 측정   ㉱ 두께 측정

241. 전기 마이크로미터에서 변위와 전압과의 관계를 직선 관계로 하기 위해 검출기로 사용되는 것은?
    ㉮ 차동 변압식   ㉯ 인덕턴스식
    ㉰ 포텐셔미터식   ㉱ 캐퍼시턴스식

242. 전기 마이크로미터가 시간이 경과함에 따라 내부적인 조건에 의하여 오차가 발생한다. 무슨 특성인가?
    ㉮ 기동특성   ㉯ 측정특성
    ㉰ 시간특성   ㉱ 순간특성

243. 다음 중 전기 마이크로미터의 길이의 변화를 전기신호로 바꾸는 장치로서 가장 많이 쓰이는 것은?
    ㉮ 캐퍼시턴스식   ㉯ 차동변압식
    ㉰ 인덕턴스식   ㉱ 스트레인 게이지식

정답 237.㉮ 238.㉮ 239.㉱ 240.㉮ 241.㉮ 242.㉰ 243.㉯

제2장 길이의 측정

244. 측정범위 75 mm 이하인 마이크로미터의 평행도 검사시 사용되는 기준기는?
㉮ 옵티컬 플랫(optical flat)
㉯ 옵티컬 패러렐(optical parallel)
㉰ 옵티 미터(opti-meter)
㉱ 미니 미터(mini-meter)

245. 다이얼 게이지로 측정할 수 없는 것은?
㉮ 편심량
㉯ 가공물 평면도
㉰ 가공물의 높고 낮은 차이
㉱ 둥근 봉의 직경

246. 측장기(length measuring equipment)에 대한 설명 중 틀린 것은?
㉮ 스핀들식과 캐리지 형이 있다.
㉯ 아베의 원리에 어긋나는 측정기이다.
㉰ 광파간섭식의 측정기도 있다.
㉱ 표준자를 내장하고 있다.

247. 측정기 본체에 표준자를 가지고 측정물을 이것과 비교하여 직접 치수를 측정할 수 있는 측정기를 무엇이라 하는가?
㉮ 측장기
㉯ 컴퍼레이터
㉰ 다이얼 게이지
㉱ 마이크로 인디케이터

248. 석재 정반의 장점 중 틀린 것은?
㉮ 수명이 길다.
㉯ 돌기가 생기지 않는다.
㉰ 온도 변화에 민감하다.
㉱ 거의 밀착되지 않는다.

249. 높이 게이지와 테스트 인디케이터로 높이를 측정할 때 필요 없는 것은?
㉮ 게이지 블록
㉯ 하이트 마이크로미터
㉰ 정반
㉱ V-블록

250. 게이지 블록의 설명 중 틀린 것은?
㉮ 밀착한 상태로 보관해야 표면이 상하지 않는다.
㉯ 밀착시 질이 좋은 기름을 얇게 바르면 좋다.
㉰ 측정기의 검사 및 기준용으로 널리 쓰인다.
㉱ 최소의 개수로 필요한 치수를 만드는 것이 좋다.

정답 244.㉯ 245.㉱ 246.㉯ 247.㉮ 248.㉰ 249.㉱ 250.㉮

251. 정밀 게이지 측정에 쓰이며 1 m되는 게이지도 높은 정밀도로 측정할 수 있는 것은?
㉮ 게이지 블록   ㉯ 5 m 줄자
㉰ 측장기   ㉱ 다이얼 게이지

252. 1,300~1,500 mm 정도의 내경 측정시 적당한 것은?
㉮ 한계 게이지   ㉯ 삼점식 내측 마이크로미터
㉰ 봉형 내측 마이크로미터   ㉱ 버니어캘리퍼스

253. 다이얼 게이지에 대한 설명 중 옳은 것은?
㉮ 스핀들의 급유는 동물유를 사용한다.
㉯ 지렛대식 다이얼 게이지 쪽이 스핀들식보다 측정압이 크다.
㉰ 지렛대식은 좁은 장소의 측정에 적합하다.
㉱ 다이얼 게이지 단독으로 측정할 수 있다.

254. 게이지 블록을 보관할 때 주의할 점 중 가장 알맞은 것은 어느 것인가?
㉮ 기름이나 먼지를 깨끗이 닦고 보관함에 보관한다.
㉯ 블록을 깨끗이 닦은 후 서로 겹쳐 보관한다.
㉰ 칩과 먼지 등을 깨끗이 닦은 후 기름칠을 하여 보관상자에 보관한다.
㉱ 철제 공구 상자에 블록을 하나 하나 보관한다.

255. 다이얼 게이지의 전진 정밀도 측정을 끝낸 다음에 그 상태에서 다이얼 게이지의 읽음을 기준으로 하여 종점에서 기점까지 스핀들을 되돌려 오차선도를 그리고 동일한 읽음을 나타내는 곳에서 전진 때와 후퇴 때의 측정기구에 의한 측정값의 최대차는?
㉮ 전진 오차   ㉯ 평균 오차
㉰ 되돌림 오차   ㉱ 시차

256. 지렛대식 다이얼 테스트 인디케이터의 운동 전달 과정이 바르게 된 것은??
㉮ 측정차 → 피니언 → 섹터기어 → 크라운기어 → 지침 피니언 → 지침
㉯ 측정자 → 섹터기어 → 피니언 → 크라운기어 → 지침 피니언 → 지침
㉰ 측정자 → 섹터기어 → 크라운기어 → 지침 피니언 → 지침
㉱ 측정자 → 레버 → 섹터기어 → 큰기어 → 지침 피니언 → 지침

정답 251.㉮ 252.㉯ 253.㉰ 254.㉰ 255.㉰ 256.㉯

257. 게이지 블록의 형상이 직사각형 단면으로 된 것은?
㉮ 캐리 타입　　　　　　㉯ 호크 타입
㉰ 요한슨 타입　　　　　　㉱ 브라운과 샤프 타입

258. 다음 중에서 길이 측정기가 아닌 것은?
㉮ 마이크로미터　　　　　㉯ 내경퍼스
㉰ 버니어캘리퍼스　　　　㉱ 서피스 게이지

259. 마이크로미터의 원리를 설명한 것 중 맞는 것은?
㉮ 길이의 변화를 나사의 회전각과 직경에 의하여 확대시켜 만든 것이다.
㉯ 길이의 변화를 광파장의 주파수에 맞추어서 만든 것이다.
㉰ 길이의 변화를 나사의 피치 간격으로 나누어서 축소시켜 만든 것이다.
㉱ 길이의 변화를 나사의 회전각으로 바꾸어서 만든 것이다.

260. 다음은 마이크로미터 사용상 주의점을 든 것이다. 옳지 않은 것은?
㉮ 마이크로미터는 눈금이 적으므로 천천히 정확히 측정해야 된다.
㉯ 동일한 장소에서 5회 이상 측정하여 평균치를 낸다.
㉰ 사용 전에 0점 확인을 한다.
㉱ 체온에 의한 오차를 줄이기 위해 스탠드 사용이 바람직하다.

261. 마이크로미터에 사용되는 나사는?
㉮ 테이퍼 나사　　　　　　㉯ 3각 나사
㉰ 관용 나사　　　　　　　㉱ 애크미 나사

정답 257.㉯　258.㉱　259.㉮　260.㉯　261.㉯

제3장 한계 게이지(limit gauge)

1. 한계 게이지

기계 부품의 어떤 부분 및 끼워맞춰지는 구멍과 축이 정해진 치수에 대하여 실제로 가공된 치수가 어느 정도까지 틀려도 좋은가, 그 치수의 허용 범위 및 서로 끼워맞춰지는 구멍과 축의 조합에 대하여 정한 것이 치수공차 및 끼워맞춤의 규격이다. 이 규격에 정한 최대 및 최소 허용치수로서 관리를 하는 공차 방식을 한계 게이지 방식이라 하며, 이 때에 사용되는 것이 한계 게이지이다.

1) 한계 게이지의 종류

(1) 구멍용 한계 게이지

① 플러그 게이지(plug gauge)
  ㉮ 원통형 플러그 게이지
  ㉯ 평형 플러그 게이지
  ㉰ 판형 플러그 게이지
② 테보 게이지(tebo gauge)
③ 봉 게이지(bar gauge)

(2) 축용 한계 게이지

① 링 게이지(ring gauge)
② 스냅 게이지(snap gauge)

2) 사용 목적에 따른 분류

① 공작용 게이지(working gauge) : 제품 공작에 사용하는 것.
② 검사용 게이지(inspection gauge) : 제품의 검사에 사용

③ 점검용 게이지(reference gauge) : 공작용 및 검사용 게이지의 검사 및 조정에 사용된다.

공작용 및 검사용은 원칙적으로 동일한 것을 사용하며, 신품의 것은 공작용으로 사용하고, 어느 한계까지 마모된 다음에는 검사용 게이지로 사용하는 것이 보통이다.

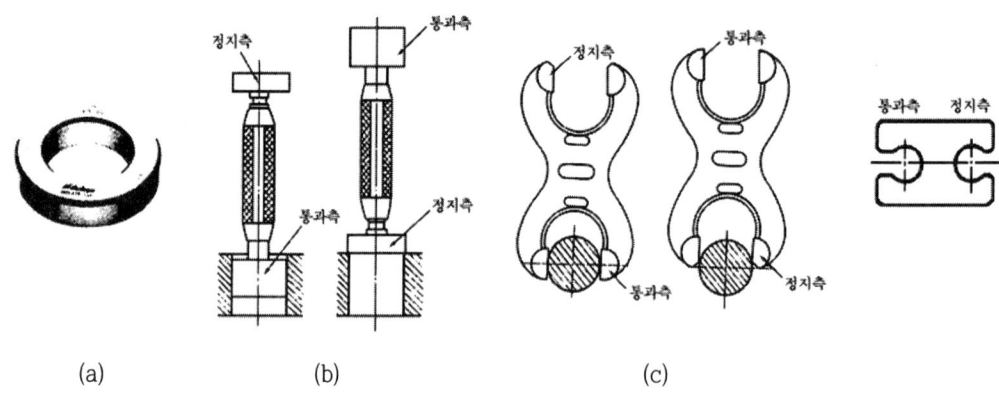

그림 3-1 링 게이지(a), 플러그 게이지(b) 및 스냅 게이지(c)

3) 통과측(go side)과 정지측(no go side)

(1) 구멍용 한계 게이지

구멍의 최소 허용치수를 기준으로 한 측정 단면이 있는 부분을 통과측이라 하고, 구멍의 최대 허용치수를 기준으로 한 측정 단면이 있는 부분을 정지측이라 한다(그림 3-1 참조).

(2) 축용 한계 게이지

축의 최대 허용 치수를 기준으로 한 측정 단면이 있는 부분을 통과측이라 하고, 축의 최소 허용 치수를 기준으로 한 측정 단면이 있는 부분을 정지측이라 한다.

4) 테일러의 원리(Taylor's principle)

한계 게이지에 의해 합격한 제품에 있어서도 축의 약간 구부림 형상이나 구멍의 요철, 타원들을 가려내지 못하기 때문에 끼워맞춤이 안 되는 경우가 많았는데, 이 현상을 테일러가 처음 발표하였으며, 요약하면 "통과측은 전길이에 대한 치수 또는 결정량이 동시에 검사되고 정지측은 각각의 치수가 따로따로 검사되어야 한다." 다시 말해서 통과측 게이지는 제품의 길이와 같은 원통상의 것이면 좋겠고, 정지측은 그 오차의 성질에 따라 선택해야 한다는 말이 된다.

원통축 및 구멍에 대한 예는 표 3-1과 같다.

표 3-1 원통축·구멍의 게이지 선택

	원통 축	원통 구멍
통과측	끼워맞춤부의 길이와 같은 폭을 가진 게이지	구멍과 같은 길이를 가진 완전한 플러그 게이지
정지측	폭이 가는 스냅 게이지	점접촉을 하는 측정면으로 된 게이지, 예를 들면 끝이 구면으로 된 봉 게이지

5) 한계 게이지의 제작공차

한계 게이지의 제작시 통과측과 정지측에 대해 최대 및 최소 허용치수와의 차를 말한다. 제작공차는 표 3-2와 같이 KS 규격에 규정되어 있다. 한계 게이지의 종류에 따라 구멍, 축의 공차에 대한 IT 기본공차는 그림 3-2, 그림 3-3과 같이 정해져 있고, 제작공차의 치수와 등급은 표 3-3과 같이 정해져 있다.

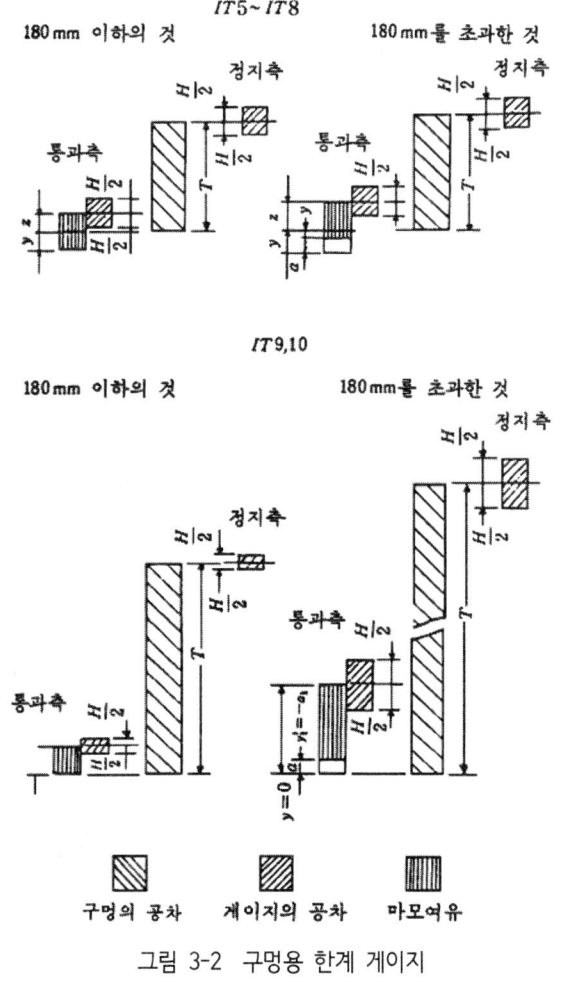

그림 3-2 구멍용 한계 게이지

표 3-2 게이지의 제작공차(KS)

한계 게이지의 종류	제작공차의 기초	구멍축의 등급					
		IT5	IT6	IT7	IT8	IT9	IT10
원통형 및 평형 플러그 게이지	H	IT2	IT2	IT2	IT3	IT3	IT4
봉 게이지	Hs	IT2	IT2	IT2	IT2	IT2	IT3
스냅게이지 및 링 게이지	H_1	IT2	IT2	IT3	IT3	IT4	-

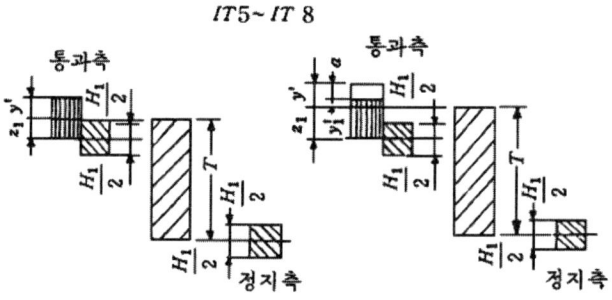

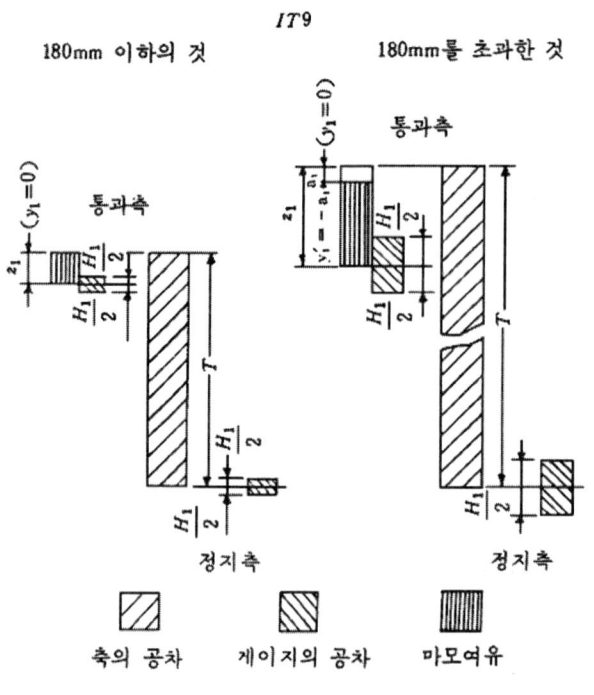

그림 3-3 축용 한계 게이지

표 3-3 한계 게이지 제작공차의 치수 및 등급(A, G, D)

(단위 : μm)

치수의 구분 (mm)	등 급				
	XX급	X급	Y급	Z급	ZZ급
0.74~21 이하	0.5	1.0	1.8	2.5	5.1
21~38 이하	0.8	1.5	2.3	3.0	6.1
38~64 이하	1.0	2.0	3.1	4.1	8.1
64~114 이하	1.3	2.5	3.8	5.1	10.2
114~165 이하	1.7	3.3	4.8	6.4	12.7
165~229 이하	2.0	4.1	6.1	8.1	16.3
229~305 이하	2.5	5.1	7.6	10.2	20.3

※ A.G.D : America-Gage Design

6) 한계 게이지 공차의 수치

동일한 치수에 속하는 같은 등급의 축 또는 구멍에 사용하는 한계 게이지에 대하여는 각각 동일한 공차를 주고, 한계 게이지 등급은 IT2~IT4의 3종류로 한다.

이 공차의 수치는 표 3-4와 같이 정해져 있다.

표 3-4 한계 게이지 공차의 수치

호칭치수의 구분(mm)		IT2	IT3	IT4
초과	이하			
-	3	1.2	2	3
3	6	1.5	2.5	4
6	10	1.5	2.5	4
10	18	2	3	5
18	30	2.5	4	6
30	50	2.5	4	7
50	80	3	5	8
80	120	4	6	10
120	180	5	8	12
180	250	7	10	14
250	315	8	12	16
315	400	9	13	18
400	500	10	15	20

비고 : 호칭 치수의 구분 3 mm 이하의 IT2의 수치 1.2 µm은 판, 스냅 게이지 및 링 게이지에 한하여 1.5 µm로 하는 것이 좋다.

7) 한계 게이지의 구멍과 축의 공차내 마모여유 및 한계 게이지의 마모한계 치수허용차

한계 게이지에 대한 구멍과 축의 공차내 마모여유 및 한계 게이지의 마모한계, 치수의 허용차 등의 수치를 표 3-5에 나타낸다.

8) 한계 게이지의 위치수 허용차 및 아래치수 허용차의 계산식

한계 게이지의 위치수 및 아래치수 허용차는 다음 식에 의해 계산된다.

(1) 구멍의 경우
U : 위치수 허용차, L : 아래치수 허용차

(2) 축의 경우
U_1 : 위치수 허용차, L_1 : 아래치수 허용차

① 구멍용 한계 게이지

$$\left. \begin{aligned} \text{정지측의 위치수 허용차} &= U + \frac{H}{2} \text{ 또는 } U + \frac{H_s}{2} \\ \text{정지측의 아래치수 허용차} &= U - \frac{H}{2} \text{ 또는 } U - \frac{H_s}{2} \\ \text{통과측의 위치수 허용차} &= L + Z + \frac{H}{2} \text{ 또는 } L + Z + \frac{H_s}{2} \\ \text{통과측의 아래치수 허용차} &= L + Z - \frac{H}{2} \text{ 또는 } L + Z - \frac{H_s}{2} \end{aligned} \right\} \quad (3.1)$$

② 축용 한계 게이지

$$\left. \begin{aligned} \text{정지측의 위치수 허용차} &= L_1 + \frac{H_1}{2} \\ \text{정지측의 아래치수 허용차} &= L_1 - \frac{H_1}{2} \\ \text{통과측의 위치수 허용차} &= U_1 - Z_1 + \frac{H_1}{2} \\ \text{통과측의 아래치수 허용차} &= U_1 - Z_1 - \frac{H_1}{2} \end{aligned} \right\} \quad (3.2)$$

표 3-5 (1) (단위 : μm)

호칭치수의 구분(mm)		T (IT5)	IT5구멍, 축용 게이지					T (IT6)	IT6구멍, 축용 게이지				
초과	이하		z, z_1	y, y_1	y′, y_1′	a, a_1	H, H_s, H_1 (IT2)		z, z_1	y, y_1	y′, y_1′	a, a_1	H, H_s, H_1 (IT2)
-	3	4	1	1			1.2	6	1.5	1			1.2
3	6	5	1	1			1.5	8	2	1			1.5
6	10	6	1	1			1.5	9	2	1			1.5
10	18	8	2	1.5			2	11	2.5	1.5			2
18	30	9	2	1.5			2.5	13	2.5	1.5			2.5
30	50	11	3	2			2.5	16	4	2			2.5
50	80	13	4	2			3	19	5	2			3
80	120	15	5	3			4	22	6	3			4
120	180	18	6	3			5	25	7	3			5
180	250	20	6	3	2	1	7	26	7	4	2	2	7
250	315	23	7	3	1.5	1.5	8	32	8	5	2	3	8
315	400	25	7	4	1.5	2.5	6	36	10	6	2	4	9
400	500	27	8	4	1	3	10	40	12	7	2	5	10

표 3-5 (2) (단위 : μm)

호칭치수의 구분(mm)		T (IT7)	IT7 구멍용 게이지					IT7 축용 게이지				
초과	이하		z	y	y′	a	H, H_s (IT2)	z_1	y_1	y_1′	a_1	H_1 (IT3)
-	3	10	2	1.5			1.2	2	1.5			2
3	6	12	2.5	1.5			1.5	3	1.5			2.5
6	10	15	2.5	1.5			1.5	3	1.5			2.5
10	18	18	3	1.5			2	3.5	2			3
18	30	21	3.5	1.5			2.5	3.5	2			4
30	50	25	4	2			2.5	5	3			4
50	80	30	5	2			3	6	3			5
80	120	35	6	3			4	8	4			6
120	180	40	8	3			5	6	4			8
180	250	46	6	5	2	3	7	10	6	3	3	10
250	315	52	11	6	2	4	8	12	7	3	4	12
315	400	57	13	6	0	6	6	14	8	2	6	13
400	500	63	15	7	0	7	10	16	6	2	7	15

표 3-5 (3) (단위 : μm)

호칭치수의 구분(mm)		T (IT8)	IT8 구멍용 게이지										IT8축용 게이지			
			플러그 게이지					봉 게이지								
초과	이하		z	y	y'	a	H (IT3)	z	y	y'	a	H_s (IT2)	z_1	y_1	y_1'	a_1	H_1 (IT3)
-	3	14	3	2			2	3	2			1.2	3	2			2
3	6	18	3.5	2			2.5	3.5	2			1.5	3.5	2			2.5
6	10	22	4	2			2.5	4	2			1.5	4	2			2.5
10	18	27	5	2			3	5	2			2	5	2			3
18	30	33	6	2			4	6	2			2.5	6	2			4
30	50	39	7	3			4	7	3			2.5	7	3			4
50	80	46	9	3			5	9	3			3	9	3			5
80	120	54	11	4			6	11	4			4	11	4			6
120	180	63	12	5			8	12	5			5	12	5			8
180	250	72	14	7	3	4	10	14	7	3	4	7	14	7	3	4	10
250	315	81	16	8	2	6	12	16	8	2	6	8	2	6	1	2	12
315	400	89	18	9	2	7	13	18	9	2	7	9	18	9	2	7	13
400	500	97	20	10	1	9	15	20	10	1	9	10	20	10	1	9	15

표 3-5 (4) (단위 : μm)

호칭치수의 구분(mm)		T (IT9)	IT9 구멍용 게이지										IT9축용 게이지			
			플러그 게이지					봉 게이지								
초과	이하		z	y	y'	a	H (IT3)	z	y	y'	a	H_s (IT2)	z_1	y_1	y_1'	a_1	H_1 (IT4)
-	3	25	6	0			2	6	0			1.2	6	0			3
3	6	30	7	0			2.5	7	0			1.5	7	0			4
6	10	36	8	0			2.5	8	0			1.5	8	0			4
10	18	43	9	0			3	9	0			2	9	0			5
18	30	52	11	0			4	11	0			2.5	11	0			6
30	50	62	13	0			4	13	0			2.5	13	0			7
50	80	74	15	0			5	15	0			3	15	0			8
80	120	87	17	0			6	17	0			4	17	0			10
120	180	100	20	0			8	20	0			5	20	0			12
180	250	115	25	0	-4	4	10	25	0	-4	4	7	25	0	-4	4	14
250	315	130	28	0	-6	6	12	28	0	-6	6	8	28	0	-6	6	16
315	400	140	31	0	-7	7	13	31	0	-7	7	9	31	0	-7	7	18
400	500	155	35	0	-9	9	15	35	0	-9	9	10	35	0	-9	9	20

표 3-5 (5) (단위 : µm)

호칭치수의 구분(mm)		T (IT10)	IT10 구멍용 게이지									
			플러그 게이지					봉 게이지				
초과	이하		z	y	y′	a	H (IT4)	z	y	y′	a	H_s (IT3)
-	3	40	6	0			3	6	0			2
3	6	48	7	0			4	7	0			2.5
6	10	58	8	0			4	8	0			2.5
10	18	70	9	0			5	9	0			3
18	30	84	11	0			6	11	0			4
30	50	100	13	0			7	13	0			7
50	80	120	15	0			8	15	0			5
80	120	140	17	0			10	17	0			6
120	180	180	19	0			12	19	0			8
180	250	185	29	0	-7	7	14	29	0	-7	7	10
250	315	210	33	0	-9	9	16	33	0	-9	9	12
315	400	230	38	0	-11	11	18	38	0	-11	11	13
400	500	250	44	0	-14	14	20	44	0	-14	14	15

비고 : (1) 윗 표면의 기호는 다음과 같다.
    T : 구멍, 축의 공차
    y : 구멍용 한계 게이지의 마모 한계 치수 허용차
    y_1 : 축용 한계 게이지의 마모 한계 치수 허용차
    a : 구멍용 한계 게이지의 측정 불확실한 영역
    z : 구멍용 한계 게이지의 구멍공차 내 마모여유
    z_1 : 축용 한계 게이지의 측정 불확실한 영역
(2) 호칭치수의 구분 3 mm 이하 IT2의 수치 1.2 µm은 판 스냅 게이지 및 링 게이지에 한하여 1.5 µm로 하는 것이 좋다.

9) 한계 게이지의 장점

① 제품간의 호환성이 있다.
② 필요 이상의 가공을 하지 않으므로 가공이 용이하다.
③ 분업 방식을 취할 수 있다.

10) 표준게이지

① 틈새 게이지(feeler gauge) : 미세한 틈새(두께) 측정
② 반지름 게이지(radius gauge) : 모서리 부분의 반지름 측정

③ 와이어 게이지(wire gauge) : 각종 선재(線材)의 직경, 판두께의 측정
④ 나사 피치 게이지(pitch gauge) : 나사의 피치 측정
⑤ 센터 게이지(center gauge) : 나사 바이트의 각도 측정
⑥ 드릴 게이지(drill gauge) : 드릴의 직경 측정

그림 3-4는 각종 게이지를 나타낸다.

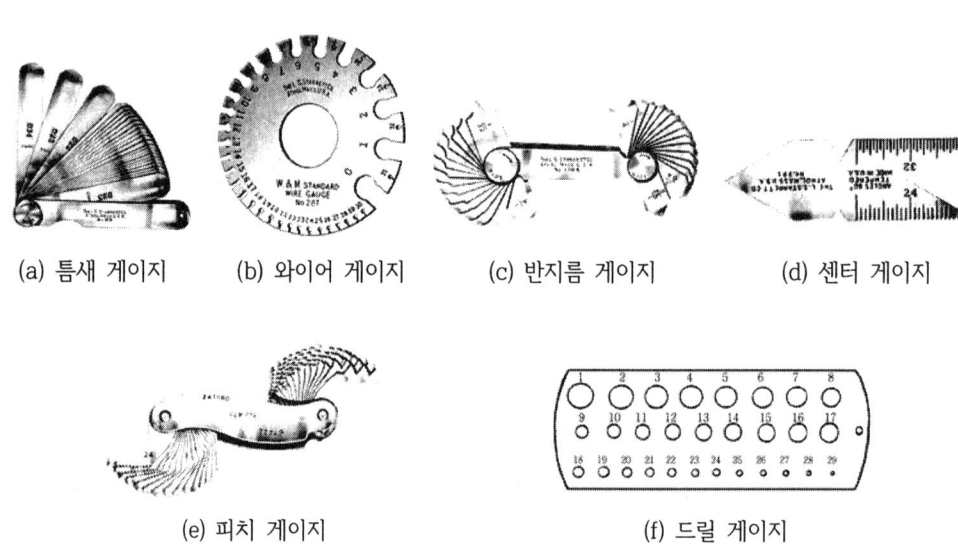

그림 3-4 게이지의 모양

2. 치수공차 및 끼워맞춤

1) 끼워맞춤의 관계 용어

① 형체 : 치수공차 방식·끼워맞춤 방식의 대상이 되는 기계 부품의 부분
② 치수 : 형체의 크기를 나타내는 양, 보기를 들면 구멍·축의 지름을 말하고, 일반적으로 mm를 단위로 하여 나타낸다.
③ 실치수(actual size) : 형체의 실측 치수
④ 허용한계 치수(limit of size) : 형체의 실치수가 그 사이에 들어가도록 정한, 허용할 수 있는 대소 2개의 극한의 치수. 즉, 최대 허용치수 및 최소 허용치수(그림 3-5 참조)
⑤ 최대 허용치수(maximum limit of size) : 형체의 허용되는 최대 치수
⑥ 최소 허용치수(minimum limit of size) : 형체의 허용되는 최소 치수
⑦ 기준 치수(basic size) : 위치수 허용차 및 아래치수 허용차를 적용하는데 따라 허용한계 치수가 주어지는 기준이 되는 치수(그림 3-5 및 그림 3-6)

- 비고 : 기준 치수는 정수 또는 소수이다.
- 보기 : 32, 15, 8.75, 0.5

⑧ 치수차 : 치수(실치수, 허용한계 치수 등)와 대응하는 기준 치수와의 대수차. 즉, (치수) - (기준 치수)

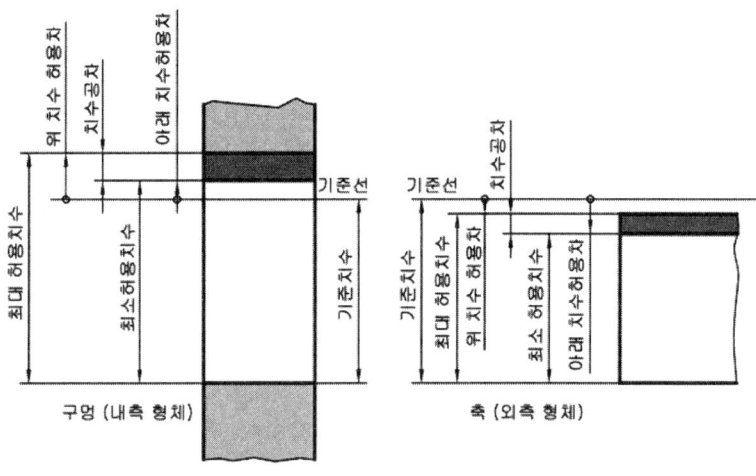

그림 3-5

⑨ 치수공차 방식 : 표준화된 치수공차와 치수허용차의 방식
⑩ 위치수 허용차(upper deviation) : 최대 허용치수와 대응하는 기준 치수와의 대수차. 즉, 최대 허용치수 - 기준 치수(그림 3-5 및 그림 3-6). 구멍의 위치수 허용차는 기호 ES에 따라 축의 위치수 허용차는 기호 es에 의해 나타낸다.
⑪ 아래치수 허용차(lower deviation) : 최소 허용치수와 대응하는 기준 치수의 대소차. 즉, 최소 허용치수 - 기준 치수. 구멍의 아래치수 허용차는 기호 EI에 의해, 축의 아래치수 허용차는 기호 ei에 의해 나타낸다.
⑫ 치수공차(tolerance) : 최대 허용치수와 최소 허용치수와의 차. 즉 위치수 허용차와 아래치수 허용차와의 차
⑬ 기준선 : 허용한계 치수 또는 끼워맞춤을 도시할 때는 기준 치수를 나타내고, 치수허용차의 기준이 되는 직선
⑭ 기초가 되는 치수허용차 : 기준선에 대한 공차역의 위치를 결정하는 치수허용차, 위치수 허용차 및 아래치수 허용차의 어느 쪽이고, 보통은 기준선에 가까운 쪽의 치수허용차
⑮ 기본 공차 : 이 치수공차방식·끼워맞춤방식에 속하는 전체의 치수공차, 기본 공차는 기호 IT로 나타낸다.
⑯ 공차등급(grade of tolerance) : 이 치수공차방식·끼워맞춤방식으로 전체의 기준 치수에 대하

여 동일 수준에 속하는 치수공차의 일군. 보기를 들면 공차등급은 IT7과 같이, 기호 IT에 등급을 나타내는 숫자를 붙여서 나타낸다.

⑰ 공차역 : 치수공차를 도시하였을 때, 치수공차의 크기와 기준선에 대한 그 위치에 따라 결정하는 최대 허용치수와 최소 허용치수를 나타내는 2개의 직선 사이의 영역(그림 3-6)

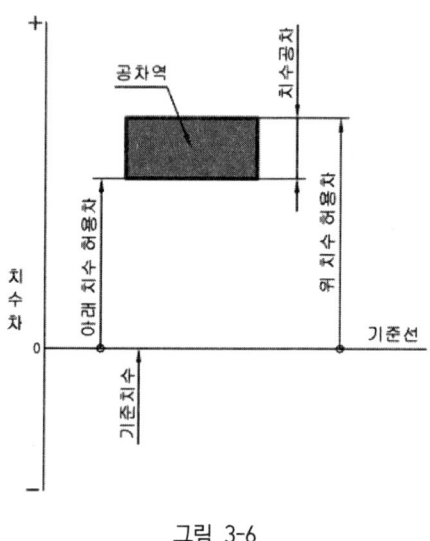

그림 3-6

⑱ 공차역 클래스 : 공차역의 위치와 공차등급의 조합
⑲ 공차 단위 : 기본공차의 산출에 사용하는 기준 치수의 함수로 나타낸 단위. 공차단위 i는 500 mm 이하의 기준 치수에, 공차 단위 I는 500 mm를 초과하는 기준 치수에 사용한다.
⑳ 끼워맞춤(fit) : 구멍·축의 조립 전의 치수의 차에서 생기는 관계
㉑ 틈새(clearance) : 구멍의 치수가 축의 치수보다도 클 때의 구멍과 축과의 치수의 차(그림 3-7)
㉒ 최소 틈새 : 헐거운 끼워맞춤에서의 구멍의 최소 허용치수와 축의 최대 허용치수와의 차(그림 3-8)
㉓ 최대 틈새 : 헐거운 끼워맞춤 또는 중간 끼워맞춤에서 구멍의 최대 허용치수와 축의 최소 허용치수와의 차(그림 3-8 및 그림 3-9)
㉔ 죔새(interference) : 구멍의 치수가 축의 치수보다 작을 때의 조립 전의 구멍과 축과의 치수의 차(그림 3-10)
㉕ 최소 죔새 : 억지 끼워맞춤에서 조립 전의 구멍의 최대 허용치수와 축의 최소 허용치수와의 차(그림 3-11)
㉖ 최대 죔새 : 억지 끼워맞춤 또는 중간 끼워맞춤에서 조립 전의 구멍의 최소 허용치수와 축의

최대 허용치수와의 차(그림 3-9 및 그림 3-11)
㉗ 헐거운 끼워맞춤 : 조립하였을 때, 항상 틈새가 생기는 끼워맞춤. 즉, 도시된 경우에 구멍의 공차역이 완전히 축의 공차역의 위쪽에 있는 끼워맞춤(그림 3-12)

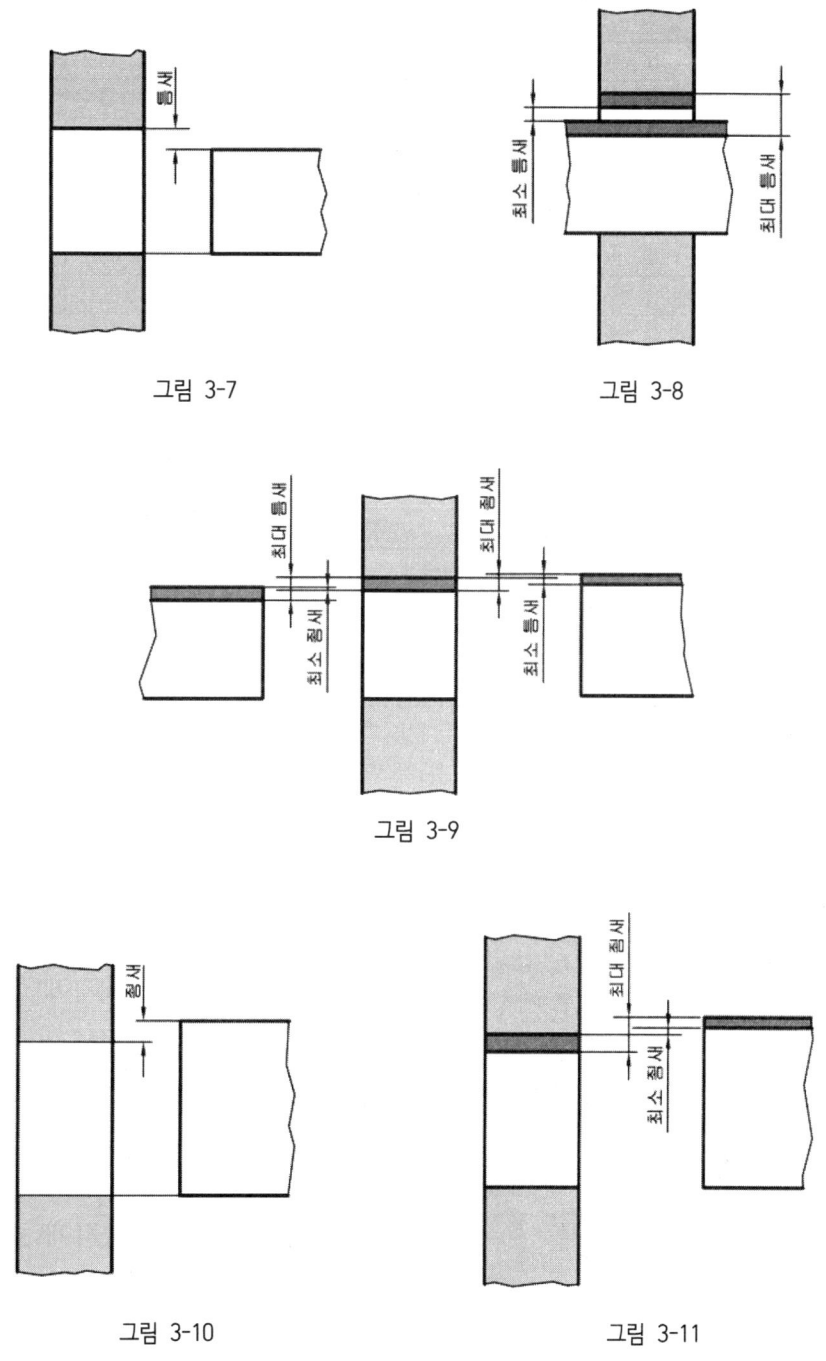

그림 3-7   그림 3-8

그림 3-9

그림 3-10   그림 3-11

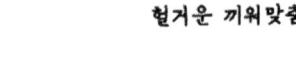
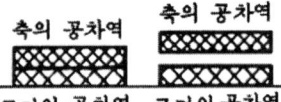
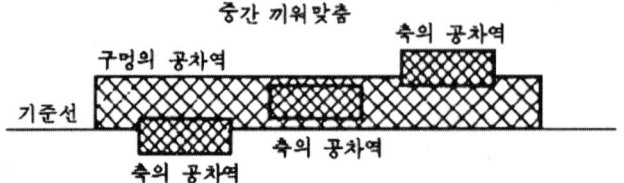

그림 3-12

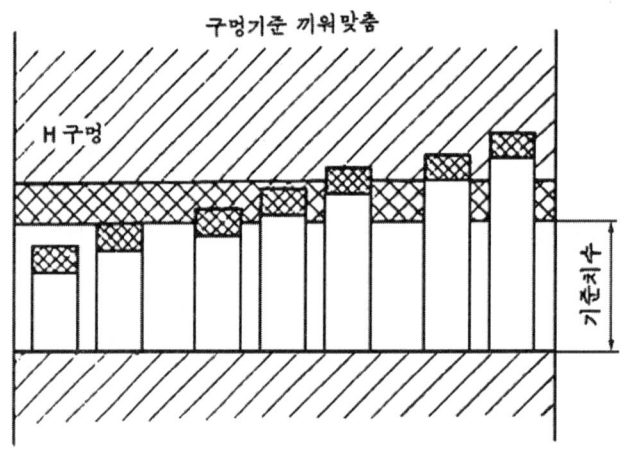

그림 3-13

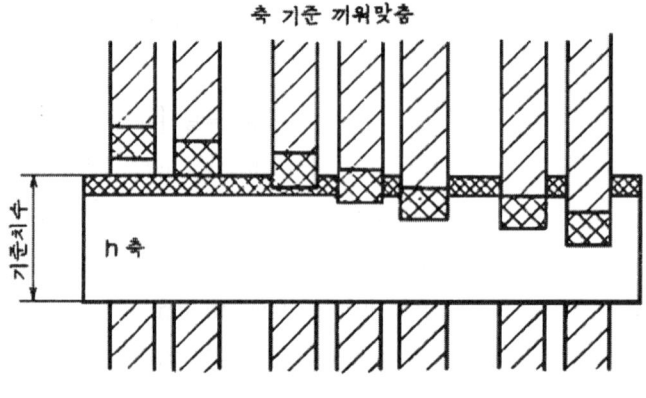

그림 3-14

㉘ 억지 끼워맞춤 : 조립하였을 때 항상 죔새가 생기는 끼워맞춤. 즉, 도시된 경우에 구멍의 공차역이 완전히 축의 공차역의 아래쪽에 있는 끼워맞춤(그림 3-13)

㉙ 중간 끼워맞춤 : 조립하였을 때, 구멍·축의 실치수에 따라 틈새 또는 죔새의 어느 것이나 되는 끼워맞춤. 즉, 도시된 경우에 구멍·축의 공차역이 완전히 또는 부분적으로 겹치는 끼워맞춤(그림 3-14)

㉚ 끼워맞춤의 변동량 : 조립하는 구멍·축의 치수공차의 대수합

㉛ 끼워맞춤방식 : 어떤 치수공차 방식에 속하는 구멍·축에 따라 구성되는 끼워맞춤의 방식

㉜ 구멍 기준 끼워맞춤 : 여러 개의 공차역 클래스의 축과 1개의 공차역 클래스의 구멍을 조립하는 데에 따라 필요한 틈새 또는 죔새를 주는 끼워맞춤방식. 이 규격에서는 구멍의 최소 허용치수가 기준 치수와 같다. 즉, 구멍의 아래치수 허용차가 0인 끼워맞춤방식(그림 3-13)

㉝ 축기준 끼워맞춤 : 여러 개의 공차역 클래스의 구멍과 1개의 공차역 클래스의 축을 조립하는데 따라 필요한 틈새 또는 죔새를 주는 끼워맞춤방식. 이 규격에서는 축의 최대 허용치수가 기준 치수와 같다. 즉, 축의 위치수 허용차가 0인 끼워맞춤방식(그림 3-14)

㉞ 기준 구멍 : 구멍 기준 끼워맞춤에서 기준으로 선택한 구멍. 이 규격에서는 아래치수 허용차가 0인 구멍

㉟ 기준 축 : 축 기준 끼워맞춤에서 기준으로 선택한 축. 이 규격에서는 위치수 허용차가 0인 축

2) 치수 끼워맞춤의 계산

그림 3-15는 헐거운 끼워맞춤과 억지 끼워맞춤을 나타내고, 계산은 아래와 같다.

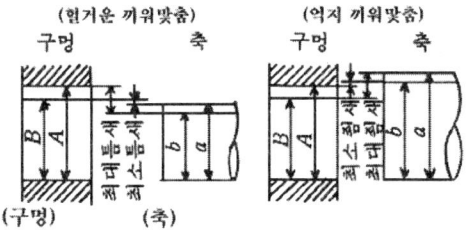

최대 허용치수 A = 50.025 mm   a = 49.975 mm   최대 틈새 : A − b = 0.075 mm ⎤
최소 허용치수 B = 50.000 mm   b = 49.950 mm   최소 틈새 : B − a = 0.025 mm ⎦ (헐거운 끼워맞춤)

                              a = 50.050 mm   최대 죔새 : a − B = 0.050 mm ⎤
                              b = 50.034 mm   최소 죔새 : b − A = 0.009 mm ⎦ (억지 끼워맞춤)

                              a = 50.011 mm   최대 죔새 : a − B = 0.011 mm ⎤
                              b = 49.995 mm   최대 틈새 : A − b = 0.030 mm ⎦ (중간 끼워맞춤)

그림 3-15 치수 끼워맞춤 관계

3) 공차등급·공차역 클래스의 기호

① 공차등급 : 공차등급은 보기를 들면 IT7과 같이 기호 IT에 등급을 나타내는 숫자를 붙여서 나타낸다.

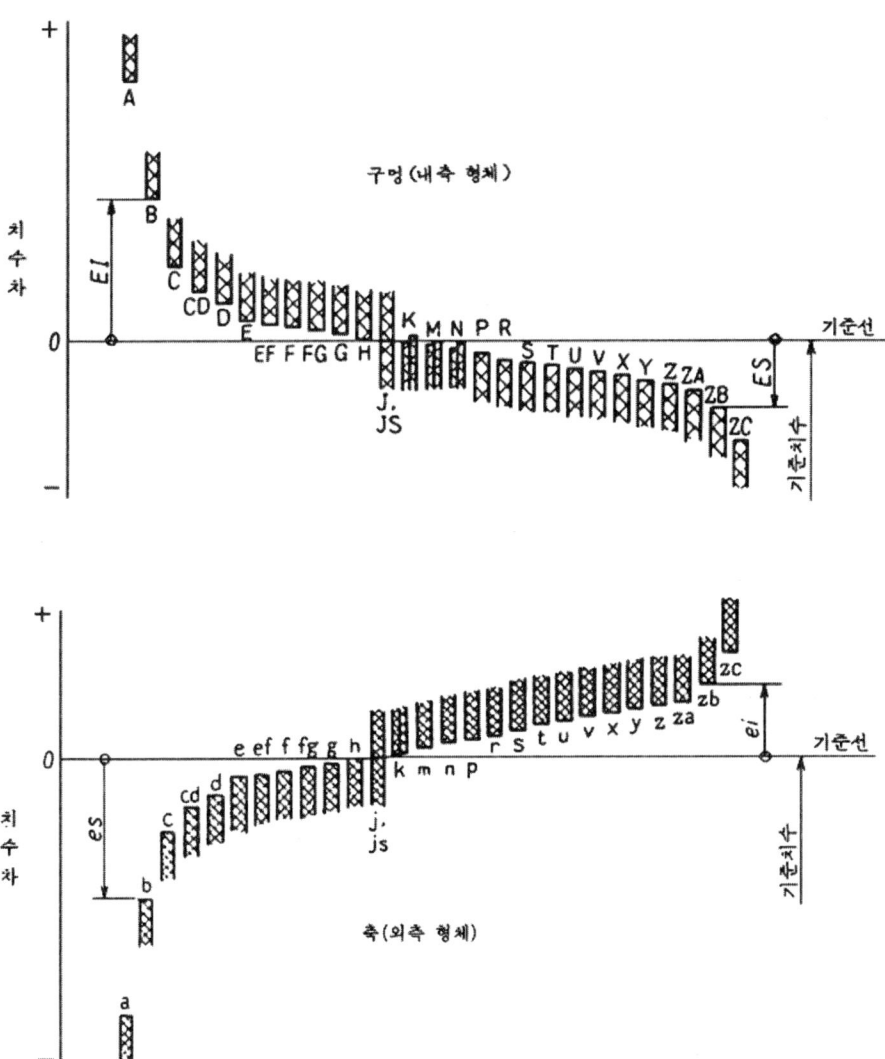

비고 : 일반적으로 기초가 되는 치수 허용차는 기준선에 가까운 쪽의 허용 한계치수를 규정하고 있는 치수 허용차이다.

그림 3-16

② 공차역의 위치 : 구멍의 공차역의 위치는 A부터 ZC까지의 대문자 기호로, 축의 공차역의 위치는 a부터 zc까지의 소문자 기호로 나타낸다(그림 3-16). 단, 혼동을 피하기 위해서 다음 문자는 사용하지 않는다.

I, i,　L, l　O, o,　Q, q,　W, w

③ 공차역 클래스 : 공차역 클래스는 공차역의 위치의 기호에 공차등급을 나타내는 숫자를 계속하여 표시한다.

보기 : 구멍의 경우 H7, 축의 경우 h7

4) 끼워맞춤의 표시

끼워맞춤은 구멍·축의 공통 기준 치수에 구멍의 치수공차 기호와 축의 치수공차 기호를 계속하여 표시한다.

보기 : 52H7/g6　52H7 − g6 또는 $52\dfrac{H7}{g6}$

5) 기준치수의 구분

표 3-6에 기준치수의 구분을 나타낸다. 기본공차와 기초가 되는 치수허용차는 각각의 기준치수에 대해 개별로 계산하는 것이 아니고, 기준치수의 구분마다 그 구분을 구분하는 2개의 치수 D_1 및 D_2의 기하평균 D로부터 계산한다.

$$D = \sqrt{D_1 \times D_2}$$

비고 : 최초의 기준치수의 구분(3 mm 이하)의 D는 1 mm와 3 mm의 기하평균, 즉 1.732 mm로 한다.

표 3-10에서 H7을 기준구멍으로 하면

① f6, g6, e6, f7 등의 축에서는 헐거운 끼워맞춤

② h6, js6, ⋯, n6, h7, js7 등의 축에서는 중간 끼워맞춤

③ p6, r6, ⋯, x6 등의 축에서는 억지 끼워맞춤

이 된다.

표 3-6 기준치수의 구분(KS B 0008-1)

500 mm 이하의 기준치수				500 mm를 초과 3150 mm 이하의 기준치수			
일반 구분		상세한 구분[1]		일반 구분		상세한 구분[2]	
초과	이하	초과	이하	초과	이하	초과	이하
-	3	상세히 구분하지 않는다.		500	630	500 560	560 630
3	6			630	800	630 710	710 800
6	10						
10	18	10 14	14 18	800	1000	800 900	900 1000
18	30	18 24	24 30	1000	1250	1000 1120	1120 1250
30	50	30 40	40 50	1250	1600	1250 1400	1400 1600
50	80	50 65	65 80	1600	2000	1600 1800	1800 2000
80	120	80 100	100 120				
120	180	120 140 160	140 160 180	2000	2500	2000 2240	2240 2250
180	250	180 200 225	200 225 250	2500	3150	2500 2800	2800 3150
250	315	250 280	280 315				
315	400	315 355	355 400				
400	500	400 450	450 500				

주 [1] 이들은 특정의 경우에, a~c 및 r~zc 또는 A~C 및 R~ZC의 치수 허용차에 대하여 사용한다.
 [2] r~u 및 R~U의 치수 허용차에 사용한다.

6) 기본 공차

공차등급은 IT01~IT18의 20등급으로 분류하고, 기본 공차의 수치를 표 3-7에 나타낸다.

표 3-7 기본 공차의 수치

기준치수의 구분(mm)		공 차 등 급																
		IT1[2]	IT2[2]	IT3[2]	IT4[2]	IT5[2]	IT6	IT7	IT8	IT9	IT10	IT11	IT12	IT13	IT14[3]	IT15[3]	IT16[3]	IT17[3]	IT18[3]
초과	이하	공 차																
		μm											mm						
-	3[3]	0.8	1.2	2	3	4	6	10	14	25	40	60	0.1	0.14	0.25	0.4	0.6	1	1.4
3	6	1	1.5	2.5	4	5	8	12	18	30	48	75	0.12	0.18	0.3	0.48	0.75	1.2	1.8
6	10	1	1.5	2.5	4	6	9	15	22	36	58	90	0.15	0.22	0.36	0.58	0.9	1.5	2.2
10	18	1.2	2	3	5	8	11	18	27	43	70	110	0.18	0.27	0.43	0.7	1.1	1.8	2.7
18	30	1.5	2.5	4	6	9	13	21	33	52	84	130	0.21	0.33	0.52	0.84	1.3	2.1	3.3
30	50	1.5	2.5	4	7	11	16	25	39	62	100	160	0.25	0.39	0.62	1	1.6	2.5	3.9
50	80	2	3	5	8	13	19	30	46	74	120	190	0.3	0.46	0.74	1.2	1.9	3	4.6
80	120	2.5	4	6	10	15	22	35	54	87	140	220	0.35	0.54	0.87	1.4	2.2	3.5	5.4
120	180	3.5	5	8	12	18	25	40	63	100	160	250	0.4	0.63	1	1.6	2.5	4	6.3
180	250	4.5	7	10	14	20	29	46	72	115	180	290	0.46	0.72	1.15	1.85	2.9	4.6	7.2
250	315	6	8	12	16	23	32	52	81	130	210	320	0.52	0.81	1.3	2.1	3.2	5.2	8.1
315	400	7	9	13	18	25	36	57	89	140	230	360	0.57	0.89	1.4	2.3	3.6	5.7	8.9
400	500	8	10	15	20	27	40	63	97	155	250	400	0.63	0.97	1.55	2.5	4	6.3	9.7
500	630[2]	9	11	16	22	32	44	70	110	175	280	440	0.7	1.1	1.75	2.8	4.4	7	11
630	800[2]	10	13	18	25	36	50	80	125	200	320	500	0.8	1.25	2	3.2	5	8	12.5
800	1000[2]	11	15	21	23	40	56	90	140	230	360	560	0.9	1.4	2.3	3.6	5.6	9	14
1000	1250[2]	13	18	24	33	47	66	105	165	260	420	660	1.05	1.65	2.6	4.2	6.6	10.5	16.5
1250	1600[2]	15	21	29	39	55	78	125	195	310	500	780	1.25	1.95	3.1	5	7.8	12.5	19.5
1600	2000[2]	18	25	35	46	65	92	150	230	370	600	920	1.5	2.3	3.7	6	9.2	15	23
2000	2500[2]	22	30	41	55	78	110	175	280	440	700	1100	1.75	2.8	4.4	7	11	17.5	28
2500	3150[2]	26	36	50	68	96	135	210	330	540	860	1350	2.1	3.3	5.4	8.6	13.5	21	33

주 [1] 500 mm 이하의 기준 치수에 대응하는 공차 등급 IT01 및 IT0의 수치는, 별도로 나타낸다.

[2] 500 mm를 초과하는 기준 치수에 대응하는 공차 등급 IT1~IT5의 수치는, 시험 사용을 위하여 포함한다.

[3] 공차 등급 IT14~IT18은, 1 mm 이하의 기준 추시에 대하여 사용하지 않는다.

7) 기초가 되는 치수 허용차

JS 구멍을 제외한 구멍의 기초가 되는 치수 허용차와 그 부호를 표 3-8에 나타냈다. 위치수 허용차 ES와 아래치수 허용차 EI는 그림 3-17에 나타낸 바와 같이 기초가 되는 치수 허용차와 기본공차 IT에서 정한다.

js축을 제외한 축의 기초가 되는 치수 허용차와 그 부호를 표 3-9에 나타냈다. 위치수 허용차 es와 아래치수 허용차 ei는 그림 3-17에 나타낸 바와 같이 기초가 되는 치수 허용차와 기본공차 IT에서 정한다.

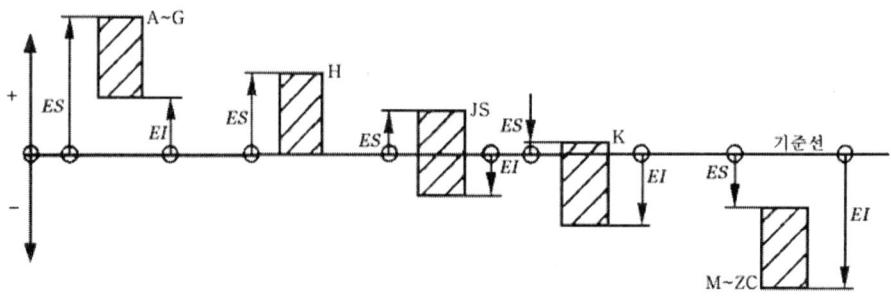

(a) 구멍(안쪽 형태)

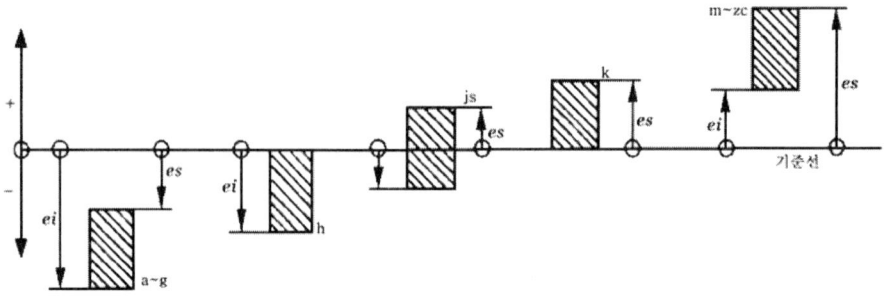

(b) 축(바깥쪽 형태)

그림 3-17 위 및 아래 치수 허용차

(1) JS구멍 · js축의 기초되는 치수허용차

JS구멍 및 js축의 경우, 기본공차는 기준선에 관하여 대칭으로 나눈다(그림 3-18). 즉,

$$\text{JS구멍의 경우} \quad |ES| = |EI| = \frac{IT}{2}$$

$$\text{js축의 경우} \quad |es| = |ei| = \frac{IT}{2}$$

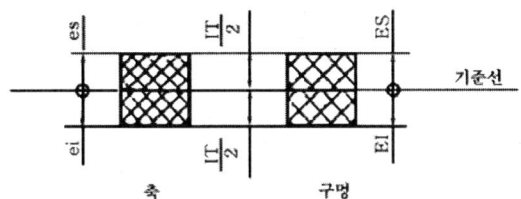

그림 3-18 JS구멍 및 js축의 치수 허용차

8) 상용하는 끼워맞춤

상용하는 끼워맞춤은 H구멍을 기준 구멍으로 하고, 이에 적당한 축을 선택하여 필요한 죔새 또는 틈새를 주는 끼워맞춤(구멍기준 끼워맞춤), 또는 h축을 기준축으로 하여 이것에 적당한 구멍을 선택하여 필요한 죔새 또는 틈새를 주는 끼워맞춤(축기준 끼워맞춤)의 2종류가 있다.

기준 치수 500 mm 이하의 상용하는 끼워맞춤에 사용하는 구멍, 축의 조립은 표 3-8, 표 3-9와 같다.

표 3-8 상용하는 구멍 기준 끼워맞춤

기준 구멍	축의 공차역 클래스														
	헐거운 끼워맞춤						중간 끼워맞춤			억지 끼워맞춤					
H6					g5	h5	js5	k5	m5						
				f6	g6	h6	js6	k6	m6	n6[19]	p6[19]				
H7				f6	g6	h6	js6	k6	m6	n6	p6[19]	r6[19]	s6	t6	u6	x6
			e7	f7		h7	js7								
H8				f7		h7									
			e8	f8		h8									
		d9	e9												
H9			d8	e8		h8									
		c9	d9	e9		h9									
H10	b9	c9	d9												

주 [19] 이들의 끼워맞춤은 치수의 구분에 따라 예외가 생긴다.

표 3-9 상용하는 축 기준 끼워맞춤

기준축	구멍의 공차역 클래스													
	헐거운 끼워맞춤						중간 끼워맞춤			억지 끼워맞춤				
h5						H6	JS6	K6	M6	N6[20]	P6				
h6				F6	G6	H6	JS6	K6	M6	N6	P6[20]				
				F7	G7	H7	JS7	K7	M7	N7	P7[20]	R7	S7	T7	U7	X7
h7			E7	F7		H7									
				F8		H8									
h8			D8	E8	F8	H8									
			D9	E9		H9									
h9			D8	E8		H8									
		C9	D9	E9		H9									
	B10	C10	D10												

주 [20] 이들의 끼워맞춤은 치수의 구분에 따라 예외가 생긴다.

9) 기본공차의 수치 계산

① 기준 치수가 500 mm 이하인 경우, 공차등급 IT01 및 IT0에 대한 기본공차의 수치를 표 3-10에 나타낸다.

② 공차등급 IT01, IT0 및 IT1에 대한 기본공차의 계산공식은 표 3-11에 나타낸다.

③ 공차등급 IT5~IT18에 대한 기본공차의 수치는 공차단위 i를 사용하고 표 3-12의 공식에 따라 계산한다. μm 단위에서의 공차 단위 i는 다음 식에 따라 계산한다.

$$i = 0.45 \sqrt[3]{D} + 0.001D$$

D : mm 단위에서 기준치수의 구분의 기하평균(3장 2. 5)항 참조)

④ 기준치수가 50 mm를 초과, 3150 mm 이하인 경우, 공차등급 IT1~IT18에 대한 기본공차의 수치는 공차단위 I를 사용하고, 표 3-13의 공식에 따라 계산한다. μm 단위에서의 공차단위 I는 다음 식에 따라 계산한다.

$$I = 0.004D + 2.1$$

표 3-10 기본공차의 수치(공차등급 IT01 및 IT0)

기준 치수의 구분 mm		초과	-	3	6	10	18	30	50	80	120	180	250	315	400
		이하	3	6	10	18	30	50	80	120	180	250	315	400	500
기본 공차의 수치 μm		IT01	0.3	0.4	0.4	0.5	0.6	0.6	0.8	1	1.2	2	2.5	3	4
		IT0	0.5	0.6	0.6	0.8	1	1	1.2	1.5	2	3	4	5	6

표 3-11 기본 공차의 계산공식(공차 등급 IT01, IT0 및 IT1)

(기준치수 500mm 이하)　　　　　　　　　　　　　　　(단위 : μm)

공차 등급	IT0 1 *	IT0 *	IT1
계산식	0.3 + 0.008D	0.5 + 0.012D	0.8 + 0.020D

주)　* 3항 9)를 참조할 것.
비고) D는 각 치수의 구분을 구별하는 2개의 치수(mm)의 기하평균이다.

표 3-14 기본 공차의 계산공식(IT1~IT18)

기준치수 mm		공차 등급																
		IT1[1)]	IT2[1)]	IT3[1)]	IT4[1)]	IT5	IT6	IT7	IT8	IT9	IT10	IT11	IT12	IT13	IT14	IT15	IT16	IT17	IT18
초과	이하	기본 공차의 공식(단위 : μm)																
-	500	-	-	-	-	7i	10i	16i	25i	40i	64i	100i	160i	250i	400i	640i	1000i	1600i	2500i
500	3150	2I	2.7I	3.7I	5I	7I	10I	16I	25I	40I	64I	100I	160I	250I	400I	640I	1000I	1600I	2500I

예상문제

001. 다량의 제품이 허용 한계 내에 있는가를 측정하기 위하여 가장 적합한 게이지는?
- ㉮ 다이얼 게이지
- ㉯ 한계 게이지
- ㉰ 마이크로미터
- ㉱ 블록 게이지

002. 한계 게이지를 사용 목적에 따라 분류할 때 관계가 없는 것은?
- ㉮ 공작용 게이지
- ㉯ 점검용 게이지
- ㉰ 검사용 게이지
- ㉱ 표준용 게이지

003. 플러그 게이지의 종류가 아닌 것은?
- ㉮ 원통형
- ㉯ 평형
- ㉰ 봉형
- ㉱ 판형

004. 구멍에 대하여 통과측에 적합한 게이지는?
- ㉮ 플러그 게이지
- ㉯ 봉 게이지
- ㉰ 링 게이지
- ㉱ 스냅 게이지

005. 구멍용 한계 게이지가 아닌 것은?
- ㉮ 평형 플러그 게이지
- ㉯ 봉 게이지
- ㉰ 스냅 게이지
- ㉱ 판형 플러그 게이지

006. 한계 게이지란?
- ㉮ 양쪽 다 통과하도록 되어 있다.
- ㉯ 한쪽은 통과하고 다른 한쪽은 통과하지 않도록 되어 있다.
- ㉰ 양쪽 다 통과하지 않도록 되어 있다.
- ㉱ 한쪽은 헐겁게 통과하고 다른 한쪽은 통과하지 않도록 되어 있다.

정답 1.㉯ 2.㉱ 3.㉰ 4.㉮ 5.㉰ 6.㉯

007. 한계 게이지와 관계가 없는 것은?
㉮ 피치 게이지 ㉯ 원통형 플러그 게이지
㉰ 평형 플러그 게이지 ㉱ 판형 플러그 게이지

008. 테일러(Taylor)의 원리에 맞게 제작되지 않아도 되는 게이지는?
㉮ 플러그 게이지 ㉯ 피치 게이지
㉰ 링 게이지 ㉱ 나사 게이지

009. 한계 게이지를 검사할 수 있는 게이지는?
㉮ 표준 검사용 게이지 ㉯ 공작용 게이지
㉰ 점검용 게이지 ㉱ 검사용 게이지

010. 다음 중 플러시 핀 게이지는 제품의 어느 부위를 측정하는 게이지인가?
㉮ 깊이용 게이지 ㉯ 검사용 게이지
㉰ 공작용 게이지 ㉱ 점검용 게이지

011. 한계 게이지 방식이 아닌 것은?
㉮ 링 게이지 ㉯ 틈새 게이지
㉰ 플러그 게이지 ㉱ 스냅 게이지

012. 한계 게이지의 마모 여유는 어디에 두는가?
㉮ 두지 않는다. ㉯ 정지측
㉰ 통과측과 정지측 ㉱ 통과측

013. 통과측은 측정 부분의 길이와 같은 측정면을 갖는 것이 바람직한 게이지는?
㉮ 링 게이지 ㉯ 플러시 핀 게이지
㉰ 스냅 게이지 ㉱ 동심도 게이지

014. 마모된 공작용 한계 게이지는 주로 어느 목적으로 사용하는가?
㉮ 표준용 게이지 ㉯ 점검용 게이지
㉰ 검사용 게이지 ㉱ 표준 공작용

정답 7.㉮ 8.㉯ 9.㉰ 10.㉮ 11.㉯ 12.㉱ 13.㉮ 14.㉰

015. 축의 정지측에서 측정면이 좁은 곳에 사용하는데 적합한 게이지는?
㉮ 스냅 게이지　　　　　　㉯ 봉 게이지
㉰ 링 게이지　　　　　　　㉱ 플러그 게이지

016. 스냅 게이지의 종류가 아닌 것은?
㉮ 편구형　　　　　　　　㉯ 양구형
㉰ 단붙이형　　　　　　　㉱ C형

017. 한계 게이지에 대한 설명 중 틀린 것은?
㉮ 다량생산 제품 측정에 적합하다.
㉯ 통과측의 측정 부분의 길이는 정지측 측정 부분의 길이보다 짧다.
㉰ 대표적으로 구멍용 게이지와 축용 게이지가 있다.
㉱ 한쪽은 통과하고 다른 한쪽은 통과해서는 안 된다.

018. 한계 게이지로 무엇을 측정하는가?
㉮ 최대 치수와 최소 치수의 범위를 측정　　㉯ 각도를 측정
㉰ 나사의 피치를 측정　　　　　　　　　　㉱ 구멍의 크기를 측정

019. 스냅 게이지(snap gauge)에서 작동치수란?
㉮ 500 kgf의 힘을 가했을 때 스냅 게이지의 치수
㉯ 스냅 게이지를 연직으로 하였을 때의 치수
㉰ 힘을 받지 않았을 때의 스냅 게이지의 치수
㉱ 연직으로 스냅 게이지를 정지시켜 놓았을 때 자중에 의하여 통과하는 점검 게이지의 치수

020. 한계 게이지 중 스냅 게이지는 제품의 무엇을 검사하는가?
㉮ 내경　　　　　　　　　㉯ 각도
㉰ 외경　　　　　　　　　㉱ 구멍의 크기

021. 스냅 게이지는 일반적으로 최대 치수 얼마까지의 측정에 사용되는가?
㉮ 315 mm　　　　　　　㉯ 250 mm
㉰ 300 mm　　　　　　　㉱ 275 mm

정답　15.㉮　16.㉰　17.㉯　18.㉮　19.㉱　20.㉰　21.㉮

022. 한계 게이지 방식의 특징 중 틀린 것은?
   ㉮ 다량생산 제품의 측정에 편리하다.
   ㉯ 호환성을 가진 제품을 검사할 수 있다.
   ㉰ 측정 방법이 비교적 번거로우며 복잡해지기 쉽다.
   ㉱ 측정에 있어서 다른 방법보다 개인차가 적다.

023. 플러그 게이지에 대한 설명 중 틀린 것은?
   ㉮ 게이지의 홈은 공기의 유출을 돕기 위한 홈이다.
   ㉯ 게이지에 홈이 없으면 한쪽이 구멍에 들어가지 못한다.
   ㉰ 게이지 측정면에 있는 홈은 게이지가 막혀 있는 제품에 기름을 주는 홈이다.
   ㉱ 게이지가 제품에 끼어 빠지지 않으면 게이지를 냉각시키고 제품은 가열하여 뺀다.

024. 링 게이지나 플러그 게이지와 가장 관계가 있는 것은?
   ㉮ 선도기   ㉯ 시준기
   ㉰ 단도기   ㉱ 지시 측정기

025. 한계 게이지(limit gauge)에 있어서 "통과측에는 모든 치수 또는 결정량이 동시에 검사되고, 정지측에는 각 치수를 개개로 검사하지 않으면 안 된다"라고 하는 원리가 있다. 누구의 원리인가?
   ㉮ 아베(Abbe)   ㉯ 테일러(Taylor)
   ㉰ 리발란크(Le. Blanc)   ㉱ 파마(Pamar)

026. 구멍용 한계 게이지의 종류 중 짧은 구멍 또는 진직도가 제작 방법에서 보증되었을 때 사용하며, 구멍의 진원도, 블록형, 형상오차 등을 알 수 있는 잇점을 가진 게이지는?
   ㉮ 테보 게이지   ㉯ 링 게이지
   ㉰ 원통 스퀘어   ㉱ 나이프 에지

027. 나사용 한계 게이지를 사용하여 나사를 검사할 때 KS에서는 정지측이 최소 어느 정도 들어가면 합격하는가?
   ㉮ 1회전   ㉯ 2회전
   ㉰ 3회전   ㉱ 4회전

정답 22.㉰ 23.㉰ 24.㉰ 25.㉯ 26.㉮ 27.㉯

028. 0.3 mm의 틈을 측정하는데 적합한 것은?
㉮ 틈새 게이지(feeler gauge) ㉯ 블록 게이지
㉰ 내경 마이크로미터 ㉱ 스몰 홀 게이지

029. 다음 중 나사 절삭시 바이트의 각도를 측정하는데 사용하는 게이지는 어느 것인가?
㉮ 센터 게이지 ㉯ 와이어 게이지
㉰ 드릴 게이지 ㉱ 반지름 게이지

030. 와이어 게이지의 설명 중 맞는 것은?
㉮ 게이지 홈에 철사를 끼워 보아서 치수를 판별한다.
㉯ 번호가 클수록 철사가 굵어진다.
㉰ 게이지 번호는 스테인리스 강판 두께의 기준이 된다.
㉱ 와이어 게이지는 직사각형의 판에 작은 것부터 차례로 구멍이 뚫어져 있다.

031. 다음 게이지명과 용도가 잘못 짝지어진 것은?
㉮ 반지름 게이지 : 반지름 측정
㉯ 피치 게이지 : 나사 피치 측정
㉰ 틈새 게이지 : 미세한 틈새(두께) 측정
㉱ 센터 게이지 : 선반의 센터 고정이나 나사 각도 측정

032. 플러그 게이지에 대한 설명 중 옳은 것은?
㉮ 진원도도 검사할 수 있다.
㉯ 이 게이지는 공차 내에 있고 없음만을 검사할 수 있다.
㉰ 통과측이 통과되지 않을 경우는 기준 구멍보다 큰 구멍이다.
㉱ 정지측이 통과측보다 마멸이 심하다.

033. 다음 한계 게이지 중 위치정도 검사에 사용할 수 있는 것은?
㉮ 기능 게이지
㉯ 테보 게이지
㉰ 평형 플러그 게이지
㉱ 플러시 핀 게이지

정답 28.㉮ 29.㉮ 30.㉮ 31.㉱ 32.㉯ 33.㉮

034. 테보 게이지를 사용할 수 없는 곳은?
㉮ 재질이 약한 곳	㉯ 구멍 진직도가 필요치 않은 곳
㉰ 필요하지 않은 긴 구멍	㉱ 진원도가 필요한 곳

035. 다음 중에서 축을 가공하는데 일정한 치수 내에 들어 있는지를 검사하는데 적당한 게이지는?
㉮ 스냅 게이지	㉯ 반지름 게이지
㉰ 플러그 게이지	㉱ 센터 게이지

036. 한계 게이지의 장점을 설명한 것이다. 틀린 것은?
㉮ 측정이 쉽고 신속하다.
㉯ 소량 제품에서 가격이 비싸지므로 단가가 비싸진다.
㉰ 제품 상호간에 호환성이 있다.
㉱ 필요 이상 정밀가공을 하지 않아도 되므로 공작이 용이하다.

037. 다음 한계 게이지 사용법 중 테일러(Taylor)의 원리에 맞지 않는 것은?
㉮ 구멍용 정지측은 disk gauge를 사용한다.
㉯ 구멍용 통과측은 tebo gauge를 사용한다.
㉰ 축용 정지측은 점 접촉하는 게이지를 사용한다.
㉱ 구멍용 정지측 게이지는 tebo 게이지를 사용한다.

해설 구멍용 정지측 $\begin{pmatrix} \text{disk gauge} \\ \text{tebo gauge} \end{pmatrix}$, 축용 정지측 : 점접촉, 구멍용 통과측 : 플러그 게이지
　　　축용 통과측 : 링 게이지

038. 구멍용 한계 게이지의 종류 중 짧은 구멍 또는 진직도가 제작 방법에서 보증되었을 때 사용하며, 구멍의 진원도, 볼록형, 형상오차 등을 알 수 있는 잇점을 가진 게이지는?
㉮ 링 게이지	㉯ 테보 게이지
㉰ 나이프 에지	㉱ 원통 스퀘어

039. $40H_7g_6$의 끼워맞춤 조건을 가진 축과 구멍에서 최대 틈새는 얼마인가?(단, $H_7{\,}^{+0.025}_{0}$ $g_6{\,}^{0}_{-0.025}$)
㉮ 0.05	㉯ 0.025
㉰ 0.009	㉱ 0.016

040. 다음 중 한계 게이지라고 말할 수 없는 것은?
㉮ 기능 게이지　　　　㉯ 틈새 게이지
㉰ 테보 게이지　　　　㉱ 플러그 게이지

041. 한계 게이지의 사용 목적이 아닌 것은?
㉮ 고능률화　　　　　㉯ 공작의 합리화
㉰ 검사의 합리화　　　㉱ 설치의 간단화

042. 다음 한계 게이지 사용법 중 테일러의 원리에 맞지 않는 것은?
㉮ 구멍용 정지측은 디스크 게이지를 사용
㉯ 구멍용 통과측은 테보 게이지를 사용
㉰ 축용 정지측은 점접촉하는 게이지를 사용
㉱ 구멍용 정지측은 테보 게이지를 사용

043. 테보(tebo) 게이지에 대한 다음 설명 중 바르지 못한 것은?
㉮ 축용 한계 게이지이다.　　　㉯ 정지측과 통과측이 있다.
㉰ 길이가 짧은 원통에 적합하다.　㉱ 통과측은 테일러의 원리에 적합하지 않다.

044. 고유치수와 작동치수가 다른 게이지는?
㉮ 링 게이지　　　　　㉯ 트리록형
㉰ 스냅 게이지　　　　㉱ 평형 플러그 게이지

045. 다음 스냅 게이지에 대한 설명 중 옳지 않은 것은?
㉮ 축의 지름 검사 등에 사용된다.　㉯ 양구, 편구형 등의 스냅 게이지가 있다.
㉰ 고유치수와 작동치수가 있다.　　㉱ 플러그 게이지도 스냅 게이지의 일종이다.

046. 스냅 게이지의 사용 방법 중 틀린 것은?
㉮ 휨에 의한 오차가 적기 때문에 사용하기에 좋다.
㉯ 측정 범위가 큰 것은 다이얼 게이지를 부착시킨 것을 사용한다.
㉰ 통과측은 자중에 의해 통과해야 한다.
㉱ 주기적으로 정도검사를 해야 한다.

정답　40.㉯　41.㉱　42.㉯　43.㉮　44.㉰　45.㉱　46.㉮

047. 한계 게이지 설계시 가능한 한 테일러의 원리에 적용되도록 설계되어야 한다. 다음 중 틀리게 짝지어진 것은?
㉮ 축 통과측 검사 – 끼워맞춤 부분과 같은 폭을 가진 스냅 게이지
㉯ 축 정지측 검사 – 폭이 가는 스냅 게이지
㉰ 구멍 통과측 검사 – 구멍과 같은 길이를 가진 완전한 플러그 게이지
㉱ 구멍 정지측 검사 – 점 접촉하는 측정부를 가진 게이지

048. 게이지의 끝 부분에 홈이나 치수보다 작게 가공을 해놓은 경우가 있다. 그 이유는?
㉮ 형상을 측정하기 위해서
㉯ 진원도를 측정하기 위해서
㉰ 가볍게 하기 위해서
㉱ 측정하기 쉽도록 안내하기 위해서

049. 다음 나사 한계 게이지 설명 중 맞는 것은?
㉮ 나사 게이지 정지측은 공작용만 사용한다.
㉯ 나사 게이지의 통과측은 검사용만 사용한다.
㉰ 나사 게이지의 정지측은 2회전 이하로 들어가야 합격이다.
㉱ 검사용 플러그 게이지 점검은 점검용 나사 게이지로 한다.

050. 그림과 같이 테이퍼 게이지의 공차를 $^{\ \ 0}_{-0.05}$로 하고자 할 때 한계 치수 단차 H는 얼마로 해야 하나?
㉮ 2.5
㉯ 1
㉰ 0.5
㉱ 2

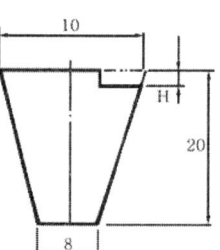

해설 ① 테이퍼 $= \dfrac{1}{x} = \dfrac{D-d}{L} = \dfrac{10-8}{20} = \dfrac{2}{20} = \dfrac{1}{10}$
② H = ?
$\dfrac{1}{10} = \dfrac{10-9.95}{H}$ ∴ H = 0.5

정답 47.㉮ 48.㉱ 49.㉰ 50.㉰

051. 그림과 같은 테이퍼 플러그 게이지의 대단경의 공차를 −0.005로 하고자 할 때 한계치수 단차 H는?

㉮ 1.5
㉯ 0.1
㉰ 0.5
㉱ 2

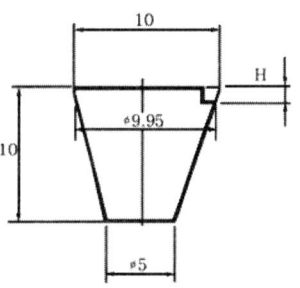

해설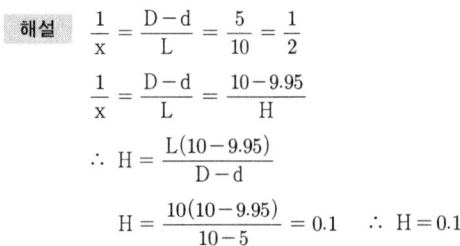
$$\frac{1}{x} = \frac{D-d}{L} = \frac{5}{10} = \frac{1}{2}$$
$$\frac{1}{x} = \frac{D-d}{L} = \frac{10-9.95}{H}$$
$$\therefore H = \frac{L(10-9.95)}{D-d}$$
$$H = \frac{10(10-9.95)}{10-5} = 0.1 \quad \therefore H = 0.1$$

052. 축용 한계 게이지가 아닌 것은?

㉮ 스냅 게이지 ㉯ 판형 플러그 게이지
㉰ 양구형 스냅 게이지 ㉱ C형 스냅 게이지

053. 한계 게이지 설계에서 맞는 것은?

㉮ 마모여유는 정지측, 통과측 양측에 준다.
㉯ 마모여유는 정지측에만 준다.
㉰ 제작공차는 정지측, 통과측 양측에 준다.
㉱ 제작공차는 통과측에만 준다.

054. 한계 게이지 공차 허용역 중 가장 틈새가 큰 것은?

㉮ A - a ㉯ H - h
㉰ H - j ㉱ X - x

055. 다음 중 테일러의 원리에 맞는 한계 게이지가 아닌 것은?

㉮ 축용 통과 게이지는 끼워맞춤 길이와 같은 폭을 가진 링 게이지
㉯ 축용 정지측 게이지는 폭이 가는 스냅 게이지
㉰ 구멍용 통과측은 구멍과 같은 길이를 가진 완전한 스냅 게이지
㉱ 구멍용 정지측은 점접촉을 하는 게이지

정답 51.㉯ 52.㉯ 53.㉰ 54.㉮ 55.㉰

056. 표준 게이지의 종류이다. 이 중 틀린 것은 어느 것인가?
  ㉮ 표준 게이지블록
  ㉯ 표준 봉게이지
  ㉰ 표준 단면게이지
  ㉱ 표준 테이퍼게이지

057. 피치 게이지는 어느 것을 알기 위해서 만든 것인가?
  ㉮ 나사산의 각도 검사
  ㉯ 나사의 유효지름 판정
  ㉰ 나사 피치 판정
  ㉱ 나사산의 모양

058. 30H7g6의 끼워맞춤은?
  ㉮ 헐거운 끼워맞춤
  ㉯ 억지 끼워맞춤
  ㉰ 중간 끼워맞춤
  ㉱ 꼭끼워맞춤

059. IT 기본공차는 몇 등급으로 되어 있는가?
  ㉮ 20등급
  ㉯ 10등급
  ㉰ 25등급
  ㉱ 15등급

060. 기계 부품의 끼워맞춤 부분의 IT 기본공차는?
  ㉮ IT01~IT4
  ㉯ IT10~IT15
  ㉰ IT5~IT10
  ㉱ IT11~IT16

061. 끼워맞춤이 필요하지 않은 부분의 공차는?
  ㉮ IT10~IT16
  ㉯ IT5~IT10
  ㉰ IT11~IT16
  ㉱ IT01~IT4

062. 게이지 등의 정밀한 끼워맞춤 부분의 IT 기본공차는?
  ㉮ IT01~IT4
  ㉯ IT10~IT20
  ㉰ IT5~IT10
  ㉱ IT11~IT16

063. 억지끼워맞춤에서 축의 최대 허용치수와 구멍의 최소 허용치수와의 차를 무엇이라 하는가?
  ㉮ 최대 죔새
  ㉯ 최소 틈새
  ㉰ 최대 틈새
  ㉱ 최소 죔새

정답 56.㉰ 57.㉰ 58.㉮ 59.㉮ 60.㉰ 61.㉰ 62.㉮ 63.㉮

064. 구멍의 최대 허용치수보다 축의 최소 허용치수가 큰 경우의 끼워맞춤은?
   ㉮ 억지 끼워맞춤　　　　　　　　㉯ 중간 끼워맞춤
   ㉰ 헐거운 끼워맞춤　　　　　　　㉱ 여유 끼워맞춤

065. 구멍과 축 사이에 항상 틈새가 생기는 끼워맞춤은?
   ㉮ 헐거운 끼워맞춤　　　　　　　㉯ 중간 끼워맞춤
   ㉰ 억지 끼워맞춤　　　　　　　　㉱ 여유 끼워맞춤

066. 구멍, 축의 사용 목적에 따라 실제 치수가 그 사이에 들어가도록 정한 대·소 두 개의 허용되는 치수는?
   ㉮ 공차　　　　　　　　　　　　㉯ 아래치수 허용차
   ㉰ 위치수 허용차　　　　　　　　㉱ 허용 한계치수

067. 중간 끼워맞춤에서 구멍의 최대 허용치수와 축의 최소 허용치수와의 차를 무엇이라 하는가?
   ㉮ 최소 틈새　　　　　　　　　　㉯ 최대 죔새
   ㉰ 최소 죔새　　　　　　　　　　㉱ 최대 틈새

068. 최대 허용치수와 최소 허용치수와의 차를 무엇이라고 하는가?
   ㉮ 치수공차　　　　　　　　　　㉯ 최대 틈새
   ㉰ 기준공차　　　　　　　　　　㉱ 최대 죔새

069. 끼워맞춤의 종류가 아닌 것은?
   ㉮ 헐거운 끼워맞춤　　　　　　　㉯ 가열 끼워맞춤
   ㉰ 중간 끼워맞춤　　　　　　　　㉱ 억지 끼워맞춤

070. 억지 끼워맞춤에서 축의 최소 허용치수에서의 구멍의 최대 허용치수를 뺀 값은?
   ㉮ 최소 죔새　　　　　　　　　　㉯ 최대 죔새
   ㉰ 최대 틈새　　　　　　　　　　㉱ 최소 틈새

071. 실제 치수에 대하여 허용되는 최대 치수를 무엇이라 하는가?
   ㉮ 최대 허용치수　　　　　　　　㉯ 최소 허용치수
   ㉰ 실제치수　　　　　　　　　　㉱ 허용 한계치수

정답　64.㉮　65.㉮　66.㉱　67.㉱　68.㉮　69.㉯　70.㉮　71.㉮

072. 죔새와 틈새가 생길 수 있는 끼워맞춤은?
㉮ 중간 끼워맞춤　　　㉯ 억지 끼워맞춤
㉰ 헐거운 끼워맞춤　　㉱ 여유 끼워맞춤

073. 치수공차란 무엇인가?
㉮ 기준 치수와 최대 허용치수의 차
㉯ 최대 허용치수와 최소 허용치수의 차
㉰ 최대 허용치수와 기준치수의 차
㉱ 구멍의 기준치수와 축의 기준치수의 차

074. 축 기준식은 어느 것인가?
㉮ 구멍의 축과 크기가 달라진 것.
㉯ 축의 크기를 일정하게 하고 구멍 크기를 조절하는 것.
㉰ 구멍이 달라지면 축의 크기가 일정한 것.
㉱ 구멍의 크기를 일정하게 하고 축의 크기를 조절하는 것.

075. KS규격에서 $\phi 30$ H7p7 은 어떤 끼워맞춤인가?
㉮ 구멍 기준식 억지 끼워맞춤　　㉯ 축 기준식 헐거운 끼워맞춤
㉰ 구멍 기준식 중간 끼워맞춤　　㉱ 축 기준식 억지 끼워맞춤

076. 끼워맞춤 중 틈새가 가장 많은 것은?
㉮ H7 f6　　㉯ H7 g6
㉰ H7 m5　　㉱ H7 j6

077. $\phi 50$ H7은 다음 중 무엇을 뜻하는가?
㉮ 구멍기준식　　　㉯ 억지 끼워맞춤
㉰ 헐거운 끼워맞춤　㉱ 축 기준식

078. 축의 제도공차 기호를 옳게 표시한 것은?
㉮ $\phi 85$ h7　　㉯ 85ϕ H7
㉰ $\phi 85$ H7　　㉱ 85ϕ h7

정답　72.㉮　73.㉯　74.㉯　75.㉮　76.㉮　77.㉮　78.㉮

079. 끼워맞춤 중 죔새가 가장 큰 것은?

㉮ H7 f6 ㉯ H7 g6

㉰ H7 m5 ㉱ H7 n6

080. 구멍의 제도공차 기호를 옳게 표시한 것은?

㉮ $\phi 85\,H7$ ㉯ $85\phi / H7$

㉰ $\phi 85\,h7$ ㉱ $85\phi - H7$

081. $\phi 100$에 대해 H5, H6, H7, H8이 있을 때 기본 공차가 가장 큰 것은?

㉮ H5 ㉯ H6

㉰ H7 ㉱ H8

082. 헐거운 끼워맞춤 중 가장 정밀급에 속하는 것은?

㉮ H7 g6 ㉯ H7 f6

㉰ H6 g6 ㉱ H6 f9

083. H7 구멍에 가장 헐거운 끼워맞춤에 속하는 것은?

㉮ f6 ㉯ k6

㉰ h6 ㉱ g6

084. 헐거운 끼워맞춤에서 구멍 $\phi 50^{+0.025}_{0}$, 축 $50^{-0.25}_{-0.5}$ 일 때 최소 틈새는 얼마인가?

㉮ 0.075 ㉯ 0.25

㉰ 50.025 ㉱ 49.975

085. $\phi 40^{+0.020}_{-0.010}$ 로 표시된 것의 공차는?

㉮ 0.040 ㉯ 0.030

㉰ 0.020 ㉱ 0.050

086. 끼워맞춤 종류 중 100R7 h6은 무엇을 뜻하는가?

㉮ 구멍 기준식 억지 끼워맞춤 ㉯ 축 기준식 헐거운 끼워맞춤

㉰ 축 기준식 중간 끼워맞춤 ㉱ 축 기준식 억지 끼워맞춤

정답 79.㉱ 80.㉮ 81.㉱ 82.㉰ 83.㉮ 84.㉯ 85.㉯ 86.㉱

087. 치수허용차가 가장 큰 구멍의 기초가 되는 기호는?
   ㉮ $\phi 50\,H7$
   ㉯ $\phi 50\,F7$
   ㉰ $\phi 50\,t7$
   ㉱ $\phi 50\,m7$

088. 구멍의 치수가 $\phi 50^{+0.025}_{0}$, 축의 치수가 $\phi 50^{+0.05}_{+0.03}$ 이라면 무슨 끼워맞춤인가?
   ㉮ 억지 끼워맞춤
   ㉯ 가열 끼워맞춤
   ㉰ 중간 끼워맞춤
   ㉱ 헐거운 끼워맞춤

089. 억지 끼워맞춤에서 구멍 $\phi 50^{+0.025}_{0}$, 축 $\phi 50^{+0.05}_{+0.034}$ 일 경우 최소 죔새는?
   ㉮ 0.009
   ㉯ 0.05
   ㉰ 50.025
   ㉱ 50.034

090. 구멍의 치수 $\phi 50^{+0.025}_{0}$, 축의 치수 $\phi 50^{-0.025}_{-0.050}$ 이라면 무슨 끼워맞춤인가?
   ㉮ 헐거운 끼워맞춤
   ㉯ 가열 끼워맞춤
   ㉰ 억지 끼워맞춤
   ㉱ 중간 끼워맞춤

091. $\phi 50^{+0.03}_{-0.01}$ 의 아래 허용치수는?
   ㉮ 0.03
   ㉯ -0.01
   ㉰ -0.05
   ㉱ 0.04

092. $\phi 40 \pm 0.005$ 의 최대 허용치수는?
   ㉮ 40.005
   ㉯ 39.995
   ㉰ 39.990
   ㉱ 40.095

093. 중간 끼워맞춤에서 구멍 $\phi 50^{+0.025}_{0}$, 축 $\phi 50^{+0.011}_{-0.005}$ 일 때 최대 틈새는?
   ㉮ 0.03
   ㉯ 50.000
   ㉰ 50.025
   ㉱ 49.995

094. 끼워맞춤 상태를 표시한 것 중 가장 틈새가 큰 것은?
   ㉮ 10H7 f6
   ㉯ 50H7 g6
   ㉰ 10H7 j6
   ㉱ 50H7 h6

정답 87.㉯ 88.㉮ 89.㉮ 90.㉮ 91.㉯ 92.㉮ 93.㉮ 94.㉮

095. 억지 끼워맞춤은?
- ㉮ 30H7 g6
- ㉯ 50H7 h6
- ㉰ 50H7 g6
- ㉱ 30R7 n6

096. 끼워맞춤 정도를 나타내는 알파벳 기호는?
- ㉮ 구멍, 축 모두 소문자
- ㉯ 구멍을 대문자, 축을 소문자
- ㉰ 구멍은 소문자, 축은 대문자
- ㉱ 구멍, 축 모두 대문자

097. H6 공차 등급에서 $\phi 35$, $\phi 40$, $\phi 50$인 구멍이 있다. 어느 쪽이 기본공차가 큰가?
- ㉮ $\phi 35$
- ㉯ $\phi 40$
- ㉰ 다 같다.
- ㉱ $\phi 50$

098. 다음 구멍용 한계 게이지가 아닌 것은?
- ㉮ 평형 플러그 게이지
- ㉯ 판형 플러그 게이지
- ㉰ 봉 게이지
- ㉱ 링 게이지

099. $\phi 50H7$ 과 $\phi 50F7$ 의 공차의 크기는 어떻게 다른가?
- ㉮ $\phi 50H7$ 이 크다.
- ㉯ 알 수 없다.
- ㉰ $\phi 50F7$ 이 크다.
- ㉱ 동일하다.

100. 끼워맞춤 기호 f6 에 대하여 설명 중 옳은 것은?
- ㉮ 6은 급수를 말한다.
- ㉯ 6은 축 기준이다.
- ㉰ f는 구멍기준이다.
- ㉱ f는 구멍의 크기를 말한다.

101. 센터게이지의 55° 부분은 어떤 경우에 사용하는가?
- ㉮ 바이트의 중심을 맞출 때
- ㉯ 미터나사의 각도를 맞출 때
- ㉰ 정밀한 금긋기를 할 때
- ㉱ 휘트 워스 나사 절삭시 바이트 각도를 조사할 때

102. 다음 한계 게이지를 사용목적에 따라 분류할 때 관계 없는 것은?
  ㉮ 점검용 게이지
  ㉯ 비교용 게이지
  ㉰ 검사용 게이지
  ㉱ 공작용 게이지

103. 구멍 $\phi 50^{+0.025}_{+0.015}$, 축 $\phi 50^{\ 0}_{-0.01}$ 일 때 최소 틈새는?
  ㉮ 0.01
  ㉯ 0.025
  ㉰ 0.035
  ㉱ 0.015

104. 구멍의 최대 치수보다 축의 최소 치수가 큰 경우의 끼워맞춤은?
  ㉮ 억지 끼워맞춤(interference fit)
  ㉯ 스핀들 끼워맞춤(spindle fit)
  ㉰ 중간 끼워맞춤(transition fit)
  ㉱ 헐거운 끼워맞춤(clearance fit)

105. 끼워맞춤에서 기호 H7은 무엇을 말하는가?
  ㉮ H는 구멍기준이고 7은 급수이다.
  ㉯ H는 등급의 계단이고 7은 축 기준이다.
  ㉰ H는 등급의 계단이고 7은 구멍의 기준이다.
  ㉱ H는 축 기준이고 7은 급수이다.

106. 다음 중 축용 한계 게이지가 아닌 것은?
  ㉮ 플러그 게이지
  ㉯ 링 게이지
  ㉰ 양구형 스냅 게이지
  ㉱ C형 스냅게이지

107. 스냅 게이지가 측정하는 곳은?
  ㉮ 내경
  ㉯ 외경
  ㉰ 두께
  ㉱ 틈새

108. 링 게이지와 같은 한계 게이지는 어디에 속하는가?
  ㉮ 선도기
  ㉯ 단도기
  ㉰ 시준기
  ㉱ 지시측정기

정답 102.㉯ 103.㉱ 104.㉮ 105.㉮ 106.㉮ 107.㉯ 108.㉯

109. 마모여유에 대한 설명 중 틀리는 것은?
   ㉮ 마모여유는 통과측에 준다.
   ㉯ 마모여유는 공작용, 검사용 모두에 적용된다.
   ㉰ 마모한계 치수와 마모여유는 같다.
   ㉱ 마모여유는 게이지의 경제성을 고려하여 적용한다.

110. 315 mm 이상의 게이지에 사용하는 방법은?
   ㉮ 플러그 게이지   ㉯ 링 게이지
   ㉰ 트리폭형   ㉱ 인디케이터 부착 스냅 게이지

111. 테보(tebo) 게이지에 대한 다음 설명 중 바르지 못한 것은?
   ㉮ 축용 한계 게이지이다.
   ㉯ 정지측과 통과측이 있다.
   ㉰ 길이가 짧은 원통에 적합하다.
   ㉱ 통과측은 테일러의 원리에 적합하지 않다.

112. 다음 중 억지 끼워맞춤에 해당되는 것은?

   ㉮ $\dfrac{\text{구멍 } 70^{+0.019}_{0}}{\text{축 } 70^{+0.035}_{+0.025}}$ ㉯ $\dfrac{\text{구멍 } 70^{+0.019}_{0}}{\text{축 } 70^{-0.019}_{-0.049}}$

   ㉰ $\dfrac{\text{구멍 } 70^{+0.009}_{0}}{\text{축 } 70 \pm 0.015}$ ㉱ $\dfrac{\text{구멍 } 70^{+0.019}_{0}}{\text{축 } 70^{+0.021}_{+0.002}}$

113. 다음 중 게이지와 설명이 틀린 것은?
   ㉮ 센터 게이지 - 나사절삭시 나사바이트 각도 측정
   ㉯ 피치 게이지 - 기어의 피치를 측정
   ㉰ 드릴 게이지 - 드릴의 지름 측정
   ㉱ R 게이지 - 원호 등의 반지름 측정

114. 테일러(Taylor)의 원리에 맞지 않은 게이지는?
   ㉮ 나사 피치 게이지   ㉯ 링 게이지
   ㉰ 플러그 게이지   ㉱ 나사 게이지

정답 109.㉰ 110.㉱ 111.㉮ 112.㉮ 113.㉯ 114.㉮

115. 나사 피치 게이지는 어느 것을 알기 위해 만든 것인가?
    ㉮ 나사산의 각도　　　　　　　㉯ 나사산의 모양
    ㉰ 나사산의 피치　　　　　　　㉱ 유효 지름

116. 축과 구멍의 관계가 보기와 같을 때 최소 틈새는 얼마인가?

	구멍	축
최대 허용치수	50.06 mm	49.995 mm
최소 허용치수	50.00 mm	49.950 mm

㉮ 0.0025 mm　　　　　　　㉯ 0.005 mm
㉰ 0.025 mm　　　　　　　　㉱ 0.11 mm

정답　115. ㉰　116. ㉯

제4장

각도 측정

1. 각도 게이지

각도는 원주를 등분해서 그 중심각으로 나타내므로 원기(原器)를 필요로 하지 않으나, 실제로 각도 측정에는 기준이 필요하며 여기에는 원주를 각도로 분할한 눈금 원판과 각도 게이지가 있다.

1) 요한슨식(Johansson type) 각도 게이지

1918년경 Johansson에 의해 고안된 게이지로, 길이 약 50 mm, 폭 약 20 mm, 두께 약 1.5 mm의 판 게이지를 85개 또는 49개를 한 조로 하고 있다.

측정범위는 2개를 조합하여, 85개조의 측정범위는 0~10°와 350~360° 사이의, 각도는 1° 간격으로, 그 외의 각도는 1′ 간격으로 만들 수 있고, 49개조는 0~10°와 350~360° 사이의 각도를 1° 간격으로, 그 외의 각도는 5′ 간격으로 만들 수가 있다(그림 4-1).

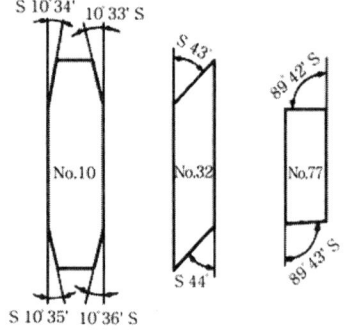

그림 4-1 요한슨식 각도 게이지

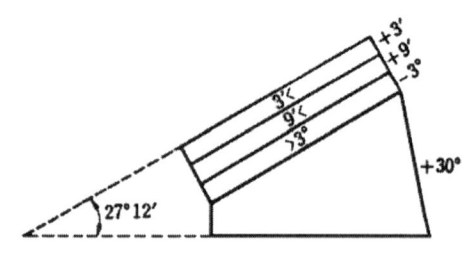

그림 4-2 각도 게이지(NPL식)

2) NPL식 각도 게이지

1940년 영국의 Tomlinson에 의하여 고안된 것으로, 100×15 mm의 강철제 블록으로 되어 있다. 측정면이 Johansson식 각도 게이지보다 크고, 6″, 18″, 30″, 1′, 3′, 9′, 27′, 1°, 3°, 9°, 27°, 41°의 각도를 가진 12개의 게이지를 한 조로 하며, 2개 이상 조합해서 0°에서 81°까지 6″ 간격으로 임의의 각도를 만들 수 있고, 조립 후의 정도는 ±2~3″이다(그림 4-2).

2. 눈금원판

눈금원판은 원주를 일정한 각도로 분할한 것으로, 각도 측정의 기준이 된다. 각도 측정시는 눈금원판의 편심에 의한 오차에 주의해야 한다.

회전축에 눈금원판을 붙이고 각도를 직접 측정할 경우, 그림 4-3과 같이 눈금원판의 중심을 C라 하고, 측정하려는 AC′B의 회전중심 C′와 일치하지 않을 때 ∠ACB − ∠AC′B = ∠CAC′ = $\Delta\theta$ 만큼의 오차가 생긴다. 즉,

$$\frac{e}{\sin \Delta\theta} = \frac{AC}{\sin(180° - \theta)} = \frac{R}{\sin\theta}$$

$$\therefore \sin \Delta\theta = \left(\frac{e}{R}\right)\sin\theta$$

$\Delta\theta$가 미소하면 $\sin \Delta\theta \fallingdotseq \Delta\theta$가 되므로 $\Delta\theta = \frac{e}{R}\sin\theta$가 되고, (b)와 같은 사인곡선이 된다.

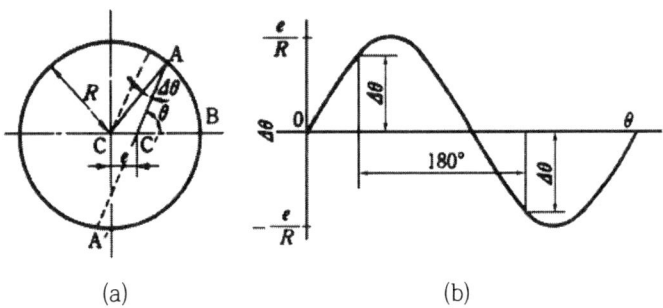

그림 4-3 편심에 의한 각도 오차

3. 각도 측정기

1) 만능각도기

공작물 두 면간의 각도를 측정하는 가장 간단한 측정기로, 눈금원판은 1눈금이 1′이고, 최소 읽기

값은 눈금원판의 23°를 12등분한 부척이 붙은 것이 5′, 19°를 20등분한 부척이 붙은 것이 3′이다. 그림 4-4는 만능각도 측정기이고, 그림 4-5는 눈금읽기 방법 예로서, 눈금원판과 부척눈금의 일치점이 부척눈금에서 25′이므로 측정값은 20° 25′이다.

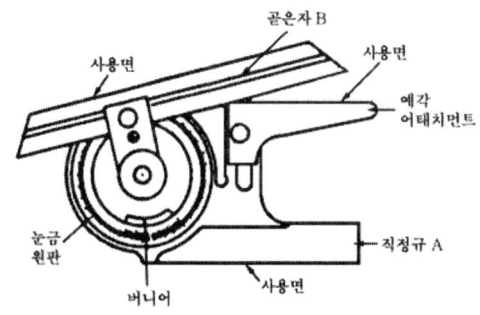

그림 4-4 만능각도 측정기

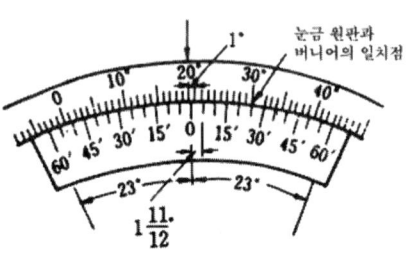

그림 4-5 눈금읽기 방법 예

4. 수준기

수준기는 수평 또는 수직을 정하는데 쓰이며, 그 외에 수평·수직으로부터 약간 경사진 부분을 측정한다. 경사각은 눈금을 읽어 각도로 환산하며, 경사각을 라디안(radian)으로 나타내면,

$$\theta = \frac{L}{R} (\theta : \text{radian})$$

가 된다.

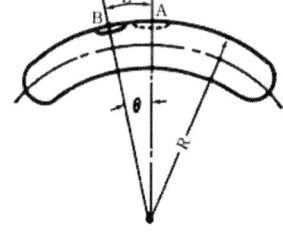

그림 4-6 수준기의 경사

$$\frac{2\pi R}{a} = \frac{360 \times 60 \times 60}{\rho}$$

$$\therefore \rho = 206265 \times \frac{a}{R} = k\frac{a}{R} \quad R = k\frac{a}{\rho}$$

a : 수준기 1눈금 간격
ρ : 수준기 1눈금에 상당하는 각도(″)

수준기의 감도는 KS에서 기포관의 1눈금(2 mm)이 편위되는데, 필요한 경사각을 밑면 1 m에 대한 높이 또는 각도로 표시한다.

5. 오토콜리메이터(autocollimator)

1) 원리

오토콜리메이터는 반사경과 망원경의 위치 관계가 기울기로 변했을 때 망원경 내의 상(像)의 위치가 이동하는 것을 이용하여 미소 각도를 측정한다.

광원에서 조명된 빛은 +자선이 있는 유리판을 통과하여 반투명의 반사광에 일부 반사되고 대물렌즈를 유리눈금판 위에 +자선의 상(像) S_1이 만들어지며, 반사경이 이 광축에 대하여 미소각 θ만큼 기울어진 반사광은 광축에 대해서 2θ만큼 방향을 바꾸고 눈금 유리판 뒤에 거리 d만큼 떨어진 위치 S_2에 +자선의 상이 된다.

대물렌즈의 초점거리를 f라 하면

$$d = f \tan 2\theta ≒ 2f\theta$$

$$\theta = \frac{d}{2f}$$

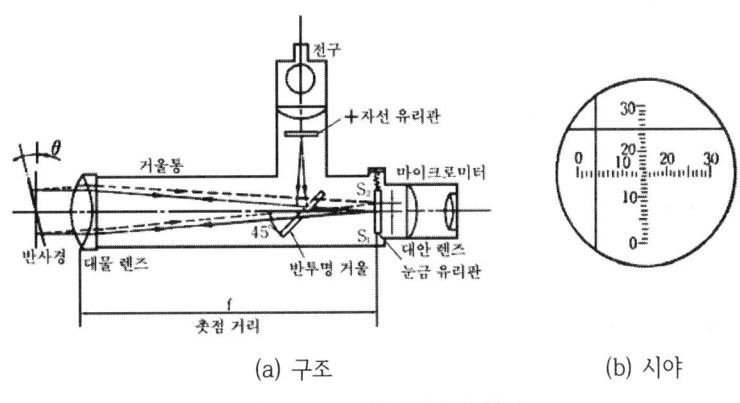

(a) 구조 (b) 시야

그림 4-7 오토콜리메이터 원리

2) 주요 부속품

오토콜리메이터는 각도 측정, 진직도 측정, 평면도 측정 등에 사용되며, 주요 부속품은 다음과 같다.

① 반사경(reflector - 평면도 1 μm 이내)

② 평면경

③ 펜타 프리즘(penta prism) : 5각형으로 각도를 검사하는데 사용하는 부속품으로 광로를 직각으로 변환시킨다.

④ 폴리곤(polygon) : 원주를 12면(30°), 8면(45°), 6면(60°)으로 등분한 각도기준기이며, 원주눈금 검사, 각도 분할 정도 검사, 분할판 등에 사용된다.

⑤ 지지대

3) 측정 방법

① 기준기에 대한 각도차의 측정

그림 4-8에서처럼 기준편 3과 피측정물 2와의 각도차를 NPL식 각도 게이지와의 비교측정으로 구한다.

② 운동의 진직도 측정

평면경을 측정부위에 놓고 각각의 위치에서 평면경의 경사량을 읽어서 구한다(그림 4-9).

③ 직육면체의 직각도 측정
④ 탄성체의 휨에 의한 경사각 측정
⑤ 안내면의 직각도 측정

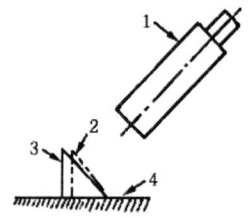

1. 오토콜리메이터
2. 피측정물 3. 기준편
4. 기준면

그림 4-8 기준편에 대한 각도의 차 측정

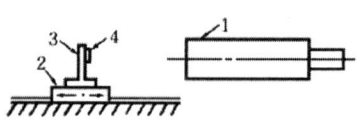

1. 오토콜리메이터   2. 운동부분
3. 평면경 설치대   4. 평면경

그림 4-9 운동의 진직도 측정

6. 삼각법에 의한 측정

1) 사인 바(sine bar)

사인 바는 삼각함수의 사인을 이용하여 임의의 각도를 설정 및 측정하는 측정기로서, 크기는 롤러 중심간의 거리로 표시하며, 일반적으로 100 mm, 200 mm를 많이 사용한다(그림 4-10).

$$\alpha = \sin^{-1} \frac{H}{L}$$

L : 사인 바 호칭치수
H : 블록 게이지 치수

사인 바를 이용하여 각도를 측정할 때는 $\alpha > 45°$로 되면 오차가 커지므로 반드시 기준면에 대하여 45° 이하의 각도를 설정한다.

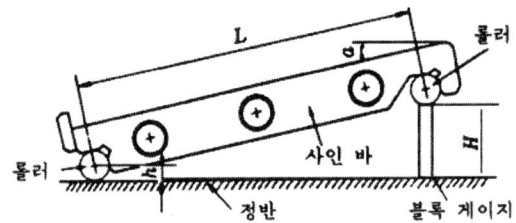

그림 4-10 사인 바를 이용한 측정 원리

2) 탄젠트 바(tangent bar)

탄젠트 바는 중간에 블록 게이지에 의해 간격이 결정되고 미리 알고 있는 롤러 지름 d 및 D, 2개의 롤러에 의해 측정되며 더브테일(dove tail) 등의 측정에 응용된다(그림 4-11).

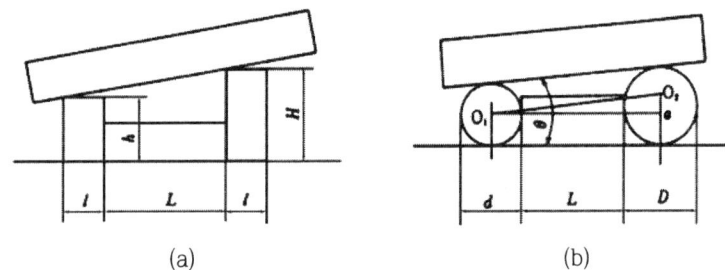

그림 4-11 탄젠트 바에 의한 측정 원리

$$\tan \theta = \frac{H-h}{C+l} \tag{a}$$

$$\tan \frac{\theta}{2} = \frac{O_2 a}{O_1 a} = \frac{\frac{D}{2} - \frac{d}{2}}{\frac{D}{2} + \frac{d}{2} + L} = \frac{D-d}{D+d+2L} \tag{b}$$

3) 원통 롤러에 의한 측정

(1) 구배각 측정

원통 롤러와 블록 게이지, 그리고 높이측정기 등을 이용하여 구배각 α를 측정한다.

$$각도\ \alpha = \sin^{-1} \frac{H}{D+L}$$

  H : $h_2 - h_1$
  D : 원통 롤러 지름
  L : 블록 게이지 길이

(2) V홈 각도 측정

V홈 원통 롤러 d와 D를 각각 올려 놓았을 때의 높이 H_1, H_2를 측정하면(그림 4-12)

$$각도\ \alpha = \sin^{-1}\frac{D-d}{2(H_2-H_1)-(D-d)}$$

로 된다.

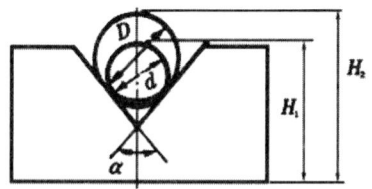

그림 4-12 V홈 측정 원리

7. 원뿔의 측정

1) 원뿔 테이퍼의 정의

원뿔의 직경 D와 그 길이 L과의 비 D/L에서 분자(직경) D를 1로 환산한 값을 테이퍼량이라 하고, 각도 α를 테이퍼각이라 한다. 그림 4-13에서

$$테이퍼량\ 1/x = D/L = 2\tan \alpha/2$$

원뿔대의 경우는

$$1/x = (D-d)/L = 2\tan (\alpha/2)$$

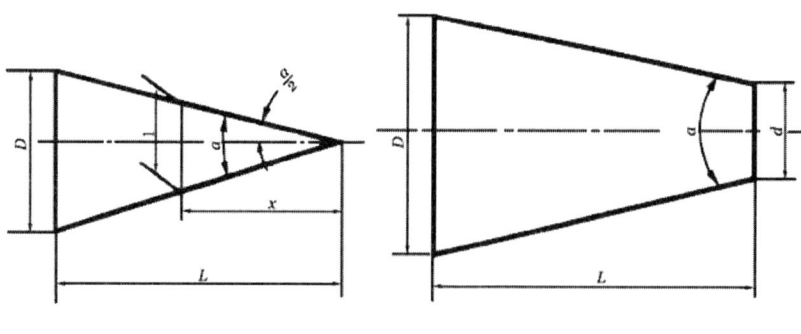

그림 4-13 원추의 테이퍼

테이퍼 1/x에 상당하는 테이퍼각도 $\alpha = 360/\pi \cdot \tan^{-1}(1/2x)$이다.

그리고 선반의 테이퍼는 morse taper, 밀링 등에서는 national taper를 사용하고 있다.

2) 외측 테이퍼 측정

(1) 사인 센터(sine center)에 의한 측정

$$각도 \ \alpha = 2\sin^{-1}\frac{H}{L}$$

  H : 블록 게이지 치수
  L : 호칭치수

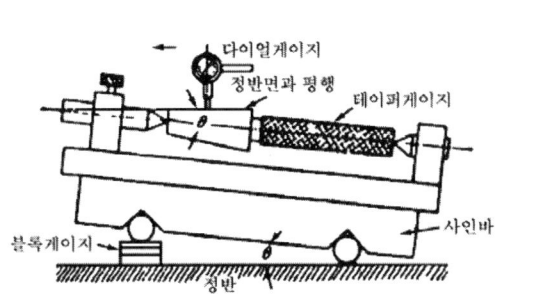
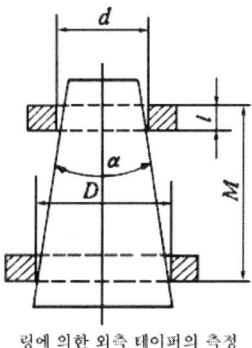

그림 4-14 Sine bar에 의한 Taper 측정

(2) 원판 게이지

측정물의 테이퍼에 알맞는 적당한 지름의 2개의 링 게이지로 M을 측정하고, d와 D는 게이지 치수를 이용하면

$$\tan\frac{\alpha}{2} = \frac{D-d}{2(M-l)}$$

  d, D : 2개의 링 게이지 내경
  l : 링 게이지 두께
  M : 링 게이지 간격

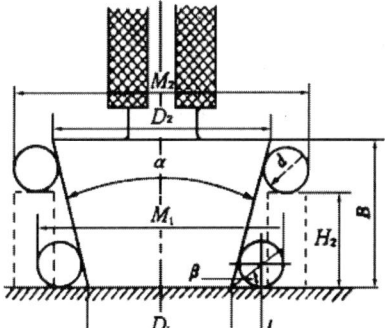

그림 4-15 롤러에 의한 테이퍼 측정

제4장 각도 측정

(3) 롤러와 게이지 블록, 마이크로미터를 이용한 측정법

$$\tan \frac{\alpha}{2} = \frac{M_2 - M_1}{2H}$$

M_1, M_2 : 롤러 바깥쪽 거리
H : 게이지 블록 높이(가능한 한 길게 취한다.)

측정된 테이퍼각 α의 정도는 보통 20~30″이다.

(4) 직경이 서로 다른 2쌍의 원통 롤러를 이용한 테이퍼 측정

$$\alpha = 180° - 2\theta$$

$$\tan \frac{\theta}{2} = \frac{D - d}{2(M_2 - M_1) - (D - d)}$$

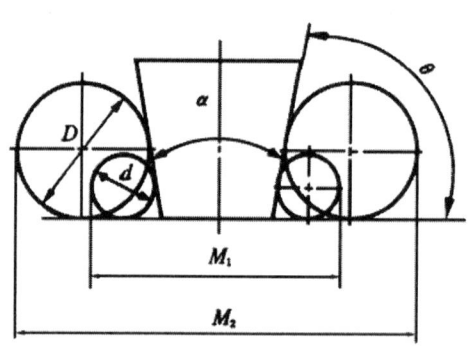

그림 4-16 롤러핀에 의한 측정

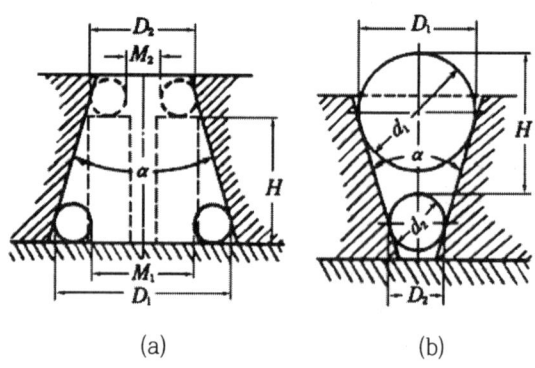

(a)   (b)

그림 4-17 강구(보올)에 의한 내측 테이퍼 측정

(5) 내측 테이퍼 측정(그림 4-17)

테이퍼 안쪽에 강구를 이용하여 M_1, M_2, H를 측정하면

$$\text{(a)에서 } \tan\frac{\alpha}{2} = \frac{M_2 - M_1}{2H}$$

$$\text{(b)에서 } \sin\frac{\alpha}{2} = \frac{d_1 - d_2}{2H - (d_1 - d_2)}$$

(6) 공구 현미경, 투영기에 의한 측정

$$C = \frac{b}{a} + \frac{b'}{a'}$$

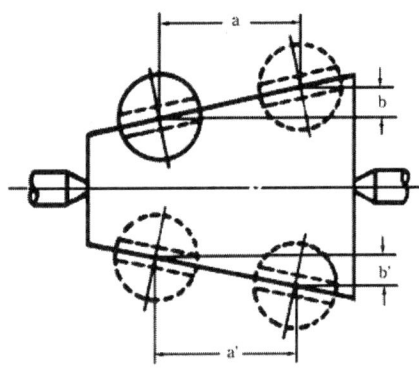

그림 4-18 공구 현미경에 의한 테이퍼 측정

7) 분할 회전 테이블과 오토콜리메이터에 의한 각도 측정

측정 원리는 눈금원판 중심상에 피측정물을 설치하여 반사면이 오토콜리메이터 광로(光路)의 수직상에 오도록 한 다음, 접안경에 보이는 눈금선에 세팅하고 눈금원판을 회전시켜 다른 반사면이 접안렌즈의 처음 세팅 위치에 왔을 때의 눈금원판 각도를 읽어서 각도를 구한다.

예상문제

001. 롤러의 중심거리 100 mm의 sine bar로 21°30′의 각도를 만든다. 낮은 쪽의 gauge block의 높이를 10.000 mm라 하면, 높은 쪽은 얼마로 하면 되는가?(단, sin 21°30′=0.3665)
㉮ 46.65 mm ㉯ 49.65 mm
㉰ 56.75 mm ㉱ 64.75 mm

002. 눈금의 폭 2 mm가 20초의 각도를 나타내는 수준기의 기포관 내면의 곡률 반경은 얼마인가?
㉮ 13.6 m ㉯ 15.6 m
㉰ 17.6 m ㉱ 20.6 m

003. 반경 100 mm의 눈금원판에 편심이 0.1mm일 때 30°를 측정했다면 읽음오차는 몇 초인가?
㉮ 43″ ㉯ 103″
㉰ 125″ ㉱ 146″

004. 다음 중 단일 각도 게이지가 아닌 것은?
㉮ N.P.L식 각도 게이지 ㉯ 요한슨식 각도 게이지
㉰ 원통 스퀘어 ㉱ 콤비네이션 세트

005. 오토콜리메이터로 측정할 수 없는 작업은?
㉮ 직육면체의 직각도 측정 ㉯ 진직도 측정
㉰ 기준면에 대한 각도의 차 측정 ㉱ 운동의 진원도 측정

006. 테이퍼량이 1/10일 때 M₁의 치수는 얼마인가?
(단, 롤러의 직경은 5 mm일 때)
㉮ 7 mm
㉯ 8 mm
㉰ 9 mm
㉱ 10 mm

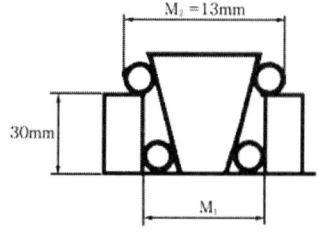

정답 1.㉮ 2.㉱ 3.㉯ 4.㉱ 5.㉱ 6.㉱

해설 $\dfrac{1}{10} = \dfrac{M_2 - M_1}{30}$ 에서, $M_2 = 13\,\text{mm}$ 이므로

$13 - M_1 = 3$ ∴ $M_1 = 10\,\text{mm}$

007. 다음 그림에서 α각은 어떻게 표시되는가?(단, $d_1 = 10\,\text{mm}$, $d_2 = 20\,\text{mm}$)

㉮ $\sin \dfrac{\alpha}{2} = \dfrac{1}{10}$

㉯ $\sin \dfrac{\alpha}{2} = \dfrac{1}{5}$

㉰ $\sin \alpha = \dfrac{2}{15}$

㉱ $\sin \alpha = \dfrac{3}{15}$

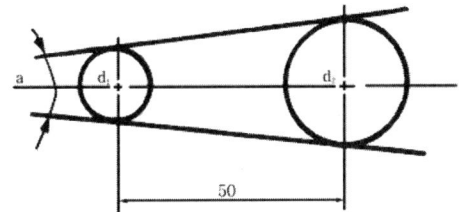

해설 $\sin \dfrac{\alpha}{2} = \dfrac{5}{50} = \dfrac{1}{10}$

008. 초정밀 경면 가공된 구(球)면 위에 옵티컬 플랫(optical flat)을 올려 놓고 간섭무늬를 측정하였더니, 그림에서 구면의 두께가 d일 때 중심에서 4번째 간섭무늬 반경 r가 45 mm였다. 이 구(球)의 곡률반경 R는 몇 mm인가?(단, 이때 측정에 사용된 광원의 파장은 600 nm이다.)

㉮ 843,750 m

㉯ 421,875 m

㉰ 696,093.8 m

㉱ 632,812.5 m

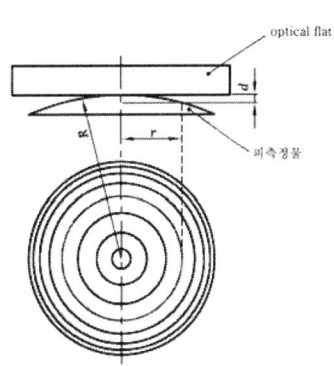

해설 $R = \dfrac{d^2 + r^2}{2d}$ 이고, $r = 45\,\text{mm}$ 이므로

$d = n\dfrac{\lambda}{2} = 4 \times \dfrac{0.0006}{2} = 0.0012\,\text{m}$

① $R = \dfrac{d^2 + r^2}{2d} = \dfrac{(0.0012)^2 + 45^2}{2 \times 0.0012}$

$= 843,750.001\,\text{mm}$

009. 도면과 같이 NPL식 각도 게이지를 조합하였을 때 α의 각도값은 얼마인가?

㉮ 32°51′

㉯ 41°91′

㉰ 38°51′

㉱ 35°9′

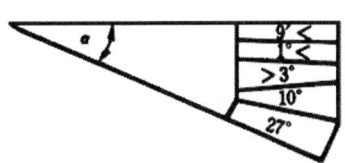

정답 7.㉮ 8.㉮ 9.㉱

010. 다음 그림은 사인 바를 사용하여 각도를 측정한 것이다. 각 θ는 몇 도인가?

㉮ 2°
㉯ 1°
㉰ 3°
㉱ 4°

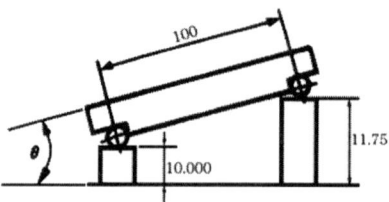

011. autocollimator와 함께 사용할 수 있는 각도 측정기는?
㉮ 요한슨 각도게이지　　　　㉯ 베벨 각도기
㉰ 폴리곤 프리즘(polygon prism)　㉱ 콤비네이션 세트(combination set)

012. 사인 바(sine bar)를 사용할 때 설치각을 몇 도 이하로 하여야 오차가 적게 생기는가?
㉮ 20°　　　　㉯ 30°
㉰ 45°　　　　㉱ 55°

013. 다음 중 단일 각도 게이지가 아닌 것은?
㉮ N.P.L식 각도 게이지　　　㉯ 요한슨식 각도 게이지
㉰ 실린더리컬 스퀘어(원통 스퀘어)　㉱ 콤비네이션 세트

014. 반경 100 mm인 눈금원판에서 각도 30°를 직접 측정할 때 편심오차가 1 mm였다면 각도 측정 오차는?
㉮ 1031″　　　　㉯ 200″
㉰ 105″　　　　㉱ 1936″

해설　$\sin\Delta\theta = \dfrac{e}{R}\sin\theta$ 에서

$\begin{cases} e = 1\,\text{mm} \\ R = 50\,\text{mm} \\ \sin 30° = 0.5 \end{cases}$ 이므로,

$\Delta\theta = \sin^{-1}\left(\dfrac{1}{100} \times 0.5\right) = 17'11'' = 1031''$

015. N.P.L식 각도 게이지와 관계 없는 사항은?
㉮ 영국 국립물리연구소　　　㉯ Tomlinson
㉰ 12개조　　　　㉱ 홀더

정답　10.㉯　11.㉰　12.㉰　13.㉱　14.㉮　15.㉱

016. 다음은 테이퍼 측정 그림이다. 구하는 테이퍼 값은?
㉮ 1/10
㉯ 2/10
㉰ 25/50
㉱ 30/50

017. 각도 1초는 밑변의 길이 1 m에 대한 직각삼각형의 높이로 표시할 때 얼마에 상당하는가?
㉮ 5 μm
㉯ 5 mm
㉰ 10.5 mm
㉱ 1 μm

018. 감도가 0.02 mm/m인 수준기의 눈금선 간격이 2 mm인 경우, 이 수준기의 곡률반경은?
㉮ 84 m
㉯ 103 m
㉰ 235 m
㉱ 362 m

019. 사인 바에서 몇 도 이상의 각도를 측정하면 오차가 크게 되는가?
㉮ 45°
㉯ 30°
㉰ 15°
㉱ 90°

020. 오토콜리메이터로서 측정할 수 없는 것은?
㉮ 진직도
㉯ 미소 각도
㉰ 직각도
㉱ 거칠기

021. 0.02 mm/m의 수준기에서 밑변 거리가 200 mm라고 할 때, 기포가 3눈금 이동하면 높이의 차는 얼마인가?
㉮ 0.012 mm
㉯ 0.004 mm
㉰ 0.06 mm
㉱ 0.03 mm

022. 1종 수준기의 감도는?
㉮ 0.02 mm/m
㉯ 0.03 mm/m
㉰ 0.04 mm/m
㉱ 0.05 mm/m

정답　16.㉮　17.㉮　18.㉯　19.㉮　20.㉱　21.㉮　22.㉮

023. 사인 바의 정밀도 검사시 고려하지 않아도 되는 검사 항목은?
㉮ 측정면의 평면도   ㉯ 롤러 중심간 거리
㉰ 롤러의 진직도   ㉱ 양 측면의 평행도

024. 다음 중 가장 고정도의 수준기는?
㉮ 전기식 수준기   ㉯ 평행 수준기
㉰ 합치식 수준기   ㉱ 조정식 수준기

025. 수준기의 1눈금을 2 mm로 하고 감도를 1′로 하고자 할 때 기포관의 곡률반경은?
㉮ 103 m   ㉯ 200 m
㉰ 6.9 m   ㉱ 42 m

> **해설** $R = 206265 \dfrac{a}{\rho}$
> $= 206265 \dfrac{2}{60''}$
> $= 6875.5 \text{ mm}$
> $\fallingdotseq 6.9 \text{ m}$

026. 복합각도의 측정 및 가공에 사용되는 것은?
㉮ 사인 바   ㉯ 사인 테이블
㉰ 사인 플레이트   ㉱ 컴파운드 사인 테이블

027. 수준기의 기포관을 이용한 측정기는?
㉮ 클리노미터   ㉯ 마노미터
㉰ 스페로미터   ㉱ 암슬러미터

028. 사인 바에 대한 설명 중 옳은 것은?
㉮ 게이지 블록의 높이 = $\dfrac{\text{사인 바의 호칭 길이}}{\sin\theta}$
㉯ 45° 이상의 각도를 측정할 때는 90°-α로 하여 측정한다.
㉰ 게이지 블록의 오차가 같은 경우 30°와 60°의 각도 오차도 같다.
㉱ 사인 바의 크기는 사인 바 전체의 길이로 표시한다.

정답 23.㉱ 24.㉮ 25.㉰ 26.㉱ 27.㉮ 28.㉯

029. 다음에서 각도 측정기가 아닌 것은?
㉮ 사인 바 ㉯ 컴비네이션 세트
㉰ 센터 게이지 ㉱ 옵티컬 플랫

030. 직각자의 외측 사용면의 직각도 측정 원칙을 들었다. 이 중 관계가 없는 것은?
㉮ 기준 직각자와 테보 게이지에 의한 방법
㉯ 기준 직각자와 게이지 블록에 의한 방법
㉰ 기준 직각자와 게이지에 의한 방법
㉱ 오토콜리메이터에 의한 방법

031. 1종 수준기(0.02 mm/m)의 기포의 눈금이 2개 이동했다면 이 경사는 1 m에 대하여 얼마나 편위된 것인가?
㉮ 0.02 mm ㉯ 0.04 mm
㉰ 0.05 mm ㉱ 0.06 mm

해설 0.02 mm/m → 1눈금 편위시 1 mm에 대하여 0.02
∴ 0.02×2 = 0.04

032. 수준기의 기포관의 곡률변경이 클수록 감도는?
㉮ 높다. ㉯ 낮다.
㉰ 변함없다. ㉱ 관계없다.

033. 사인 바의 크기는 무엇으로 결정하는가?
㉮ 롤러의 중심거리 ㉯ 평행면의 길이
㉰ 바의 길이와 폭 ㉱ 롤러의 크기

034. 수준기의 감도에 제일 크게 영향을 미치는 것은?
㉮ 주 기포관의 크기 ㉯ 부 기포관의 크기
㉰ 바의 길이와 폭 ㉱ 주 기포관의 곡률반경

035. 감도에 따라 분류한 수준기의 종류가 아닌 것은?
㉮ 0종 ㉯ 1종
㉰ 2종 ㉱ 3종

정답 29.㉱ 30.㉮ 31.㉯ 32.㉮ 33.㉮ 34.㉱ 35.㉮

036. N.P.L식 각도 게이지의 정도는?
㉮ 0.5~1초   ㉯ 2~3초
㉰ 4~6초   ㉱ 7~9초

037. 100 mm의 사인 바에 의하여 30°를 만드는데 필요한 게이지 블록가 다음과 같이 준비되어 있을 때 필요 없는 것은?
㉮ 40   ㉯ 20
㉰ 5.5   ㉱ 4.5

038. N.P.L식 각도 게이지를 잘못 설명한 것은?
㉮ 12개조 또는 15개조의 것이 있다.
㉯ 길이 100 mm, 폭 15 mm의 쐐기 모양이다.
㉰ 웨지 게이지 블록이라고도 한다.
㉱ 쐐기 모양의 것을 더함으로써만이 조합된다.

039. 컴비네이션 세트로 측정할 수 없는 것은?
㉮ 45°   ㉯ 90°
㉰ 120°   ㉱ 평행도

040. 다음 그림에서 길이 L의 값은 얼마인가?
㉮ 약 26
㉯ 약 31
㉰ 약 36
㉱ 약 43

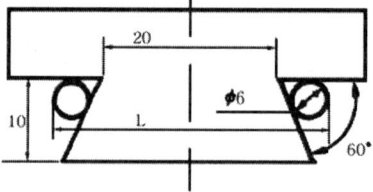

해설 $L = 20 + 6 + 2x$
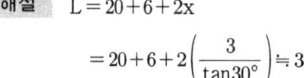
$= 20 + 6 + 2\left(\dfrac{3}{\tan 30°}\right) ≒ 36$

041. 100 mm 사인 바에서 30°를 측정하려고 할 때 게이지 블록은 다음 어느 것이 필요한가?
㉮ 40+10.2   ㉯ 50
㉰ 49+1.005   ㉱ 50+2.3

정답 36.㉯ 37.㉯ 38.㉱ 39.㉱ 40.㉰ 41.㉯

042. 다음 그림에서 각도 a의 값을 구하여라.

㉮ 30°
㉯ 35°
㉰ 40°
㉱ 90°

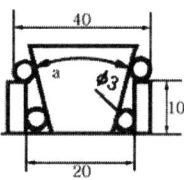

043. 다음 그림에서 L의 길이는 얼마인가?(단, sin60° = 0.5, tan60° = 1.73, α =60°)

㉮ 14.6
㉯ 15.8
㉰ 16.7
㉱ 16.9

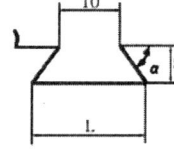

해설 L = 10 + (L − 10) = 10 + 2x 에서,

$x = \dfrac{5}{\tan 60°} ≒ 2.9$

길이 L = 10 + 5.8 = 15.8

044. 수준기의 기포관은 곡률반경이 작을수록 감도는?

㉮ 높다.　　　　　　　　㉯ 낮다.
㉰ 변함없다.　　　　　　㉱ 관계없다.

045. 사인 바에 대한 기술 중 옳지 못한 것은?

㉮ 각도 측정기이다.
㉯ 지그의 제작 등에 사용된다.
㉰ 45°보다 큰 각을 재는데 사용해야 한다.
㉱ 롤러 중심선과 측정면은 평행하다.

046. 사인 바로 각도를 측정할 때 몇 도를 넘으면 오차가 심하게 되는가?

㉮ 10°　　　　　　　　　㉯ 20°
㉰ 30°　　　　　　　　　㉱ 45°

정답 42.㉱　43.㉯　44.㉯　45.㉰　46.㉱

047. 기포관 1눈금은 0.02 mm/m이고 수준기 밑변 거리를 200 mm로 하면 기포 1눈금 편위에 대한 높이차는?

㉮ 1 µm   ㉯ 10 µm
㉰ 0.4 µm   ㉱ 4 µm

048. 사인 바 사용시 주의사항 중 맞지 않는 것은?

㉮ 각도 측정기이다.   ㉯ 롤러의 중심거리가 호칭치수이다.
㉰ 45° 이상에 사용한다.   ㉱ 롤러의 중심거리는 측정면과 평행

049. 초점거리 500 mm의 auto-collimator의 초점눈금판의 등간격 눈금판은 1눈금을 1분으로 하면 눈금 간격은 얼마인가?

㉮ 0.005 mm   ㉯ 0.029 mm
㉰ 0.29 mm   ㉱ 0.51 mm

> **해설** $d = 2f\theta$
> $= 2 \times 500 \times 2.9089 \times 10^{-4}\,\text{rad}$
> $= 0.29\,\text{mm}$

050. 초점거리 500 mm의 auto-collimator로서 상의 변위가 0.2 mm일 경우 경사각은 몇 초인가?

㉮ 20초   ㉯ 31초
㉰ 36초   ㉱ 41초

> **해설** $d = 2f\theta$ 에서
> $\theta = \dfrac{d}{2f} = \dfrac{0.2}{2 \times 500} = 0.0002\,\text{rad}$
> (°)도 $= 0.002 \times 57.29578 \fallingdotseq 41''$

051. 다음 측정기 중에서 각도 측정을 할 수 없는 측정기는?

㉮ plain meter   ㉯ auto-collimator
㉰ polygon prism   ㉱ sine bar

052. 반경 100 mm인 눈금원판에서 각도 30′를 측정할 때 편심오차가 4 mm였다면 각도측정 오차는?

㉮ 1031″   ㉯ 200″
㉰ 72″   ㉱ 1936″

정답 47.㉱ 48.㉰ 49.㉰ 50.㉱ 51.㉮ 52.㉰

해설 $\sin \Delta\theta = \dfrac{e}{R} \sin\theta$

$\Delta\theta = \sin^{-1}\left(\dfrac{e}{R}\sin\theta\right)$
$= 1'12'' ≒ 72''$

053. 위의 문제와 같은 편심오차를 없애기 위한 방법은?
㉮ 180° 회전시킨 위치에서 측정값과의 차를 구한다.
㉯ 90° 회전시킨 위치에서 측정값과의 차를 구한다.
㉰ 다수 회 측정하여 평균치를 구한다.
㉱ 눈금차가 적은 눈금원판을 사용한다.

054. 그림과 같이 강구에 의해 내측 테이퍼각을 측정할 때 맞는 것은?
㉮ $\tan\dfrac{\alpha}{2} = D-d/\{2h-(D-D)\}$
㉯ $\tan\dfrac{\alpha}{2} = D+d/\{h-(D-d)\}$
㉰ $\sin\dfrac{\alpha}{2} = D-d/\{2h-(D-d)\}$
㉱ $\sin\dfrac{\alpha}{2} = D+d/\{2h-(D-d)\}$

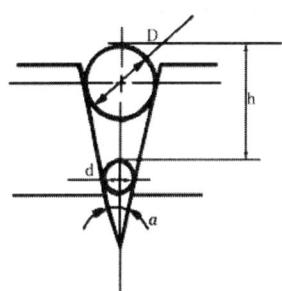

055. 수준기의 1눈금을 2 mm로 하고 감도를 10′으로 하고자 할 때 기포관의 곡률반경은?
㉮ 103 mm   ㉯ 200 mm
㉰ 6.9 m   ㉱ 0.687 m

056. 다음 중 1종 수준기에 속하는 감도는?
㉮ 2초   ㉯ 4초
㉰ 10초   ㉱ 20초

057. 오토콜리메이터의 1눈금의 크기를 1′으로 하기 위해서는 눈금선 간격은 얼마로 해야 하나?
(단, f : 초점거리)
㉮ $5.8 \times 10^{-4} f$ ㉯ $9.6 \times 10^{-6} f$
㉰ $3.4 \times 10^{-2} f$ ㉱ $2.9 \times 10^{-4} f$

정답 53.㉮ 54.㉰ 55.㉱ 56.㉯ 57.㉮

해설 $d = 2f\theta$
$= 2 \times f \times 2.907 \times 10^{-4}$
$= 5.8 \times 10^{-4} f$

058. 초점거리가 500 mm, 최소 눈금이 30″인 저감도의 오토콜리메이터를 설계하고자 한다. 이 때 접안경의 눈금선 간격은 몇 mm로 해야 하나?

㉮ 0.145 mm ㉯ 0.072 mm
㉰ 1.5 mm ㉱ 3 mm

해설 $d = 2f\theta$
$= 2 \times 500 \times 1.4537 \times 10^{-4}$
$= 0.145$ mm

059. 감도가 1눈금에 대해 0.05 mm/m의 수준기에 있어서 1눈금의 길이가 1 mm일 때 기포관 내면의 곡률반지름은?

㉮ 5.6 m ㉯ 10.6 m
㉰ 15.6 m ㉱ 20.6 m

060. 다음 중 오토콜리메이터의 사용 용도가 아닌 것은?
㉮ 평면도 측정 ㉯ 진원도 측정
㉰ 직각도 측정 ㉱ 미소각도 측정

061. 테이퍼 플러그의 테이퍼각을 직경이 같은 1조의 롤러와 게이지 블록을 사용하여 측정하였다. 측정값은 $M_1 = 88$, $H = 30$ 에서 외측거리 $M_2 = 100$ 이었다. 테이퍼 각도는?

㉮ 15°11′
㉯ 10°26′
㉰ 22°37′
㉱ 27°10′

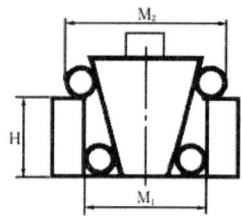

해설 $\alpha = 2\tan^{-1} \dfrac{M_2 - M_1}{2H}$
$= 2\tan^{-1} \left(\dfrac{12}{2 \times 30} \right)$
$= 22°37′$

정답 58.㉮ 59.㉱ 60.㉯ 61.㉰

062. 위의 문제에서 taper량은?

㉮ 1/2 ㉯ 1/2.5
㉰ 1/4 ㉱ 1/5

해설 $\dfrac{1}{x} = \dfrac{M_2 - M_1}{H}$
$= \dfrac{12}{30} = \dfrac{1}{2.5}$

063. 일반적인 테이퍼의 측정 방법이 아닌 것은?

㉮ 롤러를 이용한 측정 방법 ㉯ 표준 테이퍼 게이지에 의한 측정 방법
㉰ 공구현미경에 의한 측정 방법 ㉱ 플러시 핀 게이지에 의한 측정 방법

064. 사인 바 사용시 주의사항 중 맞지 않는 것은?

㉮ 각도 측정기이다. ㉯ 45° 이상에 사용한다.
㉰ 롤러의 중심거리는 정수이다. ㉱ 롤러는 측정면과 평행

065. 1종 수준기(0.02 mm/m)의 기포의 눈금이 3개 이동했다면 이 경사는 1 m에 대하여 얼마나 편위되었는가?

㉮ 0.06 mm ㉯ 0.02 mm
㉰ 0.05 mm ㉱ 0.08 mm

066. 2종(0.05 mm/m, 밑면거리 200 mm)) 수준기에서 한 눈금에 대한 높이차는?

㉮ 0.4 μm ㉯ 0.2 μm
㉰ 2 μm ㉱ 10 μm

067. 초점거리가 1500 mm, 최소 눈금 20″인 저감도의 오토콜리메이터를 설계하고자 한다. 이때 접안경의 눈금선 간격은 몇 mm로 해야 하는가?

㉮ 0.14 ㉯ 1.11
㉰ 0.072 ㉱ 0.29

068. 수준기의 1눈금을 2 mm로 하고 감도를 30″로 하고자 할 때 기포관의 곡률반지름은?

㉮ 103 m ㉯ 13.75 m
㉰ 20.26 m ㉱ 17.01 m

정답 62.㉯ 63.㉱ 64.㉯ 65.㉮ 66.㉱ 67.㉱ 68.㉯

069. 1종 수준기에서 밑변거리가 200 mm이고 기포가 3눈금 이동했을 때 높이의 차는 얼마인가?
㉮ 12 μm ㉯ 24 μm
㉰ 13 μm ㉱ 17 μm

070. 수준기의 감도에 제일 큰 영향을 미치는 것은 무엇인가?
㉮ 수준기 눈금 ㉯ 수준기 길이
㉰ 피측정물 ㉱ 주기포관의 곡률반경

071. 2종 수준기(0.05 mm/m)의 1눈금은 몇 초의 각도에 상당하는가?
㉮ 10초 ㉯ 20초
㉰ 15초 ㉱ 18초

072. 각도자에서 최소 읽음값이 3′인 것은 19°를 몇 등분한 버니어(아들자)를 붙인 것인가?
㉮ 15 ㉯ 50
㉰ 30 ㉱ 20

073. 그림과 같이 A에서 B까지 다이얼 게이지를 이동시킨다면 다이얼 게이지의 눈금차는?
(단, 테이퍼량은 $\frac{1}{70}$ 이다.)
㉮ 3 mm
㉯ 6 mm
㉰ 9 mm
㉱ 1.5 mm

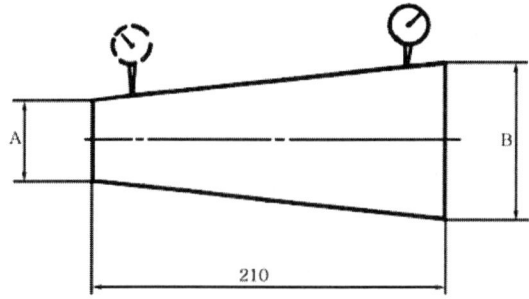

074. 200 mm의 사인 바를 이용하여 피측정물의 경사면과 정반면이 평행하였을 때 게이지 블록의 높이가 42 mm였다. 각도 α는 얼마인가?
㉮ 12° 7′ ㉯ 13° 40′
㉰ 12° 0′ ㉱ 14° 0′

해설 $\alpha = \sin^{-1} \frac{42}{200} = 12°7′$

정답 69.㉮ 70.㉱ 71.㉮ 72.㉱ 73.㉰ 74.㉮

075. 다음 중 나사의 바깥지름, 골지름, 유효지름, 나사산의 각도, 피치를 모두 측정할 수 있는 측정기는?

㉮ 나사 마이크로미터
㉯ 피치 게이지
㉰ 나사 게이지
㉱ 투영기

076. 테이퍼각이 50°인 원뿔의 테이퍼량은 얼마인가?

㉮ $\dfrac{1}{1.072}$ ㉯ $\dfrac{1}{2.114}$
㉰ $\dfrac{1}{3.110}$ ㉱ $\dfrac{1}{4.114}$

해설 테이퍼각이 α일 때

테이퍼량 $\dfrac{1}{x} = 2\tan\dfrac{\alpha}{2} = 0.9326$

$\dfrac{1}{x} = \dfrac{1}{1.072}$

077. 다음 중 회전 테이블(rotary table)의 각도 분할 검사용으로 사용하는 각도 표준 기기는?

㉮ 수준기 ㉯ 사인 바
㉰ 게이지 블록 ㉱ 폴리곤

078. NPL식 앵글 게이지와 관계 없는 것은 어느 것인가?

㉮ 12개조 또는 15개조
㉯ 길이 100 mm, 폭 15 mm의 쐐기 모양이다.
㉰ 웨지 게이지 블록이라고도 한다.
㉱ 쐐기모양의 것을 더함으로써만이 조합된다.

079. 가공면 측정에 사용되는 것이 아닌 것은?

㉮ 센터 게이지 ㉯ 정반
㉰ 콤비네이션 세트 ㉱ 옵티컬 플랫

정답 75.㉱ 76.㉮ 77.㉱ 78.㉱ 79.㉮

080. 다음은 사인바의 H값을 구하는 공식이다. 알맞는 것은?

㉮ $H = L \cdot \sin\theta$

㉯ $H = \dfrac{L}{\sin\theta}$

㉰ $H = \dfrac{L \cdot \sin\theta}{2}$

㉱ $H = 2(L \cdot \sin\theta)$

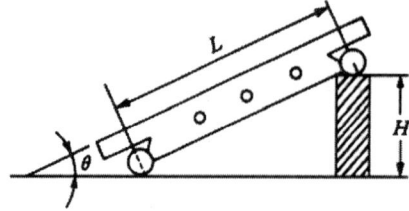

081. 각도의 단위에서 1rad(라디안)을 맞게 나타낸 것은?

㉮ $\dfrac{\pi}{180}$ ㉯ $\dfrac{180}{\pi}$

㉰ $\dfrac{360}{\pi}$ ㉱ $\dfrac{\pi}{360}$

082. 다음 그림에서 90° V-블록의 홈 높이 H는?
(단, 롤러의 지름은 20 mm이다.)

㉮ 18.10 mm

㉯ 22.00 mm

㉰ 22.24 mm

㉱ 19.24 mm

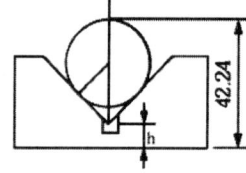

083. NPL식 각도 게이지에 대한 기술 중 틀린 것은?

㉮ 몇 개의 앵글 게이지 블록을 조합하여 원하는 각도를 만들 수 있다.

㉯ 오토콜리메이터와 함께 사용하여 각도 측정을 할 수 있다.

㉰ 홀더가 반드시 필요하다.

㉱ 정도가 요한슨식보다 높다.

084. 그림과 같이 테이퍼 1/30의 검사를 할 때 A에서 B까지 다이얼 게이지를 이동시키면 다이얼 게이지의 차이는 몇 mm인가?

㉮ 1.5 mm

㉯ 2 mm

㉰ 2.5 mm

㉱ 3 mm

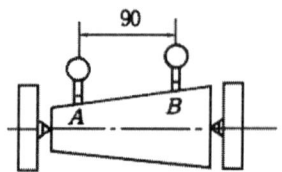

정답 80.㉮ 81.㉯ 82.㉮ 83.㉰ 84.㉮

085. 수준기 기포관 속에 들어 있는 액체는?
    ㉮ 에테르
    ㉯ 벤젠
    ㉰ 석유
    ㉱ 증류수

086. 길이 측정기인 마이크로미터의 발명자는?
    ㉮ 파머
    ㉯ 에디슨
    ㉰ 아베
    ㉱ 푸세

087. 다음 각도 측정기에서 눈금이 없는 것은?
    ㉮ 요한슨 각도 게이지
    ㉯ 유니버셜 프로트랙터
    ㉰ 콤비네이션 베벨
    ㉱ 콤베네이션 세트

088. 오토콜리메이터로 측정할 수 없는 것은?
    ㉮ 진직도 측정
    ㉯ 소음 측정
    ㉰ 미소각도 측정
    ㉱ 평행도 측정

089. 콤비네이션 세트로 측정하는 것은?
    ㉮ 각도
    ㉯ 평행도
    ㉰ 표면거칠기
    ㉱ 길이

090. 그림과 같은 가공물의 곡률 반지름은?
    ㉮ 68.17 mm
    ㉯ 70.02 mm
    ㉰ 74.14 mm
    ㉱ 75.07 mm

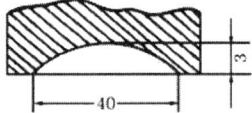

정답 85.㉮ 86.㉮ 87.㉮ 88.㉯ 89.㉮ 90.㉮

제5장 기하 편차의 측정

1. 형상 측정

1) 형상의 정도

표 5-1 형상 및 위치 정도의 도시기호

구 분	공차의 타입	특성	기 호	데이텀 지시 여부
개개의 형체	모양(형상) 공차	진직도	—	없음
		평면도	⌗	없음
		진원도	○	없음
		원통도	⌭	없음
		선의 윤곽도	⌒	없음
		면의 윤곽도	⌒	없음
상호관련 형체	자세공차	평행도	//	필요
		직각도	⊥	필요
		경사도	∠	필요
		선의 윤곽도	⌒	필요
		면의 윤곽도	⌒	필요
	위치공차	위치도	⊕	필요 또는 없음
		동심도(또는 동축도)	◎	필요
		대칭도	=	필요
		선의 윤곽도	⌒	필요
		면의 윤곽도	⌒	필요
	흔들림 공차	원주 흔들림	↗	필요
		온 흔들림	↗↗	필요

단일 요소에 관한 것은 진직도, 진원도, 평면도, 원통도, 선의 윤곽도, 면의 윤곽도이고, 서로 관련된 2개의 요소에 대한 것은 평행도, 직각도, 경사도 흔들림 등이 있다.

2) 진직도

(1) 진직도의 정의

기계의 직선 부분이 이상평면으로부터 어긋남의 크기를 말하며, 이상직선이란 직선부분 위의 두 점을 지나는 기하학적인 직선을 말하고, 진직도는 mm 또는 μm로 표시한다.

(2) 진직도의 측정

① 수준기에 의한 진직도 측정

수준기는 수평 또는 수직을 정하는데 사용하고, 또한 수평, 수직으로부터의 약간 경사진 양을 측정하는데 사용한다. 수준기의 감도는 기포관의 1눈금을 편위시키는데 필요한 경사를 말하며, 이 경사는 밑변 1 m에 대한 직각 삼각형의 높이 또는 각도로 표시되고, $1'' = 4.8481 \times 10^{-6}$(radian)이며 작은 각도에서는 라디안은 거의 탄젠트(tan) 값으로 나타나기 때문에 1초($''$)는 1 m에 대하여 4.85 μm(약 5 μm)의 높이가 된다.

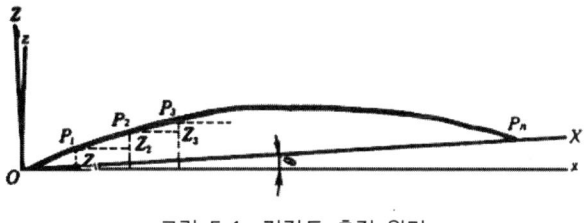

그림 5-1 진직도 측정 원리

측정한 값을 $z_1, z_2, z_3 \cdots z_n$이라 하면

$$x_1 = x_0 \qquad z_1 = z_1'$$
$$z_2 = 2x_0 \qquad z_2 = z_1' + z_2'$$
$$x_3 = 3x_0 \qquad z_3 = z_1' + z_2' + z_3'$$
$$\vdots$$
$$x_n = nx_0 \qquad z_n = z_1' + z_2' + z_3' + \ldots + z_n' = \sum zi$$

로 되며, 진직도는 측정 시작점과 끝점을 0으로 하는 좌표 축으로 변환시킨 후 이상직선으로부터의 최대값과 최소값의 차로 구한다.

② 오토콜리메이터에 의한 진직도 측정

오토콜리메이터는 고감도의 측정기로서, 진직도 측정시는 측정부위의 시작점에 반사경대를 설치하고 반사경대의 밑변 거리(105 mm)만큼 연쇄적으로 이동시키면서 각 점에 있어서의 높이 변화를 구한 후 진직도를 계산한다.

표 5-2는 오토콜리메이터에 의한 진직도 측정값의 정리로서, 기준선에서 높이차 중 최대값 - 최소값이 진직도 값이다.

표 5-2 오토콜리메이터에 의한 진직도 측정값의 정리 예

측정점	반사경의 위치 (mm)	오토콜리메이터의 읽음값	최초의 읽음으로부터의 차(초)	100 mm에 대한 높이차 (μm)	누적치 (μm)	보정값 (μm)	기준선에서의 높이차 (μm)
0	0				0	0	0
1	0~105	5′ 20.2″	0	0	0	+1.13	-1.13
2	105~210	5′ 24.3″	+4.1″	+2.05	+2.05	+2.25	-0.2
3	210~315	5′ 19.3″	-0.9″	-0.45	+1.6	+3.38	-1.70
4	315~420	5′ 26.0″	+5.8″	+2.9	+4.5	+4.5	0

③ 기타

나이프 에지(knife edge)에 의한 방법, 정반상에서 측미기에 의한 방법, 공작기계 등에서 강선과 측미기에 의한 방법, 회전중심에 의한 방법 등이 있다.

2. 평면도 측정

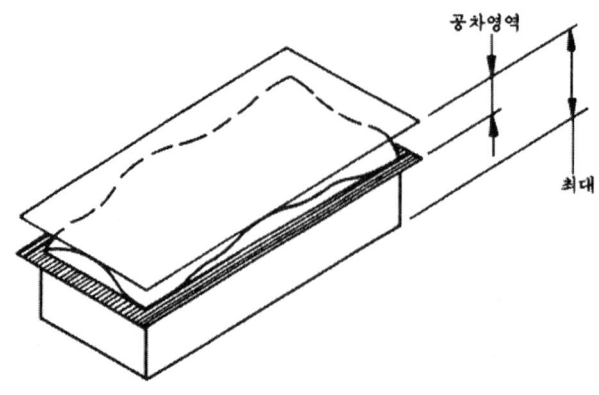

그림 5-2 평면도의 규제 및 공차역의 모양

평면도의 정의는 기계의 평면 부분이 이상평면으로부터 벗어난 크기를 평면도라 하며, 이상평면이란 평면 부분 중에 3점을 포함한 기하학적인 평면을 말한다. 평면도 오차란, 한 평면상의 모든 요소들이 이상평면으로부터 벗어난 크기를 말한다.

1) 측정방법

(1) 빛의 간섭에 의한 평면도 측정

그림 5-3과 같이 시료 위에 광선정반(optical flat)을 올려놓으면, 빛의 간섭무늬가 생기는 것을 볼 수 있는데, 이때 빛의 광로의 차 $2d\cos\theta$ 가 $\frac{\lambda}{2}$(λ : 빛의 파장)의 짝수 배일 때는 2개의 빛은 서로 약하게 합쳐져(상쇄) 어둡게 되고, $\frac{\lambda}{2}$의 홀수 배일 때는 서로 강하게 합쳐져 밝게 보인다. 즉,

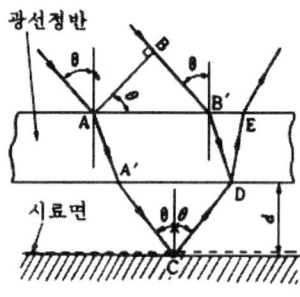

그림 5-3 빛의 간섭에 의한 평면도 측정 원리

$$2d \cdot \cos\theta = (2n+1) \cdot \frac{\lambda}{2} \text{ (밝다)}$$

$$2d \cdot \cos\theta = 2n \cdot \frac{\lambda}{2} \text{ (어둡다)}$$

그러므로 공기층의 두께가 $\frac{\lambda}{2}$ 만큼 증가할 때마다 밝은, 또는 어두운 무늬가 생기므로, 평면도는 간섭무늬수 $\times \frac{\lambda}{2}$ 로 계산할 수 있다.

(2) 수준기에 의한 평면도 측정 방법

정반과 같이 큰 평면부위의 평면도를 측정할 때는 측정구간을 그림 5-4와 같이 나누고, A, B, C, …, G, H, M점을 수평면으로부터 편차를 구한다.

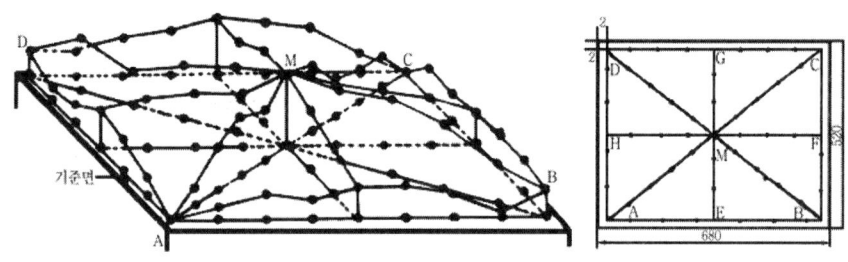

그림 5-4 대각선 일치법에 의한 평면도 측정

다음에 정면상의 3점을 포함하는 이상평면(예 A, C, G점)을 설정하고, 각 점들은 이상평면을 기준으로 벗어난 편차로 보정한 다음 그 이상평면으로부터의 벗어난 양을 계산해서 평면도 값을 구한다.

(3) 오토콜리메이터에 의한 측정
(4) 정밀정반을 이용한 방법

3. 진원도 측정

진원도란 원의 중심에서의 반지름이 이상적인 진원으로부터 벗어난 크기를 말하며, 진원도 공차란 원의 표면의 모든 점들이 들어가야 하는 두 개의 완전한 동심원 사이의 반지름상의 거리로 나타낸다. 따라서 진원도를 측정하기 위해서는 진원도 평가의 중심을 결정하게 되는데 중심 결정 방법에 따라서 다음 4가지중 하나를 선택해서 사용하게 된다.

① 최소 제곱 기준원(LSCI)
② 최소 외접 기준원(MCCI) 방식
③ 최대 내접 기준원(MICI)
④ 최소 영역 기준원(MZCI)

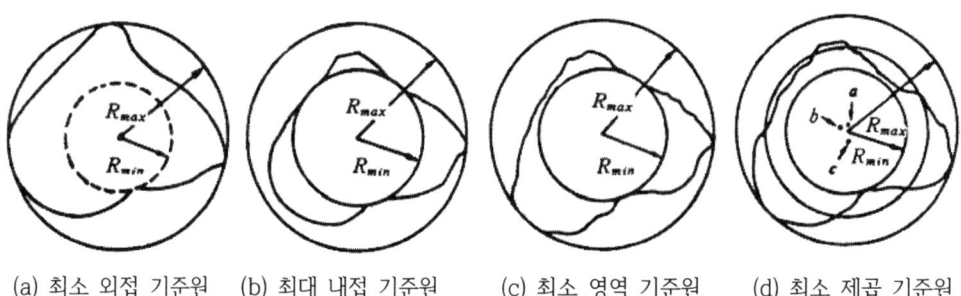

(a) 최소 외접 기준원   (b) 최대 내접 기준원   (c) 최소 영역 기준원   (d) 최소 제곱 기준원

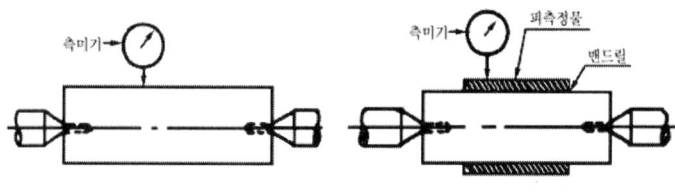

(e) 센터에 의한 반지름법

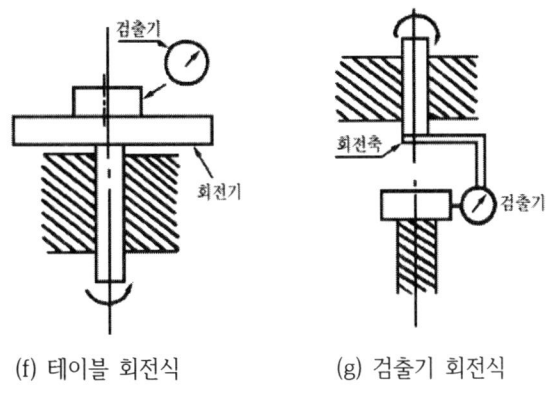

(f) 테이블 회전식　　(g) 검출기 회전식

그림 5-5　반지름법에 의한 진원도 측정

4.　원통도 측정

원통도(cylindricity)는 원통 형상의 모든 표면이 두 개의 동심원통 사이에 들어가야 하는 공차역으로, 진원도, 진직도 및 평행도의 복합공차라 할 수 있고, 원통도 공차는 반지름상의 공차영역이며, 실제 제품이 완전한 원통으로부터 벗어남의 크기이다.

원통도의 측정은 V블록이나 센터에 의한 측정법으로 간단하게 할 수 있으나, 어느 방법이나 원통 전 표면 모두에 규제되어야 한다. 원통도도 반경법으로 평가하기 때문에 진원도와 마찬가지로 평가의 중심 결정 방법은 다음 4가지 방법이 있다.

① 최소 제곱 기준 원통(LSCY)　　② 최소 외접 기준 원통(MCCY)
③ 최대 내접 기준 원통(MICY)　　④ 최소 영역 기준 원통(MZCY)

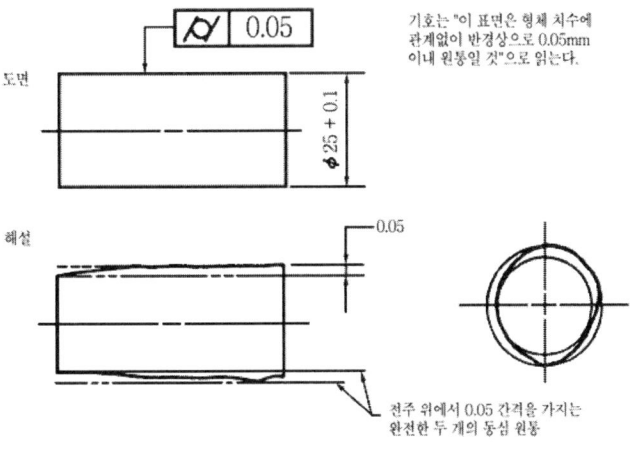

그림 5-6　원통도 공차

5. 임의의 선의 윤곽 측정

진직도가 평면이나 원통 표면상의 한 방향으로 규제되는 것과 같이 곡면에 대한 한 방향의 선의 관계를 규제하고 공차역은 선의 윤곽에 완전히 평행한 가상곡선 사이의 폭으로 한다.

6. 임의의 면의 윤곽 측정

원통도가 원통 표면을 규제하는 것처럼 면의 윤곽 공차는 곡면에 대한 것처럼 요구되는 윤곽 표면에 완전히 평행한 두 개의 가상곡선 사이의 간격으로 나타내며, 양쪽 공차방식, 한쪽 공차방식(바깥쪽 또는 안쪽)이 있다(그림 5-7).

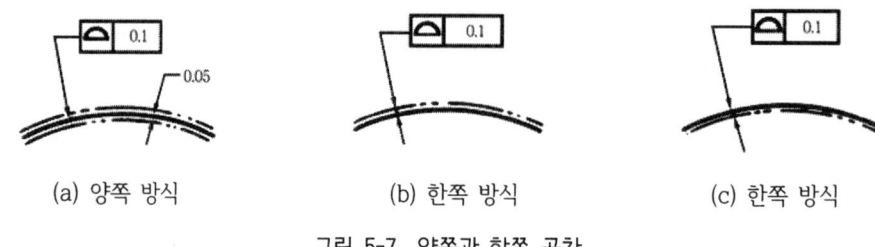

(a) 양쪽 방식   (b) 한쪽 방식   (c) 한쪽 방식

그림 5-7 양쪽과 한쪽 공차

7. 평행도 측정

평행도(parallelism)는 규제된 형체의 모든 점이 다른 표면(데이텀)으로부터 같은 거리에 있어야 하며, 평행도 공차는 데이텀을 기준으로 하여 기하학적인 직선 평면으로부터 벗어난 크기를 말한다. 평행도는 다음과 같은 경우에 적용된다.
  ① 두 개의 평면
  ② 하나의 평면과 축심, 중간면
  ③ 두 개의 축심과 중간면

8. 직각도 측정

직각도(squareness)는 대상이 되는 형체의 기준, 즉 데이텀이 있어야 되는 형상공차로, 데이텀 평면이나 축심이 90°를 기준으로 한 완전한 직각으로부터의 벗어난 크기를 말한다.

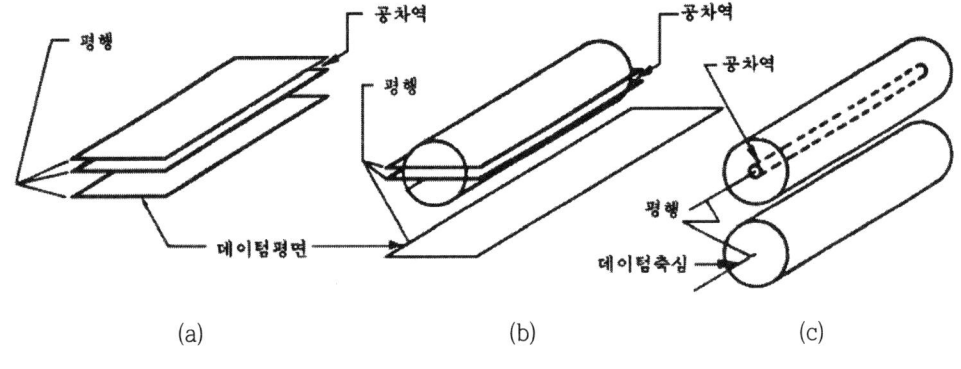

그림 5-8 평행도 공차

9. 경사도 측정

경사도(angularity)는 90°를 제외한 임의의 각도를 가진 표면이나 형체의 중심이 임의의 각도를 주어진 규제 형체로, 데이텀을 기준으로 주어진 경사도 공차 내에서 각도의 허용오차를 규제하는 것이다.

10. 흔들림

흔들림(runout)은 데이텀 축심을 기준으로 규제 형체(원통, 원뿔, 평면)가 완전한 형상으로부터 벗어난 크기이며, 흔들림 공차는 가장 크게 벗어나는 값을 취하며 진원도, 진직도, 직각도, 동심도의 오차를 포함하는 복합공차이다.

11. 위치 정도의 측정

1) 위치도

위치도(position)란 규제된 형체가 다른 형체나 데이텀에 관계된 형체의 규정 위치에서 축심 또는 중간면이 이론적인 정확한 위치에서 벗어난 양을 위치도라 하고, 위치도 공차는 복합 공차로서 형체의 진직도, 평행도, 진원도 및 직각도 오차와 아울러 생긴 형상에 따라 다르지만, 원통 형상의 경우 직경 공차 영역으로, 비원통 형상의 경우는 중간면을 기준으로 한 폭 공차영역으로 나눈다.

위치도 공차가 적용되는 형체는 주로 기능 및 호환성이 고려되어야 하는 결합부품에 적용된다. 위치도 공차는 다음과 같은 형체의 위치를 규제하는데 사용된다.

① 구멍 : 원형 형상과 비원형 형상의 구멍
② 축 : 원형 형상의 축이나 비원형 형상의 돌출 형상
③ 슬롯(slot), 노치(notch) 및 보스(boss)

2) 동심도

동심도(concentricity)란 축심이 기준축심과 동일 축선상에 있어야 할 부분에 대하여 규제하며, 동심도 공차란 데이텀 축심을 기준으로 규제형체의 축심이 벗어난 양을 원통상의 공차영역으로 표시한다.

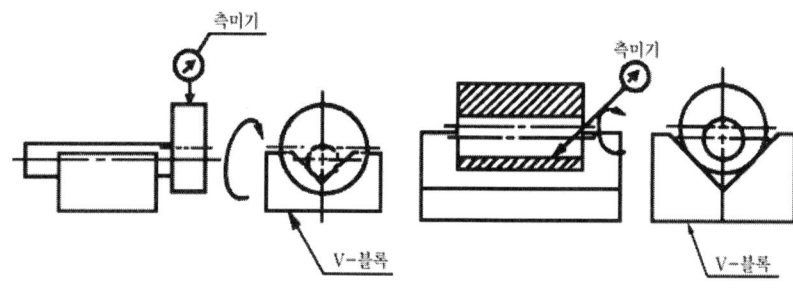

그림 5-9 V-블록에 의한 동심도 측정법

3) 대칭도

대칭도(symmetry)란 한 일부품 또는 형체가 중심면의 양쪽에 대하여 동일 윤곽을 갖는 상태 또는 형체가 데이텀면과 공통의 평면을 갖는 상태이며, 대칭도 공차란 2개의 평행면과의 거리이고 형체의 중간면은 이 안에 있지 않으면 안 된다.

예상문제

001. 다음 중 평면도 측정 방법이 아닌 것은?
㉮ 3차원 측정기에 의한 방법   ㉯ 마이크로미터에 의한 방법
㉰ 수준기에 의한 방법   ㉱ 옵티컬 플랫에 의한 방법

002. 다음 진원도 측정 방법 중 3점법에 의한 진원도 측정법이 아닌 것은?
㉮ V-블록법   ㉯ 곡률 게이지법
㉰ 3각 게이지법   ㉱ 실린더 게이지법

003. 형상 기호 중 위치 정도를 표시하는 기호는?
㉮ ◎   ㉯ ⌖
㉰ ∠   ㉱ ↗

004. 다음 중 진직도 측정에 사용되는 측정기가 아닌 것은?
㉮ 스트레이트 에지   ㉯ 테스트 인디케이터
㉰ 주철제 곧은자   ㉱ 광선 정반

005. 마이크로미터 평행도 검사에 사용되는 측정기는?
㉮ 옵티컬 플랫   ㉯ 블록 게이지
㉰ 옵티컬 패러렐   ㉱ 수준기

006. 다음 도면에서 편심량은 얼마까지 허용되는가?
㉮ 10 μm
㉯ 11 μm
㉰ 13 μm
㉱ 14 μm

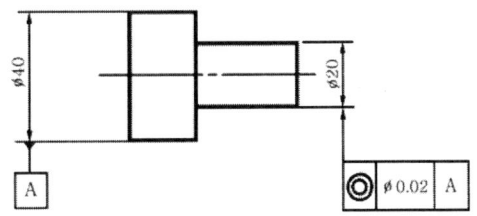

정답   1.㉯   2.㉱   3.㉯   4.㉱   5.㉰   6.㉮

제 5 장 기하 편차의 측정 • **173**

007. 어떤 제품의 높이 측정 결과가 ①, ②, ③
일 때 대칭도값을 계산하여라.

측정값 : ① 10.00, ② 13.00, ③ 23.15

㉮ 0.06
㉯ 0.09
㉰ 0.15
㉱ 1.04

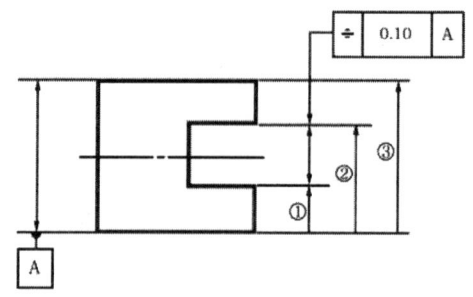

008. 다음 형상공차 중 반드시 데이텀이 있어야 하는 것은?
㉮ 평행도　　　　　　　　㉯ 진직도
㉰ 진원도　　　　　　　　㉱ 원통도

009. 구멍 직경이 50±0.05 일 때 최대 실체 치수(MMS)는?
㉮ 50.00　　　　　　　　㉯ 50.05
㉰ 49.95　　　　　　　　㉱ 49.90

010. 다음 도면에서 홈에 허용되는 최대 직각도는 얼마인가?

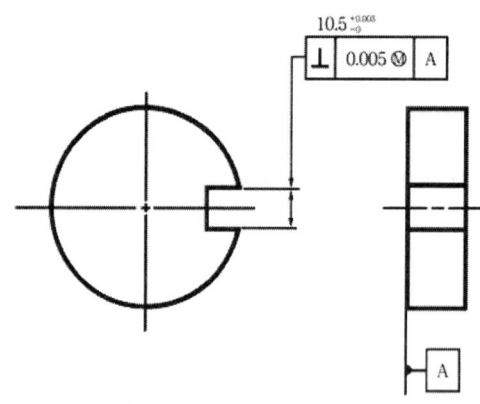

㉮ 0.005　　　　　　　　㉯ 0.008
㉰ 0.002　　　　　　　　㉱ 0.007

정답　7.㉯　8.㉮　9.㉯　10.㉯

011. 다음 도면에서 구멍의 크기가 25.3일 때 허용되는 최대 평행도는 얼마인가?

㉮ 0.2
㉯ 0.3
㉰ 0.4
㉱ 0.5

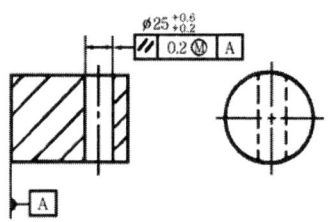

012. 다음 형상 기호 중 틀린 것은?

㉮ 진원도 : ○
㉯ 대칭도 : ⩵
㉰ 동심도 : ⌀
㉱ 평행도 : //

013. 다음 진직도 측정시 ϕ19.99로 가공되었을 때 진직도의 허용공차는?

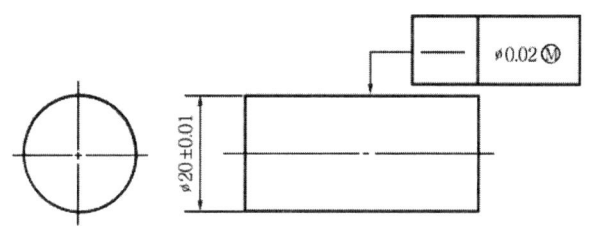

㉮ 0.02
㉯ 0.03
㉰ 0.04
㉱ 0.05

014. ϕ20±0.1 구멍의 직각도 허용공차가 최대 실체치수(MMS)하에서 0.05이다. 이 구멍의 실효치수는?

㉮ 20.15
㉯ 20.1
㉰ 19.9
㉱ 19.85

해설 형체의 실효 상태를 정하는 치수로서 외측 형체에 대해서는 최대 허용치수에 자세공차 또는 위치공차를 더한 치수, 내측 형체에 대해서는 최소 허용치수로부터 자세공차 또는 위치공차를 뺀 치수

정답 11.㉯ 12.㉰ 13.㉰ 14.㉱

015. 다음 도면에서 측정값이 ①, ②, ③일 때 이 측정값으로부터 대칭도는?

측정값 : ① 3.01 ② 3.00 ③ 2.99

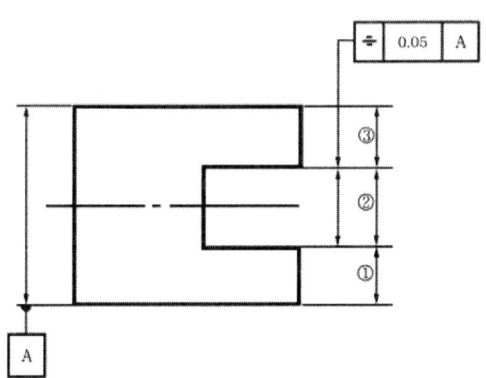

㉮ 0.01 ㉯ 0.02
㉰ 0.003 ㉱ 0.004

016. 다음 표의 설명 중 틀린 것은?

표 : | // | 0.002 | A |

㉮ 평행도 공차 0.002 ㉯ 대칭도 공차 0.002
㉰ 데이텀 형체는 A이다. ㉱ 기준면에 평행한 것을 뜻한다.

017. 다음 기호 중 동심도(동축도)를 나타내는 것은?

㉮ ― ㉯ ▱
㉰ ○ ㉱ ◎

018. 형상기호 중 원통도를 나타내는 기호는?

㉮ ○ ㉯ ⌀
㉰ ▱ ㉱ ⊕

019. 다이얼 게이지로 진원도를 측정하는 현장 방법이 아닌 것은?

㉮ 직경법 ㉯ 반경법
㉰ 촉침법 ㉱ 3점법

정답 15.㉯ 16.㉯ 17.㉱ 18.㉯ 19.㉰

020. 형상공차 중 관련형체의 위치에 관한 것은?
   ㉮ 진직도
   ㉯ 동축도
   ㉰ 원통도
   ㉱ 직각도

021. 다음에서 평면도를 나타내는 기호는?
   ㉮ ⌒
   ㉯ ∥
   ㉰ ⌷
   ㉱ ◎

022. 다음에서 진원도를 나타내는 기호는?
   ㉮ ⌀
   ㉯ ⊕
   ㉰ ◎
   ㉱ ○

023. 다음에서 평행도를 나타내는 기호는?
   ㉮ ∕∕
   ㉯ ⊕
   ㉰ ∥
   ㉱ ⌀

정답   20.㉯   21.㉰   22.㉱   23.㉰

제6장

표면 거칠기 측정

1. 표면 거칠기의 의의

거칠기는 작은 간격으로 일어나는 표면의 요철(凹凸)로 우리들이 "표면이 반들반들하다"라든지 또는 "감촉이 까칠까칠하다"라고 인정하는 감각의 근본이 되는 것이다. 표면 거칠기는 어떤 가공된 표면에 작은 간격으로 나타나는 미세한 굴곡이며, 주로 공작과정에서 가공방법이나 다듬질 방식에 따라 모양과 크기가 다르게 나타난다(그림 6-1 참조).

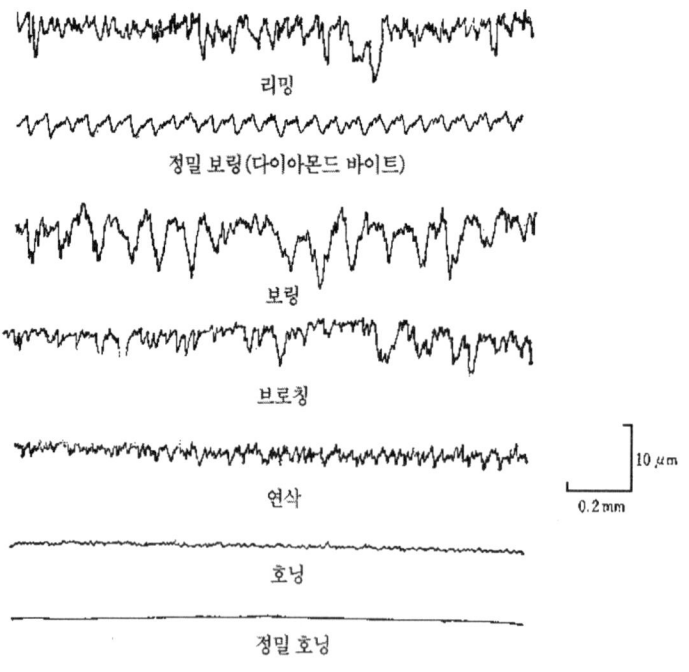

그림 6-1 각종 가공방법과 표면 거칠기 곡선

2. 표면 거칠기의 정의 및 표시

표면 거칠기는 주로 Ra(Pa, Wa), Rz(Pz, Wz), Rt(Pt, Wt) 등으로 가장 많이 표현되지만, 이것만 가지고는 표면의 형상을 확실하게 나타내기에는 미흡하다. 표면이란 복합구조이며 모든 특성을 대변할 수 있는 객관적인 단일 변수로 표현하기는 힘들지만 대부분의 적용에서 실질적으로 중요성을 가지고 있거나, 성능과 관계를 가지고 있는 특성은 그렇게 많지는 않다. 거칠기를 평가하는 그래프는 P(1차 단면곡선에서 산출한 파라미터-Pa, Pz, Pt 등), R(거칠기 단면곡선에서 산출한 파라미터 Ra, Rz, Rt 등), W(파상도 단면곡선에서 산출한 파라미터 - Wa, Wz, Wt 등)로 구분한다.
(KS B ISO 4287 및 KS B ISO 4288)

1) 주요한 표면 거칠기의 정의 및 표시

(1) 최대 높이 거칠기(Rz ; maximum height of the profile)

그림 6-2와 같이 최대 높이는 거칠기 곡선에서 그 평균선의 방향에 기준 길이만큼 뽑아내어 이 표본부분의 산봉우리 선과 골바닥 선의 간격을 거칠기 곡선의 세로 배율의 방향으로 측정하여 Rp와 Rv의 합을 마이크로미터(µm)로 나타낸 것을 말한다.(l : 기준길이)

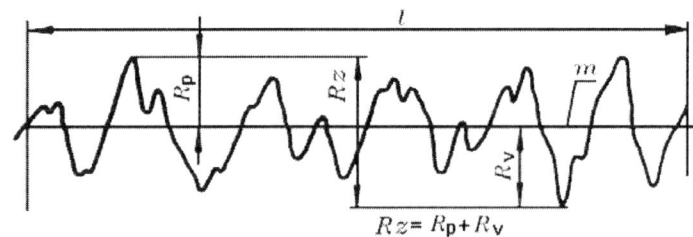

(a) Rp : 최대 단면 산높이　　(b) Rv : 최대 단면 골깊이

그림 6-2 최대 높이(R_z)를 구하는 방법

(2) 최대 단면높이(Rt ; total height of profile)

그림 6-3과 같이 윤곽 곡선의 최대 단면 높이는 평가 길이(기준길이의 5배가 표준)에 있어서의 윤곽곡선의 산 높이 Zp의 최대값과 골 깊이 Zv의 최대값과의 합을 마이크로미터(µm)로 나타낸 것을 말한다.

비고 : Rt는 기준 길이가 아니고 평가 길이에 의해 정의되므로 모든 윤곽 곡선에 대해 Rt ≥ Rz 이다.

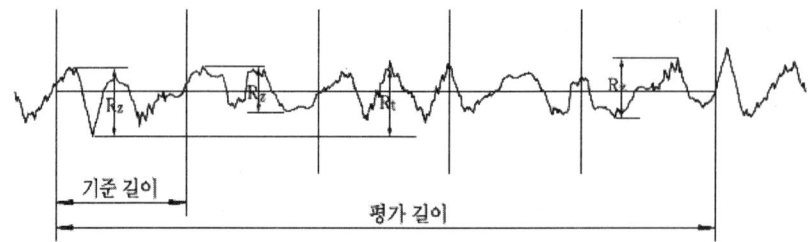

그림 6-3 최대 단면높이(R_t)를 구하는 방법

(3) 산술 평균 거칠기(Ra ; arithmetical mean deviation of the assessed profile)

그림 6-4와 같이 산술 평균 거칠기(Ra)는 기준길이 내에서 거칠기 곡선으로부터 그 평균선의 방향에 기준 길이만큼 뽑아내어, 그 표본부분의 평균선 방향에 X축을, 세로 배율의 방향에 Z축을 잡고, 거칠기 곡선을 $y = Z(x)$로 나타내었을 때, 다음 식에 따라 구해지는 값을 마이크로미터(μm)로 나타낸 것을 말한다.

$$Ra = \frac{1}{l} \int_0^l |Z(x)| dx \text{ (여기서 } l : 기준길이)$$

Ra는 국제적으로 가장 많이 사용되는 표면 거칠기의 표시방법으로 결국은 "거칠기 곡선의 요철(凹凸)과 그 중심선(中心線)에 포함된 면적의 합을 기준 길이로 나눈 것" 즉, 중심선에 대한 산술평균(算術平均) 편차에 상당한다.

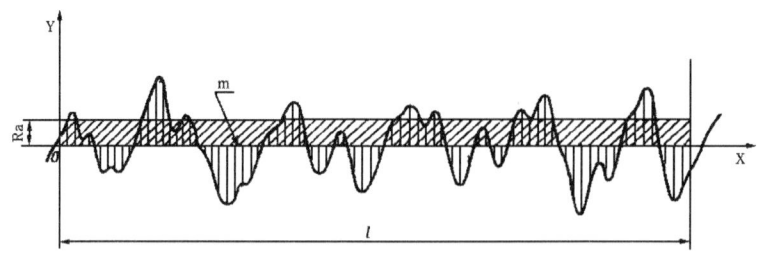

그림 6-4 Ra를 구하는 방법

(4) 제곱 평균 평방근 거칠기(Rq ; root mean square deviation of the assessed profile)

기준 길이에 있어서 $Z(x)$의 제곱 평균값이다. 평균값 계산의 하나로 제곱근 평균(root-mean-square)의 방법을 써서 구한다.

$$Rq = \sqrt{\frac{1}{l} \int_0^l Z^2(x) dx}$$

3. 표면 거칠기의 측정법

1) 표준편과의 비교 측정법

표면 거칠기 표준편에는 비교용과 검사용의 2종류가 있다. 비교용 표준편은 촉감과 시각에 따라서 표면 거칠기를 비교 측정할 때의 표준이 되는 표면 거칠기의 견본이고, 공작현장이나 검사실에서의 간이(簡易)한 표면 거칠기의 비교 측정용 및 설계를 행하는 경우의 견본으로서 사용된다.

2) 표면 거칠기의 측정

표면 거칠기의 측정방법은 다음과 같다.
① 표면을 기하학적으로 표시하는 치수[지형도식(地形圖式) 치수]를 주는 방법
② 표면의 기하학적 미세형상과 명료한 관계가 없는 일종의 적분값을 지시하는 방법이 있다. 촉침법, 광절단(光切斷)법과 광파간섭법 등은 앞쪽에 속하고 표준편(標準片) 및 비교편(比較片)을 필요로 하지 않는다. 뒤쪽은 최종 가공이 다른 경우에는 전혀 틀린 판단을 주므로 같은 제작공정의 공작물의 비교만이 가능하고, 특히 동종(同種)의 공작물을 다수 검사하는 경우에 적합하다.

(1) 촉침식 표면 거칠기 측정기

산업체에서 가장 많이 이용되고 있는 촉침식 표면거칠기 측정기는 측정하려고 하는 부품 표면상에 픽업 선단의 뾰족한 촉침(stylus)을 이송시키고, 이 수직방향의 진폭을 감응기가 전기신호로 바꾸어 증폭시킨 다음 지시 또는 기록하는 측정기이다. 이 측정기의 특징은 단면 궤적의 단면 곡선 또는 거칠기 곡선을 얻는 것, 큰 길이에 걸쳐서 측정이 가능한 것, 또 단면 곡선의 위, 아래 방향의 배율을 크게 할 수 있는 것 등이고 측정기에 따라서는 파상도, 진직도 등도 측정할 수 있다.

근본적인 결점은 촉침의 선단(先端) 반지름보다도 작은 모양인 단면곡선의 뾰족한 산 또는 골은 알 수 없게 되고, 확실히 접촉하기 위해서는 촉침 반지름이 극히 작아야 하지만 실제로 사용하는 반지름은 2 μm, 5 μm, 10 μm의 3종류 이다. 표면의 소성변형 또는 표면을 보호하기 위하여 측정력은 0.75 mN(0.00075 N)이하로 한다. 촉침 또는 피측정면이 정확히 수평방향을 유지하지 않을 경우에는 단면 곡선의 측정 오차가 커진다. 촉침식 측정기는 일반적으로 촉침을 갖는 검출부, 확대장치, 이송장치, 지시장치 및 기록장치 등으로 이루어진다.

(2) 현미 간섭식 표면 거칠기 측정법

현미 간섭식 표면 거칠기 측정법의 원리는 왼쪽의 광원의 빛은 들어온 빛 중 절반은 투과시키고 절반은 반사시키는 것으로 반사한 빛은 측정면의 요철(凹凸)에 반사하여 대물 렌즈 쪽으로 간다. 동일광원을 나온 빛이 반투과거울에서 두 방향으로 나누어져 되돌아온다. 이 때 참조면에서 반사한 빛

에 대하여 피측정면에 반사한 빛은 그 표면의 요철에 의해서 찌그러진 상태로 되어 있으며, 요철의 높이에 의해서 산의 부분과 골의 부분으로 각각 반사한 빛의 광로길이(光路長)는 2배만큼 차이를 만든다. 그래서 요철의 높이가 1/2 파장인 모든 빛이 간섭하여 명암(明暗)의 무늬를 만든다.

파장을 λ라 하고 a는 간섭 무늬의 폭, b는 간섭 무늬의 휨이라 하면

$$Rz = \frac{b}{a} \times \frac{\lambda}{2}$$

로 된다. 이 광파 간섭법의 원리를 응용한 방법은 요철의 높이가 1μm 이하의 미세한 표면의 측정에 사용되므로 연구실에서의 측정용으로 적당하다.

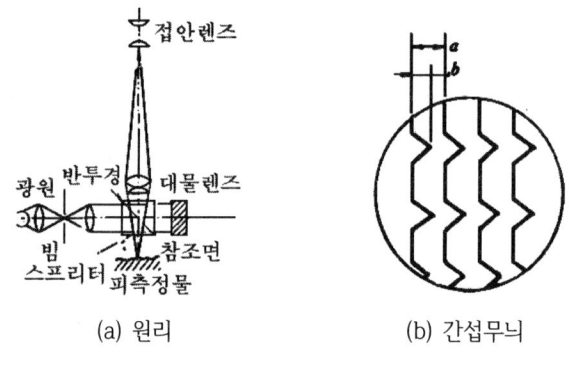

(a) 원리   (b) 간섭무늬

그림 6-5 현미 간섭식 표면 거칠기 원리

(3) 광 절단식 표면 거칠기 측정법

그림 6-6과 같이 가는 빛(光) 띠를 표면 위에 투영하여 직각방향에서 관측한다. 이 방법에 의하면 피측정물과 접촉하지 않고 또 힘을 미치지 않고 단면곡선의 상을 볼 수 있다. 이 광(光) 절단법(切斷法)은 빛의 띠의 투영 및 그 관측에 현미경을 채용하는 것에 따라서 다듬질면 측정용에 적당한 것이다. 입사각 α로 빛을 투사시키고 거기에 직각인 β방향에서 관측한다.

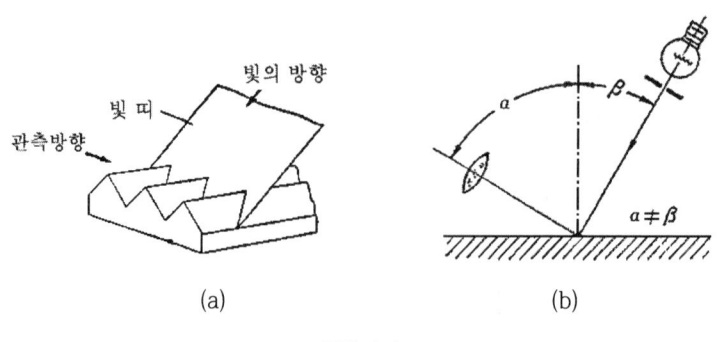

그림 6-6

피측정물과 기계적으로 접촉하는 것이 아니고 단면의 형상을 광학적으로 관측해서 표면 거칠기를 측정하는 법이다. 그림 6-7은 광 절단식 표면 거칠기 측정법을 나타내고 있다.

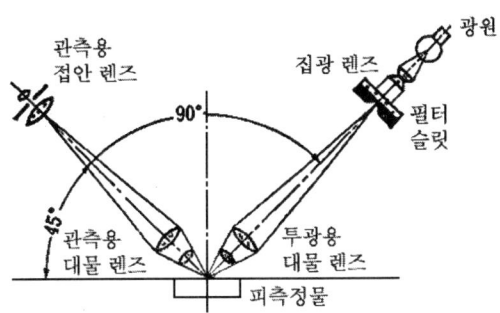

그림 6-7 광 절단식 표면 거칠기 측정법

예상문제

001. 촉침식 표면 거칠기 측정기의 검사 및 점검을 위해 사용되는 표면 거칠기 표준편은?
㉮ 교정용 ㉯ 비교용
㉰ 참조용 ㉱ 표준용

002. 평가길이의 표준값은 기준길이의 몇배로 하는가?
㉮ 3배 ㉯ 4배
㉰ 5배 ㉱ 6배

003. 다음 중 표면 거칠기 측정법이 아닌 것은?
㉮ 전기 충전식 ㉯ 촉침 전기식
㉰ 현미 간섭식 ㉱ 광절단식

004. 다음 중 표면거칠기를 구할 때 적용하는 컷오프값의 기호는?
㉮ λa ㉯ λb
㉰ λc ㉱ λd

005. 도면에 표기된 $\sqrt{}^{\,Rz3\ 4.2}$ 의 의미가 아닌것은?
㉮ 기준길이는 3 mm ㉯ 평가길이는 기준길이의 3배
㉰ 최대높이 거칠기 ㉱ 평가방법은 16 % 규칙 적용

해설 표면거칠기 파라미터에 max 표시가 없을때는 평가시에 디폴트값으로 16 % 규칙을 적용한다.

006. $\dfrac{1}{L}\displaystyle\int_0^L |f(x)|dx$ 로 표시하는 거칠기는?
㉮ 십점 평균 거칠기 ㉯ 산술 평균 거칠기
㉰ 제곱 평균 평방근 높이 ㉱ 최대 높이 거칠기

정답 1.㉮ 2.㉯ 3.㉮ 4.㉰ 5.㉮ 6.㉯

007. 표면 거칠기 표시법에 있어서 다음 중 틀린 것은?
- ㉮ 최대 높이로 표시
- ㉯ 제곱 평균 평방근 높이로 표시
- ㉰ 촉침의 높이로 표시
- ㉱ 산술 평균 거칠기로 표시

008. 산술 평균 거칠기 측정시 적용하는 컷오프 값이 아닌 것은?
- ㉮ 0.25 mm
- ㉯ 4.25 mm
- ㉰ 2.5 mm
- ㉱ 0.8 mm

009. 표면 거칠기 표시에서 Ra는 다음 중 어느 거칠기를 나타내는가?
- ㉮ 최대 높이 거칠기
- ㉯ 최대 단면 높이 거칠기
- ㉰ 자승평균 거칠기
- ㉱ 산술 평균 거칠기

010. 다음 중 산술 평균 거칠기를 바르게 표시한 것은?
- ㉮ $\dfrac{1}{L}\int_{0}^{L}|f(x)|dx$
- ㉯ 단면 곡선의 최대차
- ㉰ $\sqrt{L\int_{0}^{L}|f(x)|dx}$
- ㉱ 단면곡선 중 3번째 높은 점과 3번째 낮은 점과의 수직거리

011. 다음 중 제곱 평균 거칠기의 표시기호는?
- ㉮ Rz
- ㉯ Rq
- ㉰ Ra
- ㉱ Rt

012. 산술 평균 거칠기(Ra) 값을 구할 때 컷오프의 값은 몇 가지가 있는가?
- ㉮ 2
- ㉯ 4
- ㉰ 8
- ㉱ 5

013. 광파간섭식 표면 거칠기 측정은 어디에 이용되는가?
- ㉮ 0.8 µm 이하의 거칠기 측정
- ㉯ 10 µm ~ 20 µm 거칠기 측정
- ㉰ 25 µm ~ 50 µm 거칠기 측정
- ㉱ 50 µm ~ 80 µm 거칠기 측정

정답 7.㉰ 8.㉯ 9.㉱ 10.㉮ 11.㉯ 12.㉱ 13.㉮

014. 촉침식 표면 거칠기 측정기의 측정법에 있어서 이용하는 확대 방법의 종류가 아닌 것은?
㉮ 기계적 확대방식 측정기 ㉯ 전기적 확대방식 측정기
㉰ 공기식 확대방식 측정기 ㉱ 베어링식 확대방식 측정기

015. 표면 거칠기 파라미터에서 Pz는?
㉮ 파상도 단면곡선(프로파일)에서 산출한 최대높이
㉯ 파상도 단면곡선(프로파일)에서 산출한 최대 골 깊이
㉰ 1차 단면곡선(프로파일)에서 산출한 최대높이
㉱ 1차 단면곡선(프로파일)에서 산출한 최대 골 깊이

016. KS B ISO 4287의 표면 거칠기 표시에서 Rz는 무엇인가?
㉮ 최대 높이 거칠기 ㉯ 제곱 평균 평방근 높이
㉰ 산술 평균 거칠기 ㉱ 10점 평균 거칠기

017. 표면거칠기 측정에서 기준길이가 0.25이면 평가길이는 기준길이의 몇 배로 하는가?
㉮ 1×기준길이 ㉯ 2×기준길이
㉰ 3×기준길이 ㉱ 5×기준길이

018. KS B ISO 4287 표면 거칠기 표시에서 Rt는 무엇인가?
㉮ 산술 평균 거칠기 ㉯ 윤곽곡선(프로파일)의 전체 높이
㉰ 최대 높이 거칠기 ㉱ 제곱 평균 평방근 높이

019. 다음 그림과 같이 표면거칠기의 표시에서 0.8은 무엇인가?
㉮ 측정높이
㉯ 측정길이
㉰ 평가길이
㉱ cut-off 값

020. 표면 거칠기의 표시에서 L은 무슨 가공방법인가?
㉮ 선반가공 ㉯ 밀링가공
㉰ 드릴가공 ㉱ 래핑

정답 14.㉱ 15.㉰ 16.㉮ 17.㉱ 18.㉯ 19.㉱ 20.㉮

021. 표면 거칠기의 표시에서 밀링가공의 기호는?
   ㉮ FL
   ㉯ M
   ㉰ L
   ㉱ D

022. 그림과 같은 표면 거칠기의 표시에서 가공모양 기호 C는?
   ㉮ 가공으로 생긴 선이 거의 동심원
   ㉯ 가공으로 생긴 선이 거의 방사상
   ㉰ 가공으로 생긴 선이 다방면으로 교차 또는 무방향
   ㉱ 가공으로 생긴 선이 2방향으로 교차

$$\sqrt{} \quad \overset{\text{milled}}{0.008-4 / Ra\ 55}$$
$$\sqrt{C\ 0.008-4 / Ra\ 6.2}$$

023. 현미 간섭식 표면 거칠기 측정은 어디에 이용되는가?
   ㉮ 20 µm 이상의 거칠기 측정, 현장용
   ㉯ Rz 1 µm 미만의 거칠기 측정, 연구실용
   ㉰ 10 µm 이상의 거칠기 측정, 현장용
   ㉱ 50 µm 이상의 거칠기 측정, 현장용

024. 표면 거칠기에서 단면곡선(프로파일)의 실체비(부하길이율)를 나타내는 것은?
   ㉮ Rmr(c)
   ㉯ Rq
   ㉰ Rδc
   ㉱ RSm

025. 표면 거칠기의 표시에서 래핑의 기호는?
   ㉮ D
   ㉯ L
   ㉰ FL
   ㉱ M

026. 표면 거칠기 기호 중 단면곡선의 평균 너비(간격)을 높이를 나타내는 것은?
   ㉮ Ra
   ㉯ RSm
   ㉰ Rz
   ㉱ Rq

정답 21.㉯ 22.㉮ 23.㉯ 24.㉮ 25.㉯ 26.㉯

제7장

윤곽 측정

1. 공구현미경에 의한 측정

1) 공구현미경의 용도

공구현미경은 가장 많이 사용되고 있는 측정기의 하나로, 현미경에 의해 확대 관측하여 제품의 길이, 각도, 형상, 윤곽을 측정하는 측정기이다. 길이의 측정은 전후, 좌우 방향으로 이동하는 테이블의 움직이는 양을 마이크로헤드와 블록 게이지를 사용하여 읽으며, 각도의 측정은 각도 눈금의 회전 테이블 또는 각도측정용 접안경을 병용하여 측정할 수 있다.

용도는 각종 정밀부품의 측정, 공작용 치공구류의 측정, 각종 게이지의 측정, 특히 나사 게이지, 나사 요소 측정 등 다방면에 사용되고 있다.

2) 공구현미경의 구조

그림 7-1은 공구현미경의 기본적인 구조로서, 베드 1이 있고, 이 베드 위에는 전후, 좌우로 움직이는 테이블 2가 있다.

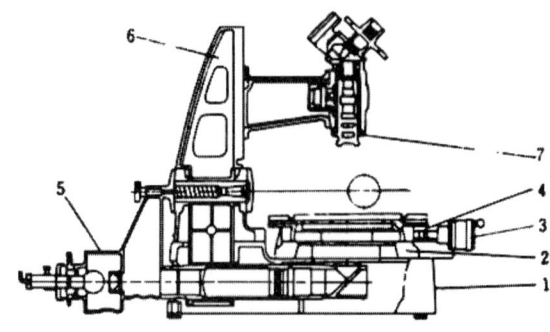

그림 7-1 공구현미경의 기본적 구조

3) 공구현미경의 광학계

공구현미경은 광학적으로 확대 관측 또는 위치 결정을 하여 길이나 각도 측정을 하며, 광원 Q는 베드에 부착되어 그림 7-2에 보인 광학계를 통하여 피측정물을 조명한다. 결국 빛은 콘덴서 렌즈 (집광렌즈) K를 통하여 콜리메이터 렌즈 L의 초점에 놓여진 텔레센트릭 조리개 B에 한번 상을 맺고 적당한 크기의 빛을 콜리메이터 렌즈에 보내며, 콜리메이터 렌즈를 통과한 빛은 평행 광속군으로 되어 피측정물 T를 조명한다.

조리개 직경 D에 대해서 실험적으로

$$D = 0.183F \sqrt[3]{\frac{1}{d}}$$

D : 최적 조리개 직경
d : 측정하려는 원통의 지름
F : 콜리메이터 렌즈의 초점거리

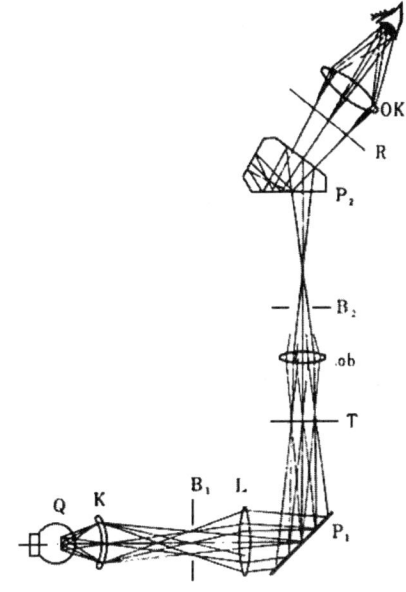

그림 7-2 공구현미경의 기본적 광학계

의 관계가 있다.

4) 공구현미경의 부속품

① 센터대
  나사나 원통 부품의 형상치수 측정에 사용한다.
② V형 지지대
  센터대에 지지할 수 없는 제품의 지지에 사용한다.
③ 분할중심 지지대
  gear, hob, cam 분할판, 나사의 비틀림각 측정 등에 사용한다.
④ 반사조명장치
  투과조명이 사용될 수 없는 경우, 또는 표면의 조각 등 표면을 관찰하는 경우에 제품의 수직 상방에서 조명하여 반사상을 이용하여 측정한다.
⑤ 이중상 접안경
  특수한 다각 프리즘과 직각 프리즘을 조합한 것으로, 2개의 상을 합치함으로써 구멍의 중심간 거리 측정에 알맞다.

⑥ 촉침식(feeler) 현미경
⑦ 형판 접안렌즈
⑧ 센터링 테이블(centering table)
⑨ 나이프 에지(knife edge)

2. 투영기에 의한 측정

1) 투영기의 구조

투영기는 광원, 집광렌즈, 투영렌즈, 스크린의 4요소로 구성되어 있으며, 물체를 관통하여 윤곽을 측정할 수 있고 또한 관통하지 않은 제품의 표면을 측정하기 위한 광원과 집광렌즈가 설치되어 있다. 투영기는 구조에 따라 수직형(V형), 수평형(H형), 데스크형(D) 등으로 구분한다.

① 스크린(screen)

평면도 및 평행도가 아주 좋은 젖빛 유리판으로 유리면에 십자선을 조각해서 사용한다.

② 투영렌즈

10x, 20x, 50x, 100x가 보통이고, 5x, 200x 등은 특수한 경우에 쓰인다. 투영렌즈는 투영배율이 정확해야 하고, 투영상이 찌그러지지 않아야 한다. 이처럼 투영상이 찌그러지는 것을 왜곡(distortion)이라 하고, 모든 부분이 스크린 중심에서나 가장자리 쪽에서도 선명해야 하는데, 이 선명하게 보이는 정도를 해상력이라고 한다.

③ 조명 광학계

투과 조명을 하는 경우는 조명광은 광축에 평행한 상태로 되어 있는데 이와 같은 조명법을 텔레센트릭 조명이라 하며, 원통이나 구를 관찰하는데 큰 이점을 가지고 있다. 왜냐하면 초점을 맞추는데 약간의 오차가 있어도 투영 배율의 오차가 생기지 않기 때문이다(그림 7-3).

④ 재물대
⑤ 본체

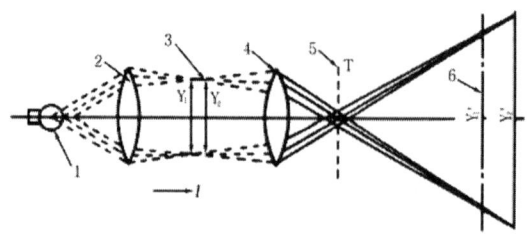

1.광원   2.집광 렌즈   3.피측정물   4. 투영 렌즈
5.텔레센트릭 조리개   6. 스크린

그림 7-3 텔레센트릭 광학계

2) 투영기의 종류

(1) 광축 수직형(V형)
일반적으로 가장 많이 사용하고 있는 형으로, 투과조명용 집광렌즈를 통과하는 광축과 테이블면이 수직을 이루고 있는 구조이며, 대형 물체의 검사, 측정에 적합하고 프레스 부품, 프린트 기판과 같은 판모양 물건의 측정에 가장 적합하다.

(2) 데스크형(D형)
스크린은 약간 기울어져 있어서 투영상을 복사할 때 스크린 위에 놓은 차트가 떨어지는 일이 없어 편리하며, 주로 측정 물체가 작고 가벼운 시계공업, 전자공업에 많이 사용된다.

(3) 광축 수평형(H형)
조명광은 테이블면과 수평이고 스크린면과는 수직에 가깝다. 이 형은 대형이고 견고하기 때문에 block형, 대중량 물체의 검사에 적합하고, 나사, hob 등의 측정물의 측정에 편리하며, 무엇보다도 기계공업에 알맞은 구조라 할 수 있다.

3. 사용상의 기본 요점

1) 기종의 선정
판모양의 물체, 블록형의 물체, 나사 등 어떤 물체를 주로 측정할 것인가에 따라서 투영기의 형식을 결정해야 하며, 우선 검사, 측정하는 물체의 형상, 크기, 무게 등을 고려한다.

2) 설치 환경
항온·항습의 실내가 이상적이나, 진동, 먼지, 습도, 온도 변화 등이 극히 적은 장소, 직사광선이 들지 않는 곳이 좋으며, 전압 변동이 심할 경우에는 정전압 장치를 사용한다.

예상문제

001. 현미경과 마이크로미터 등의 측정장치를 결합하여 치수를 측정하는 기기를 무엇이라 하는가?
 ㉮ 오토콜리메이터 ㉯ 앵글 데카
 ㉰ 공구 현미경 ㉱ 투영기

002. 공구 현미경에서 테이퍼 측정시 소단경은 30 mm, 테이퍼 길이는 150 mm인 피측정물을 측정했을 때 테이퍼량이 1/30이라면 대단경 D는 얼마인가?
 ㉮ 35 mm ㉯ 40 mm
 ㉰ 60 mm ㉱ 70 mm

003. 공구 현미경과 투영기 중에서 투영기를 사용하는 쪽이 좋은 경우는?
 ㉮ 윤곽 곡선측정 ㉯ 나사의 측정
 ㉰ 절삭 공구의 측정 ㉱ 기계기구의 측정

004. 다음 중 투영기 종류와 관계 없는 것은?
 ㉮ L형 ㉯ H형
 ㉰ D형 ㉱ V형

005. 공구 현미경 부속품 중 작은 구멍의 중심간 거리 측정에 알맞은 것은?
 ㉮ 필러식 현미경 ㉯ 2중상 접안경
 ㉰ 형판 접안렌즈 ㉱ 분할중심 지지대

006. 투영기에서 제품을 대량 측정시 이용하는 측정법은?
 ㉮ 스크린상에서 유리자로 측정
 ㉯ 차트(chart)에 의한 비교측정
 ㉰ 재물대상의 좌표축의 읽음에 의한 측정
 ㉱ 필러식 현미경에 의한 방법

정답 1.㉰ 2.㉮ 3.㉮ 4.㉮ 5.㉯ 6.㉯

007. 텔레센트릭 광학계의 설명 중 맞는 것은?
  ㉮ 투영상의 밝기에 중점을 둔 광학계이다.
  ㉯ 약간의 핀트 맞춤의 오차가 있어도 투영상의 배율오차가 생기지 않는 광학계이다.
  ㉰ 구와 같은 물체 측정시 실제 치수보다 작게 투영되는 광학계이다.
  ㉱ 투영상을 확대시키는 광학계이다.

008. 투영기를 이용한 측정에서 차트에 의한 윤곽 비교 측정시 가장 중요한 사항은?
  ㉮ 반사경 사용   ㉯ 마이크로 헤드 사용
  ㉰ 투영 배율의 정확성   ㉱ 스크린의 크기

009. 금형, 지그 등 기계 공작물의 측정에 가장 알맞은 투영기의 종류는?
  ㉮ H형   ㉯ V형
  ㉰ D형   ㉱ A형

010. 공구 현미경, 투영기 등에서 관통하지 않은 제품의 표면을 관찰하는 경우에 사용하는 조명 방법은?
  ㉮ 투과 조명법   ㉯ 반사 조명법
  ㉰ 롤러   ㉱ 2중상 조명법

011. 다음 중 공구 현미경의 부속품이 아닌 것은?
  ㉮ 형판 접안렌즈   ㉯ 필러식 현미경
  ㉰ 반사 조명장치   ㉱ 이중상 접안렌즈

012. 2개의 상을 일치시켜 작은 구멍의 중심거리 측정에 적합한 공구 현미경의 부속품은 무엇인가?
  ㉮ 필러식 현미경   ㉯ 형판 접안렌즈
  ㉰ 반사 조명장치   ㉱ 이중상 접안렌즈

013. 공구 현미경에서 원통의 지름을 측정할 때 조리개의 직경을 나타내는 식은?(D : 최적 조리개 직경, d : 피측정물의 직경, F : 초점거리)
  ㉮ $0.11F \sqrt[3]{\dfrac{1}{d}}$ ㉯ $0.183F \sqrt[3]{\dfrac{1}{d}}$
  ㉰ $1.11F \sqrt[3]{\dfrac{1}{d}}$ ㉱ $F \sqrt[3]{\dfrac{1}{d}}$

정답 7.㉯ 8.㉰ 9.㉮ 10.㉯ 11.㉯ 12.㉱ 13.㉯

014. 투영기에서 스크린에 상이 중심에서나 가장자리 쪽에서도 선명하게 나타나야 하는데 이와 같이 보이는 것을 무엇이라 부르는가?
㉮ 배율　　　　　　　　　㉯ 왜곡
㉰ 해상력　　　　　　　　㉱ 작동거리

015. 투영기에서 작동거리란 무엇을 말하는가?
㉮ X축의 이동거리
㉯ Y축의 이동거리
㉰ 스크린의 높이
㉱ 렌즈의 경통부에서 재물대까지의 거리

016. 공구 현미경에서 대물렌즈 1.5배, 접안렌즈 50배의 배율을 사용했을 때 상의 크기는 얼마가 되는가?
㉮ 50배　　　　　　　　　㉯ 75배
㉰ 1.5배　　　　　　　　　㉱ 100배

017. 다음 중 투영기의 부속품이 아닌 것은?
㉮ 센터지지대　　　　　　㉯ V형 지지대
㉰ 바이스대　　　　　　　㉱ 형판 접안 렌즈

018. 투영기에서 투영렌즈는 투영 배율이 정확하고 투영상이 찌그러지지 않아야 하는데 이처럼 투영상이 찌그러지는 것을 무엇이라 하는가?
㉮ 해상력　　　　　　　　㉯ 왜곡(歪曲)
㉰ 초점　　　　　　　　　㉱ 작동거리

019. 투영기 측정시 스크린 직경이 $\phi 300\,mm$, 피측정물의 크기가 25mm, 윤곽 공차가 ±0.02 mm일 때, 차트에 의한 윤곽 비교 측정시 알맞은 배율은?
㉮ 10배　　　　　　　　　㉯ 20배
㉰ 50배　　　　　　　　　㉱ 100배

정답 14.㉯ 15.㉱ 16.㉯ 17.㉱ 18.㉯ 19.㉮

020. 공구 현미경의 부속품 중 형판 접안렌즈의 용도는?
  ㉮ 길이의 측정시
  ㉯ 나이프 에지 사용시
  ㉰ 나사의 피치 측정시
  ㉱ 구멍 중심거리 측정시

021. 다음 중 얇은 판의 복잡한 형상 측정에 알맞은 측정기는?
  ㉮ 마이크로미터
  ㉯ 측장기
  ㉰ 사인테이블
  ㉱ 투영기

022. 투영기에서 투영 배율이 20×일 때 10 μm까지 읽을 수 있다면, 50×일 때는 얼마까지 읽을 수 있겠는가?
  ㉮ 2 μm
  ㉯ 3 μm
  ㉰ 4 μm
  ㉱ 1 μm

  해설 $20× \to 10\,\mu m$
  $50× \to \dfrac{20}{50} × 10\,\mu m = 4\,\mu m$

023. KS에서는 투영기의 투과 조명시 배율의 허용차는?
  ㉮ ±0.15 %
  ㉯ ±0.20 %
  ㉰ ±0.25 %
  ㉱ ±0.30 %

024. 투영기에서 반투명경(half mirror)을 사용하는 경우는?
  ㉮ 투과 조명시
  ㉯ 높이 측정시
  ㉰ 구멍 측정시
  ㉱ 관통되지 않은 물체의 표면 측정시

025. 투영기에서 Z축 위치 결정시 사용하는 방법은?
  ㉮ 블록 게이지 이용
  ㉯ 사인 바를 이용
  ㉰ 다이얼 게이지를 이용
  ㉱ 스크린 이용

026. 다음 중 일반 공구 현미경으로 측정이 불가능한 나사의 측정 항목은?
  ㉮ 수나사의 유효지름
  ㉯ 암나사의 유효지름
  ㉰ 나사의 피치
  ㉱ 나사산의 각도

정답 20.㉰ 21.㉱ 22.㉰ 23.㉮ 24.㉱ 25.㉰ 26.㉯

027. 공구현미경에서 원통 측정시 콜리메이터 초점거리 100 mm, 피측정물의 직경 9 mm일 때 최적 조리개 직경은?

㉮ 6.7 mm ㉯ 4.5 mm
㉰ 7.6 mm ㉱ 8.8 mm

해설 $D = 0.183F \sqrt[3]{\dfrac{1}{d}}$

$F = 100$
$d = 9$ mm

$\therefore D = 0.183 \times 100 \sqrt[3]{\dfrac{1}{9}}$

$≒ 8.8$ mm

028. 공구 현미경에 나사의 피치를 판단하기 위해서 무엇을 사용하는 것이 좋은가?

㉮ 이중상 접안경 ㉯ 형판 접안렌즈
㉰ 필터식 접안경 ㉱ 나이프 에지

정답 27.㉱ 28.㉯

제8장 나사 측정

1. 나사의 결정량과 기본산 모양

1) 나사의 결정량

그림 8-1은 평행나사를 결정하는 축의 단면도로서, 소문자는 수나사를, 대문자는 암나사를 표시한다.

d : 수나사의 바깥지름, D : 암나사의 골지름, d_1 : 수나사의 골지름, D_1 : 암나사의 안지름, d_2, D_2 : 유효지름, α_1, α_2 : 나사산의 반각.

유효지름이란, 나사축선에 평행하게 측정한 나사산 사이의 홈의 폭이 산의 폭과 같게 되는 가상적인 원통의 지름을 말하고, 이 경우 나사의 홈폭이 규정된 피치의 1/2일 때의 가상적인 원통의 지름을 단독유효지름이라 한다.

리드각이란 나사산의 나선과 나사의 축에 직각인 평면과 이루는 각도를 말하며, $\tan\phi = \dfrac{l}{\pi d'}$ 이다.

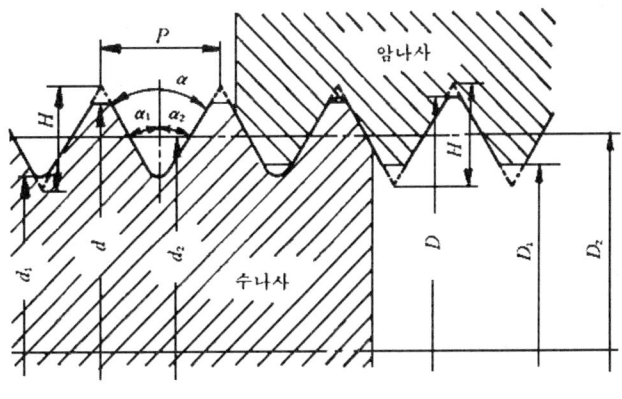

그림 8-1 평행 나사의 결정량

2. 등가유효지름

수나사와 암나사가 서로 끼워맞춤되기 위해서는, 먼저 나사산의 피치와 산의 반각이 꼭 같아야 하겠지만 실제로는 불가능하고 유효지름 D_2의 정확한 암나사에 피치오차 δ_p 또는 반각오차 $\delta\frac{\alpha}{2}$가 있는 수나사를 끼워맞춤하기 위해서는 유효지름이 D_2보다 어떤 값(f_1 또는 f_2)만큼 적어야 하는데, 이 f_1 및 f_2는 피치오차 및 반각오차의 등가유효지름이라 하며, 다음 식으로 표시한다.

$$f_1 = \delta_p \cdot \cot\frac{\alpha}{2}$$

$$f_2 = \delta\frac{\alpha}{2} \cdot \frac{2H_1}{\sin\alpha} \ (\delta\frac{\alpha}{2} \text{는 radian 단위})$$

또는

$$f_2 = \delta\frac{\alpha}{2} \cdot \frac{0.582H_2}{\sin\alpha} \ (\mu m) \ (\delta\frac{\alpha}{2} : 분(分), \ H_1 : mm)$$

δ_p : 나사산 피치오차 중 절대값의 최대값

$\delta\frac{\alpha}{2}$: 반각오차 중 절대값의 최대값

3. 수나사 측정법

1) 유효지름의 측정

(1) 삼침법(three wire method)

나사 게이지 등과 같이 정밀도가 높은 나사의 유효지름 측정에 3침법(3선법)이 쓰이며, 그림 8-2와 같이 지름이 같은 3개의 핀 게이지를 나사산의 골에 끼운 상태에서 바깥지름을 마이크로미터 등으로 측정하여 계산하며, 유효지름을 측정하는 가장 정밀한 방법이다.

3침의 평균 직경을 W, 3침을 끼운 외측거리를 M, 유효지름을 d_2, 나사산의 반각을 $\alpha/2$라고 하면,

$$M = d_2 + 2(A - B) + W$$

이고

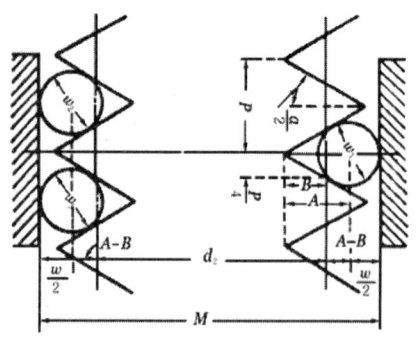

그림 8-2 3침에 의한 유효지름의 측정

$$A = \frac{W}{2\sin\frac{\alpha}{2}}$$

$$B = \frac{P}{4}/\tan\frac{\alpha}{2} = \frac{P}{4}\cot\frac{\alpha}{2}$$

따라서

유효지름 $d_2 = M - 2(A - B) - W$

$$= M - \left(1 + \frac{1}{\sin\frac{\alpha}{2}}\right)W + \frac{P}{2}\cot\frac{\alpha}{2}$$

실제로는 측정용 삼침이나 나사산의 리드각 방향으로 기울어져 플랭크에 접촉하지 않고 위쪽 또는 아래쪽에 접촉하기 때문에 생기는 오차보정 C_1 및 삼침과 나사산 및 측정면 사이의 탄성변형에 따른 오차보정 C_2가 필요하므로,

$$d_2 = M - W\left(1 + \frac{1}{\sin\frac{\alpha}{2}}\right) + \frac{P}{2}\cot\frac{\alpha}{2} + C_1 + C_2$$

삼침지름 $W = \frac{1}{2}\left\{W_1 + \frac{1}{2}(W_2 + W_3)\right\}$를 사용한다. W, P, $\frac{\alpha}{2}$는 각각 실제 치수를 적용하고 오차 δ_w, δ_p, $\delta\frac{\alpha}{2}$가 있을 때 유효지름 d_2에 대한 영향 ϕ는 d_2의 식을 W, P, $\frac{\alpha}{2}$에 대하여 편미분하면 구할 수 있다. 즉,

$$\phi W = \pm\delta_w\left(1 + \frac{1}{\sin\frac{\alpha}{2}}\right)$$

$$\phi_p = \pm\frac{1}{2}\delta_p \cdot \cot\frac{\alpha}{2}$$

$\phi\frac{\alpha}{2} = \pm\dfrac{\cos\frac{\alpha}{2}}{\sin^2\frac{\alpha}{2}}\left(W - \dfrac{P}{2\cos\frac{\alpha}{2}}\right)\delta\frac{\alpha}{2}$ 이고, $\phi\frac{\alpha}{2}$는 W와 P에 관계되지만, 삼침지름 $W_0 = \frac{P}{2}\cos\frac{\alpha}{2}$인 경우에는 0이 된다.

W_0는 나사산에 접촉하는 삼침의 지름으로써 반각오차의 영향이 가장 적기 때문에 최적 선경이라 하며 나사산의 각도가 60°인 나사에서는 $W_0 = 0.57735 \times P$이다. 보정량 C_1 및 C_2는 보통의 경우 극히 미소한 값이므로 KS 보통나사 및 가는나사에 대해서는 무시할 수 있기 때문에 $\alpha = 60°$를 대입하면 $d_2 = M - 3W_0 + 0.866025 \times P$이고, 휘트워스 나사에서는 $\alpha = 55°$를 대입하면 $d_2 = M - 3.16568W_0 + 0.960491 \times P$로 계산한다.

위의 방법으로 지름이 큰 나사에서는 1 μm, 보통 사용하는 10 mm 전후의 나사에서는 0.2 μm 이내의 정확한 값을 구할 수 있으며, KS에서 치수 정도는 표시 선경과 호칭 선경과의 차는 ±2.5 μm 이내, 표시 선경의 상호차 0.5 μm 이내, 진원도 0.5 μm 이내, 원통도 0.5 μm 이하, 삼침의 표면거칠기는 0.2s, 경도는 $H_v 600$ 이상으로 규정되어 있으며, 측정력은 표 8-1과 같다.

표 8-1 삼침법에서 측정력 및 접촉 길이

피치 (mm)	산수 (25.4 mm에 대한)	측정력 (g)	3침과 측정단면의 접촉길이(mm)
0.2 ~ 0.5	80 ~ 48	170 ~ 230	4 ~ 6
0.6 ~ 1	44 ~ 24	450 ~ 550	4 ~ 6
1.25 ~ 4	20 ~ 6	900 ~ 1100	6 ~ 8
4.5 이상	5 이하	900 ~ 1100	8 ~ 10

(2) 나사 마이크로미터에 의한 방법

그림 8-3과 같이 앤빌측에 V홈 측정자를, 스핀들측에 원뿔형 측정자를 사용하여 유효지름값을 직접 읽을 수 있다.

(3) 광학적인 방법

투영기, 공구현미경 등의 광학적 측정기에서 나사 축선과 직각으로 움직이는 전후이동 마이크로미터 헤드의 읽음값으로 구할 수 있다.

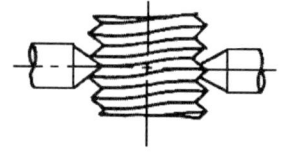

그림 8-3

2) 피치의 측정

보통 피치의 측정은 유효지름 부근의 플랭크를 측정 대상으로 하고, 공구 현미경, 투영기 등과 같이 XY 방향으로 테이블의 이동을 읽을 수 있는 측정기에서 나사축선과 측정기의 X 방향 움직임을 평행하게 세팅한 후 측정하고 나사 피치 비교측정기에서도 간단하게 할 수 있다.

3) 나사산의 반각 측정

나사산의 각도 측정은 광학적인 방법으로 나사산을 확대하여 측정하며, 공구 현미경에서는 나사산의 형상이 새겨져 있는 형판 접안렌즈로 비교 측정할 수가 있다. 투영기에서는 나사형판이 그려져 있는 차트 등으로 간단하게 측정할 수가 있지만, 정확한 측정은 축선과 직각 방향에서 나사산의 반각 $\frac{\alpha}{2}$를 측정하고 선명한 상을 얻기 위해서는 나사산의 각도를 리드각만큼 기울여서 측정하며, 좌반각 $\frac{\alpha}{2} = \frac{1}{2}(a+b)$, 우반각 $\frac{\alpha}{2} = \frac{1}{2}(a+b)$로 된다(그림 8-4).

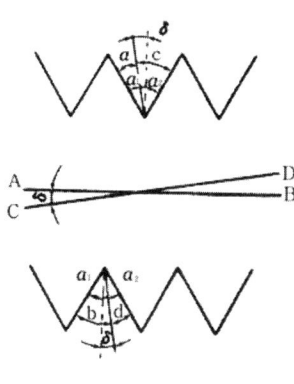
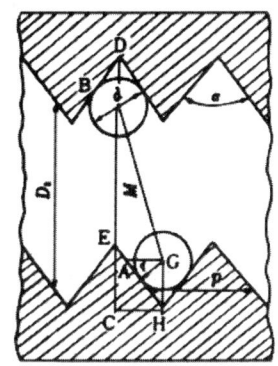

그림 8-4 반각의 측정   그림 8-5 유효지름 측정 원리

4. 암나사의 측정

1) 유효지름의 측정

암나사의 유효지름은 그림 8-5와 같이 3침 대신에 강구를 사용하여 비교측정기, 만능측장기로 측정하며, 강구간의 중심거리 M을 알면

$$D_2 = M - \frac{P^2}{8M} + \frac{d}{\sin\frac{\alpha}{2}} - \frac{1}{2}P \cdot \cot\frac{\alpha}{2}$$

P : 피치, $\frac{\alpha}{2}$: 나사산의 반각, d : 강구의 직경

이다.

2) 피치 측정

암나사의 피치는 만능피치 측정기를 사용하나 일반적으로 암나사 부위에 왁스나 석고, 황+흑연 혼합물 등을 주형으로 만들어 굳은 다음, 수나사 측정방법으로 공구 현미경이나 투영기를 사용하여 측정한다(그림 8-6).

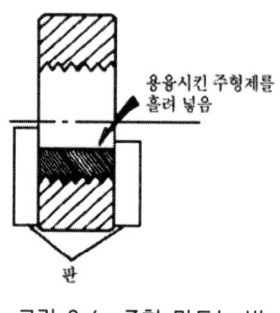

그림 8-6 주형 만드는 법

5. 나사 게이지에 의한 검사

나사 및 나사 제품을 대량으로 검사할 때는 나사 게이지로 검사하며, 나사 한계 게이지는 구멍, 축용 한계 게이지와 같이 테일러(taylor)의 원리가 나사산의 형상에 적용되어야 한다.

1) 나사용 한계 게이지의 종류

나사용 한계 게이지는 구멍용, 축용 한계 게이지와 같이 검사용, 공작용, 점검용 게이지로 구분한다.

2) 나사 게이지 사용법

나사 게이지 사용시 정확한 torque의 규정은 없으나 나사용 한계 게이지의 경우, 통과측 게이지는 무리없이 통과하고 정지측 게이지는 2회전 이상 들어가지 않는 것을 게이지에 의한 치수 검사에 합격한 것으로 한다고 KS에 규정하고 있다.

6. 테이퍼 나사용 게이지 측정

1) 바깥지름 측정

그림 8-7에서와 같이

$$S = L_0 - K - (2B + K)\sec\frac{\theta}{2} - K\frac{LH - L_0}{2H}$$

$$l = LH - K - (2B + K)\sec\frac{\theta}{2} + (2T - 2H - K)\frac{LH - L_0}{2H}$$

   S : 최소단 바깥지름
   l : 높이 H인 곳에서의 바깥지름

각도 $\theta = 2\tan^{-1}(LH - L_0/2H)$

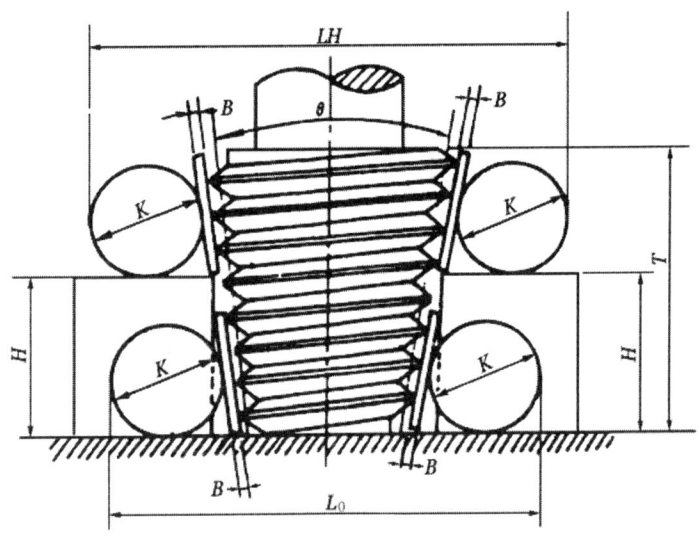

그림 8-7 바깥지름 측정법

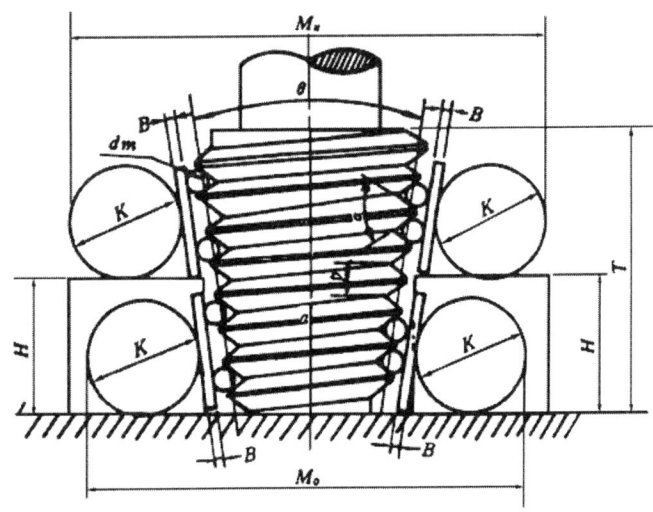

그림 8-8 유효지름 측정법

2) 유효지름의 측정

그림 8-8과 같이 4침법을 사용하여

$$S_2 = M_2 - K - (2B+K)\sec\frac{\theta}{2} - d_m(\csc\frac{\alpha}{2} + \sec\frac{\theta}{2})$$

$$+ \frac{P}{2}(\cot\frac{\alpha}{2} - \tan\frac{\alpha}{2}\tan^2\frac{\theta}{2}) - K\frac{M_H - M_O}{2H}$$

$$l_2 = M_H - K - (2B+K)\sec\frac{\theta}{2} - d_m(\csc\frac{\alpha}{2} + \sec\frac{\alpha}{2} + \sec\frac{\alpha}{2})$$

$$+ \sec\frac{\theta}{2} + \frac{P}{2}(\cot\frac{\alpha}{2} - \tan\frac{\alpha}{2}\tan^2\frac{\theta}{2}) + (2T - 2H - K)\frac{M_H - M_O}{2H}$$

S_2 : 최소단 유효지름

l_2 : 높이 H인 곳에서의 유효지름

예상문제

001. 나사 마이크로미터는 나사의 어느 부분의 측정에 이용되는가?
㉮ 피치 ㉯ 외경
㉰ 유효지름 ㉱ 축경

002. 다음 중 나사의 유효지름을 측정하는 방법이 되지 못하는 것은?
㉮ 나사 게이지에 의한 방법 ㉯ 투영기에 의한 방법
㉰ 공구 현미경에 의한 방법 ㉱ 삼침에 의한 방법

003. 나사산의 각을 측정할 때 주의할 점은?
㉮ 나사를 나사산의 반각만큼 경사시킨다.
㉯ 나사를 나사산각만큼 경사시킨다.
㉰ 나사를 나사의 리드각만큼 경사시킨다.
㉱ 나사를 수평으로 하여 측정한다.

004. 다음 중 나사의 유효지름을 측정하는 마이크로미터는?
㉮ V앤빌 마이크로미터 ㉯ 포인트 마이크로미터
㉰ 나사 마이크로미터 ㉱ 3점식 마이크로미터

005. 나사 측정에서 가장 많이 사용하는 광학적인 측정기는?
㉮ 공구 현미경 ㉯ 기어 테스터
㉰ 나사 마이크로미터 ㉱ 피치 게이지

006. 공구 현미경에 나사의 피치를 판단하기 위해서 무엇을 사용하는 것이 좋은가?
㉮ 이중상 접안경 ㉯ 형판 접안렌즈
㉰ 필터식 접안경 ㉱ 나이프 에지

정답 1.㉰ 2.㉮ 3.㉰ 4.㉰ 5.㉮ 6.㉯

007. 나사의 측정 대상이 아닌 것은?
　㉮ 유효지름　　　　　　　㉯ 리드각
　㉰ 산의 각도　　　　　　　㉱ 피치

008. 나사의 유효지름을 측정할 때 가장 정밀도가 높은 측정법은?
　㉮ 나사 마이크로미터에 의한 측정
　㉯ 공구 현미경에 의한 측정
　㉰ 삼침법에 의한 방법
　㉱ 투영기에 의한 방법

009. 나사의 측정 대상인 것은?
　㉮ 산의 높이　　　　　　　㉯ 리드각
　㉰ 길이　　　　　　　　　　㉱ 피치

010. 나사의 유효지름을 측정할 수 없는 측정기는 다음 중 무엇인가?
　㉮ 나사 마이크로미터　　　㉯ 공구 현미경
　㉰ 삼침법　　　　　　　　　㉱ 봉 마이크로미터(단체형)

011. 나사의 유효지름 측정에 관계없는 것은?
　㉮ 나사 마이크로미터　　　㉯ 센터 게이지
　㉰ 삼침법　　　　　　　　　㉱ 만능측장기

012. 삼침법이란 나사의 무엇을 측정하는가?
　㉮ 바깥지름　　　　　　　㉯ 골지름
　㉰ 유효지름　　　　　　　㉱ 피치

013. 수나사의 검사는 다음 어느 항목을 측정해야 가장 정확한가?
　㉮ 산의 각도, 피치, 유효지름
　㉯ 바깥지름, 골지름, 산의 각도, 유효지름
　㉰ 산의 각도, 바깥지름, 피치, 유효지름
　㉱ 바깥지름, 골지름 유효지름, 피치, 산의 각도

정답　7.㉯　8.㉰　9.㉱　10.㉱　11.㉯　12.㉰　13.㉱

014. 유효지름 측정시 사용되지 않는 것은?
㉮ 피치 게이지 ㉯ 나사 마이크로미터
㉰ 투영기 ㉱ 공구 현미경

015. 나사 마이크로미터, 삼침법, 나사 한계 게이지의 측정 대상은?
㉮ 바깥지름 ㉯ 유효지름
㉰ 골지름 ㉱ 나사산각

016. 3침법에 의하여 미터 나사의 유효지름 de를 구하는 공식은 다음 중 어느 것이냐?(단, dm : 삼침의 지름(mm), P : 나사의 피치(mm), M : 삼침을 나사의 골에 넣고 측정한 외측거리)
㉮ $M - 3.16567\,dm + 0.96049P$ ㉯ $M - 3\,dm + 0.866025P$
㉰ $M + 3.16567\,dm - 0.96049P$ ㉱ $M + 3\,dm - 0.866025P$

017. 나사의 끼워 맞춤과 가장 관계가 깊은 결정량은?
㉮ 바깥지름 ㉯ 유효지름
㉰ 피치 ㉱ 산각

018. 미터나사에 대해 최적 선경 W = 3.000 mm의 3침을 사용하여 외측거리 M = 50.000 mm를 얻었다. 유효지름은?
㉮ 44.785 mm ㉯ 44.483 mm
㉰ 44.672 mm ㉱ 45.500 mm

> **해설** $de = M - 3W + 0.866025P$
> $M = 50.000$, $W = 3.000$ mm이므로
> $W = 0.57735 \times P \rightarrow P = \dfrac{W}{0.57735}$
> $\therefore de = 50.000 - 3 \times 3 + 0.866025 \times (\dfrac{3}{0.57735}) = 45.500$ mm

019. 피치 2.5 mm의 미터나사의 유효지름 측정시 가장 적당한 삼침의 직경은?
㉮ 1.443 mm ㉯ 1.486 mm
㉰ 1.326 mm ㉱ 1.238 mm

> **해설** $W_0 = \dfrac{P}{2\cos\dfrac{\alpha}{2}} = 0.57735 \times P = 1.443$ mm

정답 14.㉮ 15.㉯ 16.㉯ 17.㉯ 18.㉱ 19.㉮

020. 나사의 결정량 중 끼워맞춤시 나사의 종합적 판단의 기준이 되는 것은?
- ㉮ 바깥지름
- ㉯ 유효지름
- ㉰ 골지름
- ㉱ 피치

021. 미터나사에 대해 최적선경 $W = 2.886\,mm$ 의 3침을 사용하여 외측거리 $M = 49.085$ 를 얻었다. 유효지름은?
- ㉮ 44.756
- ㉯ 44.834
- ㉰ 44.672
- ㉱ 44.444

> **해설** 문제 18번 참조

022. 공구 현미경에서 나사 각도 측정시 나사축 또는 경통의 지주를 얼마나 경사시켜야 하나?
- ㉮ 3°
- ㉯ 5°
- ㉰ 리드각만큼
- ㉱ 나사산각만큼

023. 나사 측정에서 삼침을 넣고 외측거리를 측정하였더니 $M = 20.156$, $P = 2.000$ 이었다. 유효지름 de는 얼마인가?.(dm 은 최적선경 사용)
- ㉮ 16.994
- ㉯ 18.424
- ㉰ 17.997
- ㉱ 17.982

> **해설** $M = 20.156$, $P = 2.000$, $dm = 0.57735 \times P$
> $de = 20.156 - 3 \times 0.57735 \times 2 + 0.866025 \times 2 ≒ 18.424\,mm$

024. 삼침법에 의한 유효지름 측정시 피치가 $1.25\,mm$ 이상일 때 측정력은 몇 g을 사용해야 하는가?
- ㉮ 200 gf
- ㉯ 400 gf
- ㉰ 1,000 gf
- ㉱ 1,500 gf

> **해설** $900 \sim 1,100\,gf$를 사용

025. 삼침법에 의한 유효지름 측정시 3침 직경에 $2\,\mu m$의 측정 오차가 있으면 60° 나사의 경우 유효지름에 미치는 오차값은?
- ㉮ $2\,\mu m$
- ㉯ $4\,\mu m$
- ㉰ $6\,\mu m$
- ㉱ $8\,\mu m$

정답 20.㉯ 21.㉮ 22.㉰ 23.㉯ 24.㉰ 25.㉰

해설 유효경 $de = M - W\left(1 + \dfrac{1}{\sin\dfrac{\alpha}{2}}\right) + \dfrac{1}{2}P \cdot \cos\dfrac{\alpha}{2}$

위의 공식을 W에 대해 편미분하면, $\delta W = 2\,\mu m$

$$\delta W = \delta W\left(1 + \dfrac{1}{\sin\dfrac{\alpha}{2}}\right) = 2\left(1 + \dfrac{1}{\sin\dfrac{60}{2}}\right) = 6\,\mu m$$

026. 삼침법에 의한 유효지름 측정시 피치의 측정오차가 2.5 μm 있으면 60° 나사의 경우 유효지름에 미치는 오차값은?

㉮ 1.5 μm ㉯ 2.2 μm
㉰ 3.1 μm ㉱ 5.0 μm

해설 위 문제의 de 공식을 p에 대해 편미분하면

$$\Delta p = \dfrac{1}{2}\delta p \cdot \cot\dfrac{\alpha}{2}$$

에서 $\delta p = 2.5\,\mu m$ 이므로,

$$\Delta p = \dfrac{1}{2} \times 2.5 \times \cot\dfrac{60}{2} \fallingdotseq 2.2\,\mu m$$

027. 나사 게이지에 의한 나사 검사시 정지측 게이지가 몇 회전 이내로 들어가는 것을 게이지에 의한 합격품으로 하는가?(KS 기준)

㉮ 1회전 ㉯ 2회전
㉰ 3회전 ㉱ 4회전

028. 선반의 리드(lead) 나사 피치 측정시 관계 없는 기기는 다음 중 어느 것인가?

㉮ 다이얼 게이지 ㉯ V형 블록
㉰ 게이지 블록   ㉱ 하이트 게이지

029. 나사의 정밀도를 점검하는 대상이 아닌 것은?

㉮ 유효 지름 ㉯ 리드각
㉰ 산의 각도 ㉱ 피치

정답 26.㉯ 27.㉯ 28.㉱ 29.㉯

030. 수나사의 바깥지름(호칭지름), 골지름, 유효지름, 나사산의 각도, 피치를 모두 측정할 수 있는 측정기는?
㉮ 나사 마이크로미터　　　　　㉯ 피치 게이지
㉰ 나사 게이지　　　　　　　　㉱ 투영기

031. 피치 게이지는 어느 것을 검사하는가?
㉮ 나사산의 각도 검사　　　　　㉯ 나사산의 모양
㉰ 나사 피치 판정　　　　　　　㉱ 나사의 유효지름 판정

032. 피치 2.5 mm의 미터나사에 평균 직경이 1.443 mm인 삼침을 넣고 그 외측거리를 마이크로미터로 측정하였더니 20.156 mm이었다. 이 나사의 유효지름은?
㉮ 16.994 mm　　　　　　　　㉯ 18.998 mm
㉰ 19.984 mm　　　　　　　　㉱ 17.992 mm

033. 나사의 유효지름을 측정하는 마이크로미터는?
㉮ V앤빌 마이크로미터　　　　　㉯ 포인트 마이크로미트
㉰ 나사 마이크로미터　　　　　　㉱ 3점식 마이크로미터

정답　30.㉱　31.㉰　32.㉱　33.㉰

제9장

변환기

변환이란 한 형태의 정보를 다음 형태의 정보로 변화시키는 것을 말하며, 변환기는 측정 가능한 정보를 얻기 위하여 미세한 정보를 확대하여 측정 가능하도록 변환시킨다.

변위의 확대와 변환은 계측기의 구성을 이해하는데 중요한 기본적인 사항으로서 기계공업에서는 부품의 형태나 치수를 정확하게 측정하는데 이용하여 왔다.

1. 기계적 변환

나사, 기어, 레버 등의 기계적인 요소에 의해서 확대시키며, 그 종류는 표 9-1과 같다.

표 9-1 기계적인 확대 변환의 종류

변환원리	예	눈금량 μm	측정범위 mm	제작회사	유사품
나사	마이크로미터	10(1)	25	Palmar	미크로타스트
기어	다이얼 게이지	10(1)	10~0.3		(Krupp사)
레버	미니미터	(10)1	(±0.6)±0.06	Fortuna	마이크로인디케이터 MI-2(SIP사)
비틀림 박편	미크로 케이터	0~0.01	±0.2~±0.005	Johanson	오르도테스트
레버와 기어	오르도테스트	1	±0.1	Zeiss	뮤우미트론
스프링	기계식 콤퍼레이터	1.25	0.1	Sigma	(시티즌 시계)

1) 나사에 의한 변환

대표적인 것으로 마이크로미터를 들 수 있으며, 마이크로미터에서는 수나사 1회전에 대해 1피치만큼 스핀들이 움직이므로 P(mm)인 수나사를 θ(rad)만큼 회전시켰을 때의 수나사 움직임 x = P

- $\theta/2\pi$ 로 된다. 따라서 피치가 작은 나사에서는 미소한 수나사의 변위 x를 큰 회전각 θ로 변환할 수 있다.

표준 마이크로미터에서는 P = 0.5 mm, 딤블의 원주는 50등분이므로 0.01 mm 까지 읽을 수 있다.

2) 기어에 의한 변환

계기용 기어는 일반 기계용 기어에 비해 소형으로 되어 있는데 시계용처럼 마찰이 적고 정밀한 회전각을 요구한다.

다이얼 게이지의 구성은 스핀들의 직선 변위를 피니언에 의해 각변위로 바꾸어서 기어열에 의해 큰 회전각으로 확대된다. 그러나 기어를 확대기구로 하는 측정기에는 기어의 치형오차, 피치오차 및 편심오차 등의 원인 때문에 큰 오차가 발생한다.

3) 레버에 의한 변환

작은 힘으로 무거운 물체를 움직일 때 레버를 사용한다. 이 힘의 관계와는 반대 변위에 있어서는 지레가 C점에 지지되어 있고, 1점 A에 수직 방향의 변위 x를 주었을 때 지레의 다른 쪽 끝 B가 이동하는 원호의 길이 y는 다음과 같다.

$$x = a\tan\theta, \quad y = b\theta$$
$$\therefore y/x = b\theta/a\tan\theta$$

θ가 작아서 $\tan\theta° \fallingdotseq \theta\,(\mathrm{rad})$일 때는

$$y/x = b/a$$

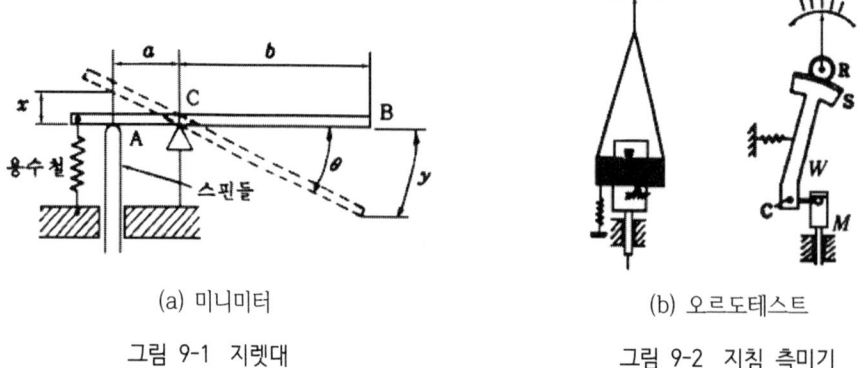

(a) 미니미터

그림 9-1 지렛대

(b) 오르도테스트

그림 9-2 지침 측미기

지금 짧은 팔의 길이 a를 0.1 mm, 긴 팔의 길이 b를 100 mm로 잡으면, $\theta \fallingdotseq \tan\theta$에서는 1000배의 확대를 얻을 수 있다. 이 원리를 이용한 측정기로는 미니미터가 있으며, 스프링에 의해 측정력을 부여함과 동시에 레버의 복원력을 부여한다.

미니미터에서는 회전각을 크게 하면 확대율이 변하고 오차가 생기므로 측정 범위를 크게 할 수 없으며, 이 때문에 레버와 기어를 병용한 오르도테스트(orthotest)(그림 9-2)가 쓰이고 있다.

4) 비틀림 박판에 의한 변환

이 비틀림 박판의 한쪽을 고정시키고 다른 끝을 잡아당기면 중앙의 점이 크게 선회한다. 그림 9-3에 보인 미크로케이터는 박판의 한쪽끝 A가 용수철로 고정되어 있고, 다른쪽 끝 B는 판용수철로 스핀들에 연결되어 있어서 스핀들의 위쪽으로 변위하면 비틀림 박판의 한쪽끝 B가 오른쪽으로 움직여서 지침이 회전하여 눈금판에 지시한다. 미크로케이터는 눈금량 0.01 μm, 측정범위 ±3 μm의 것이 많다.

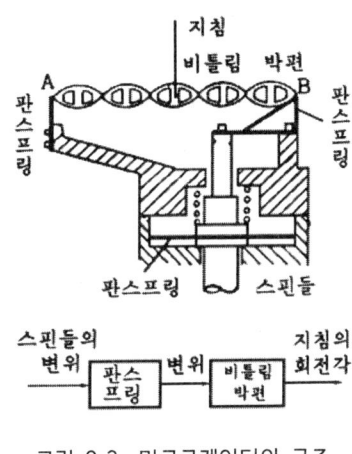

그림 9-3 미크로케이터의 구조

2. 광학적 변환

변위를 광학적으로 확대 변환한 측정기는 확대율이 크고 정확성, 정밀성이 있으므로 시험실 등에서 길이의 기준용으로서, 또는 정밀측정기로서 사용되고 있으며, 육안으로 관측하는 것이 많으므로 원격 측정이나 자동제어에는 어려움이 많다.

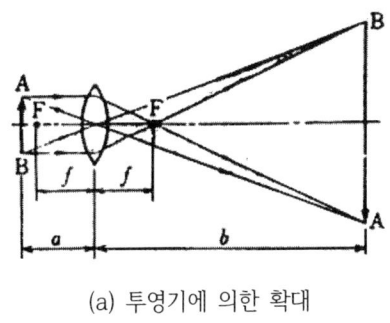

(a) 투영기에 의한 확대

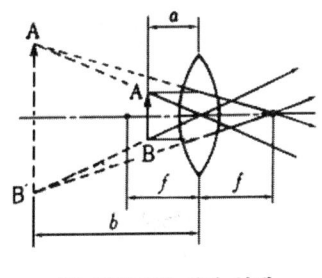

(b) 확대경에 의한 확대

그림 9-4 확대

1) 렌즈

볼록렌즈에 의한 상(像)은 그림 9-4와 같이 초점거리가 f인 볼록렌즈 앞쪽이 a인 곳에 크기 AB의 물체를 놓았을 때 확대율 m은,

$$m = b/a = (b/f) - 1$$

(1) 측미현미경

대물렌즈 및 접안렌즈의 초점거리를 f_1 및 f_2, 광학적 경통의 길이를 Δ라 하면, 확대율 m은,

$$m = l'/l = \Delta \cdot D/f_1 \cdot f_2$$

D : 명시거리(明視距離)

(2) 측장기(length measuring machine)

측정기 자체 속에 표준자를 가지고 있으며 표준자와 시료를 비교하여 직접 치수를 읽는 측정기이다. 그림 9-5의 (a)는 아베의 원리에 맞는 측장기이고, (b)는 아베의 원리에 어긋난 측장기이며, (a)에서는

$$E' - E_1 = E' - E' \cos \theta$$
$$= E'(1 - \cos \theta) \fallingdotseq E' \theta^2 / 2$$

(b)의 경우는

$$C_1 C_2 = h \tan \theta \fallingdotseq h \theta$$

이다.

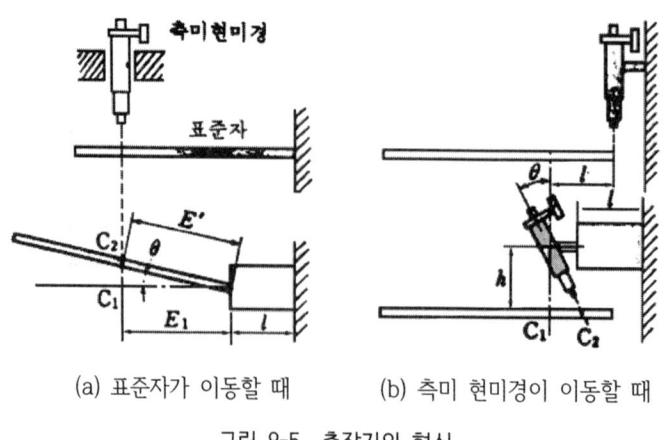

(a) 표준자가 이동할 때   (b) 측미 현미경이 이동할 때

그림 9-5 측장기의 형식

(3) 투영기

(4) 빛지렛대(optical lever)

그림 9-6에서 거울의 지점 O에서 l만큼 떨어진 점에 직선변위 x를 주어서 거울을 회전시키면 반사광선의 방향이 2θ 변하여서 상은 A로부터 y만큼 떨어진 B로 이동한다. 이와 같이 미소각변위를 광학적으로 확대하여 측정하는 것을 빛지렛대(optical lever)라 하며, 배율 m은

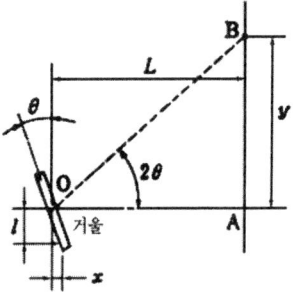

그림 9-6 빛지렛대

$$y = L \tan 2\theta \fallingdotseq 2L\theta$$
$$x = l \tan \theta \fallingdotseq l\theta$$
$$\therefore \ m = y/x = \frac{2L}{l}$$

① 옵티미터(optimeter)

옵티미터는 빛지렛대를 이용한 미소변위 측정기로서 빛지렛대의 확대율은 다음과 같다.

빛지렛대의 확대율 × 접안경의 확대율 = $2 fm/l$

② 오토콜리메이터(autocollimator)

(5) 광파간섭

빛의 간섭현상을 이용하여 길이 및 평면도를 측정하는데 사용하며, 그림 9-7과 같이 잘 다듬질된 측면 위에 광선 정반을 자중에 의해서 올려 놓으면 생긴다. 그림에서 산에 해당하는 반파장을 백선, 골에 해당하는 반파장을 흑선으로 표시하였다.

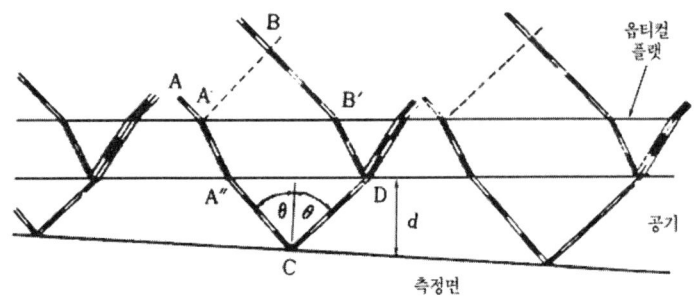

그림 9-7 광파간섭

광로의 차 $A''CD - BB' = 2d\cos\theta$ 이고,

$$2d\cos\theta = 2n \cdot \frac{\lambda}{2} \quad \cdots\cdots\cdots \text{어둡다.}$$

$$2d\cos\theta = (2n+1)\frac{\lambda}{2} \quad \cdots\cdots\cdots \text{밝다.}$$

단, n = 0, 1, 2, 3, ……

이때 광선정반의 표면은 파장 $\frac{\lambda}{2}$의 짝수배인 곳에서 양자의 위상이 180° 달라져서 어둡게 보이고, $\frac{\lambda}{2}$의 홀수배인 곳에서 밝게 보인다.

그림 9-8은 공기층의 두께 d가 $\frac{\lambda}{2}$ 변화할 때마다 간섭무늬가 발생함을 나타내고, 빛의 반파장마다 그린 지도의 등고선과 같다고 할 수 있다.

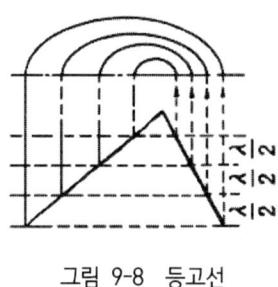

그림 9-8 등고선

3. 유체적 변환

① 공기 마이크로미터의 배율

　　　배율 = 플로트의 이동길이/피측정물의 길이

② 노즐 플래퍼(nozzle flapper)

4. 전기적 변환

변위를 전기적 양으로 변환하면,
① 증폭이 쉽게 되기 때문에 감도가 좋다.
② 응답 지연시간이 짧으므로 자동검사, 자동제어에 쓰인다.
③ 원격측정, 원격조정에 사용
④ 신호의 처리가 용이하기 때문에 가감승제, 미적분 등의 연산이나 측정 결과의 데이터 처리, 자동기록 및 재생이 가능하다.

1) 전기저항 변환

도선의 전기저항 R[Ω]은 길이 l[m]에 비례하고 단면적 S[m²]에 반비례한다. 즉,

$$R = \rho \cdot l/S$$

ρ : 도선의 비저항[Ωm]

그림 9-9는 저항기로서, (a)는 가동접촉자 C를 슬라이딩시킴으로써 전기저항을 변화시키고, (b)의 경우는 가동접촉자 C를 저항선 위에서 어느 각도만큼 슬라이딩 회전시키면 AC간의 전기저항이 변화한다.

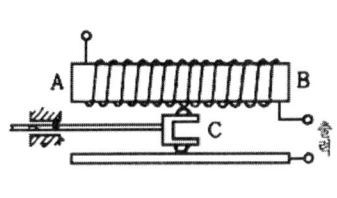 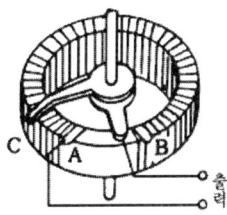

(a) 슬라이딩 저항기   (b) 슬라이딩 저항기(회전식)

그림 9-9 저항기

2) 전자유도변환

(1) 차동변압기

특징은 다음과 같다.
① 직선성이 좋다.
② 측정 범위가 넓다.
③ 구조가 간단하고 내구성이 좋기 때문에 전기 마이크로미터 등에 이용하고 있다.

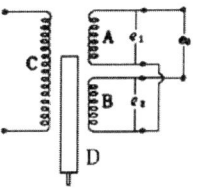

그림 9-10에서처럼 1차 코일 C에 일정한 교류전압을 가하면 2개의 코일인 2차 코일 AB에 유도되는 기전력이 달라진다. 만일 코어 D가 위로 움직이면 $e_1 > e_2$, 아래로 움직이면 $e_1 < e_2$가 되고, 코어가 중앙에 있을 때는 e_0가 되어 그 다음 부위의 변위에 의해 e_0가 증가한다.

그림 9-10 차동변압기

(2) 동전형 변환기

기전력이 속도에 비례하는 사실을 이용하여 도선의 속도를 기전력으로 변환하는 장치를 도전형 변환기라 한다.(그림 9-11)

$$e = Blv$$

    e : 기전력(V)
    B : 자속밀도
    l : 길이(mm)
    v : 도선의 속도(m/sec)

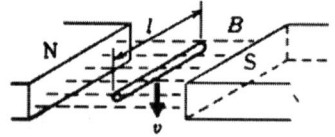

그림 9-11 동전형 변환기

예상문제

001. 길이 측정에 사용되는 측정기 중 틀린 것은?
㉮ 마이크로미터 : 나사 이용
㉯ 옵티미터 : 광학 확대 장치 이용
㉰ 다이얼 게이지 : 기어를 이용
㉱ 미니미터 : 전기용량의 변화 이용

002. 금속선의 스트레인에 대한 저항 변화를 이용한 변환기는?
㉮ 스트레인 게이지
㉯ 실린더 게이지
㉰ 블록 게이지
㉱ 텔레스코핑 게이지

003. 스트레인 게이지로 구조물의 강도를 측정한 결과, 길이 100 cm에서 0.01 mm 변화하였다.(단, 게이지의 게이지 계수는 2.0, 저항은 120 Ω이다.)
㉮ 0.002 Ω
㉯ 0.004 Ω
㉰ 0.006 Ω
㉱ 0.01 Ω

해설 $\frac{\Delta R}{R} = K \frac{\Delta e}{l}$ 에서,

$\Delta R = K \cdot \frac{R \cdot \Delta e}{l}$

$= 2 \times 120 \times \frac{0.01}{1000}$

$= 0.0024 ≒ 0.002$

004. 길이 측정에 사용되는 측정기의 설명 중 틀린 것은?
㉮ 다이얼게이지 : 기어 이용
㉯ 옵티미터 : 광학확대 장치 이용
㉰ 미니미터 : 전기용량의 변화 이용
㉱ 봉형 내측 마이크로미터 : 나사 이용

005. 단일 지렛대를 변환, 확대 기구로 이용하는 측정기는?
㉮ 미니미터
㉯ 투영기
㉰ 마이크로미터
㉱ 다이얼게이지

정답 1.㉱ 2.㉮ 3.㉮ 4.㉰ 5.㉮

제9장 변환기 • **219**

006. 외측 마이크로미터의 나사 피치를 0.5 mm, 딤블의 지름을 50 mm, 최소눈금을 0.02 mm로 하려면 딤블의 원호를 몇 등분하면 되는가?
㉮ 50
㉯ 25
㉰ 15
㉱ 100

007. 다이얼 게이지는 확대 기구로 무엇을 사용하는가?
㉮ 나사
㉯ 레버
㉰ 스프링
㉱ 기어

008. 신호 또는 양을 그것에 대응하는 다른 종류의 신호 또는 양으로 변화시키기 위한 기구는 다음 중 어느 것인가?
㉮ 조절기
㉯ 변환기
㉰ 지시기
㉱ 수신기

009. 다음 중 기계식 레버를 이용한 측정기는?
㉮ 다이얼게이지
㉯ 미니미터
㉰ 마이크로미터
㉱ 옵티미터

010. 다음 차동 변압기의 특징이 아닌 것은?
㉮ 측정 범위가 넓다.
㉯ 내구성, 내진성, 내충격성이 크다.
㉰ 자동기록, 자동 제어에 편리하다.
㉱ 기어비가 크다.

011. 다음 중 광학적 컴퍼레이터가 아닌 것은?
㉮ 옵티미터
㉯ 다이얼 게이지
㉰ 미크로룩스
㉱ 비주얼 게이지

012. 변위의 측정에 있어서 A-D 변환기를 이용하지 않고 디지털 출력을 이용할 수 있는 것은?
㉮ 바이메탈
㉯ 벤츄리 관
㉰ 모아레무늬
㉱ 스트레인 게이지

정답 6.㉯ 7.㉱ 8.㉯ 9.㉯ 10.㉱ 11.㉯ 12.㉰

013. 나사 피치가 0.5 mm인 마이크로미터에서 최소눈금을 0.001 mm로 하기 위해서 딤블의 지름을 150 mm로 하면 딤블의 눈금선 간격은 몇 mm가 되겠는가?
㉮ 0.942　　　　　　　　　㉯ 0.888
㉰ 0.890　　　　　　　　　㉱ 0.776

014. 광학적 변환 중에서 광 레버를 이용한 측정기는?
㉮ 측미 현미경　　　　　　㉯ 투영기
㉰ 옵티미터　　　　　　　　㉱ 측미기

015. 그림은 미소의 각도 변화를 확대하여 측정하는 빛 지렛대로서 점광원 P에서의 광선이 반사경 M에서 반사되고 E의 방향으로 나간다. 반사경을 각도 θ 만큼 기울이면 빛의 방향은 어떻게 되는가?
㉮ 반시계 방향으로 θ만큼 회전한다.
㉯ 시계 방향으로 θ만큼 회전한다.
㉰ 반시계 방향으로 2θ만큼 회전한다.
㉱ 시계 방향으로 2θ만큼 회전한다.

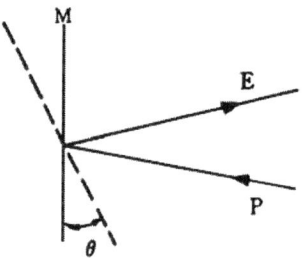

016. 그림의 차동 마이크로미터에서 스핀들을 회전하면 축방향으로 움직이는데 마이크로미터 나사를 그림의 우측 방향에서 보고 시계 방향으로 1회전할 때의 스핀들의 올바른 변위량을 다음 중에서 선택하여라.

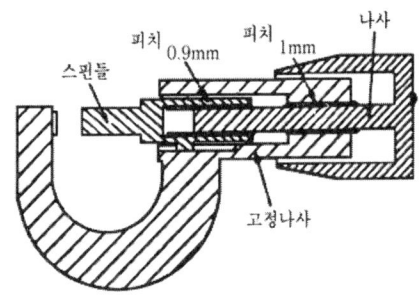

㉮ 좌측방향으로 1.9 mm　　㉯ 우측방향으로 1.9 mm
㉰ 좌측방향으로 0.1 mm　　㉱ 우측방향으로 0.1 mm

정답　13.㉮　14.㉰　15.㉰　16.㉰

해설 1회전하면 좌측방향으로 1mm
　　　우측방향으로 0.9mm
　　　결국 1-0.9 = 0.1mm(좌측 방향으로)

017. 다음의 길이 측정기 중에서 나사에 의한 확대 작용을 응용한 측정기는?
㉮ 다이얼 게이지　　　　　　㉯ 미크로케이터
㉰ 미니미터　　　　　　　　㉱ 마이크로미터

018. 계량기의 측정치 표시 방식에 있어서 아날로그 표시와 디지털 표시가 있는데 디지털 표시에 비해서 아날로그 표시 쪽이 유리한 점은 어느 것인가?
㉮ 고정도의 지시를 할 수 있어서 유리하다.
㉯ 읽음오차가 적다.
㉰ 측정치의 전송이 쉽다.
㉱ 측정량 변화의 방향 식별이 편리하다.

정답 17.㉱ 18.㉱

2 정밀가공

제 1 장　절삭가공

제 2 장　특수가공

제 3 장　수가공

제 4 장　NC(수치제어) 가공

제1장 절삭가공

1. 절삭이론

1) 절삭현상 및 절삭가공

(1) 칩(chip)의 종류

① 유동형 칩(flow type chip)
 연성 재료를 고속절삭할 때, 바이트의 경사각이 클 때 절삭저항과 절삭온도의 변동이 적고 가공면도 양호하다.

② 전단형 칩(shear type chip)
 연성 재료를 저속절삭할 때 바이트의 경사각이 작을 때 생기고, 열단형과 유동형의 중간의 과도적 상태라고 볼 수 있다. 열단형보다 절삭저항, 절삭온도의 변화가 적고 가공면도 양호하다.

③ 열단형 칩(tear type chip)
 피삭재료가 점성이 있을 때 생기며, 절삭저항, 절삭온도의 변동이 크고 가공면도 거칠고 절삭가공상 좋지 않다.

④ 균열형 칩(crack type chip)
 취성 재료에서 균열이 날끝에서부터 공작물 표면까지 순간적으로 발생하는 칩이며, 절삭저항, 절삭온도의 변동이 크고 가공면도 거칠고, 절삭가공상 좋지 않다.

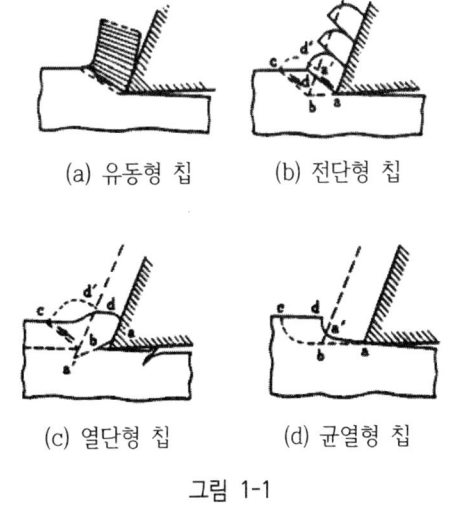

(a) 유동형 칩   (b) 전단형 칩

(c) 열단형 칩   (d) 균열형 칩

그림 1-1

(2) 구성인선(構成刃先 : built up edge)

연강, 알루미늄과 같은 유연한 재료를 절삭할 때 칩과 공구의 경사면 사이에 높은 압력과 큰 마찰저항 및 절삭열에 의하여 칩의 일부(즉, 재료의 일부)가 공구선단부의 날 끝에 매우 단단하게 부착되어 절삭날과 같이 실제 절삭을 하므로 절삭 작용에 악영향을 미친다. 이를 구성인선이라 한다. $\frac{1}{10} \sim \frac{1}{200}$ 초의 짧은 주기로 발생, 성장, 분열, 탈락을 반복한다.

① 구성인선의 영향
   ㉮ 가공물의 표면거칠기가 나쁘다.
   ㉯ 발생~탈락을 반복하므로 절삭저항이 변화하여 절삭공구에 진동을 준다.
   ㉰ 초경합금 공구는 날끝이 같이 탈락되므로 결손이나 미소파괴(chipping)가 일어나기 쉽다.

② 구성인선 발생의 방지법
   ㉮ 상면경사각을 크게 할 것.
   ㉯ 절삭깊이를 작게 할 것(칩 두께의 감소).
   ㉰ 경사각을 30° 이상으로 할 것.
   ㉱ 절삭속도의 증대, 특히 절삭속도의 증대는 효과가 크고 보통 절삭속도가 어떤 속도 이상 연강에서 120~150 m/min이 되면 소멸된다.
   ㉲ 절삭유로서 날끝을 냉각시킬 것.

(3) 절삭저항

각 분력의 크기를 비교하여 보면

$$P_1 : P_2 : P_3 = 10 : (1 \sim 2) : (2 \sim 4)$$

P_1 : 주분력
P_2 : 이송분력
P_3 : 배분력(背分力)

(4) 절삭속도(cutting speed)

공구와 공작물간의 최대 상대속도를 절삭속도라 하며, 단위는 m/min이다.

$$V = \frac{\pi dN}{1000}$$

V : 절삭속도(m/min)
N : 매분 회전수(rpm)
d : 공작물의 지름(mm)

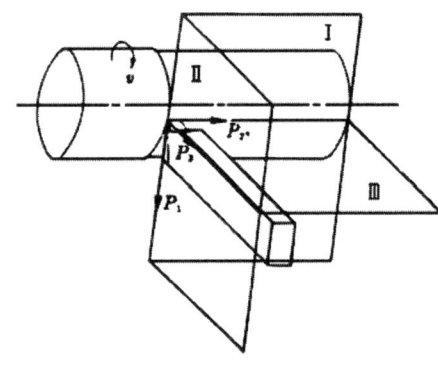
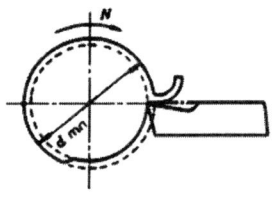

그림 1-2 절삭저항   그림 1-3 절삭 속도

(5) 공구수명(tool life)

절삭을 시작하여 공구를 재연삭할 필요시까지의 실제 절삭시간을 공구수명이라 한다.

① 공구수명의 판정기준

  ㉮ 가공면에 광택이 있는 무늬, 점들이 생길 때

  ㉯ 날의 마멸이 일정량에 달할 때

  ㉰ 완성치수의 변화가 일정량에 달할 때

  ㉱ 절삭저항의 주분력이 절삭 개시 때의 값에 비하여 일정량 증가했을 때

    고속도강공구 : a 또는 d가 적당

    초경합금공구 : b가 많이 사용된다.

    완성절삭의 경우 : c를 사용할 때도 있다.

② Taylor 공구 수명식

$$VT^n = C$$

  T : 공구수명

  V : 절삭속도

  n : 피삭재 및 공구의 재질에 따른 상수. 보통 절삭조건에서 $n = 0.1 \sim 0.2$

  C : 피삭재 및 공구의 재질, 절삭깊이, 이송, 절삭제 등에 따른 상수

    (수명 T = 1 min 일 때의 절삭속도)

2. 절삭공구 재료 및 절삭유

1) 절삭공구 재료

(1) 구비조건
① 고온경도가 충분히 높을 것.
② 마모저항이 클 것.
③ 강인성(toughness)이 클 것.
④ 성형(成形)이 용이할 것.
⑤ 적당한 가격일 것.

(2) 종류
탄소공구강, 합금공구강은 일부 저속절삭용에나 사용될 정도이고, 주력(主力)은 되지 못하며, 현재 주류를 이루는 것은 다음과 같다.
① 고속도강(high speed steel)
② 초경합금
③ 다이아몬드
④ 세라믹(ceramic)
⑤ 서멧(cermet)

2) 절삭유(cutting oil)

중요한 역할은 다음과 같다.
① 칩 및 공작물과 절삭공구 사이의 마찰 감소(윤활작용)
② 공작물 및 절삭공구의 냉각(냉각작용)으로 공구수명이 길어진다.

(1) 공작물과 공구 사이의 마찰계수가 크면
① 전단각이 작아지고 칩의 변형에 소요되는 절삭동력이 커진다.
② 칩은 전단형, 균열형, 열단형으로 되기 쉽다.
③ 절삭온도가 높아지므로 공구의 수명이 짧아진다.
④ 공구에 작용하는 압력이 커지므로 구성 인선이 발생하기 쉽고, 표면거칠기가 나빠진다.

(2) 절삭유의 구비 조건
① 냉각성이 좋을 것.
② 유동성이 좋고 방울져서 잘 떨어질 것.

③ 마찰성이 적고 윤활성이 좋을 것.
④ 인화점, 발화점이 높을 것.
⑤ 방청(防錆)이 좋을 것.
⑥ 값이 쌀 것.

3. 선반가공

1) 선반의 종류
① 보통 선반
   가장 많이 사용되는 선반으로, 베드, 주축대, 왕복대, 심압대, 이송장치 등으로 구성되어 있다.
② 터릿 선반(turret lathe)
   회전 공구대를 설치하고 여러 개의 절삭공구를 설치하여 가공순서를 정하여 절삭하는 선반이다.
③ 자동선반
   선반에 의한 작업의 조작을 자동적으로 하는 선반이다.
④ 수직선반
   공작물은 수평면에서 회전하는 테이블 위에 설치하고 공구의 세로 이송이 수직방향으로 되어 있다.
⑤ 모방선반
   형판(型板) 또는 모형실물(템프레이트)에 따라 공구대가 자동이송을 하여 형판과 닮은 꼴의 윤곽을 절삭하는 선반
⑥ NC선반
   보통 선반, 터릿 선반의 동작을 NC장치에 의하여 자동화한 것으로, 기계의 동작은 프로그램되어 있는 NC 테이프가 필요하다.
⑦ 정면선반(face lathe)
   정면절삭가공을 하기 위해 큰 면판을 설치하고, 공구대가 주축에 직각 방향으로 움직이는 선반이다.

2) 선반의 크기
① 베드 위의 스윙(swing)
② 왕복대 위의 스윙 및 양 센터간의 최대 거리

3) 보통 선반의 주요 구성부

(1) 주축대(headstock)

공작물을 지지하고 회전시키는 주축과 주축을 회전시키는 구동기구로 되어 있다. 구동방식에는 단차식, 기어식이 있고, 주로 기어식이 쓰인다.

(2) 심압대(tailstock)

센터(center)로 가공물을 지지하고, 혹은 드릴과 리머(reamer) 등을 고정하여 작업한다.

(3) 왕복대(carriage)

베드 상부 주축대와 심압대의 중간에 위치하고 왕복대의 상부에는 바이트를 설치하며, 바이트는 가공물에 따라 좌우로 이동하는 작용을 받게 된다. 새들(saddle), 에이프런(apron), 공구대(tool post)로 되어 있는데, 에이프런은 새들의 전면에 있고, 자동이송장치 및 나사절삭장치가 들어 있다.

(4) 베드(bed)

주축대, 심압대, 왕복대와 가공물 등의 하중과 절삭력 등의 외력에 대해 변형이 생기지 않고 선반의 안내운동을 정확하게 전달하는 역할을 한다.
① 미국식 : 베드의 안내면은 산형이고, 진동이 적고 정밀공작에 적합
② 영국식 : 베드의 안내면은 수평형이고, 강력절삭에 적합

4) 보통 선반의 부속장치

(1) 센터(center)
① 정지 센터(dead center) : 심압대에 고정하는 센터
② 회전 센터(live center) : 주축에 끼우는 센터

(2) 척(chuck)
① 연동 척(universal chuck) : 조(jaw)가 3개로 되어 있고, 원형 공작물을 고정할 때 조가 동시에 움직인다.
② 단동 척(independent chuck) : 불규칙적인 공작물을 고정할 때 편리하고, 4개의 조가 서로 각각 움직인다.

(3) 콜릿 척(collet chuck)

터릿 선반, 자동선반, 시계선반 등에서 원형가공물을 가공할 때 사용된다.

(4) 맨드릴 또는 심봉(mandrel)

기어나 풀리 소재와 같이 구멍을 먼저 가공하고 그 구멍을 기준으로 바깥지름을 구멍과 직각으로 절삭할 때 사용된다.

(5) 돌리개(dog)

돌리개는 가공물을 고정하고, 면판(face plate)과 더불어 센터 작업에 사용된다.

(6) 방진구(work rest)

긴 공작물을 센터로 지지하면 자중, 절삭력에 의해서 굽힘이 생겨 절삭시 진동이 발생하여 균일한 지름을 가진 진원 단면으로 가공하기가 곤란하다. 그러므로 지름의 20배 이상의 길이를 갖는 공작물을 절삭할 때는 방진구를 사용한다. 고정식 방진구와 이동식 방진구가 있다.

5) 선반에서 할 수 있는 가공 방식

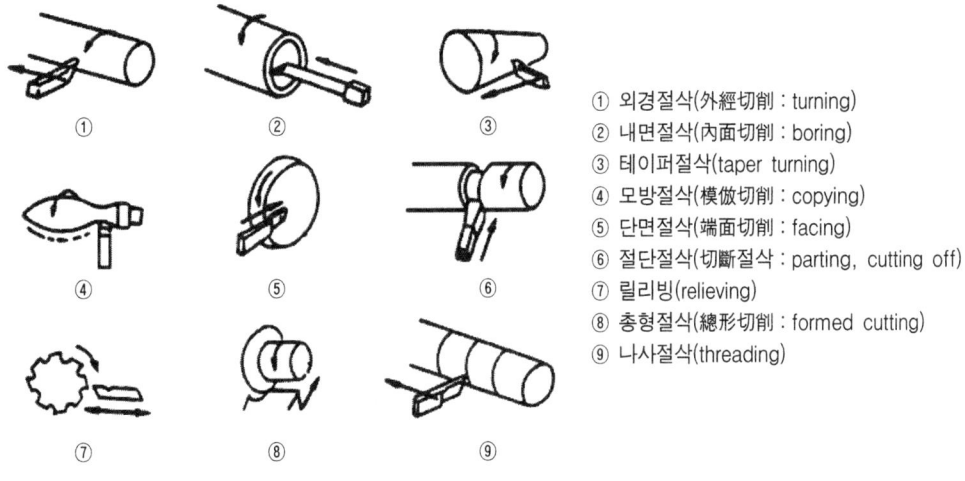

① 외경절삭(外經切削 : turning)
② 내면절삭(內面切削 : boring)
③ 테이퍼절삭(taper turning)
④ 모방절삭(模倣切削 : copying)
⑤ 단면절삭(端面切削 : facing)
⑥ 절단절삭(切斷절삭 : parting, cutting off)
⑦ 릴리빙(relieving)
⑧ 총형절삭(總形切削 : formed cutting)
⑨ 나사절삭(threading)

그림 1-4 선반에서 할 수 있는 작업

4. 선반 바이트

1) 바이트의 중요 각도

① 경사각(rake angle)

바이트(bite) 절삭날의 선단에서 바이트 밑면에 평행한 수평면과 경사면이 형성하는 각도(그림에서 α)

② 측면경사각(side rake angle)

먼저 설명한 직각된 면 내에서 측정한 밑면에 평행한 평면과 경사면이 형성하는 측면각도 α'

③ 여유각(clearance angle)

바이트의 선단에서 그은 수직선과 여유면과의 사이의 각도 γ

④ 측면여유각(side clearance angle)

측면 여유면과 수평면에 직각된 직선이 형성하는 각 γ'

⑤ 측면 절삭날각(side cutting edge angle)

주(主)절삭날과 바이트 중심선과의 각 ϕ

⑥ 전방 절삭날각(front cutting edge angle)

부(副)절삭날과 바이트의 중심선에 직각된 직선이 이루는 각 ϕ'

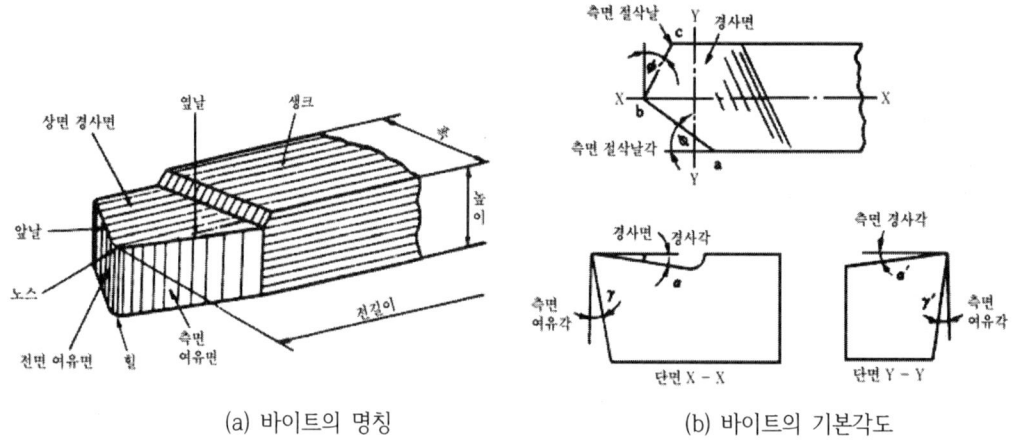

(a) 바이트의 명칭   (b) 바이트의 기본각도

그림 1-5 바이트의 명칭과 기본 각도

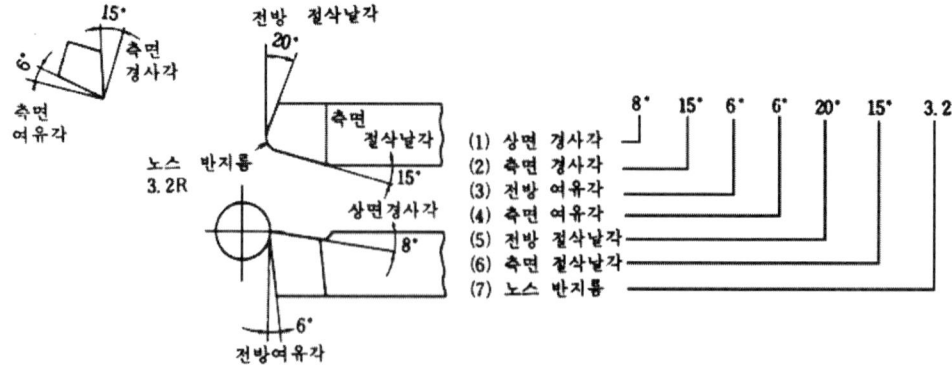

그림 1-6 초경바이트의 형상 표시법

2) 바이트의 각도 표시

초경 바이트의 각도 표시는 그림 1-6과 같이 한다.

5. 선반작업

1) 테이퍼 절삭작업(taper cutting work)

(1) 복식공구대를 이용하는 방법

복식공구대(compound rest)를 이용하는 경우는 테이퍼 부분이 짧은 경우 복식공구대의 회전각도는 다음 식으로 구한다.

$$\tan\theta = \frac{x}{l}, \quad x = \frac{D-d}{2}$$

$$\tan\theta = \frac{D-d}{2l}$$

D : 큰 지름
d : 작은 지름
l : 테이퍼 부의 길이

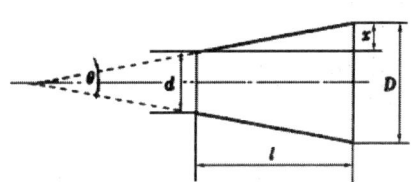

그림 1-7 공구대 회전시키는 방법

(2) 심압대를 편위시키는 방법

비교적 테이퍼가 작고 공작물이 길 때에 이용된다. 심압대의 편위거리 x는 다음 식에 의한다.

$$x = \frac{D-d}{2} \text{ (a의 경우)}$$

$$x = \frac{(D-d)L}{2l} \text{ (b의 경우)}$$

L : 공작물 전길이

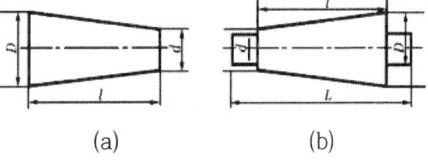

그림 1-8 심압대 편위시의 테이퍼 절삭

2) 나사절삭작업(screw cutting)

변환 기어(change gears)에는 다음과 같은 톱니수의 기어 20, 25, 30, 35, 40, 45, 50, 55, 60, 65, 70, 75, 80, 85, 90, 95, 100, 105, 110, 120, 127 등의 21종류가 널리 사용된다.

(1) 리드 스크류가 미터식인 경우

$$\frac{A}{C} = \frac{x}{P} \text{ (그림 1-9)} \quad \text{또는} \quad \frac{A}{B} \times \frac{C}{D} = \frac{x}{P} \text{ (그림 1-10)}$$

A : 주측 쪽의 주동(主動) 기어
C : 리드 스크류의 종동(從動) 기어
x : 절삭하려고 하는 나사의 피치(mm 또는 inch)
P : 리드 스크류의 피치(mm 또는 inch)

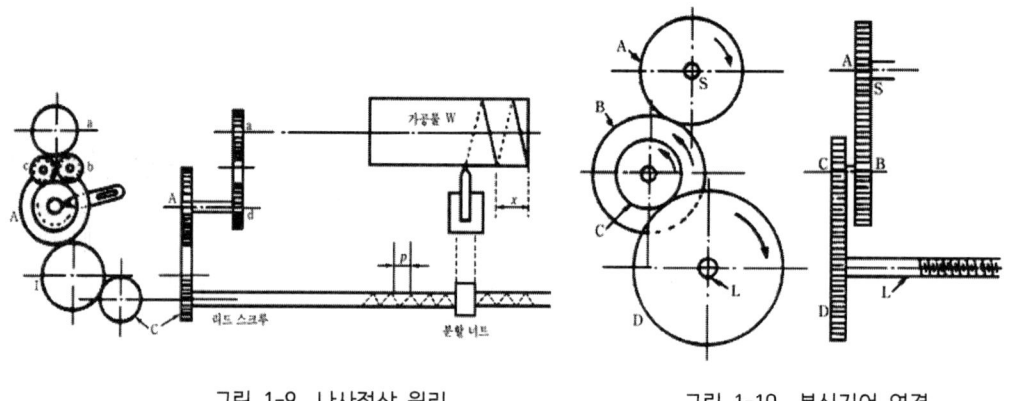

그림 1-9 나사절삭 원리   그림 1-10 복식기어 연결

(2) 리드 스크류가 인치(inch)식인 경우

$$\frac{A}{C} = \frac{L}{t} \quad \text{또는} \quad \frac{A}{B} \times \frac{C}{D} = \frac{L}{t}$$

t : 절삭하려고 하는 나사의 1인치 사이의 산의 수 $(x \times t = 1)$
L : 리드 스크류의 1인치 사이의 산의 수 $(P \times L = 1)$

6. 드릴링가공(drilling)

1) 드릴링 머신(drilling machine)과 기본작업

① 드릴링(drilling) : 가공물에 드릴로 구멍을 뚫는 작업이다.
② 리밍(reaming) : 드릴링된 구멍의 치수를 리머를 사용하여 정확하고 정밀하게 가공한다.
③ 보링(boring) : 드릴링 후에 구멍을 확대하는 것이 주이고, 구멍의 형상을 바로잡기도 한다.
④ 카운터 보링(counter boring) : 볼트의 머리를 공작물에 묻히게 하기 위한 턱있는 구멍뚫기 가공이다.

⑤ 카운터 싱킹(counter sinking) : 접시머리 볼트의 머리부분이 묻히도록 원뿔자리파기 작업이다.
⑥ 너트가 접촉하는 부분을 평탄하게 절삭하여 자리를 만드는 작업이다.
⑦ 태핑(tapping) : 탭을 사용하여 구멍의 내면에 암나사를 내는 작업이며, 탭을 뽑기 위해서는 역전전동기(逆轉電動機)를 사용한다.

2) 드릴링 머신의 종류

① 핸드 드릴 프레스(hand drill press)
② 탁상 드릴링 머신(bench drilling machine) : 작업대 위에 설치하고 사용하는 소형으로, 비교적 작은 공작물에 13 mm 이하의 구멍을 가공하는데 편리하다.
③ 직립 드릴링 머신(up right drilling m/c) : 주축이 수직으로 되어 있고 가장 많이 사용된다.
④ 레이디얼 드릴링 머신(radial drilling m/c) : 직주(直主)에는 수평으로 된 레이디얼 암(arm)이 있고, 이것은 직주의 주위를 회전할 수 있도록 연결되어 있다. 드릴의 주축대는 레이디얼 암 위에서 좌우로 이동되므로 대형 가공물의 드릴 작업을 하기가 쉽다.
⑤ 다축 드릴링 머신(multi-spindle drilling m/c)
⑥ 심공 드릴링 머신(deep hole drilling m/c) : 내연기관의 크랭크축에 있는 오일 구멍과 같이 지름에 비해 비교적 깊은 구멍을 능률적으로 가공하는 기계이다.

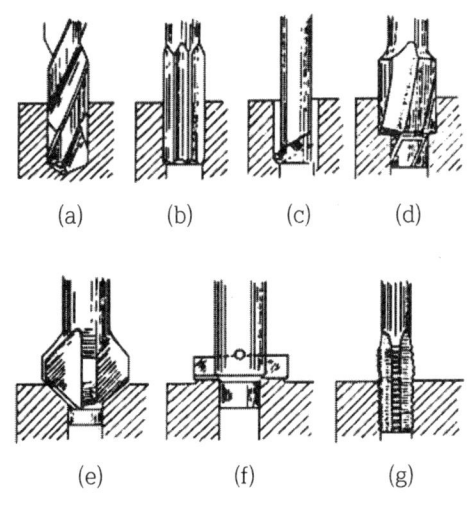

(a) 드릴링(drilling)　(b) 리밍(reaming)
(c) 보링(boring)　(d) 카운터 보링(counter borring)
(e) 카운터 싱킹(counter sinking) 및 테이퍼링(tapering)
(f) 페이싱(facing)　(g) 태핑(tapping)

그림 1-11 드릴링 머신으로 할 수 있는 작업

3) 드릴의 종류

① 트위스트 드릴(twist drill) : 홈이 2개이고 비틀려져 있어 절삭성이 좋고 칩의 배출이 좋으며 가장 많이 쓰인다.
② 평드릴(flat drill) : 드릴링을 위한 가장 간단한 것으로, 날끝의 안내가 없어 구멍이 휘어지기 쉽다.
③ 경질 합금 드릴(hard metal drill)
④ 특수 드릴(special drill) : 센터 드릴(center drill) - 센터 구멍을 가공할 때 사용된다.

4) 드릴의 각부 명칭

① 드릴 선단각(drill point angle) : 양쪽 날이 이루고 있는 각도. 보통 118°이다.
② 날 여유각(lip relief angle) : 절삭날에 주어진 각으로, 10~15° 정도이다.
③ 비틀림각(helix angle) : 두 줄의 나선형 홈이 있는데 이들이 드릴축과 이루는 각도로 35°가 된다.
④ 웨브(web) : 좌우로 등을 대고 있는 2개의 홈 사이의 얇은 벽
⑤ 홈(flute) : 본체는 두 줄의 나선홈을 가지며, 칩을 배출하고 절삭유를 공급하는 통로가 된다.
⑥ 마진(margin) : 홈의 가장자리에 있는 좁은 면으로 드릴의 크기를 정하며, 구멍의 내면과 접촉하여 드릴을 똑바로 전진시키는 안내 역할을 한다.
⑦ 백 테이퍼(back taper) : 가공한 구멍의 내면과의 마찰을 경감하기 위해 선단부터 생크 쪽을 향하여 약간의 테이퍼를 두어 조금씩 가늘어진다. 이를 백 테이퍼라 한다.

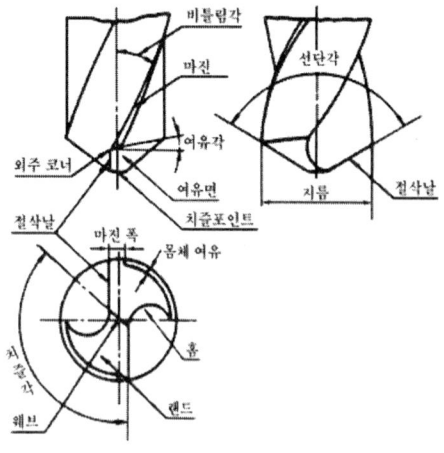

그림 1-12 드릴의 각부 명칭

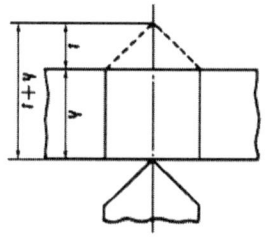

그림 1-13

5) 절삭속도와 절삭동력

$$V = \frac{\pi d n}{1000}$$

드릴의 feed를 f(mm/rev)라 하고 드릴 끝의 원뿔부의 높이를 t(mm), 구멍의 평행부의 깊이를 h(mm)라 하면 가공시간 T는 다음과 같다.

$$T = \frac{h+t}{n \cdot f} = \frac{\pi d (h+t)}{100 V \cdot f}$$

드릴링에 요하는 동력 : 각속도를 ω(rad/sec), 회전모멘트를 M(kg-cm)이라 하면 회전모멘트에 대한 동력 P_m은

$$P_m = \frac{M \cdot \omega}{75 \times 100} = \frac{M \cdot \frac{2\pi n}{60}}{75 \times 100} = \frac{M \cdot n}{71620} \text{ (HP)}$$

feed에 필요한 스러스트(thrust) F_t에 대한 동력 P_f는 feed를 f(mm/rev)라 하면

$$P_f = \frac{F_t \cdot f \cdot n}{75 \times 60 \times 1000} = \frac{F_t \cdot f \cdot n}{4500000} \text{ (HP)}$$

드릴링에 필요한 전동력(全動力) P(HP)는

$$P = P_m + P_f = \frac{M \cdot n}{71620} + \frac{F_t \cdot f \cdot n}{4500000}$$

7. 보링 가공(boring)

1) 보링 머신의 개요

보링 작업이라는 것은 드릴로 뚫은 구멍, 또는 단조에서 내부 구멍이 먼저 만들어져 있는 것을 보링 머신을 사용하여 구멍 내부를 완성 가공하든가 내부 구멍을 확대하는 작업이다.

2) 보링 머신의 종류

(1) 보통 보링 머신(general boring m/c)
수평식 보링 머신을 의미하며, 가장 대표적인 것이다.

(2) 지그 보링 머신(jig boring m/c or jig borer)

정밀도가 큰 가공물, 각종 지그(jig) 제작, 금형, 정밀 기계의 구멍 가공 등에 사용하기 위한 전문 기계로서 제품의 허용오차가 극히 작은 ±0.002~0.005 mm 정도의 정밀도를 가진 보링 머신이다.

(3) 정밀 보링 머신(fine boring m/c)

초경 바이트나 다이아몬드 바이트로 원통 내면을 작은 절삭깊이와 이송량으로 높은 정밀도, 고속으로 보링하는 기계이다. 내연기관의 실린더, 피스톤 핀의 구멍부위, 커넥팅 로드의 완성작업에 사용되며, 특히 경질 금속가공에 좋은 가공효과를 보이고 있다.

(4) 코어 보링 머신(core boring m/c)

가공할 구멍이 드릴 작업할 수 있는 것에 비하여 훨씬 클 때 구멍에 해당한 부분을 전부 깎아내지 않고 둥근 홈을 깎아 심부(心部 : core)가 남게 하는 가공을 하면 시간을 절약할 수 있고, 또한 남은 재료를 다른 용도에 사용할 수도 있는 가공 방법이다. 이 방법은 판재에 큰 구멍을 뚫을 때 또는 포신가공(砲身加工) 등에도 사용된다.

8. 밀링 가공(milling)

1) 밀링 머신의 개요

밀링 커터(milling cutter)라고 하는 여러 절삭날로 구성된 회전절삭 공구로 가공하는 작업을 밀링이라 하며, 이것에 사용하는 기계를 밀링 머신(milling machine)이라고 한다. 밀링 머신으로 할 수 있는 작업은 다음과 같다.

① 평면 절삭
② 홈 절삭
③ 곡면 절삭
④ 단면 절삭
⑤ 기어(치차) 제작
⑥ 캠(cam) 제작
⑦ 특수 나사 제작

2) 밀링 머신의 종류

① 니형(knee type) 밀링 머신
② 생산형(production type) 밀링 머신
③ 플레이너형 밀링 머신

④ 특수형(special type) 밀링 머신

모방 밀링 머신, 나사 밀링 머신, 캠 밀링 머신

3) 커터의 종류

① 플레인 커터(plain cutter)

원통 외주면에만 절삭날을 가지고 있고 평면가공에 사용되는 공구이다.

② 사이드 밀링 커터(side milling cutter)

주로 측면 및 원주 방향에 날이 있는 커터를 사이드 커터라고 한다. 폭은 비교적 좁고, 홈 및 단면의 가공에 사용한다.

③ 엔드 밀(end mill)

정면 커터와 같이 단면과 원주 방향에 날이 있다. 일반적으로 가공물의 외부 홈, 좁은 평면 등의 가공에 사용된다.

④ 앵귤러 커터(angular cutter)

각형(角形) 커터는 원뿔 일부의 표면에 날이 있어 공작물의 각의 절삭 및 커터 리머 홈 등의 가공에 사용된다.

⑤ 총형 커터(formed cutter)

끝면이 임의의 곡선인 면을 절삭하기 위해 윤곽을 그 곡선대로 만든 밀링 커터이며, 대표적인 것이 기어 절삭 커터이다.

⑥ 정면(正面) 밀링 커터(face milling cutter)

평면의 절삭에 사용되는 것이며, 형상이 크므로 삽입(insert)날로 한다.

4) 분할대(index head) 이용법

(1) 직접분할법

분할대의 면판에 24개의 분할구멍이 있어 그것으로 분할이 진행되며, 일반적으로 면판분할법이라고도 한다. 면판 위의 24개의 구멍을 이용하면 2, 3, 4, 6, 8, 12, 24 등의 7종의 분할이 가능하다.

예 원둘레를 6등분하여라.

풀이 24 ÷ 6 = 4

∴ 직접분할판을 4구멍씩 회전시켜 분할하면 된다.

(2) 단식분할법

그림 1-14와 같은 기구로 진행한다. 이것은 스핀들 작업을 하기 위해서 톱니수가 40개의 웜기어

(worm wheel)와 스핀들 웜(spindle worm), 그리고 웜 샤프트를 돌리기 위한 크랭크(crank) 및 분할판 등으로 구성되어 있다. 분할 크랭크의 1회전은 웜 휠(worm wheel)을 1회전의 1/40 돌린다. 다시 말해서 크랭크의 40회전은 스핀들을 완전히 1회전시킨다.

R : 웜과 웜 기어의 회전비 = 40
N : 구하려고 하는 분할 등분수
H : 분할대의 구멍수
h : 1회의 분할에 요하는 구멍수

단식 분할법을 수식으로 표시하면

$$\frac{h}{H} = \frac{R}{N}$$

예 원주를 7등분하여라.

풀이 R = 40, N = 7일 때,

$$\frac{h}{H} = \frac{R}{N} = \frac{40}{7} = 5\frac{5}{7} = 5\frac{15}{21}$$

이때 제2번판 위의 21구멍열을 이용하여 5회전과 15구멍씩 돌리거나 또는 제3번판의 49구멍열을 사용하여 5회전과 35구멍씩 돌린다.

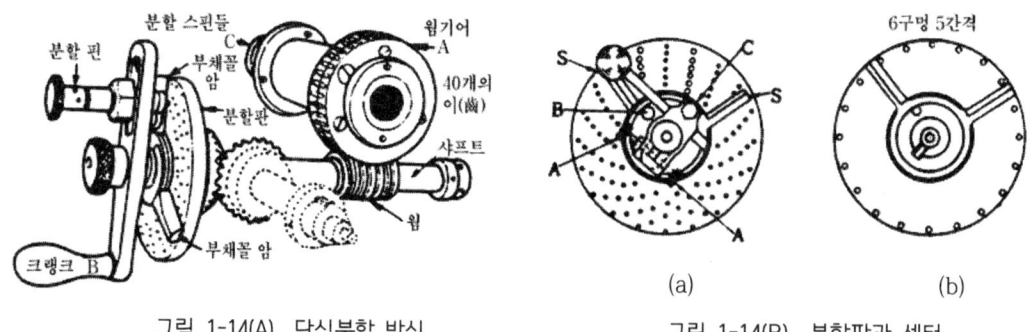

그림 1-14(A) 단식분할 방식 　　　　그림 1-14(B) 분할판과 섹터

(3) 차동분할(differential indexing)

단식분할법으로 분할되지 않는 수를 분할하는 방법이다. 분할판에 이와 같은 차동을 주기 위해 만능분할대를 사용하여 분할하는 방법을 차동분할법이라고 한다.

N : 분할수
n : 분할 크랭크의 회전수

차동비(r) = $\dfrac{A}{D}$ (기어 4개 걸이에서는 r = $\dfrac{A \times C}{B \times D}$로 하고, N에 가까운 적당한 단식 분할법으로 분할되는 수 H를 설정한다. 그림 1-14에서 설명한 바와 같이 H는 B, 또는 C의 위치에 상당하므로 분할수 N에 상당하는 점 A까지의 과부족 +BA 또는 −CA에 대한 분할판의 차동 회전을 $\dfrac{r}{N}$이라 하면,

$$n = \dfrac{40}{N} = \dfrac{40}{H} \pm \dfrac{r}{N}$$

$$\therefore \dfrac{r}{N} = \dfrac{40}{N} - \dfrac{40}{H} = \dfrac{40(H-N)}{NH}$$

$$r = \dfrac{40}{H}(H-N) = \dfrac{A}{D} \text{(또는 } \dfrac{A \times C}{B \times D}\text{)}$$

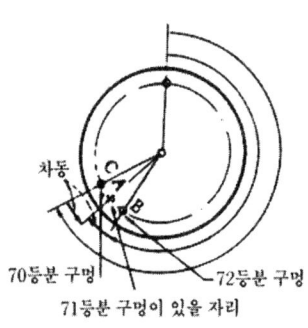

	분할판의 회전방향		M의 수(중간기어)	
			2개걸이	4개걸이
H > N (r > 0) 일 때	분할판의 차동회전이 분할크랭크와 같은 방향		1	0
H < N (r < 0) 일 때	분할판의 차동회전이 분할크랭크와 반대방향		2	1

그림 1-15 차동분할법의 원리

예 71등분하여라.

풀이 71에 가까운 단식분할이 가능한 수 72를 H라고 하면,

$$r = \dfrac{40}{H}(H-N) = \dfrac{40}{72}(72-71)$$

$$= \dfrac{40}{72} = \dfrac{A}{D}\ (H > N)$$

변환기어 A = 40, D = 72의 2개로 한다.

크랭크의 회전수는

$$n = \dfrac{40}{H} = \dfrac{40}{72} = \dfrac{30}{54}$$

이므로, 분할크랭크를 분할판의 54구멍열에서 30구멍씩 돌리면 된다. H = 70으로 하면,

$$r = \frac{40}{H}(H-N) = \frac{40}{70}(70-71) = -\frac{4}{7} = -\frac{32}{56} = -\frac{A}{D} \ (H < N)$$

A = 32 , D = 56 의 두께를 건다.

r < 0 이므로 2개 걸이에서는 M을 2개 사용하고,

$$n = \frac{40}{H} = \frac{40}{70} = \frac{16}{28} = \frac{24}{42} = \frac{28}{49}$$

분할 크랭크는 분할판의 42구멍열에서 24, 28구멍열에서 16 또는 49구멍열에서 28구멍을 돌리면 된다.

예 271등분하여라.

풀이 $r = \frac{40}{280}(280-271) = \frac{40}{280} \times \frac{9}{1} = \frac{9}{7}$

여기서 280은 271에 가까운 단식분할이 가능한 수이다.

$$r = \frac{A}{D} = \frac{9}{7} \times \frac{8}{8} = \frac{72}{56} = \frac{스핀들}{웜엄 축} = \frac{A}{D}$$

r > 0 이므로 중간기어 1개를 사용한다.

(4) 각도분할(angular indexing)

분할 크랭크가 1회전하면 스핀들은 $\frac{360°}{40} = 9°$ 회전한다. 분할각도 $\theta°$로 표시하면 $t = \frac{\theta°}{9}$로 되고 θ'로 표시하면 $t = \frac{\theta'}{540}$

예 $7\frac{1}{2}°$ 을 분할하여라

풀이 $\theta° = 7\frac{1}{2}$ 이므로 $t = \frac{7\frac{1}{2}}{9} = \frac{\frac{15}{2}}{9} = \frac{15}{18}$

따라서 분할판 18구멍을 사용하고 15구멍씩 회전시킨다. 단식 분할이 안 되는 각도는 차동 분할법을 사용한다.

예 $5\frac{1}{2}°$ 를 분할하여라

풀이 $t = \frac{5.5}{9} = \frac{11}{18}$

18구멍에서 11구멍을 사용한다.

(5) 비틀림홈 절삭

헬리컬 기어 등을 가공할 때 하는 것이다.

$$\tan \beta = \frac{\pi D}{L}$$

L : 공작물의 리드(mm)
D : 공작물의 지름(mm)
β : 테이블을 회전하는 각도
(기어비) $r = \frac{Z_w}{Z_f} = \frac{L}{S \times 40}$
Z_f : 이송 나사측의 기어잇수
Z_w : 분할대 측의 기어잇수
S : 이송나사의 리드(mm)

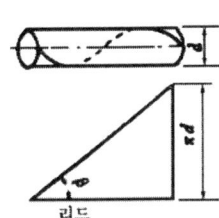
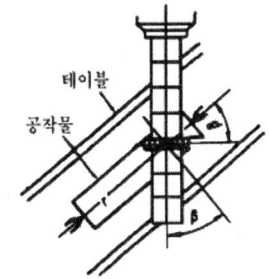

그림 1-16 나선홈 밀링가공할 때 테이블의 선회법

예 테이블의 이송나사의 피치가 6 mm인 밀링 머신에서 지름 40 mm인 공작물에 리드 200 mm 오른나사 나선홈을 절삭하려고 한다. 변환기어의 잇수 및 테이블의 회전각 β를 계산하여라.

풀이 $\frac{A}{D} = \frac{L}{40 \times 6} = \frac{200}{40 \times 6} = \frac{5}{6} = \frac{30}{36}$

중간기어는 회전방향에 따라 결정한다. 나선각 β는

$$\tan \beta = \frac{40\pi}{200} = 0.628$$

$$\therefore \beta = 32°10'$$

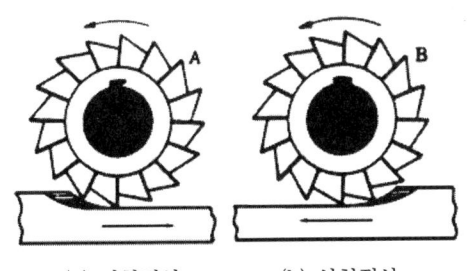

(a) 하향절삭   (b) 상향절삭

그림 1-17 피드의 방향에 의한 절삭

5) 상향 밀링과 하향 밀링

(1) 상향절삭의 장점

① chip의 절삭날의 진행을 방해하지 않는다.
② 커터와 테이블의 진행방향이 상반되므로 idle이 제거된다.

(2) 상향절삭의 단점

① 커터가 공작물을 들어올리려고 하므로 공작물을 확실하게 고정하여야 한다.
② 절삭 초기에 이송이 적으면 날부분이 sliding하여 마모가 쉽게 되고 아버의 스프링 작용으로 떨림(chattering)이 발생하는 경우가 많다.
③ 커터의 수명이 짧고 동력을 낭비한다.

(3) 하향절삭의 장점

① 공작물을 누르면서 절삭하므로 공작물의 고정 방법이 간단하다.
② 상향절삭에서와 같은 sliding이 없어 커터 날부위의 마모가 적다.

(4) 하향절삭의 단점

① 테이블의 이송 기구의 백래시에 의하여 적은 idle이라고 있으면 공작물이 커터에 끌려 들어가 떨림 또는 공작물과 커터에 손상을 가져올 수 있다.
② 칩이 끼여서 절삭을 방해한다.

6) 절삭속도 및 절삭동력

(1) 절삭동력

$$Q = \frac{bft}{1000} \, (cm^3/min)$$

Q : 매분절삭량(cm^3/min)
t : 절삭깊이(mm)
b : 절삭폭(mm)
f : 매분 feed(mm)

절삭동력 $N_C = \dfrac{P_1 V}{60 \times 75}$ (HP) $= \dfrac{P_1 V}{102 \times 60}$ (kW)

피드동력 $N_F = \dfrac{P_2 f'}{60 \times 75}$ (HP) $= \dfrac{P_2 f'}{102 \times 60}$ (kW)

N_C : 정미 절삭동력(正味 切削動力) : HP
P_1 : 주절삭분력(kgf)
P_2 : 피드 분력(kgf)

(2) 절삭속도와 피드

$$V = \frac{\pi D N}{1000} \text{ (m/min)}$$

또는

$$N = \frac{1000V}{\pi D}$$

    D : 밀링 커터의 지름(mm)

이송(feed) : 보통 1개의 날당의 피드로 표시하며, 다음 식으로 계산한다.

$$f = n f_r = f_z \cdot z \cdot N$$

    f : 1분간의 피드(mm)
    f_r : 매회전당 피드(mm)
    z : 커터의 날수
    f_z : 1개의 날당 피드(mm)

9. 플레이너, 세이퍼, 슬로터

1) 플레이너(planer) 가공

평면가공의 목적에 사용되며, 절삭운동은 직선운동 왕복운동을 통하여 작업이 진행된다. 플레이너의 종류는 다음과 같다.
① 쌍주식 플레이너 : 테이블을 사이로 2개의 직주(直柱)가 있다.
② 단주식(單柱式) 플레이너 : 폭이 넓은 대형 가공물을 절삭할 때 편리하다.

2) 세이퍼(shaper) 가공

바이트의 왕복운동으로 평면 혹은 다소 복잡한 형상을 한 작은 면적의 절삭에 사용되는 공작기계로서 절삭 상태로 보면 플레이너와 흡사하나 운동체의 중량이 가볍고, 또한 마찰 부분과 소비동력이 적으면 바이트의 피드를 용이하게 조절할 수 있으므로 간편하다.

(1) 세이퍼의 종류
① 수평형 세이퍼(수평 형삭기)
② 수직형 세이퍼 : 램(ram)이 피드가 되고 안 되는데 따라서, 직주식 세이퍼(column shaper)와 횡동식 세이퍼(transversing shaper)가 있다.

(2) 세이퍼의 구조
① 공구대 : 램의 한 끝에 고정되어 있고 회전대(swivel)가 있어 바이트를 필요한 각도로 선회할 수 있다.
② 이송기구 : 편심기구를 이용한 피드장치가 있다.
③ 급속귀한기구 : 절삭을 하고 되돌아올 때는 급속귀환기구에 의해 급속히 귀환한다. 절삭행정과 급속귀환 행정속도는 1 : 2 또는 1 : 3 정도이다.

3) 슬로터(slotter) 가공
램의 한 끝에 바이트를 고정하고 테이블에 대하여 수직으로 상하운동하면서 절삭한다. 키 홈, 평면, 특수한 형상의 가공에 적합하다.

10. 연삭가공(grinding)

1) 연삭가공 개요
연삭숫돌차(grinding wheel)를 고속도로 회전시켜 이것을 공구로 사용하고, 가공물에 상대운동을 시켜 정밀하게 가공하는 작업을 말하며, 이에 사용되는 기계를 연삭기라고 한다.

2) 연삭가공의 특징
① 칩이 작으므로 가공표면이 매우 아름답다.
② 열처리 경화강과 같은 재질도 쉽게 가공할 수 있다.
③ 연삭숫돌차(grinding wheel)는 자동적으로 드레싱(dressing)할 수 있어 보통 공작기계의 바이트 또는 밀링 커터와 같이 연삭할 필요가 없다.

3) 연삭기의 종류
① 원통연삭기(cylindrical grinding machine)
원통의 외경만을 연삭하도록 설계된 연삭기
② 내면연삭기(internal grinding m/c)
가공물의 내면을 연삭하는 연삭기
③ 평면연삭기(surface grinding m/c)
가공물의 평면을 연삭하는 연삭기

④ 공구연삭기(tool grinding m/c)

절삭공구의 정확한 공구각을 연삭하기 위하여 사용되는 연삭기이며, 초경합금공구, 드릴, 리머, 밀링 커터, 호브 등을 연삭한다.

⑤ 만능연삭기(universal cylindrical grinding m/c)

원통연삭, 내면, 끝면, 테이퍼, 평면연삭도 할 수 있다.

⑥ 센터리스 연삭기(centerless grinding m/c)

외경연삭기에 속하나 가공물을 센터로 지지함이 없이 가공물의 외면을 조정하는 조정연삭숫돌과 지지판으로 지지하고 연삭하는 기계이다.

⑦ 특수연삭기(special grinding m/c)

스플라인축 연삭기, 베드연삭기, 나사연삭기, 기어연삭기, 캠축연삭기, 피스톤연삭기 등이 있다.

4) 연삭숫돌

연삭숫돌은 수많은 입자들로 형성되고, 작업은 밀링 가공에 쓰이는 밀링 커터의 역할을 한다고 볼 수 있다. 숫돌은 연삭입자를 결합제로 결합하여 여러 가지 모양으로 만든다. 조직은 입자, 결합제 및 기공으로 되어 있다.

(1) 숫돌입자(abrasive)

천연산과 인조산이 있고 보통 많이 쓰이는 인조입자(人造粒子)에는 탄화규소(SiC), 산화알루미늄(Al_2O_3), 탄화붕소(B_6C) 등이 있다.

① 산화알루미늄 : A숫돌 - 강, 고속도강 연삭
WA숫돌 - 담금질(quenching)한 강(鋼)
② 탄화규소 :   C숫돌 - 주철, 황동, 경합금 등의 연삭
CG숫돌 - 초경합금의 연삭

(2) 입도(grain size)

입자의 크기를 표시하는 숫자

(3) 결합도(硬度)

숫돌입자를 지지하는 결합제의 강약을 지시한다.

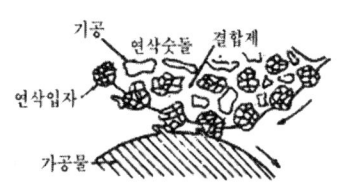

표 1-1 연삭숫돌의 경도 표시법

점결(粘結)방법	극연(極軟)	연(軟)	중(中)	경(硬)	극경(極硬)
Vitrified process	G	H, I, J, K	L, M, N, O	P, Q, R, S	T, U, W, Z
Silicated process	F, G	H, I, J, K	L, M, N, O	P, Q, R, S	T
Shellac process	1	1, 1½, 2, 2½	3, 4	5, 6	7, 8, 9, 10

(4) 조직(structure)

단위체적당의 입자수를 밀도라고 하고, 이것으로 조직을 표시한다.

표 1-2 연삭숫돌의 조직

연삭숫돌 조직	황(荒)	중(中)	밀(密)
조직번호	0, 1, 2, 3	4, 5, 6	7, 8, 9, 10, 11, 12

(5) 결합제(binder)

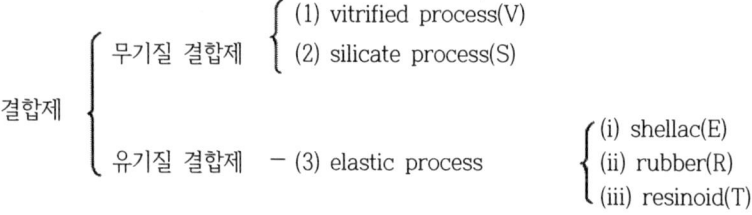

5) 연삭숫돌의 표시법

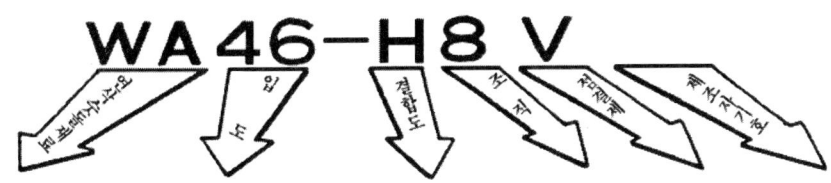

그림 1-18 연삭숫돌 표시법

6) 연삭숫돌의 수정법

(1) 트루잉(truing)

연삭숫돌은 연삭가공 중에 입자가 떨어져 나가며, 점차 숫돌의 단면 형상이 변한다. 나사, 기어연삭, 윤곽연삭 등에서는 정확한 단면으로 깎아 다듬어야 한다. 이것을 트루잉이라고 한다. 동시에 드레싱도 시행된다.

(2) 드레싱(dressing)

숫돌의 입자가 무디거나 눈메움(loading)이 나타나면 깎임새가 저하하므로 숫돌 표면을 깎아서 무딘 입자를 제거하고, 예리한 날을 가진 입자가 표면에 나타나게 하여 깎임새를 회복시키는 작업. 드레싱은 다이아몬드 드레서(diamond dresser), 성형(星形) 드레서(star dresser) 등으로 한다.

11. 정밀 입자 가공

1) 호닝 가공(honing)

혼(hone)이라고 하는 미세 입자로 된 각 봉상(角 棒狀)의 공구로 가볍게 접촉시키면서 표면을 더욱 매끈하고 또한 정밀하게 가공하는 것이다.

(1) 호닝 숫돌

보통 C재질이 많이 사용되었으나 최근에는 주로 GC가 널리 이용되며, WA도 사용되기 시작하고 있다. 다듬질 용에는 #150 범위의 입도, 초정밀 표면가공에는 #900의 입도가 사용된다.

2) 액체 호닝(liquid honing)

#100~1200의 각종 입도를 가진 SiO_2를 함유한 랩(lap)제를 화학적 용액에 혼합, 부유(浮游)시켜 가공면에 압축공기를 이용하여 강한 압력으로 충돌시켜 표면가공한다.

3) 슈퍼 피니싱(super finishing)

입도가 작고 연한 숫돌을 작은 압력으로 가공물의 표면에 가압하면서 가공물에 피드를 주고, 또 숫돌을 진동시키면서 가공물을 완성 가공하는 방법을 말한다. 원통형의 외면, 내면, 평면 등의 가공을 할 수 있다. 숫돌재에는 Al_2O_3계와 SiC계가 사용되는 것은 연삭의 경우가 유사하다.

4) 래핑 머신(lapping machine)

공작물의 표면을 랩(lap : 일반적으로 주철, 구리와 같은 무른 금속, 또는 굳은 나무, 목탄 등 비금속 재료)에 눌러대고 양자 사이에 연삭입자의 분말로 되어 있는 래핑 입자(abrasive)를 넣어 양자에 상대운동을 시키며, 랩제에 의하여 공작물 표면에서 아주 미소한 양의 칩을 깎아내어 치수가 정밀한 매끈한 가공면을 얻는 공작법을 래핑(lapping)이라고 한다.

블록 게이지, 한계 게이지(limit gauge), 볼(ball), 롤러(roller), 내연기관용 연료분사 펌프 등 정밀한 기계부품 및 렌즈(lens), 프리즘(prism) 등 광학기계용 유리기구는 모두 래핑으로 다듬게 된다.

(1) 래핑 방식

① 습식 래핑(wet lapping)

랩제와 기름을 혼합하여 가공물에 주입하면서 래핑하는 방법으로 주로 거친 랩, 고압력, 고속도로서 가공되는 가공물이 많다. 스플라인 구멍, 초경합금, 보석 및 유리 등의 특수 재료에 널리 사용된다.

② 건식 래핑(dry lapping)

랩을 랩제 중에 파묻었다가 이것을 꺼내 랩제를 걸레로 훔친 다음 주로 건조상태에서 래핑 작업을 한다. 습식 래핑한 후에 표면을 더욱 매끈하게 가공하기 위하여 사용된다. 블록 게이지 제작에는 건식 래핑 방법이 사용된다.

(2) 랩(lap)

랩은 원칙적으로 가공물의 경도 및 재질보다 연한 것을 사용한다. 강철의 래핑 → 주철이 사용된다. 주철 이외의 재질은 구리합금, 납, 연강 등을 사용한다.

(3) 랩제

연삭가공에 사용되는 연삭입자들이 대표적인 래핑제로 사용되며, 이밖에 Cr_2O, Fe_2O_3, MgO 등이 사용된다.

- SiC – 거친 래핑작업에 사용한다.
- Al_2O_3 – 완성가공에 적당하다.

(4) 래핑 유(油)

보통 사용에는 석유가 가장 좋고, 올리브유(olive oil), 시드 오일(seed oil) 등도 사용된다.

12. 기어 절삭가공(gear cutting)

1) 기어 절삭법의 분류

(1) 성형공구 기어 절삭법

플레이너, 세이퍼 등에서 바이트를 톱니형에 맞추어 점점 절삭 깊이를 조절하여 톱니형을 성형하는 방법, 바이트 대신에 총형 밀링 커터를 밀링 머신에서 사용하고 주로 대형 기어 제작에 사용된다.

(2) 창성식 기어 절삭법

절삭공구와 가공물이 서로 기어가 회전운동할 때에 접촉하는 것과 같은 상대운동으로 절삭하는 방법이며, 호빙 머신(hobbing machine), 기어 세이퍼 등이 있다.

(3) 모형식 기어 절삭법

세이퍼의 테이블에 모형의 형판과 소재를 고정하고, 기어치형을 모형에 따라 절삭하는 방식으로 많이 사용되지 않는다.

2) 기어 절삭기의 종류

(1) 호빙 머신(hobbing machine)

호브(hob)라고 하는 절삭 공구를 사용하여 기어를 절삭한다. 스퍼 기어, 헬리컬 기어, 웜 기어 등을 절삭할 수 있다.

(2) 기어 세이퍼(gear shaper)

커터에 왕복운동을 주어 창성법에 의해 기어를 절삭한다. 피니언 커터와 랙 커터를 사용한다.

(3) 베벨 기어 잘삭기

실제 작업에는 2개의 공구를 사용하며, 이것에 왕복 운동과 선회 운동을 주어 하나의 곧은 톱니를 절삭한다.

13. 브로칭 가공(broaching)

일련의 수많은 절삭날을 가진 브로치(broach)라고 하는 공구로 필요한 형상으로 가공하기 위하여 인발(引拔) 또는 압입하여 절삭하는 방식이다.

브로칭 머신의 종류에는 수평식 브로칭 머신, 수직식 브로칭 머신이 있다.

예상문제

0001. 연강의 절삭 작업시 절삭저항이 가장 적고 표면거칠기가 좋은 칩 형식은?
㉮ 균열형
㉯ 유동형
㉰ 전단형
㉱ 열단형

0002. 주철을 절삭할 때 칩의 형태는?
㉮ 균열형
㉯ 전단형
㉰ 유동형
㉱ 경작형

0003. 피삭재가 점성이 있을 때 절삭가공시 칩의 형태는?
㉮ 유동형
㉯ 전단형
㉰ 균열형
㉱ 열단형

0004. 다음 중 구성인선의 발생원인이라고 할 수 없는 것은?
㉮ 절삭 깊이가 클 때
㉯ 날끝의 경사각이 30° 이상으로 클 때
㉰ 절삭속도가 10~15 m/min로 느릴 때
㉱ 날끝의 온도가 상승하여 응착 온도가 되었기 때문에

0005. 선반에서 가공물을 절삭할 때 공구의 경사각이 크고 절삭 깊이가 얕고 절삭속도가 빠르면?
㉮ 절삭동력이 증가하고 공구의 마멸이 심하나 면이 깨끗하다.
㉯ 절삭력은 감소하고 칩이 코일 모양으로 나타나며 빌트업 에지의 발생이 적고 표면거칠기가 좋다.
㉰ 빌트업 에지의 발생이 심하고 다듬질이 불량하다.
㉱ 공구 날끝의 온도 상승이 감소되며 수명이 길다.

정답 1.㉯ 2.㉮ 3.㉱ 4.㉯ 5.㉯

0006. 길이 350 mm, 지름 50 mm인 둥근 막대를 절삭속도 100 m/min로 1회 절삭하려할 때 절삭 시간은 얼마(min)인가?(단, 이송속도는 0.1 mm/rev이고 기타 시간은 무시한다.)
㉮ 3.5 ㉯ 4.5
㉰ 5.0 ㉱ 5.5

0007. 구성인선을 감소시키는 방법 중 옳은 것은?
㉮ 절삭 속도를 고속으로 한다. ㉯ 윗면 경사각을 작게 한다.
㉰ 절삭 깊이를 깊게 한다. ㉱ 마찰저항이 큰 공구를 사용한다.

0008. 여러 개의 절삭공구를 한 번에 설치하고 차례로 공작물을 가공하는 선반은?
㉮ 다인 선반 ㉯ 터릿(turret) 선반
㉰ 수직 선반 ㉱ 생산형 선반

0009. 표면연삭기에서 숫돌의 원주속도 $V = 2600\,m/min$ 이고, 연삭력 $P = 16\,kg$이며, 연삭기에 공급된 동력이 12(HP)일 때, 이 연삭기의 효율은 몇 (%) 정도인가?
㉮ 70 ㉯ 75
㉰ 77 ㉱ 80

해설 $N = \dfrac{PV}{75 \times 60 \times \eta}$

$\eta = \dfrac{PV}{75 \times 60 \times N} = \dfrac{16 \times 2600}{75 \times 60 \times 12} = 77\,\%$

0010. 다음 중 구성인선의 크기를 좌우하는 인자가 아닌 것은?
㉮ 공구의 상면 경사각 ㉯ 공구의 전면 여유각
㉰ 칩의 두께 ㉱ 절삭속도

0011. 절삭 속도 140 m/min, 절삭 깊이 6 mm, 이송 0.25 mm/rev로 지름 75 mm의 원형단면봉을 선삭한다. 300 mm의 길이만큼 선삭하는데 필요한 가공 시간은?
㉮ 약 2분 ㉯ 약 4분
㉰ 약 6분 ㉱ 약 8분

해설 $N = \dfrac{1000V}{\pi D} = \dfrac{1000 \times 140}{3.14 \times 75} = 594.4\,rpm$

$300 \div (594.4 \times 0.25) ≒ 2\,분$

정답 6.㉱ 7.㉮ 8.㉯ 9.㉰ 10.㉯ 11.㉮

0012. 다음 금속 중 구성인선이 발생하지 않는 것은?
  ㉮ Al
  ㉯ 스테인리스강
  ㉰ 주철
  ㉱ 연강

0013. 절삭저항 중 가장 적은 분력은?
  ㉮ 주분력
  ㉯ 횡분력(이송분력)
  ㉰ 이동분력
  ㉱ 배분력

0014. 지름이 50 mm인 연강 둥근봉을 선반에서 절삭할 때 주축의 회전수를 100 회전/분이라 하면, 절삭속도는?
  ㉮ 15.7(m/분)
  ㉯ 20.5(m/분)
  ㉰ 20.8(m/분)
  ㉱ 21.5(m/분)

  해설 $V = \dfrac{\pi DN}{1000} = \dfrac{3.14 \times 50 \times 100}{1000} = 15.7$

0015. 바이트의 수명방정식(테일러의 공식)은?
  ㉮ $T^n = \dfrac{C}{V}$
  ㉯ $T^n = \dfrac{V}{C}$
  ㉰ $T^n = VC$
  ㉱ $T^n = \dfrac{VC}{2}$

0016. 공구 수명에 대한 설명 중 틀린 것은?
  ㉮ 절삭속도가 높으면 공구 수명은 길어진다.
  ㉯ 플랭크 마모인 경우 마모폭이 0.7 mm까지를 공구 수명으로 본다.
  ㉰ 절삭속도가 높으면 공구 수명은 짧아진다.
  ㉱ 같은 조건에서 절삭할 경우 공구 수명이 긴 재료는 피삭성이 좋다.

0017. 리드 스크류의 피치 6 mm의 선반으로 피치 2 mm의 나사를 절삭할 때 변환 기어는?
  ㉮ 10, 40
  ㉯ 20, 80
  ㉰ 20, 60
  ㉱ 25, 100

  해설 $\dfrac{A}{C} = \dfrac{x}{P} = \dfrac{2}{6} = \dfrac{20}{60}$
  ∴ $A = 20,\ C = 60$

정답 12.㉰ 13.㉯ 14.㉮ 15.㉮ 16.㉮ 17.㉰

0018. 리드 스크류의 피치 $\frac{1}{2}''$의 선반으로 피치 $\frac{1}{16}''$의 나사를 절삭할 때 변환 기어의 잇수는?

㉮ A = 30, B = 60, C = 20, D = 80　　㉯ A = 30, B = 80, C = 70, D = 85
㉰ A = 20, B = 70, C = 85, D = 80　　㉱ A = 60, B = 25, C = 80, D = 60

해설　$\dfrac{A}{C} = \dfrac{x}{P} = \dfrac{\frac{1}{16}}{\frac{1}{2}} = \dfrac{2}{16} = \dfrac{20}{160}$

160의 기어가 변환 기어에 없으므로
그림과 같은 복식기어열을 사용한다.

$\dfrac{A}{B} \times \dfrac{C}{D} = \dfrac{X}{P} = \dfrac{L}{t}$ 을 사용하면

$\dfrac{A}{B} \times \dfrac{C}{D} = \dfrac{2}{16} = \dfrac{1}{2} \times \dfrac{2}{8} = \dfrac{1 \times 30}{2 \times 30} \times \dfrac{2 \times 10}{8 \times 10}$

$\qquad = \dfrac{30}{60} \times \dfrac{20}{80}$

∴ A = 30, B = 60, C = 20, D = 80

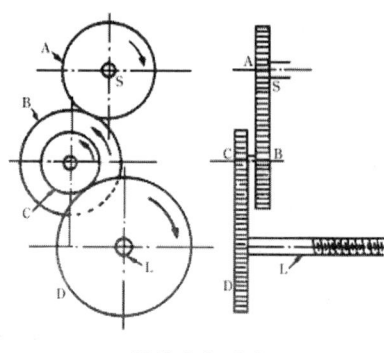

복식기어 연결

0019. 1인치에 4산의 리드 스크류를 갖고 있는 선반으로 피치 3 mm의 나사를 절삭할 때의 변환 기어의 잇수는?

㉮ A = 20, B = 80　　㉯ A = 60, C = 127
㉰ A = 60, C = 80　　㉱ A = 80, C = 60

해설　인치식 리드 스크류를 사용하여 미터식 나사를 절삭할 때 가공할 나사의 피치를 mm로 환산한다. 즉, P_x를 mm 단위로 표시한 가공물의 나사의 피치라고 하면

(인치 단위의 피치) $= \dfrac{P_x}{25.4} = \dfrac{5P_x}{127}$

일반공식 $\dfrac{A}{C} = \dfrac{L}{t}$ 이므로, t는 절삭하려고 하는 나사 1인치 사이의 산수이므로, P_x와 t의 관계는

$t = \dfrac{1}{\frac{5P_x}{127}} = \dfrac{127}{5P_x}$

$\dfrac{A}{C} = \dfrac{L}{t} = \dfrac{L}{\frac{127}{5P_x}} = \dfrac{5P_x}{127} \times L$

$\dfrac{A}{C} = \dfrac{5P_x \times L}{127} = \dfrac{5 \times 3 \times 4}{127} = \dfrac{60}{127}$

∴ A = 60, C = 127

정답　18. ㉮　19. ㉯

0020. 리드 스크류의 피치 8 mm인 선반에서 피치 2.25 mm의 나사를 절삭할 때 변환 기어는?

㉮ A = 36, B = 48, C = 24, D = 64　　㉯ A = 30, B = 40, C = 26, D = 42
㉰ A = 48, B = 24, C = 30, D = 40　　㉱ A = 40, B = 64, C = 32, D = 80

해설 $\dfrac{x}{P} = \dfrac{2.25}{8} = \dfrac{2.25 \times 4}{8 \times 4} = \dfrac{9}{32} = \dfrac{3 \times 3}{4 \times 8} = \dfrac{3 \times 12}{4 \times 12} \times \dfrac{3 \times 8}{8 \times 8}$
$= \dfrac{36}{48} \times \dfrac{24}{64} = \dfrac{A}{B} \times \dfrac{C}{D}$

즉, 복식 기어열에서 A = 36, B = 48, C = 24, D = 64

0021. 안내나사 4 산/in의 영식 선반에서 11 산/in의 나사를 절삭할 때 변환 기어는?(단, A = 스터드 기어, B = 안내 나사측 기어)

㉮ A = 20, B = 100　　㉯ A = 20, B = 120
㉰ A = 40, B = 100　　㉱ A = 40, B = 110

해설 $\dfrac{A}{B} = \dfrac{4}{11} = \dfrac{4 \times 10}{11 \times 10} = \dfrac{40}{110}$
∴ A = 40, B = 110

0022. 선반의 베드를 경화시키는 방법으로 가장 널리 사용되는 것은?

㉮ 질화 열처리　　㉯ 화염 경화법
㉰ 전기로에 의한 열처리　　㉱ 염욕로를 이용한 열처리

0023. 구멍이 뚫린 원통형 소재를 선삭할 때 꼭 필요한 것은 다음 중 어느 것인가?

㉮ 맨드럴　　㉯ 돌리개
㉰ 방진구　　㉱ 면판

0024. HSS의 바이트로 탄소강을 절삭할 때 알맞은 경사각은?

㉮ 5°　　㉯ 18~22°
㉰ 35°　　㉱ 8~18°

0025. 선반에서 가공할 수 없는 작업은?

㉮ 나사 가공　　㉯ 기어 가공
㉰ 원통 가공　　㉱ 테이퍼 가공

정답 20.㉮　21.㉱　22.㉯　23.㉮　24.㉱　25.㉯

0026. 초경합금 공구에서 부(-)의 경사각을 취하는 경우는?
- ㉮ 공구면의 마찰을 감소시킨다.
- ㉯ 절삭저항을 감소시킨다.
- ㉰ 취성에 의한 chipping을 방지한다.
- ㉱ 칩과 공구면의 접촉 길이를 짧게 한다.

0027. 18-4-1의 표준형 고속도강에서 18-4-1의 성분은?
- ㉮ W-Cr-V
- ㉯ W-Mo-V
- ㉰ W-Cr-Co
- ㉱ W-Mo-Cr

0028. 그림과 같은 테이퍼를 복식공구대에 의해 가공하려 할 때 공구대의 회전각도는?
- ㉮ 약 2° 42′
- ㉯ 약 3° 42′
- ㉰ 약 5° 42′
- ㉱ 약 11° 25′

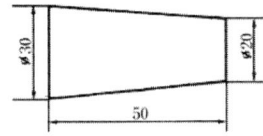

해설 $\tan\theta = \dfrac{D-d}{2l} = \dfrac{30-20}{2\times 50} = \dfrac{1}{10} = 0.1$

∴ $\theta = \tan^{-1} 0.1 = 5°42′$

0029. 심압대의 편위에 의해 그림과 같은 테이퍼 절삭을 할 때 편위량 x는?
- ㉮ $\dfrac{(D-d)l}{2L}$
- ㉯ $\dfrac{(D-d)}{2l}$
- ㉰ $\dfrac{D-d}{2l \cdot L}$
- ㉱ $\dfrac{(D-d)L}{2l}$

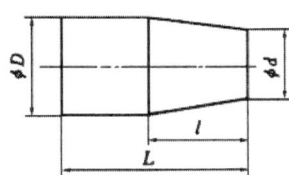

0030. 직경 d, 길이 l mm의 원형 가공물을 회전수 n(rpm), 이송 f(mm/rev), 절삭 깊이 t(mm)의 조건에서 선삭할 때 가공시간 T의 식은?
- ㉮ $\dfrac{l}{\pi d}$
- ㉯ $\dfrac{l}{n \cdot f}$
- ㉰ $\dfrac{l}{d \cdot t}$
- ㉱ $\dfrac{f}{l \cdot n}$

정답 26.㉰ 27.㉮ 28.㉰ 29.㉱ 30.㉯

0031. 앞 문제에서 절삭속도 $V(m/min) = \dfrac{\pi dn}{1000}$ 이므로, 절삭률 $Q(cm^3/min)$ 의 식은?

㉮ $f \cdot t \cdot V$ ㉯ $\dfrac{t \cdot V}{f}$

㉰ $\dfrac{f}{t \cdot V}$ ㉱ $\dfrac{l}{f \cdot t}$

0032. 선반작업에서 절삭속도가 60 m/min이고, 절삭저항력이 250 kg일 때 절삭동력은 몇 마력인가?

㉮ 2.0마력 ㉯ 2.5마력
㉰ 3.3마력 ㉱ 4.3마력

해설 동력 $= \dfrac{절삭저항력 \times 절삭속도}{75 \times 60}$
$= \dfrac{250 \times 60}{75 \times 60} ≒ 3.3(PS)$

0033. 정밀측정 기구가 부착된 공작기계는?

㉮ 자동선반 ㉯ 지그 보링 머신
㉰ 센터리스 연삭기 ㉱ 정밀 보링 머신

0034. 리밍 작업시 떨림을 방지하기 위한 방법은?

㉮ 날의 간격을 같게 한다. ㉯ 날의 간격을 같지 않게 한다.
㉰ 절삭속도를 고속으로 한다. ㉱ 절삭속도를 늦게 한다.

0035. 리머와 드릴의 관계를 설명한 것 중 옳은 것은?

㉮ 드릴의 절삭속도는 리머의 절삭속도와 같다.
㉯ 리머의 절삭속도는 드릴의 절삭속도보다 느리다.
㉰ 리머의 절삭속도는 드릴의 절삭속보다 빠르거나 느릴 때도 있다.
㉱ 리머의 절삭속도는 드릴의 절삭속도보다 빠르다.

0036. 두 줄의 비틀림홈 드릴의 날끝각의 표준 각도는 몇 도인가?

㉮ 118° ㉯ 100°
㉰ 168° ㉱ 170°

정답 31.㉮ 32.㉰ 33.㉯ 34.㉮ 35.㉯ 36.㉮

0037. 황동에 고속도강 드릴로 드릴링하고자 한다. 날끝각은?
  ㉮ 90°
  ㉯ 110°
  ㉰ 125°
  ㉱ 135°

0038. 드릴의 표준 웨브각은?
  ㉮ 114°
  ㉯ 118°
  ㉰ 135°
  ㉱ 150

0039. 트위스트 드릴은 절삭날의 각도가 중심에 가까울수록 절삭작용이 나쁘다. 이것을 보충하기 위해 어떻게 하나?
  ㉮ 트루잉한다.
  ㉯ 그라인딩한다.
  ㉰ 드레싱한다.
  ㉱ 시닝(thinning)한다.

0040. 둥근날 바이트로 절삭한 가공면의 이론적 표면거칠기 H_{th} 를 옳게 표시한 것은?(단, f를 이송, R을 공구의 노즈 반경이라 한다.)
  ㉮ $\dfrac{f^2}{8R}$
  ㉯ $\dfrac{f}{8R}$
  ㉰ $\dfrac{f}{8R^2}$
  ㉱ $\dfrac{f^2}{8R^2}$

0041. 칩 브레이커와 특히 관계가 있는 칩의 유형은?
  ㉮ 열단형 칩
  ㉯ 전단형 칩
  ㉰ 유동형 칩
  ㉱ 균열형 칩

0042. 크레이터 마멸이 발생하는 위치는?
  ㉮ 전면 여유각
  ㉯ 섕크
  ㉰ 상면 경사각
  ㉱ 측면 여유각

0043. 재료의 피삭성(또는 공구의 절삭성)을 판정하는데 다음 중 가장 많이 사용되는 것은?
  ㉮ 공구수명의 장단
  ㉯ 표면거칠기의 양부(良否)
  ㉰ 절삭저항의 대소
  ㉱ 칩 처리의 난이(難易)

정답 37.㉯ 38.㉰ 39.㉱ 40.㉮ 41.㉰ 42.㉰ 43.㉮

0044. 선반 센터의 자루는 무슨 테이퍼인가?
    ㉮ 내셔널 테이퍼
    ㉯ 브라운 앤드 샤프
    ㉰ 모스 테이퍼
    ㉱ 자이노 테이퍼

0045. 세이퍼와 플레이너의 설명 중 틀린 것은?
    ㉮ 세이퍼는 비교적 소형, 플레이너는 대형 가공물의 가공에 사용된다.
    ㉯ 세이퍼는 수직절삭, 플레이너는 수평절삭에 사용된다.
    ㉰ 세이퍼와 플레이너에는 급속귀환 운동장치가 있다.
    ㉱ 세이퍼에서는 공구가 고정된 램이 왕복운동하고, 플레이너에서는 공작물이 고정된 테이블이 왕복운동한다.

0046. 슬로터를 바르게 설명한 것은?
    ㉮ 치수가 작은 공작물의 수직 절삭에 편리하다.
    ㉯ 원통절삭에 편리하다.
    ㉰ 기어 가공에 편리하다.
    ㉱ 치수가 큰 공작물의 수평절삭에 편리하다.

0047. 수평식 밀링 머신에서 할 수 없는 작업은?
    ㉮ 단면절삭
    ㉯ 구멍절삭
    ㉰ 평면절삭
    ㉱ 기어절삭

0048. 분할대에 의한 단식분할에서 소요 분할 수 N을 얻기 위하여 H구멍 판에서 크랭크핸들을 h구멍 만큼 회전시킬 때의 관계식은?
    ㉮ $\dfrac{h}{H} = \dfrac{N}{40}$
    ㉯ $\dfrac{H}{h} = \dfrac{40}{N}$
    ㉰ $\dfrac{H}{h} = \dfrac{N}{80}$
    ㉱ $\dfrac{h}{H} = \dfrac{40}{N}$

0049. 지름 10 mm의 고속도강 드릴로 구멍을 뚫을 때 회전수를 400 rpm으로 할 때 절삭속도는 몇 m/min인가?
    ㉮ 6.5
    ㉯ 12.6
    ㉰ 13.5
    ㉱ 15.3

정답 44.㉰ 45.㉯ 46.㉮ 47.㉯ 48.㉱ 49.㉯

0050. 직경 50mm의 드릴의 피드(s)=0.4 mm/rev, 회전수(n)=115 rev/min, V=18 m/min의 조건에서 인장강도 50 kg/mm² 재료에 드릴링할 때 소요 동력은?(단, M=3500 kg-cm, P=1980 kg이다.)
㉮ 2PS ㉯ 4PS
㉰ 5.6PS ㉱ 8.5PS

해설 $M = 3500\,kg-cm$, $P = 1980\,kg$, $d = 50\,mm$, $S = 0.4\,mm/rev$, $n = 115\,rev/min$, $V = 18\,m/min$ 에서
$$N = \frac{3500 \times 115 \times 2 \times 3.14}{75 \times 60 \times 100} + \frac{1980 \times 0.04 \times 115}{75 \times 60 \times 100} ≒ 5.64PS$$

0051. 밀링 머신에서 좁은 홈 또는 절단가공을 하는데 편리한 커터는?
㉮ metal saw cutter ㉯ 플레인 커터
㉰ 총형 커터 ㉱ 엔드 밀

0052. 선반의 산형(山形) 베드의 장점이 아닌 것은?
㉮ 칩이 베드 위에 머물기 어려워 베드의 손상이 적다.
㉯ 왕복대가 앞뒤로 흔들리지 않는다.
㉰ 베드가 마멸되어도 공작물의 직경 가공정도에는 큰 영향이 없다.
㉱ 베드 면적이 넓어 단위면적당의 힘이 작고 베드 두께를 얇게 할 수 있다.

0053. 구멍의 상부를 원뿔형으로 절삭하는 작업은
㉮ 리밍 ㉯ 카운터 보링
㉰ 카운터 싱킹 ㉱ 스폿 페이싱

0054. 드릴에 작용하는 절삭저항의 모멘트 M은 일반적으로 $M - C f^\alpha / d^\beta$ 의 꼴로 표시된다. 여기서 C는 상수, f는 이송, d는 드릴 지름 α, β는 지수들이다. α, β의 개략적인 값은?
㉮ $\alpha = 1$, $\beta = 1$ ㉯ $\alpha = 1$, $\beta = 2$
㉰ $\alpha = 2$, $\beta = 2$ ㉱ $\alpha = 2$, $\beta = 1$

0055. 공작물에 여러 개의 구멍을 동시에 뚫는데 적합한 드릴링 머신은?
㉮ 다두 드릴링 머신 ㉯ 레이디얼 드릴링 머신
㉰ 다축 드릴링 머신 ㉱ 터릿 드릴링 머신

정답 50.㉰ 51.㉮ 52.㉱ 53.㉰ 54.㉯ 55.㉰

0056. 세이퍼의 급속귀환 운동과 관계가 있는 것은?
㉮ 크랭크와 링크 기구 ㉯ 랙과 피니언
㉰ 캠과 링크 기구 ㉱ 기어열

0057. 상향절삭(up milling)에 관하여 틀린 것은?
㉮ 커터의 회전 방향과 공작물의 이송 방향이 서로 반대이다.
㉯ 커터가 공작물을 테이블로부터 들어올리려는 작용이 있다.
㉰ 가공면의 정밀도는 커터날의 예리한 정도에는 별로 관계가 없다.
㉱ 공작물의 고정을 보다 큰 힘을 주어 튼튼하게 해야 한다.

0058. 하향절삭(down milling)에 관한 설명 중 틀린 것은?
㉮ 반드시 가공면에 커터 자국이 나타난다.
㉯ 커터가 공작물에 처음 닿는 점 근처에서 칩의 최대 두께를 가진다.
㉰ 하향절삭용으로 특별히 설계된 밀링 머신에서만 행해야 한다.
㉱ 공작물을 테이블에 고정하는 데 보다 작은 힘을 요하며, 얇은 공작물을 깎거나, 중절삭할 때 유리하다.

0059. 평 밀링 커터에서 나선날(helical teeth)이 곧은날에 비해 가지는 이점이 아닌 것은?
㉮ 진동이 적다. ㉯ 날이 받는 힘이 작아진다.
㉰ 깨끗한 가공면을 얻게 된다. ㉱ 커터날의 수를 증대시킨다.

0060. 밀링 작업에서 지름이 100 mm인 커터로 25 m/min의 절삭속도를 내려면 주축 회전수(rpm)는?
㉮ 80 ㉯ 130
㉰ 170 ㉱ 230

0061. 평 밀링 커터에서 1개의 날이 깎아내는 칩의 길이는 근사적으로 어떤 식으로 표시되는가?(단, D는 커터 외경, T는 절삭 깊이)
㉮ $\sqrt{DT}$ ㉯ $\sqrt{T/D}$
㉰ $\sqrt{D/T}$ ㉱ $\sqrt{D(D+T)}$

정답 56.㉮ 57.㉰ 58.㉮ 59.㉱ 60.㉮ 61.㉮

0062. 분할대를 사용한 분할법에 속하지 않는 것은?
  ㉮ 단식 분할법 ㉯ 차동 분할법
  ㉰ 복식 분할법 ㉱ 직접 분할법

0063. 차동기구를 갖고 있는 것은?
  ㉮ 분할대 ㉯ 회전 테이블
  ㉰ 테이퍼 절삭장치 ㉱ 선반의 복식공구대

0064. 평 밀링 커터에 의한 절삭에서 칩의 평균 두께를 옳게 나타낸 것은?(여기서 f는 매분당의 이송, n은 회전수, Z는 날의 수, D는 커터의 외경, d는 절삭 깊이이다.)
  ㉮ $\dfrac{f}{nZ}\sqrt{d/D}$ ㉯ $\dfrac{f}{nZ}\sqrt{Dd}$
  ㉰ $\dfrac{f}{nZ}\sqrt{D/d}$ ㉱ $\dfrac{nf}{Z}\sqrt{d/D}$

0065. 세이퍼에서 램의 행정 길이를 l, 바이트의 절삭 행정 시간과 1왕복하는 시간과의 비를 a, 바이트의 매분 왕복횟수를 n이라 할 때, 평균 절삭속도 v는?
  ㉮ $v = \dfrac{1000}{nl}$ ㉯ $v = \dfrac{nl}{1000a}$
  ㉰ $v = \dfrac{anl}{1000}$ ㉱ $v = \dfrac{1000}{anl}$

0066. 세이퍼에서 가공물의 길이가 250 mm인 연강재료로서 125 m/min의 절삭속도로 가공하고자 할 때 램은 1분간에 몇 번 왕복하는가?(단, 행정의 시간비는 $\dfrac{3}{5}$이다.)
  ㉮ 200(회/min) ㉯ 300(회/min)
  ㉰ 400(회/min) ㉱ 600(회/min)

  해설 램의 매분 왕복 횟수는
  $$N = \dfrac{1000av}{l} = \dfrac{1000 \times \frac{3}{5} \times 125}{250} = 300$$

0067. 슬로터에서 가공할 수 없는 것은?
  ㉮ 넓은 평면 가공 ㉯ 곡면가공
  ㉰ 키 홈 가공 ㉱ 내접기어 가공

정답 62.㉱ 63.㉮ 64.㉮ 65.㉯ 66.㉯ 67.㉮

0068. 폭 50mm, 길이 100 mm의 주철 블록을 평면으로 깎을 때 램의 행정이 60(회/min), 이송량이 1 mm이면 절삭에 요하는 시간은?

㉮ 35초 ㉯ 45초
㉰ 50초 ㉱ 55초

해설 50 mm의 폭을 1분간 왕복횟수에 의한 이송으로 나눈다.
$$T = \frac{W}{nf} = \frac{50}{60 \times 1} = \frac{5}{6} (\min) = 50초$$

0069. 슬로터의 급속 귀환 장치가 아닌 것은?

㉮ 링크에 의한 방식 ㉯ 클러치에 의한 방식
㉰ 크랭크에 의한 방식 ㉱ 휘트워스에 의한 방식

0070. 폭이 1 m, 길이가 2.5 m인 주철 평면을 플레이너에서 가공하려고 할 때 테이블의 행정수 5(회/min), 이송량은 2(mm/행정)로 절삭하면 절삭 소요 시간은?

㉮ 50분 ㉯ 60분
㉰ 70분 ㉱ 100분

해설 $T = \frac{W}{nf} = \frac{1000}{5 \times 2} = 100분$

0071. 슬로터의 급속 귀환 운동 기구로서 가장 적합한 것은?

㉮ 캠 장치 ㉯ 랙과 웜 기구
㉰ 유압기구 ㉱ 웜과 웜 기구

0072. 절삭유의 사용 목적 중 틀린 것은?

㉮ 공구의 냉각을 돕는다. ㉯ 공구와 칩의 친화력을 돕는다.
㉰ 가공의 표면 방청 ㉱ 공작물의 냉각을 돕는다.

0073. 주철 재료를 선삭할 때 절삭유는?

㉮ 사용하지 않는다. ㉯ 피마자 기름
㉰ 광물성 기름 ㉱ 동물성 기름

0074. 절삭공구 스텔라이트의 주성분은?

㉮ Co-Mo-C ㉯ W-C-Co
㉰ W-C-Cu ㉱ Co-C-W-Cu

정답 68.㉰ 69.㉯ 70.㉱ 71.㉰ 72.㉯ 73.㉮ 74.㉯

0075. 세라믹(ceramic) 바이트의 주성분은?
㉮ 산화알루미늄　　　㉯ 텅스텐
㉰ 니켈　　　　　　　㉱ 크롬

0076. 절삭속도와 관계 없는 것은?
㉮ 작업능률　　　　　㉯ 칩의 크기
㉰ 바이트 수명　　　　㉱ 다듬질면의 정밀도

0077. 치핑에 의한 공구 마모를 감소시키려면 어떻게 하는가?
㉮ 절삭속도를 빠르게 한다.
㉯ 절삭 깊이를 적게 한다.
㉰ 경사각을 크게 한다.
㉱ 유동형 칩이 되게 절삭속도를 정한다.

0078. 바이트에 크레이터 마멸이 생기면 어떤 영향을 미치는가?
㉮ 치수 결정이 힘들게 된다.　　㉯ 날끝이 손상된다.
㉰ 피삭재에 균열이 생긴다.　　㉱ 다듬질면이 나빠진다.

0079. 밀링 작업에서 할 수 없는 것은?
㉮ 기어 절삭　　　　　㉯ 나사 절삭
㉰ 바깥지름 절삭　　　㉱ 키홈 절삭

0080. 밀링 머신에 쓰는 테이퍼는?
㉮ 자노　　　　　　　㉯ 내셔널
㉰ 모스　　　　　　　㉱ 브라운

0081. 브라운 샤프형 분할대의 인덱스 크랭크를 1회전시키면 주축은 몇 회전하는가?
㉮ $\frac{1}{40}$ 회전　　　　　㉯ 40회전
㉰ 24회전　　　　　　㉱ $\frac{1}{24}$ 회전

정답　75.㉮　76.㉯　77.㉮　78.㉯　79.㉰　80.㉯　81.㉮

0082. 분할대를 사용하여 원주를 7등분한다. 브라운 샤프형의 21구멍 분할판을 사용하여 단식 분할하면?

㉮ 3회전하고 5구멍씩 전진   ㉯ 5회전하고 3구멍씩 전진
㉰ 3회전하고 15구멍씩 전진   ㉱ 5회전하고 15구멍씩 전진

해설 단식 분할법으로 하면

$$n = \frac{40}{N} = \frac{40}{7} = 5\frac{5}{7}$$

브라운 샤프형 No.2 분할판에 분모 7의 3배인 21이 있으므로 $\frac{5}{7} = \frac{15}{21}$ 가 된다.

21구멍의 분할판을 사용하여 크랭크를 5회전하고 15구멍씩 돌리면 7등분이 된다.

0083. 원판 주위에 5°의 눈금을 만들 때 사용하는 분할판은?

㉮ 15구멍   ㉯ 21구멍
㉰ 27구멍   ㉱ 40구멍

해설 $n = \frac{5°}{9} = \frac{15}{27}$

27구멍판을 사용하여 15구멍씩 돌린다.

0084. 테이블 이송 나사의 피치가 6 mm인 밀링 머신에서 지름 40 mm인 공작물에 리드 200 mm의 오른나사 헬리컬 홈을 절삭하려 한다. 변환 기어는?

㉮ 20, 26   ㉯ 22, 30
㉰ 30, 34   ㉱ 30, 36

해설 $\frac{Z_w}{Z_f} = \frac{L}{S \times 40} = \frac{200}{6 \times 40} = \frac{200}{240} = \frac{5}{6} = \frac{5 \times 6}{6 \times 6} = \frac{30}{36}$

0085. 지름이 40 mm, 가공된 강봉(鋼棒)에 비틀림각 30°인 홈을 가공할 때 이 홈의 리드는?(단, tan 30° = 0.5774 이다.)

㉮ 124.5   ㉯ 217.5
㉰ 247.5   ㉱ 267.5

해설 $L = \frac{\pi d}{\tan \theta} = \frac{3.14 \times 40}{0.5774} = 217.5 \text{ mm}$

0086. 밀링 가공시 상향절삭의 단점이 아닌 것은?

㉮ 절삭칩이 절삭을 방해한다.   ㉯ 동력손실이 크다.
㉰ 절삭면이 곱지 못하다.   ㉱ 공작물을 확실히 고정해야 한다.

정답 82.㉱ 83.㉰ 84.㉱ 85.㉯ 86.㉮

0087. 하향절삭(down cutting)의 장점이 아닌 것은?
  ㉮ 가공면이 깨끗하다.
  ㉯ 절삭량이 상향절삭보다 많다.
  ㉰ 백래시(back lash) 제거 장치가 필요 없다.
  ㉱ 커터의 수명이 연장되고 동력의 소비가 적다.

0088. 잇수 20, 비틀림각 18°의 헬리컬 기어를 밀링 머신에서 가공할 때 등가치수는 얼마인가?
  ㉮ 18
  ㉯ 23
  ㉰ 27
  ㉱ 35

  해설 등가치수 $Z_0 = \dfrac{Z}{\cos^3\theta} = \dfrac{20}{\cos^3 18} = \dfrac{20}{0.86} = 23$

0089. 밀링 머신에서 백래시를 제거하는 방식이 아닌 것은?
  ㉮ 공기압식
  ㉯ 유압식
  ㉰ 스프링방식
  ㉱ 나사식

0090. 밀링에서 테이블, 1분간의 이송을 f, 밀링 커터의 날 1개마다의 이송을 f_z, 밀링 커터의 회전수를 n이라 하면, 옳은 것은?
  ㉮ $f = \dfrac{n \times nZ}{f_z}$
  ㉯ $f = f_z \times Z \times \dfrac{1}{n}$
  ㉰ $f = f_z \times Z \times n$
  ㉱ $f = \dfrac{f_z}{Zn}$

0091. 밀링 작업에서 커터의 지름 $D = 100\,mm$, 아버의 지름 $d = 32\,mm$, 아버의 허용전단응력 $\tau = 2\,kg/mm^2$ 라고 할 때, 커터에 걸리는 최대 절삭력은 몇 kg인가?
  ㉮ 225
  ㉯ 257
  ㉰ 332
  ㉱ 465

  해설 주절삭력 P_1에 대한 비틀림 모멘트는
  $$M_t = \dfrac{D}{2} \times P_{max} = \dfrac{\pi}{16} d^3 \cdot \tau$$
  $$\therefore P_{max} = \dfrac{2\pi \cdot d^3 \cdot \tau}{16 \times D} = \dfrac{2 \times 3.14 \times (32)^3 \times 2}{16 \times 100} ≒ 257\,kg$$

정답 87.㉯ 88.㉯ 89.㉮ 90.㉰ 91.㉯

0092. 커터의 지름 50 mm, 절삭속도 20 m/min으로 절삭할 경우, 주축의 회전수 및 날수를 12개, 날 1개당의 이송을 0.2 mm라 하면 매분 이송은?

㉮ 50 rpm, 120 mm
㉯ 127 rpm, 304 mm
㉰ 100 rpm, 240 mm
㉱ 200 rpm, 250 mm

해설 $N = \dfrac{1000V}{\pi D} = \dfrac{1000 \times 20}{3.14 \times 50} = 127 \, rpm$

$f = f_z \times Z \times N = 0.2 \times 12 \times 127 = 304 \, mm$

0093. 헬리컬 기어에서 상당 스퍼 기어를 계산하는 식은?

㉮ $Z_0 = \dfrac{Z}{\cos\theta}$
㉯ $Z_0 = \dfrac{Z}{\sin\theta}$
㉰ $Z_0 = \dfrac{Z}{\cos^3\theta}$
㉱ $Z_0 = \dfrac{Z}{\cos^2\theta}$

0094. 밀링의 분할 작업에서 $4\dfrac{1}{2}°$를 분할하여라(단, 분할판 1번판의 구멍수는 15, 16, 17, 18, 19, 20이고 웜과 웜 휠의 회전비는 40이다).

㉮ $\dfrac{9}{18}$
㉯ $\dfrac{18}{9}$
㉰ $\dfrac{18}{19}$
㉱ $\dfrac{18}{8}$

해설 $t = \dfrac{D°}{9}$

$\therefore t = \dfrac{4\dfrac{1}{2}}{2} = \dfrac{9}{18}$

0095. 길이 350 mm, 지름 50 mm인 둥근봉을 절삭속도 100 m/min로 1회 절삭하려 할 때 절삭시간은 얼마(min)인가?(단, 이송 속도는 0.1 mm/rev이고 기타 시간은 무시한다.)

㉮ 3.5
㉯ 4.5
㉰ 5.0
㉱ 5.5

해설 $350 \div 0.1 = 3500$ 회전

지름 500 mm를 3500회전시킬 때 거리는

$50 \times 3.14 \times 3500 \div 100 = 5495$

$5495 \, m \div 100 \, m/min ≒ 5.5 \, min$

정답 92.㉯ 93.㉰ 94.㉮ 95.㉱

0096. 선반의 센터(center) 작업에서 주축 센터와 심압대 센터에서 가장 적당한 것은?
㉮ 똑같다.   ㉯ 주축대 센터가 무르다.
㉰ 심압대 센터가 무르다.   ㉱ 정답이 없다.

0097. 밀링 머신에서 원주를 $3\frac{2°}{3}$ 씩으로 등분하려면 어느 방법이 적당한가?
㉮ 27개 구멍자리 11구멍씩   ㉯ 37개 구멍자리 11구멍씩
㉰ 27개 구멍자리 15구멍씩   ㉱ 37개 구멍자리 15구멍씩

해설 $t = \dfrac{D°}{9} = \dfrac{3\frac{2°}{3}}{9} = \dfrac{11}{27}$

0098. 밀링 작업에서 차동분할법을 이용하여 원주를 233등분하기 위해서는 어떤 변환 기어를 사용하여야 하는가?(단, A는 스핀들 기어, B는 웜 기어이다.)
㉮ A = 26, B = 32   ㉯ A = 28, B = 48
㉰ A = 56, B = 48   ㉱ A = 64, B = 86

해설 $\dfrac{40(N'-N)}{N'} = \dfrac{40(240-233)}{240} = \dfrac{40 \times 7}{240} = \dfrac{7}{6}$

$\dfrac{7 \times 8}{6 \times 8} = \dfrac{56}{48} = \dfrac{A}{B}$

0099. 원통연삭에서 연삭숫돌의 회전수를 증가시키면 연삭입자의 결합도는?
㉮ 변하지 않는다.   ㉯ 무디게 된다.
㉰ 무르게 된다.   ㉱ 단단하게 된다.

0100. 표면 연삭기에서 숫돌의 원주속도 V=2600(m/min)이고, 연삭력 P=16(kg)이며, 연삭기에 공급된 동력이 12(HP)일 때, 이 연삭기의 효율은 몇(%) 정도인가?
㉮ 70   ㉯ 75
㉰ 77   ㉱ 80

해설 $N = \dfrac{PV}{75 \times 60 \times \eta}$

$\eta = \dfrac{PV}{75 \times 60 \times N} = \dfrac{16 \times 2600}{75 \times 60 \times 12} = 77\%$

정답 96.㉯ 97.㉮ 98.㉰ 99.㉱ 100.㉰

0101. 플런지 커트(plunge cut) 연삭법은 다음 중 어느 것인가?
  ㉮ 축방향의 이송을 행하지 않는 원통 연삭
  ㉯ 숫돌축이 축방향의 이송을 하는 원통 연삭
  ㉰ 공작물이 축방향의 이송을 행하는 원통 연삭
  ㉱ 수평식 평면연삭에서 숫돌축이 축방향의 이송을 하는 방식

0102. 숫돌차 또는 숫돌입자를 사용하지 않는 공작기계는?
  ㉮ 호닝 머신   ㉯ 수퍼피니싱 머신
  ㉰ 래핑 머신   ㉱ 브로칭 머신

0103. 연삭입자가 작고 결합도가 큰 숫돌로 연한 금속을 연삭할 때 나타나는 현상은?
  ㉮ 로딩(loading)   ㉯ 그라인딩(grinding)
  ㉰ 드레싱(dressing)   ㉱ 글레이징(glazing)

0104. 센터리스 연삭기의 장점이 아닌 것은 무엇인가?
  ㉮ 강력 연삭을 할 수 있다.
  ㉯ 공작물의 고정시 수고가 감소된다.
  ㉰ 단이 붙은 공작물을 연속적으로 연삭할 수 있다.
  ㉱ 연속적인 연삭작업을 할 수 있다.

0105. 연삭숫돌은 자동적으로 입자가 닳아 떨어져 바이트나 커터와 같이 연삭하지 않아도 된다. 이 현상은?
  ㉮ 자생작용(自生作用)   ㉯ 드레싱
  ㉰ 트루잉   ㉱ 글레이징
  해설 마멸→파쇄→탈락→생성의 과정을 되풀이하는 것.

0106. 연삭 숫돌의 결합도에 대한 설명에서 틀린 것은?
  ㉮ 공작물의 속도가 클 때에는 단단한 숫돌을 사용한다.
  ㉯ 연질의 가공물에는 단단한 숫돌을 사용한다.
  ㉰ 숫돌의 속도가 클 때에는 연한 숫돌을 사용한다.
  ㉱ 접촉면적이 클 때에는 단단한 숫돌을 사용한다.

정답 101.㉮ 102.㉱ 103.㉮ 104.㉰ 105.㉮ 106.㉱

0107. 초경합금공구의 연삭에 알맞는 입자는?
㉮ WA
㉯ GC
㉰ A
㉱ C

0108. 연삭가공에서 연삭 번(grinding burn)이란?
㉮ 절삭유가 타는 현상
㉯ 공작물 표면이 국부적으로 갈색으로 타는 현상
㉰ 칩의 탄 상태
㉱ 숫돌바퀴가 타는 현상

0109. 스파크 아웃(spark out)에 관한 올바른 설명은?
㉮ 연삭 깊이를 주지 않은 채 불꽃이 튀지 않을 때까지 몇 번 길이방향 이송을 하는 것.
㉯ 연삭 숫돌에 이물질이 섞였을 때, 연삭작업 중 불꽃이 튀는 현상
㉰ 트래버스(traverse) 연삭에서 연삭 깊이를 과도하게 주었을 때 스파크가 나는 현상
㉱ 플런지 컷 연삭에서 숫돌이 공작물과 처음 접촉할 때 튀는 스파크 현상

0110. 연삭숫돌의 외경 200 mm, 회전수 3000 rpm, 공작물의 원주속도가 20 m/min일 때 연삭속도는(m/min)?(단, 공작물은 숫돌과 반대방향으로 돈다.)
㉮ 1860
㉯ 1890
㉰ 1904
㉱ 1934

해설 연삭속도 $= \dfrac{\pi DN}{1000} + 20 = \dfrac{3.14 \times 200 \times 3000}{1000} + 20 = 1904 \, m/min$

0111. 연삭기에서 숫돌의 원주속도 V=1500 mm/min, 연삭력 P=20 kg이다. 이때 소요동력이 10 PS라면 연삭기의 효율은?
㉮ 47 %
㉯ 57 %
㉰ 67 %
㉱ 97 %

해설 $PS = \dfrac{P \cdot V}{75 \times 60 \times \eta}$ 에서 $\eta = \dfrac{P \cdot V}{75 \times 60 \times HP}$

$\eta = \dfrac{20 \times 1500}{75 \times 60 \times 10} \fallingdotseq 0.67$

∴ 67 %

정답 107.㉯ 108.㉯ 109.㉮ 110.㉰ 111.㉰

0112. 유성형(遊星形 ; planetary형) 내면연삭기의 설명에서 틀린 것은?
  ㉮ 공작물의 외형이 회전하기에 용이할 때 이용한다.
  ㉯ 공작물은 고정되고 숫돌은 자전 및 공전을 한다.
  ㉰ 길이 이송은 숫돌대의 왕복형과 주축대의 왕복형에 의한다.
  ㉱ 연삭깊이의 조정은 공전운동반경을 조정해서 한다.

0113. 브로칭 가공의 설명 중 틀린 것은?
  ㉮ 기어의 전용 절삭방법으로서 정도 높은 가공이 된다.
  ㉯ 브로치의 이동 방향에 대하여 형상과 크기가 같다면 어떠한 복잡한 단면도 가공할 수 있다.
  ㉰ 브로치를 한 번 인발 또는 압입시킴으로써 가공면을 완성할 수 있다.
  ㉱ 브로치의 값이 고가이므로 같은 종류의 가공물을 다량 생산할 때 적합하다.

0114. 기어에 백래시(backlash)를 두기 위하여는 규정 절삭 깊이에 대하여 어떻게 절삭하여야 하는가?
  ㉮ 규정보다 깊게 한다.
  ㉯ 규정보다 얕게 한다.
  ㉰ 백래시용 커터 혹은 호브로 2차 절삭한다.
  ㉱ 호브에 백래시가 고려되어 있으므로 규정대로 절삭한다.

0115. 구멍의 키홈 가공에 적당한 기계는?
  ㉮ 브로칭 머신   ㉯ 형삭기
  ㉰ 평삭기   ㉱ 선반

0116. 호빙 머신에서 사용하는 기어 절삭 방법은?
  ㉮ 렉 기어에 의한 법   ㉯ 총형 커터에 의한 법
  ㉰ 창성법   ㉱ 형판에 의한 법

0117. 다음 가공 방식 중 연삭 입자가 자유운동을 하는 것은?
  ㉮ 연삭   ㉯ 호닝
  ㉰ 래핑   ㉱ 슈퍼피니싱

정답 112.㉮ 113.㉮ 114.㉮ 115.㉮ 116.㉰ 117.㉰

0118. 정밀입자에 의한 가공방법이 아닌 것은?
  ㉮ 래핑
  ㉯ 초음파 가공
  ㉰ 액체 호닝
  ㉱ 슈퍼피니싱

0119. 다음은 여러 가지의 공구수명 판정법을 열거한 것이다. 이 중 초경합금 공구에 대하여 널리 사용되는 판정법은 어느 것인가?
  ㉮ 가공면 또는 절삭한 직후의 면에 광택이 있는 무늬나 점들이 생길 때
  ㉯ 날의 마멸이 일정량에 달할 때
  ㉰ 절삭저항의 주분력에는 변화가 없어도 배분력이나 이송분력이 갑자기 증가할 때
  ㉱ 완성치수의 변화가 일정량에 달했을 때

0120. 다음 중 하나는 나머지 3가지와 다른 가공 방식에 속하는 것이 있다. 어느 것인가?
  ㉮ 래핑
  ㉯ 액체 호닝
  ㉰ 초음파 가공
  ㉱ 슈퍼피니싱

0121. 절삭공구에서 측면경사각의 사용을 억제하는 이유는 어느 것인가?
  ㉮ 절삭 저항의 증대를 억제하기 위해서
  ㉯ 전단각의 증대를 방지하기 위하여
  ㉰ 공구의 약화를 방지하기 위하여
  ㉱ 다른 공구각에 대한 영향을 감소시키기 위하여

0122. 구성 인선은 다음 중 어느 것인가?
  ㉮ 선반공구의 일종
  ㉯ 조합 구성된 날끝
  ㉰ 공구끝의 마모
  ㉱ 칩조각이 바이트에 붙은 것.

0123. 공구의 수명시험을 옳게 설명한 것은?
  ㉮ 일정한 속도에서 공구수명을 실측할 때
  ㉯ 일정한 절삭 면적에서 공구수명을 실측하는 것.
  ㉰ 테일러의 공구수명식의 지수 n과 정수 c값을 구하는 것.
  ㉱ 일정 마멸폭까지의 공구수명을 실측하는 것.

정답 118.㉯ 119.㉯ 120.㉱ 121.㉮ 122.㉱ 123.㉰

0124. 칩브레이커와 특히 관계가 있는 칩의 유형은?
㉮ 유동형 칩
㉯ 열단형 칩
㉰ 전단형 칩
㉱ 균열형 칩

0125. 다음 중 선반에서 발생되는 절삭 저항의 3분력이 아닌 것은?
㉮ 배분력
㉯ 주분력
㉰ 이송분력
㉱ 굽힘분력

0126. 서멧 공구를 옳게 말한 것은?
㉮ 텅스텐 탄화물(WC)을 Co로 소결한 것.
㉯ 소결초경 공구에 TaC를 가한 3원초경합금
㉰ 세라믹공구의 한 종류
㉱ 세라믹과 금속탄화물을 소결한 것.

0127. 다음 절삭속도 중 보통 작업에서 경제적인 절삭속도로서 일반적으로 사용되는 것은?
㉮ V_{30}
㉯ V_{60}
㉰ V_{120}
㉱ V_{480}

0128. 절삭비에 관하여 틀린 것은?
㉮ 절삭비는 보통 1보다 작다.
㉯ 전단각의 계산에 요긴하게 이용된다.
㉰ 칩두께 비의 역수이다.
㉱ 칩의 길이를 알면 대응하는 소재길이와 비교하여 구할 수 있다.

0129. 크레이터 마멸에 발생하는 위치는?
㉮ 상면 경사각
㉯ 전면 여유면
㉰ 측면 여유면
㉱ 생크

0130. 칩 형성과 관련이 가장 깊은 피삭재 내의 변형양식은?
㉮ 인장변형
㉯ 압축변형
㉰ 전단변형
㉱ 비틀림변형

정답 124.㉮ 125.㉱ 126.㉱ 127.㉯ 128.㉰ 129.㉮ 130.㉰

0131. 절삭수치란 다음 어느 것인가?
㉮ 절삭율
㉯ 절삭깊이 × 시간
㉰ 절삭깊이 × 피드
㉱ 절삭깊이 × 칩의 길이

0132. 초경공구에서는 흔히 마이너스 경사각을 사용한다. 그 이유는?
㉮ 공구면의 마찰을 감소시키기 위하여
㉯ 초경합금의 취성 때문에 날이 칩핑을 일으키는 것을 방지하기 위하여
㉰ 칩과 공구면과의 접촉길이를 감소하기 위하여
㉱ 칩의 두께를 감소시키기 위하여

0133. 재료의 피삭성을 판정하는데 다음 중 가장 많이 사용되는 것은 어느 것인가?
㉮ 절삭저항의 대소
㉯ 공구수명의 장단(長短)
㉰ 가공면 거칠기의 상태
㉱ 칩처리의 난이

0134. 테일러의 공구수명을 log T대 log V좌표 방안지에 표시하면 다음의 어떤 곡선이 그려지나?(여기서 T, V는 공구수명과 절삭속도를 표시한 것이다.)
㉮ 직선
㉯ 포물선
㉰ 지수곡선
㉱ 쌍곡선

0135. 절삭율은 다음 중 어느 것인가?
㉮ 절삭속도 × 절삭면적
㉯ 절삭깊이 × 이송
㉰ 절삭속도 × 절삭깊이 × 침탄면적
㉱ 절삭깊이 × 이송 × 매분 회전수

0136. 칩이 형성될 때 소재의 변형에 소비되는 에너지와 공구면에서의 마찰에 소비되는 에너지와의 비로써 맞는 것은?
㉮ 60 %(변형) 40 %(마찰)
㉯ 75 %(변형) 25 %(마찰)
㉰ 85 %(변형) 15 %(마찰)
㉱ 40 %(변형) 60 %(마찰)

0137. 절삭조건으로 가장 흔히 사용하는 기준은 어느것인가?
㉮ 절삭속도, 공구수명, 공구각
㉯ 절삭속도, 절삭유, 절삭저항
㉰ 절삭속도, 이송, 절삭깊이
㉱ 절삭속도, 절삭저항, 절삭온도

정답 131.㉰ 132.㉯ 133.㉯ 134.㉮ 135.㉮ 136.㉰ 137.㉰

0138. 다음 중 공구수명에 가장 영향을 주는 것은?
　　　㉮ 절삭속도　　　　　　　　㉯ 절삭깊이
　　　㉰ 이송　　　　　　　　　　㉱ 공구각

0139. 절삭저항에 관하여 다음 중 틀린 것은?
　　　㉮ 절삭저항의 크기는 공작물의 재질뿐만 아니라 공구 재질의 영향을 받는다.
　　　㉯ 절삭면적의 증가, 경사각의 감소에 따라 증대한다.
　　　㉰ 절삭속도의 증대에 따라 감소한다.
　　　㉱ 동일한 절삭면적의 경우도 절삭깊이와 이송의 비가 큰 경우는 절삭저항이 커진다.

0140. 선삭작업에서 작업시간을 계산하는데 사용되는 것은?
　　　㉮ 절삭깊이×이송　　　　　　㉯ 이송(mm/rev)
　　　㉰ 이송×회전수　　　　　　　㉱ 절삭속도×이송×깊이

0141. 절삭속도와 결과적인 가공면이 표면거칠기와의 사이에 관계를 옳게 표현한 것은?
　　　㉮ 절삭속도의 증대에 따라 표면거칠기도 증가한다.
　　　㉯ 절삭속도의 증가에 따라 표면거칠기는 감소한다.
　　　㉰ 절삭속도의 증가에 따라 표면거칠기는 처음 증가하다가 차차 감소한다.
　　　㉱ 절삭속도와 표면거칠기는 아무 관련이 없다.

0142. 절삭온도에 관하여 다음 중 틀린 것은?
　　　㉮ 절삭온도는 공구의 마멸에 큰 영향을 끼친다.
　　　㉯ 절삭온도는 절삭속도의 증대와 상승에 따라 대체로 절삭속도의 제곱에 비례한다.
　　　㉰ 절삭온도는 칩의 두께를 크게 하면 상승한다.
　　　㉱ 절삭저항이 높은 재료는 일반적으로 절삭 온도가 높다.

0143. 구성인선에 관한 설명이다. 다음 중 틀린 것은?
　　　㉮ 발생, 성장, 분열, 탈락을 되풀이 한다.
　　　㉯ 매우 가볍고 가공면을 거칠게 만든다.
　　　㉰ 절삭속도와 무관하고 피삭재의 재질과 관계가 있다.
　　　㉱ 적절한 절삭재를 사용하면 소멸된다는 보고가 있다.

정답　138.㉮　139.㉮　140.㉰　141.㉰　142.㉯　143.㉰

0144. 칩의 형태 중 가공표면에 가장 좋은 결과를 주는 것은?
　㉮ 열단형　　　　　　　　　㉯ 전단형
　㉰ 균열형　　　　　　　　　㉱ 유동형

0145. 가공변질층에 관하여 틀린 말은 다음의 어느 것인가?
　㉮ 가공변질층의 깊이는 표면부터 미소경도계로 경도의 측정으로 알 수 있다.
　㉯ 가공경화층에는 흔히 잔류응력이 발생한다.
　㉰ 가공변질층의 깊이는 절삭 저항의 크기에 무관하다.
　㉱ 가공변질층의 존재는 가공면의 내마멸성, 내식성을 현저히 저하시킨다.

0146. 절삭비는 다음의 어느 경우에 계산 가능한가?
　㉮ 전단각 ϕ와 경사각 α일 때
　㉯ 전단각 ϕ와 마찰각 β일 때
　㉰ 전단각 ϕ와 마찰각 β 및 절삭 저항일 때
　㉱ 전단각 ϕ와 전단면에서의 항복 응력을 알 때

0147. 빌트업 에지(built-up edge)가 생기는 것을 방지하기 위한 대책으로서 다음 중 틀린 것은?
　㉮ 바이트 경사각을 크게 한다.
　㉯ 절삭속도를 크게 한다.
　㉰ 윤활성이 좋은 절삭유를 준다.
　㉱ 절삭 속도를 극히 작게 하여 윤활성이 좋은 절삭유를 준다.

0148. 수직식 밀링 머신에는 어떤 공구를 사용하는가?
　㉮ 사이드 커터　　　　　　　㉯ 기어 커터
　㉰ end mill　　　　　　　　㉱ angular cutter

0149. 다음은 맨드럴을 사용할 경우의 예이다. 적합하지 않은 것은 어느 것인가?
　㉮ 와셔와 같이 너무 얇아 척에 물릴 부분이 없을 경우
　㉯ 내경과 외경이 완전 동심원이 되도록 가공하여야 할 경우
　㉰ 외경의 나사를 정확히 가공하여야 할 경우
　㉱ 공작물이 너무 얇아 척에 고정되었을 경우에는 찌그러질 우려가 있을 경우

정답　144. ㉱　145. ㉰　146. ㉮　147. ㉱　148. ㉰　149. ㉰

0150. 전연성이 큰 비철금속, 고무, 자기 등을 연삭할 때 사용하는 입자는?
- ㉮ A
- ㉯ WA
- ㉰ C
- ㉱ Gc

0151. 주철을 절삭할 때 사용하는 절삭유는?
- ㉮ 라아드유
- ㉯ 테레빈유
- ㉰ 사용하지 않음
- ㉱ 석유

0152. 풀리와 같이 구멍과 외경을 동심원으로 센터를 지지하고 가공할 때 사용하는 것은?
- ㉮ 회전 센터
- ㉯ 고정방진구
- ㉰ 이동방진구
- ㉱ 중심봉

0153. 바이트의 마멸 한도란?
- ㉮ 바이트로 깎을 수 있는 가공물의 양을 말한다.
- ㉯ 바이트가 전혀 깎아지지 않을 때까지를 말한다.
- ㉰ 바이트의 절삭상태가 나빠지기 시작할 때까지를 말한다.
- ㉱ 바이트가 마멸되어 없어질 때까지를 말한다.

0154. 다음은 선반의 규격을 설명하였다. 가장 정확히 설명한 것은?
- ㉮ 선반에 부착된 전동기의 마력으로 표시한다.
- ㉯ 선반의 주축센터와 고정센터간의 최대 길이로 표시한다.
- ㉰ 선반 전체의 중량으로 표시한다.
- ㉱ 베드면상에서 깎을 수 있는 공작물의 최대 직경과 최대 가공길이로 표시한다.

0155. core boring이란?
- ㉮ 판재에 큰 구멍을 뚫을 때, 특수 다이를 만들 때 또는 포신 가공에 사용되는 보링
- ㉯ 내연 기관 실린더, 또는 각종의 실린더가공을 전문으로 하는 보링
- ㉰ 얇은 판재 또는 게이지를 제작하는 보링
- ㉱ 보링 머신 중에서 주축이 가장 고속이고 절삭깊이가 작고 리드가 작은 보링

0156. 래핑작업은 어떤 현상을 기계가공에 응용한 것인가?
- ㉮ 마멸현상
- ㉯ 충격현상
- ㉰ 압축현상
- ㉱ 부식현상

정답 150.㉰ 151.㉰ 152.㉱ 153.㉱ 154.㉱ 155.㉮ 156.㉮

0157. 랩으로 가장 많이 사용되는 재료는?
㉮ 구리   ㉯ 연강
㉰ 주철   ㉱ 주석

0158. 차동기구를 갖고 있는 공작기계의 부속장치는?
㉮ 유니버설 척   ㉯ 원형테이블
㉰ 분할대   ㉱ 데이터 절삭부속장치

0159. 다음은 트위스트 드릴의 장점을 열거하였다. 이치에 맞지 않는 사항은?
㉮ 드릴 자체 안내 작용이 있어서 정확한 구멍이 뚫린다.
㉯ chip은 자연히 홈부로부터 제거된다.
㉰ 견고하고 절삭성이 좋다.
㉱ 선단을 연삭하여도 직경차가 커서 드릴의 수명이 길다.

0160. 밀링 가공시 날 끝자국이 생기는 원인으로 볼 수 없는 것은?
㉮ 밀링커터 피치의 불균일   ㉯ 이송속도의 불균형
㉰ 절삭저항에 의한 아버의 휨   ㉱ 절삭 속도의 과다

0161. 다음 중 공작기계 주축의 속도열 방식에서 공작물을 가공하는데 널리 이용되는 속도열은?
㉮ 등차급수 속도열   ㉯ 등비급수 속도열
㉰ 대수급수 속도열   ㉱ 답이 없다.

0162. 호빙 머신으로 가공할 수 없는 것은?
㉮ 스퍼 기어   ㉯ 내접 기어
㉰ 헬리컬 기어   ㉱ 체인바퀴

0163. 다음 설명 중 틀린 것은?
㉮ 트루잉이란 연삭숫돌을 성형하는 것이다.
㉯ 드레싱이란 가공면이 나빠질 때 숫돌표면을 갈아내는 것이다.
㉰ 연삭에는 건식연삭과 습식연삭이 있다.
㉱ 연삭에서는 선반, 밀링가공에서보다 열발생이 적다.

정답 157.㉰ 158.㉰ 159.㉱ 160.㉱ 161.㉯ 162.㉯ 163.㉱

0164. 선반의 리브는 다음 중 어디에 붙어 있는 것인가?
  ㉮ 왕복대
  ㉯ 심압대
  ㉰ 베드
  ㉱ 주축대

0165. 호닝 머신으로 다듬질 가공할 때 호닝의 압력은?
  ㉮ 4~6 kgf/cm²
  ㉯ 0.5~1 kgf/cm²
  ㉰ 10~30 kgf/cm²
  ㉱ 15~20 kgf/cm²

0166. 체이싱 다이얼의 사용 시기는?
  ㉮ 밀링 머신에서 기어를 가공할 때
  ㉯ 세이퍼에서 키 홈을 가공할 때
  ㉰ 보링 머신에서 구멍을 가공할 때
  ㉱ 선반에서 나사를 깎을 때

0167. 방진구를 사용하려면 직경에 비하여 길이가 얼마 이상인가?
  ㉮ 50배
  ㉯ 20배
  ㉰ 30배
  ㉱ 40배

0168. 다음 중에서 액체 호닝의 장점이 아닌 것은?
  ㉮ 공작물 표면의 산화막과 거스러미를 간단히 제거할 수 있다.
  ㉯ 짧은 시간에 광택이 나지 않는 매끈한 면을 얻을 수 있다.
  ㉰ 복잡한 모양의 공작물은 다듬질이 곤란하다.
  ㉱ 피닝 효과가 있고 공작물의 피로 한도를 높일 수 있다.

0169. 슬로터가 세이퍼보다 편리한 점은?
  ㉮ 정밀 가공
  ㉯ 홈 가공
  ㉰ 구멍의 키 홈 가공
  ㉱ 평면 가공

0170. 다음 공작기계 중에서 직선절삭 급속귀환 행정을 하지 않는 것은?
  ㉮ 밀링
  ㉯ 세이퍼
  ㉰ 플레이너
  ㉱ 슬로터

0171. 열처리한 고속도강이나 광학유리를 절단하는데 사용되는 숫돌은?
  ㉮ 비트리 파이드 숫돌
  ㉯ 레지노이드 숫돌
  ㉰ 셀락 숫돌
  ㉱ 라버 숫돌

정답 164.㉰ 165.㉮ 166.㉱ 167.㉯ 168.㉰ 169.㉰ 170.㉮ 171.㉰

0172. 선반에서 백기어를 설치하는 목적은?
   ㉮ 소비동력을 줄이기 위하여
   ㉯ 가공시간을 단축하기 위하여
   ㉰ 주축의 회전수를 높이기 위하여
   ㉱ 저속 강력절삭을 하기 위하여

0173. 지름이 큰 가공물의 단면을 절삭할 때 사용되는 선반은?
   ㉮ 정면선반
   ㉯ 자동선반
   ㉰ 탁상선반
   ㉱ 터릿선반

0174. 선반 주축대의 주축은 다음 재료 중 어느 것으로 제작되는가?
   ㉮ 고속도강
   ㉯ 합금강
   ㉰ 연강
   ㉱ 탄소강

0175. 드릴 절삭날의 수명이 짧아지는 이유가 아닌 것은?
   ㉮ 날 여유각을 잘못 정한 경우
   ㉯ 절삭 속도를 잘못 정한 경우
   ㉰ 이송 속도를 잘못 정한 경우
   ㉱ 홈 여유를 잘못 정한 경우

0176. 선반용 척의 크기를 나타내는 방법은?
   ㉮ 척의 외경
   ㉯ 척의 두께
   ㉰ 척중심 구멍의 내경
   ㉱ 척의 길이

0177. 주철을 가공할 경우 형성되는 칩의 형태는 다음 중 어느 것인가?
   ㉮ 유동형 칩
   ㉯ 전단형 칩
   ㉰ 열단형 칩
   ㉱ 균열형 칩

0178. 다음은 선반 바이트로서 요구되는 성질을 열거하였다. 적합치 않은 것은 어느 것인가?
   ㉮ 마모 저항이 적을 것
   ㉯ 경도가 높을 것
   ㉰ 점성, 강도가 높을 것
   ㉱ 사용상의 취급이 용이할 것

0179. 4개의 조(Jaw)를 갖고 있고 불규칙한 공작물을 고정하는데 편리한 척은?
   ㉮ 연동식 척
   ㉯ 단동식 척
   ㉰ 마그네틱 척
   ㉱ 콜릿 척

정답 172.㉰ 173.㉮ 174.㉯ 175.㉱ 176.㉮ 177.㉱ 178.㉮ 179.㉯

0180. 자동 선반 및 터릿 선반에서 널리 사용되는 척은?
- ㉮ 연동식 척
- ㉯ 단동식 척
- ㉰ 마그네틱 척
- ㉱ 콜릿 척

0181. 센터리스 연삭은 다음 어느 연삭기에 속하나?
- ㉮ 내면 연삭기
- ㉯ 외경 연삭기
- ㉰ 평면 연삭기
- ㉱ 성형 연삭기

0182. 숫돌의 입도는 어떻게 표시하나?
- ㉮ 번호로 표시한다.
- ㉯ 밀도로 표시한다.
- ㉰ 알파벳으로 표시한다.
- ㉱ 가나다 순으로 표시한다.

0183. 46-8이라고 표시된 연삭 숫돌에서 46은 숫돌차의 무엇을 나타내는가?
- ㉮ 결합제
- ㉯ 숫돌재료
- ㉰ 입자
- ㉱ 결합도

0184. 선반에서 고정방진구는 어느 부분에 고정되는가?
- ㉮ 주축대
- ㉯ 왕복대
- ㉰ 입도
- ㉱ 베드

0185. 선반 작업에서 할 수 없는 작업은?
- ㉮ 드릴링
- ㉯ 나사 작업
- ㉰ 리밍
- ㉱ 인덱싱

0186. 밀링 커터나 탭의 공구여유각 작업을 할 때 사용하는 선반은 다음 중 어느 것인가?
- ㉮ 다인 선반
- ㉯ 릴리빙 선반
- ㉰ 터릿 선반
- ㉱ 갭 선반

0187. 나사 절삭시 피치 오차의 원인이 아닌 것은?
- ㉮ 변환 기어의 잇수가 부적당했다.
- ㉯ 나사 절삭 바이트가 부정확했다.
- ㉰ 심압대가 헐거웠다.
- ㉱ 공구대가 헐거웠다.

정답 180.㉱ 181.㉯ 182.㉮ 183.㉰ 184.㉱ 185.㉰ 186.㉯ 187.㉮

0188. 세이퍼의 크기는?
㉮ 램의 최대행정과 테이블의 길이
㉯ 공구대의 행정거리와 베드의 길이
㉰ 베드의 길이
㉱ 공구대의 상하 행정길이

0189. 커터로 공작물을 절삭할 때 특히 어떤 점을 조심해야 하는가?
㉮ 전동기의 회전 방향
㉯ 커터의 회전 방향
㉰ 커터의 재질
㉱ 공작물의 재질

0190. 리머의 절삭속도와 이송속도는?
㉮ 절삭속도는 드릴의 절삭속도보다 빠르고 이송속도는 드릴보다 작다.
㉯ 절삭속도는 드릴의 절삭속도보다 느리고 이송속도는 드릴보다 크다.
㉰ 절삭속도는 드릴의 절삭속도와 같으며 이송속도는 드릴보다 작다.
㉱ 절삭속도는 이송속도는 드릴의 경우와 같다.

0191. 래핑에 관한 설명 중 틀린 것은?
㉮ 래핑에 관한 입자는 A 및 C 입자 외에 산화크롬, 산화철, 다이아몬드 등이 있다.
㉯ 래핑액은 철강 계통의 공작물에는 경유 등의 석유를 사용한다.
㉰ 랩의 재질은 그 경도가 공작물의 경도보다 높은 것을 사용한다.
㉱ 래핑에는 습식과 건식이 있고 건식은 보통 습식 후에 행한다.

0192. 래핑 작업에서 절삭저항은 래핑 압력에 따라 크게 좌우된다. 래핑에서의 압력은?
㉮ $0.5\ kg/cm^2$
㉯ $1.5 \sim 3\ kg/cm^2$
㉰ $3 \sim 6\ kg/cm^2$
㉱ $8 \sim 12\ kg/cm^2$

0193. 액체 호닝은 다음 어느 가공법과 비슷한가?
㉮ 샌드 블라스팅
㉯ 래핑
㉰ 호닝
㉱ 초음파 가공

0194. 수퍼 피니싱 상태에서는 일반적으로 3가지 형태가 있다. 이들 형태는 다음 어느 선도에서 가장 명확하게 구별할 수 있는가?
㉮ 숫돌압력 - 절삭량
㉯ 숫돌압력 - 최대 절삭방향각
㉰ 숫돌압력 - 숫돌감량
㉱ 숫돌압력 - 절삭깊이

정답 188.㉮ 189.㉯ 190.㉯ 191.㉰ 192.㉮ 193.㉮ 194.㉯

0195. 다음은 슈퍼 피니싱에 대한 설명이다. 틀린 것은?
㉮ 호닝에 비하여 고압력 저속으로 한다.
㉯ 주철, 알루미늄 등에는 탄화규소 숫돌을 사용한다.
㉰ 압력은 재질이 단단할수록 크게 한다.
㉱ 연삭액은 보통 석유 또는 경유에 20~50% 정도의 기계유를 혼합하여 만든 것을 사용한다.

0196. 슈퍼 피니싱에 의한 표면 정밀도는?
㉮ 0.1~0.3 μm
㉯ 3~4 μm
㉰ 5~10 μm
㉱ 10~50 μm

0197. 다음 래핑의 효과 중 틀린 것은?
㉮ 내마멸성이 증가한다.
㉯ 접촉면이 넓어진다.
㉰ 마찰계수가 커진다.
㉱ 정밀도가 높다.

0198. 플레이너의 규격은 무엇으로 정하는가?
㉮ 수직 이송
㉯ 테이블의 폭
㉰ 행정 길이
㉱ 크로스 테이블의 이동거리

0199. 가공물의 모양에 맞도록 성형하여 사용하는 바이트는?
㉮ 보링 바이트
㉯ 스프링 바이트
㉰ 절단 바이트
㉱ 총형 바이트

0200. 절삭제의 사용 목적을 열거하였다. 틀린 것은?
㉮ 고온 절삭을 돕는다.
㉯ 공구와 일감의 접촉면의 윤활을 돕는다.
㉰ 절삭공구의 냉각
㉱ 공작물의 냉각

0201. 드릴의 웨브에 관한 설명 중 맞는 것은?
㉮ 드릴의 웨브는 절삭하는 실제부분이다.
㉯ 웨브는 드릴의 굵기를 나타내는 기준이다.
㉰ 웨브는 두꺼우면 절삭 저항이 크다.
㉱ 웨브는 절삭구멍과 드릴 크기와의 공차를 말한다.

정답 195.㉮ 196.㉮ 197.㉰ 198.㉰ 199.㉱ 200.㉮ 201.㉰

0202. 연삭기 사용에 있어서 숫돌의 회전이 너무 빠르면?
㉮ 숫돌 파괴의 위험이 있다.
㉯ 연삭물의 가공이 위험하다.
㉰ 연삭물 파괴의 위험이 있다.
㉱ 숫돌의 마모가 심하다.

0203. 탄소 공구강은 1종~7종으로 분류되어 있다. 바이트용으로 사용되는 것은 몇 종이 사용되는가?
㉮ 1종~2종
㉯ 3종~4종
㉰ 5종~6종
㉱ 6종~7종

0204. 쉘 엔드 밀(shell end mill)은?
㉮ 엔드 밀의 지름이 작다.
㉯ 절삭날이 2개로 되어 있다.
㉰ 절삭날이 4개로 되어 있다.
㉱ 절삭날부분과 자루부분이 별개로 되어 있다.

0205. 다음은 밀링의 절삭방향에 대하여 쓴 것이다. 잘못된 것은?
㉮ 내려깎기를 하려면 이송나사의 백래시를 제거하는 장치가 필요하다.
㉯ 올려깎기를 하면 동력의 소비가 적어진다.
㉰ 올려깎기에서는 일감이 위로 올라가게 절삭력이 작용하므로 특히 고정을 확실히 할 필요가 있다.
㉱ 올려깎기는 내려깎기보다 커터날의 마멸이 심하다.

0206. 다음 칩 형태 중 가공 표면에 가장 좋은 결과를 주는 것은 어느 것인가?
㉮ 경작형
㉯ 균열형
㉰ 전단형
㉱ 유동형

0207. 다음 중 선반에서 할 수 없는 작업은?
㉮ 나사 절삭
㉯ 릴리빙 절삭
㉰ 기어 절삭
㉱ 편심 절삭

0208. 근래 사용되는 선반 주축의 회전 및 변속 장치에 다음과 같이 사용된다. 이 중 해당사항이 아닌 것은?
㉮ 체인식
㉯ 무단변속
㉰ 단차변속
㉱ 기어식

정답 202.㉮ 203.㉮ 204.㉱ 205.㉯ 206.㉱ 207.㉰ 208.㉮

0209. 스윙에 대한 설명 중 맞는 것은?
  ㉮ 베드면으로부터 주축중심까지의 거리
  ㉯ 깎을 수 있는 일감의 최대길이
  ㉰ 주축 센터에서 심압대 센터까지의 길이
  ㉱ 깎을 수 있는 일감의 최대지름

0210. 머리나사에서 지름 12 mm, 피치 1.5 mm의 나사를 태핑하기 위한 드릴 구멍의 지름은 몇 mm인가?
  ㉮ 9.5
  ㉯ 10
  ㉰ 10.5
  ㉱ 11

0211. 다음은 바이트의 재질을 열거한 것이다. 금속성이 아닌 바이트 재료는 어느 것인가?
  ㉮ 공구강
  ㉯ 주조합금
  ㉰ 세라믹
  ㉱ 초경합금

0212. 밀링 머신의 규격은?
  ㉮ 새들의 이동거리로 정한다.
  ㉯ 테이블의 길이와 폭으로 정한다.
  ㉰ 가공물의 최대지름과 길이로 정한다.
  ㉱ 커터의 지름과 폭으로 정한다.

0213. 연삭숫돌의 3요소가 아닌 것은?
  ㉮ 입자
  ㉯ 기공
  ㉰ 결합제
  ㉱ 경도

0214. 다음 중 고속 절삭과 관계 없는 사항은 어느 것인가?
  ㉮ 구성인선의 증가
  ㉯ 절삭 저항의 저하
  ㉰ 가공 능률의 증대
  ㉱ 가공면의 양호

0215. 절삭저항의 크기 변화가 없이 절삭유를 사용하여 공구면의 마찰을 감소시켰을 때 일어나는 현상으로 틀린 것은?
  ㉮ 전단각이 감소된다.
  ㉯ 가공면의 거칠기가 향상된다.
  ㉰ 칩두께가 감소된다.
  ㉱ 절삭저항의 방향이 변한다.

0216. 다음 절삭유 중 불수용성 절삭유는 어느 것인가?
  ㉮ 에멀전형
  ㉯ 솔류블형
  ㉰ 솔류션형
  ㉱ 극압유

정답 209.㉱ 210.㉰ 211.㉰ 212.㉮ 213.㉱ 214.㉮ 215.㉮ 216.㉱

0217. 트위스트 드릴에서 드릴을 똑바로 전진시키는 안내 역할을 하는 것은 다음 중 어느 것인가?
㉮ 치즐 포인트 ㉯ 마진
㉰ 백테이퍼 ㉱ 나선홈

0218. 선반의 주축에 구멍이 뚫려져 있는 이유는 무엇인가?
㉮ 주축의 회전 질량을 줄이기 위하여 ㉯ 주축의 굽힘강성을 증대시키기 위하여
㉰ 재료를 절약하기 위하여 ㉱ 긴 봉재(소재)를 가공하기 위하여

0219. 형판에 의한 치형 절삭법은 다음의 어느 경우에 사용하나?
㉮ 호브 제작 ㉯ 피니언 커터 제작
㉰ 웜기어 제작 ㉱ 베빌기어 제작

0220. 총형 커터를 사용하는 치형 절삭법으로써 틀린 것은?
㉮ 밀링 머신에서 분할대를 사용하여 깎을 수 있다.
㉯ 1개의 모듈에 대하여 보통 7개의 밀링 커터로 근사적인 치형 홈을 깎아낸다.
㉰ 각 번호의 공구는 그 분담하는 치수 범위는 최소 치수의 기어의 치형홈의 윤곽을 가진다.
㉱ 치형홈의 정도를 높이기 위하여 그 중간의 치수에 대한 보충 커터를 가지고 있다.

0221. 어떤 숫돌에 아래와 같이 표시되었을 때 m은 무엇을 가르키는가?

WA.46.km.V.No 10 205×16×19.05

㉮ 결합도 ㉯ 입도
㉰ 조직 ㉱ 결합제

0222. 다음 중 밀링 머신에서 사용되는 부속장치가 아닌 것이 들어 있는 것은?
㉮ 머신 바이스, 아버 ㉯ 분할대
㉰ 랙 밀링장치, 벨 ㉱ 수직 밀링장치, 슬로팅장치

0223. 브로칭 머신의 종류 중 틀린 것은?
㉮ 수평식 브로칭 ㉯ 곡면 브로칭
㉰ 내면 브로칭 ㉱ 수직 브로칭

정답 217.㉯ 218.㉱ 219.㉱ 220.㉯ 221.㉰ 222.㉰ 223.㉯

0224. 테이퍼 절삭법 중 가장 정도가 높은 것은 어느 것인가?
㉮ 센터 이동법
㉯ 심압대 이동법
㉰ 복식공구대 이용
㉱ 세로이송과 가로이송을 동시에 하는 방법

0225. 랙 커터를 사용하는 기어 세이퍼에 의한 치형 절삭의 장단점에 관한 다음 설명에서 틀린 것은?
㉮ 커터의 정도를 용이하게 높일 수 있고 또 그 오차는 깎인 기어에 평균되어 정도가 높은 치열을 얻게 된다.
㉯ 생산시 능률은 비교적 낮은 편이다.
㉰ 내접기어 헬리컬 기어도 깎을 수 있다.
㉱ 특수한 것으로 산더래드식 기어 세이퍼는 더블 헬리컬 기어도 깎을 수 있다.

0226. 다음 중 가느다란 봉재를 고정할 경우 사용되는 척은?
㉮ 연동척
㉯ 콜릿척
㉰ 전자척
㉱ 단동척

0227. 터릿 선반에 관하여 다음 중 틀린 것은?
㉮ 터릿 선반에는 보통 램형 새들형 및 드럼형의 3가지가 있다.
㉯ 새들형은 작은 공작물에 사용된다.
㉰ 램형은 베드 위를 미끄러지는 터릿 왕복대를 붙인 램이 있고 램의 운동으로 공구이송을 해준다.
㉱ 터릿 선반에서는 tool setting diagram을 사용하는 것이 편리하다.

0228. 브로칭 작업은 다음 어느 경우에 가장 유효하게 이용될 수 있는가?
㉮ 대칭형의 윤곽을 가공할 때
㉯ 나선 홈을 깎을 때
㉰ 복잡한 형상의 구멍을 가공할 때
㉱ 구멍을 확대할 때

0229. 숫돌 바퀴의 형상을 바르게 수정한 것을 무엇이라고 하는가?
㉮ 투루잉
㉯ 드레싱(dressing)
㉰ 글레이징
㉱ 로딩(loading)

0230. 공작물의 주속은 숫돌의 주속에 비하여 낮은 것이 보통이다. 다음 중 타당한 것은?
㉮ 숫돌의 1/5~1/8
㉯ 숫돌의 1/10~1/15
㉰ 숫돌의 1/40~1/50
㉱ 숫돌의 1/100 정도

정답 224.㉰ 225.㉰ 226.㉯ 227.㉯ 228.㉰ 229.㉮ 230.㉱

0231. 브로칭 작업방식 중 옳은 것은?
    ㉮ Broach는 고정되고 공작물이 직선운동을 한다.
    ㉯ 공작물은 고정되고 Broach는 단 1회에 완성 가공한다.
    ㉰ 공작물은 고정되고 Broach는 직선 왕복운동을 한다.
    ㉱ 브로치와 공작물이 같이 움직인다.

0232. 총형 커터로 헬리컬 기어를 깎을 때 공구는 치형 홈에 직각인 단면에 상당하는 윤곽의 것을 사용해야 한다. 지금 기어 축에 직각인 단면에서의 원주피치를 C, 나선각을 α라 할 때 커터는 다음 중 어느 피치 값에 대응하는 공구를 사용하는가?
    ㉮ $C \sin \alpha$
    ㉯ $C \cos \alpha$
    ㉰ $C \tan \alpha$
    ㉱ $C \sin^2 \alpha$

0233. 탄소강을 다듬질 절삭할 때 적당한 상면 경사각은 어느 정도인가?(단, 고속도강 공구를 사용할 때)
    ㉮ 3°~5°
    ㉯ 5°~10°
    ㉰ 8°~16°
    ㉱ 15°~25°

0234. 연삭작업에서의 연삭속도의 크기는 다음 중 어느 것이 타당한 범위인가?
    ㉮ 300~600 m/min
    ㉯ 600~1200 m/min
    ㉰ 1200~2000 m/min
    ㉱ 2000~3600 m/min

0235. 트위스트 드릴의 표준형 드릴에서 선단 여유각의 옳은 값은 다음 중 어느 것인가?
    ㉮ 118°
    ㉯ 12°~15°
    ㉰ 30°
    ㉱ 20°~32°

0236. 상향 절삭에 관하여 틀린 말은?
    ㉮ 커터가 공작물을 테이블로부터 들어올리려는 작용이 있다.
    ㉯ 커터의 회전 방향과 공작물의 이송방향 반대
    ㉰ 공작물의 고정을 보다 큰 힘을 주어 튼튼하게 하여야 한다.
    ㉱ 가공면의 정밀도는 커터날의 예리한 정도에는 별로 관계가 없다.

정답 231.㉯ 232.㉰ 233.㉯ 234.㉱ 235.㉯ 236.㉱

0237. 전(全) 기어식 주축대의 장점으로 다음에서 틀린 것은?
　　㉮ 기동, 정지, 역전이 용이하다.
　　㉯ 주축의 속도에 따라 동력이 변화되어 경제적이다.
　　㉰ 중간축이 필요없어 운전이 편리하다.
　　㉱ 고속, 강력, 정밀한 공작기계에 적합하다.

0238. 니형 수평식 밀링 머신이 큰 트위스트 드릴의 홈가공에 부적당한 이유는?
　　㉮ 테이블의 구조 때문에 선회되는 사용할 수 없으므로
　　㉯ 오버 암의 구조 때문에
　　㉰ 테이블의 수직축 둘레로 선회할 수 없으므로
　　㉱ 분할대의 사용이 불가능하기 때문에

0239. 릴리빙을 옳게 설명한 것은 다음 어느 것인가?
　　㉮ Taper 절삭의 일종이다.
　　㉯ 밀링 커터, 호브 등의 여유각을 깎아서 마련한 것.
　　㉰ 모방 절삭을 말한다.
　　㉱ 회전공구의 날의 경사각을 깎아서 마련한 것.

0240. 피니언 커터에 관한 설명 중 틀린 것은?
　　㉮ 기어 세이퍼에서 사용한다.
　　㉯ 동일 모듈의 기어는 치수에 관계없이 1개의 피니언 커터로 할 수 있다.
　　㉰ 커터의 피치 오차나 치형 오차가 직접 절삭된 기어의 오차에 영향을 주지 않는다.
　　㉱ 커터날에 직각인 단면 내의 치형은 정확한 치형이 아니다.

0241. 다음 중 가장 많이 사용되는 결합제는?
　　㉮ 셸락(E)　　　　　　　　　㉯ 레지노이드(R)
　　㉰ 비트리 파이드(V)　　　　 ㉱ 실리 케이트(S)

0242. 브로칭 머신의 용량을 표시한 것은?
　　㉮ 최대 인장력
　　㉯ Broach의 지름
　　㉰ 최대 인장력과 브로우치를 붙이는 슬라이드의 행정길이
　　㉱ 사용 가능한 Broach 최대 길이

정답　237.㉯　238.㉰　239.㉯　240.㉰　241.㉰　242.㉰

0243. 드릴의 각도 중 연삭에 의하여 변환되지 않는 것은 다음 어느 것인가?
　㉮ 나선각　　　　　　　　　　㉯ 선단 여유각
　㉰ 선단각　　　　　　　　　　㉱ 경사각

0244. 선반의 크기는 다음 어느 것으로 표시하는가?
　㉮ 스윙×센터간의 최대 거리　　㉯ 왕복대상의 스윙
　㉰ 베드면부터 센터까지의 거리　㉱ 베드의 길이

0245. 호닝에 관하여 다음 중 틀린 것은?
　㉮ 직사각형 단면의 긴 숫돌을 지지구에 붙인 호은이라는 공구를 사용한다.
　㉯ Boring, 리머 가공, 내면 연삭을 한 구멍의 진원도, 진직도, 표면거칠기를 개선하는 후가공에 적합하다.
　㉰ 호닝 작업 중 가해지는 절삭 저항의 방향이 변화되어 지립의 벽개가 활발하고 항상 예리한 날이 숫돌 표면에 발생한다.
　㉱ 가공면상에는 cross hatch의 자국이 남지 않는다.

0246. 내면 연삭이 외면 연삭에 비하여 가지는 특징으로서 다음 중 옳지 않은 것은?
　㉮ 외면 연삭의 경우보다 숫돌의 감멸이 크다.
　㉯ 각종 자동 치수 결정 장치가 필요하여 진다.
　㉰ 숫돌축의 회전수가 극히 높아진다.
　㉱ 정밀도 및 표면거칠기는 외면보다 우수하다.

0247. 하향절삭에 관한 설명 중 틀린 것은?
　㉮ 커터가 공작물에 처음 닿는 점 근처에서 칩의 최대 두께를 가진다.
　㉯ 하향 절삭용으로 특히 설계된 밀링 머신에서만 행하여야 한다.
　㉰ 반드시 가공면에는 커터 자국이 나타난다.
　㉱ 공작물을 테이블에 고정하는 데 보다 작은 힘을 요하며 얇은 공작물을 깎거나 중절삭을 할 때 유리하다.

0248. 다음 톱기계 중에서 톱날이 크랭크 장치로 왕복 운동하며 절단하는 것은?
　㉮ 기계 활톱　　　　　　　　　㉯ 기계 둥근톱
　㉰ 기계 띠톱　　　　　　　　　㉱ 마찰톱 기계

정답 243.㉮ 244.㉮ 245.㉱ 246.㉱ 247.㉰ 248.㉮

0249. 기어 세이퍼는 다음 어느 치형 절삭법을 수행하는 공작기계인가?
 ㉮ 형판에 의한 방법
 ㉯ 총형공구
 ㉰ 형삭법에 의한 방법
 ㉱ 호빙법

0250. 선반의 주축 회전수의 등비급수 공비로써 보편적인 것은?
 ㉮ 1.2~1.6
 ㉯ 1.6~2.0
 ㉰ 2.0~3.0
 ㉱ 3.0~5.0

0251. 선반의 베드 중 산형 베드의 장점이 아닌 것은?
 ㉮ 왕복대가 좌우로 흔들린다.
 ㉯ 베드가 마멸되어도 직경 가공 정도에는 영향이 없다.
 ㉰ 칩이 베드 위에 머물러 있기 어려워 베드의 손상이 적다.
 ㉱ 베드 면적이 넓어 단위 면적당의 힘이 작고 베드 두께를 얇게 할 수 있다.

0252. 세그먼트 숫돌은 다음 어느 용도에 사용되는가?
 ㉮ 원통 연삭용
 ㉯ 기어 연삭용
 ㉰ 평면 연삭용
 ㉱ 중연삭용

0253. 센터리스 연삭에서 공작물의 회전수 n_w와 조정 숫돌의 회전수 n_r, 조정 숫돌의 직경 D_r 및 공작물직경 d_w 사이의 올바른 관계는 다음의 어느 것인가?
 ㉮ $n_w = n_r D_r / d_w$
 ㉯ $n_w = D_r d_w / n_r$
 ㉰ $n_w = n_r d_w / D_r$
 ㉱ $n_w = D_r n_r / d_w$

0254. 평밀링 커터에서 나선날이 곧은날에 비하여 가지는 이점이 아닌 것은?
 ㉮ 날이 받는 힘이 작아진다.
 ㉯ 진동이 작다.
 ㉰ 커터의 날을 증대시킨다.
 ㉱ 깨끗한 가공면을 얻게 된다.

0255. 숫돌 가공 부분이 너무 작거나 연한 금속을 연삭할 때 숫돌이 너무 연하면 어떤 상태가 발생하는가?
 ㉮ shedding
 ㉯ glazing
 ㉰ loading
 ㉱ 정상연삭

정답 249.㉰ 250.㉮ 251.㉮ 252.㉰ 253.㉮ 254.㉰ 255.㉰

0256. 밀링 가공면 tooth mark에 관해 틀린 말은?
⑦ 밀링 커터로 절삭한 면에서 생긴다.
⑭ 커터의 날 1개당의 이송을 피치로 한 요철이 생긴다.
⑮ 커터 지름이 클수록 가공면은 거칠어진다.
㉮ 상향 절삭이 하향 절삭보다 가공면이 좋다.

0257. 가늘고 긴 원통을 연삭하는데 가장 적절한 연삭기는?
⑦ 원통연삭기　　　　　　　⑭ 만능연삭기
⑮ 센터리스연삭기　　　　　㉮ 공구연삭기

0258. 다음 중 단인 공구인 것은?
⑦ 총형 커터　　　　　　　⑭ 각 밀링 커터
⑮ 브로우치　　　　　　　　㉮ 플라이 커터

0259. 선반작업에서 구멍이 뚫린 원통형 소재에서 선삭을 할 때 필요한 것은?
⑦ 돌리개　　　　　　　　　⑭ 맨드럴
⑮ 방진구　　　　　　　　　㉮ 면판

0260. 센터의 선단각으로서 틀린 것은?
⑦ 45°　　　　　　　　　　⑭ 60°
⑮ 75°　　　　　　　　　　㉮ 90°

0261. 다음 4가지 입자 중 가장 파쇄되기 쉬운 것은?
⑦ A 입자　　　　　　　　　⑭ WA 입자
⑮ C 입자　　　　　　　　　㉮ GC 입자

0262. 다음 선반 중 대량 생산에 가장 적합한 것은?
⑦ 공구선반　　　　　　　　⑭ 터릿선반
⑮ 수직선반　　　　　　　　㉮ 정면선반

0263. 다음 중 나머지 3개와 밀링 커터의 기본 분류를 볼 때 다른 유형에 속하는 것은 어느것인가?
⑦ 정면 밀링 커터　　　　　⑭ 각(角) 밀링 커터
⑮ End Mill　　　　　　　　㉮ T홈 커터

정답　256.㉮　257.⑮　258.㉮　259.⑭　260.⑦　261.㉮　262.⑭　263.⑭

0264. 수평식 보링 머신의 크기는 관례상 다음의 어느 것으로 표시하는가?
㉮ 주축의 지름　　　　　　　㉯ 테이블의 크기
㉰ 주축과 보링바의 크기　　　㉱ 테이블의 이동거리

0265. 호빙 머신으로 깎을 수 없는 것은?
㉮ 헬리컬 기어　　　　　　　㉯ 스퍼어 기어
㉰ 베벨 기어　　　　　　　　㉱ 웜 기어

0266. 평면 가공에 가능한 세이퍼나 플레이너 대신 밀링 머신이 사용되는 이유는?
㉮ 보다 정밀한 평면 가공이 가능하므로　　㉯ 보다 생산 능률이 높으므로
㉰ 보다 작업이 용이하므로　　　　　　　　㉱ 표면가공 정밀도가 높고 생산속도가 높으므로

0267. 가공할 소재의 단면이 불규칙한 모양일 때 필요한 척은?
㉮ 단동척　　　　　　　　　　㉯ 연동척
㉰ 콜릿척　　　　　　　　　　㉱ 마그네틱 척

0268. Slab Mill이란 다음의 어느 것인가?
㉮ 평밀링 커터의 일종　　　　㉯ 사이드 밀링 커터의 일종
㉰ 정면 밀링 커터의 일종　　　㉱ 총형 커터의 일종

0269. 선반공구대의 이송운동과 관계가 있는 것은?
㉮ saddle　　　　　　　　　　㉯ compound rest
㉰ tool post　　　　　　　　　㉱ lead screw

0270. 브로치에 관하여 옳은 설명은?
㉮ 회전 공구의 일종이다.　　　㉯ 단인공구의 일종이다.
㉰ 다수의 날을 가진 봉형상의 공구이다.　　㉱ 나선의 날을 가진 공구이다.

0271. 라이브 센터를 옳게 설명한 것은?
㉮ 심압대의 센터로써 소재와 함께 회전하는 센터
㉯ 심압대의 센터로써 소재와 상대 운동을 하는 센터
㉰ 주축대의 센터로써 소재와 함께 회전하는 센터
㉱ 주축대의 센터로써 소재와 상대 운동을 하는 센터

정답　264.㉮　265.㉰　266.㉱　267.㉮　268.㉮　269.㉱　270.㉰　271.㉰

0272. 호닝 작업에서 호온의 올바른 운동은?
㉮ 직선 왕복운동
㉯ 회전운동
㉰ 회전운동과 축방향의 왕복운동과의 합성운동
㉱ 회전운동과 축방향의 왕복운동과의 교대운동

0273. 다음 중 작업 내용이 가장 다양한 것은?
㉮ 밀링 머신　　　　　　㉯ 드릴링 머신
㉰ 세이퍼　　　　　　　㉱ 보링 머신

0274. 하프 너트는 다음 중 어떤 경우에 사용하는가?
㉮ 이송봉을 작동시키는데 사용　　㉯ 리드 스크류를 작동시키는데 사용
㉰ 이봉송을 역전시키는데 사용　　㉱ 크로스 슬라이드를 움직이는데 사용

0275. 호빙 머신에서 호브의 접선 이송기구를 사용하는 경우는?
㉮ 두 줄 호브를 사용할 때　　㉯ 베벨기어 절삭
㉰ 내접기어 절삭　　　　　㉱ 웜기어 절삭

0276. 숫돌 바퀴의 수명은 보통 다음 중 어느 것으로 판정하는가?
㉮ 숫돌 감멸이 급격히 증대하는 시기
㉯ 자생작용이 급격히 활발해지는 시기
㉰ 연삭비가 50%에 달하는 시기
㉱ 드레싱을 하지 않으면 연삭의 계속이 어려울 때

0277. 컨투어 머신은 다음 중 어느 것인가?
㉮ 기계활톱　　　　　　㉯ 기계둥근톱
㉰ 기계띠톱　　　　　　㉱ 마찰톱기계

0278. 만능공구 연삭기로 연삭하지 않는 것은?
㉮ Bite　　　　　　　　㉯ Drill
㉰ Milling cutter　　　　㉱ Gear

정답　272.㉰　273.㉮　274.㉯　275.㉱　276.㉱　277.㉰　278.㉱

0279. 만능형 밀링 머신은 다음의 어느 것에 구조가 가장 가까운가?
   ㉮ 니형 수평 밀링 머신   ㉯ 니형 수직 밀링 머신
   ㉰ 생산형 밀링 머신   ㉱ 플레이너형 밀링 머신

0280. 다음에서 총형 커터에 속하는 것은?
   ㉮ 사이드 밀링 커터   ㉯ 엔드 밀
   ㉰ 플라이 커터   ㉱ 치형 절삭 커터

0281. 정면 밀링에 대하여 틀린 것은?
   ㉮ 주절삭 작용은 원주면에 있는 날부분이 담당하고 cutter 단면의 날은 다듬질한다.
   ㉯ 커터의 축과 가공면은 평행하다.
   ㉰ 수평식 밀링 머신과 수직식 밀링 머신에서 다같이 가능하다.
   ㉱ 비교적 크며 삽입물을 가진 커터가 많이 사용된다.

0282. 다음 중 체적이 가장 작은 것은 어느 것인가?
   ㉮ 단동식 척   ㉯ 만능식 척
   ㉰ 마그네틱 척   ㉱ 콜릿 척

0283. 센터리스 연삭을 한 공작물의 윤곽은 진원이 아닌 변형원이 되기 쉽다. 이를 방지하기 위한 수단으로 사용되는 것은?
   ㉮ 연삭숫돌과 조정숫돌의 중심을 확실하게 고정한다.
   ㉯ 공작물의 중심을 다소 높게 하거나 받침판의 상면을 경사시킨다.
   ㉰ 연삭숫돌을 투루잉하여 정확한 모양으로 수정한다.
   ㉱ 연삭숫돌 축의 경사를 조절하여 공작물의 이송속도를 조절한다.

0284. 크지 않는 공작물의 경우 평면 가공을 한다면 어느 것이 가장 바람직한가?
   ㉮ 선반   ㉯ 세이퍼
   ㉰ 플레이너   ㉱ 수직 보링 머신

0285. 단식 분할법에서 공작물의 소요 분할수와 핸들 회전수와의 관계로써 옳은 것은?
   ㉮ 핸들회전수 = 60/소요회전수   ㉯ 핸들회전수 = 소요회전수/60
   ㉰ 핸들회전수 = 40/소요회전수   ㉱ 핸들회전수 = 소요회전수 / 40

정답 279.㉮ 280.㉱ 281.㉯ 282.㉱ 283.㉰ 284.㉱ 285.㉰

0286. 선반작업에서 바이트가 공작물 중심선보다 아래에 오면 어떻게 되는가?
㉮ 공구의 경사각이 증대한 것과 같은 결과가 된다.
㉯ 공구의 경사각이 감소된 것과 같은 결과가 된다.
㉰ 공구의 작용각에는 변동이 없다.
㉱ 공구의 절삭 능률이 향상된다.

0287. 정면 선반의 설명 중 틀린 것은?
㉮ 비교적 외경이 큰 소재를 깎는데 사용된다.
㉯ 일반적으로 스윙이 크고 베드가 짧다.
㉰ 주로 외경절삭을 행할 목적으로 제작된다.
㉱ 바이트의 움직임에 따라 회전수를 연속적으로 변화시키는 기구를 가진 것도 있다.

0288. 드릴의 홈을 깎는데 가장 적합한 밀링 머신은 다음 어느 것인가?
㉮ 수평 밀링 머신   ㉯ 수직 밀링 머신
㉰ 모방 밀링 머신   ㉱ 만능 밀링 머신

0289. 생산형 밀링 머신에 관하여 틀린 것은?
㉮ Table이 일정한 높이의 베드 위에 있다.
㉯ 일반적으로 일정한 치수의 대량생산에 적합
㉰ 강성이 다소 약하고 Knee 형만 못하다.
㉱ 주축대는 어느 정도 상하로 움직일 수 있고 주축대는 2개 또는 3개도 가질 수 있다.

0290. 원통 연삭기의 용량은 다음의 어느 것으로 표시하는가?
㉮ 테이블 면적과 숫돌지름
㉯ 테이블 상의 스윙과 양센터간의 최대 거리 및 숫돌 크기
㉰ 숫돌축의 전동기 마력과 주축대 전동기 마력
㉱ 숫돌축 최대 이동거리와 테이블상의 스윙

0291. 숫돌의 3요소란?
㉮ 지립, 입도, 결합제   ㉯ 지립, 결합제
㉰ 지립, 결합체, 기공   ㉱ 강도, 조직, 입도

정답 286.㉯ 287.㉰ 288.㉱ 289.㉰ 290.㉯ 291.㉰

0292. 선반의 크기 16 in×48 in로 표시될 때 48 in는 다음의 어느 것을 표시하나?
㉮ 베드의 높이 ㉯ 베드의 길이
㉰ 지지할 수 있는 공작물의 길이 ㉱ 지지할 수 있는 공작물의 스윙

0293. 다음 중 주축과 테이블의 상대 위치에 대한 정밀측정장치를 가지고 있는 것은?
㉮ 정밀 보링 머신 ㉯ 지그 보링 머신
㉰ 수직 보링 머신 ㉱ 만능형 밀링 머신

0294. 섕크부분과 날부분을 별도로 하여 끼웠다 뺐다 할 수 있는 드릴은 다음 중 어느 것인가?
㉮ 콤비네이션 드릴 ㉯ 기름 구멍 드릴
㉰ 셸 드릴 ㉱ 스텝 드릴

0295. 선반가공에서 절삭가공면의 표면거칠기는 여러 인자의 영향을 받으나 공구 끝의 형상에 의한 영향이 크다. 이송을 f(mm/rev), 공구 노즈 반지름을 r(mm)이라고 할 때 이론적인 표면거칠기 H(mm) 값은?

㉮ $H ≒ \dfrac{f}{r}$ ㉯ $H ≒ 8rf$

㉰ $H ≒ \dfrac{f}{r^2}$ ㉱ $H ≒ \dfrac{f^2}{8r}$

0296. 스테인리스강을 선삭할 때의 절삭유는?
㉮ 물 ㉯ 광물성유
㉰ 중절삭용 수용성유 ㉱ 황화염과 광물성유

0297. 다음 중 실질적으로 수직식 드릴링 머신에 가까운 기능을 가진 것은?
㉮ 수평식 보링 머신 ㉯ 수직식 보링 머신
㉰ 정밀 보링 머신 ㉱ 지그 보링 머신

0298. 기어의 셰이빙에 관하여 다음에서 옳지 않은 것은?
㉮ 셰이빙이란 셰이빙 커터로 맞물릴 상대방의 기어의 치면으로부터 극히 미소량의 칩을 깎아내는 작업이다.
㉯ 셰이빙을 하면 연삭과정을 생략할 수 있다.
㉰ 셰이빙 커터는 랙형과 피니언형이 있고 모두 치면에 다수의 홈을 파서 날을 세운 것이다.
㉱ 기어 셰이빙은 특별한 전문공작기계가 필요치 않다.

정답 292.㉰ 293.㉯ 294.㉱ 295.㉱ 296.㉰ 297.㉱ 298.㉱

0299. 플로어 타입 보링 머신을 옳게 설명한 것은?
    ㉮ 보링할 구멍의 직경이 300 mm 이하의 공작물을 대상으로 하는 수평식 보링 머신
    ㉯ 주축대를 가진 컬럼이 베드 위를 이동하여 주축의 위치를 결정할 수 있는 수평식 보링 머신
    ㉰ 수직식 보링 머신 중 매우 큰 것.
    ㉱ 드릴링과 밀링장치를 함께 갖추고 있는 수평식 보링 머신

0300. 절삭저항을 감소시키는 조건은?
    ㉮ 공구 윗면 경사각을 크게 하고 절삭속도를 높인다.
    ㉯ 공구의 설치각을 감소시킨다.
    ㉰ 칩전단각을 감소시키고 윗면 경사각도 감소시킨다.
    ㉱ 절삭깊이를 크게 하고 이송을 작게 한다.

0301. 리밍 작업에 관한 설명 중 옳은 것은?
    ㉮ 드릴작업과 같은 속도로 절삭한다.
    ㉯ 드릴작업보다 피드만 작게 하고 같은 속도로 절삭한다.
    ㉰ 드릴작업보다 고속으로 절삭한다.
    ㉱ 드릴작업보다 저속으로 하고 피드를 적게 절삭한다.

0302. 세이퍼에서 램의 매분당 행정수는 최대값이 어느 정도인가?
    ㉮ 30~40   ㉯ 50~70
    ㉰ 약 75   ㉱ 100~130

0303. 세이퍼 작업에 관하여 설명한 것 중 다음에서 틀린 것은?
    ㉮ 램이 절삭저항을 받아 위로 치받쳐들고 또 진동을 일으키기 쉬우므로 정확한 평면을 깎기 어렵다.
    ㉯ 작업시 램의 행정은 공작물의 전장을 크게 넘도록 조절한다.
    ㉰ 일반적으로 세이퍼 작업에서는 절삭 초 중앙부 절삭 종료부에서 가공면 성질이 다르다.
    ㉱ 다듬질 절삭에서는 절삭속도를 되도록 크게 하고 절삭 깊이와 이송은 되도록 작게 한다.

0304. 글리슨 베벨 기어 절삭기의 원리와 깊은 관련이 있는 것은 다음 중 어느 것인가?
    ㉮ 원추와 강괴   ㉯ 랙과 총형 커터
    ㉰ 형판과 롤러로 안내되는 공구   ㉱ 크라운 기어와 세그먼트 기어

정답 299.㉯ 300.㉮ 301.㉱ 302.㉱ 303.㉮ 304.㉱

0305. 정밀 보링 머신에 대한 다음의 설명 중 틀린 것은?
㉮ 표면 거칠기가 작은 우수한 내면을 얻는데 쓰인다.
㉯ 경질 금속의 최종 다듬질에 특히 유용하다.
㉰ 조경공구를 주로 사용
㉱ 회전정도가 높은 고속회전축과 이송의 정도가 높아야 한다.

0306. 마그 기어 연삭기에 관한 다음의 설명 중 틀린 것은?
㉮ 2매의 접시형 숫돌을 사용한다.
㉯ 이 숫돌로 랙의 치형을 형성시켜 이 랙과 기어 소재가 그의 피치선과 피치원에서 구름접촉을 하도록 운동시킨다.
㉰ 구체적인 창성운동을 피치블록이라는 원통과 강모를 사용한다.
㉱ 정도는 높지 않으나 생산능률은 매우 높다.

0307. 구멍의 상부를 원추형으로 절삭하는 작업은 다음 중 어느 것인가?
㉮ 리밍
㉯ 카운터 싱킹
㉰ 카운터 보링
㉱ 스폿 페어싱

0308. 다음 중 플레이너에서 공작물을 테이블에 고정시키는데 사용되는 것이 아닌 것은?
㉮ T형 머리 볼트
㉯ 스크류 잭
㉰ 계단 블록
㉱ 전자 척

0309. 기어 세이빙을 설명한 것 중 틀린 것은?
㉮ 세이빙 커터와 기어소재의 양회전축각은 보통 0°로 한다.
㉯ 미끄럼 속도를 발생시키기 위하여 평기어에서는 헬리컬 기어형 세이빙 커터를 사용하고 헬리컬 기어에는 평기어 세이빙 커터를 사용한다.
㉰ 치면은 평활하여지고 전가공(前加工)의 가공 정도의 영향은 크다.
㉱ 연삭가공에 비하여 다듬질 정도는 크게 떨어진다.

0310. 세이퍼나 플레이서에서 굽힘 바이트와 탄성 절삭공구가 사용되는 이유는 다음 어느 것인가?
㉮ 공구를 튼튼하게 하기 위하여
㉯ 양호한 가공면을 얻기 위하여
㉰ 공구수명을 연장하기 위하여
㉱ 클램프 기구에 적절한 형상이므로

정답 305.㉯ 306.㉱ 307.㉯ 308.㉱ 309.㉯ 310.㉯

0311. 드릴에 관한 다음 설명 중 틀린 것은 어느 것인가?
   ㉮ 드릴의 절삭속도는 날위의 반경위치에 따라 다르나 보통은 최외주 속도를 절삭속도라고 부른다.
   ㉯ 드릴의 수명은 더 이상 뚫을 수 없을 때까지의 사용시간이다.
   ㉰ 드릴의 수명은 구멍의 지름 및 깊이에 따라 변한다.
   ㉱ 같은 드릴 수명에 대해서는 지름이 큰 쪽이 절삭속도를 빠르게 할 수 있다.

0312. 납이 많이 첨가된 청동 또는 칩의 두께가 두꺼울 때 나타나는 칩의 형태는?
   ㉮ 전단형
   ㉯ 열단형
   ㉰ 균열형
   ㉱ 유동형

0313. 다음 드릴 중 외주 부근에서만 3~4개의 날을 가지고 중심부에는 날을 두지 않는 것은?
   ㉮ 코어 드릴
   ㉯ 사브랜드 드릴
   ㉰ 스템 드릴
   ㉱ 건 드릴

0314. 다음 중 틀린 것은?
   ㉮ 드릴의 선단각을 크게 하면 모멘트는 감소하나 추력은 증가된다.
   ㉯ 나선홈의 경사각의 증가와 더불어 저항은 차츰 감소한다.
   ㉰ 선단 여유각은 여유면이 구멍의 밑바닥에서 닿지 않도록 약간만 두어두면 절삭저항에는 거의 관계가 없다.
   ㉱ 치즐에지는 절삭저항 특히 추력을 감소시킨다.

0315. 공작물에 여러 개의 구멍을 동시에 뚫는데 적합한 드릴링 머신은 다음 중 어느것인가?
   ㉮ 터릿 드릴링 머신
   ㉯ 다두 드릴링 머신
   ㉰ 다축 드릴링 머신
   ㉱ 레이디얼 드릴링 머신

0316. 세이퍼의 크기는 다음 중 어느 것으로 표시하는가?
   ㉮ 램의 최대 행정
   ㉯ 구동전동기의 마력수
   ㉰ 바이스의 치수와 테이블의 크기
   ㉱ 테이블의 길이와 폭

0317. 구멍을 똑바로 뚫는데 사용되는 것은?
   ㉮ 박스 지그
   ㉯ 드릴 플레이트
   ㉰ 안내 부시
   ㉱ 드릴 검사 게이지

정답 311.㉯ 312.㉮ 313.㉮ 314.㉯ 315.㉯ 316.㉮ 317.㉯

0318. 호빙 머신의 분할 정수에 관하여 다음 중 틀린 것은?
    ㉮ 분할 정수는 어떤 호빙 M/C에 있어서나 항상 일정하다.
    ㉯ 분할 변환기어의 잇수비를 1 : 1로 하였을 때 호브축과 기어소재축의 회전비이다.
    ㉰ 한줄 나사로 절삭되는 기어의 잇수에 상당한다.
    ㉱ 분할 정수값은 보통 24이다.

0319. 수평식 보링에 관한 설명 중 틀린 것은?
    ㉮ 테이블은 수평면 내에서 직각인 2방향으로 운동 가능하다.
    ㉯ 주축두는 수직운동한다.
    ㉰ 회전하는 주축은 축방향으로 이송운동이 불가능하나 테이블 운동으로 공작물에 이송을 준다.
    ㉱ 직교하는 3방향의 운동이 모두 가능한 셈이다.

0320. 선반 바이트용 고속도강의 담금질 온도는?
    ㉮ 650 ℃
    ㉯ 850 ℃
    ㉰ 1050 ℃
    ㉱ 1250 ℃

0321. 원주면을 깎는데 가장 편한 것은 다음 중 어느 것인가?
    ㉮ 세이퍼
    ㉯ 플레이너
    ㉰ 슬로터
    ㉱ 밀링 머신

0322. 세이퍼나 플레이너의 클래퍼기구는 다음 어느 부분에 있는가?
    ㉮ 록크 암
    ㉯ 크로스 레일
    ㉰ 공구대
    ㉱ 베드

0323. 절삭제의 사용목적 중 틀린 것은?
    ㉮ 공작물의 냉각
    ㉯ Tool의 냉각
    ㉰ 가공표면의 방청
    ㉱ 공구와 칩의 친화력

0324. 세라믹 바이트의 주성분은?
    ㉮ Ni
    ㉯ Cr
    ㉰ Al_2O_3
    ㉱ W

정답 318.㉮ 319.㉯ 320.㉰ 321.㉱ 322.㉰ 323.㉱ 324.㉰

0325. 직립식 드릴링 머신의 크기는 다음 중 어느 것으로 표시되는가?
㉮ 테이블의 크기
㉯ 주축 구멍의 테이퍼 번호
㉰ 스윙
㉱ 주축 중심부터 컬럼 표면까지의 최대거리

0326. 세이퍼나 플레이너의 클래퍼기구의 목적은 어느 것인가?
㉮ 가공면의 경도를 높이기 위해
㉯ 귀환행정에서 공구를 보호하기 위하여
㉰ 테이블이나 캠의 역전을 위하여
㉱ 공구의 이송운동을 위하여

0327. 천공, 공작기계, 공구가공에 사용되는 기계는?
㉮ 보링 머신
㉯ 밀링 머신
㉰ 드릴링 머신
㉱ 지그 보링 머신

0328. 플레이너에서 테이블의 왕복운동을 하는 기구로써 흔한 것은?
㉮ 랙과 피니언
㉯ 원판 캠
㉰ 유압구동
㉱ 크랭크 기구

0329. 바이트의 공구각 중 바이트와 공작물의 접촉을 방지하기 위한 각은?
㉮ 절삭각
㉯ 여유각
㉰ 날끝각
㉱ 경사각

0330. 슬로터의 용도를 옳게 설명한 것은?
㉮ 큰 평면의 가공
㉯ 비교적 작은 수직면이나 홈 가공
㉰ 지름이 큰 원통체의 선삭
㉱ 복잡한 내면 형상의 능률적 가공

0331. 다음 중 한 가지는 나머지 3가지와 유사성이나 관련성이 없는 것이다. 어느 것인가?
㉮ 곧은날 드릴
㉯ 기름구멍 드릴
㉰ 건드릴
㉱ 롱드릴(long Drill)

0332. 구성인선의 크기를 좌우하는 인자 중 관계없는 것은?
㉮ 공구의 전면 여유각
㉯ 공구의 상면 경사각
㉰ 칩의 두께
㉱ 절삭속도

정답 325.㉰ 326.㉯ 327.㉰ 328.㉮ 329.㉯ 330.㉯ 331.㉮ 332.㉮

0333. 모스 테이퍼의 번호는?
　㉮ 0~3번　　　　　　　　㉯ 0~5번
　㉰ 0~7번　　　　　　　　㉱ 0~9번

0334. 세이퍼의 금속귀환 운동과 관계가 있는 것은?
　㉮ 기어열　　　　　　　　㉯ 크랭크와 링크기구
　㉰ 랙과 피니언　　　　　　㉱ 캠과 링크

0335. 다음 중 보링 머신에서 가장 많이 쓰이는 것은?
　㉮ 리머　　　　　　　　　㉯ 바이트
　㉰ 밀링 커터　　　　　　　㉱ 드릴

0336. 작은 공작물의 구멍을 뚫기에 가장 편리한 드릴링 머신은 어느 것인가?
　㉮ 다축 드릴링 머신　　　　㉯ 직접 드릴링 머신
　㉰ 레이디얼 드릴링 머신　　㉱ 탁상 드릴 프레스

0337. 다음 중 드릴링 머신의 종류가 아닌 것은 어느 것인가?
　㉮ 레이디얼 드릴링 머신　　㉯ 휴대용 전기 드릴
　㉰ 드릴 프레스　　　　　　㉱ 리밍 드릴링 머신

0338. 일감에 여러 개의 구멍을 뚫고자 할 때 일감을 움직이지 않고 스핀들을 움직여서 구멍을 뚫는 기계는?
　㉮ 드릴 프레스　　　　　　㉯ 레이디얼 드릴링 머신
　㉰ 수형식 드릴링 머신　　　㉱ 수직 드릴링 머신

0339. 드릴의 비틀림 홈은 바이트의 어느 부분에 해당되는가?
　㉮ 경사면　　　　　　　　㉯ 여유면
　㉰ 날끝각　　　　　　　　㉱ 칩 브레이크각

0340. 드릴링 머신의 종류를 열거한 것 중 한번에 많은 구멍을 뚫을 수 있는 것은?
　㉮ 휴대용 전기 드릴　　　　㉯ 레이디얼 드릴링 머신
　㉰ 직립 드릴링 머신　　　　㉱ 다축 드릴링 머신

정답　333.㉰　334.㉯　335.㉰　336.㉱　337.㉱　338.㉯　339.㉮　340.㉱

0341. 얇은 철판에 구멍을 뚫을 때 적당한 드릴은?
㉮ 60° 이하
㉯ 90°
㉰ 118°
㉱ 120° 이상

0342. 현장 작업에서 사용하기 가장 좋은 드릴링 머신은?
㉮ 탁상 드릴링 머신
㉯ 직립식 드릴링 머신
㉰ 휴대용 전기드릴
㉱ 레이디얼 드릴링 머신

0343. 드릴 작업으로 얻을 수 있는 표면 거칠기는?
㉮ 0.1~0.4S
㉯ 0.8~3S
㉰ 12~50S
㉱ 70~100S

0344. 트위스트 드릴의 지름이 큰 것은 몇 mm까지인가?
㉮ 150 mm
㉯ 100 mm
㉰ 75 mm
㉱ 50 mm

0345. 일반적으로 드릴의 여유각은 약 얼마인가?
㉮ 2°~5°
㉯ 5°~10°
㉰ 10°~15°
㉱ 15°~20°

0346. 드릴의 종류에는 스트레이트 드릴과 테이퍼 섕크 드릴이 있다. 다음 중 틀린 것은?
㉮ 스트레이트 섕크 드릴은 보통 지름이 0.2~13 mm이다.
㉯ 테이퍼 섕크 드릴은 보통 지름이 10 mm 이상이다.
㉰ 테이퍼 섕크 드릴은 모스 테이퍼이다.
㉱ 트위스트 드릴은 어느 것이나 드릴링 머신의 소켓에 끼워 사용한다.

0347. 지름 6~10 mm인 구멍의 리밍에 거친 절삭 여유는?
㉮ 0.1~0.2 mm
㉯ 0.2~0.3 mm
㉰ 0.3~0.4 mm
㉱ 0.4~0.5 mm

0348. 만능 드릴링 머신은 다음 드릴링 머신 중 어느 것에 가장 유사한 형상을 가지고 있는가?
㉮ 직립 드릴링 머신
㉯ 다축 드릴링 머신
㉰ 레이디얼 드릴링 머신
㉱ 이동식 드릴링 머신

정답 341.㉱ 342.㉰ 343.㉯ 344.㉮ 345.㉯ 346.㉱ 347.㉯ 348.㉰

0349. 드릴에서 예비적인 날과 날의 보강 역할을 하는 부분을 무엇이라고 하는가?
- ㉮ 랜드
- ㉯ 마진
- ㉰ 디이닝
- ㉱ 텅

0350. 드릴에 대한 다음 설명 중 가장 관계가 적은 것은?
- ㉮ 드릴의 비틀림 홈은 절삭여유를 충분히 공급하기 위하여 만들어져 있는 것이다.
- ㉯ 드릴의 날끝각은 재료의 성질에 따라 정한다.
- ㉰ 드릴의 비틀림 홈은 칩의 배출을 좋게 하기 위하여 만들어진 것이다.
- ㉱ 날끝의 여유각이 크면 진동을 일으키고 날이 상하기 쉽다.

0351. 드릴 자루는 몇 mm 이상부터 테이퍼 섕크로 되었는가?
- ㉮ 6 mm
- ㉯ 13 mm
- ㉰ 18 mm
- ㉱ 25 mm

0352. 드릴에서 홈과 홈사이의 간격을 무엇이라고 하는가?
- ㉮ 웨브
- ㉯ 마진
- ㉰ 랜드
- ㉱ 치즐

0353. 드릴의 웨브는 어떻게 되어 있나?
- ㉮ 웨브 전체 폭이 같다
- ㉯ 자루 쪽 폭이 크다.
- ㉰ 치즐 포인트 쪽이 크다.
- ㉱ 드릴 크기에 따라 다르다

0354. 직선 자루를 고정할 때의 장치는?
- ㉮ 드릴척
- ㉯ 드릴 슬리브
- ㉰ 부시
- ㉱ 잭

0355. 일반적으로 많이 사용되는 드릴의 명칭은?
- ㉮ 직선홈 드릴
- ㉯ 플랫 드릴
- ㉰ 비틀림 드릴
- ㉱ 센터 드릴

0356. 드릴의 크기는 어떻게 표시하는가?
- ㉮ 전체의 길이
- ㉯ 자루 부분의 길이
- ㉰ 지름
- ㉱ 날 부분의 길이

정답 349.㉯ 350.㉮ 351.㉯ 352.㉮ 353.㉯ 354.㉮ 355.㉰ 356.㉰

0357. 비틀림(두 줄 비틀림 홈) 드릴 날끝의 표준 각도는?
- ㉮ 100°
- ㉯ 118°
- ㉰ 130°
- ㉱ 170°

0358. 테이퍼 섕크 드릴에 일반적으로 사용하는 테이퍼는?
- ㉮ B & S 테이퍼
- ㉯ 내셔널 테이퍼
- ㉰ 모스 테이퍼
- ㉱ 자노 테이퍼

0359. 구멍이 깊고, 정밀도가 높은 구멍을 뚫을 때 드릴의 회전수와 이송 속도와의 관계는 다음 어느 것이 좋은가?

	회전수	이송 속도
㉮	크다.	빠르다.
㉯	작다.	늦다.
㉰	크다.	늦다.
㉱	작다.	빠르다.

0360. 12 mm 이하의 드릴 자루(shank)는 어떻게 되어 있는가?
- ㉮ 내셔널 테이퍼
- ㉯ 모스 테이퍼
- ㉰ 자노 테이퍼
- ㉱ 스트레이트

0361. 다음 중 접지 자리 파기 작업의 회전 속도는?
- ㉮ 보통 드릴 회전 속도의 0.1배
- ㉯ 보통 드릴 회전 속도의 0.2배
- ㉰ 보통 드릴 회전 속도의 0.3배
- ㉱ 보통 드릴 회전 속도의 0.4배

0362. 테이퍼 섕크 드릴을 드릴링 머신 주축에 끼울 때 다음 어느 부분을 맞추어야 작업 중 드릴이 공회전을 하지 않는가?
- ㉮ 랜드
- ㉯ 마진
- ㉰ 네크
- ㉱ 텅

0363. 드릴을 드릴링 머신에 고정하는 방법 중 잘못된 것은?
- ㉮ 드릴 척
- ㉯ 드릴 소켓
- ㉰ 콜릿 척
- ㉱ 드릴링 머신에 직접 끼움

정답 357.㉯ 358.㉰ 359.㉯ 360.㉱ 361.㉯ 362.㉱ 363.㉰

0364. 드릴 프레스로 얇은 판에 구멍을 뚫을 때 얇은 판 밑에 나무판을 받치는 이유가 아닌 것은?
㉮ 드릴의 부러짐을 방지
㉯ 드릴 날에 물려 판이 돌아가는 것을 방지
㉰ 올바른 구멍을 뚫을 수 있도록 하기 위해서
㉱ 다량으로 구멍을 뚫기 위해서

0365. 드릴 작업시 주의 사항 중 틀린 것은?
㉮ 드릴은 흔들리지 않게 정확히 고정한다.   ㉯ 구멍의 중심과 드릴의 끝을 일치시킨다.
㉰ 구멍이 거의 뚫렸을 때는 빨리 뚫는다.   ㉱ 강인한 재료를 절삭할 때는 절삭제를 쓴다.

0366. 단단한 재료일수록 드릴의 날끝 각도는 어떻게 해줘야 하나?
㉮ 일정하다.   ㉯ 크게 한다.
㉰ 작게 한다.   ㉱ 재료를 연화시켜 드릴링한다.

0367. 드릴에서 치즐 포인트를 짧게 하면 어떤 현상이 일어나는가?
㉮ 절삭력 감소   ㉯ 회전 속도 감소
㉰ 절삭 속도 감소   ㉱ 이송 속도 감소

0368. 구멍 뚫기용 지그의 부시와 드릴의 경도의 관계는?
㉮ 같다   ㉯ 부시 쪽이 크다.
㉰ 드릴 쪽이 크다.   ㉱ 상관 없다.

0369. 드릴의 비틀림각은 바이트의 어느 각에 해당되는가?
㉮ 경사각   ㉯ 여유각
㉰ 측면각   ㉱ 공구각

0370. 드릴의 연삭 방법 중 틀린 것은?
㉮ 날끝 형상이 좌우 대칭이 되도록 할 것
㉯ 여유각을 정확히 맞춰줄 것
㉰ 연마 후에는 날끝 형상을 검사 확인할 것
㉱ 드릴 날끝각 검사에는 센터 게이지를 사용할 것

정답 364.㉮ 365.㉰ 366.㉯ 367.㉮ 368.㉮ 369.㉮ 370.㉱

0371. 탁상 드릴링 머신에 일반적으로 끼울 수 있는 드릴의 지름은?
  ㉮ 0.5 ~ 12 mm
  ㉯ 2 ~ 12 mm
  ㉰ 3 ~ 12 mm
  ㉱ 12 ~ 25 mm

0372. 다이아몬드 숫돌의 이점이 아닌 것은?
  ㉮ 연삭능률이 높아 GC숫돌의 40 ~ 60배이다.
  ㉯ 형상정도, 치수정도가 우수하다.
  ㉰ 발열이 적고 마모가 거의 없다.
  ㉱ 숫돌이 너무 단단해 기계의 수명이 단축된다.

0373. 드릴 날끝 각을 118°보다 크게 해야 할 피삭재의 재질은?
  ㉮ 목재
  ㉯ 경강
  ㉰ 구리
  ㉱ 파이버

0374. 다음은 드릴링 머신에 대한 작업이다. 이중 볼트를 고정할 때 너트의 접촉면을 가공하는 작업은?
  ㉮ 리밍
  ㉯ 보링
  ㉰ 스폿 페이싱
  ㉱ 카운터 싱킹

0375. 자콥스 드릴 척(Jacobs drill chuck)에서 드릴을 조이는 조(jaw)의 수는?
  ㉮ 2개
  ㉯ 3개
  ㉰ 4개
  ㉱ 5개

0376. 드릴 작업에서 모든 절삭 조건이 같을 경우, 회전수가 가장 커야 하는 경우의 드릴 지름은?
  ㉮ 3 mm
  ㉯ 6 mm
  ㉰ 12 mm
  ㉱ 19 mm

  해설 모든 절삭조건이 같을 경우, 절삭 속도도 같아야 하므로, 이때 드릴 지름이 작을수록 회전수가 커야 절삭 속도가 같아진다.

0377. 드릴링 머신에서 할 수 없는 작업은?
  ㉮ 태핑
  ㉯ 카운터 보링
  ㉰ 래핑
  ㉱ 드릴링

정답 371.㉮ 372.㉱ 373.㉯ 374.㉰ 375.㉯ 376.㉮ 377.㉰

0378. 리밍을 할 때 좋은 가공면을 얻을 수 있는 것은?
㉮ 절삭 속도를 크게 한다.
㉯ 이송 속도를 적게 한다.
㉰ 절삭 속도를 늦게 하고 이송을 크게 한다.
㉱ 절삭 속도를 늦게 하고 이송도 늦게 한다.

0379. 드릴에 있는 여유를 열거한 것이다. 관계 없는 것은?
㉮ 백 테이퍼
㉯ 날 여유각
㉰ 랜드 여유
㉱ 자루 여유

0380. 드릴의 절삭날의 길이가 같을 경우, 드릴 축을 중심으로 한(드릴 날끝 각도의 1/2) 양쪽 각도가 다른 경우 뚫은 구멍의 크기는?
㉮ 드릴 지름과 같아진다.
㉯ 드릴 지름보다 커진다.
㉰ 드릴 지름보다 작아진다.
㉱ 절삭 조건에 따라 다른 현상이 발생한다.

0381. 드릴의 치즐 포인트를 연삭하여 절삭성이 좋게 하는 것을 무엇이라고 하는가?
㉮ 텅
㉯ 씨닝
㉰ 랜드
㉱ 백 테이퍼

0382. 드릴 작업시 지그를 이용하면 다음과 같은 특징이 있다. 잘못 설명한 것은?
㉮ 금긋기를 해야 한다.
㉯ 불량품이 거의 생기지 않는다.
㉰ 호환성이 좋아진다.
㉱ 제품의 정밀도가 향상된다.

0383. 트위스트 드릴은 절삭날의 각도가 중심에 가까울수록 절삭 작용이 나쁘다. 이것을 보충하기 위해 어떻게 하는가?
㉮ 드레싱한다.
㉯ 씨닝한다.
㉰ 트루잉한다.
㉱ 그라인딩한다.

0384. 드릴 작업시 공작물을 잡는 방법으로 틀린 것은?
㉮ 손으로 잡는 방법
㉯ 클램프로 잡는 방법
㉰ 바이스로 잡는 방법
㉱ 드릴 지그로 잡는 방법

정답　378.㉯　379.㉱　380.㉯　381.㉯　382.㉮　383.㉯　384.㉮

0385. 드릴로 구멍을 뚫을 때 구멍이 불량하게 되는 원인을 열거한 것 중 옳지 않은 것은?
㉮ 일감의 재질이 균일하지 않을 때
㉯ 드릴링 머신의 스핀들이 테이블에 대하여 직각이 아닐 때
㉰ 스핀들의 테이퍼 부분과 슬리브의 테이퍼가 맞지 않을 때
㉱ 작은 드릴을 드릴 척에 끼워 구멍을 뚫었을 때

0386. 드릴을 재연삭할 때 주의할 점이 아닌 것은?
㉮ 절삭 날의 길이를 좌우 같게 한다.
㉯ 절삭 날에 중심선과 이루는 각을 같게 한다.
㉰ 절삭 날의 여유각을 좌우 같게 한다.
㉱ 절삭 날의 길이를 한 쪽만 같게 한다.

0387. 레이디얼 드릴링 머신에서 드릴 주축대는 다은 어느 곳에서 좌우로 움직이는가?
㉮ 기둥   ㉯ 암
㉰ 베이스   ㉱ 주축

0388. 수평 보링 머신의 크기를 나타낸 것 중 틀린 것은?
㉮ 테이블의 크기   ㉯ 주축의 이동 거리
㉰ 주축의 지름   ㉱ 테이블과 베드의 이동 거리

0389. 경사면이나 뾰쪽한 정점에 드릴 가공을 하고자 할 때 드릴이 미끄러져서 작업할 수 없으므로 돌출한 자리를 평면으로 가공해야 한다. 이 때, 사용되는 공구는?
㉮ 센터 펀치   ㉯ 엔드 밀
㉰ 평 드릴   ㉱ 센터 드릴

0390. 드릴링 머신에서 스윙이란 무엇인가?
㉮ 주축단에서 테이블 윗면까지 길이   ㉯ 주축단에서 베이스 윗면까지 길이
㉰ 주축 중심선에서 직수면까지 길이   ㉱ 주축 중심에서 직주 중심까지 길이

0391. 드릴로 카운터 싱킹할 때 떨릴 경우, 그 원인이 아닌 것은?
㉮ 웨브가 작다.   ㉯ 여유각이 크다.
㉰ 회전수가 빠르다   ㉱ 절삭 깊이가 크다.

정답 385.㉱ 386.㉱ 387.㉯ 388.㉱ 389.㉯ 390.㉰ 391.㉮

0392. 드릴링 머신의 크기를 표시할 때 주축의 수를 꼭 기입해야 하는 것은?
　㉮ 레이디얼 드릴링 머신　　　㉯ 직립 드릴링 머신
　㉰ 탁상 드릴링 머신　　　　　㉱ 다축 드릴링 머신

0393. 접시 머리부를 묻히게 하기 위하여 원뿔 자리를 파는 작업은?
　㉮ 카운터 보링　　　　　　　㉯ 카운터 싱킹
　㉰ 보링　　　　　　　　　　　㉱ 태핑

0394. 테이퍼 생크 드릴을 주축에 끼울 때 쓰이는 공구는?
　㉮ 부시　　　　　　　　　　　㉯ 드릴 게이지
　㉰ 드릴 소켓　　　　　　　　㉱ 드릴링 필러

0395. 드릴의 지름 6 mm, 회전수 400 rpm일 때, 절삭 속도는?
　㉮ 6.0 m/min　　　　　　　　㉯ 6.5 m/min
　㉰ 7.0 m/min　　　　　　　　㉱ 7.5 m/min

0396. 구멍 뚫기 작업에서 드릴의 날끝이 빨리 마모되는 이유는?
　㉮ 절삭 속도가 느리기 때문에　　　㉯ 가공물의 재질이 연하기 때문에
　㉰ 이송 속도가 느리기 때문에　　　㉱ 절삭 속도와 이송 속도가 빠르기 때문에

0397. 수직 드릴링 머신의 크기 표시법 중 잘못된 것은?
　㉮ 스윙　　　　　　　　　　　㉯ 테이블의 크기
　㉰ 기계 자체의 중량　　　　　㉱ 뚫을 수 있는 구멍의 최대 지름

0398. 카운터 싱킹 드릴의 날끝각은?
　㉮ 60°　　　　　　　　　　　㉯ 90°
　㉰ 118°　　　　　　　　　　㉱ 135°

　해설　카운터 싱킹은 접시 머리 나사의 머리 부분이 닿게 원추형으로 깎는 것이므로 접시 머리 나사의 머리부분 각도인 90°이다.

0399. 보링 작업에서 가장 많이 쓰이는 절삭공구는?
　㉮ 바이트　　　　　　　　　　㉯ 드릴
　㉰ 커터　　　　　　　　　　　㉱ 탭

정답　392.㉱　393.㉯　394.㉰　395.㉱　396.㉱　397.㉰　398.㉯　399.㉮

0400. 구리합금과 강재(인장강도 50~70 kg/mm²)에 구멍을 뚫을 때, 절삭 속도는?(단, 드릴의 지름은 같다.)
㉮ 구리합금 쪽이 빠르다.   ㉯ 강재 쪽이 빠르다.
㉰ 같다.   ㉱ 이송 속도에 따라 다르다.

0401. 드릴링 작업 이전의 준비로서 틀린 것은?
㉮ 구멍 위치의 중심선과 센터 펀치로 자국을 만든다.
㉯ 펀치 구멍을 중심으로 드릴 직경보다 약간 큰 원을 그린다.
㉰ 공작물과 드릴의 위치를 정한다.
㉱ 구멍뚫을 장소를 불꽃으로 열을 주어 재질을 연하게 만든다.

0402. 고속도강 드릴로 연강에 구멍을 뚫을 때 절삭속도는 어느 정도인가?
㉮ 20~30 m/분   ㉯ 33~43 m/분
㉰ 43~53 m/분   ㉱ 53~63 m/분

해설   공작물의 재질과 드릴의 재질에 따라 차이가 있다.

0403. 직선 자루 드릴의 공정법으로 알맞는 것은?
㉮ 주축 테이퍼 구멍에 직접 끼운다.   ㉯ 소켓이나 슬리브에 끼운다.
㉰ 드릴 척에 고정한다.   ㉱ 바이스에 고정한다.

0404. 드릴로 구멍을 뚫을 때 편심이 생겼다. 가장 적합한 수정 방법은?
㉮ 완전히 구멍을 뚫고 끌로 따낸다
㉯ 더 큰 드릴로 수정한다.
㉰ 리머로 수정한다.
㉱ 드릴의 날이 들어가기 전에 펀치로 수정한다.

0405. 단단한 재료의 구멍 뚫기에 알맞은 것은?
㉮ 날끝각을 크게 하고 회전수를 줄인다.
㉯ 날끝각을 작게 하고 회전수를 높인다.
㉰ 날끝각을 작게 하고 회전수를 줄인다.
㉱ 날끝각을 크게 하고 회전수를 늘린다.

정답   400.㉮   401.㉱   402.㉮   403.㉰   404.㉱   405.㉮

0406. 다음은 보링 바에 대한 설명이다. 틀린 것은?
㉮ 보링 바는 튼튼하게 만들어 구부러지지 않게 한다.
㉯ 보링 바의 재질은 경강을 사용하며, 연삭하여 다듬는다.
㉰ 보링 바는 주축 또는 보링 헤드에 끼워서 사용한다.
㉱ 보링 바는 주축에 끼우고 다른 끝을 보링 헤드로 지지하여 사용한다.

0407. 지그 보링 머신을 설치한 작업장의 온도는 얼마 정도로 유지해야 하는가?
㉮ 12°   ㉯ 15°
㉰ 20°   ㉱ 25°

0408. 만능 드릴링 머신에 대한 설명 중 틀린 것은?
㉮ 암을 컬럼에 따라 상하 운동시킬 수 있다.
㉯ 직립 드릴 머신과 거의 비슷하다.
㉰ 경사진 방향의 구멍도 용이하게 뚫을 수 있다.
㉱ 스핀들을 암에 대하여 임의의 각도로 경사시킬 수 있다.

0409. 다음 중 보링 공구가 아닌 것은?
㉮ 보링 바이트   ㉯ 보링 바
㉰ 보링 헤드   ㉱ 테이블

0410. 보링 작업시 지름이 큰 것을 가공할 때만 반드시 필요한 것은?
㉮ 보링 바   ㉯ 보링 바이트
㉰ 보링 헤드   ㉱ 보링 홀더

0411. 지그 보링 머신에서 구멍의 관계 위치 정밀도는 얼마 정도인가?
㉮ ±0.01~0.03   ㉯ ±0.03~0.08
㉰ ±0.08~0.12   ㉱ ±0.12~0.2

0412. 다음 보링 머신 중에서 매우 빠른 절삭 속도를 주어 정밀도가 높은 가공면을 얻는 것은 어느 것인가?
㉮ 지그 보링 머신   ㉯ 정밀 보링 머신
㉰ 수평 보링 머신   ㉱ 수직 보링 머신

정답 406.㉱ 407.㉰ 408.㉱ 409.㉱ 410.㉰ 411.㉮ 412.㉯

0413. 보링 머신 크기의 표시법 중 일반적으로 사용할 수 없는 것은?
㉮ 테이블의 크기   ㉯ 주축의 이동 거리
㉰ 기계의 무게   ㉱ 주축의 지름

0414. 리머와 드릴의 관계를 설명한 것이다. 옳은 것은?
㉮ 리머의 절삭 속도는 드릴의 절삭 속도보다 빠르다.
㉯ 드릴의 절삭 속도는 리머의 절삭 속도와 같다
㉰ 리머의 절삭 속도는 드릴의 절삭 속도보다 빠르거나 느릴 때도 있다.
㉱ 리머의 절삭 속도는 드릴의 절삭 속도보다 느리다.

0415. 구멍을 넓히거나 구멍을 깨끗하게 가공할 때 사용하는 기계는?
㉮ 드릴링 머신   ㉯ 보링 머신
㉰ 브로우칭 머신 ㉱ 성형 롤러

0416. 세이퍼의 크기 표시법이 아닌 것은?
㉮ 램의 최대 행정   ㉯ 테이블의 크기
㉰ 테이블의 높이   ㉱ 테이블의 이동 거리

0417. 세이퍼로 공작물을 가공할 때 바이트 행정 길이를 공작물 길이보다 어느 정도 길게 하는가?
㉮ 20 ~ 30 mm   ㉯ 10 ~ 15 mm
㉰ 40 ~ 50 mm   ㉱ 30 ~ 40 mm

0418. 플레이너, 세이퍼에 사용하는 바이트는 아래 그림 중 어느 것이 가장 좋은가?

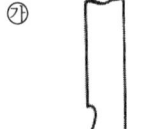 ㉮

 ㉯

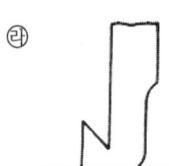 ㉰

㉱

정답 413.㉰ 414.㉱ 415.㉯ 416.㉰ 417.㉮ 418.㉰

0419. 램의 운동이 원활하려면?
㉮ 램의 무게와 추의 무게와의 차가 클수록 원활하다.
㉯ 램의 무게와 추의 무게와의 차가 작을수록 원활하다.
㉰ 램의 무게와 추의 무게가 같을 때 원활하다.
㉱ 급속 귀환 장치는 추의 무게와는 상관없다.

0420. 세이퍼에서 작은 공작물을 가공할 때 가장 많이 사용하는 고정구는?
㉮ 누름판 ㉯ 바이스
㉰ 시임 ㉱ 평행대

0421. 다음 공작 기계 중 급속 귀환 장치가 있는 것은?
㉮ 밀링 머신 ㉯ 평면 연삭기
㉰ 공구 연삭기 ㉱ 브로우칭 머신

0422. 세이퍼에서 바이트의 날끝은 섕크의 뒷면과 동일 직선상에 오도록 맞추는 것이 좋다. 그 이유는?
㉮ 외관상 보기 좋게 하기 위하여 ㉯ 휘거나 부러지는 것을 막기 위하여
㉰ 경사각을 맞추기 쉽게 하기 위하여 ㉱ 여유를 절삭하지 않기 위하여

0423. 세이퍼의 램은 어느 방향으로 운동하는가?
㉮ 길이와 좌우 방향 ㉯ 상하 및 전후
㉰ 길이 방향 ㉱ 전후, 좌우 및 상하

0424. 세이퍼를 사용하여 평면을 절삭할 때 다음과 같은 것을 조작한다. 옳은 것은?
㉮ 변환 기어를 계산하여 바꾸어 끼운다. ㉯ 램의 행정과 위치를 조절한다.
㉰ 스핀들의 회전 속도를 정한다. ㉱ 인덱스 헤드를 설치한다.

0425. 다음 세이퍼의 설명 중 틀린 것은?
㉮ 세이퍼의 왕복 운동은 랙과 피니언에 의한다.
㉯ 세이퍼의 급속 귀환 운동은 큰 기어와 암에 의한다.
㉰ 램의 왕복 운동은 유압식으로도 한다.
㉱ 바이트는 왕복 운동을 한다.

정답 419.㉰ 420.㉯ 421.㉱ 422.㉯ 423.㉰ 424.㉯ 425.㉮

0426. 세이퍼의 램은 왕복 속도가 어떠한가?
   ㉮ 일정하다.
   ㉯ 다르다.
   ㉰ 귀환 행정시가 늦다.
   ㉱ 절삭 행정시가 **빠르다**.

0427. 세이퍼에 사용하는 바이트에 대해서 맞는 것은?
   ㉮ 날에 가까운 부분을 굽히고, 날끝이 바이트 자루의 뒷면과 일직선상에 있게 하여야 한다.
   ㉯ 날에 가까운 부분을 굽혀야 하는데, 날끝이 바이트 자루 윗면과 일직선이 되게 하여야 한다.
   ㉰ 밀링 커터와 같은 형이다.
   ㉱ 선반에 사용하는 바이트와 같은 형이다.

0428. 직선 왕복 운동을 하는 테이블에 공작물을 고정하고 공구가 직선 이송을 하는 공작 기계는?
   ㉮ 세이퍼
   ㉯ 슬로터
   ㉰ 플레이너
   ㉱ 밀링

0429. 세이퍼의 구조와 기능이 거의 같은 것은?
   ㉮ 플레이너
   ㉯ 호빙 머신
   ㉰ 랩핑 머신
   ㉱ 슬로터

0430. 세이퍼의 왕복 운동 부분은?
   ㉮ 크랭크
   ㉯ 테이블
   ㉰ 램
   ㉱ 컬럼

0431. 세이퍼에서 가공물의 길이가 250 mm인 연강 재료로서 125 m/min의 절삭 속도로서 가공하고자 할 때 램은 1분간에 몇 번 왕복을 하는가?(단, 행정의 시간비는 3/5이다.)
   ㉮ 200 회/min
   ㉯ 300 회/min
   ㉰ 400 회/min
   ㉱ 500 회/min

0432. 클래퍼는 세이퍼의 어느 곳에 있는가?
   ㉮ 램
   ㉯ 공구대
   ㉰ 직주
   ㉱ 테이블

정답 426.㉯ 427.㉮ 428.㉮ 429.㉱ 430.㉰ 431.㉯ 432.㉯

0433. 세이퍼에서 경사면을 깎을 때, 그 각도만큼 공구대를 기울인다. 이 때 클래퍼 박스는 어떻게 해야 하는가?
㉮ 어느 쪽으로든지 기울여야 한다.
㉯ 기울이지 않아도 된다.
㉰ 오른쪽 사면을 깎을 때는 오른쪽으로, 왼쪽 사면을 깎을 때는 왼쪽으로 기울인다.
㉱ 오른쪽 사면을 깎을 때는 왼쪽으로, 왼쪽 사면을 깎을 때는 오른쪽으로 기울여야 한다.

0434. 세이퍼에서 램 기구를 구동하는 방법은 다음 중 어느 것인가?
㉮ 기어 이용
㉯ 크랭크와 링크
㉰ 래크와 피니언
㉱ 단차 이용

0435. 슬로터에서 할 수 있는 작업은?
㉮ 드릴의 홈 가공
㉯ 나사 절삭 가공
㉰ 둥근봉의 바깥지름 가공
㉱ 구멍의 내면 홈파기

0436. 슬로터로 가공할 수 있는 다듬질면의 표면 거칠기(Rz : 최대높이 거칠기)는?
㉮ 20 ~ 100 μm
㉯ 25 ~ 150 μm
㉰ 12.5 ~ 100 μm
㉱ 25 ~ 200 μm

0437. 슬로터의 크기 표시 방법 중 잘못된 것은?
㉮ 램의 최대 행정
㉯ 테이블의 크기
㉰ 테이블의 이송 거리
㉱ 베이스의 크기

0438. 슬로터 작업에서 수동 이송으로 절삭을 하려면 램이 어디에 왔을 때 이송해야 하는가?
㉮ 램이 제일 아래로 내려갔을 때
㉯ 램이 제일 위로 올라왔을 때
㉰ 램이 중간쯤 왔을 때
㉱ 램의 위치와는 상관없이 한다.

0439. 다음 세이퍼와 슬러터의 구조 중에서 슬로터만 가지고 있는 것은?
㉮ 급속 귀환 장치
㉯ 원형 테이블
㉰ 공구대
㉱ 램

정답 433.㉯ 434.㉯ 435.㉱ 436.㉰ 437.㉱ 438.㉯ 439.㉯

0440. 슬로터에서 원주를 분할할 때 다음 중 주로 어느 부속 장치를 사용하는가?
  ㉮ 만능 분할대　　　　　　㉯ 차동 장치
  ㉰ 원형 테이블　　　　　　㉱ 만능척

0441. 슬로터에 대한 설명 중 틀린 것은?
  ㉮ 램은 적당한 각도로 기울일 수 있다.
  ㉯ 슬로터의 크기는 램의 최대 행정, 테이블의 크기, 테이블의 이동 거리 등으로 정한다.
  ㉰ 테이블의 베드 위에서 전후, 좌우로 이송된다.
  ㉱ 슬로터는 급속 귀환 장치가 없다.

0442. 다음에서 슬로터로 가공이 곤란한 것은?
  ㉮ 키 홈　　　　　　　　　㉯ 넓은 평면
  ㉰ 내접 기어　　　　　　　㉱ 좁은 곡면

0443. 슬로터의 급속 귀환 장치가 아닌 것은?
  ㉮ 링크에 의한 방식　　　　㉯ 크랭크에 의한 방식
  ㉰ 휘트워드에 의한 방식　　㉱ 클러치에 의한 방식

0444. 다음 중 플레이너용 공작물 고정용 공구가 아닌 것은?
  ㉮ T슬로트와 클램프　　　　㉯ 스텝 블록
  ㉰ 만능 척　　　　　　　　㉱ 조정 블록

0445. 플레이너의 베드 미끄럼면의 윤활 방법은 어느 것이 좋은가?
  ㉮ 유욕 윤활　　　　　　　㉯ 강제 윤활
  ㉰ 분무 윤활　　　　　　　㉱ 링 윤활

0446. 벨트 구동 방식의 플레이너에서 벨트 걸기가 맞는 것은?
  ㉮ 절삭 행정시는 바로걸기 벨트, 귀환 행정시의 벨트는 십자걸기로 한다.
  ㉯ 절삭 행정시와 귀환 행정시의 벨트 걸기는 모두 바로걸기 벨트로 한다.
  ㉰ 절삭 행정시의 벨트는 십자걸기, 귀환 행정시의 벨트는 바로걸기로 한다.
  ㉱ 절삭 행정시나 귀환 행정측 모두 십자걸기로 한다.

정답　440.㉰　441.㉱　442.㉯　443.㉱　444.㉰　445.㉯　446.㉰

0447. 플레이너에서 아이들 스트로크(idle stroke)는 무엇을 하는 것인가?
㉮ 공구대의 좌우 이송 ㉯ 급속 귀환 행정
㉰ 공구대의 상하 이송 ㉱ 절삭 행정

0448. 플레이너의 테이블 행정 길이 1,500 mm, 절삭 속도 25 m/min, 깊이 5 mm로 절삭할 경우, 1분 간의 왕복 횟수를 구하라.(단, 절삭 행정과 귀환 행정의 속도비는 5 : 8이다.)
㉮ 9.8 회/min ㉯ 10.3 회/min
㉰ 11.0 회/min ㉱ 11.4 회/min

0449. 다음 중 틀린 것은?
㉮ 공구 연삭기로는 드릴이나 바이트의 연삭은 할 수 없다.
㉯ 내면 연삭기에는 보통형과 플라네타리형이 있다.
㉰ 공작물의 형상이 복잡한 것의 내면 연삭에는 플라네타리형을 쓴다.
㉱ 플라네타리형에서는 공작물은 회전하지 않고 숫돌이 고속으로 자전 공전한다.

0450. 다음은 숫돌 바퀴를 끼우는 방법이다. 옳은 것은?
㉮ 숫돌의 구멍 지름은 축의 치수보다 약간(0.1 mm 정도) 작은 것이 좋다.
㉯ 숫돌에 붙어 있는 두꺼운 종이를 벗겨서 끼운다.
㉰ 플랜지의 지름은 원판 숫돌에서는 숫돌 지름의 1/3이상이어야 한다.
㉱ 플랜지의 조임 나사는 사용중에 숫돌이 공전하지 않도록 될 수 있는 대로 강하게 조인다.

0451. 숫돌차의 표면 형상을 바로 잡기 위한 일을 무엇이라고 하나?
㉮ 트루잉(truing) ㉯ 드레싱(dressing)
㉰ 클레이징(glazing) ㉱ 로딩(loading)

0452. 얇은 판이나 작은 공작물을 동시에 많이 연삭할 때 적당한 척은 어느 것인가?
㉮ 단동 척 ㉯ 마그네틱 척
㉰ 콜릿 척 ㉱ 만능 척

0453. 숫돌차를 연삭기에 고정하기 전에 무슨 검사를 해야 하는가?
㉮ 파괴검사 ㉯ X선 검사
㉰ 음향 검사 ㉱ 초음파 검사

정답 447.㉯ 448.㉯ 449.㉮ 450.㉰ 451.㉮ 452.㉯ 453.㉰

0454. 내면 연삭에 사용하는 숫돌의 지름은 가공물 지름의 얼마 정도가 좋은가?

㉮ $\frac{1}{2}$ 정도   ㉯ $\frac{2}{3}$ 정도

㉰ $\frac{3}{4}$ 정도   ㉱ $\frac{5}{5}$ 정도

0455. 글레이징(glazing) 연삭의 원인이 아닌 것은?
㉮ 결합도가 너무 높다
㉯ 숫돌의 주속도가 너무 크다.
㉰ 구리와 같이 연성이 풍부한 재질의 연삭시 발생한다.
㉱ 숫돌 재질과 연삭 재질이 적합치 않다.

0456. 다이아몬드 드레서 사용 방법으로 틀린 것은?
㉮ 연삭액은 사용하지 않도록 한다.
㉯ 숫돌차의 원주면에 날끝이 일정하게 접촉되게 한다.
㉰ 드레서의 이송 속도는 약 25 mm/min이 넘지 않게 한다.
㉱ 드레서의 절입은 적당한 양(0.02 ~ 0.03 mm)이어야 한다.

0457. 연삭 작업시 로딩 현상이 발생한다. 그 원인이 아닌 것은?
㉮ 결합도가 낮을 경우   ㉯ 드레싱이 불충분할 경우
㉰ 자생 작용이 잘될 경우   ㉱ 조직이 조밀할 경우

0458. 일반적인 연삭 작업시 숫돌의 회전수가 가장 빠른 경우는?
㉮ 외경 연삭   ㉯ 내경 연삭
㉰ 평면 연삭   ㉱ 금속 절단

0459. 연삭 가공에서 피연삭재의 원주 속도를 높이면 어떻게 되는가. 다음 중 틀린 것은?
㉮ 숫돌의 소모량이 커진다.   ㉯ 연삭 저항이 커진다.
㉰ 다듬질면이 좋아진다.   ㉱ 발열 온도가 높아진다.

0460. 센터레스 연삭기에서 조정 숫돌의 기울기 각도는?
㉮ 1 ~ 2°   ㉯ 3 ~ 5°
㉰ 7 ~ 10°   ㉱ 10 ~ 15°

정답 454.㉰ 455.㉰ 456.㉮ 457.㉰ 458.㉱ 459.㉰ 460.㉯

0461. 숫돌을 플랜지에 고정할 때, 라벨(숫돌 측면에 붙은 둥근 종이)을 어떻게 하는 것이 좋은가?
㉮ 라벨을 떼지 않는다.
㉯ 라벨을 떼어버린다.
㉰ 라벨은 떼든 안 떼든 상관 없다.
㉱ 숫돌의 종류에 따라 다르다.

0462. 다이아몬드 숫돌의 설명 중 틀린 것은?
㉮ 가공이 적다.
㉯ 눈메짐이 잘 일어난다.
㉰ 열에 대하여 불안정하다.
㉱ 연삭액을 적게 쓴다.

0463. 연삭 숫돌의 원주 속도가 너무 느리면 어떤 형상이 발생하는가?(단, 기타 조건은 일정)
㉮ 진동이 발생
㉯ 위험성이 증가
㉰ 연삭 정도 증가
㉱ 숫돌의 소모가 증가

0464. 연삭 작업시 연삭 균열이 생기는 이유는?
㉮ 숫돌의 결합도가 높고 원주 속도가 빠를 때
㉯ 숫돌을 새것으로 바꿨을 때
㉰ 절삭 깊이가 얕을 때
㉱ 숫돌의 균형이 맞지 않을 때

0465. 연삭 작업시 숫돌이 공작물의 끝에서 어느 정도 나갈 때 테이블을 역전시키나?
㉮ $\frac{1}{3}$
㉯ $\frac{1}{2}$
㉰ $\frac{3}{4}$
㉱ $\frac{4}{5}$

0466. 자기 선별기(magnetic separator)가 제거할 수 있는 것은?
㉮ 쇳가루
㉯ 숫돌 입자
㉰ 흙
㉱ 비철 금속 가루

0467. 숫돌차를 바른 모양으로 깎아내며 숫돌축과 숫돌을 동심원으로 만드는 작업을 무엇이라고 하는가?
㉮ 연삭
㉯ 브로우칭
㉰ 래핑
㉱ 트루잉

정답 461.㉮ 462.㉱ 463.㉱ 464.㉱ 465.㉮ 466.㉮ 467.㉱

0468. 연삭 번(grinding burn)이란 다음 중 어느 것인가?
㉮ 칩이 탄 상태
㉯ 공작물 표면이 국부적으로 갈색으로 타는 형상
㉰ 숫돌 바퀴가 타는 현상
㉱ 절삭유가 타는 현상

0469. 연삭 작업시 공작물 이송량을 연삭 숫돌 폭의 1/2로 하면 어떤 현상이 발생하는가?
㉮ 연삭량이 증가한다.
㉯ 다듬면이 깨끗하게 된다.
㉰ 숫돌 연삭면의 양 끝이 빨리 마모된다.
㉱ 글레이징 현상이 일어난다

0470. 숫돌차의 면에 광택이 생기고 연삭시 떨림음이 생기며 연삭이 잘 되지 않는 현상은?
㉮ 로딩   ㉯ 드레싱
㉰ 글레이징   ㉱ 트루잉

0471. 특별히 정밀을 요할 때 드레서는 어디에 고정하는 것이 좋을까?
㉮ 숫돌대   ㉯ 테이블 위
㉰ 땅바닥   ㉱ 주축대

0472. 연삭 숫돌의 원주 속도는 보통 외경 연삭기의 경우 얼마 정도인가?
㉮ 600 ~ 1,800   ㉯ 1,700 ~ 2,000
㉰ 1,200 ~ 1,500   ㉱ 2,660 ~ 4,800

0473. 연삭 작업시 연삭액을 사용하는 이유 중 잘못 설명한 것은?
㉮ 연삭열의 상승을 방지한다.   ㉯ 탈락된 숫돌 입자를 씻어낸다.
㉰ 정밀도가 낮아진다.   ㉱ 로딩을 방지한다.

0474. 나사 연삭을 하기 위해서 숫돌을 나사 모양으로 만드는 방법은?
㉮ 글레이징   ㉯ 드레싱
㉰ 로딩   ㉱ 트루잉

정답 468.㉯ 469.㉯ 470.㉮ 471.㉮ 472.㉯ 473.㉰ 474.㉱

0475. 숫돌차의 기공에 칩이 끼는 현상은?
   ㉮ 로딩
   ㉯ 글레이징
   ㉰ 드레싱
   ㉱ 래핑

0476. 연삭액의 구비 조건 중 틀린 것은?
   ㉮ 냉각성이 우수할 것
   ㉯ 인체에 해가 없을 것
   ㉰ 윤활성은 적고 냉각성은 우수할 것
   ㉱ 화학적으로 안정될 것

0477. 연삭 가공에서 일반적으로 숫돌의 원주 속도를 높이면 어떻게 되는가? 다음 중 틀린 것은?
   ㉮ 연삭 저항이 작아진다.
   ㉯ 숫돌의 소모량이 적어진다.
   ㉰ 연삭량이 적어진다.
   ㉱ 발열 온도가 높아진다.

0478. 연삭 숫돌을 고정할 때, 주의할 사항이 아닌 것은?
   ㉮ 숫돌차는 정확히 평행하도록 끼운다.
   ㉯ 숫돌차에 붙어 있는 두꺼운 종이를 떼어낸 후 고정한다.
   ㉰ 나무 해머로 숫돌차를 가볍게 두드려 상처의 유무를 확인한다.
   ㉱ 플랜지와 숫돌 사이에 종이나 고무를 끼운 후 숫돌을 고정한다.

0479. 다이아몬드 드레서로서 드레싱할 때 숫돌의 원주에 대한 드레서의 각도는 얼마인가?
   ㉮ 30~60°
   ㉯ 15~20°
   ㉰ 5~10°
   ㉱ 1~5°

0480. 원통 연삭에서 숫돌 회전 방향과 공작물 회전 방향은 어떠한가?
   ㉮ 동일 방향이다.
   ㉯ 반대 방향이다.
   ㉰ 공작물의 체질에 따라 달리한다.
   ㉱ 숫돌 종류에 따라 방향을 달리한다.

0481. 숫돌과 플랜지의 접촉 효율을 좋게 하기 위해 플랜지의 중심에서 플랜지 내면을 어느 정도 숫돌차와 접촉되지 않게 해야 되나?
   ㉮ 플랜지 반지름의 4/5
   ㉯ 플랜지 반지름의 1/4
   ㉰ 플랜지 반지름의 1/2
   ㉱ 플랜지 반지름의 1/5

정답 475.㉮ 476.㉰ 477.㉰ 478.㉯ 479.㉰ 480.㉯ 481.㉮

0482. 양두 그라인더 작업에서 숫돌과 공작물을 받치는 지지대와의 간격은?
　　　㉮ 1 mm 이하　　　　　　　㉯ 3 mm 이하
　　　㉰ 5 mm 이하　　　　　　　㉱ 8 mm 이하

0483. 연삭액 중 물을 넣어서 사용할 수 없는 것은?
　　　㉮ 물　　　　　　　　　　㉯ 불수용성유
　　　㉰ 극압유　　　　　　　　㉱ 유화유

0484. 원통 연삭작업에서 연삭 숫돌과 공작물의 중심과의 관계는?
　　　㉮ 숫돌과 공작물의 중심의 높이는 관계가 없다.
　　　㉯ 숫돌의 높이를 낮게 한다.
　　　㉰ 숫돌과 공작물의 높이를 같게 한다.
　　　㉱ 숫돌의 높이를 높게 한다.

0485. 연삭 작업시 타리 모션(tarry montion)이란?
　　　㉮ 공작물의 이송을 양 끝에 잠시 정지시킨 후 반대 방향으로 이송시키는 것
　　　㉯ 거친 공작물의 연삭시 주속도를 크게 하는 것
　　　㉰ 최종 다듬 연삭시 불꽃이 없어질 때까지 하는 것
　　　㉱ 세로 이송을 중간에서 정지시킨 후 연삭하는 것

0486. 연삭 작업 중 사고의 원인이 되지 않는 것은?
　　　㉮ 숫돌에 균열이 있는 경우
　　　㉯ 숫돌이 규정 이상으로 회전하는 경우
　　　㉰ 숫돌과 축 사이에 약간 여유를 두었을 경우
　　　㉱ 무거운 물체가 충돌했을 때

0487. 숫돌차에 대한 설명 중 옳은 것을 골라라.
　　　㉮ 입자가 작은 숫돌은 연한 재질의 공작물을 가공하는 데 쓰인다.
　　　㉯ 피연삭성이 좋은 재질에서는 결합도가 약한 것이 좋다.
　　　㉰ 연삭 속도가 빠를 때에는 결합도가 강한 숫돌이 좋다.
　　　㉱ 다듬질 연삭에는 입자가 작은 숫돌을 사용한다.

정답　482.㉯　483.㉯　484.㉰　485.㉮　486.㉰　487.㉱

0488. 숫돌 구멍의 지름은 축의 지름보다 어떤 것이 좋은가?
    ㉮ 약간 큰 것
    ㉯ 아주 큰 것
    ㉰ 약간 작은 것
    ㉱ 똑같은 치수

0489. 다이아몬드 드레서로 지름이 100mm 미만인 연삭 숫돌을 드레싱할 경우 다이아몬드의 크기는?
    ㉮ $\frac{1}{10}$ 캐럿
    ㉯ $\frac{1}{20}$ 캐럿
    ㉰ $\frac{1}{2} \sim \frac{1}{4}$ 캐럿
    ㉱ 1캐럿

0490. 외경 연삭시에 방진구를 사용하는 이유는?
    ㉮ 지름에 비하여 길이가 긴 공작물을 연삭할 경우
    ㉯ 단면만 연삭할 경우
    ㉰ 지름이 큰 경우
    ㉱ 지름이 큰 공작물을 연삭할 경우

0491. 플랜지와 숫돌 사이에 접촉 효율을 좋게 하기 위하여 종이나 고무판을 끼울 때 이들의 두께는?
    ㉮ 0.1 ~ 0.5 mm
    ㉯ 0.5 ~ 1.0 mm
    ㉰ 1 ~ 1.5 mm
    ㉱ 1.5 ~ 2 mm

0492. 강을 다듬 연삭을 할 때 절삭 깊이는?
    ㉮ 0.01 ~ 0.05 mm
    ㉯ 0.05 ~ 0.1 mm
    ㉰ 0.1 ~ 0.3 mm
    ㉱ 0.3 ~ 0.6 mm

0493. 탄성 숫돌은 다음 어느 경우에 가장 좋은가?
    ㉮ 연삭이 발열을 피할 경우
    ㉯ 절단할 경우
    ㉰ 직경이 큰 평면의 연삭시
    ㉱ 얇은 날물의 연삭시

0494. 연삭 숫돌을 끼울 때 주의해야 할 사항 중 틀린 것은?
    ㉮ 나무 해머로 숫돌을 가볍게 두드려 균열의 유무를 확인한다.
    ㉯ 숫돌은 정확히 평형이 되도록 설치한다.
    ㉰ 숫돌이 잘 안 끼워질 때 꽉 누른 후 두드려서 끼운다.
    ㉱ 플랜지와 숫돌 사이에 0.5 ~ 1 mm 두께의 고무판이나 종이를 끼운다.

정답 488.㉮ 489.㉰ 490.㉮ 491.㉯ 492.㉮ 493.㉯ 494.㉰

0495. 지름이 50 mm인 연삭 숫돌로 지름이 10 mm인 공작물(숫돌차의 원주 속도는 5 m/min)을 연삭할 때 숫돌차의 회전수는?
㉮ 약 3,250 rpm   ㉯ 약 3,180 rpm
㉰ 약 1,550 rpm   ㉱ 680 rpm

0496. 연삭작업의 특징을 설명한 것 중 틀린 것은?
㉮ 자생작용이 있다.
㉯ 다듬질 정도가 양호하다.
㉰ 절삭 속도가 빠르다.
㉱ 담금질강은 절삭이 잘 되지만 경합금엔 별도의 장치가 필요하다.

0497. 탈자기를 사용하는 목적은 무엇인가?
㉮ 공작물을 자화시키기 위해서
㉯ 공작물의 잔류자기를 없애기 위해서
㉰ 마그네틱 척의 보조기로 사용하기 위해서
㉱ 공작물을 마그네틱 척에서 떼어낼 때 사용하기 위하여

0498. 바깥지름 연삭시 숫돌차의 원주 속도는?
㉮ 1,700~2,000 m/min   ㉯ 800~1,000 m/min
㉰ 2,000~4,000 m/min   ㉱ 200~800 m/min

0499. 연삭 숫돌이 자동적으로 닳아 떨어져 새로운 입자가 생성되는 현상은?
㉮ 드레싱(dressing)   ㉯ 트루잉(truing)
㉰ 글레이징(glazing)   ㉱ 자생 작용

0500. 연삭 작업에서 가공물이 1회전할 때의 이송량은?
㉮ 숫돌차의 폭과 같게   ㉯ 숫돌차의 폭보다 작게
㉰ 숫돌차 폭의 2배로   ㉱ 숫돌차 폭의 $1\frac{1}{2}$배로

0501. 트루잉은 어떤 공구로 하는가?
㉮ 드레서   ㉯ 바이트
㉰ 커터   ㉱ 리머

정답 495.㉯ 496.㉱ 497.㉯ 498.㉮ 499.㉱ 500.㉯ 501.㉮

0502. 연삭 숫돌의 원주 속도를 구하는 식은?(단, D : 숫돌의 지름, d : 공작물 지름, V : 속도(m/min), n : 공작물 회전수, N : 숫돌의 회전수)

㉮ $V = \dfrac{\pi D}{1,000}$ ㉯ $V = \dfrac{1,000n}{\pi D}$

㉰ $V = \dfrac{\pi DN}{1,000}$ ㉱ $V = \dfrac{1,000N}{\pi d}$

0503. 연삭 숫돌의 입자 틈에 칩이 막혀 광택이 나며 잘 깎이지 않는 현상을 무엇이라고 하는가?
㉮ 로딩 ㉯ 드레싱
㉰ 트루잉 ㉱ 글레이징

0504. 일반적으로 가공물의 원주 속도는 숫돌 원주 속도의 얼마가 적당한가?
㉮ 1/10 ㉯ 1/20
㉰ 1/50 ㉱ 1/100

0505. 다음 글 중에서 틀린 것을 골라라.
㉮ 경질 숫돌은 연질 재료의 연삭에 사용한다.
㉯ 연질 숫돌은 경질 재료의 연삭에 사용한다.
㉰ 경질 숫돌은 연삭 깊이가 얕을 때 사용한다.
㉱ 연질 숫돌은 접촉면이 작을 때 사용한다.

0506. 숫돌 바퀴 표시 WA60L6V-1호에서 L은 다음 중 어느 것인가?
㉮ 조직 ㉯ 결합체
㉰ 결합도 ㉱ 입도

0507. 연삭 숫돌의 크기는 어떻게 표시하나?(단, T : 두께, H : 구멍 지름, D : 바깥 지름)
㉮ T×D×H ㉯ D×H×T
㉰ T×H×D ㉱ D×T×H

0508. 연삭 숫돌에서 경도가 크다는 것은 무엇이 큰 것을 의미하는가?
㉮ 결합도 ㉯ 입도
㉰ 밀도 ㉱ 입자

정답 502.㉰ 503.㉮ 504.㉱ 505.㉱ 506.㉰ 507.㉱ 508.㉮

0509. 평면 연삭기의 크기를 표시하는 방법이 아닌 것은?
㉮ 테이블의 최대 이동거리　　㉯ 테이블의 크기
㉰ 숫돌차의 크기　　㉱ 숫돌차의 재질

0510. 다음 중 연삭 숫돌의 결합도가 가장 높은(단단한) 것은?
㉮ E.F.G　　㉯ L.M.N.O
㉰ P.Q.R.S　　㉱ T.U.W.Z

0511. 평형 숫돌차로 밀링 커터의 랜드(land)만을 연삭할 때 날끝과 연삭 숫돌의 위치는?
㉮ 서로 같게 한다.　　㉯ 숫돌의 중심을 높게 한다.
㉰ 일정치 않다.　　㉱ 커터 중심의 높이를 높게 한다.

0512. 연삭 번이 일어나는 이유가 아닌 것은?
㉮ 숫돌의 원주 속도, 절삭 깊이가 클 때　　㉯ 입도가 작고, 결합도가 높을 때
㉰ 피삭재의 발열성이 클 때　　㉱ 숫돌을 새것으로 바꿨을 때

0513. 다음에서 숫돌의 자생작용에 가장 크게 영향을 주는 것은?
㉮ 입도　　㉯ 입자의 종류
㉰ 결합도　　㉱ 결합제의 종류

0514. 숫돌차에 글레이징이나 로딩이 생겼을 때 하는 작업은?
㉮ 랩핑　　㉯ 드레싱
㉰ 트루잉　　㉱ 채터

0515. 연삭 작업시 숫돌이 어떻게 되었을 때 다듬질면에 떨림 현상이 생기는가?
㉮ 습식 연삭을 할 때　　㉯ 숫돌의 밸런스가 맞지 않을 때
㉰ 숫돌의 주속도가 **빠를** 때　　㉱ 숫돌을 새것으로 바꿨을 때

0516. 연삭 숫돌의 외형을 수정하여 소정의 모양으로 만드는 것을 무엇이라고 하는가?
㉮ 로딩(loading)　　㉯ 글레이징(glazing)
㉰ 드레싱(dressing)　　㉱ 트루잉(truing)

정답 509.㉱　510.㉱　511.㉯　512.㉱　513.㉰　514.㉯　515.㉯　516.㉱

0517. 연삭 숫돌의 3대 요소에 해당없는 것은?
㉮ 입자 ㉯ 결합도
㉰ 기공 ㉱ 결합제

0518. WA 숫돌 입자의 연삭에 부적합한 재료는?
㉮ 청동 ㉯ 담금질강
㉰ 고속도강 ㉱ 특수강

0519. 센터리스 연삭기로 연삭할 수 없는 것은?
㉮ 핀 ㉯ 외측에 키 홈이 있는 가는 축
㉰ 지름이 작고 긴 축 ㉱ 롤러 베어링의 롤러

0520. 연삭기에서 스윙이란 무엇인가?
㉮ 숫돌차의 크기 ㉯ 양 센터간의 길이
㉰ 테이블의 폭과 길이 ㉱ 테이블에서 센터까지의 높이

0521. C숫돌 입자의 연삭 용도가 아닌 재료는?
㉮ 주철 ㉯ 합금강
㉰ 경합금 ㉱ 비금속

0522. WA54LmV라는 표시에서 54는 무엇을 나타내는 것일까?
㉮ 입도 ㉯ 결합도
㉰ 조직 ㉱ 결합제

0523. 초경 합금을 연삭하려 할 때 가장 적합한 연삭 숫돌 입자는?
㉮ WA ㉯ A
㉰ C ㉱ GC

0524. WA54L6V의 연삭 숫돌 표시 기호에서 6은 무엇을 뜻하는가?
㉮ 결합도가 높은 것을 표시 ㉯ 결합제가 금속이다.
㉰ 숫돌 입자의 재질이 금속이다. ㉱ 조직이 중간 정도이다.

정답 517.㉯ 518.㉮ 519.㉯ 520.㉱ 521.㉯ 522.㉮ 523.㉱ 524.㉱

0525. 숫돌의 입자는 어떻게 표시하는가?
㉠ 번호로 표시한다.
㉡ 밀도로 표시한다.
㉢ 알파벳으로 표시한다.
㉣ 결합력으로 표시한다.

0526. 흑자색으로 된 연삭 숫돌은?
㉠ GC숫돌
㉡ WA숫돌
㉢ C숫돌
㉣ A숫돌

0527. 다음에서 인조 숫돌 입자가 아닌 것은?
㉠ D(ND)숫돌 입자
㉡ D(MD) 숫돌 입자
㉢ WA숫돌 입자
㉣ GC숫돌 입자

0528. 연삭 작업에서 입도가 가장 거친 작업은?
㉠ 내면 연삭
㉡ 평면 연삭
㉢ 원통 연삭
㉣ 센터리스연삭

0529. 전연성이 큰 비철금속, 고무, 자기 등을 연삭할 때 사용하는 입자는?
㉠ A
㉡ WA
㉢ C
㉣ GC

0530. 다음 중 만능전용 연삭기에 속하는 것은?
㉠ 원통 연삭기
㉡ 내면 연삭기
㉢ 캠 연삭기
㉣ 평면 연삭기

0531. 일반적으로 숫돌의 경도는 결합제에 따라 어떻게 되는가?
㉠ 결합제의 양이 많은 것이 경도가 크다.
㉡ 결합제의 양이 적은 것이 경도가 크다.
㉢ 결합제와 경도와는 관계가 없다.
㉣ 결합제의 양이 많아도 경도는 떨어진다.

0532. 연삭 숫돌의 결합도가 강한 것을 사용해야 하는 연삭 작업은?
㉠ 단단한 일감을 가공할 경우
㉡ 숫돌의 원주 속도가 클 경우
㉢ 접촉 면적이 작은 연삭 작업일 경우
㉣ 가공 표면이 깨끗한 경우

정답 525.㉢ 526.㉢ 527.㉠ 528.㉡ 529.㉢ 530.㉢ 531.㉠ 532.㉣

0533. WA48K4V에서 V는 무엇을 표시하나?
- ㉮ 입자의 크기
- ㉯ 결합제
- ㉰ 조직
- ㉱ 연삭 숫돌 재료

0534. 바이트의 연삭에 가장 적합한 숫돌은?
- ㉮ 플랜지형 연삭 숫돌
- ㉯ 접시형 숫돌
- ㉰ 컵형 숫돌
- ㉱ 접시형 연삭 숫돌

0535. 거울면 연삭에 쓰이는 결합제는?
- ㉮ 폴리 비닐 알코올
- ㉯ 셸락
- ㉰ 레지노이드
- ㉱ 고무

0536. 대형 연삭 숫돌을 제작할 때 결합제의 주성분은?
- ㉮ 점토
- ㉯ 셸락, 고무
- ㉰ 규산 소다
- ㉱ 고무, 유황

0537. 숫돌의 입도가 50인 경우 1인치 평방 체의 눈의 수는 얼마인가?
- ㉮ 50
- ㉯ 250
- ㉰ 500
- ㉱ 2500

0538. 현재 가장 많이 사용되는 숫돌은?
- ㉮ 셸락 숫돌
- ㉯ 실리케이트 숫돌
- ㉰ 비트리파이드 숫돌
- ㉱ 고무 숫돌

  해설   ㉮ 셸락 : E, ㉯ S, ㉰ V, ㉱ R

0539. 금형에 사용하는 숫돌의 입도는?
- ㉮ #20 ~ #80
- ㉯ #80 ~ #150
- ㉰ #150 ~ #220
- ㉱ #220 ~ #320

0540. 다음 중 연삭 숫돌의 유기질 결합제는?
- ㉮ 점토
- ㉯ 규산 나트륨
- ㉰ 산화 마그네슘
- ㉱ 셸락

정답 533.㉯ 534.㉰ 535.㉯ 536.㉰ 537.㉱ 538.㉰ 539.㉮ 540.㉱

0541. 연삭 숫돌 바퀴의 표시에서 필요에 따라서 표시할 수 있는 것은?
- ㉮ 결합제
- ㉯ 제조 년 월 일
- ㉰ 입도
- ㉱ 숫돌 입자의 종류

0542. 입도에 대한 설명 중 틀린 것은?
- ㉮ 숫돌 입자의 크기를 말한다.
- ㉯ 입도는 메시로 표시한다.
- ㉰ 220메시 이상은 체로 만들 수 없다.
- ㉱ 메시는 번호로는 표시하지 않는다.

0543. 센터리스 연삭기는 다음 어느 연삭기에 속하는가?
- ㉮ 내면 연삭기
- ㉯ 원통 연삭기
- ㉰ 평면 연삭기
- ㉱ 성형 연삭기

0544. 숫돌에 표시되어 있는 입도(粒度) 36을 가장 알맞게 나타낸 설명은?
- ㉮ 체눈 #36을 통과한 입자만으로 되어 있는 숫돌이다.
- ㉯ 체눈 #36을 통과한 입자가 가장 많이 들어 있는 숫돌이다.
- ㉰ 체눈 #36을 통과한 입자가 가장 적은 숫돌이다.
- ㉱ 체눈 #36을 통과한 입자가 반인 숫돌이다.

0545. 숫돌의 입자 중 산화 알루미늄계에서 가장 순도가 높은 것은?
- ㉮ WA숫돌
- ㉯ A숫돌
- ㉰ C숫돌
- ㉱ GC숫돌

0546. 다음 중 연삭 숫돌의 결합도가 가장 낮은 것은?
- ㉮ E.F.G
- ㉯ L.M.N.O
- ㉰ P.Q.R.S
- ㉱ T.U.W.Z

0547. 다음 중 비트리파이드 연삭 숫돌의 결합제는 어느 것인가?
- ㉮ 인조 수지
- ㉯ 합성 수지
- ㉰ 규산 소다
- ㉱ 자기질

0548. 탄화규소계의 연삭재로 다음 중 순도가 높은 것은?
- ㉮ 2A
- ㉯ 4A
- ㉰ 2C
- ㉱ 4C

정답 541.㉯ 542.㉱ 543.㉯ 544.㉰ 545.㉮ 546.㉮ 547.㉱ 548.㉱

0549. 숫돌에 대한 설명으로 옳은 것은?
㉮ 다듬 연삭에는 입자가 작은 숫돌을 사용한다.
㉯ 입자가 고운 숫돌은 연한 재질의 공작물을 가공한다.
㉰ 연삭 속도가 빠를 때에는 결합도가 강한 숫돌이 좋다.
㉱ 피연삭성이 좋은 재질에서는 결합도가 무른 것이 좋다.

0550. 고속도강 바이트의 연삭에 적당한 숫돌은?
㉮ GC숫돌   ㉯ WA숫돌
㉰ A숫돌   ㉱ C숫돌

0551. 연삭 숫돌의 조직은 무엇으로 나타내는가?
㉮ 용적   ㉯ 밀도
㉰ 넓이   ㉱ 길이

0552. 플라네타리형 내면 연삭기는 다음 중 무엇의 연삭에 사용하는가?
㉮ 암나사 연삭   ㉯ 정밀부품 연삭
㉰ 대형 공작물 연삭 ㉱ 링 게이지의 연삭

0553. 지름 3 mm, 길이 50 mm의 둥근 막대를 연삭하는 데 가장 적당한 연삭기는?
㉮ 만능 연삭기   ㉯ 평면 연삭기
㉰ 공구 연삭기   ㉱ 센터리스

0554. 원통 연삭기에서 세로 이송 없이 절삭 깊이만 주어 연삭하는 방법은?
㉮ 플런저 커트   ㉯ 테이블 왕복형
㉰ 숫돌대 왕복형   ㉱ 센터리스 연삭형

0555. 다음 중 연삭 가공의 장점이 될 수 없는 것은?
㉮ 칩이 작으므로 가공 표면이 아름답다
㉯ 담금질강 등 굳은 재질도 쉽게 가공할 수 있다.
㉰ 자생작용 때문에 드레서로 날을 세워야 한다.
㉱ 선반이나 밀링에서 얻을 수 없는 정밀도를 얻을 수 있다.

정답 549.㉱ 550.㉯ 551.㉯ 552.㉰ 553.㉱ 554.㉮ 555.㉰

제1장 절삭가공

0556. 원통 연삭기 중에서 공작물이 이동하도록 되어 있는 것은?
㉮ 테이블 이동형　　　　　　㉯ 숫돌대 이동형
㉰ 숫돌대 전후 이송법　　　　㉱ 총형 연삭기

0557. 숫돌대 왕복형 연삭기에 대한 설명으로 옳은 것은?
㉮ 중량물의 연삭에 편리하다.
㉯ 가벼운 공작물의 연삭에 편리하다.
㉰ 길고 가는 공작물을 연삭하는데 편리하다.
㉱ 숫자가 많은 공작물을 연삭하는 데 편리하다.

0558. 밀링 커터 연삭에 필요한 연삭기는?
㉮ 평면 연삭기　　　　　　　㉯ 센터리스 연삭기
㉰ 외경 연삭기　　　　　　　㉱ 만능 공구 연삭기

0559. 평면 연삭기의 크기를 표시하는 방법이 아닌 것은?
㉮ 테이블의 최대 이동 크기　　㉯ 테이블의 크기
㉰ 숫돌차의 크기　　　　　　㉱ 숫돌의 재질

0560. 유압식 연삭기의 단점은?
㉮ 속도 조정을 무단계로 할 수 있다.　　㉯ 효율이 나쁘다.
㉰ 운전이 확실하며 원활하다.　　　　　㉱ 부하에 견딜 수 있다.

0561. 다음 중 연삭재(Al_2O_3, SiC)를 사용하지 않고 작업하는 기계는?
㉮ 호닝 머신　　　　　　　　㉯ 연삭기
㉰ 래핑 머신　　　　　　　　㉱ 호빙 머신

0562. 다음 숫돌 바퀴의 결합제 구비 조건 중 틀린 것은 어느 것인가?
㉮ 열이나 연삭액에 안전해야 한다.
㉯ 기공이 전혀 없어야 한다.
㉰ 숫돌 입자의 접착력이 강해야 한다.
㉱ 연삭기 충격 저항이나 고속 회전에 견딜 수 있어야 한다.

정답　556.㉮　557.㉮　558.㉱　559.㉱　560.㉯　561.㉱　562.㉯

0563. 연삭시 공작물의 정밀도가 불량하게 되었을 때 그 원인이 아닌 것은?
　　　㉮ 이송이 적다.　　　　　　　　㉯ 연삭액이 불량
　　　㉰ 숫돌의 드레싱 불량　　　　　㉱ 숫돌 고정 불량

0564. 원통 연삭기의 주요 구성 요소가 아닌 것은?
　　　㉮ 공작물 지지대　　　　　　　㉯ 주축대
　　　㉰ 숫돌대　　　　　　　　　　㉱ 심압대

0565. 주철의 연삭에 가장 좋은 연삭 숫돌은?
　　　㉮ C숫돌　　　　　　　　　　　㉯ A숫돌
　　　㉰ GC숫돌　　　　　　　　　　㉱ WA숫돌

0566. 연삭 숫돌의 조직이란 무엇을 말하는가?
　　　㉮ 숫돌차의 단위 체적에 대한 입자의 밀도　　㉯ 입자의 결합 능력
　　　㉰ 결합제가 숫돌 입자를 지지하는 힘　　　　㉱ 결합제에 따른 결합 능력

0567. 다음은 결합제의 기호이다. 틀린 것은?
　　　㉮ B : 레지노이드　　　　　　　㉯ V : 비트리파이드
　　　㉰ R : 셸락　　　　　　　　　　㉱ S : 실리케이트

0568. 숫돌의 입도는 어떻게 표시하는가?
　　　㉮ 번호로 표시한다.　　　　　　㉯ 밀도로 표시한다.
　　　㉰ 알파벳으로 표시한다.　　　　㉱ 결합력으로 표시한다.

0569. 원통 연삭기와 만능 연삭기는 무엇에 의해 구분하는가?
　　　㉮ 숫돌대의 수　　　　　　　　㉯ 양 센터 사이의 거리
　　　㉰ 숫돌대의 선회 유무　　　　　㉱ 왕복대 유무

0570. 평면 연삭에서 회전 테이블형과 왕복 테이블형의 다른 점을 기록한 것이다. 이 중 틀린 것은?
　　　㉮ 왕복 테이블형은 가장 일반적인 평면 연삭에서 사용된다.
　　　㉯ 왕복 테이블형은 돌아오는 시간의 낭비가 있는 단점을 가진다.
　　　㉰ 회전 테이블형은 중심에 가까워짐에 따라 일감의 절삭 속도가 빨라진다.
　　　㉱ 회전 테이블형은 중심에 가까울수록 연삭 능률이 저하된다.

정답 563.㉮ 564.㉮ 565.㉰ 566.㉮ 567.㉰ 568.㉮ 569.㉰ 570.㉰

0571. 플라네타리형 내면 연삭기는 다음 중 무엇을 연삭하는 데 사용하는가?
　　㉮ 정밀 기계 부품의 연삭　　㉯ 암나사의 연삭
　　㉰ 대형 공작물의 내면 연삭　　㉱ 링 게이지의 연삭

0572. 원통 연삭기 중에서 공작물이 이송하도록 되어 있는 것은?
　　㉮ 센터리스 연삭기　　㉯ 테이블 왕복형
　　㉰ 숫돌대 왕복형　　㉱ 숫돌대 전후 이송형

0573. 만능 연삭기란?
　　㉮ 테이블, 연삭 숫돌대가 선회하고 내면연삭이 가능한 것
　　㉯ 테이블만 회전하고 주축대, 연삭 숫돌대는 회전할 수 없는 것
　　㉰ 연삭 숫돌대만 회전하고 테이블은 회전할 수 없는 것
　　㉱ 주축대만 회전하고 테이블 연삭 숫돌대는 회전할 수 없는 것

0574. 평면을 가공할 수 없는 기계는?
　　㉮ 밀링 머신　　㉯ 선반
　　㉰ 센터리스 연삭기　　㉱ 플레이너

0575. 외경 연삭기의 크기는 일반적으로 어떻게 표시하는가?
　　㉮ 스윙과 양 센터 사이의 최대 거리　　㉯ 테이블의 길이와 폭
　　㉰ 기계 전체의 무게　　㉱ 숫돌차의 크기

0576. 센터리스 연삭기에 없는 것은?
　　㉮ 연삭 숫돌　　㉯ 조정 숫돌
　　㉰ 양센터　　㉱ 일감 지지판

0577. 평면 연삭기를 사용하여 작고 얇은 가공물을 대량 생산하는 데 알맞은 것은?
　　㉮ 수평 축 쌍두형　　㉯ 수평 축 회전 테이블
　　㉰ 수평축 각테이블형　　㉱ 수직 축 회전 테이블

0578. 센터리스 연삭기는 어떤 경우에 사용하는가?
　　㉮ 지름이 큰 단면 연삭　　㉯ 지름이 일정하지 않은 일감의 연삭
　　㉰ 일반적인 평면 연삭　　㉱ 척에 고정하기 곤란한 작은 지름의 외경 연삭

정답　571.㉰　572.㉯　573.㉮　574.㉰　575.㉮　576.㉰　577.㉮　578.㉱

0579. 다음에서 공구 연삭기가 아닌 것은?
㉮ 드릴 연삭기   ㉯ 커터 연삭기
㉰ 평면 연삭기   ㉱ 바이트 연삭기

0580. 센터리스 연삭기의 장점이 아닌 것은 무엇인가?
㉮ 일감의 고정 시간이 감소된다.   ㉯ 가늘고 긴 것을 연삭할 수 있다.
㉰ 연속적인 연삭 작업을 할 수 있다.   ㉱ 단이 붙은 일감을 연속적으로 연삭할 수 있다.

0581. 다음 연삭 숫돌 표시 방법 중 옳게 표시된 것은?
㉮ WA 46m H V   ㉯ WA 46V H m
㉰ WA 46H m V   ㉱ 46 WA H m V

0582. 다음 중 숫돌 조직에 대한 설명에서 틀린 것을 골라라.
㉮ W는 입자율이 42 % 이상이다.   ㉯ M은 입자율이 42~50 %이다.
㉰ C는 입자율이 50 % 이상이다.   ㉱ W는 입자율이 42 % 미만이다.

0583. 연삭 숫돌에서 규산 소다를 주성분으로 하여 발열을 적게 하기 위한 결합법은?
㉮ 실리케이트법   ㉯ 셸락
㉰ 러버법   ㉱ 레지노이드법

0584. 연삭 숫돌의 입도가 얼마 이상인 것을 침하시간에 의해 분류하는가?
㉮ #60   ㉯ #220
㉰ #280   ㉱ #600

0585. WA46-H8V라고 표시된 연삭 숫돌에서 WA는 숫돌차의 무엇을 나타내는가?
㉮ 입도   ㉯ 결합도
㉰ 점결재조직   ㉱ 숫돌 입자

0586. 플레이너의 크기 표시 방법이 아닌 것은?
㉮ 테이블의 높이   ㉯ 테이블의 행정 길이
㉰ 횡주의 상하 이동 거리   ㉱ 테이블의 크기

정답 579.㉰ 580.㉱ 581.㉰ 582.㉮ 583.㉮ 584.㉯ 585.㉱ 586.㉮

0587. 플레이너 베드의 V홈에는 여러 개의 기름통이 설치되어 있다. 그 이유는?
  ㉮ 테이블에 기름을 공급하여 마찰을 적게 한다.
  ㉯ 테이블과 베드의 접촉면에 급유하여 마찰을 적게 한다.
  ㉰ 크로스 레일에 기름을 공급한다.
  ㉱ 기둥에 기름을 공급한다.

0588. 플레이너에서 공작물을 지지하는 부분은?
  ㉮ 베드   ㉯ 테이블
  ㉰ 바이스   ㉱ 크로스 레일

0589. 중절삭, 고정밀도 가공을 하는 데 쓰는 플레이너는?
  ㉮ 쌍주식 플레이너를 쓴다.   ㉯ 단주형 플레이너를 쓴다.
  ㉰ 쌍주식이나 단주형 모두 가능하다.   ㉱ 쌍주식이나 단주형 모두 부적당하다.

0590. 공작물 폭 1 m, 길이 2.5 m의 주철을 플레이너에서 절삭속도 5 회/min, 이송량 2 mm/행정으로 절삭하면 절삭 소요 시간은?
  ㉮ 40분   ㉯ 60분
  ㉰ 80분   ㉱ 100분

0591. 다음은 플레이너의 테이블 구동에 쓰는 유압 방식의 특징이다. 잘못 설명한 것은?
  ㉮ 테이블의 운전이 원활하다.
  ㉯ 고속 절삭, 고속 후진에도 안정된 속도를 얻을 수 있다.
  ㉰ 유량 조절로 무단계 변속이 가능하다.
  ㉱ 효율이 나쁘다.

0592. 호브축을 호브의 리드각만큼 경사시키면 어떠한 기어가 창성되는가?
  ㉮ 인벌류트 기어가 창성된다.   ㉯ 회전 사이클로이드 기어가 창성된다.
  ㉰ 사이클로이드 기어가 창성된다.   ㉱ 경사 사이클로이드 기어가 창성된다.

0593. 인벌류트 곡선을 그리는 원리를 응용한 기어의 절삭방법을 무엇이라고 하는가?
  ㉮ 창성법   ㉯ 총형 기어 절삭에 의한 방법
  ㉰ 형판에 의한 방법   ㉱ 래크 커터에 의한 방법

정답 587.㉯ 588.㉯ 589.㉮ 590.㉱ 591.㉱ 592.㉮ 593.㉮

0594. 다음 중 기어 절삭법이 아닌 것은?
　㉮ 성형법　　　　　　　　㉯ 형판법
　㉰ 모형법　　　　　　　　㉱ 창성법

0595. 형판법으로 기어를 절삭할 수 있는 기계는?
　㉮ 기어 세이퍼　　　　　　㉯ 글리이슨식 기어 절삭기 베벨기어
　㉰ 슬로터　　　　　　　　㉱ 마아그식 기어 세이퍼

0596. 절삭 공구와 공작물이 모두 회전하며 가공되는 공작 기계는?
　㉮ 호빙 머신　　　　　　　㉯ 브로우칭 머신
　㉰ 방전 가공기　　　　　　㉱ 드릴링 머신

0597. 호빙 머신의 분할 정수에 대한 설명 중 맞는 것은?
　㉮ 호브 1회전에 대한 기어의 전진 잇수　　㉯ 기어 소재의 1회전에 대한 호브의 피드
　㉰ 테이블이 1회전할 동안의 호브의 회전수　㉱ 호빙 머신의 효율

0598. 기어의 소재를 가공할 때 기어 소재의 중심과 아버의 중심은 어떻게 설치 고정하여야 되는가?
　㉮ 소재의 중심과 아버의 중심이 편심되게 고정한다.
　㉯ 소재의 중심과 아버의 중심이 동심이 되게 고정한다.
　㉰ 기어 소재의 중심과 아버의 중심은 별로 관계없다.
　㉱ 소재의 중심 약간 옆에 고정한다.

0599. 모듈 4, 잇수가 각각 28 및 60인 한쌍의 표준 기어가 맞물려 있을 때 축간 거리는?
　㉮ 166 mm　　　　　　　㉯ 176 mm
　㉰ 186 mm　　　　　　　㉱ 196 mm

0600. 호빙 머신의 이송에 대한 설명 중 맞는 것은 어느 것인가?
　㉮ 테이블 1회전 할 동안의 호브의 회전수
　㉯ 호빙 머신의 효율
　㉰ 기어 소재의 1회전에 대하여 호브의 피드
　㉱ 호브 1회전에 대하여 기어의 전진 잇수

정답　594.㉰　595.㉱　596.㉮　597.㉰　598.㉯　599.㉯　600.㉰

0601. 다음 공작 기계 중 차동 기구가 사용되는 것을 골라라.
　㉮ 터릿 선반　　　　　　　　㉯ 호빙 머신
　㉰ 만능 밀링 머신　　　　　　㉱ 세이퍼

0602. 호빙 머신으로 기어를 절삭할 때, 기어의 정밀도에 영향을 주는 것은 무엇인가?
　㉮ 테이블 새들　　　　　　　㉯ 호브의 모양
　㉰ 컬럼　　　　　　　　　　㉱ 마스터 워엄 기어

0603. 다음 중 기어절삭에 사용되는 공구가 아닌 것은?
　㉮ 호브(hob)　　　　　　　　㉯ 피니언 커터(pinion cutter)
　㉰ 래크 커터(rack cutter)　　　㉱ 테이퍼 커터(taper cutter)

0604. 다음 중 2개의 래크형 커터를 사용하여 더블 헬리컬 기어를 깎을 수 있는 것은?
　㉮ 선더랜드 기어 세이퍼　　　㉯ 펠로우즈 기어 세이퍼
　㉰ 마아그 기어 세이퍼　　　　㉱ 호빙 머신

0605. 총형 기어 절삭법에 의한 방법으로 치형을 절삭할 때 사용하는 커터는?
　㉮ 래크 커터　　　　　　　　㉯ 사이클로이드 커터
　㉰ 정면 커터　　　　　　　　㉱ 인벌류트 커터

0606. 피니언 커터를 사용하여 기어 잘삭을 하는 대표적인 공작 기계는?
　㉮ 펠로우즈 기어 세이퍼　　　㉯ 마아그식 기어 세이퍼
　㉰ 글리이슨식 기어 절삭기　　㉱ 기어 세이빙

0607. 직선 레벨 기어 절삭기의 대표적인 것은?
　㉮ 글리이슨식 베벨 기어 절삭기　㉯ 기어 세이퍼
　㉰ 호빙 머신　　　　　　　　㉱ 밀링 머신

0608. 전조 기어의 특징은?
　㉮ 재료의 소모가 많다.　　　　㉯ 가공경화에 의해 표면이 단단하다.
　㉰ 가공시간이 길다.　　　　　㉱ 표면이 거칠다.

정답　601.㉯　602.㉱　603.㉱　604.㉮　605.㉱　606.㉯　607.㉮　608.㉯

0609. 기어 절삭법 중 성형법에 속하는 것은?
   ㉮ 기어 세이퍼　　　　　　㉯ 밀링 머신
   ㉰ 호빙 머신　　　　　　　㉱ 기어 세이빙

0610. 베벨 기어(bevel gear) 절삭에 가장 적합한 공작 기계는?
   ㉮ 밀링 머신　　　　　　　㉯ 호빙 머신
   ㉰ 슬로더　　　　　　　　 ㉱ 기어 세이퍼

0611. 가장 정밀한 기어를 만들 수 있는 기계는?
   ㉮ 기어 세이퍼　　　　　　㉯ 기어 연삭기
   ㉰ 호빙 머신　　　　　　　㉱ 밀링 머신

0612. 기어 세이퍼의 기어 절삭 방법은?
   ㉮ 성형법　　　　　　　　 ㉯ 창성법
   ㉰ 형판법　　　　　　　　 ㉱ 모형법

0613. 다음 마아그식 기어 세이퍼에 관한 설명 중 틀린 것은?
   ㉮ 피니언형 커터를 사용한다.
   ㉯ 테이블은 회전하면서 좌우로 직선 운동을 한다.
   ㉰ 커터가 위아래로 왕복 절삭 운동을 한다.
   ㉱ 스퍼 기어와 헬리컬 기어를 깎을 수 있다.

0614. 기어 세이빙에 대한 설명 중 틀린 것은?
   ㉮ 세이빙 여유는 이 두께가 0.05~0.10 mm이다.
   ㉯ 기어와 물려서 미끄럼 작용에 의해 수염을 깎는 것과 같이 조금씩 깎는 것이다.
   ㉰ 세이빙 커터는 래크형과 피니언형이 있다.
   ㉱ 세이빙이란 기어 잇면을 다듬는 작업이다.

0615. 기어 세이퍼에 사용되는 커터는?
   ㉮ 피니언 커터　　　　　　㉯ 단인 커터
   ㉰ 테이퍼 호브　　　　　　㉱ 호브

정답　609.㉯　610.㉱　611.㉯　612.㉯　613.㉮　614.㉮　615.㉮

0616. 기어 세이퍼에서 절삭할 수 있는 기어는?
　　㉮ 스파이럴 기어　　　　㉯ 헬리컬 기어
　　㉰ 스파이럴 베벨 기어　　㉱ 웜 기어

0617. 기어 세이빙에서 절삭 깊이는 얼마 정도가 적당한가?
　　㉮ 0.02~0.04 mm　　㉯ 0.2~0.4 mm
　　㉰ 0.5~1.0 mm　　　㉱ 1.0~1.5 mm

0618. 다음 가공법 중 표면의 정밀 다듬질 방법이 아닌 것은?
　　㉮ 호닝　　　　　　㉯ 래핑
　　㉰ 슈퍼 피니싱　　㉱ 보링

0619. 호닝은 무엇으로 일감을 가공하는가?
　　㉮ 연삭 숫돌　　㉯ 커터
　　㉰ 바이트　　　　㉱ 사포

0620. 호닝 작업에서 혼의 길이는 공작물 길이의 얼마 정도인가?
　　㉮ 1/2　　㉯ 1/3
　　㉰ 2/3　　㉱ 1/4

0621. 기어 세이빙은 가공된 기어 정밀도에 따라 다듬질 정밀도에 얼마나 영향을 받는가?
　　㉮ 크게 영향을 받는다.　　　　㉯ 별 영향을 안 받는다.
　　㉰ 전혀 영향을 안 받는다.　　㉱ 세이빙만 잘하면 별 영향이 없다.

0622. 기어 전조기에서 제작된 기어의 장점이 아닌 것은?
　　㉮ 섬유 조직이 파괴되지 않아서 인장 강도가 좋다.
　　㉯ 피로강도 및 충격에 대하여 강하다.
　　㉰ 제작 시간이 빠르다.
　　㉱ 정밀한 기어 제작이 용이하다.

0623. 브로우칭(broaching) 머신으로 가공할 수 없는 것은?
　　㉮ 스플라인 축과 구멍　　㉯ 풀리의 키 홈
　　㉰ 베어링용 볼　　　　　　㉱ 내면 치차

정답　616.㉯　617.㉮　618.㉱　619.㉮　620.㉮　621.㉮　622.㉮　623.㉯

0624. 브로우칭 머신으로 가공할 수 없는 작업은?
　㉮ 비대칭의 뒤틀림 홈　　　　㉯ 내면 키 홈
　㉰ 스플라인 축　　　　　　　㉱ 테이퍼 홈 가공

0625. 다음 중 브로우칭 머신에서 작업해야 할 것은?
　㉮ 각형의 구멍을 절삭할 경우　㉯ 기어를 절삭할 경우
　㉰ 대형 차륜을 절삭할 경우　　㉱ 나사를 절삭할 경우

0626. 구멍의 키 홈 가공을 할 수 없는 공작기계는 무엇인가?
　㉮ 평삭기　　　　　　　　　　㉯ 형삭기
　㉰ 브로우칭 머신　　　　　　　㉱ 선반

0627. 풀리의 보스에 키 홈을 가공하려고 한다. 필요한 공작 기계는?
　㉮ 호빙 머신　　　　　　　　　㉯ 브로우칭 머신
　㉰ 보링 머신　　　　　　　　　㉱ 드릴링 머신

0628. 다음 중 연삭제(Al_2O_3, SiC)를 사용하지 않고 가공하는 기계는?
　㉮ 호닝 머신　　　　　　　　　㉯ 연삭기
　㉰ 래핑 머신　　　　　　　　　㉱ 호빙 머신

0629. 액체 호닝의 표준 공기 압력은 몇 kg/cm^2인가?
　㉮ 1 ~ 10　　　　　　　　　　㉯ 5.5 ~ 6.5
　㉰ 2.5 ~ 5　　　　　　　　　　㉱ 10 ~ 12

0630. 액체 호닝에서 연삭제와 가공액과의 혼합비는 어느 정도로 하는가?
　㉮ 1 : 1　　　　　　　　　　　㉯ 1 : 2
　㉰ 1 : 4　　　　　　　　　　　㉱ 1 : 10

0631. 혼(hone)의 재질은 다음 중 어느 것인가?
　㉮ 탄소강　　　　　　　　　　㉯ Al_2O_3 또는 SiC
　㉰ H. S. S　　　　　　　　　　㉱ 초경 합금

정답　624.㉮　625.㉱　626.㉮　627.㉮　628.㉮　629.㉯　630.㉯　631.㉯

0632. 액체 호닝의 설명으로 적당한 것은?

㉮ 기어를 전문으로 다듬질하는 방법
㉯ 혼에 기름을 주어 호닝하는 방법
㉰ 연삭제에 기름을 넣어 만든 혼으로 가공하는 방법
㉱ 연삭제를 용액에 혼합하여 큰 속도로 가공면에 분사하는 방법

0633. 호닝의 설명 중 잘못된 것은?

㉮ 호닝은 일종의 마찰작업이다. ㉯ 호닝 입자는 Al₂O₃와 SiC가 주로 쓰인다.
㉰ 입자는 분말상태의 것으로 사용한다. ㉱ 호닝 작업은 내경과 외경 모두 가능하다.

0634. 액체 호닝에 대한 설명 중 틀린 것은?

㉮ 짧은 시간에 광택이 나지 않는 매끈한 면을 얻을 수 있다.
㉯ 피닝 효과가 있고 공작물의 피로한도를 높일 수 있다.
㉰ 복잡한 모양의 공작물은 다듬질이 곤란하다.
㉱ 공작물 표면의 산화막과 거스러미를 간단히 제거할 수 있다.

0635. 호닝의 가공 압력은?

㉮ 4~30 kg/cm² ㉯ 1~3 kg/cm²
㉰ 1.5 kg/cm² ㉱ 0.5 kg/cm²

0636. 액체 호닝의 연마제가 아닌 것은?

㉮ 규산 ㉯ 탄화규소
㉰ 산화크롬 ㉱ 용융 알루미늄

0637. 마이크로미터와 같이 매끈하고 광택이 나지 않는 다듬질면을 얻을 수 있는 것은?

㉮ 슈퍼 피니싱 ㉯ 랩핑
㉰ 액체 호닝 ㉱ 버핑

0638. 호닝의 연삭액으로 사용하지 않는 것은?

㉮ 경유 ㉯ 등유
㉰ 라아드유 ㉱ 기계유

정답 632.㉱ 633.㉰ 634.㉰ 635.㉮ 636.㉮ 637.㉰ 638.㉱

0639. 호닝 작업의 특징이 아닌 것은?
㉮ 전 가공에서 나타난 테이퍼, 진원도는 수정할 수 없다.
㉯ 최소의 발열과 변형으로 신속한 정밀 가공을 한다.
㉰ 표면 정밀도를 향상시킬 수 있다.
㉱ 크기를 정확히 조절할 수 있다.

0640. 주철의 호닝 작업시 공작액으로 무엇을 사용하는가?
㉮ 라아드유　　　　　㉯ 모빌유
㉰ 석유+황화유　　　㉱ 등유

0641. 다음 공작 기계 중 실린더 안지름의 조정 및 가공에 알맞는 것은?
㉮ 밀링 머신　　　　　㉯ 세이퍼
㉰ 드릴 머신　　　　　㉱ 호닝 머신

0642. 호닝의 원주 속도는 얼마인가?
㉮ 15~30 m/min　　　㉯ 40~70 m/min
㉰ 70~80 m/min　　　㉱ 80~95 m/min

0643. 호닝 머신에서 내면 가공시 일감에 대해 혼은 어떤 운동을 하나?
㉮ 직선 왕복 운동　　　㉯ 회전 운동
㉰ 회전 및 왕복 운동　　㉱ 상하 운동

0644. 슈퍼 피니싱의 숫돌 나비는 보통 공작물 지름의 몇 % 정도의 것이 쓰이는가?
㉮ 30~40 %　　　　　㉯ 45~55 %
㉰ 60~70 %　　　　　㉱ 70~80 %

0645. 슈퍼 피니싱의 절삭제에 대한 설명이다. 옳지 않은 설명은?
㉮ 절삭제의 역할은 칩의 유동시킴에 있다.
㉯ 절삭제로는 석유나 경유가 사용된다.
㉰ 작업에 따라 기계유(머신유)를 10~30% 혼합하여 쓴다.
㉱ 수용성 절삭제는 냉각능을 크게 하므로 특히 많이 쓰인다.

정답　639.㉮　640.㉱　641.㉱　642.㉰　643.㉰　644.㉰　645.㉱

0646. 가공면에 기름 숫돌을 접촉시킨 후 진동을 주어 가공하는 방법은?
㉮ 호닝
㉯ 랩핑
㉰ 슈퍼 피니싱
㉱ 버핑

0647. 슈퍼 피니싱, 호닝, 래핑 등의 작업에 사용하는 숫돌의 입도는?
㉮ 12# ~ 24#
㉯ 30# ~ 60#
㉰ 70# ~ 120#
㉱ 200# ~ 600#

0648. 슈퍼 피니싱의 최대 가공 정도는?
㉮ 0.1 µm까지
㉯ 0.5 µm까지
㉰ 0.8 µm까지
㉱ 1.0 µm까지

0649. 슈퍼 피니싱 숫돌 중에서 C숫돌로 가공하기에 적당치 않은 것은?
㉮ 주철
㉯ 청동
㉰ 탄소강
㉱ Al

0650. 슈퍼 피니싱에서 일반적으로 숫돌은 WA, GC입자를 어떠한 결합제로 결합한 것인가?
㉮ 실리케이트 결합제
㉯ 셸락 결합제
㉰ 레지노이드 결합제
㉱ 비트리파이드 결합제

0651. 슈퍼 피니싱용 숫돌에서 숫돌의 결합도가 작은 것을 사용하는 경우는?
㉮ 가공물의 경도가 작을수록
㉯ 입자의 입도가 작을수록
㉰ 숫돌의 압력이 클수록
㉱ 상대 속도가 클수록

0652. 슈퍼 피니싱에 주로 쓰이는 연삭액은?
㉮ 머신유
㉯ 올리브유
㉰ 경유
㉱ 스핀들유

0653. 슈퍼 피니싱에 대한 설명이다. 틀린 것은?
㉮ 숫돌에 진동을 주며 진동 폭은 1 ~ 4 mm이다.
㉯ 가공 정밀도는 0.1 µm이다.
㉰ 가공면이 매끈하고 방향성이 있다.
㉱ 가공에 의한 변질부가 극히 적다.

정답 646.㉰ 647.㉱ 648.㉮ 649.㉰ 650.㉱ 651.㉱ 652.㉰ 653.㉰

0654. 래핑에 대한 설명 중 잘못된 것은?
㉮ 랩은 공작물보다 부드러워야 한다.　㉯ 랩은 치밀해야 한다.
㉰ 랩 작업시 서서히 압력을 주며 작업한다.　㉱ 랩은 표면에 약간 굴곡이 있어야 한다.

0655. 주철제 랩(공작용 랩)이 마멸되었을 때 랩은 어떻게 하나?
㉮ 주랩으로 수정한다.　㉯ 그냥 사용한다.
㉰ 사용하지 못한다.　㉱ 줄로 다듬어 사용한다.

0656. 일반적으로 가장 많이 사용되는 랩은?
㉮ 주철　㉯ 연강
㉰ 구리　㉱ 주석

0657. 다음은 가공물의 재질에 따른 적당한 랩제를 연결한 것이다. 틀린 것은?
㉮ 강, 주철 - 탄화규소　㉯ 강 - 산화알루미늄
㉰ 유리, 수정 - 산화알루미늄　㉱ 연한 금속 - 산화철

0658. 다음 공작 기계 중 연삭 숫돌을 사용하지 않고 연삭제를 사용하는 기계는?
㉮ 호닝 머신　㉯ 래핑 머신
㉰ 그라인딩 머신　㉱ 슈퍼 피니싱 머신

0659. 래핑 작업에서 적당하지 않은 것은?
㉮ 래핑할 장소는 진동이 작고 먼지가 없는 곳이 좋다.
㉯ 거친 다듬질할 때는 랩 정반을 세게 누른다.
㉰ 정밀 다듬질할 때는 랩 정반을 가볍게 누른다.
㉱ 거친 다듬질을 할 때는 점도 높은 공작액을 사용한다.

0660. 가공 후 가장 높은 정밀도를 얻을 수 있는 것은?
㉮ 호닝　㉯ 슈퍼 피니싱
㉰ 래핑　㉱ 버핑

0661. 래핑 작업시 습식 방식은 건식 방식보다 몇 배 정도 절삭능이 있는가?
㉮ 2배　㉯ 5배
㉰ 10배　㉱ 15배

정답　654.㉱　655.㉮　656.㉮　657.㉯　658.㉯　659.㉱　660.㉰　661.㉰

0662. 랩제와 랩에 대한 설명이다. 잘못 설명한 것은?
  ㉮ 다듬질할 때 랩제는 다이아몬드가 제일 좋다.
  ㉯ 초경합금에는 주철제 랩이 좋다.
  ㉰ 주철에 포함된 흑연은 랩제를 지지하는 힘이 크다.
  ㉱ 랩제는 주로 A숫돌이 좋다.

0663. 래핑 작업에 대한 설명 중 틀린 것은?
  ㉮ 입자의 경도는 공작물의 경도 이상이어야 한다.
  ㉯ 연한 입자는 큰 입도를 택한다.
  ㉰ 랩은 공작물보다 굳은 것이어야 한다.
  ㉱ 랩의 속도가 빠르면 랩핑 가공이 빨라진다.

0664. 랩(lap)공구는 어떤 것을 사용하는가?
  ㉮ 공작물보다 단단한 것   ㉯ 공작물보다 경도가 낮은 것
  ㉰ 공작물보다 전도율이 높은 것   ㉱ 공작물보다 강인한 것

0665. 게이지블록 다듬질 가공에 적당한 방법은?
  ㉮ 호닝   ㉯ 래핑
  ㉰ 버핑   ㉱ 슈퍼 피니싱

0666. 랩제로 사용되지 않는 것은?
  ㉮ 탄화규소   ㉯ 알루미나
  ㉰ 산화철   ㉱ 탄소강

0667. 건식 래핑과 습식 래핑에 대한 설명 중 옳지 않은 것은?
  ㉮ 습식은 거친 다듬질에 적당하다.   ㉯ 건식은 정밀 다듬질에 적당하다.
  ㉰ 일반적으로 습식을 한 후 건식을 한다. ㉱ 건식 래핑은 반드시 손으로 한다.

0668. 입자 가공 중 습식법과 건식법으로 구별하여 가공하는 것은?
  ㉮ 연삭기   ㉯ 브로우칭 머신
  ㉰ 래핑 머신   ㉱ 슈퍼 피니싱

정답 662.㉱ 663.㉰ 664.㉯ 665.㉯ 666.㉱ 667.㉱ 668.㉰

0669. 드릴의 홈이나 주사침의 구멍을 깨끗하게 다듬질하는데 가장 좋은 방법은 어느 것인가?
㉮ 액체 호닝
㉯ 전해 가공
㉰ 전해 연삭
㉱ 초음파 가공

0670. 금속 표면을 도금하는 방법과 반대되는 가공 방법은?
㉮ 전해 연삭
㉯ 화학 연마
㉰ 초음파 가공
㉱ 방전 가공

0671. 전해 연마의 단점은?
㉮ 가공에 의한 표면 균열이 생기기 쉽다.
㉯ 모서리 부분이 둥그러진다.
㉰ 복잡한 면의 정밀 가공이 곤란하다.
㉱ 가공 시간이 길다.

0672. 공작물을 양극으로 하고, 불용해성 Pb, Cu를 음극으로 하여 전해액 속에 넣으면 공작물 표면이 전기 분해되어 매끈한 면을 얻을 수 있는 방법은?
㉮ 전해 연삭
㉯ 전해 가공
㉰ 방전 가공
㉱ 방전 가공

0673. 윤활부의 마멸이 커지면 유압은 어떻게 되나?
㉮ 낮아진다.
㉯ 높고 낮은 상태가 반복한다.
㉰ 높아진다.
㉱ 아무런 관계가 없다.

0674. 절삭제를 사용함으로써 절삭 저항을 감소시킨다. 다음 사항 중 틀린 것은?
㉮ 날 끝과 칩, 다듬면 사이의 윤활 작용으로
㉯ 마찰이 적어지므로
㉰ 소비동력이 적어지므로
㉱ 절삭 칩의 접촉 길이가 감소하므로

0675. 절삭제의 3가지 작용이 아닌 것은?
㉮ 윤활 작용
㉯ 냉각 작용
㉰ 칩의 소착 방지 작용
㉱ 고체 마찰 작용

정답 669.㉮ 670.㉮ 671.㉯ 672.㉮ 673.㉮ 674.㉰ 675.㉱

0676. 다음 중 맞는 것은?
　㉮ 그리스의 양을 가득 채우면 발열이 없다.
　㉯ 윤활유의 점도가 크면 유막을 유지하기 힘들다.
　㉰ 그리스는 절삭제 역할을 한다.
　㉱ 압력이 큰 마찰면에는 점도가 높은 윤활유가 적당하다.

0677. 선반의 급유시 잘못된 것은?
　㉮ 주유는 주유구로 약간 넘칠 정도로 충분히 한다.
　㉯ 주유구 또는 기름 탱크 뚜껑을 잘 닫는다.
　㉰ 지정된 기름을 사용한다.
　㉱ 회전 부분, 활동 부분의 주유를 정기적으로 한다.

0678. 다음 중 윤활유의 사용 목적이 아닌 것은?
　㉮ 감마 효과　　　　　㉯ 충격 방지 효과
　㉰ 기밀 효과　　　　　㉱ 방진 효과

0679. 윤활유의 성질 중 가장 중요한 것은?
　㉮ 온도　　　　　　　㉯ 습도
　㉰ 점도　　　　　　　㉱ 열효율

0680. 오일이 금속의 마찰면에 윤활 피막을 이루는 성질은?
　㉮ 점성　　　　　　　㉯ 유성
　㉰ 윤활성　　　　　　㉱ 유막성

0681. 그리스에 관한 사항이다. 부적당한 것은?
　㉮ 회전 속도 : 중·저속용에 사용한다.　㉯ 회전 저항 : 비교적 적다.
　㉰ 냉각 효과 : 적다.　　　　　　　　　㉱ 누설 : 적다.

0682. 알루미늄을 선삭할 때에 적당한 절삭제는?
　㉮ 소다수　　　　　　㉯ 경유
　㉰ 기계유　　　　　　㉱ 건식 절삭

정답　676.㉱　677.㉮　678.㉯　679.㉰　680.㉯　681.㉯　682.㉯

0683. 선반 주축대(기어식)의 급유법은?
  ㉮ 손 급유법
  ㉯ 튀김 급유법
  ㉰ 적하 급유법
  ㉱ 중력 급유법

0684. 저속 회전에 적당한 그리스는?
  ㉮ 그래파이트 그리스
  ㉯ 캡 그리스
  ㉰ 기어 그리스
  ㉱ 파이버 그리스

0685. 수용성 절삭제가 불 수용성 절삭제보다 우수한 점이 아닌 것은?
  ㉮ 소포성
  ㉯ 윤활성
  ㉰ 연기 발생
  ㉱ 안정성

0686. 저속 중절삭할 때에는 어떤 절삭제를 사용하면 좋은가?
  ㉮ 윤활성이 좋은 것
  ㉯ 마찰 계수가 작은 것
  ㉰ 냉각성이 큰 것
  ㉱ 점성이 큰 것

0687. 윤활유의 성질에서 요구되는 사항이 될 수 없는 것은?
  ㉮ 비중이 적당한 것
  ㉯ 인화점과 발화점이 낮을 것
  ㉰ 점성과 온도 관계가 민감하지 말 것
  ㉱ 카아본의 생성이 적고 유막형성이 좋을 것

0688. 윤활유 첨가제 중 유동점 강하제는?
  ㉮ 유황 화합물
  ㉯ 파라핀 화합물
  ㉰ 고분자 화합물
  ㉱ 규소유

  해설 ㉮ 산화 방지제, ㉯ 유성 향상제, ㉱ 소포제

0689. 다음 설명 중 맞는 것은?
  ㉮ 수용성 절삭유에는 식물성 기름이 있다.
  ㉯ 절삭유는 냉각 효과와는 관계 없다.
  ㉰ 수용성 절삭유는 윤활 효과가 있다.
  ㉱ 수용성 절삭유는 불수용성보다 냉각 효과가 좋다.

정답 683.㉯ 684.㉯ 685.㉯ 686.㉮ 687.㉯ 688.㉰ 689.㉱

0690. 윤활유의 첨가제로서 부적당한 것은?
　　㉮ 부식 방지제　　　　　　㉯ 산화 촉진제
　　㉰ 유성 향상제　　　　　　㉱ 유동점 강하제

0691. 절삭시 절삭열을 냉각시키기 위한 절삭제 중에서 수용성 절삭제가 아닌 것은?
　　㉮ 에멀존형　　　　　　　㉯ 유화유형
　　㉰ 솔류션형　　　　　　　㉱ 솔류우블형

0692. 윤활유의 노화 현상을 구별하는 방법이 아닌 것은?
　　㉮ 비중 증가　　　　　　　㉯ 인화점 저하
　　㉰ 점도 증가　　　　　　　㉱ 산성 감소

0693. 주철 재료를 선삭할 때의 절삭제는?
　　㉮ 피마자 기름　　　　　　㉯ 광물성 기름
　　㉰ 동물성 기름　　　　　　㉱ 사용하지 않는다.

0694. 공구 수명면에서는 수용성이 우수하다. 그 이유는 무엇인가?
　　㉮ 윤활 작용이 좋기 때문　　㉯ 냉각능이 크기 때문
　　㉰ 안정성이 크기 때문　　　㉱ 유동성이 좋기 때문

0695. 절삭 중 바이트의 생크에 발생하는 응력은 어느 것인가?
　　㉮ 인장응력과 압축응력이 동시에 발생한다.　　㉯ 인장응력만 발생한다.
　　㉰ 압축응력만 발생한다.　　　　　　　　　　㉱ 응력이 발생하지 않는다.

0696. 윤활유의 점도에 대한 설명이다. 틀린 것은?
　　㉮ 윤활유의 점도 지수가 클수록 온도의 변화에 대하여 점도 변화도 적다.
　　㉯ 윤활유의 점도가 높을수록 유막은 강하다.
　　㉰ 여름철에는 윤활유 점도가 높은 것을 쓴다.
　　㉱ 겨울철에는 점도가 높은 것을 쓰면 응고하기 쉽다.

0697. 다음은 주철의 절삭제에 대한 설명이다. 맞는 것은?
　　㉮ 어떤 경우에도 사용하지 않는다.　　㉯ 보링 작업에만 사용한다.
　　㉰ 지름이 큰 탭핑시에만 사용한다.　　㉱ 황삭할 경우에만 사용한다.

정답　690.㉯　691.㉯　692.㉱　693.㉱　694.㉯　695.㉮　696.㉯　697.㉰

0698. 광유에 비눗물을 가한 것으로 널리 쓰이는 것은?
⑦ 알카리성 수용액　　　㉯ 유화유
㉰ 광물유　　　　　　　㉱ 동식물류

0699. 절삭제 중에 물을 혼합해서 사용하는 것이 아닌 것은?
⑦ 에멜존형　　　　　　㉯ 솔류블형
㉰ 솔류우션형　　　　　㉱ 광물유

0700. 연삭 작업시에 가장 적당한 절삭유는 어느 것인가?
⑦ 광유　　　　　　　　㉯ 혼성유
㉰ 유화유　　　　　　　㉱ 기계유

0701. 광유에 지방유를 5~30% 혼합한 것으로 선삭, 밀링 가공시 중간 절삭이나 비철 금속의 절삭에 효과적인 절삭유는?
⑦ 유황유　　　　　　　㉯ 염화유
㉰ 혼성유　　　　　　　㉱ 유화 염화유

0702. 광유 중에서 절삭 속도가 큰 것에 사용하는 것은?
⑦ 스핀들유　　　　　　㉯ 석유·경유
㉰ 머신유　　　　　　　㉱ 파라핀유

0703. 극압 첨가제를 첨가한 절삭유의 용도로 잘못 나타낸 것은?
⑦ 저속 절삭에 사용　　　㉯ 일반 절삭에 사용
㉰ 중절삭에 사용　　　　㉱ 고속 절삭에 사용

0704. 윤활의 종류가 아닌 것은?
⑦ 기체 윤활　　　　　　㉯ 경계 윤활
㉰ 완전 윤활　　　　　　㉱ 고체 윤활

0705. 동물성 절삭유에 대한 설명 중 틀린 것은?
⑦ 변질이 잘 된다.　　　㉯ 저속 절삭에 좋다.
㉰ 윤활성이 좋다.　　　㉱ 냉각성이 좋다.

정답　698.㉯　699.㉱　700.㉰　701.㉰　702.㉯　703.⑦　704.⑦　705.㉱

0706. 다음은 기계에 따른 절삭 공구를 표시한 것이다. 잘못된 것은?
- ㉮ 바이트 - 선반
- ㉯ 커터 - 밀링
- ㉰ 브로우치 - 호빙 머신
- ㉱ 드릴 - 드릴머신

0707. 초경 합금으로 만든 드릴은 어느 경우에 사용되는가?
- ㉮ 주철에 구멍을 뚫을 때
- ㉯ 구리나 알루미늄에 구멍을 뚫을 때
- ㉰ 경사진 부분에 구멍을 뚫을 때
- ㉱ 연한 재질에 구멍을 뚫을 때

0708. 초경 합금의 팁에 따른 바이트 생크의 빛깔이 잘못된 것은?
- ㉮ P10 - 녹색
- ㉯ M20 - 은색
- ㉰ P40 - 황색
- ㉱ K01 - 청색

0709. 소결 합금으로 된 바이트의 재료는?
- ㉮ 탄소강
- ㉯ 고속도강
- ㉰ 공구강
- ㉱ 초경합금

0710. 금속 절삭 이론을 체계화시켰으며 고속도강을 발명한 사람은?
- ㉮ 테일러
- ㉯ 니콜슨
- ㉰ 샤우
- ㉱ 프리드리히

0711. 오늘날 가장 많이 쓰이고 있는 바이트의 재질은 어느 것인가?
- ㉮ 고속도강
- ㉯ 니켈강
- ㉰ 탄소 공구강
- ㉱ 초경 합금

0712. 다음 중에서 바이트를 만드는 방법에 따라 분류한 것에 속하지 않는 것은?
- ㉮ 완성 바이트
- ㉯ 단조 바이트
- ㉰ 절단 바이트
- ㉱ 용접 바이트

0713. 초경 합금의 소결제는 무엇인가?
- ㉮ 점토
- ㉯ Co
- ㉰ $CaCO_3$
- ㉱ 고무

정답 706.㉰ 707.㉮ 708.㉰ 709.㉱ 710.㉮ 711.㉱ 712.㉰ 713.㉯

0714. 절삭공구 재질로서 맞지 않는 것은?
㉮ 탄소 공구강   ㉯ 합금 공구강
㉰ 고속도강   ㉱ 백심 가단 주철

0715. 다음 절삭 공구 중 주조 합금인 것은?
㉮ 초경 합금   ㉯ 세라믹
㉰ 당가로이   ㉱ 스텔라이트

0716. 다음 초경 바이트 중 충격에 가장 약한 것은?
㉮ P01   ㉯ P10
㉰ P30   ㉱ 40

0717. 초경 바이트에 대한 설명 중 해당 없는 것은?
㉮ 600°C정도에서 경도가 급격히 감소한다.   ㉯ 고속도강보다 고속 절삭이 가능하다.
㉰ 충격에 약하다.   ㉱ 고온 경도가 크다.

0718. 절삭제의 선정 조건이 될 수 없는 것은?
㉮ 피삭재의 재질   ㉯ 절삭 속도
㉰ 절삭 깊이와 폭   ㉱ 바이트 경사각

0719. 고속 회전에 알맞는 윤활유의 성질은?
㉮ 고점도의 윤활유   ㉯ 고온도의 윤활유
㉰ 저점도의 윤활유   ㉱ 저비중의 윤활유

0720. 다음 고속도강 바이트 중 가장 절삭 속도를 빠르게 할 수 있는 것은?
㉮ SKH 1   ㉯ SKH 2
㉰ SKH 3   ㉱ SKH 5

0721. 정밀 보링에서 일반적으로 사용하는 바이트의 재질은?
㉮ H.S.S   ㉯ 초경 합금
㉰ 탄소강   ㉱ 스텔라이트

정답 714.㉱ 715.㉱ 716.㉮ 717.㉮ 718.㉱ 719.㉰ 720.㉱ 721.㉯

0722. 초경 합금의 경도가 저하되어 절삭 능력이 떨어지는 온도는 어느 것인가?
㉮ 700 ℃ 이상 ㉯ 800 ℃ 이상
㉰ 900 ℃ 이상 ㉱ 1,000 ℃ 이상

0723. 경도가 매우 크지만 가격이 비싸 특수 목적용으로 쓰이는 공구 재질은?
㉮ 다이아몬드 ㉯ 초경합금
㉰ 세라믹 ㉱ 고속도강

0724. 드릴의 재료로 사용하지 않는 것은?
㉮ 합금공구강 ㉯ 고속도강
㉰ 절삭날에만 초경합금을 붙인 것 ㉱ 연강

0725. 초경 바이트로 강을 중절삭할 때 경사각은?
㉮ +각으로 한다. ㉯ -각으로 한다.
㉰ 0도로 한다. ㉱ 상관 없다.

0726. 절삭 공구의 수명에 대한 설명 중 틀린 것은?
㉮ 공구 수명의 판정은 날 끝의 마멸 정도로 정한다.
㉯ 공구의 경도가 높으면 짧아진다.
㉰ 절삭 속도가 느리면 길어진다.
㉱ 이송 속도가 느리면 길어진다.

0727. 절삭제의 사용 목적 중 틀린 것은?
㉮ 공구의 냉각을 돕는다. ㉯ 공구와 칩의 친화력을 돕는다.
㉰ 공작물의 냉각을 돕는다. ㉱ 가공 표면의 방청작용을 한다.

0728. 다음 중 주조 경질 합금의 특성이 될 수 없는 것은?
㉮ 열처리 없이 충분한 강도가 얻어진다.
㉯ 600 ℃ 이상에서도 절삭 능력이 크다.
㉰ 취약하여 잘 깨지기 쉽다.
㉱ 단련하여 여러 가지 형상으로 만들 수 있다.

정답 722.㉯ 723.㉮ 724.㉱ 725.㉯ 726.㉮ 727.㉯ 728.㉱

0729. 초경 합금 바이트의 주성분은?
㉮ W, Cr, V ㉯ W.C
㉰ Co ㉱ Co, W, Cr

0730. 세라믹에 대한 설명 중 잘못된 것은?
㉮ 고온 경도는 1200 ℃까지 거의 변화가 없다.
㉯ 금속 가공시 구성 인선이 생기지 않는다.
㉰ 보통강의 절삭속도는 300 m/min 정도이다.
㉱ 주성분은 Cr_2O_3이다.

0731. 슬로터 작업에 쓰이는 바이트의 재료로 알맞는 것은?
㉮ 고속도강 ㉯ 초경 합금
㉰ 쾌삭강 ㉱ 세라믹

0732. 세라믹의 절삭 속도는 고속도강의 몇 배 정도인가?
㉮ 1~5배 ㉯ 5~10배
㉰ 20~30배 ㉱ 30~50배

0733. 알루미늄 재료는 때때로 정밀 가공이 곤란할 경우가 있다. 그 주요 원인은?
㉮ Al_2O_3(산화 알루미늄)이 생기기 때문 ㉯ 너무 재질이 연하기 때문
㉰ 재료가 굳어지기 때문 ㉱ 가공 경화 때문

0734. 절삭 속도와 공구 수명과의 관계식으로 옳은 것은?(단, V : 절삭속도[m/min], C : 상수, T : 공구 수명[min], $\frac{1}{n}$: 지수)
㉮ $VT^n = C$ ㉯ $V = CT^n$
㉰ $T = \frac{C}{V}$ ㉱ $V = \sqrt{\frac{C}{T}}$

0735. 절삭 조건이 맞지 않을 경우 나타나는 현상 중 틀린 것은?
㉮ 치수 정밀도가 저하된다. ㉯ 공구의 수명이 단축된다.
㉰ 가공 표면이 나빠진다. ㉱ 절삭성이 좋고 바이트 수명이 길어진다.

정답 729.㉱ 730.㉱ 731.㉮ 732.㉰ 733.㉱ 734.㉮ 735.㉱

0736. 세라믹 바이트의 주성분은?
⑦ 텅스텐   ④ 고속도강
④ 크롬   ④ 산화알루미늄

0737. 고속도 공구강에 대한 설명 중 틀린 것은?
⑦ 대표적인 것으로 18W-4Cr-1V이 있다.   ④ 하이스(H.S.S)라고도 한다.
④ 절삭 속도가 탄소강의 5배 이상이다.   ④ 700~800 ℃에서 급격히 경도가 저하한다.

0738. 내열성이 크고 냉각제가 필요없는 절삭공구 재료는 어느 것인가?
⑦ 초경 합금   ④ 세라믹
④ 고속도강   ④ 스텔라이트

0739. 강을 고속 정밀 절삭할 때 가장 좋은 것은?
⑦ P01   ④ P10
④ P20   ④ P40

0740. 많은 날을 가진 커터를 회전시키고, 테이블 위에 고정한 공작물에 이송을 주어 절삭하는 공작기계는?
⑦ 세이퍼   ④ 밀링 머신
④ 선반   ④ 슬로팅

0741. 공구 수명을 판정하는 방법이 아닌 것은?
⑦ 절삭 가공 직후 가공 표면에 광택이 생길 때
④ 공구 날의 마모가 일정량에 달했을 때
④ 가공물의 온도가 일정량에 달했을 때
④ 완성 가공된 치수의 변화가 일정량에 달했을 때

0742. 바이트의 마멸 한도란?
⑦ 바이트날이 마멸되어 없어질 때까지를 말한다.
④ 바이트날의 절삭 상태가 나빠지기 시작할 때까지를 말한다.
④ 바이트로 깎을 수 있는 가공물의 양을 말한다.
④ 바이트로 전혀 깎아지지 않을 때까지를 말한다.

정답 736.④ 737.④ 738.④ 739.⑦ 740.④ 741.④ 742.④

0743. 공구의 수명과 온도 관계에서 절삭 온도가 높으면 공구 수명은 어떻게 되나?
㉮ 높아진다. ㉯ 떨어진다.
㉰ 일정하다. ㉱ 관계없다.

0744. 다음 식 중에서 드릴의 회전수를 구하는 것은 어느 것인가?
㉮ $n = \dfrac{100}{\pi dV}$ ㉯ $n = \dfrac{\pi d}{1000V}$
㉰ $n = \dfrac{1000\pi V}{d}$ ㉱ $n = \dfrac{1000V}{\pi d}$

0745. 구멍의 키 홈 가공에 가장 적당한 공작기계는?
㉮ 평삭기 ㉯ 형삭기
㉰ 브로우칭 머신 ㉱ 선반

0746. 다음 중 절삭 속도를 가장 빠르게 할 수 있는 재질은?
㉮ 알루미늄 ㉯ 황동
㉰ 청동 ㉱ 연강

0747. 다음 중 절삭 공구의 절삭 운동 방식이 아닌 것은?
㉮ 공구고정, 가공물 운동 ㉯ 가공물 고정, 공구 운동
㉰ 가공물 고정, 공구고정 ㉱ 공구 운동, 가공물 운동

0748. 공작물은 회전하고 절삭 공구는 전후 좌우 이송하는 공작 기계는?
㉮ 밀링 머신 ㉯ 드릴링 머신
㉰ 선반 ㉱ 보링 머신

0749. 급속 귀환 행정과 절삭 행정을 직선 운동을 하면서 가공하는 기계가 아닌 것은?
㉮ 세이퍼 ㉯ 드릴링 머신
㉰ 슬로터 ㉱ 플레이너

0750. 일감이 1회전하는 사이에 바이트가 이동하는 거리는?
㉮ 절삭량 ㉯ 이송량
㉰ 회전량 ㉱ 회전수

정답 743.㉯ 744.㉱ 745.㉰ 746.㉮ 747.㉰ 748.㉰ 749.㉯ 750.㉯

0751. 공구의 회전 절삭 운동과 공작물의 직선 운동의 조합으로 평면을 깎는 기계는?
㉮ 선반(lathe) ㉯ 세이퍼(shaper)
㉰ 밀링(milling) ㉱ 플레이너(planer)

0752. 구성 인선의 주기를 나타낸 것으로 적당한 것을 골라라.
㉮ 발생→분열→성장→탈락 ㉯ 발생→분열→탈락→성장
㉰ 발생→성장→탈락→분열 ㉱ 발생→성장→분열→탈락

0753. 구성 인선의 발생에서 탈락까지의 시간은?
㉮ $\frac{1}{1000} \sim \frac{5}{100}$ 초 ㉯ $\frac{1}{10} \sim \frac{1}{200}$ 초
㉰ $\frac{1}{10} \sim 1$ 초 ㉱ $2 \sim 5$초

0754. 연한 재질의 일감을 고속 절삭할 때 생기는 칩의 형태는?
㉮ 유동형 ㉯ 균열형
㉰ 열단형 ㉱ 전단형

0755. 절삭 저항은 3분력으로 나눌 수 있다. 이에 속하지 않는 것은?
㉮ 주분력 ㉯ 중분력
㉰ 이송 분력 ㉱ 배분력

0756. 절삭 속도를 나타내는 단위는?
㉮ m/min ㉯ in/s
㉰ ft/cm² ㉱ cm/h

0757. 절삭 속도 $V = \frac{\pi dn}{1000}$ 에서 d를 사용 기계에 따라 표시하였다. 잘못된 것은?
㉮ 드릴 - 공작물의 지름 ㉯ 밀링 - 커터의 지름
㉰ 선반 - 공작물의 지름 ㉱ 리밍 - 리머의 지름

0758. 면을 매끈하게 하기 위한 절삭 조건이다. 적합하지 않은 것은?
㉮ 절삭 속도를 크게 한다. ㉯ 이송 속도를 적게 한다.
㉰ 절삭 방향의 이송량을 적게 한다. ㉱ 절삭 깊이를 크게 한다.

정답 751.㉰ 752.㉱ 753.㉯ 754.㉮ 755.㉯ 756.㉮ 757.㉮ 758.㉱

0759. 금속 가공법 중 가장 치수 정밀도가 높은 제품을 만들 수 있는 것은?
⑦ 평삭   ④ 연삭
④ 형삭   ④ 선삭

0760. 절삭 깊이×이송이 일정할 때 절삭 속도가 크면 절삭량은 어떻게 되는가?
⑦ 증가한다.   ④ 저하한다.
④ 일정하다.   ④ 알 수 없다.

0761. 바이트가 상하직선 운동을 하여 수직면을 깎는 기계는?
⑦ 세이퍼   ④ 플레이너
④ 슬로터   ④ 연삭반

0762. 절삭 표면 증가를 목적으로 절삭 방향과 직각 방향으로 공구를 이동하는 것을 무엇이라 하는가?
⑦ 절삭 깊이   ④ 절삭 속도
④ 이송 운동   ④ 절삭 운동

0763. 절삭 깊이는 어떻게 측정하나?
⑦ 가공면에 대하여 45°방향으로 측정한다.   ④ 가공면에 대하여 수직으로 측정한다.
④ 측정하기 쉬운 쪽으로 측정한다.   ④ 가공면에 대하여 수평으로 측정한다.

0764. 절삭 공구를 두께나 직경 방향으로 넣는 것을 무엇이라 하는가?
⑦ 절삭 깊이   ④ 절삭 방향
④ 절삭 운동   ④ 칩

0765. 다음 중 절삭 가공에 속하는 것은?
⑦ 연삭(grinding)   ④ 용접(welding)
④ 주조(casting)   ④ 단조(forging)

0766. 절단 작업을 할 때 바이트가 파손되는 원인이 아닌 것은?
⑦ 절삭 깊이가 작을 때   ④ 바이트의 연삭 불량
④ 바이트 고정의 부정확   ④ 공작물 고정이 불확실

정답 759.④ 760.⑦ 761.④ 762.④ 763.④ 764.⑦ 765.⑦ 766.⑦

0767. 구성 인선을 방지하기 위한 대책으로서 틀린 것은?
㉮ 바이트의 경사각을 크게 한다.
㉯ 절삭 속도를 크게 한다.
㉰ 윤활성이 좋은 절삭유를 준다.
㉱ 절삭 속도를 극히 작게 하며 윤활성이 작은 절삭유를 준다.

0768. 바이트 날 끝에 고온, 고압 때문에 칩이 조금씩 용착하여 단단해진 것을 무엇이라 하는가?
㉮ 구성 인선 ㉯ 채터링
㉰ 치핑 ㉱ 플랭크

0769. 구성 인선이 잘 발생하지 않는 재질은?
㉮ 연강 ㉯ 주철
㉰ 스테인리스강 ㉱ 6 : 4 황동

0770. 절삭 저항 중 가장 적은 분력은?
㉮ 주분력 ㉯ 횡분력
㉰ 이송 분력 ㉱ 배분력

0771. 인치식 선반의 어미 나사 산수 4, 깎고자 하는 나사 산수가 12일 때 하프 너트를 넣는 시기는?
㉮ 어미 나사(lead screw) 1회전마다 ㉯ 어미 나사 $1\frac{1}{2}$ 회전마다
㉰ 어미 나사 2회전마다 ㉱ 어미 나사 $2\frac{1}{2}$ 회전마다

0772. 4 산/in인 리드 스크류인 선반으로 16눈금의 다이얼을 사용해서 9 산/in의 나사를 깎으려고 할 때, 하프 너트를 넣는 시기는 다음 그림에서 어느 점에서 넣는가?
㉮ 1, 4, 8, 12, 16
㉯ 1, 3, 5, 7, 9, ……
㉰ 1, 2, 3, 4, ……
㉱ 1, 5, 9, 13

정답 767.㉱ 768.㉮ 769.㉯ 770.㉰ 771.㉮ 772.㉮

0773. 다음 중 구성 인선이 생기는 원인이 아닌 것은?

㉮ 절삭 속도가 10~50 m/min로 작을 때

㉯ 날 끝의 경사각이 30° 이상으로 클 때

㉰ 날 끝의 온도가 상승하여 용착 온도가 되었을 때

㉱ 절삭 깊이가 클 때

0774. 다음은 나사 절삭 요령을 나타낸 것이다. 그 설명이 틀린 것은?

㉮ 선반의 어미 나사가 미터식인지 인치식인지 알아야 한다.

㉯ 깎고자 하는 나사 형식을 알아야 한다.

㉰ 필요한 변환기어를 결정한다.

㉱ 변환기어는 단식법으로 하는 것이 가장 좋다.

0775. 절삭력은 서로 직각으로 된 3가지 분력으로 나누어 생각할 수 있다. 그림에서 ①은 무슨 분력이라 하나?

㉮ 횡분력

㉯ 주분력

㉰ 배분력

㉱ 이송 분력

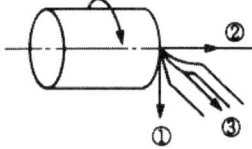

0776. 다음 중 칩이 경작형을 이루는 방식을 설명한 것은?

㉮ 경사각이 큰 바이트로 취성 재료 절삭시 일어난다.

㉯ 극연강, 알루미늄 등 점성이 큰 재료 절삭시 일어난다.

㉰ 칩의 두께가 일정하도록 이루어진 칩의 형태이다.

㉱ 절삭 저항과 진동이 거의 없다.

0777. 균열형 칩이 많이 발생하는 가공 재료는 무엇인가?

㉮ 알루미늄 합금 ㉯ 스테인리스강

㉰ 주철 ㉱ 황동

0778. 선반에서 체이싱 다이얼은 어떤 작업을 할 때 사용하는가?

㉮ 테이퍼 절삭 ㉯ 원통 절삭

㉰ 나사 절삭 ㉱ 너얼링

정답 773.㉯ 774.㉮ 775.㉯ 776.㉯ 777.㉰ 778.㉰

0779. 구성 인선의 단점과 관계 없는 것은?
㉮ 치핑 현상으로 공구 수명이 단축된다.
㉯ 가공 표면이 거칠어 제품의 정도가 저하된다.
㉰ 절삭 깊이가 깊어 동력 손실을 가져온다.
㉱ 표면 변질층이 얇아진다.

0780. 다음중 가공면이 가장 깨끗한 칩의 형태는?
㉮ 전단형　　　　㉯ 열단형
㉰ 균열형　　　　㉱ 유동형

0781. 다음 중 설명이 잘못된 것은?
㉮ 주분력 : 절삭 방향과 반대 방향으로 작용하는 힘
㉯ 배분력 : 절삭 깊이와 반대 방향(공구)으로 작용
㉰ 횡분력 : 이송방향과 반대 방향으로 작용하는 분력
㉱ 이송 분력 : 공구를 이송할 때 생기는 분력

0782. 고속도강 바이트에서 구성 인선은 바이트의 경사각이 몇 도 이상이 될 때 생기지 않는가?
㉮ 15° 이상　　　　㉯ 20° 이상
㉰ 25° 이상　　　　㉱ 30° 이상

0783. 다음 중 연속형 칩은?
㉮ 유동형　　　　㉯ 열단형
㉰ 균열형　　　　㉱ 전단형

0784. 변속기어를 넣는 방식에서 복식과 단식법의 결정은 주축과 어미 나사축의 회전비가 얼마일 때인가?
㉮ 1 : 2　　　　㉯ 1 : 4
㉰ 1 : 6　　　　㉱ 1 : 8

0785. 선반에서 공작물의 정밀도와 관계가 깊은 것은?
㉮ 주축대　　　　㉯ 심압대
㉰ 베드 안내면　　　　㉱ 왕복대

정답　779.㉱　780.㉱　781.㉱　782.㉱　783.㉮　784.㉰　785.㉰

0786. 하프 너트는 무엇에 사용하는가?
- ㉮ 이송봉을 작동시키는 데 사용
- ㉯ 리드 스크류를 작동시키는 데 사용
- ㉰ 이송봉을 역전시키는 데 사용
- ㉱ 크로스, 슬라이드를 움직이는 데 사용

0787. 칩브레이커와 관계가 있는 칩의 유형은?
- ㉮ 유동형
- ㉯ 전단형
- ㉰ 균열형
- ㉱ 경작형

0788. 탄소강을 다듬질할 때 적당한 전면 경사각은 얼마인가? 공구는 고속도강 공구이다.
- ㉮ 3~5°
- ㉯ 5~10°
- ㉰ 8~10°
- ㉱ 15~25°

0789. 바이트의 구비 조건 중 틀린 것은?
- ㉮ 고온에서 경도가 클 것
- ㉯ 강인성과 경도가 높을 것
- ㉰ 가격이 싸고 제조가 쉬울 것
- ㉱ 저온에서 청열메짐을 가질 것

0790. 절단 작업에 대한 설명 중 틀린 것은?
- ㉮ 외경을 절삭할 때보다 주축회전수를 빠르게 한다.
- ㉯ 이송량을 조금씩 한다.
- ㉰ 양 센터 작업으로 절단하면 위험하므로 척 작업으로 한다.
- ㉱ 바이트의 센터를 정확히 맞춘다.

0791. 취성이 있는 재료를 큰 경사각의 바이트로 저속으로 절삭할 때 칩의 형태는?
- ㉮ 유동형
- ㉯ 전단형
- ㉰ 열단형
- ㉱ 균열형

0792. 심압대(tail stock)의 기능으로 틀린 것은?
- ㉮ 심압대는 베드 위 어디든지 설치 가능하다.
- ㉯ 드릴을 고정할 수 있다.
- ㉰ 센터를 편위시킬 수 있다.
- ㉱ 심압대 센터는 고속회전으로 라이브 센터(회전 센터)를 고정시키고 있다.

정답 786.㉯ 787.㉮ 788.㉰ 789.㉱ 790.㉮ 791.㉱ 792.㉱

0793. 다음 중 구성 인선의 임계 속도는 보통 얼마인가?
㉮ 170 m/min ㉯ 150 m/min
㉰ 120 m/min ㉱ 50 m/min

0794. 선반 베드의 경화법으로 가장 널리 사용되는 것은?
㉮ 화염 경화법 ㉯ 염욕로에 의한 법
㉰ 질화 열처리 ㉱ 전기로에 의한 열처리

0795. 절삭 공구에서 큰 윗면 경사각의 사용을 억제하는 이유는 다음의 어느 것인가?
㉮ 절삭 저항의 증대를 억제하기 위하여
㉯ 전단각의 증대를 방지하기 위하여
㉰ 공구의 약화를 방지하기 위하여
㉱ 다른 공구각에 대한 영향을 감소시키기 위하여

0796. 테이퍼를 심압대의 편위법으로 절삭할 경우 심압대를 작업자 쪽으로 당기면 테이퍼는 어느 쪽으로 생기는가?
㉮ 주축대 쪽 ㉯ 심압대 쪽
㉰ 왕복대 쪽 ㉱ 베드 쪽

0797. 선삭 작업에서 작업 시간을 계산하는 데 다음의 어느 것이 사용되는가?
㉮ (절삭깊이)×(이송) ㉯ 이송[mm/rev]
㉰ 이송[mm/rev]×rpm ㉱ 절삭속도×이송×절삭 깊이

0798. 다음 그림은 선반에 의한 보링 작업을 그린 것이다. 절삭량이 많을 때 구멍의 입구만 커지는 바이트의 모양은?

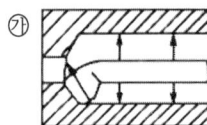
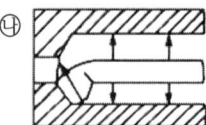
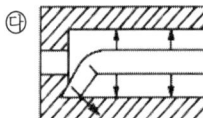
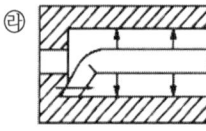

0799. 영식 선반 베드의 특징이 될 수 없는 것은?
  ㉮ 수압 면적이 크다.
  ㉯ 단면 모양은 평면이다.
  ㉰ 강력 절삭용으로 많이 쓰인다.
  ㉱ 중·소형 선반으로 많이 쓰인다.

0800. 다음 중 가장 작은 지름의 공작물을 물리는 데 쓰이는 척은?
  ㉮ 단동 척
  ㉯ 만능 척
  ㉰ 마그네틱척
  ㉱ 콜릿 척

0801. 선반에서 가로 이송대에 5 mm의 리드로서 100등분 눈금의 핸들이 달려있을 때 지름 56 mm의 환봉을 50 mm로 절삭하려면 핸들의 눈금은 몇 눈금 돌리는가?
  ㉮ 15
  ㉯ 20
  ㉰ 35
  ㉱ 60

0802. 너얼링 작업에 대한 설명 중 틀리는 것은?
  ㉮ 너얼링 작업을 하면 치수가 늘어나므로 기준 치수보다 조금 작게 깎아 준다.
  ㉯ 절삭 속도는 거칠게 깎기의 1/2 정도로 한다.
  ㉰ 여러 번 반복해서 가공한다.
  ㉱ 너얼링 고정 후 가공면과 평행인가를 점검한다.

0803. 테이퍼 절삭법 중 가장 정도가 높은 것은 어느 것인가?
  ㉮ 센터 이동법
  ㉯ 복식 공구대를 이용하는 법
  ㉰ 테이퍼 절삭 장치를 이용하는 법
  ㉱ 세로 이송, 가로 이송을 동시에 사용하는 방법

0804. 선반에서 백 기어(back gear)를 설치하는 목적은?
  ㉮ 고속 강력 절삭을 하려고
  ㉯ 저속 강력 절삭을 하려고
  ㉰ 주축의 회전 방향을 바꾸려고
  ㉱ 주축의 회전수를 높이려고

0805. 다음은 척(chuck) 작업에 대한 설명이다. 옳지 않은 것은?
  ㉮ 척은 주축에 대하여 직각이 되게 한다.
  ㉯ 복잡한 모양을 고정할 때는 연동척이 유리하다.
  ㉰ 센터 작업, 척 작업시는 인디케이터로 점검하여 중심을 맞추어야 한다.
  ㉱ 바이트 끝점이 중심과 일치하는지 점검한다.

정답 799.㉱ 800.㉱ 801.㉰ 802.㉯ 803.㉯ 804.㉯ 805.㉯

0806. 선반 바이트 연삭시 바이트의 위치로 알맞는 것은?

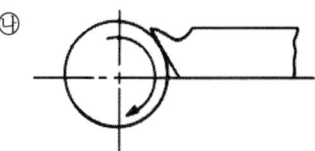

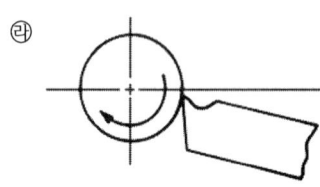

0807. 테이퍼 번호와 관계 없이 항상 1/20인 테이퍼는?
   ㉮ 모스 테이퍼(Morse taper)   ㉯ 쟈르노 테이퍼(Jarno taper)
   ㉰ 쟈콥스 테이퍼(Jacob's taper) ㉱ 내셔널 테이퍼(national taper)

0808. 공작물을 선반에 고정하는 방식 중 면판을 사용하지 않는 것은?
   ㉮ 비교적 짧은 공작물의 외경 절삭시
   ㉯ 공작물 단면이나 내면을 절삭하는 경우
   ㉰ 외형이 복잡한 형상인 경우
   ㉱ 속이 빈 원통형 공작물을 지지하는 경우

0809. 선반으로 수천의 흑피를 깎는 요령 중 가장 알맞는 방법은?
   ㉮ 절삭 깊이를 얕게 한 후 이송은 느리게 한다.
   ㉯ 절삭 깊이를 얕게 한 후 이송을 빠르게 한다.
   ㉰ 절삭 깊이를 깊게 하여 깎는다.
   ㉱ 절삭 깊이를 얕게 하여 몇 번으로 나누어 깎는다.

0810. 바이트의 여유각이 클 때 생기는 결과는?
   ㉮ 절삭 저항은 감소되나 바이트가 약화된다.
   ㉯ 마찰저항과 발열은 피하지만 바이트가 약화된다.
   ㉰ 길이방향 이송시 절삭력이 증대된다.
   ㉱ 바이트의 강도에는 문제가 없으나 절삭력이 부족하다.

정답 806.㉰ 807.㉯ 808.㉱ 809.㉰ 810.㉮

0811. 센터 작업에서 양 센터의 중심이 맞지 않으면 어떻게 되는가?
㉮ 공작물에 테이퍼가 진다.
㉯ 공작물의 진원도에는 관계 없다.
㉰ 진동이 생기지 않고 조용히 가공된다.
㉱ 가공면에 흠집이 많이 생긴다.

0812. 체이싱 다이얼은 언제 사용하는가?
㉮ 밀링 머신에서 기어 가공할 때
㉯ 셰이퍼에서 키 홈 가공을 할 때
㉰ 보링 머신에서 구멍을 가공할 때
㉱ 선반에서 나사를 깎을 때

0813. 칩이 공작물에 감길 때는 어떤 조치를 취하는 것이 좋은가?
㉮ 이송을 빨리 하고 칩 브레이커의 폭을 좁힌다.
㉯ 이송을 빨리 하고 칩 브레이커의 폭을 넓힌다.
㉰ 이송을 느리게 하고 칩 브레이커의 폭을 좁힌다.
㉱ 이송을 느리게 하고 칩 브레이커의 폭을 넓힌다.

0814. 나사깎기 작업에서 바이트 끝의 높이는?
㉮ 바이트 끝 높이는 상관 없다.
㉯ 일감 중심선 높이보다 약간 높게 한다.
㉰ 일감의 중심선 높이보다 약간 낮게 한다.
㉱ 일감의 중심선 높이와 일치한다.

0815. 다음 그림과 같은 테이퍼를 가공하려고 할 때 심압대의 편위량은?
㉮ 4 mm
㉯ 6 mm
㉰ 8 mm
㉱ 10 mm

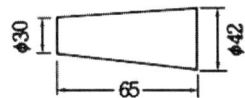

0816. 리드 스크류 4 산/인치의 미식 선반에서 피치 4 mm의 미터나사를 깎고 싶다. 스핀들 쪽과 리드 스크류쪽에 각각 몇 개의 잇수를 가진 기어를 끼우면 되는가?
㉮ 40과 80
㉯ 80과 127
㉰ 127과 254
㉱ 127과 40

정답 811.㉮ 812.㉱ 813.㉮ 814.㉱ 815.㉯ 816.㉯

0817. 보링 바이트의 결점을 열거한 것 중 틀린 것을 골라라.
㉮ 절삭 저항에 잘 견딘다.
㉯ 진동이 발생하기 쉽다.
㉰ 막힌 구멍의 구석을 다듬질하는 데 불편하다.
㉱ 바이트의 수명이 짧다.

0818. 리드 스크류가 24회전할 때 체이싱 다이얼이 1회전하고 다이얼의 눈금이 8등분되어 있다고 하면, 리드 스크류의 크기가 6 산/인치인 선반에서 15산/인치의 나사를 깎으려면 하프 너트를 넣는 시기는?
㉮ 2눈금마다 ㉯ 3눈금마다
㉰ 5눈금마다 ㉱ 7눈금마다

0819. 선반에서 다음과 같은 테이퍼를 절삭하려고 할 때 편위량은?
㉮ 9.0
㉯ 10.2
㉰ 12.5
㉱ 14.3

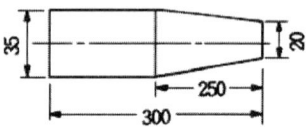

0820. 리드 스크류의 피치가 4 mm인 미국식 선반에서 나사의 피치가 2 mm인 나사를 가공하려고 할 때 변환 기어의 잇수는?
㉮ 20, 40 ㉯ 25, 100
㉰ 10, 40 ㉱ 30, 90

0821. 나사 절삭용 바이트에서 절삭성을 좋게 하는 각은 어느 것인가?
㉮ 앞면 여유각 ㉯ 옆면 여유각
㉰ 경사각 ㉱ 옆면 절인각

0822. 선반의 양 센터간 거리가 1500 mm이다. 베드의 길이는?
㉮ 1500 mm이다. ㉯ 1500 mm보다 작다.
㉰ 1500 mm보다 크다. ㉱ 공작물의 길이에 따라 다르다.

정답 817.㉮ 818.㉮ 819.㉮ 820.㉮ 821.㉰ 822.㉰

0823. 선반에서 각도가 크고 길이가 20 mm인 테이퍼 가공을 할 때 어떻게 하는가?
   ㉮ 심압축을 편위시킨다.   ㉯ 복식 공구대를 이용한다.
   ㉰ 테이퍼 절삭 장치에 의한다.   ㉱ 총형 바이트에 의한다.

0824. 나사 절삭시 바이트를 공구대에 고정할 때 사용하는 게이지는?
   ㉮ 높이 게이지   ㉯ 센터 게이지
   ㉰ 각도 게이지   ㉱ 다이얼 게이지

0825. 선반에서 각도가 크고 길이가 긴 공작물의 테이퍼를 가공할 때 주로 어떤 방법을 사용하나?
   ㉮ 심압대를 편심시키는 방법
   ㉯ 복식 공구대를 회전시키는 방법
   ㉰ 총형 바이트에 의한 방법
   ㉱ 왕복대와 공구대를 동시에 작동시키는 방법

0826. 원주를 233등분하려고 할 때, 사용되는 부속장치는?
   ㉮ 회전 테이블   ㉯ 슬로팅 장치
   ㉰ 체이싱 다이얼   ㉱ 분할대

0827. 내한, 내열에 적합한 윤활유는?
   ㉮ 극압 윤활유   ㉯ 부동성 기계유
   ㉰ 방청유   ㉱ 실리콘유

0828. 리드 스크류 4산/인치의 영식 선반에서 11산/인치의 나사를 깎을 때 변환 기어를 구하면?
   (단, A : 스터드 기어, B : 리드 스크류 기어)
   ㉮ A=20, B=90   ㉯ A=30, B=120
   ㉰ A=40, B=110   ㉱ A=50, B=120

0829. 바이트를 고정시킬 때 해당되지 않는 것은?
   ㉮ 높이를 맞추기 위해 사용하는 받침대는 2개 이상 겹쳐서는 안 된다.
   ㉯ 바이트의 돌출 길이는 가능한 길게 할수록 좋다.
   ㉰ 바이트 자루는 수평으로 고정해야 한다.
   ㉱ 바이트 끝의 높이는 공작물 중심과 같게 한다.

정답 823.㉯ 824.㉯ 825.㉮ 826.㉱ 827.㉱ 828.㉰ 829.㉯

0830. 테이퍼 절삭 방법 중 틀린 것은?
  ㉮ 부동척을 이용하는 법
  ㉯ 테이퍼 절삭 장치를 이용하는 법
  ㉰ 총형 바이트에 의한 법
  ㉱ 심압대 센터를 편위시키는 법

0831. 인치식 선반으로 mm나사를 절삭할 때 필요한 기어 잇수는?
  ㉮ 116
  ㉯ 117
  ㉰ 125
  ㉱ 127

0832. 리드 스크류의 산 수가 1인치에 2개인 선반으로 리드 1.8 인치의 3중 나사를 깎을 때 변환 기어를 계산하면?
  ㉮ 118, 20
  ㉯ 10, 118
  ㉰ 72, 20
  ㉱ 42, 60

0833. 도면에서 편심량을 3±0.02 mm로 주었을 때 다이얼 게이지 눈금의 변위량은 얼마인가?
  ㉮ 3.5 mm
  ㉯ 5 mm
  ㉰ 6 mm
  ㉱ 7 mm

0834. GC숫돌로 연삭해야 제일 좋은 바이트의 재질은?
  ㉮ 초경 바이트 섕크부분
  ㉯ 탄소공구강
  ㉰ 고속도강
  ㉱ 초경 바이트 팁 부분

0835. 경도가 큰 바이트로 공작물을 절삭할 때 고려할 사항이 아닌 것은?
  ㉮ 바이트에 진동이 없어야 한다.
  ㉯ 선반의 정도가 좋아야 한다.
  ㉰ 절삭 저항이 커야 한다.
  ㉱ 절삭 속도를 잘 선정해야 한다.

0836. 다음은 초경 바이트를 공구대에 고정할 때의 요점을 말한 것이다. 옳은 것은?
  ㉮ 바이트가 공구대에서 나온 거리는 섕크의 두께보다 짧게 한다.
  ㉯ 가능하면 자루의 윗면에도 받침대를 대고 고정한다.
  ㉰ 고정나사는 하나씩 단단히 차례로 조인다.
  ㉱ 자루의 끝보다 길게 받침대를 대고 고정한다.

정답 830.㉮ 831.㉱ 832.㉰ 833.㉰ 834.㉱ 835.㉰ 836.㉮

0837. 홈 붙이식 칩 브레이커의 폭은 이송의 몇배 정도가 좋은가?
- ㉮ 약 3배
- ㉯ 약 5배
- ㉰ 약 10배
- ㉱ 약 15배

0838. 변환 기어에 대한 설명 중 맞는 것은?
- ㉮ 영식 또는 미식 선반의 변환 기어는 20~120개의 것이 5개의 간격으로 되어 있다.
- ㉯ 미국식 선반의 기어는 잇수 20~64개의 것이 잇수 4개의 간격으로 되어 있으며, 72, 80, 120, 127개의 잇수를 가진 기어가 있다.
- ㉰ 미국식 선반의 변환 기어는 잇수 20~120개의 것이 5개의 간격으로 되어 있다.
- ㉱ 영국식 선반의 변환 기어는 잇수 20~64개의 것이 잇수 4개의 간격으로 되어 있으며, 72, 80, 127의 잇수의 기어를 가지고 있다.

0839. 나사 절삭에서 가공될 나사의 피치가 4 mm일 때 하프 너트를 어디서나 넣을 수 있는 리드 스크류의 피치는?
- ㉮ 5 mm
- ㉯ 6 mm
- ㉰ 7 mm
- ㉱ 8 mm

0840. 선반 작업을 할 때 절삭 속도 결정 조건에 관계 없는 것은?
- ㉮ 일감의 재질
- ㉯ 바이트 재질
- ㉰ 절삭제의 사용 유무
- ㉱ 작업자의 성별

0841. 나사 절삭시 피치 오차의 원인이 아닌 것은?
- ㉮ 나사 절삭 바이트가 부정확했다.
- ㉯ 체인지 기어의 이가 부정확했다.
- ㉰ 심압대가 헐겁다.
- ㉱ 공구대가 헐겁다.

0842. 초경합금 바이트 다듬용 숫돌의 숫돌 입도는 일반적으로 얼마 정도인가?
- ㉮ 36~60
- ㉯ 60~80
- ㉰ 100~120
- ㉱ 140~220

0843. 선반에서 긴 공작물을 절삭할 경우에 사용하는 방진구 중 이동형 방진구는 어느 부분에 설치하는가?
- ㉮ 왕복대
- ㉯ 새들
- ㉰ 주축대
- ㉱ 심압대

정답 837.㉯ 838.㉯ 839.㉱ 840.㉱ 841.㉮ 842.㉰ 843.㉮

0844. 바이트의 전면 여유각에 대해 옳은 것은?
　　㉮ 절삭 칩 제거를 용이하게 한다.　　㉯ 바이트 날 끝에 충격을 감소시킨다.
　　㉰ 바이트와 가공물의 마찰을 적게 한다.　　㉱ 날 끝을 튼튼하게 한다.

0845. 선반에서 양 센터 작업시 주축의 앞 부분과 연결되어 주축과 같이 회전하는 것은?
　　㉮ 돌리개　　　　　　　　　　　　㉯ 심봉
　　㉰ 척　　　　　　　　　　　　　　㉱ 방진구

0846. 바이트에서 경사각을 크게 하면 전단각과 칩은 어떻게 되는가?
　　㉮ 전단각은 작아지고 칩은 두껍고 짧다.　　㉯ 전단각은 커지고 칩은 얇게 된다.
　　㉰ 전단각과 칩이 모두 커진다.　　㉱ 전단각과 칩이 모두 얇아진다.

0847. 바이트에서 경사각과 절삭 저항과는 어떤 관계가 있는가?
　　㉮ 경사각이 20°까지는 절삭 저항이 곡선으로 감소한다.
　　㉯ 경사각이 30°까지는 절삭 저항이 직선으로 감소한다.
　　㉰ 경사각이 40°까지는 절삭 저항이 곡선으로 증가한다.
　　㉱ 경사각이 50°까지는 절삭 저항이 직선으로 증가한다.

0848. 선반을 고속, 강력 절삭형으로 만드는 기술적인 근본 원인은?
　　㉮ 좋은 베어링의 개발　　　　　　㉯ 절삭 공구의 개선
　　㉰ 주조 재료의 기계적 성질 개선　㉱ 대량 생산을 위하여

0849. 칩핑(chipping)에 의한 공구 마모를 감소시키기 위한 가장 적절한 조치는?
　　㉮ 경사각을 크게 한다.
　　㉯ 절삭 깊이를 적게 한다.
　　㉰ 이송을 적게 한다.
　　㉱ 유동형 칩(chip)이 되게 절삭 속도를 정한다.

0850. 선반에서 구멍의 중심과 외주의 중심을 같게 깎기 위하여 사용하는 것은?
　　㉮ 돌리개　　　　　　　　　　　　㉯ 면판
　　㉰ 회전판　　　　　　　　　　　　㉱ 심봉

정답　844.㉰　845.㉮　846.㉯　847.㉯　848.㉯　849.㉱　850.㉱

0851. 선반에서 척으로 가공물을 처킹할 때 공작물의 어디를 처킹하는 것이 좋은가?
㉮ 지름이 제일 작은 곳　　㉯ 지름이 제일 큰 곳
㉰ 공작물의 중심　　㉱ 공작물의 끝

0852. 초경 합금 바이트로 8 cm인 둥근봉을 절삭할 때 공작물의 회전수를 구하라.(단, 절삭 속도는 120 m/min이다.)
㉮ 477.5 rpm　　㉯ 564.3 rpm
㉰ 690 rpm　　㉱ 960 rpm

0853. 칩 브레이커란?
㉮ 칩의 한 종류　　㉯ 칩 절단 장치
㉰ 바이트 날 끝각　　㉱ 바이트 섕크의 일종

0854. 미터식 선반에서 인치식 나사를 절삭할 때 필요한 기어 잇수는?
㉮ 116　　㉯ 117
㉰ 126　　㉱ 127

0855. 선반에서 사용할 수 있는 절삭 공구는?
㉮ 호브　　㉯ 브로우치
㉰ 드릴　　㉱ 플레인 커터

0856. 38 mm인 둥근봉을 절삭 깊이 2 mm로 절삭하였다. 깎은 후의 둥근봉의 지름은?
㉮ 36 mm　　㉯ 34 mm
㉰ 32 mm　　㉱ 30 mm

0857. 다음 그림에서 바이트 연삭이 가장 잘된 것은?

정답　851.㉮　852.㉮　853.㉯　854.㉱　855.㉰　856.㉯　857.㉱

0858. 나사깎기 바이트는 윗면 경사각을 주지 않는다. 그 까닭은?
㉮ 나사면을 좋게 하기 위해서   ㉯ 나사산의 각도가 변하기 때문에
㉰ 떨림이 일어나기 때문에   ㉱ 바이트 연삭이 곤란하기 때문에

0859. 스로우어웨이 팁은 무엇으로 바이트 생크에 고정하는가?
㉮ 경납땜   ㉯ 볼트나 클램프
㉰ 연납땜   ㉱ 저항 용접

0860. 보통 선반에서 왕복대의 스윙이 330 mm일 때 깎을 수 있는 공작물의 최대 지름은 얼마인가?
㉮ 330 mm   ㉯ 495 mm
㉰ 660 mm   ㉱ 990 mm

0861. 보링 바이트는 어느때 사용하는가?
㉮ 나사를 깎기 전에 일단 공작물을 한 번 가공하는 데 사용한다.
㉯ 뚫린 구멍을 크게 하거나 내면을 다듬질하는 데 사용한다.
㉰ 공작물을 거칠게 깎을 때 사용한다.
㉱ 공작물의 끝면 가공에 사용한다.

0862. 다음 변환기어 잇수 중 미식 선반에는 없고 영식 선반에만 있는 기어 잇수는?
㉮ 64, 85, 90   ㉯ 70, 75, 85
㉰ 64, 125, 127   ㉱ 20, 36, 127

0863. 면판 작업에 대한 설명 중 틀린 것은?
㉮ 조임판은 평행이 되도록 지지대를 조절하고, 볼트는 가능한 한 일감에서 멀리한다.
㉯ 고정용 볼트의 수는 일감이 움직이지 않을 정도로 정한다.
㉰ 일감을 직접 면판에 고정할 수도 있다.
㉱ 볼트는 필요없이 긴 것을 사용하지 않는다.

0864. 바이트의 공구각 중 바이트와 공작물과의 접촉을 방지하기 위한 것은?
㉮ 경사각   ㉯ 절삭각
㉰ 여유각   ㉱ 날끝각

정답 858.㉯ 859.㉯ 860.㉰ 861.㉯ 862.㉱ 863.㉮ 864.㉰

0865. 척으로 고정할 수 없는 큰 공작물이나 불규칙한 일감을 고정할 때 사용하는 부속품은?
㉮ 돌리개　　　　　　　　㉯ 면판
㉰ 방진구　　　　　　　　㉱ 심봉

0866. 바이트의 전면 여유각은 보통 얼마 정도가 적당한가?
㉮ 0°　　　　　　　　㉯ 6°
㉰ 10°　　　　　　　　㉱ 12°

0867. 가늘고 긴 공작물을 가공할 때 자중으로 처짐을 방지하기 위하여 사용하는 선반의 보조 기구는 어느 것이냐?
㉮ 돌리개　　　　　　　　㉯ 방진구
㉰ 돌림판　　　　　　　　㉱ 면판

0868. 다음은 절단 작업을 할 때 바이트가 파손되는 원인을 열거한 것이다. 틀린 것은?
㉮ 먹임량이 적을 때　　　　㉯ 바이트의 연삭이 불량할 때
㉰ 바이트의 위치가 불량할 때　㉱ 횡단 이송이 빠를 때

0869. 초경 합금 바이트로 강을 절삭할 때의 절삭 속도는 얼마 정도인가?
㉮ 5~8 m/min　　　　　　㉯ 25~30 m/min
㉰ 80~150 m/min　　　　　㉱ 250~350 m/min

> **해설** ㉮항은 탄소 공구강, ㉯항은 피삭재의 재질, ㉱항은 세라믹의 절삭 속도로서 이 값은 피삭재의 재질, 바이트의 모양 등 여러 조건에 따라 어느 정도 가감된다.

0870. 길고 가는 봉재(보통 지름의 20배 이상)를 깎으려 할 때 사용하는 것은?
㉮ 방진구　　　　　　　　㉯ 심봉
㉰ 돌리개　　　　　　　　㉱ 에이프런

0871. 그림과 같이 끝면 가공을 할 때 사용하는 센터는 어느 것인가?
㉮ 보통 센터
㉯ 베어링 센터
㉰ 초경합금 센터
㉱ 하프 센터

정답　865.㉯　866.㉯　867.㉯　868.㉮　869.㉰　870.㉮　871.㉱

0872. 바이트 연삭시 널리 쓰이는 숫돌차는?
- ㉮ 컵형 숫돌바퀴
- ㉯ 센터리스 숫돌바퀴
- ㉰ 원판형 숫돌바퀴
- ㉱ 내면연삭 숫돌바퀴

0873. 선반 베드에 강도를 높여주기 위한 것은?
- ㉮ 림(rim)
- ㉯ 리브(rib)
- ㉰ 암(arm)
- ㉱ 보스(boss)

0874. 자동 선반에서 널리 사용되는 척은?
- ㉮ 단동 척
- ㉯ 만능식 척
- ㉰ 콜릿 척
- ㉱ 마그네틱 척

0875. 마그네틱 척에 사용하는 전류는?
- ㉮ 직류
- ㉯ 교류
- ㉰ 직류, 교류
- ㉱ 맥류

0876. 선반에서 면판을 이용하여 공작물을 고정할 때 필요 없는 것은?
- ㉮ 앵글 플레이트
- ㉯ 볼트
- ㉰ 돌리개
- ㉱ 밸런스 웨이트

0877. 선반에서 회전 센터의 재질은?
- ㉮ 연강
- ㉯ 특수강
- ㉰ 초경질 합금
- ㉱ 경강

0878. 선반 주축의 속도 변환비로 현재 어느 것을 가장 많이 사용하는가?
- ㉮ 등차 급수 속도비
- ㉯ 등비 급수 속도비
- ㉰ 대수 급수 속도비
- ㉱ 등차 및 등비 급수 속도비

0879. 단동 척의 조는 몇 개 인가?
- ㉮ 2개
- ㉯ 3개
- ㉰ 4개
- ㉱ 6개

정답 872.㉮ 873.㉯ 874.㉰ 875.㉮ 876.㉰ 877.㉮ 878.㉯ 879.㉰

0880. 면판에 고정구를 써서 가공물을 고정할 경우 설명 중에서 옳은 것은?
   ㉮ 저속 회전 때는 밸런스를 정확히 잡지 않아도 된다.
   ㉯ 고속에서는 정확히 밸런스를 잡으면 치수의 정밀도가 저하된다.
   ㉰ 고속 회전시는 밸런스를 정확히 잡지 않아도 된다.
   ㉱ 고속시보다 저속 회전시에 밸런스를 더욱 정확히 잡아야 한다.

0881. 바이트의 경사면에 생기는 마모를 무엇이라고 하는가?
   ㉮ 치핑
   ㉯ 플랭크 마모
   ㉰ 크레이터
   ㉱ 에지 마모

0882. 선반에서 길이가 지름의 몇 배 이상일 경우에 방진구를 사용하나?
   ㉮ 6배
   ㉯ 12배
   ㉰ 16배
   ㉱ 20배

0883. 선반에서 보링 바를 사용하여 보링 작업시 일감은 어느 곳에 설치하는가?
   ㉮ 주축
   ㉯ 심압대
   ㉰ 베드 위
   ㉱ 왕복대

0884. 선반용 센터 자루는 주로 무슨 테이퍼를 사용하는가?
   ㉮ 브라운 샤프
   ㉯ 내셔널 테이퍼
   ㉰ 모스 테이퍼
   ㉱ 자르노 테이퍼

0885. 전 기어식 주축대의 장점은 다음과 같다. 틀린 것은?
   ㉮ 시동, 정지, 변속, 역전 등의 운동이 용이하다.
   ㉯ 동력 손실이 적으며 단독 운전이 가능하다.
   ㉰ 장치가 고급이므로 가격이 비싸 귀중한 것이다.
   ㉱ 안전하고 항상 일정량의 동력 전달이 된다.

0886. 선반에서 가는 지름 또는 각봉재를 가공할 때 편리하며 원주가 3~4군데 갈라져 있는 척은 어느 것인가?
   ㉮ 마그네틱 척
   ㉯ 벨 척
   ㉰ 공기 척
   ㉱ 콜릿 척

정답 880. ㉮ 881. ㉰ 882. ㉱ 883. ㉮ 884. ㉰ 885. ㉰ 886. ㉱

0887. 로울링 센터는 어떤 센터인가?
  ㉮ 심압대에 끼워 사용하며, 중량물을 저속으로 절삭할 때 사용하는 센터이다.
  ㉯ 심압대에 끼워서 사용하며, 고속 회전으로 절삭할 때 사용하는 센터이다.
  ㉰ 스핀들에 끼워 사용하며, 중량물을 저속으로 절삭할 때 사용하는 센터이다.
  ㉱ 스핀들에 끼워 사용하며, 고속 회전을 할 때 사용하는 센터이다.

0888. 슬리브(sleeve)는 일반적으로 선반의 어느 곳에 장치하는가?
  ㉮ 주축   ㉯ 왕복대
  ㉰ 이송 장치   ㉱ 심압대

0889. 모스 테이퍼에 대하여 옳게 설명한 것은?
  ㉮ 0부터 3번까지 있고 0번이 가장 가늘다.
  ㉯ 0번에서 7번까지 있고 0번이 가장 가늘다.
  ㉰ 1번에서 7번까지 있고 1번이 가장 굵다.
  ㉱ 3번에서 10번까지 있고 10번이 가장 굵다.

0890. 구멍이 비교적 큰 것의 바깥 지름 절삭시 사용하는 센터는 무엇인가?
  ㉮ 파이프 센터   ㉯ 캡 센터
  ㉰ 회전 센터   ㉱ 하프 센터

0891. 다음 중 척의 크기를 옳게 나타낸 것은?
  ㉮ 물릴 수 있는 공작물의 최대 지름   ㉯ 척의 바깥 지름
  ㉰ 척의 무게   ㉱ 조의 수

0892. 고속 회전으로 센터 작업을 할 때의 돌리개는 어느 것을 사용하는가?
  ㉮ 곧은 꼬리 돌리개   ㉯ 굽은 꼬리 돌리개
  ㉰ 밴드 돌리개   ㉱ 어느 것이나 같다.

0893. 선반의 새들은 다음 어디에 있는가?
  ㉮ 왕복대와 베드 접촉부에 있다.   ㉯ 바이트 받침대 부분에 있다.
  ㉰ 주축대의 단차 측면에 있다.   ㉱ 심압대의 하부 베드와 접촉부에 있다.

정답 887.㉮ 888.㉱ 889.㉯ 890.㉮ 891.㉯ 892.㉮ 893.㉱

0894. 센터 드릴의 각도는 보통 몇 도인가?
  ㉮ 80° ㉯ 60°
  ㉰ 55° ㉱ 40°

0895. 단차식 선반에서 리드 스크류의 회전 방향을 바꾸어 주는 장치를 무엇이라고 하는가?
  ㉮ 변환 기어 ㉯ 아이들 기어
  ㉰ 이송 장치 ㉱ 텀블러 장치

0896. 복동척의 조는 몇 개인가?
  ㉮ 2개 ㉯ 3개
  ㉰ 4개 ㉱ 6개

0897. 연동 척은 조가 몇 개 있는가?
  ㉮ 2개 ㉯ 3개
  ㉰ 4개 ㉱ 5개

0898. 콜릿 척에 대한 설명 중 틀린 것은?
  ㉮ 지름이 작은 원형, 또는 4각, 6각의 봉을 고정할 때 쓰인다.
  ㉯ 보통 3, 5 등의 홀수로 갈라져 있다.
  ㉰ 짝수보다는 홀수로 갈라진 쪽이 처킹 효율이 좋다.
  ㉱ 콜릿 척은 일종의 공기 척이다.

0899. 선반 베드를 시즈닝하는 목적은?
  ㉮ 외관결함 제거 ㉯ 주조응력 제거
  ㉰ 무게 경감 ㉱ 재료비 절감

0900. 전 기어식 선반의 주축대 속도 변환 방식이 아닌 것은?
  ㉮ 슬라이딩 기어식 ㉯ 클러치식
  ㉰ 레버식 ㉱ 무단 변속식

0901. 대형 공작물에 적당한 센터의 각도는?
  ㉮ 90° ㉯ 80°
  ㉰ 60° ㉱ 45°

정답 894.㉯ 895.㉮ 896.㉰ 897.㉯ 898.㉱ 899.㉯ 900.㉰ 901.㉮

0902. 선반 주축에 사용하는 센터는?
㉮ 라이브 센터　　　　　㉯ 데드 센터
㉰ 하프 센터　　　　　　㉱ 연강 센터

0903. 선반에 사용하는 미식 베드의 특징이 아닌 것은?
㉮ 수압 면적이 크다.　　　㉯ 단면은 산형이다.
㉰ 정밀 절삭용으로 좋다.　㉱ 중·소형 선반용이다.

0904. 심압대에 대한 설명에서 맞는 것은?
㉮ 심압대는 작업 중에 반드시 베드에 고정시킨다.
㉯ 심압대의 센터는 공작물과 같이 회전하므로 기름을 잘 친다.
㉰ 선반작업시에는 반드시 심압대를 사용해야 한다.
㉱ 심압축을 너무 길게 하여 작업하면 공작물 절삭 결과가 좋지 않다.

0905. 모스 테이퍼의 테이퍼 값은 약 얼마 정도인가?
㉮ $\frac{1}{20}$　　　　　　㉯ $\frac{1}{24}$
㉰ $\frac{1}{25}$　　　　　　㉱ $\frac{1}{50}$

0906. 선반 베드의 내로우 가이드와 와이드 가이드를 비교한 것이다. 틀린 것은?
㉮ 와이드 가이드는 왕복대가 안정된 운동을 한다.
㉯ 와이드 가이드는 베드의 마멸이 작다.
㉰ 내로우 가이드는 왕복대의 마멸이 크다.
㉱ 내로우 가이드는 정밀도가 높다.

0907. 다음 중 선반의 부속 장치가 아닌 것은?
㉮ 방진구　　　　　　　㉯ 센터
㉰ 돌리개　　　　　　　㉱ 베드

0908. 척 중에서 고정할 수 있는 공작물의 최대 지름으로 크기를 나타낸 것은?
㉮ 단동 척　　　　　　㉯ 연동 척
㉰ 콜릿 척　　　　　　㉱ 공기 척

정답　902.㉮　903.㉮　904.㉱　905.㉮　906.㉰　907.㉱　908.㉰

0909. 선반용 센터의 선단각이 아닌 것은?
㉮ 45° ㉯ 60°
㉰ 75° ㉱ 90°

0910. 공작물을 직접 또는 간접으로 볼트와 앵글 플레이트(angle plate)를 이용하여 고정할 때 필요한 것은?
㉮ 단동 척 ㉯ 콜릿 척
㉰ 연동 척 ㉱ 면판

0911. 선반의 베드에 쓰이는 4가지 리브 중 비틀림에 대하여 가장 강한 것은?
㉮ 평행형 ㉯ 지그재그형
㉰ X형 ㉱ 방형

0912. 기어식 주축대의 종류가 아닌 것은?
㉮ 클러치식 ㉯ 슬라이딩식
㉰ 놀톤식 ㉱ 뉴헬슨식

0913. 선반 센터의 일반적인 센터 각도는 몇 도인가?
㉮ 40 ㉯ 50
㉰ 60 ㉱ 75

0914. 다음 선반 부속 공구 중 주축 쪽에 장착할 수 없는 것은?
㉮ 돌리개 ㉯ 정지 센터
㉰ 면판 ㉱ 회전판

0915. 스윙이 350 mm인 강력형 선반의 주축 모터의 동력은 얼마인가?
㉮ 1.5 kW ㉯ 1.5~2.2 kW
㉰ 2.2~3.6 kW ㉱ 5.5~7 kW

0916. 선반의 왕복대에 포함되지 않는 것은?
㉮ 새들 ㉯ 에이프런
㉰ 공구 이송대 ㉱ 텀블러 기어

정답 909. ㉮ 910. ㉱ 911. ㉰ 912. ㉱ 913. ㉰ 914. ㉯ 915. ㉯ 916. ㉱

0917. 다음 선반의 종류에서 단능 선반은?
⑦ 차축 선반 ④ 탁상 선반
⑤ 터릿 선반 ④ 자동 선반

0918. 보통 선반을 3S 선반이라고 한다. 3S와 관계 없는 것은?
⑦ sliding ④ surfacing
⑤ slotting ④ screw cutting

0919. 선반 가공만으로써 완전한 가공이 될 수 없는 것은?
⑦ 곡면 깎기 ④ 테이퍼 깎기
⑤ 2줄 나사 깎기 ④ 베벨 기어 깎기

0920. 다종 소량 생산이나 수리용으로 사용하는 데 가장 적당한 선반은?
⑦ 정면 선반 ④ 터릿 선반
⑤ 차량 선반 ④ 보통 선반

0921. 이송 기구에 대한 설명 중 틀린 것은?
⑦ 주축의 회전 운동을 어미 나사 또는 피드 로드에 기어를 연결 전달한다.
④ 선반의 이송은 길이 방향 이송과 횡단 방향 이송으로 구분한다.
⑤ 길이 방향 이송은 왕복대의 앞뒤의 이송을 말한다.
④ 이송 기구의 운동 전달 방식은 이송 역전 장치, 변환 기어 장치, 이송 기어 상자가 있다.

0922. 다음 중 척 표면에 여러 개의 동심원이 있는 것은?
⑦ 연동 척 ④ 콜릿 척
⑤ 단동 척 ④ 각형 마그네틱 척

0923. 자동 선반, 터릿 선반, 모방 선반에 사용되는 척으로 공작물 조이는 조작이 빠르고 공기로 작용되는 것은?
⑦ 마그네틱 척 ④ 벨 척
⑤ 공기 척 ④ 콜릿 척

정답 917.㉮ 918.㉰ 919.㉱ 920.㉱ 921.㉰ 922.㉰ 923.㉰

0924. 선반의 스윙(swing)에 대한 설명 중 맞는 것은?
⑦ 베드면에서부터 주축 중심까지의 거리
㉯ 깎을 수 있는 공작물의 최대 길이
㉰ 양 센터 사이의 거리
㉱ 깎을 수 있는 공작물의 최대 지름

0925. 베드면과 접촉되어 미끄럼하는 왕복대에 있는 H자 모양의 것은?
⑦ 하프 너트
㉯ 에이프런
㉰ 새들
㉱ 슬리브

0926. 선반의 크기 표시 방법 중 가장 부적당한 것은?
⑦ 스윙
㉯ 무게
㉰ 양 센터 사이의 거리
㉱ 주축 테이퍼

0927. 다음은 공작 기계의 조작 기호이다. 선반 주축을 표시한 것은?

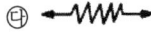

0928. 현재 널리 사용되고 있는 주축 구동 방식은 어느 것인가?
⑦ 리드 스크류식
㉯ 차동 장치식
㉰ 캠식
㉱ 기어식

0929. 바이트를 고정시키는 공구대는 무엇 위에 설치되어 있는가?
⑦ 가로 이송대
㉯ 에이프런
㉰ 베드
㉱ 방진구

0930. 왕복대를 크게 분류한 것 중 옳게 표시한 것은?
⑦ 에이프런과 리드 스크류
㉯ 복식 공구대와 새들
㉰ 에이프런, 새들, 공구대
㉱ 복식 공구대와 크로스 핸들

정답 924.㉯ 925.㉰ 926.㉯ 927.㉯ 928.㉱ 929.⑦ 930.㉰

0931. 다음 중 선반의 왕복대에 있는 것은?
㉮ 변속 기어 ㉯ 리드 스크류
㉰ 에이프런 ㉱ 회전 센터

0932. 선반에서 자동 이송 장치나 나사 절삭 등의 장치가 있는 곳은?
㉮ 주축대 ㉯ 심압대
㉰ 에이프런 ㉱ 새들

0933. 다음 중 밀링 작업시 떨림(chattering)과 관계없는 것은 어느 것인가?
㉮ 가공면을 거칠게 한다. ㉯ 하향 절삭시에만 나타난다.
㉰ 밀링 커터의 수명을 단축시킨다. ㉱ 생산 능률을 저하시킨다.

0934. 밀링 작업에서 다듬질 절삭을 하려면 다음 중 어떤 조건에 맞추어야 하는가?
㉮ 저속으로 많은 이송을 준다. ㉯ 저속으로 적은 이송을 준다.
㉰ 고속으로 많은 이송을 준다. ㉱ 고속으로 적은 이송을 준다.

0935. 다음은 터릿 선반에 대한 설명이다. 틀린 것은?
㉮ 보통 선반의 심압대 대신에 많은 절삭공구를 설치해 회전하는 공구대가 있다.
㉯ 보통 선반보다 능률적으로 작업할 수 있다.
㉰ 공정마다 절삭 공구를 갈아 끼울 필요가 없다.
㉱ 한 번 공구를 설치하면 숙련 작업자만이 제품을 가공할 수 있다.

0936. 단능 선반이란 무엇인가?
㉮ 생산 수량이 적을 경우에 사용한다. ㉯ 소종 다량 생산에 사용한다.
㉰ 다종 다량 생산에 사용한다. ㉱ 다종 소량 생산에 사용한다.

0937. 다음은 기어식 선반의 장점을 나열한 것이다. 틀린 것은?
㉮ 값이 싸다. ㉯ 단독 운전이 가능하다.
㉰ 안전하다. ㉱ 기동 접지가 용이하다.

0938. 선반 작업에서 할 수 없는 것은?
㉮ 인덱싱 ㉯ 릴리빙
㉰ 드릴링 ㉱ 리밍

정답 931.㉰ 932.㉰ 933.㉯ 934.㉱ 935.㉱ 936.㉯ 937.㉮ 938.㉮

0939. 지름이 큰 공작물을 깎을 때 적당한 선반은?
㉮ 정면 선반 　　　　　　㉯ 크랭크 축 선반
㉰ 자동 선반 　　　　　　㉱ 보통 선반

0940. 보통 선반용 심압대 축의 구멍은 주로 무슨 테이퍼인가?
㉮ 내셔날 테이퍼 　　　　㉯ 모스 테이퍼
㉰ 쟈콥스 테이퍼 　　　　㉱ 자르노 테이퍼

0941. 선반 중에서 복잡한 가공면을 가진 제품을 여러 개 생산하는 데 유리한 선반은?
㉮ 릴리빙 선반 　　　　　㉯ 터릿 선반
㉰ NC 선반 　　　　　　　㉱ 정면 선반

0942. 선반에서 백 기어를 설치한 목적은?
㉮ 소비 동력을 줄이기 위해서 　　㉯ 주축을 반대 방향으로 회전시키기 위해서
㉰ 강력 절삭을 하기 위하여 　　　㉱ 가공 시간을 단축하기 위해서

0943. 다음은 터릿 선반의 장점이다. 틀린 것은?
㉮ 동일 제품을 가공할 때 드릴링 및 연삭 작업을 할 수 있다.
㉯ 공구를 갈아 끼우는 시간을 단축할 수 있다.
㉰ 동일 제품의 대량 생산을 목적으로 한다.
㉱ 숙련되지 않은 사람이라도 좋은 제품을 만들 수 있다.

0944. 선반 작업에서 바이트 이외의 절삭 공구를 사용하는 작업은?
㉮ 홈 절삭 　　　　　　　㉯ 너얼링
㉰ 보링 　　　　　　　　　㉱ 총형 절삭

0945. 다음 밀링 작업에서 틀린 것은?
㉮ 기계를 사용하기 전에 주유를 한다.
㉯ 커터는 항상 예리한 날 끝을 가진 것을 사용한다.
㉰ 아버 요크와 아버 사이에 흔들림이 없도록 한다.
㉱ 기둥과 아버는 될 수 있는 대로 길고 가는 것을 사용한다.

정답　939.㉮　940.㉯　941.㉰　942.㉯　943.㉮　944.㉯　945.㉱

0946. 밀링 머신에서 절삭할 수 없는 기어는?
  ㉮ 직선 베벨 기어　　　　　㉯ 스퍼어 기어
  ㉰ 헬리컬 기어　　　　　　　㉱ 스파이럴 기어

0947. 지름 4 cm인 탄소강으로 스퍼어 기어를 가공할 때 V=62.8 m/min이다. 커터 지름이 2 cm일 때 적당한 회전수는?
  ㉮ 1000 rpm　　　　　　　　㉯ 1500 rpm
  ㉰ 1750 rpm　　　　　　　　㉱ 2000 rpm

0948. 밀링 작업에서 하향 절삭시 백래시 장치를 설치한다. 어느 곳에 하는가?
  ㉮ 주축 구멍　　　　　　　　㉯ 테이블 이송 나사
  ㉰ 주축 변속 기어　　　　　㉱ 테이블 변속 기어

0949. 일반적으로 선반에서 절삭할 수 없는 것은?
  ㉮ 외경 절삭　　　　　　　　㉯ 키 홈 절삭
  ㉰ 나사 절삭　　　　　　　　㉱ 내경 절삭

0950. 다음 중 선반에서 절삭이 가장 곤란한 것은 어느 것인가?
  ㉮ 보링　　　　　　　　　　　㉯ 총형 깎기
  ㉰ 평기어 깎기　　　　　　　㉱ 리밍

0951. 처음 가공물을 척에 고정한 후 사람의 도움없이 계속하여 제품을 깎을 수 있는 선반은?
  ㉮ 수직 선반　　　　　　　　㉯ 터릿 선반
  ㉰ 자동 선반　　　　　　　　㉱ 단능 선반

0952. 스플리트 너트는 선반의 어느 부분에 있는가?
  ㉮ 백 기어 축의 핸들 부분에 있다.　　㉯ 심압대의 하부에 있다.
  ㉰ 회전 공구대에 있다.　　　　　　　　㉱ 에이프런 내부에 있다.

0953. 선반 주축에서 3점 지지에 대해 설명한 것이다. 잘못 설명한 것은?
  ㉮ 2점 지지보다 강성이 크다.　　　　　㉯ 2점 지지보다 진동이 적다.
  ㉰ 3점 지지쪽이 제조 원가가 비싸다.　㉱ 3점 지지쪽은 추력이 발생하지 않는다.

정답　946.㉱　947.㉮　948.㉯　949.㉯　950.㉰　951.㉰　952.㉱　953.㉱

0954. NC 선반은 다음 어느 경우에 사용하는가?
㉠ 소종 생산　　　　　　　㉡ 다종 생산
㉢ 1가지만 다량 생산　　　㉣ 수리용

0955. 다음은 터릿 선반의 특징이다. 관계 없는 것은?
㉠ 일종의 반자동 선반이다.
㉡ 수리용 선반이다.
㉢ 공구를 갈아 끼우는 시간을 단축할 수 있다.
㉣ 절삭 공구를 방사상으로 장치한다.

0956. 주축이 수직이고 지름이 크며, 무거운 공작물을 절삭하는 데 적합한 선반은?
㉠ 다인 선반　　　　㉡ 자동 선반
㉢ 직립 선반　　　　㉣ 터릿 선반

0957. 백 기어(back gear)가 있는 주축대는?
㉠ 단차식 주축대　　　　　㉡ 전기어식 주축대
㉢ 유압 전동식 주축대　　　㉣ 변속 전동기식 주축대

0958. 수직 밀링 머신에서 홈 가공시 주로 어떤 공구를 이용하는가?
㉠ 엔드 밀　　　　㉡ 기어 커터
㉢ 플레인 커터　　㉣ 측면 커터

0959. 선반 주축용 재료로서 가장 좋은 것은?
㉠ Ni-Cr강　　　　㉡ 고탄소강
㉢ 고망간강　　　　㉣ 다이스강

0960. 밀링 머신에서 특정 기어를 가공할 때에는 업셋팅을 한다. 어떠한 기어를 가공할 때인가?
㉠ 스퍼 기어　　　　㉡ 베벨 기어
㉢ 헬리컬 기어　　　㉣ 래크

정답 954.㉡　955.㉡　956.㉢　957.㉠　958.㉠　959.㉠　960.㉡

제1장 절삭가공 • **391**

0961. 지름이 50 mm인 연강 둥근 막대를 선반에서 절삭할 때 주축의 회전수를 100 회전/분이라고 하면 절삭 속도는?
㉮ 15.7 m/분　　　　　　　　㉯ 20 m/분
㉰ 20.3 m/분　　　　　　　　㉱ 25.3 m/분

0962. 선반 주축이 중공으로 되어 있는 이유는?
㉮ 가볍게 하여 베어링의 마모를 적게 하려고　㉯ 마찰열을 쉽게 발산시키려고
㉰ 가볍게 회전시키려고　　　　㉱ 긴 재료를 가공할 수 있게 하려고

0963. 메탈 소는 어떻게 생겼는가?
㉮ 중심 쪽보다 날 쪽의 두께가 크다.　㉯ 중심 쪽보다 날 쪽의 두께가 작다.
㉰ 중심 쪽과 날 쪽의 두께는 같다.　㉱ 일감에 따라 다르다.

0964. 메탈 소의 두께는 몇 mm 이하인가?
㉮ 3　　　　　　　　　　　　㉯ 5
㉰ 8　　　　　　　　　　　　㉱ 12

0965. 밀링 머신의 기둥에는 무엇이 내장되어 있나?
㉮ 주축 변속 장치　　　　　　㉯ 테이블 자동 이송 장치
㉰ 급송 장치　　　　　　　　㉱ 절삭유 탱크

0966. 다음 중 앵글 커터가 아닌 것은?
㉮ 부등각 밀링 커터　　　　　㉯ 편각 밀링 커터
㉰ 사각 밀링 커터　　　　　　㉱ 등각 밀링 커터

0967. 다음 중 밀링 절삭에 있어서 절삭 속도가 제일 빠른 것은?
㉮ 플라스틱　　　　　　　　　㉯ 주철
㉰ 탄소강　　　　　　　　　　㉱ 황동

0968. 다음 중 선반의 4개 주요부가 아닌 것은?
㉮ 왕복대　　　　　　　　　　㉯ 심압대
㉰ 복식 공구대　　　　　　　㉱ 주축대

정답　961.㉮　962.㉱　963.㉯　964.㉯　965.㉮　966.㉰　967.㉮　968.㉰

0969. 밀링 머신의 일반적인 크기 표시 방법이 아닌 것은?
㉮ 테이블의 이동량　　　　　　　㉯ 테이블의 크기
㉰ 테이블 윗면에서 주축 중심까지의 거리　㉱ 기계 자체의 중량

0970. 다음 중 셸 엔드 밀과 관계가 없는 것은?
㉮ 자루와 날로 분리된다.　　　　㉯ 엔드 밀의 지름이 50 mm 이상이다.
㉰ 갱 커터를 말한다.　　　　　　㉱ 홈 절삭에 사용한다.

0971. 밀링 머신에서 공작물이 고정 방법이 아닌 것은?
㉮ 회전 테이블　　　　　　　　　㉯ 바이스
㉰ 센터로 지지　　　　　　　　　㉱ 어댑터

0972. 만능 밀링 머신의 테이블은 수평 방향으로 몇 도까지 선회할 수 있는가?
㉮ 30°　　　　　　　　　　　　㉯ 35°
㉰ 40°　　　　　　　　　　　　㉱ 45°

0973. 다음 중 좁은 홈, 또는 절단작업에 적당한 밀링 커터는?
㉮ 앵글 커터　　　　　　　　　　㉯ 엔드 밀
㉰ 정면 커터　　　　　　　　　　㉱ 메탈 소

0974. 다음 밀링 머신 중에서 일반적으로 가장 큰 공작물을 절삭할 수 있는 것은?
㉮ 생산형　　　　　　　　　　　㉯ 니형
㉰ 플레이너형　　　　　　　　　㉱ 베드형

0975. 기어 절삭에 사용되는 공구가 아닌 것은?
㉮ 래크 커터　　　　　　　　　　㉯ 피니언 커터
㉰ 호브　　　　　　　　　　　　㉱ 혼

0976. 밀링 머신의 부속 장치가 아닌 것은?
㉮ 아버　　　　　　　　　　　　㉯ 래크 절삭 장치
㉰ 에이프런　　　　　　　　　　㉱ 분할대

정답 969.㉱　970.㉯　971.㉱　972.㉱　973.㉱　974.㉰　975.㉱　976.㉰

0977. 다음 중 특수 밀링 머신이 아닌 것은?
- ㉮ 모방 밀링 머신
- ㉯ 나사 밀링 머신
- ㉰ 만능 밀링 머신
- ㉱ 공구용 밀링 머신

0978. 밀링에서 절삭하기가 가장 곤란한 것은?
- ㉮ 나사 절삭
- ㉯ 스퍼어 기어 절삭
- ㉰ 키 홈 절삭
- ㉱ 내접 기어 절삭

0979. 밀링 머신에서 전후 이송을 하는 안내면의 명칭은 다음 중 어느 것인가?
- ㉮ 기둥
- ㉯ 니
- ㉰ 새들
- ㉱ 테이블

0980. 밀링 머신에서 테이블의 이송 장치는 어디에 있는가?
- ㉮ 기둥
- ㉯ 에이스
- ㉰ 니
- ㉱ 오버 암

0981. 밀링 머신에서 커터 고정에 사용하는 기구가 아닌 것은?
- ㉮ 아버
- ㉯ 어댑터
- ㉰ 콜릿
- ㉱ 섹터

0982. 다음 중 제일 큰 밀링 머신은?
- ㉮ 4번
- ㉯ 3번
- ㉰ 2번
- ㉱ 1번

0983. 다음 중 엔드 밀의 절삭 날이 아닌 것은?
- ㉮ 오른쪽 비틀림 날
- ㉯ 왼쪽 비틀림 날
- ㉰ 지그재그 날
- ㉱ 곧은 날

0984. 절삭 속도의 결정 원칙을 들은 것이다. 틀린 것은?
- ㉮ 거친 절삭에는 저속도 큰 이송이 좋다.
- ㉯ 굳은 재료는 저속도 낮은 이송으로 한다.
- ㉰ 인성이 적은 커터는 이송을 적게 하고 고속으로 한다.
- ㉱ 기계가 튼튼하고 고정이 단단하면 절삭 깊이를 깊게 할 수 있다.

정답 977.㉰ 978.㉱ 979.㉰ 980.㉰ 981.㉱ 982.㉮ 983.㉰ 984.㉰

0985. 밀링에서 상향 절삭의 장점은?
㉮ 칩이 잘 빠진다.　　　　　㉯ 백래시 제거 장치가 필요하다.
㉰ 공작물 고정에 신경 쓸 필요가 없다.　㉱ 커터의 마모가 적다.

0986. KS에서 밀링 커터의 테이퍼 섕크는 무엇으로 규정하고 있는가?
㉮ 브라운 샤프 테이퍼　　　　㉯ 내셔널 테이퍼
㉰ 지콥스 테이퍼　　　　　　㉱ 모스 테이퍼

0987. 다음 중 총형 밀링 커터의 종류가 아닌 것은?
㉮ 기어 커터　　　　　　　　㉯ 오목 커터
㉰ 플레인 커터　　　　　　　㉱ 각 커터

0988. 판캠을 밀링에서 절삭할 때 가장 효과적인 커터는?
㉮ 플레인 커터　　　　　　　㉯ 엔드 밀
㉰ 앵글 커터　　　　　　　　㉱ 사이드 커터

0989. 다음은 플레인 커터에 대한 사항이다. 해당 없는 것은?
㉮ 경사각　　　　　　　　　㉯ 여유각
㉰ 랜드　　　　　　　　　　㉱ 입도

0990. 만능 밀링 머신은 어떤 것인가?
㉮ 테이블이 회전　　　　　　㉯ 분할작업 가능
㉰ 테이블이 자동 이송　　　　㉱ 차동 분할작업 가능

0991. 밀링에서 널리 쓰는 주축 구멍의 테이퍼는?
㉮ 내셔널　　　　　　　　　㉯ 자르노
㉰ 브라운　　　　　　　　　㉱ 모스

0992. 밀링 커터의 날이 교대로 15° 정도의 각도로 경사진 것은?
㉮ 스태거트 투우드 커터　　　㉯ 플레인 커터
㉰ 셸 엔드밀　　　　　　　　㉱ 메탈 소

정답 985.㉮ 986.㉱ 987.㉰ 988.㉯ 989.㉱ 990.㉮ 991.㉮ 992.㉮

제1장 절삭가공 • **395**

0993. 다음 중 기어 절삭에 사용되는 절삭 공구 중 호빙 머신에서 주로 사용하는 것은?
　㉮ 혼(hone)　　　　　　　　㉯ 호브(hod)
　㉰ 래크 커터　　　　　　　　㉱ 피니언 커터

0994. 밀링 머신의 크기를 표시하는 번호는 다음 무엇에 따라 표시하는가?
　㉮ 바이스의 크기　　　　　　㉯ 테이블의 크기
　㉰ 물릴 수 있는 커터의 최대 크기　㉱ 테이블 이동량

0995. 다음 중 커터의 고정 방법이 될 수 없는 것은?
　㉮ 스트레이트 섕크는 콜릿척에 고정한다.
　㉯ 테이퍼 섕크 드릴은 소켓에 고정한다.
　㉰ 섕크가 없는 것은 아버에 고정한다.
　㉱ 엔드 밀은 특별히 자루를 만들 필요없이 직접 콜릿에 고정한다.

0996. 밀링 작업에서 커터 사용에 대한 것 중 틀린 것은?
　㉮ 커터는 가능한 한 컬럼에 가까이 고정하는 것이 좋다.
　㉯ 주물의 표면을 깎을 때에는 절삭 깊이를 얕게, 그리고 천천히 이송하는 것이 좋다.
　㉰ 얇은 메탈 소는 회전 방향으로 이송하는 것이 좋다.
　㉱ 커터 아버의 컬럼 측면이 평평하면 구멍은 동심원이 아니라도 좋다.

0997. 이송 나사 4 산/in인 밀링 머신에서 리드 24 인치의 드릴을 절삭하려고 할 때, 변환 기어 잇수를 구하라.
　㉮ 60, 36, 52, 36　　　　　　㉯ 56, 40, 52, 40
　㉰ 64, 32, 48, 40　　　　　　㉱ 60, 38, 42, 50

0998. 다음 중 밀링 절삭에 있어서 절삭 속도가 제일 빠른 것은?
　㉮ 주철　　　　　　　　　　　㉯ 합금강
　㉰ 황동　　　　　　　　　　　㉱ 탄소강

0999. 밀링 머신 아버의 한쪽 끝을 지지하는 것은 무엇이라고 하는가?
　㉮ 오버 암　　　　　　　　　㉯ 아버·요크
　㉰ 어댑터　　　　　　　　　　㉱ 콜릿

정답 993.㉯ 994.㉰ 995.㉱ 996.㉯ 997.㉰ 998.㉰ 999.㉯

1000. 다음 중 엔드 밀이 사용되는 곳은 어느 것인가?
   ㉮ 드릴로 뚫은 구멍을 다듬질하는 공구이다.
   ㉯ 평면을 다듬질할 때만 사용된다.
   ㉰ 밀링 머신에서 홈을 파거나 다듬질할 때 사용된다.
   ㉱ 밀링 머신에서 평면 가공할 때 쓴다.

1001. 밀링 머신에서 회전 운동을 할 수 있도록 만든 부속 장치는?
   ㉮ 아버   ㉯ 슬로팅 장치
   ㉰ 회전 테이블   ㉱ 만능 밀링 장치

1002. 공작물을 고정한 회전 테이블을 연속 회전시키고, 2개의 스핀들 헤드를 써서 두 종류의 가공을 동시에 할 수 있는 고성능 밀링 머신은?
   ㉮ 모방 밀링 머신   ㉯ 탁상 밀링 머신
   ㉰ 플레인 밀링 머신   ㉱ 회전 테이블 밀링 머신

1003. 밀링 머신의 주축이 중공으로 되어 있는데 이 부분의 테이퍼는 다음 중 어느 것인가?
   ㉮ 내셔널 테이퍼   ㉯ 자르노 테이퍼
   ㉰ 브라운 샤프 테이퍼   ㉱ 모스 테이퍼

1004. 플레인 커터의 날은 직선 날과 비틀림 날로 되어 있다. 몇 mm 이상이 비틀림날로 되어 있는가?
   ㉮ 10 mm   ㉯ 20 mm
   ㉰ 30 mm   ㉱ 40 mm

1005. 밀링 머신에서 회전 테이블은 어디에 장치 하나?
   ㉮ 전동기 옆   ㉯ 암 위
   ㉰ 새들 위   ㉱ 테이블 위

1006. 수평 및 만능 밀링 머신의 기둥에 장치하고, 스핀들의 회전 운동을 왕복 운동으로 변환시키는 부속 장치는?
   ㉮ 만능 밀링 장치   ㉯ 래크 밀링 장치
   ㉰ 슬로팅 장치   ㉱ 로터리 테이블

정답 1000.㉰ 1001.㉱ 1002.㉱ 1003.㉮ 1004.㉯ 1005.㉱ 1006.㉰

1007. 밀링 머신의 종류 중 새들과 테이블 사이에 회전대(swivel)가 있어 테이블을 수평면 위에서 적당한 각도로 회전시킬 수 있는 것은?
㉮ 플레이너 밀링 머신
㉯ 만능 밀링 머신
㉰ 수평 밀링 머신
㉱ 생산형 밀링 머신

1008. 밀링 머신에 사용되는 부속장치가 아닌 것은?
㉮ 회전 테이블
㉯ 슬로팅 장치
㉰ 분할대
㉱ 면판

1009. D.P가 6, 큰 기어의 잇수 70, 작은 기어의 잇수 20일 때, 2개의 베벨 기어의 피치원의 지름은 얼마인가?
㉮ 296.16 mm, 116.6 mm
㉯ 116 mm, 84.58 mm
㉰ 296.16 mm, 84.58 mm
㉱ 333 mm, 116.6 mm

1010. 다음 중 경질 재료를 절삭할 때 틀린 사항은?
㉮ 저속
㉯ 저이송
㉰ 고이송
㉱ 절삭 깊이를 적게

1011. 만능 밀링 머신은 다음 중 어느 것과 가장 외관이 비슷한가?
㉮ 수평형 밀링 머신
㉯ 수직형 밀링 머신
㉰ 모방 밀링 머신
㉱ 생산형 밀링 머신

1012. 밀링 머신의 크기를 나타낸 것이다. 옳은 것은?
㉮ 테이블의 길이가 200 mm인 것을 No.00이라 하고 이것보다 50 mm씩 길어짐에 따라 No.0, No.1, No.2라 한다.
㉯ 테이블의 전후 이동이 약 200 mm인 것을 No.1이라 하고 이것보다 50 mm씩 길어짐에 따라 No.2, No.3이라 하고 그와 반대인 것을 No.0이라 한다.
㉰ 테이블의 길이 약 300 mm의 것을 No.0이라 하고 여기서 50 mm씩 길어짐에 따라 No.1, No.2로 표시한다.
㉱ 테이블의 가로 피드가 약 300 mm인 것을 No.1이라 하고 이것보다 100 mm씩 길어짐에 따라 No.2, No.3이라 한다.

정답 1007.㉯ 1008.㉱ 1009.㉰ 1010.㉰ 1011.㉮ 1012.㉯

1013. 밀링 머신에 사용되는 부속 장치로 맞는 것은?
  ㉮ 돌리개 ㉯ 드에서
  ㉰ 분할대 ㉱ 면판

1014. 금속 절단에 가장 적합한 밀링 커터는?
  ㉮ 앵글 커터 ㉯ 메탈 소오 커터
  ㉰ 플레인 커터 ㉱ 총형 커터

1015. 아버를 아버 암의 중간 또는 끝부의 2개소에 아버 베어링으로 고정하는 이유는?
  ㉮ 아버가 휘는 것을 방지하기 위하여 ㉯ 고속 절삭을 하기 위하여
  ㉰ 작업을 편리하게 하기 위하여 ㉱ 회전 속도를 높이기 위하여

1016. 다음 중 특수 밀링 머신이 아닌 것은?
  ㉮ 모방 밀링 머신 ㉯ 캠 밀링 머신
  ㉰ 나사 밀링 머신 ㉱ 만능 밀링 머신

1017. 분할대의 종류가 아닌 것은?
  ㉮ 신시내티형 ㉯ 내셔널형
  ㉰ 브라운 샤프형 ㉱ 밀워키형

1018. 수평 밀링 머신이나 만능 밀링 머신의 주축 헤드에 부착시켜 수직 밀링 머신의 역할을 할 수 있게 하는 부속 장치는?
  ㉮ 아버 ㉯ 분할대
  ㉰ 회전 테이블 장치 ㉱ 수직축 장치

1019. 수직 밀링 머신에는 주로 어떤 공구를 사용하나?
  ㉮ 엔드밀 ㉯ 기어 커터
  ㉰ 각 커터 ㉱ 측면 커터

1020. 다음 중 밀링 머신에서 백래시를 제거하는 방식이 아닌 것은?
  ㉮ 스프링 방식 ㉯ 나사식
  ㉰ 유압식 ㉱ 공기압식

정답 1013.㉰ 1014.㉯ 1015.㉮ 1016.㉱ 1017.㉯ 1018.㉱ 1019.㉮ 1020.㉱

1021. 상향 절삭과 하향 절삭의 비교에 있어 커터의 마모가 심한 것은 어느 방향인가?
㉮ 상향 절삭   ㉯ 하향 절삭
㉰ 모두 같다.   ㉱ 알 수 없다.

1022. 이송 나사의 피치가 6 mm인 밀링 머신에서 지름 20 mm의 공작물에 리드 75 mm의 비틀림 홈을 깎을 경우, 테이블의 선회 각도와 변환 기어의 잇수를 구하라.
㉮ 각도 40°, 잇수 40, 64, 28, 56   ㉯ 각도 35°, 잇수 40, 60, 32, 56
㉰ 각도 40°, 잇수 40, 60, 32, 56   ㉱ 각도 35°, 잇수 40, 64, 28, 56

1023. 다음 설명 중 틀린 것은?
㉮ 컬러가 길 경우, 구멍과 단면의 직각도가 정확해야 한다.
㉯ 컬러는 바깥 지름의 치수가 정확해야 한다.
㉰ 아버 컬러는 양 단면의 평행도가 정확해야 한다.
㉱ 아버에 쓰는 컬러는 긴 것보다 짧은 것을 겹쳐 쓰는 편이 좋다.

1024. 다음 중 밀링의 절삭 조건과 관계가 없는 것은?
㉮ 절삭 깊이와 동력   ㉯ 이송 속도
㉰ 가공면의 거칠기   ㉱ 절삭속도

> **해설** 가공면의 거칠기는 절삭 깊이·이송속도·절삭 속도 등의 조건에 의한 결과이지 절삭 조건은 아니다.

1025. 다듬질 절삭을 할 경우 절삭 깊이와 이송, 절삭 속도는 어떻게 하나?
㉮ 절삭 깊이와 이송은 크게 하고, 절삭 속도를 줄인다.
㉯ 절삭 깊이와 이송은 작게 하고 절삭 속도를 높인다.
㉰ 절삭 깊이와 이송은 작게 하고, 절삭 속도를 줄인다.
㉱ 절삭 깊이와 이송은 크게 하고, 절삭 속도를 줄인다.

1026. 다음 중 밀링 머신에 대한 설명으로 틀린 것을 골라라.
㉮ 많은 날을 가진 절삭 공구가 회전을 한다.
㉯ 평면 절삭을 한다.
㉰ 나선형의 홈을 절삭할 수 있다.
㉱ 공작물이 고속으로 회전한다.

정답 1021.㉮   1022.㉮   1023.㉯   1024.㉰   1025.㉯   1026.㉱

1027. 아버의 설치는 어디에 하는가?
  ㉮ 새들 위
  ㉯ 아버 암
  ㉰ 스핀들 구멍
  ㉱ 테이블 위

1028. 플레인 커터나 사이드 커터의 호칭 치수는 어떻게 표시하는가?
  ㉮ 바깥지름×폭×생크의 길이
  ㉯ 바깥지름×폭×안지름
  ㉰ 바깥지름×생크의 길이×폭
  ㉱ 바깥지름×안지름×생크의 길이

1029. 밀링 머신의 본체로 전면은 니의 안내면이 되며, 내부는 주축 속도 변환 장치가 들어 있는 부분은?
  ㉮ 아버
  ㉯ 기둥
  ㉰ 새들
  ㉱ 니

1030. 래크를 절삭하는 데 사용되는 장치이며, 테이블을 요구하는 피치만큼 정확히 이송하여 분할할 수 있는 부속 장치는?
  ㉮ 수직 밀링 장치
  ㉯ 래크 절삭 장치
  ㉰ 만능 분할 장치
  ㉱ 회전 테이블 장치

1031. 다음 중 만능 밀링 머신에서 할 수 없는 작업은?
  ㉮ 헬리컬 기어 가공
  ㉯ 트위스트 드릴의 홈 가공
  ㉰ 테이퍼 가공
  ㉱ 나선 홈 가공

1032. 다음 중 밀링 커터의 회전 자리가 나타나는 이유가 되지 않는 것은?
  ㉮ 아버의 편심
  ㉯ 날 피치가 균일하기 때문에
  ㉰ 절삭 저항에 의한 아버의 변형
  ㉱ 커터의 연삭 정밀도 불량

1033. 밀링 머신에서 테이블에 바이스를 고정할 때 바이스와 테이블 사이에 두꺼운 종이 한 장을 끼우는 이유는?
  ㉮ 진동을 방지한다.
  ㉯ 바이스 밑면을 보호한다.
  ㉰ 뒤틈을 제거한다.
  ㉱ 테이블 윗면을 보호한다.

정답 1027.㉰ 1028.㉮ 1029.㉯ 1030.㉯ 1031.㉰ 1032.㉯ 1033.㉱

1034. 밀링 작업시 재질과 가공면이 같을 때 절삭 조건을 결정하는 3요소이다. 틀린 것은?
㉮ 절삭 깊이(칩) ㉯ 날 1개당 이송
㉰ 절삭 속도 ㉱ 1분당 이송량

1035. 다음은 밀링 절삭에 있어서의 하향 절삭의 장점을 든 것이다. 틀린 것은?
㉮ 날 끝의 마멸이 적다. ㉯ 동력 소비가 적다.
㉰ 가공면이 깨끗하다. ㉱ 뒤틈 제거 장치가 필요 없다.

1036. 인벌류트 커터는 모듈이 같아도 잇수에 따라 이 모양이 다르다. 같은 모듈의 커터가 몇개로 구분되어 있는가?
㉮ 4개 ㉯ 8개
㉰ 10개 ㉱ 12개

1037. 지름 100 mm의 커터가 매분 160회전하여 절삭할 때 속도는?
㉮ 14 m/min ㉯ 20 m/min
㉰ 50 m/min ㉱ 72 m/min

1038. 다음 중 니형 밀링 머신에 속하지 않는 것은?
㉮ 만능 밀링 머신 ㉯ 모방 밀링 머신
㉰ 수직 밀링 머신 ㉱ 수평 밀링 머신

1039. 밀링 커터의 날 수 12개, 1날당 이송량 0.15 mm, 회전수가 780 rpm일 때 이송량은?
㉮ 약 800 mm/min ㉯ 약 1000 mm/min
㉰ 약 1200 mm/min ㉱ 약 1400 mm/min

1040. 절삭 온도에 관한 설명 중 틀린 것은?
㉮ 공구의 마멸에 큰 영향을 미친다.
㉯ 절삭 속도의 증대에 따라 상승하며 절삭 속도의 제곱에 비례한다.
㉰ 칩의 두께가 크면 상승한다.
㉱ 절삭 저항이 높은 재료는 보통 절삭 온도도 높다.

정답 1034.㉱ 1035.㉱ 1036.㉯ 1037.㉰ 1038.㉯ 1039.㉱ 1040.㉯

1041. 원주를 7등분하려면 분할 크랭크 핸들을 몇 회전하면 되는가?(단, 분할판의 구멍수는 24, 25, 28, 30, 34, 37, 38, 39이다).

㉮ $5\frac{10}{24}$ ㉯ $5\frac{20}{28}$

㉰ $5\frac{21}{34}$ ㉱ $5\frac{24}{39}$

1042. D.P(지름 피치) 8인 래크를 이송 나사가 4 산/in인 밀링 머신에서 절삭할 때 변환 기어 잇수를 구하라.

㉮ 88, 56 ㉯ 80, 60

㉰ 64, 84 ㉱ 84, 60

1043. 밀링 머신에서 공작물의 고정 방법으로 맞는것은?

㉮ 바이스 사용 ㉯ 척 사용

㉰ 어댑터 사용 ㉱ 면판지지법

1044. 플레인 커터의 비틀림 날의 각도는 몇 도인가?

㉮ 10°, 15° ㉯ 15°, 20°

㉰ 15°, 25° ㉱ 10°, 20°

1045. 절삭 속도가 제일 빨라야 되는 재료는?

㉮ 연강 ㉯ 청동

㉰ 주철 ㉱ 알루미늄

1046. 다음 중 커터의 고정구가 아닌 것은?

㉮ 아버 ㉯ 어댑터

㉰ 콜릿 ㉱ 밀링 바이스

1047. 업셋은 다음 어느 기어를 밀링 머신에서 깍을 때 사용하는가?

㉮ 헬리컬 기어 ㉯ 베벨 기어

㉰ 스퍼어 기어 ㉱ 더블 헬리컬 기어

정답 1041.㉯ 1042.㉮ 1043.㉮ 1044.㉯ 1045.㉱ 1046.㉱ 1047.㉯

1048. 공작물과 커터를 컬럼에 되도록 가까이 하고 커터의 비틀림각을 적절히 선정하여 주는 목적은?

㉮ 떨림을 방지하기 위하여　　㉯ 큰 공작물을 설치하기 위하여
㉰ 커터의 수명을 연장하기 위하여　　㉱ 다듬질 절삭을 하기 위하여

1049. 밀링 머신에서 절삭량이 7.7 cm³이고 1 kW당 매분 절삭량이 1.5 cm³/min/kW일 때, 이 기계의 소요 동력은?

㉮ 3 kW　　㉯ 4 kW
㉰ 5 kW　　㉱ 6 kW

1050. 신시내티 샤프 분할대로 단식 분할할 경우 9등분하려면 다음의 어느 것이 맞는가?

㉮ 크랭크 4회전, 분할판 52구멍, 보내기 24구멍
㉯ 크랭크 4회전, 분할판 51구멍, 보내기 24구멍
㉰ 크랭크 4회전, 분할판 54구멍, 보내기 24구멍
㉱ 크랭크 4회전, 분할판 53구멍, 보내기 24구멍

1051. 밀링에서 사용되는 분할 방법이 아닌 것은?

㉮ 직접분할　　㉯ 간접분할
㉰ 단식분할　　㉱ 차동분할

1052. 빌트업 에지의 발생을 억제하는데 역행하는 것은 어느 것인가?

㉮ 칩 두께의 증대　　㉯ 상면 경사각의 증대
㉰ 절삭 속도의 증대　　㉱ 날 끝을 예리하게 하는 것

1053. 다음 윤활유 중에서 겨울철에 적당한 것은?

㉮ 10 W　　㉯ 30 W
㉰ 40 W　　㉱ 50 W

1054. 합성수지 베어링의 윤활제로 적합한 것은?

㉮ 물　　㉯ 원유
㉰ 세일유　　㉱ 그리스

정답 1048.㉮ 1049.㉰ 1050.㉰ 1051.㉯ 1052.㉮ 1053.㉮ 1054.㉱

1055. 다음 중 분할대에서 하는 일이 아닌 것은?
㉮ 원형 가공 ㉯ 각도 분할
㉰ 원주 분할 ㉱ 나선 가공

1056. 플레이너의 공구대 대신 밀링 커터를 고정할 수 있는 주축대가 있어 대형 공작물의 강력 절삭에 적합한 밀링은?
㉮ 플레이너 밀러 ㉯ 모방 밀링 머신
㉰ 탁상 밀링 머신 ㉱ 회전 밀러

1057. 아버 컬러의 안지름과 아버 지름과의 틈새는 어느 정도 두어야 하는가?
㉮ 0.1 mm 이상 ㉯ 0.3 mm 이상
㉰ 0.5 mm 이상 ㉱ 0.6 mm 이상

1058. 분할대에 부속되는 변환 기어의 갯수는 보통 몇 개인가?
㉮ 14개 ㉯ 12개
㉰ 10개 ㉱ 8개

1059. 가공변질층에 관한 설명 중 틀린 것은?
㉮ 가공 변질층 깊이는 표면부터 미소 경도계로 측정하여 판정한다.
㉯ 가공 경화층에는 흔히 잔류 응력이 발생한다.
㉰ 가공 변질층의 깊이는 절삭 저항의 크기와는 무관하다.
㉱ 가공 변질층의 존재는 가공면과 내마멸성, 내식성을 현저히 저하시킨다.

1060. 분할 크랭크를 1회전하면 스핀들은 몇 도 회전하는가?
㉮ 36° ㉯ 27°
㉰ 18° ㉱ 9°

1061. 분할대에서 크랭크를 회전시키면 무엇이 회전하는가?
㉮ 분할판 ㉯ 센터
㉰ 스핀들 ㉱ 섹터

정답 1055.㉱ 1056.㉮ 1057.㉮ 1058.㉯ 1059.㉰ 1060.㉱ 1061.㉰

1062. 직접 분할법에 의하여 분할할 수 없는 수는?
㉮ 3등분   ㉯ 6등분
㉰ 8등분   ㉱ 9등분

1063. 브라운 샤프 분할대로 단식 분할법을 써서 9등분하려면, 다음의 어느 것이 맞는가?
㉮ 크랭크 4회전, 분할판 51구멍, 보내기 24구멍
㉯ 크랭크 4회전, 분할판 52구멍, 보내기 24구멍
㉰ 크랭크 4회전, 분할판 53구멍, 보내기 24구멍
㉱ 크랭크 4회전, 분할판 54구멍, 보내기 24구멍

1064. 부동성 기계유의 응고점은 얼마 정도인가?
㉮ -10 ~ 20 ℃   ㉯ -20 ~ -35 ℃
㉰ -35 ~ -50 ℃   ㉱ -50 ~ -75 ℃

1065. 윤활제에 사용하는 극압 첨가물은?
㉮ P와 S   ㉯ Cu와 S
㉰ Fe와 P   ㉱ Cu와 Sb

1066. 분할대는 어디에 설치하는가?
㉮ 심압대   ㉯ 스핀들
㉰ 새들 위   ㉱ 테이블 위

1067. 분할판의 24구멍을 8구멍씩 이동할 때만 필요한 것은?
㉮ 섹터   ㉯ 선회대
㉰ 심압대   ㉱ 분할 기어

1068. 강제 급유는 주속도를 얼마까지 할 수 있는가?
㉮ 40 m/sec   ㉯ 50 m/sec
㉰ 60 m/sec   ㉱ 70 m/sec

1069. 날 1개당의 이송량을 적게 할 경우 일어나는 현상이다. 틀린 것은?
㉮ 정밀도가 좋은 다듬질면이 얻어진다.   ㉯ 공구의 마모가 적다.
㉰ 단점으로는 진동이 심하다.   ㉱ 절삭면이 불안정한 가공물에 적합하다.

정답 1062.㉯ 1063.㉱ 1064.㉰ 1065.㉮ 1066.㉱ 1067.㉮ 1068.㉯ 1069.㉰

1070. 가상 잇수는 다음 어느 기어를 절삭할 때 필요한가?
  ㉮ 스퍼어 기어
  ㉯ 래크
  ㉰ 직선 베벨 기어
  ㉱ 헬리컬 기어

1071. 다음 중 밀링의 크기 표시를 나타내는 예를 든 것이다. 옳은 것은?
  ㉮ 테이블의 이동량(전후×좌우×상하)
  ㉯ 테이블의 크기(길이×폭)
  ㉰ 테이블 윗면에서 주축 중심까지의 최대거리
  ㉱ 테이블 윗면에서 주축 끝까지의 최대거리

1072. 절삭 속도 25 m/min, 밀링 커터의 날수를 10, 지름 150 mm, 1날당 이송을 0.2 mm로 하면, 테이블 이송량은?
  ㉮ 106.1 mm/min
  ㉯ 210.5 mm/min
  ㉰ 250.7 mm/min
  ㉱ 298.4 mm/min

1073. 원판 주위에 5°의 눈금을 넣으려 할 때 사용하는 분할판은 어느 것인가?(단, 브라운 샤프 형이다.)
  ㉮ 15구멍
  ㉯ 21구멍
  ㉰ 27구멍
  ㉱ 41구멍

1074. 공작물의 원주를 6°씩 분할하려고 할 때 몇 구멍짜리 분할판을 사용하면 되겠는가?
  ㉮ 17구멍
  ㉯ 11구멍
  ㉰ 27구멍
  ㉱ 19구멍

1075. 브라운 샤프형 분할대의 인덱스 크랭크를 1회전시키면 주축은 몇 회전하는가?
  ㉮ 1/40회전
  ㉯ 40회전
  ㉰ 1/24회전
  ㉱ 24회전

1076. 고속 내연 기관의 급유법으로 널리 사용되는 것은 다음 중 어느 것인가?
  ㉮ 튀김 급유법
  ㉯ 원심 급유법
  ㉰ 펌프 급유법
  ㉱ 중력 급유법

정답 1070.㉱ 1071.㉱ 1072.㉮ 1073.㉰ 1074.㉰ 1075.㉮ 1076.㉰

1077. 브라운 샤프형 밀링 머신에서 지름 피치 32, 잇수 72의 스퍼어 기어의 이를 깎을 때 사용하는 분할판의 구멍 열은?
㉮ 16구멍　　㉯ 17구멍
㉰ 18구멍　　㉱ 19구멍

1078. 절삭 조건으로 가장 요구되는 것은?
㉮ 절삭 속도, 공구 수명, 공구각　　㉯ 절삭 속도, 잘삭유, 절삭 저항
㉰ 절삭 속도, 이송, 절삭 깊이　　㉱ 절삭 속도, 절삭 온도, 공구 재질

1079. 윤활제의 구비 조건 중 틀린 것은 어느 것인가?
㉮ 유성이 좋을 것　　㉯ 점도가 클 것
㉰ 화학적으로 안전할 것　　㉱ 인화점이 높을 것

1080. 분할대의 크기는 무엇으로 나타내는가?
㉮ 양 센터 사이의 거리　　㉯ 테이블상의 스윙
㉰ 분할할 수 있는 수　　㉱ 공작물을 회전시킬 수 있는 각도

1081. 브라운 샤프형 분할대로 단식 분할을 할 수 없는 것은?
㉮ 60　　㉯ 62
㉰ 63　　㉱ 66

1082. 분할대의 섹터를 써서 10구멍씩 나아가게 할 경우의 분할에는 섹터를 몇 구멍 벌려야 하는가?
㉮ 10　　㉯ 11
㉰ 12　　㉱ 13

1083. 다음 중 공구 수명에 가장 영향을 주는 것은?
㉮ 절삭 속도　　㉯ 절삭 깊이
㉰ 이송　　㉱ 공구각

1084. 그리스 윤활의 특징이 아닌 것은?
㉮ 점도 변화가 크다.　　㉯ 저속 베어링용이다.
㉰ 액체 급유가 곤란할 때 사용한다.　　㉱ 주유를 자주 해야 한다.

정답 1077.㉰　1078.㉰　1079.㉱　1080.㉯　1081.㉰　1082.㉯　1083.㉯　1084.㉱

1085. 밀링 머신 테이퍼 구멍에 사용되는 내셔널 테이퍼 중 지름이 가장 큰 것은?
㉮ 30번　　　　　　　　　㉯ 40번
㉰ 50번　　　　　　　　　㉱ 60번

1086. 완전 윤활과 불완전 윤활의 한계점을 무엇이라고 하는가?
㉮ 윤활점　　　　　　　　㉯ 임계점
㉰ 경계점　　　　　　　　㉱ 유성점

1087. 원주를 237등분하였을 때(브라운 샤프 분할대 사용) 구멍열 – 회전수, 중간 기어, S/W는?
㉮ 18구멍열 - 3구멍 - 24/48　　　㉯ 27구멍열 - 6구멍 - 36/86
㉰ 33구멍열 - 6구멍 - 28/64　　　㉱ 21구멍열 - 5구멍 - 24/32

1088. 비틀림 홈 절삭(드릴 등)시 비틀림각을 구하는 공식으로 틀린 것은?
㉮ $L = \dfrac{\pi d}{\tan\theta}$　　　　　　　㉯ $L = \pi d \cdot \cot\theta$
㉰ $\tan\theta = \dfrac{L}{\pi d}$　　　　　　　㉱ $\tan\theta = \dfrac{\pi d}{L}$

1089. 차동 분할법에 의한 변환 기어비가 +값일 때는 중간 기어를 몇 개 사용하는가?
㉮ 사용않는다.　　　　　　㉯ 1개
㉰ 2개　　　　　　　　　　㉱ 4개

1090. 경·중하중에 사용되며 원주 속도 6~7 m/s까지에 사용되는 급유법은 다음 중 어느 것인가?
㉮ 적하 급유법　　　　　　㉯ 손 급유법
㉰ 중력 급유법　　　　　　㉱ 링 급유법

1091. 재료의 피삭성(공구의 절삭성)을 판정하는 데 가장 많이 사용되는 것은?
㉮ 절삭 저항의 대소　　　　㉯ 공구 수명의 장단
㉰ 가공면 거칠기의 양부　　㉱ 칩 처리의 난이

정답　1085.㉱　1086.㉯　1087.㉮　1088.㉱　1089.㉯　1090.㉱　1091.㉯

제2장 특수가공

1. 기계적 특수가공

1) 연마포 가공(研磨布加工 : polishing and buffing)

헝겊과 같이 부드러운 재료로 된 원판형에 연삭입자, 산화철 분말 등을 유지하여 고속도로 회전시켜 공작물에 광택을 내는 가공이다.

2) 배럴 가공(barrel finishing)

배럴 중에 가공물을 넣고 물에 합성제를 첨가하고, 매개물(media)을 혼합하여 회전시켜 가공한다. 본래 소형 주물 또는 단조물의 표면을 청정(淸淨) 및 연마하는데 주로 사용된다.

3) 분사가공(噴射加工)

(1) 쇼트피닝(shot peening)

금속으로 만든 쇼트(shot)라고 하는 작은 덩어리를 고속도로 가공물 표면에 투사(投射)하여 피로강도(fatigue strength)를 증가시키기 위한 일종의 냉간가공법을 말하며, 그 효과를 피닝효과(peening effect)라고 한다.

(2) 샌드 블래스팅(sand blasting), 그릿 블래스팅(grit blasting)

모래, 그릿을 공작물 표면에 분사하여 표면을 매끈하게 한다.

4) 버니싱(burnishing)

가공되어 있는 구멍에 안지름보다 다소 큰 볼(ball)을 구멍에 압입하여 절삭 또는 연삭 가공에서 생긴 거친 면에 생긴 가공 흔적을 거울면과 같이 매끈하게, 그리고 정밀도를 높이는 가공이다.

5) 롤러 다듬질 가공(surface roll finishing)

가공물 표면에 롤러를 눌러 소성변형을 일으켜서 매끈한 면을 얻는 가공법이며, 주로 원통형인 저널을 가공하는데 이용되며, 베어링면으로서의 성능을 향상시키고 피로에 대하여도 효과가 크다.

2. 전기적 특수가공

1) 전해가공(電解加工 : electrolytic machining)

(1) 전기화학가공(electro-chemical machining)

도금 장치와는 반대로 도전성(導電性)의 공구를 음극, 공작물을 양극에 접촉하고, 그 사이에 전해질 용액을 분출시켜 양극 사이에 저전압(약 8~12 V), 대전류(10~100 A/cm^2)를 사용하여 공작물을 용해 가공한다.

(2) 전해연삭(electrolytic grinding)

초경합금 공구 등을 전해가공하면 가공물의 표면에 양극 생성물이 생기고, 가공속도 및 정밀도가 저하된다. 가공물의 표면에 생긴 생성 피막을 연삭 숫돌을 사용하여 기계적 방법으로 제거하여 전해가공하는 방법이다.

(3) 전해연마(electrolytic polishing)

금속의 전기분해 현상을 이용한 가공법으로서, 가공물을 양극으로 하고, 전해 용액 중에 담가 금속표면의 미소 돌기 부분을 용해하여 거울면 상태로 가공하는 방법이다.

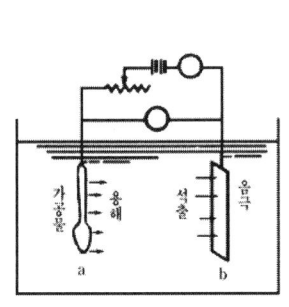

그림 2-1 전해연마의 원리

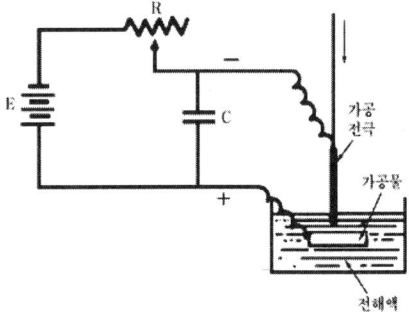

그림 2-2 방전가공(축전기법)

2) 방전가공(electric discharge machining)

방전현상을 이용하여 각종 재료를 가공하는 방법을 말한다. 방전가공의 특징은 높은 경도를 갖는 재질에 현저하게 우수한 성능을 발휘하고 경질합금, 담금질된 고속도강(HSS), 내열강, 스테인리스강철, 다이아몬드, 수정(水晶) 등의 각종 재질의 절단, 천공(穿孔), 연마 등에 이용된다(그림 2-2).

3) 전자빔 가공(electron beam machining)

진공 중에서 텅스텐 필라멘트의 음극을 고온으로 하면 전자의 방출이 생긴다. 이 현상을 열전자방출이라고 한다. 이 방출 전자가 고속으로 한 방향으로 유동하는 것이 전자빔이다. 전자는 질량을 가지고 있으므로 전자빔을 물체에 충돌시키면 전자의 운동에너지가 열로 변해 고온이 얻어지고, 이 고온을 재료의 절단, 구멍뚫기 등의 제거 가공에 이용하는 것이 전자빔 가공이고, 용접에 이용한 것이 전자빔 용접이다.

4) 플라즈마 가공(plasma working)

고온의 가스 분자가 전자를 방출하면 이온(ion)으로 된다. 이 때의 이온과 전자가 같은 밀도로 혼합하여 도전성을 갖게 된 상태를 플라즈마라고 한다. 전극 사이에서 음극에서 방출된 전자가 가스 분자와 충돌하면 전자와 이온이 발생하고, 이 경우 전자의 운동에너지는 충돌로 열에너지로 변하여 고온을 발생한다. 이 열을 구속 집중시키는 것을 열적 핀치 효과(thermal pinch effect)라고 하며, 이것의 구속에는 플라즈마 토치 또는 플라즈마 제트(plasma jet)를 통과시켜 1~5만 도의 고온을 얻어 금속과 비금속의 절단, 구멍뚫기, 용접 등에 이용하는 것을 플라즈마 가공이라고 한다.

5) 초음파 가공(ultrasonic machining)

공구에 초음파 진동을 주어, 랩제를 가공물에 충돌시켜 가공하는 일종의 초음파 래핑 가공이다. 초음파 가공에는 16~29 kHz 정도의 주파수가 사용되고 담금질된 강철, 수정, 유리, 자기, 초경합금 등의 경질 물질에 이용된다.

6) 레이저 가공(laser machining)

레이저빔을 이용한 가공이다. 보석, 세라믹, 유리, 금속판 등에 극히 작은 구멍을 뚫는 작업이다.

3. 화학 가공

1) 화학 부식가공

부식가공(腐蝕加工) 또는 케미컬 밀링(chemical milling)이라고도 하는데, 금속의 가공부분을 노출하고 가공하지 않은 부분은 내식성 피막으로 도포하여, 이것을 가공액 중에 담근다. 그러면 노출 부분이 화학약품에 용해되고 부식을 할 수 있는 가공법이다.

2) 화학연마

가공물을 화학액 중에 담가서 표면의 돌출부를 선택적으로 용해하여 매끈하고 광택있는 면으로 가공하는 것을 화학연마(chemical polishing)라고 한다.

3) 화학 각인(化學刻印)과 케미컬 블랭킹

화학 각인은 판넬, 네임 플레이트의 문자 또는 기호를 에칭(etching)으로 조각한 후 오목 부분에 도료를 채워 만드는 가공법이다.

케미컬 블랭킹(chemical blanking)은 얇은 판에서 복잡하고 미세한 형상을 화학적으로 블랭킹하는 작업을 말한다. 컬러TV용 회로, 각종 전자집적 회로 등의 제작에 사용된다.

예상문제

001. 호닝 작업의 특징 중 틀린 것은?
  ㉮ 표면 정밀도를 향상시킨다.
  ㉯ 앞의 가공에서 나타난 테이퍼, 진원도는 수정할 수 없다.
  ㉰ 크기를 정확히 조절할 수 있다.
  ㉱ 최소의 발열과 변형으로 신속하고 경제적인 정밀가공을 할 수 있다.

002. 공작물의 표면을 정밀입자를 사용하여 다듬질을 하면 어떤 장점이 있는지 틀린 것은?
  ㉮ 내식성이 감소된다.   ㉯ 내마모성이 증가된다.
  ㉰ 표면경도가 증가된다.   ㉱ 피로한도가 증가된다.

003. 수퍼 피니싱으로 할 수 없는 작업은?
  ㉮ 원통 외면 가공   ㉯ 원통 내면 가공
  ㉰ 평면 가공   ㉱ 키 홈 가공

004. 다음 공작기계 중 연삭숫돌을 사용하지 않고 연삭제를 사용하는 기계는?
  ㉮ 그라인딩 머신   ㉯ 래핑 머신
  ㉰ 호닝 머신   ㉱ 수퍼 피니싱 머신

005. 표면 정밀도가 낮은 것부터 높은 순서로 맞게 된 것은?
  ㉮ 연삭→래핑→호닝→수퍼 피니싱   ㉯ 연삭→호닝→수퍼 피니싱→래핑
  ㉰ 수퍼 피니싱→래핑→연삭→호닝   ㉱ 래핑→수퍼 피니싱→연삭→호닝

006. 전해연마의 장점이 아닌 것은?
  ㉮ 다듬질면이 거칠다.   ㉯ 가공시간이 짧다.
  ㉰ 가공에 의한 표면 균열이 생기지 않는다. ㉱ 복잡한 면의 정밀가공이 가능하다.

정답 1.㉯ 2.㉮ 3.㉱ 4.㉯ 5.㉯ 6.㉮

007. 드릴의 홈이나 주사침의 구멍을 깨끗하게 다듬질하는데 가장 좋은 방법은 어느 것인가?
   ㉮ 전해가공   ㉯ 전해연마
   ㉰ 액체호닝   ㉱ 초음파가공

008. 다이아몬드, 루비, 사파이어 등의 가공에 알맞은 방법은?
   ㉮ 호닝   ㉯ 방전가공
   ㉰ 전해연마   ㉱ 수퍼 피니싱

009. 스프링이나 기어와 같이 반복하중을 받는 기계부품의 완성가공에 무엇이 이용되는가?
   ㉮ 액체 호닝   ㉯ 버니싱
   ㉰ 쇼트 피닝   ㉱ 전해연마

010. 액체 호닝의 장점과 관계가 먼 것은?
   ㉮ 피닝 효과가 있고 공작물의 피로한도를 높일 수 있다.
   ㉯ 복잡한 모양의 공작물에 대해서도 아주 간단히 다듬질 할 수 있다.
   ㉰ 단시간에 매끈하고 광택이 나지 않는 다듬질면을 얻을 수 있다.
   ㉱ 광택이 아름다운 면을 얻을 수 있다.

011. 버핑 머신은 무엇을 할 때 사용하는 기계인가?
   ㉮ 밀링 커터를 만들 때   ㉯ 금속에 조각을 할 때
   ㉰ 녹을 제거하거나 광내기 작업을 할 때   ㉱ 방전가공할 때

012. 크랭크축과 같이 선삭 후 연삭가공이 힘든 곳에 이용되는 가공법은?
   ㉮ 샌드 블라스팅   ㉯ 화학연마
   ㉰ 롤러 다듬질   ㉱ 버니싱

013. grit blasting과 관련이 있는 것은?
   ㉮ #15~60 정도의 파쇄된 강구에 의한 가공이다.
   ㉯ #50 정도의 연삭입자에 의한 가공이다.
   ㉰ #10~30 정도의 샌드 블라스팅의 일종이다.
   ㉱ 구멍 등의 내면을 강구 등으로 압궤(壓潰)하여 매끈하게 다듬는 방법이다.

정답 7.㉯ 8.㉯ 9.㉰ 10.㉱ 11.㉰ 12.㉰ 13.㉮

014. 다음 작업 중 복잡하고 작은 물건을 다량으로 연마하는데 가장 적합한 것은?
㉠ 벨트 연마
㉡ 배럴 연마
㉢ 버프 연마
㉣ 랩 연마

015. 방전가공에 관한 설명 중 틀린 것은?
㉠ 일반적으로 공구를 양극으로, 공작물을 음극으로 삼는다.
㉡ 액체 내에서 방전에 의하여 생기는 방전 전극의 소모되는 현상을 가공에 이용한 것이다.
㉢ 공작액은 방전회로에 따라 절연성이 높은 것과, 전해하여 절연 피막을 형성하기 쉬운 전해액의 공작액이 있다.
㉣ 전력은 시간에 대하여 펄스 상태로 방출시키며 전압은 200~100 V이나 최대 전류밀도는 $10^4 \sim 10^9$ A/cm^{2}로 극히 높다.

016. 방전가공의 특징에 관하여 다음 중 틀린 것은?
㉠ 재질이나 경도와 무관계로 가공할 수 있다.
㉡ 공구를 회전시킬 필요가 없으므로 4각 구멍이나 복잡한 윤곽의 구멍 가공이 가능하다.
㉢ 초음파 가공보다는 가속속도가 떨어지나 전해연삭보다는 가공속도가 크다.
㉣ 절삭공구의 절삭력에 견딜 만한 강성이 부족한 얇은 부품의 가공에도 유용하다.

017. 방전가공에 관한 설명이 아닌 것은?
㉠ 희망하는 모양을 가진 전기공구를 가공물의 표면에 눌러대고 이동시켜 표면에 소성변형을 주어 매끈하고 정밀도가 높은 면을 얻는 가공법
㉡ 가공기계의 형식으로는 콘덴서형, 크리스탈형, 다이오드형 등이 있다.
㉢ 담금질한 강은 물론 고장력강 초경합금과 같은 단단한 금속이나 보석류의 비금속도 용이하게 가공할 수 있으나, 가공 표면의 정밀도가 높지 못하다.
㉣ 기계적인 외력이 가해지지 않으므로 기계 자체의 변형은 없다.

018. 쇼트 피닝 효과에 대한 사항으로 틀린 것은?
㉠ 부적당한 쇼트 피닝은 연성을 감소시키므로 균열의 원인이 된다.
㉡ 두께가 크고 취성 재료에도 효과가 매우 좋으며, 대량생산에는 압축공기식이 널리 사용된다.
㉢ 가공물 표면에 잔류압축응력이 생기게 되어 표면경도가 커진다.
㉣ 반복하중에 대한 피로저항을 갖고 있기 때문에 각종 스프링에 널리 이용되고 있다.

정답 14.㉡ 15.㉠ 16.㉢ 17.㉢ 18.㉡

019. 전해연마할 때 사용하는 전해액에 해당되지 않는 것은?
㉮ 황산 ㉯ 인산
㉰ 초산 ㉱ 과염소산

020. 방전가공에서 가공액에 관한 설명 중 틀린 것은?
㉮ 방전에 의한 금속제거는 공기중에서보다 액체 내에서 더 크다.
㉯ 절연성은 방전의 안전성과 관계가 있고 높을수록 좋다.
㉰ 이온 작용도 중요하며 이것이 작으면 방전빈도가 커져서 가공속도가 향상된다.
㉱ 가장 여러 조건을 구비한 등유 No31이 많이 사용된다.

021. 수퍼 피니싱에 관한 설명 중 틀린 것은?
㉮ 입도가 고운 비교적 연한 숫돌을 낮은 압력으로 공작물을 표면에 누르고 공작물에 이송 회전운동을 시키면서 숫돌에 진동을 주어서 공작물 표면을 다듬질하는 가공법이다.
㉯ 숫돌의 진동을 접속회전축의 편심 면으로 주어진다면 입자의 궤적은 sin 곡선이다.
㉰ 숫돌의 진폭은 20~30 cm가 보통이며 진동수는 400~200 cpm이다.
㉱ 숫돌은 주로 WA 또는 GC 입자 결합제는 비트리 파이드 본드가 많이 쓰인다.

022. 초음파 가공에서 공구의 진폭은?
㉮ 0.05~0.08 mm ㉯ 0.1~0.5
㉰ 0.5~1.2 ㉱ 1.2~1.5

023. 가공하는 전극과 공작물 사이에 지립의 역할을 겸하는 절연체를 개재시켜서 전해작용으로 생긴 양극의 산화피막을 절연체의 기계적 작용으로 제거하는 가공법은?
㉮ 전해연마 ㉯ 전해가공
㉰ 전해연삭 ㉱ 방전가공

024. 방전가공시 전극 재질의 구비조건이 아닌 것은?
㉮ 안정된 방전이 생길 것 ㉯ 가공용이
㉰ 전극소모가 많을 것 ㉱ 가공정밀도가 높을 것.

025. 초경합금 가공에 쓰이는 방법이 아닌 것은?
㉮ 밀링 ㉯ 래핑
㉰ 방전가공 ㉱ 호닝

026. 전해연마의 장점이 아닌 것은?
㉮ 가공에 의한 변질층이나 변형이 없고 내식성이 크다.
㉯ 설비가 간단하며 대량생산이 가능하다.
㉰ 연마면은 매우 깨끗하며 내마모성이 크다.
㉱ 연마량이 커서 대량생산에 적합하다.

027. 쇼트 피닝 가공을 하였을 때 피닝 효과에 해당되는 것은?
㉮ 정밀한 가공물을 얻을 수 있다.   ㉯ 표면에 광택이 난다.
㉰ 가공시간이 단축된다.   ㉱ 피로강도와 경도가 증가한다.

028. 초음파 가공에 대한 설명 중 틀린 것은?
㉮ 유리입자에 의한 가공방식의 하나이며 다듬질 정도가 높다.
㉯ 충격 파쇄가공이라고 볼 수 있으며 지립을 16 KHz 이상의 높은 진동수로 진동시켜 공작물에 충돌시켜 표면을 미세하게 파쇄시켜 가공한다.
㉰ 실제로는 고주파 발진기로 여진되는 초음파 진동자의 진동을 혼으로 증폭하여 공구와 공작물 사이에 낀 지립에 전달한다.
㉱ 다이아몬드, 루비 등의 보석류, 초경합금, 담금질한 강, 기타 경질재료의 구멍 뚫기, 절단 등의 가공이 가능하다.

029. 전해연마에 관한 설명 중 틀린 것은?
㉮ 공작물의 전해액 속에서 전기화학 작용으로 연마하는 가공법이다.
㉯ 공작물을 양극으로 하고 1 A/cm² 정도로 통전한다.
㉰ 기계적 가공에서 발생하는 가공변질층이 생기지 않는다.
㉱ 경질재료 가공에는 광택면을 얻으나 연질재료는 어렵다.

030. 다음 방전가공에 대한 설명 중 옳지 않은 것은?
㉮ 일반적으로 기계가공하기 곤란한 경도가 높은 재료의 가공에 사용된다.
㉯ 다이아몬드 도자기와 같이 가공이 어려운 재료를 가공하는데 사용된다.
㉰ 전류의 세기에 따라 표면 정도가 좌우된다.
㉱ 공구와 전극 사이의 방전으로 구멍뚫기, 조각, 절단 등의 비접촉 가공을 한다.

정답 26.㉱ 27.㉱ 28.㉮ 29.㉱ 30.㉯

031. 호닝 머신으로 내경 가공시 호운은 어떤 운동을 하나?
㉮ 직선 왕복운동　　　　　　㉯ 회전운동
㉰ 상하운동　　　　　　　　　㉱ 회전 및 직선 왕복운동

032. 초음파 가공의 가장 큰 장점은?
㉮ 비교적 절삭 가공에 비하여 적은 에너지가 소요된다.
㉯ 경질재료에 특별 공구 제작이 없고 재연삭이 필요치 않다.
㉰ 경질재료 및 유리 등의 취성재료의 가공에 가장 적합하다.
㉱ 가공 변질층이 비교적 생기기 어렵다.

033. 방전가공에 관한 설명 중 틀린 것은?
㉮ 액체 내에서 방전에 의하여 생기는 방전전극의 소모되는 현상을 가공에 이용한 것이다.
㉯ 전력은 시간에 대하여 펄스상태로 방출시켜 전압은 200~100 V이나 최대 전류밀도는 10^4~10^9 A/cm^{2}로 높다.
㉰ 공작액은 방전회로에 따라 절연성이 높은 것과 전해하여 절연피막을 형성하기 쉬운 전해액의 공작액이 있다.
㉱ 일반적으로 공구를 양극으로 공구를 음극으로 삼는다.

034. 초음파 가공법의 설명 중 틀린 것은?
㉮ 구멍을 쉽게 가공할 수 있다.
㉯ 숫돌 입자의 재료는 탄화규소나 탄화붕소를 사용한다.
㉰ 전기적 불량도체는 가공할 수 없다.
㉱ 연삭숫돌의 가공에 비해 가공면의 변질 및 변형이 적다.

035. 버핑의 3요소가 아닌 것은?
㉮ 컴파운드　　　　　　　　　㉯ 연삭입자
㉰ 유지　　　　　　　　　　　㉱ 지지물인 직물

036. 배럴 속에 공작물을 넣고 회전시켜 끝 다듬질을 하려면 다음 중 어느 것과 유사한가?
㉮ 쇼트 피닝　　　　　　　　　㉯ 텀블링
㉰ 액체 호닝　　　　　　　　　㉱ 버니싱

정답 31.㉱　32.㉰　33.㉱　34.㉰　35.㉮　36.㉯

037. 쇼트 피닝에 사용되는 쇼트의 재질은?
㉮ 칠드주철이나 강   ㉯ 구리
㉰ 산화철   ㉱ 연삭숫돌

038. 가공물을 양극으로 하고 전극을 음극으로하여 전해액 속에 넣어 매끈한 표면을 얻을 수 있는 가공법은?
㉮ 버핑가공   ㉯ 액체 호닝
㉰ 전해연마   ㉱ 방전가공

039. 전해가공에 관한 설명 중 틀린 것은?
㉮ 전극으로 강, 구리를 사용하나 거의 소모가 없다.
㉯ 전극은 전해액 분출 노즐을 가진다.
㉰ 고장력강, 내열강, 초경합금 등의 가공에 사용한다.
㉱ 넓은 면적을 동시에 가공할 수 있으나 전기, 화학적 가공방식 중 가공속도는 가장 낮다.

040. 쇼트 피닝 작업에 관계되는 사항 중 거리가 먼 것은?
㉮ 분사 면적   ㉯ 분사 시간
㉰ 분사각   ㉱ 분사 속도

041. 다음 중 방전가공의 가장 기본적인 회로는?
㉮ R·C 회로   ㉯ 임펄스 발진기
㉰ T·R 회로   ㉱ 고전압법 회로

042. 전해가공의 결점을 열거한 것 중 틀린 것은?
㉮ 주로 경도가 큰 금속에만 적용된다.
㉯ 전해액을 가공면에 균일하게 흘리지 않으면 가공정도가 저하된다.
㉰ 전해액으로 가공기계가 부식을 받는다.
㉱ 가공정도가 방전가공에 비하여 낮다.

043. 쇼트 피닝에 사용되는 쇼트의 재질은?
㉮ 냉간주철·주강·강철   ㉯ 산화 알루미늄
㉰ 탄화규소   ㉱ 산화철

정답 37.㉮ 38.㉰ 39.㉱ 40.㉯ 41.㉮ 42.㉮ 43.㉮

044. 쇼트 피닝은 어떤 부품의 가공에 효과적인가?
㉮ 압축 하중을 받는 부품
㉯ 인장 하중을 받는 부품
㉰ 반복 하중을 받는 부품
㉱ 굽힘 가공을 받는 부품

045. 쇼트 피닝과 가장 관계 없는 것은?
㉮ 금속의 표면 경도를 증가시킨다.
㉯ 피로 한도를 높여 준다.
㉰ 강구(steel ball)를 표면에 때린다.
㉱ 표면을 연마한다.

046. 볼 베어링의 마무리 가공에 사용되는 기계는 다음 어떤 가공이 가장 적당한가?
㉮ 랩핑
㉯ 버니싱
㉰ 호닝
㉱ 쇼트 피닝

047. 소성 변형으로 표면층의 경도와 강도가 증가하여 피로 한도를 높여주는 현상은 어느 것인가?
㉮ 씨닝 효과
㉯ 피닝 효과
㉰ 안전률
㉱ 응력 효과

048. 쇼트 피닝은 다음과 같은 일감의 가공에 효과적이다. 잘못된 것을 골라라.
㉮ 기어의 구멍부와 이의 끝면
㉯ 열간 압연에 의한 탈탄층
㉰ 열처리 후 변형이 생기는 복잡한 공작물
㉱ 압연이나 인발 가공한 공작물

049. 쇼트 피닝 가공에 대한 말 중 맞는 말은?
㉮ 경도와 강도 및 피로 한도가 증가된다.
㉯ 가공면이 광택이 난다.
㉰ 정밀한 치수를 얻을 수 있다.
㉱ 직진도가 높다.

050. 담금질된 강, 수정, 유리 등을 초음파로 가공하는 것을 무엇이라 하는가?
㉮ 방전가공
㉯ 전해 연마
㉰ 초음파가공
㉱ 쇼트 피닝

051. 드릴의 비틀림홈은 바이트의 어느 부분에 해당되는가?
㉮ 경사면
㉯ 여유면
㉰ 날끝각
㉱ 칩 브레이크 각

정답 44.㉰ 45.㉱ 46.㉱ 47.㉯ 48.㉮ 49.㉮ 50.㉰ 51.㉮

052. 초음파 가공의 혼 끝에 붙인 공구의 재질로서 알맞지 않는 것은?
㉮ 주철 ㉯ 황동
㉰ 모넬 메탈 ㉱ 피아노선

053. 초음파 가공의 연삭 입자 재질의 종류를 말한 것 중 틀린 것은?
㉮ 알루미나 ㉯ 다이아몬드
㉰ 탄화 규소 ㉱ 탄화철

054. 초음파 가공에서 연삭 입자의 재질로 사용하지 않는 것은?
㉮ 알루미나 ㉯ 산화구리
㉰ 탄화규소 ㉱ 산화알루미늄

055. 통 속에서 공작물과 미디어가 충돌과 마찰이 이루어지는 사이에 그 표면의 귀, 절삭에서 나타나는 흔적 등을 제거하여 매끈한 다듬면을 얻는 가공법은?
㉮ 방전 가공 ㉯ 배럴 다듬질
㉰ 액체 호닝 ㉱ 샌드 블라스팅

056. 버핑(buffing)의 사용 목적이 아닌 것은?
㉮ 녹 제거 ㉯ 공작물 표면의 광택을 내기 위하여
㉰ 치수 정밀도를 높이기 위하여 ㉱ 공작물 표면을 매끈하게 하기 위하여

057. 버핑 머신의 버프 재질은 무엇으로 되어 있는가?
㉮ 포목이나 가죽 ㉯ 연강
㉰ 산화철 ㉱ 탄화규소

058. 모래 입자를 분사시켜 가공하는 방법은?
㉮ 샌드 블라스팅 ㉯ 쇼트 피닝
㉰ 버니싱 ㉱ 액체 호닝

059. 크랭크축과 같이 선삭 후 연삭 가공이 힘든 곳에 이용되는 가공법은?
㉮ 샌드 블라스팅 ㉯ 롤러 다듬질
㉰ 화학 연마 ㉱ 버니싱

정답 52.㉮ 53.㉱ 54.㉯ 55.㉯ 56.㉰ 57.㉮ 58.㉮ 59.㉮

060. 전해 연삭의 장점이 아닌 것은?
㉮ 가공 속도가 크다.
㉯ 복잡한 면의 정밀 가공이 가능하다.
㉰ 가공에 의한 표면 균열이 생기지 않는다.
㉱ 치수 정밀도가 좋지 않다.

061. 적당한 약품 속에 제품을 넣고 열 에너지를 주어 연마하는 방법은?
㉮ 전해 연마 ㉯ 화학 연마
㉰ 방전 가공 ㉱ 초음파 가공

062. 기계적 가공과는 다르므로 방향성이 없는 매끈하고 내식성이 높은 면을 얻을 수 있는 가공법은?
㉮ 버핑 ㉯ 전해 연삭
㉰ 텀블링 ㉱ 액체 호닝

063. 화학 연마의 특징이 될 수 없는 것은?
㉮ 설비가 간단하다. ㉯ 한번에 다량을 연마할 수 있다.
㉰ 연마 후 수세가 필요없다. ㉱ 공작물에 균일한 연마 효과가 적다.

064. 방전 가공에 대한 설명이다. 잘못 설명한 것은?
㉮ 전기의 부도체인 공작물도 가공할 수 있다.
㉯ 초경합금도 가공할 수 있다.
㉰ 임의의 단면 형상의 구멍 가공도 할 수 있다.
㉱ 가공 후 가공 변질층이 얇다.

065. 방전 가공을 할 때 전극 재질로 사용하기가 곤란한 것은?
㉮ 청동 ㉯ 아연
㉰ 구리 ㉱ 황동

066. 방전 가공시 전극 재질의 구비 조건이 아닌 것은?
㉮ 방전시 안정성이 있을 것 ㉯ 가공하기가 쉬울 것
㉰ 전극 소모가 많을 것 ㉱ 가공 정밀도가 높을 것

정답 60.㉱ 61.㉯ 62.㉯ 63.㉱ 64.㉮ 65.㉯ 66.㉰

067. 방전 가공시 일반적인 가공량은 얼마 정도인가?
　　㉮ 10 g/min 이하　　　　㉯ 20 g/min 이하
　　㉰ 30 g/min 이하　　　　㉱ 40 g/min 이하

068. 쇼트 피닝의 공기 분사식에서 공기압이 몇 kg/cm² 이상이면 표면 조직을 파괴하는가?
　　㉮ 4 kg/cm²　　　　　　㉯ 8 kg/cm²
　　㉰ 15 kg/cm²　　　　　 ㉱ 20 kg/cm²

069. 스프링이나 기어 등의 경도나 피로 강도를 크게 할 목적으로 하는 특수 공작법은?
　　㉮ 쇼트 피닝　　　　　　㉯ 텀블링
　　㉰ 방전가공　　　　　　㉱ 초음파 가공

정답　67.㉱　68.㉮　69.㉮

제3장 수가공

수공구(手工具)로 기계 부분품을 완성하는 작업을 총칭한 것이다.

1. 손작업용 공구

정반, 컴퍼스와 트로멜(trommel), 직각자, 곧은자(straight edge), V형 블록(V-block), 서피스 게이지(surface gauge), 펀치, 평행대 및 앵글 플레이트(angle plate), 바이스, 망치, 정(chisel), 줄, 핵 소(hack saw), 리머(reamer) 등.

2. 톱작업(sawing)

봉재의 절단, 판금의 절단

3. 줄작업(filing)

줄질하는 방법은 직진법과 사진법(斜進法)이 있다.

4. 스크레이퍼 작업(scraper work)

주철, 황동, 베어링 메탈 등에 이용되나, 줄작업 또는 기계가공한 후에 적용한다.

5. 래핑 작업(lapping)

초정밀을 요할 때에 최후의 완성 방법으로 래핑 작업을 한다. 이 방법은 평면, 원통면, 곡면, 나사, 기어 등에도 사용되고 있다. 간단한 것은 검사용 정반 위에 래핑 분말(lapping powder)을 뿌리고 정밀한 가공면으로 만든다.

6. 탭 작업

탭은 암나사를 깎는 공구이다.
① 핸드 탭(hand tap)
   손으로 작업할 때 사용되는 것. 3개가 1세트로 되어 1~3번 탭 등의 순으로 사용한다.
   1번 탭 …… 25 %(가공)
   2번 탭 …… 55 %(가공)
   3번 탭 …… 20 %(가공)
② 머신 탭(machine tap)
   공작기계에 고정하여 너트를 전문적으로 깎는 탭
③ 파이프 탭(pipe tap)
   파이프에 나사를 낼 때에 사용하는 탭
④ 마스터 탭(master tap)
   다이스(dies) 및 체이서(chaser)를 만들 때 쓰는 공구이다.

7. 다이스(dies)

선재, 봉재 등에 수나사를 절삭할 때에 사용되는 공구

예상문제

001. 다듬질 순서가 바르게 된 것은?
보기 : C = 정 작업, M = 금긋기 작업, F = 줄 작업, S = 스크레이퍼 작업
㉮ M - C - F - S ㉯ M - F - C - S
㉰ S - M - F - C ㉱ S - F - C - M

002. 줄의 크기는?
㉮ 줄의 눈금의 크기 ㉯ 줄의 날이 있는 부분의 길이
㉰ 줄 전체의 길이 ㉱ 줄의 무게

003. 정반의 크기는 무엇으로 표시하는가?
㉮ 길이와 폭 ㉯ 중량
㉰ 폭과 중량 ㉱ 길이와 중량

004. 핵 소(hack saw)의 크기는 무엇으로 표시하는가?
㉮ 중량 ㉯ 폭과 두께
㉰ 길이 ㉱ 1인치당의 톱니의 수

005. 연강절삭에 사용되는 평스크레이퍼의 날끝각도 α는?
㉮ 10~20° ㉯ 30~40°
㉰ 45° ㉱ 70~80°

006. 다음 공구 중 크기를 무게로 나타내는 것은?
㉮ 정 ㉯ 줄
㉰ 바이스 ㉱ 해머

007. 손다듬질에서 작업대의 높이는?
㉮ 250~300 mm ㉯ 300~400 mm
㉰ 750~850 mm ㉱ 950~1250 mm

정답 1.㉮ 2.㉯ 3.㉮ 4.㉰ 5.㉱ 6.㉱ 7.㉰

008. 보통 센터 펀치(center punch)의 각도는?
 ㉮ 15°   ㉯ 30°
 ㉰ 50°   ㉱ 75°

009. 스크레이퍼의 채터링(chattering)의 원인이 되지 못하는 것은 어느 것인가?
 ㉮ 날끝 각도가 크게 되었을 때   ㉯ 가한 압력이 너무 크기 때문에
 ㉰ 가해 주는 힘이 고르지 못할 때   ㉱ 날의 두께가 얇을 때

010. 서피스 게이지(surface gauge)는 다음 중 어느 곳에 사용되는가?
 ㉮ 각도 측정   ㉯ 길이 측정
 ㉰ 금긋기   ㉱ 평면 다듬질

011. 다이스에 대한 설명 중 옳은 것은?
 ㉮ 측정기의 눈금을 새기는 나사에 사용   ㉯ 선반에서 깎을 수 없는 수나사를 깎는 공구
 ㉰ 볼트 및 너트에 사용되는 나사를 깎는다.   ㉱ 파이프의 수나사를 깎을 때 사용하는 공구

012. 평정으로 치핑할 때 정과 공작면(工作面)의 각 ϕ는?(단, θ는 정의 날끝각)
 ㉮ $\phi = \theta/2$ ㉯ $\phi = \theta/3$
 ㉰ $\phi = \theta/5$ ㉱ $\phi = \theta/10$

013. 줄 눈금의 크기 표시가 맞는 것은?
 ㉮ 1 mm에 대한 줄의 수   ㉯ 1인치에 대한 눈금 수
 ㉰ 1 mm² 내에 있는 줄의 수   ㉱ 메시(mesh)로서 표시한다.

014. 탭 작업에서 2번 탭의 가공률은?
 ㉮ 45 %   ㉯ 55 %
 ㉰ 60 %   ㉱ 65 %

015. 나사산 높이의 75 %가 생기도록 하는 tap drill size(T.D.S)의 계산식은?(단, D : 나사의 외경, h : 나사산 높이)
 ㉮ $T.D.S = D - \dfrac{8}{5}h$ ㉯ $T.D.S = D - \dfrac{3}{4}h$
 ㉰ $T.D.S = D - \dfrac{3}{2}h$ ㉱ $T.D.S = D - \dfrac{5}{8}h$

정답 8.㉯ 9.㉮ 10.㉰ 11.㉱ 12.㉮ 13.㉯ 14.㉱ 15.㉯

제4장

NC(수치제어) 가공

1. NC의 정의

수치제어(NC : numerical control)란 공작기계, 제도기, 로봇, 조립기 등 현재 주로 사용되는 기계로서, 이 기계의 각 기구의 운동을 수치나 부호로 구성된 수치정보로 제어하는 것을 말한다.

이때 각 기계의 기구를 서보 기구(servo mechanism)라 하는데, 이 서보 기구를 지령하는 프로그램을 천공(punching)하거나 종이 테이프 혹은 자기 테이프에 기록하여서 기계의 운동거리와 속도 및 운동의 종류 등을 부호로 지령하게 된다. 즉, 수치나 부호 등을 이용하여 전자계산기구로 하여금 제어하는 것을 NC라고 한다.

1) NC의 구성

(1) 서보 기구

구동부로서 고도의 정밀도를 가지고 지령된 속도로 공구대나 테이블 등의 이동을 제어하는 부분이다. 그러므로 기계의 본체와 상호 관계를 유지하면서 기계계의 특성과 서보계의 상호 특성을 잘 조화시켜야 한다.

(2) 프로그램 기구

가공물의 제작도면으로부터 NC의 지령용지 테이프를 만드는 과정의 기구들을 말하며, 이 과정을 프로그래밍(programming)이라 한다. 가공물의 제작도면에서 절삭계획서의 작성, 프로세스 시트(process sheet) 작성, 종이 테이프에 천공을 하게 되는데, 가장 중요한 작업은 절삭계획서를 작성하는 일이다.

즉, 주어진 도면 위에서 원점좌표를 결정하여 가공물을 원점에 대하여 모양과 치수를 결정하고, 가공순서, 절삭속도 및 사용할 공구의 선정, 주축의 회전수 선정, 기계의 조작 순서, 절삭유의 지정, 공정 등 절삭에 필요한 모든 항목 및 순서를 상세히 검토하여 절삭계획을 수립한다.

(3) 전자계산기 기구

일반적으로 공작기계에서는 가공물이나 절삭동작 등의 조건이 변하게 된다. 그러므로 가공조건이나 가공물의 형태가 바뀌어도 이에 대응하는 동작을 할 수 있어야 한다.

NC 공작기계에서도 이 조건에 따라 프로그램이나 이미 프로그램된 지령 테이프를 교환하여 가공동작을 할 수 있어야 한다. 이렇게 하기 위하여 NC에서는 프로그램을 바꿈으로써 이에 대응하는 여러 가지의 제어명령을 이 계산기 기구가 자동적으로 연산처리하여 제어 동작을 하여야 한다. 위의 세 가지를 NC의 3요소라 한다.

2) NC 프로그래밍(programming)

부품의 도면으로부터 다음과 같은 계획을 수립해야 한다.
- NC로 가공하는 범위와 NC 기계의 선정
- 절삭 순서
- 절삭공구 및 공구 홀더(tool holder)의 선정과 기계에 설치할 위치의 결정
- 절삭조건(주축의 회전, 이송속도, 절삭유의 선정)
- 공작물의 성질

이 조건 등을 고려하여 프로세스 시트를 작성한다.

이 프로세스 시트로부터 프로그래밍을 작성하는 방법에는 두 가지가 있다. 즉, 테이프(tape) 작성에 있어서 모든 작업을 손으로 하는 수동 프로그래밍과 컴퓨터를 이용해서 복잡한 계산과 테이프의 천공 등을 자동적으로 하는 자동 프로그래밍(automatic programming)이 있다(그림 4-1, 4-2, 4-3 참조).

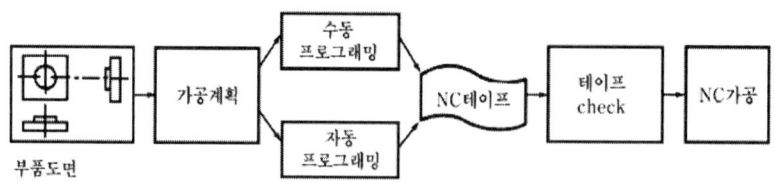

그림 4-1 NC 가공에 있어서의 정보의 흐름

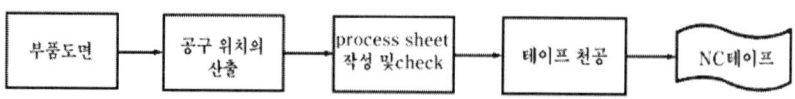

그림 4-2 수동 프로그램에서의 테이프 작성순서

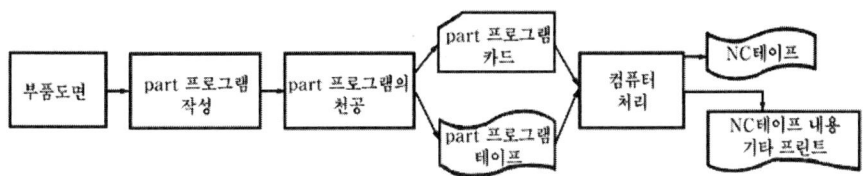

그림 4-3 자동 프로그래밍에서의 테이프 작성순서

(1) 자동 프로그래밍의 언어

자동 프로그래밍 언어는 사용목적, 사용 컴퓨터에 따라 세계 각국에서 개발되어 있으며, 그 대표적인 몇 개의 언어에 대해서 설명한다.

① FAPT : 일본의 FANUC에서 개발된 언어로 언어형식은 수식의 형식으로 되어 있으며 번잡하게 많은 언어를 표시되는 것에 비하여 간결하며 사용하기 편리하다. 또 미니 컴퓨터에서도 처리가 가능하며, 처리시간도 짧은 장점을 가지고 있다.

② APT : APT는 미국에서 개발된 언어로 현존하는 것 중에서 가장 대규모로 풍부한 기능을 가지고 있다. 영어형태를 취하고 있으며 직선과 원 이외에 평면, 구, 원통, 원뿔, 일반 2차곡면 등의 표현이 가능하며 3축 제어의 NC뿐만 아니라 주축 또는 테이블의 회전속도 제어도 할 수 있으며 4축, 5축의 NC 테이프도 작성이 가능한 기능을 가지고 있다. 따라서 복잡한 항공기 부품 등의 절삭에 적당하다. 단점으로는 언어가 매우 복잡하며, 대형 계산기가 필요한 것이다.

③ EXAPT : 독일에서 개발된 언어로 EXAPT 협회에서 개발되고 있다. APT의 언어와 거의 마찬가지이지만 EXAPT에는 현장가공 기술이라고 부르는 기능을 가지고 있다.

3) CNC란 무엇인가

보통 NC는 직선보간, 원호보간, 공구지름보간 등의 목적에 고정된 논리회로를 가진 특수한 계산기를 가지고 있었다. 그러나 마이크로 프로세서(micro processor)의 동작은 컴퓨터에 의한 수치제어(numerical control)가 이루어지게 하였고, NC의 내부에 컴퓨터를 두고 numeric box를 제어하여 기능을 더욱 완벽하게 함은 물론 프로그래밍에 있어서도 명령과 프로그램 공정을 단순히 하여 시간을 적게 들여서 일반 NC 장치에 없는 여러 가지 기능을 가지게 되었다. 또한 컴퓨터에 로봇을 부착시켜서 모든 공정을 자동화할 수 있게 하였다. 이와같이 컴퓨터를 NC에 사용하는 것을 CNC(computerized numerical control)라 한다.

4) CNC란 무엇인가

여러 대의 NC 공작기계를 1대의 컴퓨터에 결합시켜 제어하는 시스템으로 DNC(direct numerical control)가 나타나게 되었다. DNC는 개개의 NC 공작기계를 통합하여 시스템 전체로서 생산성 향상을 도모하기 위한 것이다. 종래 DNC의 큰 효과의 하나는 테이프리스(tapeless) 운전, 즉 컴퓨터에서 NC로 직접 NC 지령 데이터를 보내 NC 테이프를 사용하지 않고 NC 가공을 할 수 있도록 하는 것이었으나 이것은 대용량의 메모리를 가진 CNC가 보급되어 CNC 자신의 테이프리스(tape-less) 운전을 할 수 있게 됨에 따라 이러한 의미에서의 DNC의 잇점은 엷어지고 있다. 따라서 극히 복잡한 항공기 부품의 가공 등에 DNC가 사용되고 있다.

그러므로 DNC의 의의는 각 NC 공작기계 사이에 공작물이 차례로 움직여 가야 하는 경우의 시퀀스 제어라든가 생산가공 실적의 파악의 집계 스케줄 운전, 가공물을 운반하는 컨베이어, 가공치수를 계측하는 자동계측기 등의 각종 자동화 기계를 접속하여 대규모로 통합된 자동가공 시스템을 구성하는 것 등에서 찾을 수 있다. 결국 DNC는 개개의 NC 공작기계의 작업성, 생산성을 개선함과 동시에 그것을 조합하여 NC 공작기계군으로 하여 그 운영을 제어, 관리하는 것이다.

5) CNC에서 보조기억 장치의 장점
① 지령 테이프의 사용 빈도가 적어서 테이프의 마모에 의한 오독(誤讀)이 없다.
② 지령 테이프의 보관이 매우 편리해진다.
③ 지령 테이프의 수정이 쉽고 프로그램의 입력이 쉽다.
④ 기계적인 처리 속도가 빠르므로 가공능률을 높인다.

6) NC 공작기계의 장점과 단점
(1) 장점
① 한 사람이 여러 대의 공작기계를 운전할 수 있다.
② 최적 조건에서 계속 가공할 수 있다.
③ 조작의 실수가 없고 품질이 안정된다.
④ 금긋기 작업이 필요없고 지그와 고정구를 간략하게 할 수 있다.
⑤ 이제까지 불가능했던 복잡한 가공을 할 수 있다.
⑥ 테이프를 수정하거나 교환하여 부분적인 설계변경 또는 다른 공작물을 가공할 수 있다.
⑦ 테이프는 보관하기에 편리하며 반복하여 사용할 수 있다.

(2) 단점
① 기계구입비가 많이 든다.
② 프로그램의 제작비가 많이 든다.

7) 머시닝 센터(machining center)의 기능과 특징

NC 복합공작기계로서 선삭, 드릴링, 보링, 밀링, 태핑 등의 각종 작업을 할 수 있으며, 필요에 따라 다수의 공구를 교환할 수 있다. 머시닝 센터의 특징은 다음과 같다.

① 1회의 준비작업으로 전가공을 할 수 있다.

② 지그 및 고정구를 간략화할 수 있다.

③ 제품의 정도가 좋고 생산능률이 높으며, 제품이 균일하다.

④ 공작기계의 대수가 감소된다.

예상문제

001. NC 공작기계의 장점 중에서 틀린 것은?
㉮ 조작의 실수가 없고 품질이 안정된다.
㉯ 종래에 불가능했던 복잡한 가공을 할 수 있다.
㉰ 한 사람이 여러 대의 공작기계를 운전할 수 있다.
㉱ 테이프는 보관하기에 편리하며 반복 사용할 수 있다.

002. NC 공작기계의 구성요소가 아닌 것은?
㉮ 프로그래밍   ㉯ 유압장치
㉰ 서보 기구   ㉱ 전자계산기 기구

003. 다수의 NC를 컴퓨터로 집중관리하는 시스템은?
㉮ CNC   ㉯ NC
㉰ DNC   ㉱ ATC

004. 서보 기구의 일종인 개방회로 방식(open loop system)의 특징이 아닌 것은?
㉮ 제어계가 불안정하다.   ㉯ 위치검출을 필요로 하지 않는다.
㉰ 펄스 구동모터를 사용한다.   ㉱ 위치결정의 정도가 좋지 않다.

005. 머시닝 센터(machining center)의 기능과 특징이 아닌 것은?
㉮ 제품의 정도가 좋고 생산 능률이 높으며 제품이 균일하다.
㉯ 공작기계의 대수가 증가된다.
㉰ 1회의 준비작업으로 전가공을 할 수 있다.
㉱ 지그 및 고정구를 간략하게 할 수 있다.

006. 다음 중에서 NC 기계의 주요 구성요소가 아닌 것은?
㉮ NC 테이프, 컨트롤러   ㉯ 바이트와 마그네틱척
㉰ 볼 스크류, 공작기계   ㉱ 서보 기구, 인터페이스

정답 1.㉱ 2.㉯ 3.㉰ 4.㉮ 5.㉯ 6.㉯

007. NC 기계의 정보흐름에서 맞는 것은?

㉮ 서보 기구 - 컴퓨터 - NC 테이프 - NC 기계

㉯ 컴퓨터 - NC 테이프 - 서보 기구 - NC 기계

㉰ NC 테이프 - NC 기계 - 컴퓨터 - 서보 기구

㉱ NC 테이프 - 컴퓨터 - NC 기계 - 서보 기구

008. NC 장치의 컨트롤러의 요소가 아닌 것은?

㉮ 테이프 리더　　　　　　㉯ 마이크로 컴퓨터

㉰ 인터페이스 회로　　　　㉱ 마그네틱 척

009. NC 프로그램에서 블록(block)이라는 말의 뜻은?

㉮ 한 열을 말한다.　　　　㉯ 프로그램 한 개를 말한다.

㉰ 준비가능 한 개의 전체 정보를 말한다.　㉱ 한 단어(word)를 말한다.

010. 다음 NC 공작기계 기능이 잘못 설명된 것은?

㉮ T기능 - 공구기능　　　㉯ S기능 - 이송기능

㉰ M기능 - 보조기능　　　㉱ G기능 - 준비기능

011. 다음 그림과 같은 가공을 할 때 A → B → C → D → E 프로그램 중 다음 아래의 빠진 부분에 적합한 것을 골라라.

N 10 G 01 Z - 10.0 F 0.1 ;
N 20 (　　　　　　)
N 30 Z-35.0 ;
N 40 X 70.0 ;

㉮ X 30.0 Z-35.0 ;

㉯ X 50.0 Z-25.0 ;

㉰ X 70.0 Z-10.0 ;

㉱ X 35.0 Z-70.0 ;

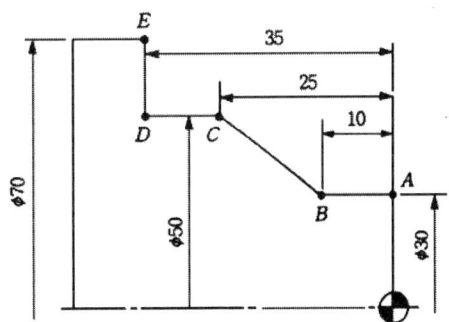

정답　7.㉰　8.㉱　9.㉮　10.㉯　11.㉯

012. 수치제어 공작기계에 관한 설명 중 옳은 것은?

㉮ NC선반에 있어서 이송이 빠르거나 느리거나 펄스의 간격은 변하지 않는다.

㉯ NC선반에서 세로 방향을 z축, 가로방향을 x축으로 하였으며 이것은 ISO규격이다.

㉰ NC선반에서 테이퍼, 원호 절삭시에 바이트 끝 반지름을 생각하지 않아도 정확히 가공된다.

㉱ NC선반에서 나사 절삭을 하려면 주축의 회전과 공구대의 이송을 따로 기동시키는 장치가 필요하다.

013. 문제 11 그림과 같이 A→B→C→D→E의 가공을 하는 프로그램 중 빠진 부분에 들어갈 적합한 것을 골라라.

N 11 G 01 W-10.0 F 0.1 ;
N 12 (   )
N 13 W-10.0 ;
N 14 U 20.0

㉮ Z-35.0   ㉯ U 20.0 ;
㉰ U 25.0 W-50.0 ;   ㉱ U 20.0 W-15.0

014. 다음은 NC 기계의 정보흐름을 적은 것이다. 맞는 것을 골라라.

㉮ 컴퓨터 - NC 테이프 - 서보 기구 - NC 기계
㉯ 서보 기구 - 컴퓨터 - NC 테이프 - NC 기계
㉰ NC 테이프 - 컴퓨터 - NC 기계 - 서보 기구
㉱ NC 테이프 - NC 기계 - 컴퓨터 - 서보 기구

015. 다음 그림의 포인트의 지령을 절대값으로 적으면?

㉮ G 01 X 200 Y 200 CR
       X 400 Y 100 CR
㉯ G 01 X 200 Y 200 CR
       X 200 Y 100 CR
㉰ G 01 X 200 Y 200 CR
       X 200 Y 200 CR
㉱ G 01 X 200 Y 400 CR
       X 400 Y 200 CR

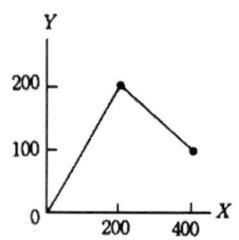

정답 12.㉮ 13.㉱ 14.㉮ 15.㉮

016. 다음 그림과 같은 X축, Y축 상에 있는 3구멍을 미러 이미지(mirror image)를 사용하여 가공하면 다음 중 어떻게 나오는가?

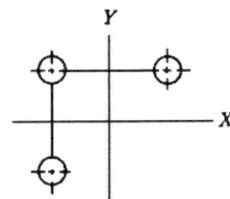

㉮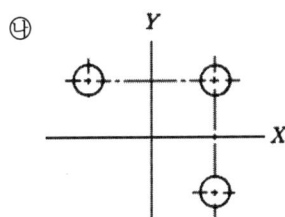
㉯

㉰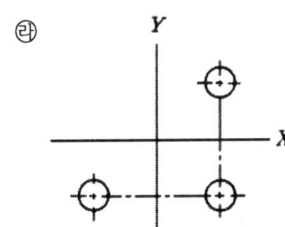
㉱

017. 다음 그림의 P_1에서 P_2로 가공을 할 때 절대값의 지령이 맞는 것은?

㉮ N 01 G 01 X 80.0 Z 75.0 F 0.2
㉯ N 01 G 01 X 200.0 Z 25.0 F 0.2
㉰ N 01 G 01 X 100.0 Z 75.0 F 0.2
㉱ N 01 G 01 X 25 Z 100.0 F 0.2

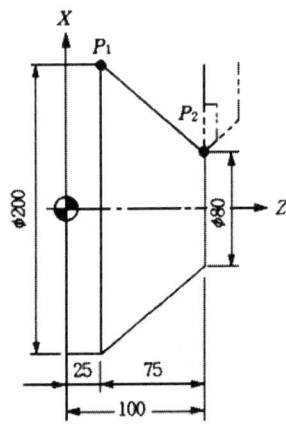

정답 16.㉱ 17.㉮

018. 위 그림의 P₁에서 P₂로 가공할 때 증분값으로 지령하는 것이 맞는 것은?

㉮ N 01 X 200.0 Z 100 F 0.2   ㉯ N 01 U 200.0 W80.0 F 0.2
㉰ N 01 X 80.0 Z 100.0 F 0.2   ㉱ N 01 U 120.0 W75.0 F 0.2

019. NC 테이프의 설명을 적은 것이다. 잘못된 것은?

㉮ 1캐릭터(character)는 8개 구멍을 조합하여 정보를 구성한다.
㉯ 1캐릭터를 구성하는 조합을 코드(code)라 하고 ISO, EIA로 나눈다.
㉰ EIA코드는 1캐릭터 정보를 구성하는 구멍이 홀수 개로 홀수가 아니면 제5채널의 패리티 채널(parity channel)에 천공하여 홀수로 만든다.
㉱ ISO코드는 1캐릭터 정보가 홀수이며 패리티 채널(parity channel)은 6채널이다.

020. NC 장치의 컨트롤러의 요소가 아닌 것은?

㉮ 마그네틱 척   ㉯ 인터페이스 회로
㉰ 마이크로 컴퓨터   ㉱ 테이프 리더

021. 다음 그림의 지령방법으로 잘못된 것은?

㉮ G 00 U-60.0 Z 100.0
㉯ G 00 X 100.0 Z 80.0
㉰ G 00 X 80.0 Z-90.0
㉱ G 00 U-60.0 W-90.0

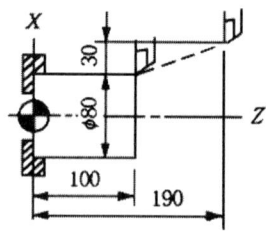

022. 프로그램에서 블록(block)이라는 말의 뜻은?

㉮ 프로그램 한 개를 말한다.   ㉯ 한 단어(word)를 말한다.
㉰ 한 열을 말한다.   ㉱ 준비기능 한 개의 전체 정보를 말한다.

023. NC선반에서 45°모떼기 가공 프로그래밍 정보의 계산값보다 실제의 노우즈 반경이 큰 바이트를 사용하면 모떼기는 어떻게 될까?

㉮ 커진다.   ㉯ 작아진다.
㉰ 커지거나 작아진다.   ㉱ 변동이 없다.

정답 18.㉱ 19.㉱ 20.㉮ 21.㉯ 22.㉰ 23.㉯

024. 최소 설정 단위가 0.001 mm일 때 123450을 맞게 지정한 것은?
  ㉮ X 123.450
  ㉯ X 1234.50
  ㉰ X 12345.0
  ㉱ X 123450

025. 다음 G 기능에서 서로 관계가 가장 먼 것은?
  ㉮ G32
  ㉯ G90
  ㉰ G92
  ㉱ G76

026. 서보모터에서 위치와 회전 각도를 검출하여 보정하는 제어 방식은?
  ㉮ Open-Closed
  ㉯ Semi-Closed
  ㉰ Hybrid
  ㉱ Closed

027. 파트 프로그램 작성시 쓰이지 않는 코드는?
  ㉮ Gi
  ㉯ Mi
  ㉰ Ti
  ㉱ Pi

028. NC선반에서 G92로 나사 가공시 피치를 나타내는 기호는 어느 것인가?
  ㉮ F
  ㉯ M
  ㉰ D
  ㉱ S

029. NC선반의 좌표축을 설명한 것 중 옳은 것은?
  ㉮ Z축의 양의 방향은 주축에서 공구를 바라보는 방향으로 한다.
  ㉯ X축의 양의 방향은 공구가 주축 중심선에서 가까워지는 방향으로 한다.
  ㉰ Z축은 공작물의 회전축에 수직하게 잡는다.
  ㉱ X축은 Z축과 평행한 평면내에서 공구의 운동 방향으로 설정한다.

030. NC기계의 움직임을 전기적인 신호로 표시하는 피드백 장치는 어느 것인가?
  ㉮ 테이프리더
  ㉯ 코어 메모리
  ㉰ 리졸버
  ㉱ 볼 스크류

정답   24.㉮ 25.㉯ 26.㉯ 27.㉯ 28.㉮ 29.㉮ 30.㉰

031. 다음은 NC가공 순서를 적은 것이다. 순서가 옳은 것은?

　　　보기 : ① 스위치를 넣는다.
　　　　　　② 프로그래밍 한다.
　　　　　　③ 테이프에 펀칭한다.
　　　　　　④ 각 동작 기호를 일정 양식 용지에 기록한다.

　　㉮ 1-2-3-4　　　　　　　　㉯ 2-1-4-3
　　㉰ 4-3-2-1　　　　　　　　㉱ 2-4-3-1

032. 다음은 어떤 프로그램 정보를 기록한 것인데 순서가 잘못된 것이 있다. 어느 것인가?

　　N 0361 X 200.0 Z 31.2 F 0.3 S 500 G 01 T 0101
　　M 03;

　　㉮ M 03　　　　　　　　　㉯ G 01
　　㉰ F 03　　　　　　　　　㉱ ;

033. 다음 그림에서 절삭속도 120 m/min으로 공작물을 절삭하려면 최고 회전수와 최저 회전수는?

　　㉮ 130 rpm, 30 rpm
　　㉯ 300 rpm, 100 rpm
　　㉰ 1273 rpm, 402 rpm
　　㉱ 1300 rpm, 382 rpm

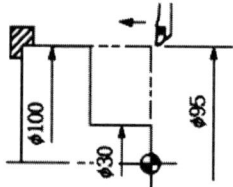

034. 다음 중 NC 기계의 주요 구성 요소가 아닌 것을 골라라.
　　㉮ NC 테이프, 컨트롤러　　　㉯ 서보 기구, 인터페이스
　　㉰ 바이트와 마그네틱 척　　　㉱ 볼스크류, 공작기계

035. NC 테이프 코드에 대한 KS 규정은 어디에 되어 있는가?
　　㉮ KSA 0050　　　　　　　㉯ KSB 0050
　　㉰ KSC 0050　　　　　　　㉱ KSD 0050

036. NC 밀링 가공에서 테이프에 구멍을 뚫을 때는 몇 진법을 사용하는가?

㉮ 10진법 ㉯ 6진법
㉰ 4진법 ㉱ 2진법

037. 다음 도면에 대한 프로그램 중 틀린 것은 어느 것인가?

㉮ G 90 X 20.0 Y 30.0 F100 ;
㉯ G 91 X 40.0 Y 20.0 F 100 ;
㉰ G 90 X 40.0 Y - 30.0 F 100 ;
㉱ G 91 X 0.0 Y 0.0 F 100 ;

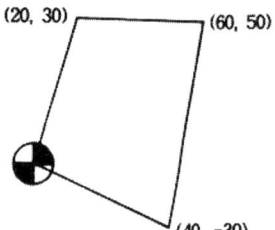

038. 절삭유를 ON, OFF하고자 할 때 사용하는 코드는?

㉮ M ㉯ G
㉰ T ㉱ F

039. NC 가공의 잇점이 될 수 없는 것은?

㉮ 동일 제품을 동일한 속도와 방법으로 만들 수 있다.
㉯ 생산비가 싸지므로 경쟁에서 이길 수 있다.
㉰ 시간과 인건비가 절약된다.
㉱ 정확한 동작 분석과 프로그래밍을 누구나 할 수 있다.

040. NC선반의 프로그램에서 나사 절삭에 사용하는 G기능은?

㉮ G 72 ㉯ G 74
㉰ G 76 ㉱ G 70

041. 다음 그림 중 G 42를 쓸 수 있는 것은?

㉮ ①
㉯ ②
㉰ ③
㉱ ④

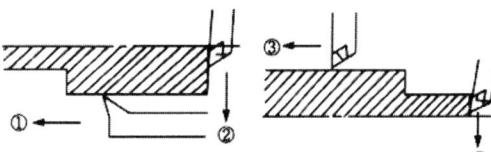

정답 36.㉱ 37.㉱ 38.㉮ 39.㉱ 40.㉰ 41.㉰

042. NC 공작기계의 장점이 아닌 것은 어느 것인가?
  ㉮ 리드 타임의 연장
  ㉯ 품질의 균일성 및 준비 시간의 절약
  ㉰ 공구 수명의 연장
  ㉱ 사용 기계수의 절감

043. 원호 가공이 바르게 된 것은 어느 것인가?
  ㉮ G 02 X-30 Y0 130
  ㉯ G 02 X-30 Y0 R30
  ㉰ G 02 X0 Y30 I-30
  ㉱ G 02 X0 Y30 R30

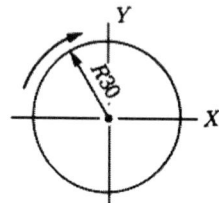

044. 프레스 금형의 펀치와 다이를 생산하는데 쓰이는 기계는?
  ㉮ wire E.D.M
  ㉯ 머시닝 센터
  ㉰ NC선반
  ㉱ NC드릴

045. NC에서 수동으로 데이터를 입력하여 가공하는 방법은?
  ㉮ TAPE
  ㉯ MDI
  ㉰ EDIT
  ㉱ READ

046. NC의 발달 과정으로 맞는 것은?

1. DNC 2. NC 3. FMS 4. 머시닝 센터

  ㉮ 2-4-1-3
  ㉯ 2-4-3-1
  ㉰ 4-2-3-1
  ㉱ 4-1-2-3

047. 다음의 보조 기능에서 관계가 가장 먼 것은?
  ㉮ M 06
  ㉯ M 07
  ㉰ M 09
  ㉱ M 08

  해설 M 07, M 08은 냉각유 개시 지령, M 09는 M 07, M 08을 취소하는 지령 M 06은 수동 자동을 막론하고 공구 교환을 실행시키기 위한 지령

정답 42.㉮ 43.㉱ 44.㉮ 45.㉯ 46.㉮ 47.㉮

048. DNC시스템의 구성 요소에 해당되지 않는 것은?
- ㉮ 컴퓨터
- ㉯ 통신선
- ㉰ 테이프펀치
- ㉱ 공작기계

049. 준비 기능에 속하지 않는 것은?
- ㉮ 원호보간
- ㉯ 직선 보간
- ㉰ 급속 이동
- ㉱ 기어 속도 보간

050. CNC 공작기계의 전원 공급시 유효 초기 상태의 모달 지령이 아닌 것은?
- ㉮ G 00
- ㉯ G 22
- ㉰ G 40
- ㉱ G 27

051. NC 테이프 채널에서 구멍의 홀·짝수를 검사하는 것을 무엇이라 하는가?
- ㉮ TH 검사
- ㉯ 패리티 검사
- ㉰ NC Tape 검사
- ㉱ 프로그램 검사

052. 오른쪽 좌표계에서 다음과 같이 절삭할 때 옳은 것은?
- ㉮ G 01
- ㉯ G 02
- ㉰ G 03
- ㉱ G 04

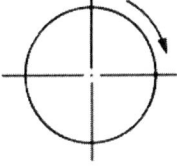

053. CNC선반에서 가공할 수 없는 작업은 어느 것인가?
- ㉮ 테이퍼 가공
- ㉯ 편심 가공
- ㉰ 나사 가공
- ㉱ 내경 가공

054. 파트 프로그램작성시 나타내지 않는 것은?
- ㉮ 도형 정의
- ㉯ 운동 정의
- ㉰ 도면의 선정
- ㉱ 기계 작동 부위

정답 48.㉰ 49.㉱ 50.㉱ 51.㉯ 52.㉯ 53.㉯ 54.㉰

055. 다음에서 NC 자동 프로그래밍 언어에 해당하지 않는 것은?
㉮ FMS   ㉯ APT
㉰ FAPT   ㉱ EXAPT

056. 절삭시 사용 코드가 아닌 것은?
㉮ G 00   ㉯ G 03
㉰ G 02   ㉱ G 04

057. NC 기계에서 주축의 회전수를 제어하는 데 사용되는 기능은?
㉮ S기능   ㉯ T기능
㉰ G기능   ㉱ F기능

058. 기준 공구 인선의 좌표와 해당 공구 인선의 좌표 차이를 무엇이라 하는가?
㉮ 공구 보정   ㉯ 공구 간섭
㉰ 공구 운동   ㉱ 공구 벡터(vector)

059. 다음 적응 제어 방식 중 주축의 토크나 절삭 동력 등을 측정하여 그 허용치에 가깝게 가공하여 최고의 능률을 얻도록 제어하는 방식은?
㉮ 최적하 적응 제어 방식   ㉯ 구속 적응 제어 방식
㉰ 형상 적응 제어 방식   ㉱ 치수 적응 제어 방식

060. 절대 방식으로 P₁ → P₂로 절삭할 때 옳은 것은?

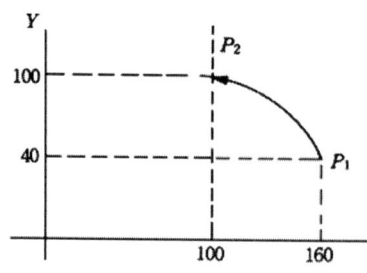

㉮ G 90 G 03×100. Y 100. R 60   ㉯ G 91 G 03×100. Y 100. R 60
㉰ G 90 G 02×100. Y 100. R 60   ㉱ G 91 G 02×100. Y 100. R 60

정답 55.㉮ 56.㉮ 57.㉮ 58.㉮ 59.㉮ 60.㉮

061. 다음 프로그램에서 지름이 60 mm일 때 주축의 회전수는?

G 50	S 2000
G 96	S 130

㉮ 700　　　　　　　　　　　㉯ 710
㉰ 690　　　　　　　　　　　㉱ 680

062. 다음 NC 공작기계 기능이 잘못 설명된 것은?
㉮ G기능 - 준비기능　　　　㉯ T기능 - 공구기능
㉰ S기능 - 이송기능　　　　㉱ M기능 - 보조기능

063. 다음 그림에서 원호가공을 할 때 오른손 좌표계로 A
→B→C→D 공구 경로를 적은 것 중 잘못된 것은?
㉮ G 01 X 80.0 F 0.2 ;
㉯ G 03 X 100.0 Z-10.0 R 10.0 ;
㉰ G 03 X 100.0 Z-20.0 R 10.0 ;
㉱ G 01 X 100.0 Z-20.0 F 0.2 ;

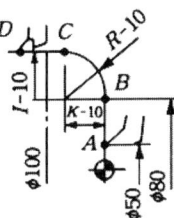

064. 다음 중 NC의 주요구성 요소가 아닌 것은?
㉮ 컨트롤러　　　　　　　　㉯ 서보 기구
㉰ NC테이프　　　　　　　　㉱ 테이블

065. 다음 중에서 C_1을 정의한 것은?
㉮ $C_1 = P_1, P_2, 25, A$
㉯ $C_1 = C_1, C_2, 25, A$
㉰ $C_1 = P_1, P_2, 25, B$
㉱ $C_1 = A, P_1, P_2, C1$

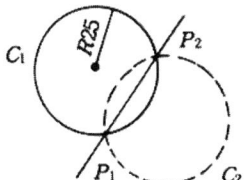

066. 파트 프로그램의 이점이 아닌 것은?
㉮ 작업이 용이하다.　　　　　㉯ 복잡한 형상 및 계산에 효율적이다.
㉰ 신뢰성 높은 NC 테이프를 작성할 수 있다.　㉱ 자동 프로그램에 걸리는 시간이 길다.

정답　61.㉰　62.㉰　63.㉯　64.㉱　65.㉮　66.㉱

067. 100 rpm으로 회전하는 스핀들에서 3회전 드웰(dwell)을 프로그래밍하려고 하면 몇 초간 드웰 지령을 하면 되는가?
㉮ 1.2초 ㉯ 1.5초
㉰ 1.0초 ㉱ 1.8초

068. 보조 프로그램 호출 코드는?
㉮ G 98 ㉯ G 99
㉰ M 98 ㉱ M 99

069. 다음 NC 지령 중 원점으로부터 지정된 경유점을 거쳐 지정된 위치로 복귀하는 지령은?
㉮ G 27 ㉯ G 28
㉰ G 29 ㉱ G 30

070. 수치 제어 공작기계에서 2축 이상을 실행하면서 공작물에 대한 공구의 통로를 계속 통제하는 제어 방식은?
㉮ 윤곽 제어 ㉯ 위치 결정 제어
㉰ 직선 절삭 제어 ㉱ 속도 결정 제어

071. NC가공을 위한 올바른 파트 프로그램(part program) 순서는?
㉮ 운동정의 - 부품도면 - 도형정의 - NC 테이프
㉯ 부품도면 - 도형정의 - 운동정의 - NC 테이프
㉰ 도형정의 - 부품도면 - 운동정의 - NC 테이프
㉱ 부품도면 - 운동정의 - 도형정의 - NC 테이프

정답 67.㉱ 68.㉰ 69.㉰ 70.㉮ 71.㉯

3 재료시험법

제 1 장   경도시험, 충격시험

제 2 장   인장시험, 압축, 굽힘, 비틀림, 전단시험

제 3 장   피로시험, 마모시험

제 4 장   크리프 시험, 스프링 시험

제 5 장   비파괴시험

제 6 장   금속의 조직검사 및 결함검사

제1장

경도시험, 충격시험

재료의 경도는 기계적 성질을 결정하는 중요한 것으로서, 인장시험과 더불어 널리 사용되고 있다. 이것은 경도의 측정이 비교적 간단하고 또 사용 가치가 크기 때문이다. 경도 측정에는 여러 가지 방법이 있다.

1. 경도시험 방법의 종류

1) 압입 경도시험(indentation hardness test)

정적 하중이 볼(ball), 원추, 피라미드(pryamid), 쐐기(wedge) 등과 같은 압입체에 작용한다. 하중은 각종 시험기 또는 하중 장치를 통하여 작용할 수 있으나, 보통 특수 시험기인 경도시험기가 사용된다. 이 경도시험에서는 압입체가 만든 면적, 표면적, 깊이 혹은 체적 등이 측정되고, 또한 지시된 하중 및 측정된 압입 자국으로부터 경도치가 계산된다. 이 방식을 이용한 것에는 다음과 같은 것이 있다.

① 브리넬 경도계(Brinell hardness tester)
② 로크웰 경도계(Rockwell hardness tester)
③ 비커스 경도계(Vicker's hardness tester)
④ 마이어 경도계(Meyer hardness tester)

2) 반발 경도시험(rebound hardness test)

쇼어(Shore)의 방법과 같이 다이아몬드의 첨단(尖端)을 갖는 낙하 하중을 지정된 높이에서 어떤 표면에 낙하시켜, 이 때 반발한 높이로서 경도를 측정한다. 이 방식을 사용한 것에는 쇼어 경도계(shore hardness tester)가 있다.

3) 펜듈럼 경도시험(pendulum hardness test)

보석 혹은 강철 볼(steel ball)이 허버트 펜듈럼(Herbert pendulum)과 같은 장치에 있는 물체에 고정되어 있다. 이 물체가 시험하려고 하는 시편 위에서 밸런스(balance)된다. 이 펜듈럼(振子)의 처음 진동의 진폭, 혹은 10회의 진동에 대한 진동 시간으로 경도를 측정한다. 이 방식에는 허버트 펜듈럼 경도계(Herbert pendulum hardness tester)가 있다.

4) 긋기 경도시험(scratch hardness test)

시험하려고 하는 시편 위에 다이아몬드 또는 다른 굳은 재질로서 긋고 흔적을 만든다. 다이아몬드의 하중을 긋기 흔적의 폭으로 나눈 값으로서 경도를 표시한다. 이 방식에는 마르텐스 긋기 경도시험계(martens scratch hardness tester)가 있다.

위 중에서 널리 쓰이는 대표적 경도시험법을 다음에서 설명하기로 한다.

2. 대표적인 경도 측정법

1) 브리넬 경도(Brinell hardness)

1900년 경에 브리넬이 발표한 것으로, 브리넬 경도 H_B는 지름 D인 담금질한 강철 볼을 시편에 압입하였을 때, 압입된 자국의 표면적 $A(mm^2)$의 단위 면적당 응력(stress)으로 표시한다. 즉, 일정한 지름 D(mm)의 강철 볼을 일정한 하중 P(kg)으로 시험편 표면에 압입하고, 하중을 제거한 후에 볼 자국 지름 d(mm), 깊이 t라 하면 표면적으로서 하중을 나눈 값을 브리넬 경도 HBW라 한다.

즉

$$HBW = \frac{2P}{\pi D (D - \sqrt{D^2 - d^2})} \tag{1.1}$$

또는

$$HBW = \frac{P}{\pi D t} \tag{1.2}$$

자국의 지름 d는 브리넬 경도계에 부속되어 있는 계측 확대경으로 읽고, 경도값은 비치된 환산표를 사용해서 경도를 구한다. 그림 1-1은 유압식 브리넬 경도계를 표시한다.

하중 작용 시간은 15~30초(sec)이며, 시편의 두께는 압입 공경(壓入孔徑)의 10배 이상이 요구되고 있다. 압입 공경부(孔徑部)의 주변이 올라오는 금속은 가공 변형으로 경화가 비교적 적게 되며, 압입 공경 주변이 내려가는 재료는 가공 경화에 대한 능력이 크다.

기계 구조용 탄소강의 인장강도(σ_t)(tons/in²)는 풀림(annealing) 처리한 재료에서는 브리넬 경도치 HBW와의 관계는 $\sigma_t = 0.23\,\text{HBW}$ 그리고 경화 또는 담금질 후 뜨임(tempering)한 재료에 대해서는 $\sigma_t = 0.21\,\text{HBW}$로서 계산된다(인치 단위에 대한 값).

브리넬 경도시험은 대단히 굳은 재질에 적용되었을 때 오차가 생긴다. 이 때의 원인에는 ① 강구(鋼球)의 경도의 영향, ② 강구의 변형, ③ 압입 공경부의 침하(沈下) 등으로 인하여 경도시험치는 저하된다.

2) 로크웰 경도(Rockwell hardness)

로크웰 경도는 시험편의 표면에 $\frac{1}{16}$지름(1.588 mm) 인치의 담금질된 볼(hardened ball)을 압입하는 경우(B스케일 또는 HRB)와 꼭지각 120°의 다이아몬드 콘(diamond cone)을 사용하는 경우(C스케일 또는 HRC)의 2종류의 방법이 널리 사용된다.

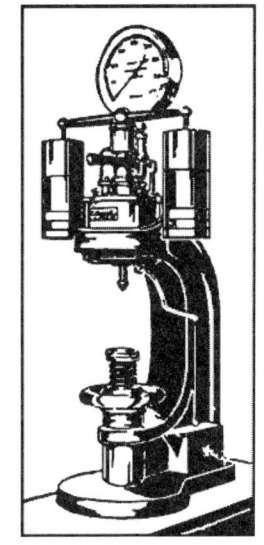

그림 1-1 브리넬 경도계

그림 1-2와 그림 1-3은 로크웰 경도기 다이얼 및 경도계이다.

그림 1-2 다이얼 게이지

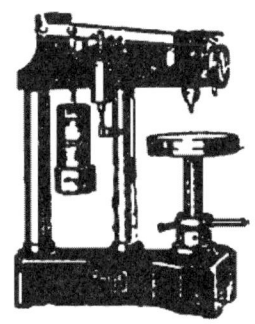

그림 1-3 로크웰 경도계

연한 재료의 경도 시험에는 B스케일이, 그리고 굳은 재료의 경도시험에는 C스케일이 사용된다. B스케일은 기준 하중 98.07 N(10 kgf)을 작용시키고, 다시 걸어 놓은 후에 기준 하중으로 다시 만들었을 때 자국의 깊이를 다이얼 게이지로 표시한다. 이 외에 A, D, E, F, G, H, N, T 스케일 등이 있다.

B 스케일은 시험하중 980.7 N(100 kgf)에서 시험하고 다음 식으로 HRB 경도를 표시한다.

$$\text{HRB} = 130 - 500 \cdot h \tag{1-3}$$

C스케일은 시험 하중 1,471 N(150 kgf)에서 시험한 후 다음 식으로 계산한다.

$$HRC = 100 - 500 \cdot h \tag{1.4}$$

여기서 h는 압입 깊이의 차(差)이다.

3) 비커스 경도(Vicker's hardness)

비커스 경도는 압입체로서 대면각 $\theta = 136°$ 의 다이아몬드 피라미드를 사용한다. 시험편에 작용하는 하중 P N을 자국의 표면적 F(mm^2)이라 하면 $HV = \dfrac{P}{F}$ 로 표시된다. 비커스 경도 HV는 다음 식으로부터 구한다.

$$HV = \frac{2P \sin \dfrac{\theta}{2}}{d^2} = \frac{1.8544P}{d^2} \tag{1.5}$$

그림 1-4에서 대각선 길이 d의 값은 기계에 부속되어 있는 현미경으로 측정한다. 그림 1-4는 비커스 경도계의 자국을 표시한다. 그림 1-5의 비커스 경도계는 재료의 굳은 정도에 따라 1~120kg 사이의 하중으로 시험할 수 있는 장점이 있다.

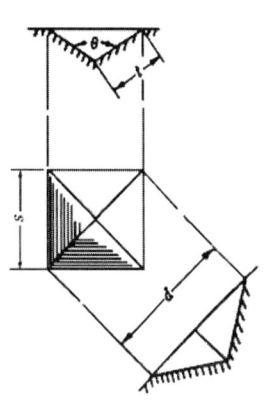

그림 1-4 비커스 경도 시험기의 자국

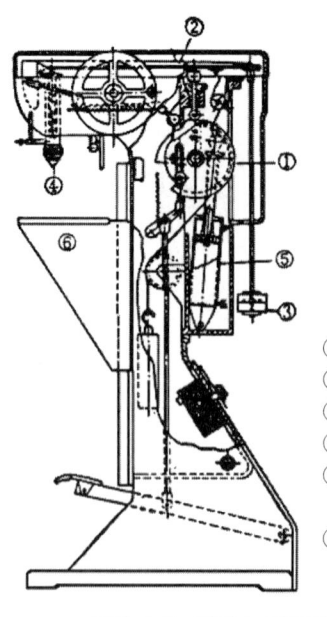

① 캠장치
② 레버
③ 중추
④ 압입체
⑤ 오일댐퍼
  (oil damper)
⑥ 시편 지지대

그림 1-5 비커스 경도계

4) 쇼어 경도(Shore hardness)

목측식 C형 쇼어 경도는 작은 다이아몬드를 선단에 고정시킨 낙하체의 일정한 높이 h_0에서 시험편 위에 낙하시켰을 때, 반발하여 올라간 높이를 h라 하면, 쇼어 경도는 HS는 다음 식으로 표시된다.

$$HS = \frac{10000}{65} \times \frac{h}{h_0} \tag{1.6}$$

이 수치 결정 기준은 Shore Co.에서 담금질된 고탄소강을 시편으로 할 때 $h_0 = 10\,\text{in}$에 대해 $h = 6.5\,\text{in}$로 되므로, 이 시편의 경도를 100 HS로 하고, h를 100등분하여 눈금 하나가 $0.065\,\text{in} = 1.651\,\text{mm}$이다.

시험할 때에 낙하체의 통로인 유리관을 연직으로 하고 시험하는 것이 특히 중요하다. 만약 다소라도 경사진다면 낙하체와 유리관 사이에 마찰이 생겨 정확한 경도를 나타내지 못한다. 또, 반복하여 시험할 때에는 위치를 바꾸지 않으면 안 된다. 같은 장소를 시험하면 경도값이 크게 나타난다.

목측식 C형 쇼어 경도계를 사용하면 굳은 재료의 경우에는 반발 높이가 크나, 연한 재질의 경우에는 반발 높이가 작아 눈금을 읽기가 곤란하다. 최근에는 쇼어 경도를 다이얼 게이지에 지시하는 다이얼 지시식(dial indicating) 쇼어 경도계가 널리 사용되고 있다.

그림 1-6은 다이얼 게이지 지시식 D형 쇼어 경도계를 표시한다. 다이얼 경도가 지시되는 지시식 D형은 사용에 간편하고, 또한 중량이 작아 널리 쓰이나, 고무와 같은 탄성체에는 반발높이가 커서 경도치가 크게 나타난다.

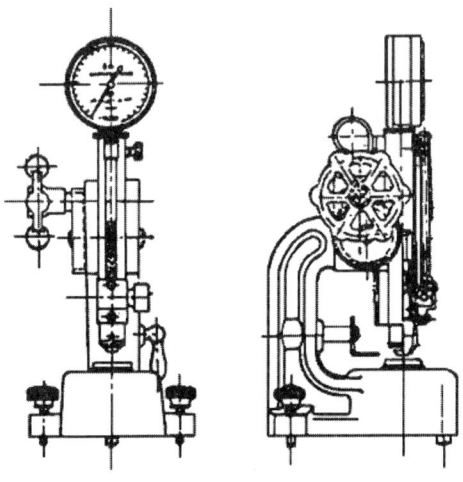

그림 1-6 D형 쇼어 경도계

3. 충격시험(impact test)

충격시험의 목적은 충격력에 대한 재료의 충격 저항을 시험하는데 있다. 일반적으로 충격시험에서는 재료를 파괴할 때 재료의 인성(toughness) 또는 취성(brittleness)을 시험한다. 재료의 인성은 정적 인장시험에서 연신 및 단면 수축으로 어느 정도까지 판단할 수 있으나, 이것으로는 불충분하다. 특히 니켈-크롬 강철(Ni-Cr steel)의 템퍼브리틀네스(temper brittleness)와 같은 성질은 인장시험에서는 알 수 없으나 충격시험에서는 그 내용을 잘 알 수 있다. 표 1-1은 인장시험과 충격시험을 비교한 예이다.

표 1-1 인장시험과 충격시험의 비교

시편(試片)	인장시험(정적)					충격시험
	비례한도 (ton/in^2)	항복점 (ton/in^2)	인장강도 (ton/in^2)	연율 (%)	단면수축률 (%)	충격치 (ft-lb)
(1)	40.0	47	55.5	28.6	64.0	☆ 74
(2)	39.6	45.9	54.3	26.5	63.7	☆ 9.1

그림 1-7은 충격시험기의 원리로서 해머(hammer)의 무게 W kg, 해머의 회전 중심에서 무게 중심까지의 거리를 R(m)로 표시하고, 해머의 낙하 전의 각도를 α, 그리고 시험편 파괴 후의 각도를 β라 할 때 시험편 파괴에 필요한 에너지 E는 다음 식과 같다.

$$E = W(h_1 - h_2) = WR(\cos\beta - \cos\alpha) \text{ (kg-m)} \tag{1.7}$$

여기서 파괴 에너지 E를 시험편 노치부(notch section)의 단면적 cm^{2}로 나눈 값을 충격치 U라 한다.

$$U = \frac{WR(\cos\beta - \cos\alpha)}{A} \text{ (kg-m/cm}^2\text{)} \tag{1.8}$$

충격시험기에는 보통 시험편을 단순보(simple beam)의 상태에서 시험하는 샤르피 충격시험기(Charpy impact tester)와 내다지보(cantilever)의 상태에서 시험하는 아이조드 충격시험기(Izod impact tester)가 있다.

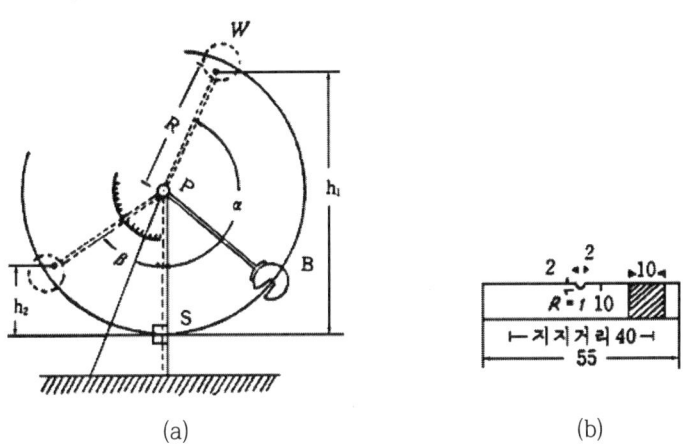

(a)   (b)

$\alpha°$=충격 전의 각도, $\beta°$=충격 후의 각도, R=암의 중심(重心)까지의 거리
W=해머의 중량(weight), h_1=충격 전의 해머의 높이, h_2=충격 후의 해머의 높이

그림 1-7 충격시험기의 원리

그림 1-8은 샤르피 충격시험편과 아이조드 충격시험편의 치수를 각각 표시한다. 그림에서 알 수 있는 것과 같이 충격시험편에는 홈의 형상을 한 노치(notch)라는 시험편을 사용하고, 여기에서 파괴되도록 되어 있다. 현재 우리 나라에는 그림 1-9와 같은 샤르피 충격시험기를 많이 사용하고 있다.

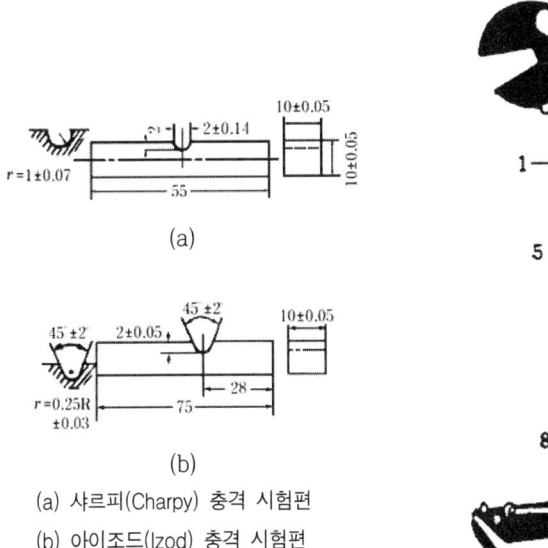

(a) 샤르피(Charpy) 충격 시험편
(b) 아이조드(Izod) 충격 시험편

그림 1-8 충격시험편

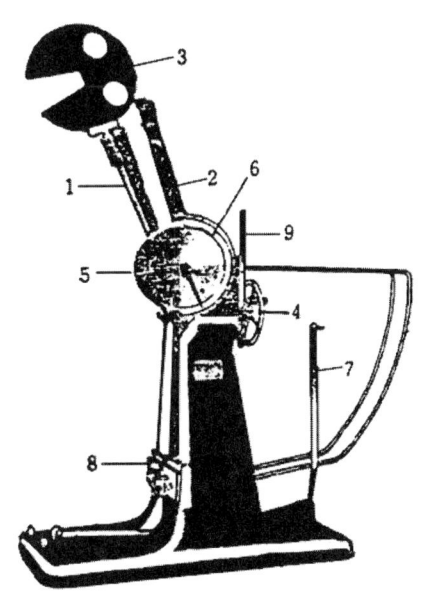

그림 1-9 샤르피 충격시험기

1) 아이조드 충격시험기(Izod impact tester)

샤르피 충격시험기는 한국, 독일, 일본, 프랑스에서 많이 사용되고, 아이조드 충격시험기는 영국, 미국에서 많이 사용된다.

아이조드 시험기는 전술한 샤르피 충격시험기와 유사한 원리로 작용한다. 그러나 사용되는 시편은 외팔보(cantilever) 상태에서 시험된다. 그림 1-10은 영국 Avery 충격시험기를 표시한다. 해머 H는 처음 위치 α각에 해당되는 일정한 높이에 후크(hook)가 있어 항상 일정한 출발점을 갖게 되어 있다.

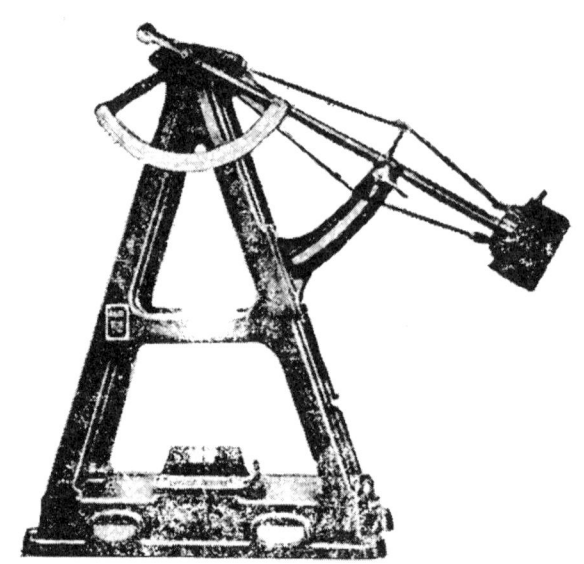

그림 1-10 아이조드 충격시험기(영국, Avery Co.)

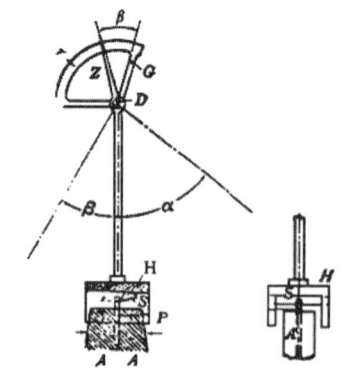

그림 1-11 아이조드 충격시험기의 원리

그림 1-11과 같이 해머 H에는 돌기 S가 있어, 이것이 수직으로 고정된 시편 S에 타격을 가한다. 시험기의 용량(capacity)은 일반적으로 120 ft-lbs가 많고, 타격속도 11.4 ft/sec 또는 약 4 m/sec가 표준으로 되어 있다. 시편은 그림 1-8과 같이 10 mm 각재의 치수가 사용되고, V형 노치(V-notch)의 깊이는 2 mm이고, 노치 끝의 반지름은 0.25 mm로 되어 있다.

그림 1-12와 같은 치수로 시편을 고정하고 시험한다. 재료가 인성이 크면 파괴되지 않고 단순히 굽히기만 한다. 아이조드 시험기에서는 흡수한 에너지를 갖고 그대로 충격치로 사용하기로 되어 있고, 샤르피 충격치와 같이 단면적으로 나누지 않는다.

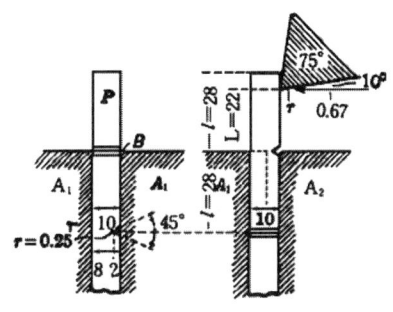

그림 1-12 아이조드 시편고정법

예상문제

001. 비커스 경도기의 다이아몬드 사각추의 꼭지각은?
- ㉮ 120°
- ㉯ 136°
- ㉰ 140°
- ㉱ 145°

002. 브리넬 경도 측정시 가압시간은 몇 초가 가장 적당한가?
- ㉮ 10초
- ㉯ 20초
- ㉰ 30초
- ㉱ 40초

003. 로크웰 경도 시험법의 C스케일의 시험 하중은 몇 N인가?
- ㉮ 882 N
- ㉯ 980 N
- ㉰ 1470 N
- ㉱ 1176 N

004. 다음 중 압입체를 사용하지 않는 경도계는?
- ㉮ 브리넬 경도계
- ㉯ 로크웰 경도계
- ㉰ 비커스 경도계
- ㉱ 쇼어 경도계

005. 사각뿔 다이아몬드 압입자를 쓰는 경도계는?
- ㉮ 브리넬 경도계
- ㉯ 로크웰 경도계
- ㉰ 비커스 경도계
- ㉱ 쇼어 경도계

006. 브리넬 경도 시험법을 나타내는 식 중 틀린 것은?(단, P : 하중, A : 들어간 홈의 표면적, d : 들어간 지름, D : 강구 지름)
- ㉮ $HB = \dfrac{P}{\pi D(D - \sqrt{D^2 - d^2})}$
- ㉯ $HB = \dfrac{P}{A}$
- ㉰ $HB = \dfrac{P}{\pi Dt}$
- ㉱ $HB = \dfrac{2P}{\pi D(D - \sqrt{D^2 - d^2})}$

정답 1.㉯ 2.㉰ 3.㉰ 4.㉱ 5.㉰ 6.㉮

007. 로크웰 경도를 시험할 때 처음 기준 하중은?
  ㉮ 98 N   ㉯ 196 N
  ㉰ 294 N   ㉱ 392 N

008. 10 mm의 강구를 사용하여 3000 kg의 하중으로 눌러 생긴 강구의 자국 지름에 따라 경도를 측정하는 경도 시험기의 명칭은?
  ㉮ 브리넬 경도 시험기   ㉯ 로크웰 경도 시험기
  ㉰ 비커스 경도 시험기   ㉱ 쇼어 경도 시험기

009. 원뿔 압입자와 강구 압입자가 모두 쓰이는 경도계는?
  ㉮ 브리넬 경도계   ㉯ 로크웰 경도계
  ㉰ 비커스 경도계   ㉱ 쇼어 경도계

010. 얇은 판재나 표면 경도를 측정하는 경도계가 아닌 것은?
  ㉮ 누프   ㉯ 하드 미터
  ㉰ 비커스 경도계   ㉱ 마이어 경도계

011. 경도 시험기에서 B스케일을 가진 경도계는?
  ㉮ 비커스 경도계   ㉯ 브리넬 경도계
  ㉰ 로크웰 경도계   ㉱ 쇼어 경도계

012. 브리넬 경도계의 경도값은 어떻게 구하나?
  ㉮ 하중을 압입 자국의 깊이로 나눈 값   ㉯ 하중을 압입 자국의 표면적으로 나눈 값
  ㉰ 하중을 압입 자국의 체적으로 나눈 값   ㉱ 하중을 압입 자국의 지름으로 나눈 값

013. 경도기 중 압입체를 사용하지 않는 것은?
  ㉮ 로크웰   ㉯ 브리넬
  ㉰ 쇼어   ㉱ 비커스

014. 충격시험은 무엇을 조사하기 위한 것인가?
  ㉮ 경도   ㉯ 인장 강도
  ㉰ 인성과 취성   ㉱ 압축 강도

정답 7.㉮ 8.㉮ 9.㉯ 10.㉱ 11.㉰ 12.㉯ 13.㉰ 14.㉰

제1장 경도시험, 충격시험

015. 피라미드형의 다이아몬드 압입자를 일정 하중으로 눌러 생긴 압입 자국의 대각선으로 경도를 측정하는 경도 시험기는?
㉮ 브리넬 경도 시험기 ㉯ 비커스 경도 시험기
㉰ 쇼어 경도 시험기 ㉱ 로크웰 경도 시험기

016. 완성된 제품의 경도 측정에 적당한 시험방법은?
㉮ 비커스 ㉯ 브리넬
㉰ 로크웰 ㉱ 쇼어

017. 금속재료의 시험 목적이 아닌 것은?
㉮ 기본적인 기계적 성질을 알기 위해서이다.
㉯ 화학약품에 의한 반응을 촉진시키기 위해서이다.
㉰ 각종 설계에 필요한 데이터를 구하고 사용목적에 적합한가를 알기 위해서이다.
㉱ 기계적 시험에서 측정한 반응을 촉진시켜 물리적, 화학적 성질을 관찰하기 위해서이다.

018. 다음 금속 재료의 시험 설명으로 틀린 것은?
㉮ 브리넬 시험은 정적 시험이다.
㉯ 충격시험은 동적 시험이다.
㉰ 쇼어 경도시험은 압입 경도시험이다.
㉱ 로크웰 경도시험기는 B스케일과 C스케일이 있다.

019. 다음 로크웰 경도 측정에 관한 글 중 틀린 것은?
㉮ 연강, 황동, 기타 연한 재료는 1.5875 mm의 강구(steel ball)를 사용한다.
㉯ 질화강 같은 표면 경화된 얇은 층의 두께는 다이아몬드 압입자로 기준하중 29.4 N, 총 시험하중 147~441 N이다.
㉰ 원뿔형의 다이아몬드의 꼭지각은 120°이다.
㉱ 시험하중은 보통 98 N 가한 다음 강구에서는 1470 N, 다이아몬드에서는 980 N의 하중을 가한다.

해설 강구 - 980 N
     다이아몬드 - 1470 N

정답 15.㉯ 16.㉱ 17.㉯ 18.㉰ 19.㉱

020. 충격적으로 한 물체에 다른 물체를 낙하시켰을 때 반발되어 튀어오르는 높이에 의하여 경도값을 측정하는 경도계는?
㉮ 브리넬
㉯ 쇼어
㉰ 비커스
㉱ 마르텐스

021. 다음은 금속 경도시험에 대한 설명이다. 틀린 것은?
㉮ 로크웰 경도기에서 연한 재료의 경도시험에는 scale이 사용된다.
㉯ 비커스 경도계의 특징은 단단한 재료나 연한 재료의 측정이 모두 가능하다.
㉰ 일반적으로 인장 강도(Ts)는 경도에 비례한다.
㉱ 브리넬 경도기는 침탄강, 질화강 등의 표면 경도를 측정하기에는 부적당하다.

022. 로크웰 경도시험에서 B스케일의 압입체는 어느 것인가?
㉮ 원뿔형 다이아몬드
㉯ 꼭지각 138°인 사각뿔형 다이아몬드
㉰ 지름 1/2 인치인 강구
㉱ 지름 1/16 인치인 강구

023. 하중을 임의로 변화시킬 수 있고 단단한 재료나 연한 재료도 측정이 가능하며, 더욱이 얇은 재료와 침탄 질화층을 정확하게 측정할 수 있는 특징을 가진 경도계는?
㉮ 비커스 경도계
㉯ 쇼어 경도계
㉰ 브리넬 경도계
㉱ 로크웰 경도계

024. 다음 중 비커스 경도를 나타내는 것은?
㉮ $\dfrac{P}{\pi dt}$
㉯ $1.854P/d^2$
㉰ $\dfrac{10000}{65} \times \dfrac{h}{h_0}$
㉱ $130 - 500\Delta t$

025. 쇼어 경도계의 특징이 아닌 것은?
㉮ 반발되어 튀어 올라간 높이로서 측정하며, 낙하체로는 다이아몬드 또는 담금질한 탄소강을 사용
㉯ 시편의 얇은 것 또는 혹은 작은 것은 측정이 곤란하다.
㉰ 제품에는 아무런 흔적을 남기지 않는다.
㉱ 재료나 제품에 직접 시험할 수 있다.

정답 20.㉯ 21.㉮ 22.㉱ 23.㉮ 24.㉯ 25.㉯

026. 다음 중 충격값의 단위는 어느 것인가?
  ㉮ kg/cm²
  ㉯ kg·m/sec
  ㉰ kg/mm²
  ㉱ kg·m/cm²

027. 비커스 경도계의 특징이 아닌 것은?
  ㉮ 하중을 임의로 변화시킬 수 있다.
  ㉯ 얇은 재료의 경도인 침탄질화층의 경도도 정확하게 측정할 수 있다.
  ㉰ 압입자의 정각이 136° 되는 사각뿔인 다이아몬드로 되어 있다.
  ㉱ 단단한 재료는 측정이 가능하나 연한 재료는 측정이 곤란하다.

028. 90°의 정각을 갖는 원뿔형의 다이아몬드 끝으로 측정하여 나비 0.01 mm의 홈을 만들기 위해서 다이아몬드를 가하는 하중을 gr수로써 표시한 것을 경도의 값으로 하는 경도계는?
  ㉮ 긁힘 경도계
  ㉯ 미소 경도계
  ㉰ 로크웰 경도계
  ㉱ 비커스 경도계

029. 비커스 다이아몬드 압입자를 사용하여 하중을 적게 하여 측정하는 경도계로서 엷은 층, 가는 선, 보석, 금속조직 등의 경도를 측정하는데 쓰이는 경도계는?
  ㉮ 비커스 경도계
  ㉯ 굽힘 경도계
  ㉰ 미소 경도계
  ㉱ 자기적 경도계

030. 원뿔 압입자가 쓰이는 경도계는?
  ㉮ 브리넬 경도계
  ㉯ 로크웰 경도계
  ㉰ 비커스 경도계
  ㉱ 쇼어 경도계

031. 다음 중 경도 시험법이 아닌 것은?
  ㉮ 로크웰
  ㉯ 브리넬
  ㉰ 샤르피
  ㉱ 비커스

032. 다음 식 중 브리넬 경도를 나타내는 것은?
  ㉮ $\dfrac{P}{\pi dt}$
  ㉯ $130 - 500 \cdot h$
  ㉰ $\dfrac{1.8544P}{d^2}$
  ㉱ $\dfrac{1000}{65} \times \dfrac{h}{h_0}$

033. 로크웰 경도시험기에서 다이아몬드 추의 꼭지각과 뿔의 형상은?
㉮ 136°, 사각뿔 ㉯ 136°, 원뿔
㉰ 120°, 사각뿔 ㉱ 120°, 원뿔

034. 다음 중 브리넬 경도값을 표시하는 기호는?
㉮ HB ㉯ HV
㉰ HR ㉱ HS

035. 낙하체를 높이 100 mm에서 시험편 위에 낙하시켰더니, 반발하여 올라간 높이가 32.5 mm가 되었다. 쇼어 경도 HS는 얼마인가?
㉮ 50 ㉯ 100
㉰ 150 ㉱ 200

해설 쇼어 경도(H_S) = $\dfrac{\text{반발하여 올라간 높이(h)}}{\text{낙하체의 높이(h)}} \times \dfrac{10000}{65} = \dfrac{32.5}{100} \times \dfrac{10000}{65} = 50$

036. 샤르피 충격 시험기의 시험편의 모양은?
㉮ 내다지보 ㉯ 단순보
㉰ 부정정보 ㉱ 3점 지지보

037. 충격 시험에서 충격값을 측정하는 기준이 될 수 없는 것은?
㉮ 충격 하중 ㉯ 추의 각도
㉰ 추의 암 길이 ㉱ 늘어난 길이

해설 충격값(E) = $Wl(\cos\beta - \cos\alpha)$ (kg·m/cm²)
여기서, W : 해머의 무게(kg), l : 추의 암 길이, α : 추의 회전 각도, β : 시험편 파단 후의 회전 각도

038. 샤르피 충격값은 시험편을 절단하는데 필요한 에너지(kg, m)를 노치부의 원 단면적으로 나눈 값으로 표시된다. 파괴되는데 소모된 에너지를 구하는 식은?[단, W : 해머의 무게, R : 축 중심 (0으로부터 중심 G까지의 거리)]
㉮ $E = WR(\cos\beta - \cos\alpha)$ ㉯ $E = \dfrac{\cos\beta - \cos\alpha}{WR}$
㉰ $E = \dfrac{WR}{\cos\beta - \cos\alpha}$ ㉱ $E = \dfrac{1}{WR(\cos\beta - \cos\alpha)}$

정답 33.㉱ 34.㉮ 35.㉮ 36.㉯ 37.㉱ 38.㉮

039. 열처리 후의 경도를 알려면 어떤 시험기를 이용하는가?
- ㉮ 샤르피 시험기
- ㉯ 굽힘 시험기
- ㉰ 압축 시험기
- ㉱ 로크웰 시험기

040. 다음 경도 표시방법 중 시험편 표면에 생긴 자국의 깊이로 환산하여 표시하는 경도 방법은?
- ㉮ 브리넬 경도
- ㉯ 로크웰 경도
- ㉰ 쇼어 경도
- ㉱ 비커스 경도

041. 비틀림 시험각도는?
- ㉮ 30도
- ㉯ 45도
- ㉰ 55도
- ㉱ 60도

042. 충격시험에서 충격 에너지의 값을 나타내는 것은?
- ㉮ $E = WR \sin \alpha$
- ㉯ $E = WR \cos \beta$
- ㉰ $E = WR \cos \alpha$
- ㉱ $E = WR (\cos \beta - \cos \alpha)$

043. 연성 천이 온도에 영향을 미치는 원소는?
- ㉮ Mn
- ㉯ Mg
- ㉰ P
- ㉱ S

044. 내력에 대한 설명으로 맞는 것은?
- ㉮ 0.2 % 영구변형
- ㉯ 0.5 % 영구변형
- ㉰ 2 % 영구변형
- ㉱ 4 % 영구변형

045. 브리넬 경도시험법을 나타내는 식 중 틀린 것은 어느 것인가?
- ㉮ $HB = \dfrac{P}{A}$
- ㉯ $HB = \dfrac{2P}{\pi D(D - \sqrt{D^2 - d^2})}$
- ㉰ $HB = \dfrac{P}{\pi Dt}$
- ㉱ $HB = \dfrac{P}{\pi D(D - \sqrt{D^2 - d^2})}$

정답 39.㉱ 40.㉮ 41.㉯ 42.㉱ 43.㉮ 44.㉮ 45.㉱

046. S-N 곡선이란 다음 중 어느 것인가?
   ㉮ 반복 응력의 진폭과 반복 횟수의 관계를 표시한 선도
   ㉯ 자성에서 S와 N을 표시한 선도
   ㉰ 항온변태속도를 곡선으로 표시한 선도
   ㉱ 탄소 함유량을 표시한 선도

047. 다음 금속적 성질 중 질기고 강한 성질을 표시한 용어는?
   ㉮ 전성   ㉯ 취성
   ㉰ 소성   ㉱ 연성

048. 가한 하중을 시편이 변형한 후의 실제 단면적으로 나눈 값을 무엇이라고 하는가?
   ㉮ 정응력   ㉯ 공칭응력
   ㉰ 잔류응력   ㉱ 실응력

049. 축에 링을 가열하여 끼워 조였을 때 어떤 응력이 발생하나?
   ㉮ 축 - 인장응력, 링 - 압축응력   ㉯ 축 - 압축응력, 링 - 인장응력
   ㉰ 축 - 압축응력, 링 - 비틀림응력 ㉱ 축 - 인장응력, 링 - 비틀림응력

050. 어느 한 방향으로 소성변형을 가한 재료에 역방향의 하중을 가하면 전과 같은 방향으로 하중을 가한 경우 보다도 소성변형에 대한 저항이 감소하는 현상은?
   ㉮ 가공경화현상   ㉯ 바우징거효과
   ㉰ 회복현상   ㉱ 형등현상

051. 탄소강에서 탄소량의 증가에 따라 증가되는 것은?(0.2~1.2%)
   ㉮ 경도   ㉯ 충격치
   ㉰ 단면수축률   ㉱ 연율

052. 인장강도를 표시하는 것 중 옳은 것은?
   ㉮ 하중/변형률   ㉯ 변형률/하중
   ㉰ 단면적/하중   ㉱ 하중/단면적

정답 46.㉮ 47.㉱ 48.㉮ 49.㉯ 50.㉯ 51.㉮ 52.㉱

053. 금속의 성질 중 넓고 얇게 늘어나는 성질은?
㉮ 연성　　　　　　　　　㉯ 인성
㉰ 취성　　　　　　　　　㉱ 전성

054. 다음 금속의 경도시험법에 대한 설명 중 틀린 것은?
㉮ 브리넬 경도는 침탄강, 질화강 등의 표면경도를 측정하기에 부적당
㉯ 로크웰 경도기에서 연한 재료의 경도시험에는 B스케일을 사용
㉰ 비커스 경도계의 특징은 단단한 재료나 연한 재료의 측정이 가능
㉱ 일반적으로 인장강도는 경도에 비례한다.

055. 비커스 경도계를 사용하여 하중을 매우 작게 하여 측정하는 경도계로서 엷은 층, 가는 선, 보석, 금속조직 등의 경도를 측정하는데 쓰이는 경도계는?
㉮ 굽힘 경도계　　　　　㉯ 미소 경도계
㉰ 자기적 경도계　　　　㉱ 비커스 경도계

056. 다음 경도 표시방법 중 완성된 제품경도 측정에 적합한 것은?
㉮ HB　　　　　　　　　㉯ HS
㉰ HV　　　　　　　　　㉱ HRC

057. 로크웰 경도 B스케일을 측정할 때 압자는 무엇을 사용하는가?
㉮ 강구　　　　　　　　　㉯ 다이아몬드콘
㉰ 소결합금　　　　　　　㉱ 세라믹

058. Jominy end test는 무엇을 하는 시험인가?
㉮ 인장강도　　　　　　　㉯ 연율
㉰ 경도　　　　　　　　　㉱ 충격값

059. Ni 도금을 한 금속제품의 경우 도금층의 경도를 알고자 할 때 어느 경도기를 사용하는가?
㉮ 쇼어　　　　　　　　　㉯ 로크웰
㉰ 비커스　　　　　　　　㉱ 브리넬

정답　53.㉱　54.㉯　55.㉯　56.㉯　57.㉮　58.㉰　59.㉰

060. 로크웰 경도 C스케일에서 사용하는 다이아몬드 꼭지각은 몇 도인가?
㉮ 60° ㉯ 90°
㉰ 120° ㉱ 136°

061. 중량 1/12 온스의 적은 다이아몬드 끝이 있는 해머를 10인치의 높이에서 자유낙하시켜 반발된 높이로 경도를 측정하는 방법은?
㉮ 비커스 ㉯ 브리넬
㉰ 쇼어 ㉱ 로크웰

062. 로크웰 경도 측정 때 C스케일로 측정하기에 가장 적합한 재료는?
㉮ 연한 Al합금 ㉯ 연한 Cu합금
㉰ 연한 탄소강 ㉱ 경한 탄소강

063. 충격시험을 하기 위해서는 다음 중 어떤 시험을 하여야 하는가?
㉮ 로크웰시험 ㉯ 만능시험
㉰ 아이조드시험 ㉱ 인장시험

064. 다음은 로크웰 경도계를 설명한 것이다. 틀린 것은?
㉮ 일반적으로 경도값은 인장강도에 비례한다.
㉯ HRB는 압자 강구를 사용한다.
㉰ HRC는 압자를 다이아몬드를 사용하면 선단의 꼭지각은 136°이다.
㉱ 로크웰 경도값을 알면 브리넬 경도값을 산출할 수 있다.

065. 다음 식 중에서 브리넬 경도를 구하는 식은?
㉮ $\dfrac{P}{\pi D}$ ㉯ $\dfrac{P}{A}$
㉰ $A_0 - A'/A \times 100\,\%$ ㉱ $l - l_o \times 100(\%)$

066. 최대 하중이 5024 kgf이고 인장강도 25 kg/mm²인 인장시편의 지름은 몇 mm인가?
㉮ 12 ㉯ 14
㉰ 16 ㉱ 18

정답 60.㉱ 61.㉰ 62.㉱ 63.㉰ 64.㉱ 65.㉯ 66.㉰

067. 연성 재료에서 파괴를 일으키지 않는 시험은 어떤 것인가?
- ㉮ 충격시험
- ㉯ 경도시험
- ㉰ 피로시험
- ㉱ 인장시험

068. 다음 브리넬 경도시험기로 강철을 시험할 때의 하중은 보통 얼마인가?
- ㉮ 1000 kg/mm^2
- ㉯ 2000 kg/mm^2
- ㉰ 3000 kg/mm^2
- ㉱ 4000 kg/mm^2

해설 알루미늄 합금은 500, 구리합금은 1000 kg/mm^{2}를 적용

069. 다음 중 경도계가 아닌 것은?
- ㉮ 브리넬
- ㉯ 쇼어
- ㉰ 로크웰
- ㉱ 아이조드

070. 과공석강에서 탄소함유량이 증가하면 감소되는 기계적 성질은?
- ㉮ 경도
- ㉯ 충격치
- ㉰ 항복점
- ㉱ 인장강도

071. 정적 시험기의 검정기가 아닌 것은 다음 중 어떤 것인가?
- ㉮ 레버검정기
- ㉯ 중추검정기
- ㉰ 인장검정기
- ㉱ 탄성검정기

072. 다음 중 암슬러 만능재료시험기의 구조가 아닌 것은?
- ㉮ 흡입계통의 기구
- ㉯ 탁상 장치기구
- ㉰ 하중측정용 펜듈럼 동력계
- ㉱ 펜듈럼 동력계의 범위 계산

073. 쇼어 경도의 값이 100일 때 브리넬 경도의 값은 얼마인가?
- ㉮ 774
- ㉯ 69
- ㉰ 1114
- ㉱ 746

정답 67.㉯ 68.㉰ 69.㉱ 70.㉯ 71.㉮ 72.㉱ 73.㉱

074. 꼭지각 90°의 다이아몬드 원뿔로 시편을 긁어 일정하게 긁힌 폭(0.01 mm)을 만드는데 필요한 하중(g)으로 나타내는 경도는?

㉮ 긁기 경도계 ㉯ 미소 경도계
㉰ 로크웰 경도계 ㉱ 비커스 경도계

075. 다음 중 쇼어 경도계의 특징이 아닌 것은 어느 것인가?

㉮ 반발되어 튀어 올라간 높이로서 측정하며, 낙하체로는 다이아몬드 또는 담금질한 탄소강을 사용한다.
㉯ 재료나 제품을 직접 시험할 수 있다.
㉰ 시편이 얇은 것 또는 작은 것은 측정하기가 곤란하다.
㉱ 제품에는 아무런 흔적도 남기지 않는다.

정답 74. ㉮ 75. ㉰

제2장
인장시험, 압축, 굽힘, 비틀림, 전단시험

1. 인장시험

　재료에 외력이 정적으로 작용하여 재료가 파단되려고 할 때 재료 단면의 단위 면적에 대한 최대 저항력을 강도(strength)라고 한다.

　강도에는 정적(靜的) 강도와 동적(動的) 강도가 있으나, 강도라고 하면 일반적으로 정적 강도를 의미한다.

　정적 강도는 외력이 작용하는 방법에 따라 ① 인장강도, ② 압축강도, ③ 굽힘강도(bending strength), ④ 전단강도, ⑤ 비틀림강도(torsional strength) 등이 있다. 일반으로 만능시험기 (universal tester)를 사용하면 비틀림강도 이외의 각종 강도를 측정할 수 있다. 이러한 강도는 인장강도와 일정한 관계가 있으므로 보통 인장강도가 재료의 강도에 대한 기준으로 사용되고 있다. 동적 강도에도 정적 강도와 동일한 것이 있고, 그밖에 충격 및 피로강도가 있다.

　인장시험(tension test)은 시험편의 양단을 시험기에 고정시키고 시험편의 축 방향에 당기는 힘을 작용시켜 파괴되기까지의 변형과 주어진 힘을 측정하여 그 재료의 항복점, 인장강도, 연율 및 단면 수축 등을 결정하는 시험이다.

1) 인장시험기와 시험편

　인장시험기 또는 만능시험기(universal tester) 에 시험하려고 하는 시편을 척에 고정시키고 인장력을 가한다. 시편은 재질에 따라 KS에 규정되어 있다.

　그림 2-1은 그 한 보기이다. 시험편의 표점을 펀치로서 표시하며, 표점 간격의 길이를 표점거리 라 하고, 이것을 연율 측정의 기준으로 사용한다.

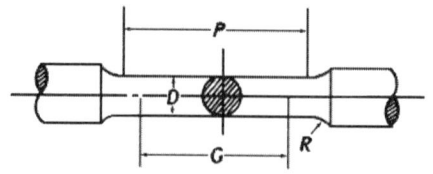

표점길이 G=50, 평행부의 길이 P=약 60
시험편의 지름 D=14, 턱의 반지름 R>15

그림 2-1 인장시험편

2) 인장시험 곡선

인장하중을 증가시키면서 시편의 연신(延伸, elongation)을 기록하면 연강에서는 그림 2-2의 하중 연신곡선 또는 응력 연율곡선이 얻어진다.

그림 2-2의 ①은 연강의 경우이고, ②는 비철금속의 경우이다.

(1) 탄성한계(elastic limit) 및 비례한도(proportional limit)

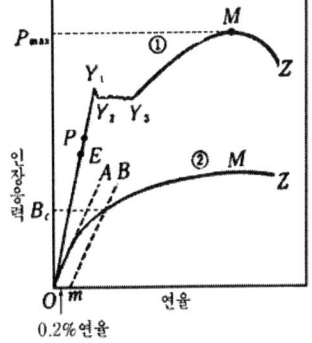

그림 2-2 인장시험곡선

그림 2-2의 ①의 곡선에서 연신은 탄성적으로 변하나, 하중을 제거하면 길이는 본래의 길이로 된다. E점의 하중을 시편의 원단면적으로 나눈 값이 탄성 한계이다.

OE사이에서는

$$\frac{응력(stress), \sigma}{연율(strain), \varepsilon} = 정수(E) \tag{2.1}$$

여기서 E는 정수(定數)이며, 영 계수(Young's modulus) 혹은 세로탄성 계수라고 부른다. 탄성 계수 E는 재료의 성질에 따라 일정하다. 보통강에서는 $(1.9 \sim 2.1 \times 10^6)$ kg/cm² 이다.

(2) 항복점(yielding point)

P점을 초과한 하중이 작용하면 하중과 연신의 관계는 비례되지 않고 Y_1점에서 돌연 하중이 감소되면서 점 Y_2로 되고, 하중을 증가시키지 않아도 시험편이 늘어난다. 이 때 Y_1점을 상부 항복점(upper yielding point)이라 하고, 점 Y_2를 하부 항복점(lower yielding point)이라 한다. 항복점이 뚜렷하게 나타나지 않을 때에는 그림 2-2의 ②와 같이 0.2 % 연율로 되는 점 M에서 탄성적으로 변하는 OA에 평행선을 그어 B점의 하중을 그 시험편의 원단면으로 나눈 값을 항복 강도(yield strength)라 하고 이것을 항복점으로 취급한다.

(3) 인장 강도(tensile stress)

그림 2-2의 ① 곡선에서 점 M으로 표시되는 최대 하중(ultimate tensile load, P_{max})을 시편의 원단면적(A_0)으로 나눈 값을 인장 강도 σ_B라 한다.

$$\sigma_B = \frac{P_{max}}{A_0} \text{ (kg/mm}^2) \tag{2.2}$$

응력-연율 곡선에서 최대 하중점 M까지는 대략 균일하게 늘어나나, 점 M을 지나면 시편 단면은 급속히 작게 되고, 하중이 감소되면서 점 Z에서 파괴된다.

(4) 연율(elongation)

시편이 절단된 후에 다시 접촉시키고, 이 때의 표점 거리를 측정한 값 l과 시험 전의 표점 거리 l_0와의 차이를 l_0로 나눈 값을 %로 표시한다. 이 값을 연신율이라고 한다.

$$\varepsilon = \frac{l - l_0}{l_0} \times 100(\%) \tag{2.3}$$

(5) 단면 수축률

시편의 절단부의 단면적 $A(mm^2)$와 시험전의 시편의 단면적 $A_0(mm^2)$와의 차이를 A_0로 나눈 값을 %로 표시한 것을 단면 수축률(reduction of area) ϕ라고 한다.

$$\phi = \frac{A_0 - A}{A_0} \times 100\% \tag{2.4}$$

위의 인장시험에서 표시된 항복점, 인장강도 등은 재료의 외력에 저항하는 강도(strength)의 값이고, 연율과 단면 수축률 등은 변형에 대한 능력을 표시하는 값이다.

2. 압축시험(compression test)

압축시험의 목적은 압축력에 대한 재료의 저항력, 즉 항압력(抗壓力)을 시험함으로써 압축에 의한 압축 강도, 비례 한도, 항복점, 탄성계수 등을 결정한다. 압축 강도는 취성 재료를 시험하였을 때 잘 나타난다. 그러나 연성 재료에 있어서는 파괴를 일으키지 않으므로 압축 강도를 결정하기 곤란하다. 그러므로 편의상 시편의 주변에 균열이 생길 때, 즉 균열이 발생하는 응력을 압축 강도로 취급하는 예도 있다. 압축시험의 용도는 주로 내압(耐壓)에 사용되는 재료에 응용된다. 예를 들면 주철, 베어링 메탈(bearing metals), 벽돌, 콘크리트(concrete), 목재, 타일(tiles), 플라스틱, 경질 고무 등에 응용된다. 압축시험의 공식은 인장시험과 대략 동일하다.

압축시험에서는 필요한 시편의 길이 h와 단면경(斷面徑) d의 비(比)는 h = (1.5~2)d 이다. 그림 2-3은 압축 시편 변형을 표시한다.

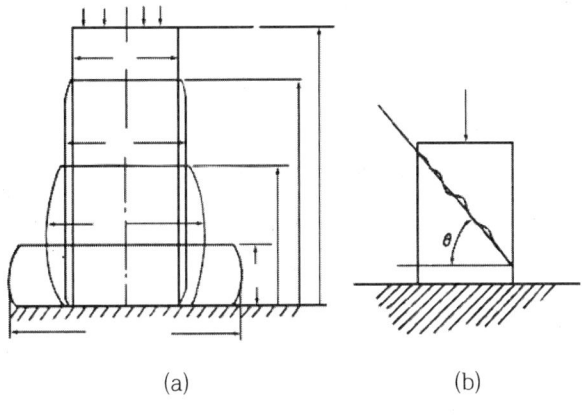

(a)　　　　　　　(b)

그림 2-3 압축 시편의 변형

3. 굽힘시험(bending test)

첫째로 굽힘시험은 굽힘에 대한 재료의 저항력(抵抗力, 굽힘 강도), 재료의 탄성 계수 및 탄성 에너지를 결정하기 위한 굽힘 저항 시험(bending resistance test)과 전성 및 균열(crack)의 유무를 시험하여 가공의 적성 여부를 결정하기 위한 굴곡 시험(bending crack test)이 있다. 굽힘시험에서 굽힘량과 하중의 관계는 전단을 고려하지 않을 경우에 다음의 일반식으로 표시된다. 즉, 단순보(simple beam)의 중앙에 집중 하중이 작용하면

$$\delta = \frac{PL^3}{48EI} \text{ 및 } \theta = \frac{PL^2}{16EI} \tag{2.5}$$

주철의 항절 시험에서 지지점의 중앙에 하중을 가하여 파괴할 때 하중과 휨을 측정하여 이것으로부터 강도를 계산한다.

주철에 대한 항절(抗切) 최대 굽힘 응력 σ_b는 다음 식으로 구한다.

$$\sigma_b = \frac{PL}{4} / \frac{\pi}{32} d^3 \tag{2.6}$$

여기서 P는 파단 하중, L은 스팬의 길이, d는 시편의 직경을 표시한다. 엄밀한 의미로 보아 식 (2.5)는 비례 한도 이내에서 성립되는 식이나 파단까지 연장하여 사용하는 일이 가끔 있다.

4. 비틀림시험(torsion test)

비틀림 하중을 가하고 토크(torque)에 대한 저항력(T), 전단 강도(τ), 비틀림(θ), 탄성 계수(G) 등을 구하는 시험이다. 일단(一端)을 고정하고 타단(他端)을 비틀어서 그림 2-4와 같은 토크-비틀림각 곡선(torque twisting angle curve)을 그린다. 이 시험에 사용하는 기계를 비틀림시험기(torsion tester)라고 한다.

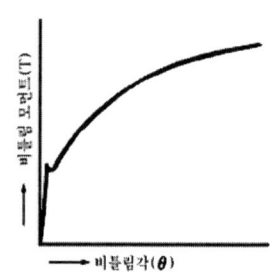

그림 2-4 토크 비틀림각 곡선

그림 2-4의 곡선의 직선 부분의 경사(T/θ)를 측정하면 다음 식에서 원형 단면의 전단 탄성계수(shearing modulus)를 구할 수 있다.

$$G = \frac{32}{\pi} \times \frac{l}{d^4} \times \frac{T}{\theta} \tag{2.7}$$

l : 표점 거리
d : 시편 직경

비틀림에서 생기는 전단 응력 τ는 다음 식으로 구한다.

$$\tau = \frac{16T}{\pi d} \tag{2.8}$$

강선에서는 비틀림 횟수로 비틀림에 대한 성질을 시험한다. 이 때에는 와이어 비틀림시험기(wire twisting tester)를 사용한다.

5. 전단시험(shearing test)

전단응력은 전단하려고 생각하고 있는 면에 평행으로 작용하는 힘에 의하여 생긴다. 그리고 일부에 타부(他部)에 슬라이딩(sliding)이 생기게 하는 경향이 있다. 면에 대하여 수직으로 작용하는 인장 및 압축시험과 좋은 대조가 된다.

그림 2-5 (a)의 단면 X – X′와 (b)의 Y – Y′ 및 (c)의 A – A′와 B – B′에는 전단력이 작용하고 있다.

그림 2-5 (d)에 표시된 판재(板材)는 전단력이 리벳(rivet)의 단면(3-3)에 따라 작용하고 있는 것을 표시한다. (e)에서는 리벳이 2중으로 전단력에 저항하고 있는 것을 표시한다.

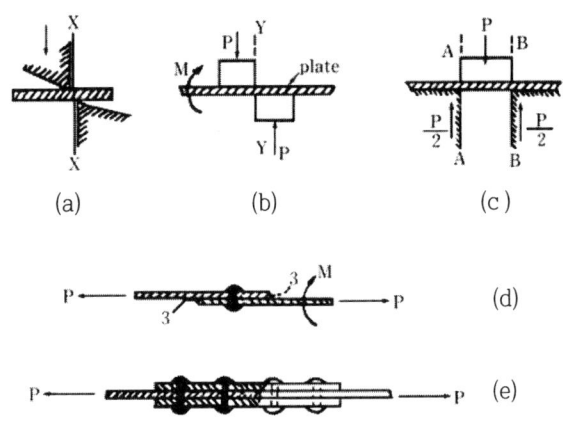

그림 2-5 전단하중(剪斷荷重)의 작용

그림 2-5에서 표시된 여러 가지 실례에서 완전히 전단 파괴가 생기는 재료의 면적(A)으로부터 전단응력(τ)이 계산된다. 작용한 하중을 P라고 하면

$$\frac{\tau}{\gamma} = G \tag{2.9}$$

γ : 전단 스트레인
G : 전단 탄성계수

그림 2-5의 (a)와 (b)의 전단응력

$$\tau = \frac{P}{A} \tag{2.10}$$

그림 2-5 (c)의 전단응력

$$\tau = \frac{P}{2A} \tag{2.11}$$

그림 2-5 (d)의 전단응력

$$\tau = \frac{P}{\frac{\pi}{4}d^2} \tag{2.12}$$

예상문제

001. 인장시험기로 흔히 쓰이는 기계의 용량은?
  ㉮ 20 ~ 40 ton ㉯ 100 ~ 200 ton
  ㉰ 50 ~ 100 ton ㉱ 30 ~ 50 ton

002. 항복점 연강 재료는 어떻게 변형되는가?
  ㉮ 하중의 증가에 따라 변형이 감소한다. ㉯ 하중의 감소에 따라 변형이 증가한다.
  ㉰ 하중에 비례하여 변형한다. ㉱ 하중의 증가없이 변형이 증가한다.

  해설   연강은 탄성 한계점을 지나면 하중의 증가 없이도 변형은 진행되어지나, 경강, 주철, 황동, 알루미늄 등은 그렇지 못하다.

003. 다음 중 틀린 것은?
  ㉮ 연신율이 큰 것은 대체로 충격에 대해서 잘 견딘다.
  ㉯ 일정 응력, 일정 온도 밑에서 시간의 경과에 따라 변형이 증대될 때의 한계 응력을 피로 한도라 한다.
  ㉰ Ni-Cr 강의 뜨임 메짐이 일어나는 온도는 500 ~ 650 ℃이다.
  ㉱ 고온에서 기계적 성질로 중요한 것은 강도, 경도, 연신율, 금속의 Creep 한도 등이다.

004. 인장시험 때의 표점거리 50 mm이고, 두께 2 mm, 평행부의 나비가 20 mm인 강판이 1600 kgf에서 파단되고, 표점거리가 60 mm이었다. 이 재료의 인장 강도는?
  ㉮ 20 kg/mm^2 ㉯ 30 kg/mm^2
  ㉰ 40 kg/mm^2 ㉱ 50 kg/mm^2

005. 내력은 어떻게 표시되는가?
  ㉮ 비례한도와 같은 응력값 ㉯ 최대 강도에 대한 응력값
  ㉰ 0.2 %의 영구 변형에 대한 응력값 ㉱ 영구 변형이 일어나는 최소 응력값

  해설   내력은 항복점이 뚜렷이 나타나지 않는 재료는 항복점 대신 0.2 %의 영구 변형을 일으키는 응력값으로 한다.

정답 1.㉱ 2.㉱ 3.㉯ 4.㉰ 5.㉰

006. 다음 중 인장시험기의 종류에 속하지 않는 것은 어느 것인가?
   ㉮ 모스
   ㉯ 암슬러
   ㉰ 비커스
   ㉱ 올센

007. 항복점을 설명한 것은 어느 것인가?
   ㉮ 탄성 한계점이며, 영구 변형이 일어나지 않는다.
   ㉯ 탄성 한계점 이내이며, 영구 변형이 일어나는 점이다.
   ㉰ 탄성 한계점을 넘어서 영구 변형이 일어나는 점이다.
   ㉱ 탄성 한계점 이내이며, 영구 변형이 일어나지 않는 점이다.

008. 시험편의 시험 결과 다음과 같은 계산식이 산출되었다. 틀린 것은 어느 것인가?

   ㉮ 인장강도$(\sigma_B) = \dfrac{\text{최대 인장하중}}{\text{시험편의 본래 단면적}}\ (kg/mm^2)$

   ㉯ 연신율$(\varepsilon) = \dfrac{\text{늘어난 길이}}{\text{표점 길이}} \times 100(\%)$

   ㉰ 단면 수축률$(\mu) = \dfrac{\text{표점 길이}}{\text{시험편의 본래 단면적}} \times 100(\%)$

   ㉱ 항복점$(\sigma_t) = \dfrac{\text{항복점 하중}}{\text{시험편의 본래의 단면적}}$

009. 재료의 강도는 무엇으로 나타내는가?
   ㉮ 비례한도
   ㉯ 탄성 한계
   ㉰ 항복점
   ㉱ 인장 응력

010. 지름이 150 mm인 재료를 1500 kg로 압축하였더니, 지름이 158 mm가 되었다. 단면 증가율은?
   ㉮ 5.15 %
   ㉯ 9.75 %
   ㉰ 10.95 %
   ㉱ 15.00 %

   해설 단면 증가율 $= \dfrac{\text{늘어난 단면적}}{\text{시험편의 본래 단면적}} = \dfrac{158^2 - 150^2}{150^2} \times 100 = 10.95\ \%$

011. 다음 중에서 변형률에 속하는 것은?
   ㉮ 탄성률
   ㉯ 항복률
   ㉰ 연신율
   ㉱ 영률

정답 6.㉰ 7.㉰ 8.㉰ 9.㉱ 10.㉰ 11.㉰

012. 암슬러식 만능 재료시험기로써 할 수 없는 시험은?
  ㉮ 경도시험
  ㉯ 압축시험
  ㉰ 인장시험
  ㉱ 항절시험

013. 다음 중 세로 탄성계수는 어떤 시험에서 측정할 수 있는가?
  ㉮ 전단시험
  ㉯ 인장시험
  ㉰ 굽힘시험
  ㉱ 피로시험

014. 인장시험에서 응력-변율 곡선을 얻었다. 인장 강도는 다음 중 어떤 값인가?
  ㉮ 파괴시의 하중을 파괴시의 단면적으로 나눈 값
  ㉯ 최대 하중을 파괴시의 단면적으로 나눈 값
  ㉰ 파괴시의 하중을 처음 단면적으로 나눈 값
  ㉱ 최대 하중을 처음 단면적으로 나눈 값

015. 인장시험에서 힘이 탄성 한계 내에서는 그 힘에 비례하여 늘어난다. 이 법칙을 무슨 법칙이라고 하는가?
  ㉮ 후크의 법칙
  ㉯ 힘의 법칙
  ㉰ 관성의 법칙
  ㉱ 운동의 법칙

016. 하중-변형률 선도에서 항복점이 나타나는 재료는?
  ㉮ 청동
  ㉯ 연강
  ㉰ 주철
  ㉱ 황동

017. 항복점이 없는 재료는 항복점 대신에 무슨 용어를 쓰는가?
  ㉮ 내력
  ㉯ 비례 한도
  ㉰ 탄성 한계점
  ㉱ 인장 강도

  해설 신율이 0.2 %인 점에서 시험 초기의 직선 부분과 평행선을 그을 때 하중-신율 곡선이 만난 점의 하중을 시험편의 단면적으로 나눈 값을 내력이라고 한다.

018. 세로탄성계수(영률) E는 어떤 시험으로 측정하는가?
  ㉮ 굽힘시험
  ㉯ 인장시험
  ㉰ 전단시험
  ㉱ 연성시험

정답 12.㉮ 13.㉯ 14.㉱ 15.㉮ 16.㉯ 17.㉮ 18.㉯

019. 인장시험에서 하중을 제거시키면 변형이 원상태로 되돌아가는 최대 응력값은?
㉮ 비례한도　　　　　　　㉯ 탄성한도
㉰ 항복점　　　　　　　　㉱ 단면 수축률

020. 항복점에서 연강 재료는 어떻게 변형되는가?
㉮ 하중에 비례하여　　　　㉯ 하중의 증가에 따라 변형 감소
㉰ 하중의 증가 없이 변형 증가　㉱ 하중의 감소에 따라 변형 증가

021. 인장시험에서 시험 전 표점거리 50 mm인 시험편을 시험 후 절단된 표점거리를 측정하였더니 51 mm였다. 이 시험편의 연신율은?
㉮ 2 %　　　　　　　　　㉯ 5 %
㉰ 7 %　　　　　　　　　㉱ 10 %

해설　연신율 = $\dfrac{늘어난\ 길이}{시험편의\ 본래\ 길이}$ = $\dfrac{51-50}{50} \times 100 = 2\ \%$

022. 탄성 한계 내에서 응력과 비례하는 것은?
㉮ 연신율　　　　　　　　㉯ 인장력
㉰ 항복점　　　　　　　　㉱ 탄성계수

023. 재료의 시험 방법 중 가장 일반적인 기계적 시험은 어느 것인가?
㉮ 현미경 조직 검사　　　　㉯ 비파괴시험
㉰ 강도시험　　　　　　　　㉱ 화학 분석

024. 다음 중 만능 인장시험기로써 할 수 없는 시험은 어느 것인가?
㉮ 인장시험　　　　　　　　㉯ 항절시험
㉰ 굽힘시험　　　　　　　　㉱ 충격시험

025. 외력의 작용 방법에 의하여 강도를 다음과 같이 분류한다. 해당되지 않는 것은?
㉮ 굴곡 강도　　　　　　　㉯ 전단 강도
㉰ 비틀림 강도　　　　　　㉱ 피로 강도

정답　19.㉯　20.㉰　21.㉮　22.㉮　23.㉰　24.㉱　25.㉱

026. 만능 시험기로 측정할 수 없는 것은?
　　㉮ 인장 강도　　　　　　　　㉯ 압축 강도
　　㉰ 굽힘 강도　　　　　　　　㉱ 비틀림 강도

027. 다음 중 틀린 것은?
　　㉮ 늘어난 표점거리는 버니어캘리퍼스로서 측정한다.
　　㉯ 인장시험 때의 규정된 영구 변형을 일으킬 때에 하중을 평행부의 원단면적으로 나눈 값이 단면 수축률이다.
　　㉰ 영구 변형의 일어나는 최소 응력을 탄성한도라 한다.
　　㉱ 강 이외의 재료에서는 항복점이 명확히 나타나지 않는다.

028. 베어링강을 재료시험하고자 한다. 다음 중 어떤 시험이 적당한가?
　　㉮ 굽힘시험　　　　　　　　㉯ 압축시험
　　㉰ 절삭시험　　　　　　　　㉱ 탄성시험

029. 굽힘시험은 다음 어떤 성질을 알기 위한 시험인가?
　　㉮ 경도　　　　　　　　　　㉯ 절삭성
　　㉰ 주조성　　　　　　　　　㉱ 소성

030. 다음 중 틀린 것은?
　　㉮ 금속 재료의 압축 강도는 인장 강도에 비해 상당히 크다.
　　㉯ 굽힘 시험은 단강품, 주강품, 각종 압연강재, 판재, 리벳재 등 주로 탄성 가공성을 시험하기 위해서 한다.
　　㉰ 에릭센 시험은 얇은 금속판의 딥 드로잉(deep drawing)성을 시험하는 것이다.
　　㉱ 주철과 같이 메짐이 큰 것은 항절시험을 한다.

031. 순금속의 인장강도가 적은 것부터 큰 순서로 되어 있는 것은?
　　㉮ 철, 주석, 납, 아연, 구리, 알루미늄　　㉯ 철, 납, 아연, 주석, 구리, 알루미늄
　　㉰ 납, 주석, 아연, 알루미늄, 구리, 철　　㉱ 주석, 납, 알루미늄, 구리, 아연, 철

정답　26.㉱　27.㉮　28.㉯　29.㉱　30.㉯　31.㉱

032. 다음은 금속재료 시험에 관한 글이다. 틀린 것은?
㉮ 인장시험 때의 규정된 영구 변형을 일으킬 때에 하중을 평행부의 원단면적으로 나눈 값을 내력이라 한다.
㉯ 탄성의 극한 응력, 즉 영구 변형이 일어나는 최소 응력을 비례한도라 한다.
㉰ 인장시험시 시편의 파괴적인 최소 단면적과 그 원단면적과의 차이, 원단면적에 대한 퍼센트를 단면 수축률이라 한다.
㉱ 브리넬 경도를 나타내는 식은 $HB = \dfrac{P}{A} = \dfrac{2P}{\pi D(D - \sqrt{D^2 - d^2})} = \dfrac{P}{\pi Dt}$ 이다.

033. 다음 중 인장시험으로 알 수 없는 것은 어느 것인가?
㉮ 항복점
㉯ 충격값
㉰ 연신율
㉱ 인장 강도

034. 연강을 인장시험했을 때 최대 강도점의 하중이 300 kgf이고 시험편의 본래 단면적이 6 cm²일 때 이 시험편의 인장 강도는?
㉮ 30 kg/cm²
㉯ 40 kg/cm²
㉰ 50 kg/cm²
㉱ 60 kg/cm²

해설 인장강도 = $\dfrac{\text{최대 하중}}{\text{시험 본래 단면적}} = \dfrac{300}{6} = 50\ \text{kg/cm}^2$ 이 된다.

035. 다음 충격시험에 대한 설명 중 틀린 것은?
㉮ 샤르피(Charpy)형과 아이조드(Izod)형이 있다.
㉯ 시험편은 샤르피형이 단순보를, 아이조드형이 외팔보를 사용하며, 노치부가 있다.
㉰ 진자형 해머로 충격 하중을 작용시켜서 시험편 파괴에 소모된 면적당 에너지를 측정치로 한다.
㉱ 강인한 재료일수록 충격치가 있다.

036. 다음 중 경도시험에 해당되지 않는 것은?
㉮ 긁힘시험
㉯ 아이조드 시험
㉰ 진자시험
㉱ 마이어 경도시험

037. 다음 중 재료시험시 온도 조절로 알맞은 것은?
㉮ 15±5 ℃
㉯ 15±5 ℃
㉰ 23±5 ℃
㉱ 25±5 ℃

정답 32.㉮ 33.㉯ 34.㉰ 35.㉱ 36.㉯ 37.㉰

038. 응력 변형 선도는 다음 어느 시험을 할 때 얻을 수 있나?
  ㉮ 인장시험   ㉯ 경도시험
  ㉰ 충격시험   ㉱ 피로시험

039. 인장시험으로 얻을 수 없는 값은?
  ㉮ 인장강도   ㉯ 경도
  ㉰ 연신율   ㉱ 단면 수축률

040. 강재 재료시험 중 가장 많이 사용되는 것이 아닌 것은?
  ㉮ 인장시험   ㉯ 경도시험
  ㉰ 충격시험   ㉱ 압축시험

041. 인장시험편을 만들 때 고려하지 않아도 되는 것은?
  ㉮ 표점 거리   ㉯ 평행부의 길이
  ㉰ 평행부의 단면적   ㉱ 시험편의 무게

042. 다음 중 크롬층의 경도 시험 방법은 어떤 것인가?
  ㉮ 쇼어 경도   ㉯ 비커스 경도
  ㉰ 브리넬 경도 ㉱ 로크웰 경도

043. 다음 중 충격시험의 목적은 어떤 것인가?
  ㉮ 연신율   ㉯ 항복강도
  ㉰ 인성과 취성 ㉱ 경도와 강도

044. 시험 전에 직경이 10 mm이고 시험 후에 직경이 8 mm일 때 단면수축률은 다음 중 어느 것인가?
  ㉮ 36 %   ㉯ 41 %
  ㉰ 46 %   ㉱ 40 %

045. 표점 거리가 40 mm이고, 시험 후 거리 50 mm일 때의 연신율은?
  ㉮ 25 %   ㉯ 30 %
  ㉰ 35 %   ㉱ 40 %

정답 38.㉮ 39.㉯ 40.㉱ 41.㉱ 42.㉯ 43.㉰ 44.㉮ 45.㉰

046. 다음 중 재료시험기의 구비조건이 아닌 것은?
　　㉮ 내구성이 있을 것.　　㉯ 안정성이 있을 것.
　　㉰ 조작이 간편하고 정밀검사가 가능할 것.　㉱ 정밀도가 우수하고 감도가 불확실할 것.

047. 다음 중 굽힘시험에서 구할 수 없는 것은?
　　㉮ 항압력　　㉯ 항절력
　　㉰ 강성계수　　㉱ 굽힘강도

048. 다음 중 압축시험으로 구할 수 있는 것은 어떤 것인가?
　　㉮ 흡수에너지　　㉯ 전단저항
　　㉰ 파괴강도 및 변형량　　㉱ 인장강도

049. 다음 중 비틀림시험에서 구할 수 없는 것은?
　　㉮ 인장강도　　㉯ 강성계수
　　㉰ 비틀림강도　　㉱ 비례한도

050. 다음 중 침탄한 표면 경도시험으로 적당한 것은?
　　㉮ HRB　　㉯ HB
　　㉰ HR15N　　㉱ HV

051. 브리넬 경도시험기로 경도를 알려고 할 때 맞는 것은?
　　㉮ 하중을 압입자국의 체적으로 나눈다.
　　㉯ 하중을 압입자국의 직경으로 나눈다.
　　㉰ 하중을 압입자국의 깊이 면적으로 나눈다.
　　㉱ 하중을 압입자국의 표면적으로 나눈다.

052. 비커스 경도계의 특징이 아닌 것은?
　　㉮ 압입자의 정각이 136도 되는 사각뿔인 다이아몬드로 되어 있다.
　　㉯ 단단한 재료는 측정이 가능하나 연한 재료는 측정이 불가능하다.
　　㉰ 하중을 임의로 변화시킬 수 있다.
　　㉱ 얇은 재료의 경도인 침탄질화층의 경도도 정확하게 측정할 수 있다.

정답　46.㉱　47.㉮　48.㉰　49.㉮　50.㉱　51.㉱　52.㉯

제2장　인장시험, 압축, 굽힘, 비틀림, 전단시험

053. 다음에 표시한 단위 중 충격값을 나타내는 단위는?
㉮ kg/mm²
㉯ kg-m
㉰ kg-m/Cm²
㉱ kg-m/sec

054. 다음 중 만능 인장시험기로 할 수 없는 것은?
㉮ 굽힘시험
㉯ 인장시험
㉰ 전단시험
㉱ 충격시험

055. 다음 중 기계적 성질에 속하는 것은?
㉮ 비중
㉯ 인장강도
㉰ 열팽창계수
㉱ 용융온도

056. 인장이나 압축에 의하여 생기는 변형도를 무엇이라고 하는가?
㉮ 인장변형도
㉯ 압축변형도
㉰ 가로변형도
㉱ 세로변형도

057. 인장시험으로 알 수 없는 것은?
㉮ 연신율
㉯ 비틀림
㉰ 단면수축률
㉱ 인장강도

058. 주철이 강철보다 큰 성질은 어떤 것인가?
㉮ 전성
㉯ 인장강도
㉰ 경도
㉱ 취성

059. 후크의 법칙에서 탄성체는 탄성한계 내에서 변형도와 비례하는 것은?
㉮ 정하중
㉯ 충격
㉰ 응력
㉱ 전단력

060. 시험편 위의 일정한 높이에서 떨어뜨린 해머가 튀어오르는 높이에 의하여 표시하는 경도계는?
㉮ 브리넬 경도계
㉯ 로크웰 경도계
㉰ 쇼어 경도계
㉱ 비커스 경도계

정답 53.㉱ 54.㉱ 55.㉯ 56.㉱ 57.㉯ 58.㉱ 59.㉰ 60.㉯

061. 재료의 내력과 같은 말은?
- ㉮ 항복강도
- ㉯ 인장강도
- ㉰ 전단강도
- ㉱ 공칭응력

062. 브리넬 경도 측정시 가압시간은 몇 초가 가장 적당한가?
- ㉮ 10초
- ㉯ 20초
- ㉰ 30초
- ㉱ 40초

063. 다음 그림 중 OP는 무엇을 나타내는가?
- ㉮ 비례한계
- ㉯ 탄성한계
- ㉰ 항복한계
- ㉱ 극한한계

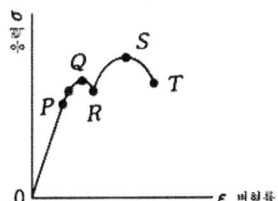

064. 2000 mm²의 단면적을 가진 막대에 3000 kg의 인장하중을 가했을 때 발생하는 응력은 얼마인가?
- ㉮ 150 kg/cm²
- ㉯ 200 kg/cm²
- ㉰ 7.5 kg/cm²
- ㉱ 300 kg/cm²

065. 원길이 150 mm, 늘어난 길이 200 mm일 때 연신율은?
- ㉮ 13 %
- ㉯ 23 %
- ㉰ 33 %
- ㉱ 43 %

066. 재료의 인장강도에 대한 설명 중 맞는 것은?
- ㉮ 재료의 파괴하중을 시편의 단면적으로 나눈 값이다.
- ㉯ 재료가 받는 최대 하중을 시편의 단면적으로 나눈 값이다.
- ㉰ 재료의 탄성계수에 단면적을 곱한 값이다.
- ㉱ 재료의 탄성계수에 응력을 곱한 값이다.

067. 계속적인 반복하중을 받고 있는 부분의 최대 반복응력을 측정하는 시험은?
- ㉮ 충격시험
- ㉯ 인장시험
- ㉰ 피로시험
- ㉱ 경도시험

정답 61.㉮ 62.㉰ 63.㉮ 64.㉮ 65.㉰ 66.㉯ 67.㉰

068. 침탄강의 강도시험에 사용하는 것은?
㉮ 로크웰 경도계 ㉯ 비커스 경도계
㉰ 브리넬 경도계 ㉱ 쇼어 경도계

069. 경도시험기 중 B스케일과 C스케일을 가진 경도계는?
㉮ 로크웰 경도계 ㉯ 쇼어 경도계
㉰ 브리넬 경도계 ㉱ 비커스 경도계

070. 정사각 막대가 14.7톤의 인장력에 의해서 300 kg/cm²의 응력이 발생하였다. 막대의 한 변의 길이를 얼마로 하면 좋은가?
㉮ 5 cm ㉯ 7 cm
㉰ 9 cm ㉱ 10 cm

071. 순금속의 인장강도가 작은 것부터 큰 순서대로 되어 있는 것은?
㉮ 납, 주석, 아연, 알루미늄, 구리, 철
㉯ 주석, 납, 알루미늄, 구리, 아연, 철
㉰ 철, 주석, 납, 아연, 구리, 알루미늄
㉱ 철, 납, 아연, 주석, 구리, 알루미늄

072. 인장시험시 표점거리 50 mm이고, 두께 2 mm 평행부의 나비가 20 mm인 강판이 1600 kgf에서 파단되고 표점거리가 60 mm이었다. 이 재료의 인장강도는?
㉮ 20 kg/mm² ㉯ 30 kg/mm²
㉰ 40 kg/mm² ㉱ 50 kg/mm²

073. 내력은 어떻게 표시되는가?
㉮ 0.2 % 영구변형에 대한 응력값 ㉯ 최대 강도에 대한 응력값
㉰ 비례한도 같은 응력값 ㉱ 영구변형에 일어나는 최소 응력값

074. 다음 중 만능시험기로 측정할 수 없는 것은?
㉮ 인장강도 ㉯ 압축강도
㉰ 굽힘강도 ㉱ 비틀림강도

정답 68.㉯ 69.㉮ 70.㉯ 71.㉯ 72.㉰ 73.㉮ 74.㉱

075. 그림과 같이 외팔보에 W의 힘이 작용할 때 굽힘응력이 가장 크게 작용하는 점은?

㉮ A
㉯ B
㉰ C
㉱ D

076. 길이 100 mm의 재료가 10톤의 인장하중을 받아 101.5 mm가 되었다면 이 재료의 연신율은?

㉮ 15 %   ㉯ 1.5 %
㉰ 0.51 %   ㉱ 0.015 %

077. 직경 40 mm, 표점거리 200 mm의 연강 환봉을 인장시험한 결과 250 mm가 되었다. 이 연강의 연신율은 얼마인가?

㉮ 16.2 %   ㉯ 25 %
㉰ 80 %   ㉱ 20 %

078. 물체 내부에서 하중에 저항하는 힘을 무엇이라 하는가?

㉮ 저항력   ㉯ 응력
㉰ 인장력   ㉱ 내부저항력

079. 그림에서 $d_1 : d_2 = 1 : 2$일 때 d_1쪽에 생기는 δ_1과 d_2쪽에 생기는 δ_2의 응력비는?

㉮ $\delta_1 : \delta_2 = 1 : 4$
㉯ $\delta_1 : \delta_2 = 4 : 1$
㉰ $\delta_1 : \delta_2 = 1 : 2$
㉱ $\delta_1 : \delta_2 = 2 : 1$

080. 탄성범위 내에서 세로방향에 연신이 생기면 가로방향에 수축이 생기는데 이때 길이의 증가율과 단면 감소율의 비를 무엇이라 하는가?

㉮ 영율   ㉯ 탄성비
㉰ 포아송비   ㉱ 탄성율

정답 75.㉮ 76.㉯ 77.㉯ 78.㉯ 79.㉯ 80.㉰

081. 금속의 성질 중 프레스성형 가공의 난이를 표시하는 성질을 무엇이라 하는가?
㉮ 인성　　　　　　　　　　㉯ 탄성
㉰ 취성　　　　　　　　　　㉱ 소성

082. 다음 철강재료의 기호 중 그 치수가 인장강도의 값과 관계 없는 것은?
㉮ SS45　　　　　　　　　㉯ SM55C
㉰ FC20　　　　　　　　　㉱ SC40

083. 공칭응력에서 실응력을 구할 때 맞는 공식은?(σ_n : 공칭응력, σ_t : 실응력)
㉮ $\sigma_t = P/A_t$　　　　　　　㉯ $\sigma_t = P/A_n$
㉰ $\sigma_t = P/A_o$　　　　　　㉱ $\sigma_t = \sigma_t/\sigma_n$

084. 다음 중 탄성률은?
㉮ $E = \sigma/\varepsilon$　　　　　　　　㉯ $E = \sigma \cdot \varepsilon$
㉰ $E = \sigma - \varepsilon$　　　　　　　　㉱ $E = \sigma + \varepsilon$

085. 피로시험에 대한 설명 중 맞는 점을 고르시오.
㉮ S-N선도　　　　　　　　㉯ NF선도
㉰ 인장선도　　　　　　　　㉱ 항온선도

086. 다음 연신률이 20 %이고 늘어난 길이가 30 mm일 때 원래의 길이는 얼마인가?
㉮ 22 mm　　　　　　　　㉯ 23 mm
㉰ 24 mm　　　　　　　　㉱ 25 mm

087. 그라인더 불꽃시험에서 고탄소강은 어떤 특징이 있나?
㉮ 불꽃폭발이 적다.　　　　㉯ 불꽃폭발이 없다.
㉰ 불꽃폭발이 많다.　　　　㉱ 불꽃폭발이 적어진다.

088. 다음 중 공칭응력이란?(단, F : 하중, A_0 : 시편의 처음 단면적)
㉮ $\sigma = F \cdot A_0$　　　　　　　㉯ $\sigma = A_0/F$
㉰ $\sigma = F/A_0$　　　　　　　㉱ $\sigma_t = \sigma(1+\varepsilon)$

정답 81.㉱ 82.㉯ 83.㉮ 84.㉮ 85.㉮ 86.㉯ 87.㉰ 88.㉰

089. 다음 중 틀린 것은 어느 것인가?

㉮ 금속재료의 압축강도는 인장강도에 비해 상당히 크다.

㉯ 굽힙시험은 단강품, 주강품, 각종 압연강재, 판재, 리벳재 등 주로 탄성가공성을 시험하기 위해서 한다.

㉰ 주철과 같이 메짐이 큰 것은 항절 시험을 한다.

㉱ 에릭센 시험은 금속판의 딥 드로잉성을 시험하는 것이다.

090. 비틀림시험에서 변형량은 다음 중 어느 것을 측정하여 구하는가?

㉮ 비틀림각 ㉯ 표점거리에 연신량
㉰ 하중의 크기 ㉱ 하중을 가하는 속도

091. 탄소량이 증가할수록 증가되지 않는 기계적 성질은 어느 것인가?

㉮ 신율 ㉯ 경도
㉰ 강도 ㉱ 항복점

092. 마모시험에서 마모흔적의 깊이를 측정하는 것은?

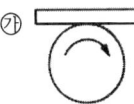 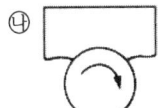

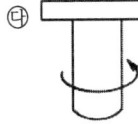 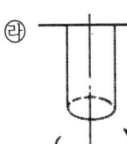

093. 후크의 법칙에 의해 탄성한계 내에서 하중을 제거하면 신연은 원상복귀된다. 이 성질을 무엇이라 하는가?

㉮ 신연율 ㉯ 영율
㉰ 소성 ㉱ 탄성

정답 89.㉯ 90.㉮ 91.㉯ 92.㉮ 93.㉱

094. 비커스 경도계에서 압자의 피라미드 각도는?
  ㉮ 96°
  ㉯ 120°
  ㉰ 136°
  ㉱ 145°

095. 충격시험과 관계 있는 것은?
  ㉮ 샤르피
  ㉯ 로크웰
  ㉰ 암슬러
  ㉱ 마이어

096. 최대 전단강도 1, 두께 t의 강판에 직경 d의 구멍을 뚫을 때 필요한 힘 W는?
  ㉮ $W = \dfrac{\pi}{4} d^2 t 1$
  ㉯ $W = \pi d t 1$
  ㉰ $W = 2 t d t 1$
  ㉱ $W = \dfrac{\pi}{4} d^2 1$

097. 그림과 같이 단순보에 집중하는 W kg이 작용할 때 A점의 반력은?
  ㉮ $\dfrac{a}{l} W$
  ㉯ $\dfrac{l}{a} W$
  ㉰ $\dfrac{b}{l} W$
  ㉱ $\dfrac{l}{b} W$

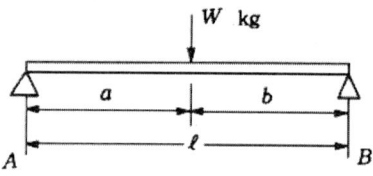

098. 후크의 법칙에서 변형율을 구하는 공식은 어느 것인가?
  ㉮ 응력/탄성계수
  ㉯ 탄성계수/응력
  ㉰ 하중/응력
  ㉱ 하중/단면적

099. 재료의 탄성한계를 알아볼 수 있는 재료시험 방법은?
  ㉮ 인장시험
  ㉯ 충격시험
  ㉰ 피로시험
  ㉱ 경도시험

정답 94.㉰ 95.㉮ 96.㉯ 97.㉰ 98.㉮ 99.㉮

100. 다음 중 틀린 것은 어느 것인가?
㉮ 인장시험시의 규정된 영구변형을 일으킬 때 하중을 평행부의 단면적으로 나눈값이 단면수축률이다.
㉯ 영구변형이 일어나는 최소 응력을 탄성한도라 한다.
㉰ 강 이외의 재료에서는 항복점이 명확히 나타나지 않는다.
㉱ 늘어난 표점거리는 버니어캘리퍼스로 측정한다.

101. 금속의 탄성계수는 온도가 상승함에 따라 어떻게 되는가?
㉮ 증가한다.   ㉯ 감소한다.
㉰ 직선적으로 증가한다.   ㉱ 변함없다.

102. 표점거리가 140 mm, 직경 10 mm인 시편이 최대 하중 1570 kgf에서 절단되었을 때 표점거리가 157 mm되었다. 응력은 얼마인가?
㉮ 10 kgf/mm^2 ㉯ 20 kgf/mm^2
㉰ 100 kgf/mm^2 ㉱ 200 kgf/mm^2

103. 항복점에서 연강재료는 어떻게 변형되는가?
㉮ 하중에 비례하여 변형
㉯ 하중의 증가없이 변형이 증가
㉰ 하중 증가에 따라 변형이 감소
㉱ 하중 감소에 따라 변형이 감소

104. 인장강도와 가장 관계가 있는 것은?
㉮ 항복점   ㉯ 최대 하중점
㉰ 파단점   ㉱ 비례한도

105. 세로탄성계수 E는 어떤 시험에서 시험할 수 있나?
㉮ 인장시험   ㉯ 전단시험
㉰ 피로시험   ㉱ 굽힘시험

정답 100.㉮ 101.㉯ 102.㉯ 103.㉯ 104.㉯ 105.㉮

106. 금속재료의 성질을 말할 때 인장성질이라 하는 것 중 틀린 것은?
 ㉮ 인장강도, 항복강도, 경도를 말한다.
 ㉯ 인장강도, 항복강도, 연신율을 말한다.
 ㉰ 인장강도, 연신율, 단면수축률을 말한다.
 ㉱ 인장강도, 항복강도, 연신율, 단면수축률을 말한다.

107. 다음의 압연(또는 단조)한 제품에서의 시료채취법 중 맞는 것은?
 ㉮ 어느 곳에서나 가능하다.　　㉯ 횡단면과 종단면
 ㉰ 횡단면 또는 종단면　　㉱ 표면

108. 인장시험기로 흔히 쓰이는 시험기의 용량은?
 ㉮ 20 ~ 40 ton　　㉯ 30 ~ 50 ton
 ㉰ 50 ~ 100 ton　　㉱ 100 ~ 200 ton

109. 베어링강을 재료시험하고자 한다. 다음 중 옳은 것은?
 ㉮ 압축시험　　㉯ 굽힘시험
 ㉰ 탄성시험　　㉱ 절삭시험

110. 인장시험에서 항복점을 표시할 때, 변형은 몇 %를 적용하는가?
 ㉮ 0.2 %　　㉯ 0.02 %
 ㉰ 0.002 %　　㉱ 0.0002 %

정답 106.㉮ 107.㉯ 108.㉯ 109.㉮ 110.㉮

제3장

피로시험, 마모시험

1. 피로시험

기계나 구조물에서는 반복하중의 변동을 받고 있는 부분이 있다. 피스톤, 연결봉, 크랭크핀, 볼트 등은 항상 인장과 압축행정을 반복하여 받고 있다. 이러한 경우 그 하중이 재료의 인장강도나 항복점으로부터 계산한 하중보다 적어도, 장시간 반복하여 작용하는 동안에 파괴되는 일이 있다. 이것을 피로(fatigue)라 한다.

인장강도가 높은 것, 항복점과 파괴점의 차가 심한 재료, 단면수축률과 신연률의 비가 큰 재료 등 국부적인 힘을 가하고 있는 점에 유의한 것이 피로시험(fatigue test)이다.

그림 3-1 (a), (b)에서는 일정한 방향에 하중을 가하여, 시험편을 회전시키는 방향에 항상 방향이 변화하는 하중이 반복하여 가해진다. (a)를 편지형(片持型), (b)를 균일굴곡형이라 한다.

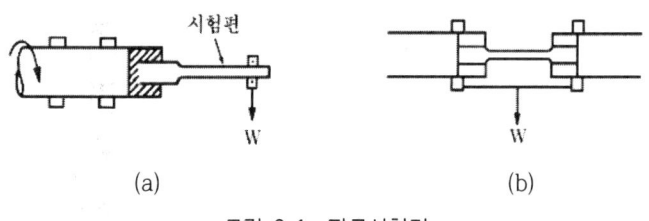

그림 3-1 피로시험기

피로시험에서는 다수의 시험편을 크기가 다른 응력으로 시험하고, 각각 파괴할 때까지의 반복횟수를 구하여 그림 3-2와 같은 S-N곡선을 작성한다.

일반적으로 실험결과가 다르며 상수를 얻기 어려운 점 또한 시험측정에 긴 시간을 요하고, 시험편을 많이 준비하는 것이 난점이다. 같은 체적에 있어서 굴곡 응력곡선을 계측할 때 토션(torsion)을 사용한다.

유한반복(S) 횟수(N)에 대하여 굴곡응력이 유한근사값이 있다면 아무리 반복하여도 파괴되지 않는다고 생각하여도 무방하다. 이 반복에 대한 파괴하지 않는 최대 한도의 응력을 내구한도(耐久限度)라 한다. 많은 강에서 S-N곡선의 수평부는 반복하여 파괴되지 않으면 10^7을 내구한도라 한다.

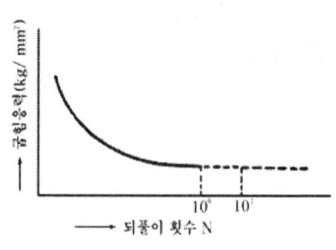

그림 3-2 피로현상의 S-N곡선

재료의 종류에 따라서는, 10^9회 반복하여도 수평부가 나타나지 않는 경우가 있다. 이같은 경우는 10^7회 또는 10^8 반복횟수에 견디는 응력을 구하여 이것을 반복횟수에 대한 시간한도라고 한다.

피로한도는 재료선정상의 중요한 조건이고 인장강도와 직선적인 관계가 있어

$$\text{피로한도}(kg/mm^2) = \text{인장강도}(kg/mm^2) \times 0.5$$

로 나타낸다.

2. 마모시험(wear test)

재료가 다른 물체와 마찰하여 그 표면이 소모되는 현상을 마모라고 한다. 금속의 마모 현상은 금속을 기계 또는 그밖의 운동 부분에 사용할 때 대단히 중요한 문제이다. 그러나 이와 밀접한 관계를 갖는 인자가 많고, 이것에 대한 이론도 복잡하여 시험방법도 여러 가지 방식이 있다.

마모조건과 마모시험에 관해서는 금속재료의 사용상태와 운동에 따라 다음과 같이 분류할 수 있다.

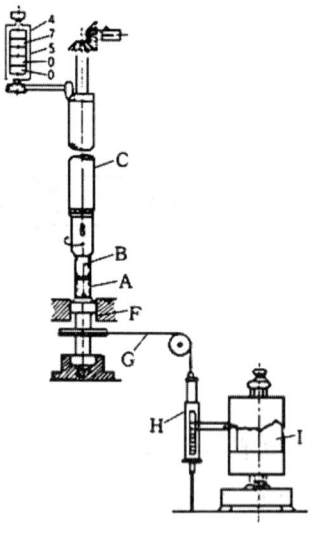

(1) 미끄럼 마모(sliding wear)
① 윤활유를 사용할 때
  예 : 축과 베어링(bearing)
② 윤활제를 사용하지 않을 때
  예 : 브레이크(brake)와 타이어

그림 3-3 마모시험기

(2) 회전 마모(rolling wear)
① 윤활유를 사용할 때 - 예 : 롤러와 베어링
② 윤활제를 사용하지 않을 때 - 예 : 타이어(tyre)와 레일(rail)

마모시험은 상대적인 마모 형식에 따라 각종의 마모시험기(wear tester)가 있다. 그러나 대부분은 시험편과 다른 물체를 접촉시켜서 미끄럼 마모 또는 회전 마모를 일으키고 일정한 회전수, 또는 일정한 거리까지 미끄러진 후 마찰로 인하여 손실된 중량의 감소를 측정하여 마모 상태를 비교하는 것이 많다.

제4장

크리프 시험, 스프링 시험

1. 크리프 시험(creep test)

크리프 시험은 일반적으로 일정한 온도에서 일정한 하중하(荷重下)에 작용되는 시험편의 연신(strain)에 대하여 장시간에 걸친 관찰에 기초를 두고 있다. 같은 온도에서 각종 하중의 시험의 연관성을 얻음으로써 제한된 크리프 응력이 크리프의 어떤 임의의 적은 범위에 대한 추산이 가능하게 되며, 또 안전율을 적용하여 설계에 사용한다.

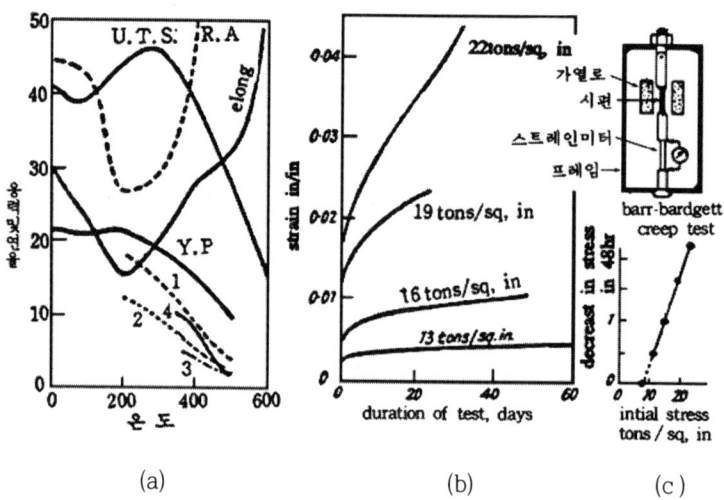

(a)   (b)   (c)

(a) 인장시험과 크리프 시험(C=0.4 %의 탄소강 곡선 중의 ① time yield 시험,
② Hatfield safe stress, ③ Barr Bardgett, ④ Bailey's test)
(b) C 0.4 %의 탄소강의 크리프 시험(450 ℃에서 strain-time 곡선)
(c) Barr Bardgett 크리프 시험장치와 곡선

그림 4-1 고온의 기계적 성질 및 크리프 시험

해트필드의 시간 항복곡선(Hatfield time yield)에서는 처음 24시간 중 하중은 표점거리의 0.5% 내의 초기 연신변형을 야기시키며, 또 다음 48시간 중에 1/1,000,000 인치의 연신변형이 생기게 한다. 안전응력은 시간-항복치의 2/3에 상당하는 것으로 규정하게 된다.

그림 4-1의 (b)는 크리프 시험 곡선이다.

2. 스프링 시험(spring test)

1) 스프링 시험 개요

스프링은 진동을 완화하기 위한 기구로써, 또는 완충 장치 및 하중 전달의 매개 장치로서 공업 분야의 전반에 걸쳐 사용되고 있다. 따라서 스프링의 공업적 위치는 대단히 높고, 그 용도에 따라 종류도 대단히 많다.

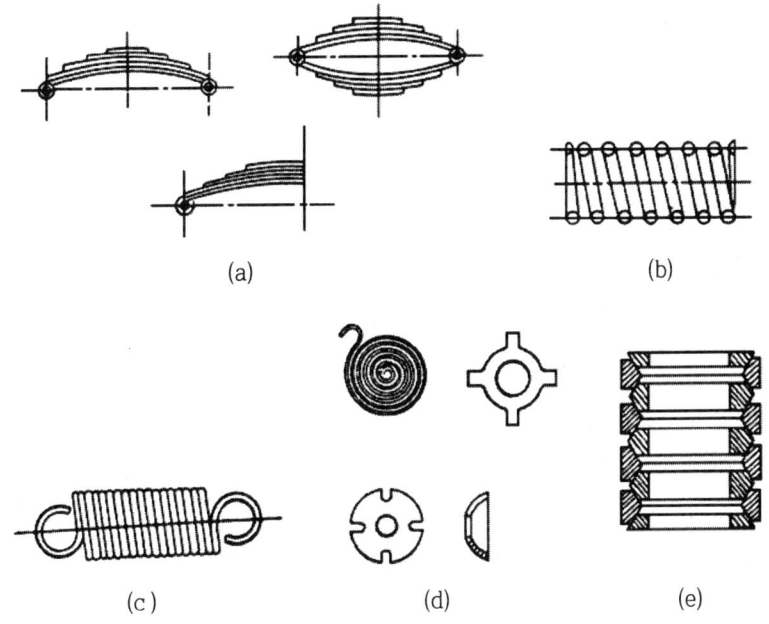

(a) 겹판 스프링(leaf spring),　(b), (c) 코일 스프링(coil spring)
(d) 시트(sheet) 스프링, (e) 링 스프링(ring spring)

그림 4-2 스프링의 종류

스프링을 그 형상에 따라서 분류하면 다음과 같다.
① 충상 스프링(laminated spring) 또는 판 스프링(leaf spring)
② 나선형 스프링(helical spring) 혹은 코일 스프링(coil springg)

③ 볼류트 스프링(volute spring)
④ 평판 스프링(flat spring) 혹은 판상 스프링(sheet spring)
⑤ 링 스프링(ring spring)

또 스프링에 작용하는 힘이 방향에 따라서 압축 스프링(compression spring), 인장 스프링(tension spring) 및 비틀림 스프링(torsion spring) 등으로 분류된다. 오늘날 스프링에 관한 공업시험은 재료시험의 중요한 한 분야로서 취급되고 있다.

여기서 스프링에 관한 시험사항을 열거하여 보면 다음과 같다.
① 하중시험
② 표면 및 형상 검사
③ 재질시험

위에서 ②, ③의 사항은 먼저 설명된 여러 가지 시험방법에 의해서 취급되었기 때문에, 이 장에서는 하중시험에 대해서만 언급하기로 한다. 하중시험에는 두 가지 경우가 있는데, 첫째 방법은 스프링에 지정된 최대 하중(max. load)을 가한 후 이 하중이 제거되었을 때 스프링이 변형 없이 원상 복귀되는가의 여부를 시험하는 방법이고, 둘째 방법은 스프링에 지정 하중을 가하여 이에 따른 지정 변형이 생기는 것인지의 여부를 검사하는 시험방법이다. 전자는 재질의 양부(良否), 열처리의 적성 여부 및 스프링의 강도를 조사하기 위한 것이고, 후자는 위의 사실과는 관계 없이 주로 스프링의 치수에 따라 결정되는 스프링의 강상을 결정하기 위한 방법이다.

그런데 최대 하중시험을 할 때에는 스프링의 세팅(setting)이 상당히 크게 관계된다. 즉, 스프링의 열처리가 끝났을 때 그것의 탄성 한계는 비교적 낮은 값을 가진다. 그러므로 세팅(setting)을 하여 탄성 한계의 범위를 증가시킨다.

이 때 초기 변형(initial set)이 생긴다. 보통 초기 변형을 제거하고, 스프링의 높이 및 길이가 지정된 치수가 되도록 제작한다. 세팅할 때의 하중은 지정 하중과 같거나 혹은 그보다도 크다. 세팅이 끝난 스프링에 대해서 초대 하중시험을 하면 대체로 변형은 생기지 않는다. 만일 스프링에 변형이 생겼다고 하면 여기에는 두 가지 원인이 있다. 그 첫째 원인은 세팅이 불충분하여 초기 변형이 남아있는 경우이다. 이 경우에는 세팅을 다시 하여 제품을 완전하게 하거나, 그렇지 않으며 최대 하중시험을 1회 내지 2회하여 세팅과 동일한 효과를 얻는 방법이다. 이렇게 하여 소요의 치수를 얻지 못할 경우에는 불량품으로 해야 한다. 변형이 생기는 또 하나의 원인은 이력 현상에 의한 변형이다. 그러나 이력 현상에 의하여 생긴 변형은 대단히 작다. 따라서 시험기의 조작에 의해서 간단히 제거되는 경우가 많다.

층상 스프링의 판 사이에서 생기는 마찰은 일종의 이력현상이다. 이러한 현상을 재료의 영구변형과 혼동해서는 안 된다.

그림 4-3 겹판 스프링 시험기

그림 4-4 코일 스프링 시험기

다음에 하중과 디플렉션의 관계를 시험하려면 스프링을 그림 4-3 및 그림 4-4와 같은 정확한 시험기 위에 올려놓고 하중을 가한다. 이 때 하중은 시험기의 다이얼(dial)에 나타나는 눈금이나 혹은 스프링에 가한 중추에 의해서 알 수 있고, 시험시의 스프링의 높이와 길이를 다이얼 게이지나 혹은 직접 측정하여 무부하시의 높이와 비교하면 하중에 따른 디플렉션을 구할 수 있다. 아주 적은 스프링은 대칭(臺秤)을 사용하여 하중과 디플렉션의 관계를 시험할 수 있다.

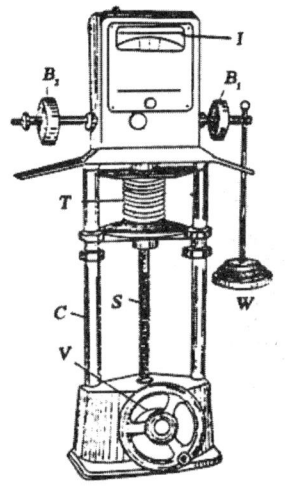
그림 4-5 코일 스프링 시험기

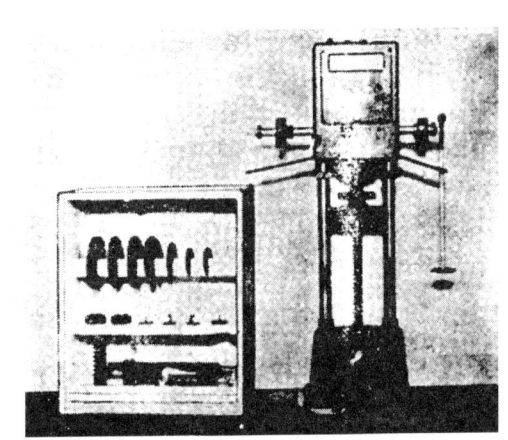
그림 4-6 Amsler coil spring 시험기

제4장 크리프 시험, 스프링 시험

때로는 하중을 가한 채 오랜시간(예를 들면 24시간) 방치시험을 하는 경우도 있다. 또 충격을 가하여 시험하며 고속도의 진동을 받는 스프링에 대해서는 동일한 상태로 장시간 시험을 행한다.

3. 커핑 시험(cupping test)

1) 에릭센 시험(Erichsen test)

이 시험은 커핑 시험(cupping test)이라고도 부른다. 이 시험의 목적은 재료의 연성을 알기 위한 것으로서 동판, 알루미늄판 및 기타 연성 판재를 가압형성하여 변형능력을 시험한다. 판재에서 절단된 대략 직경 3인치의 원판 시편은 사각형 단면을 갖는 2개의 강철윤(steelring) 사이에 넣고, 시험기 프레임 속에서 시험한다. 시험 방법은 원형 선단을 갖는 펀치를 원판시험에 접촉시키고 나사와 너트를 사용하여 가압하든가 혹은 작은 시험기의 압축장치로 가압한다.

파단면이 보이기 시작할 때 컵(cup) 형상의 깊이와 하중 측정 장치가 시편의 연성을 측정하기 위하여 마련되어 있다. 독일 및 프랑스에서는 링(ring) 사이에 시편이 꼭 끼도록 규정하고 있으나, 영국 및 미국에서는 다소의 간격을 허용하고 있다. 그러므로 시험편은 약간의 구속을 받으며 압부(押付)된다.

에릭센 시험(Erichsen test)이라고 부르는 이 시험방식에서 링(ring)의 내경이 27 mm이고, 펀치(punch)의 선단의 반경은 10 mm이다.

실제 판재의 연성시험(ductility test)은 각 국에 따라 다소 차이가 있다. 그림 4-7 (a)에서 (a=시험장치, b=시험편, c=시험 후의 시편현상) 에릭센 시험기의 판재가압에 사용되는 중요부를 표시한다. 그림 4-7 (b)는 에릭센 시험기의 각부 명칭과 상호간의 위치를 표시하며, 그림 4-8은 JIS B 7729의 규격에 따른 에릭센 시험기를 표시한다.

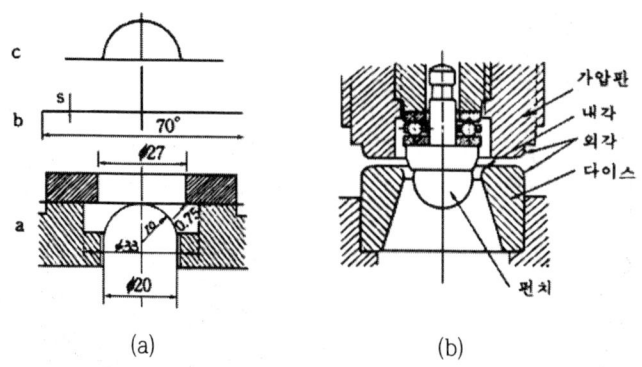

그림 4-7 에릭센 시험기의 중요부

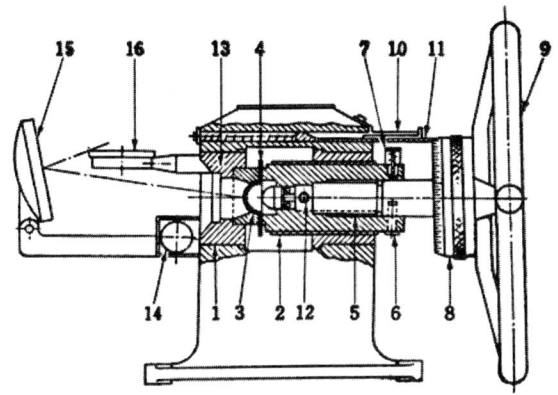

(1) 다이스 압판, (2) 판압판, (3) 다이스, (4) 소재판, (5) 펀치호울러, (6) 압판정지, (7) 압판리드 눈금, (8) 펀치리드 눈금, (9) 펀치 이동 핸들, (10)(11)(13)(16) 펀치힘측정계, (15) 밀러

그림 4-8 에릭센 시험기의 구조 설명도

에릭센 시험기에 대하여 다음과 같은 규정이 있다.

① 펀치 선단의 반경 10±0.05 mm의 구면(球面)으로 형성되고, 표면의 조도는 1S 정도로 래핑(lapping) 다듬질한다.

② 다이스 내경은 27±0.05 mm, 외경 55 mm 정도이고 시편에 접촉하는 면의 다듬질은 4S로 다듬질한다.

③ 가압판의 내경 33 mm 정도, 외경 55 mm로 하고 시편에 접촉하는 면은 4S로 한다.

④ 시편 호칭 및 치수

제1호 시편 : 폭 90 mm±2 mm의 밴드

제2호 시편 : 변 90 mm±2 mm의 정사각형

제3호 시편 : 직경 90 mm±2 mm의 원판형

그림 4-9는 연성시험기로서 수동식인 이 기계는 판재의 연성을 시험하기에 대단히 간편하다. 시편을 하부에 있는 다이 위에 놓고, 상부에 있는 시편 고정용 핸들을 시계 방향으로 회전시켜 고정한다. 컵형의 자국 깊이와 하중의 크기가 각각 다이얼 게이지 및 압력계에 지시된다.

표준 커핑 시험기의 하중 $0 \sim 1{,}200$ lbs까지 측정하는 하중 장치와 $\frac{1}{16}$ inch 두께까지 시험할 때 필요한 다이 및 성형 공구가 구비되어 있다. 컵의 깊이 측정용 다이얼 게이지는 $\frac{1}{1{,}000}''$의 눈금이 새겨져 있다. 이 시험기는 비록 수동식으로 되어 있으나 생산용 각종 판재의 시험에 널리 사용된다. 그림 4-10은 미국 올젠회사에서 제작한 수동식 연성시험기이다. 최근에는 유압식도 생산되고 있다.

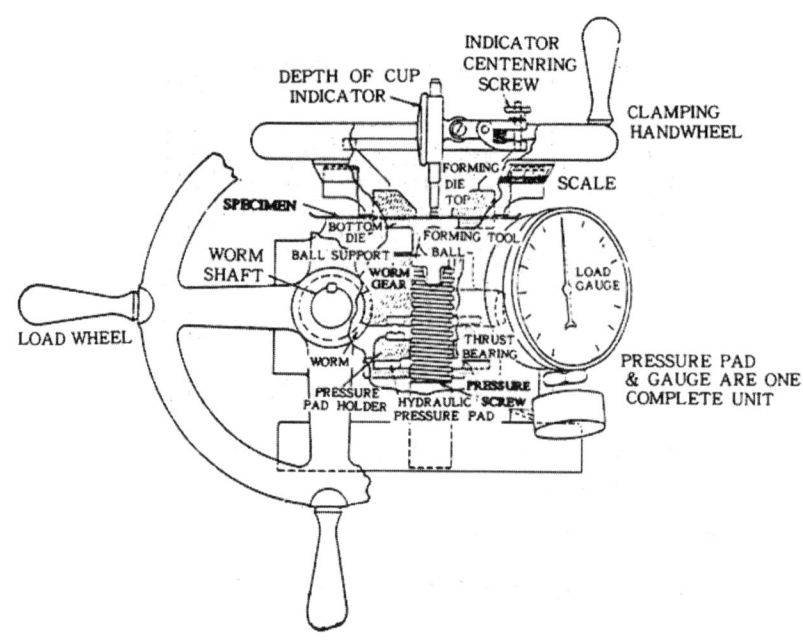

그림 4-9 Olsea type ductility tester의 구조 설명도

<그림 4-9의 Olsea type ductility tester의 명세>

(1) capacity : 12,000 lbs
(2) forming die size : 1″ diameter
(3) forming tool size : $\frac{7''}{8}$ dia ball
(4) max, speciman thickness : $\frac{1''}{16}$
(5) net weight : 100 lbs
(6) dimension : 18″×15″×20″
(7) accessory capacities available : 2,000 lbs, 4,000 lbs or 6,000 lbs

그림 4-10 Olsea type ductility의 명세

2) 커핑 시험의 주의점

일반으로 연성시험은 관측하기 어려운 재질에는 부적당한 것으로 생각되지만, 보통 판재의 연성시험에는 인장 또는 굽힘 시험보다 더욱 효과적인 참고 자료를 줄 수 있기 때문에 이 시험은 완성가공할 표면 성질 및 재질의 입도와 관련된 성질 등을 알아내는 데 귀중한 자료를 제공할 수 있다. 특히 각 방향에 대한 판재의 연성을 시험할 수 있는 점에서 이 시험은 인장시험보다 더욱 우수한 것 같이 생각된다. 질적견지(質的見地)에서 시험할 때 불리한 점은 다음과 같은 불확실성이 있다.

① 펀치와 접촉하는 표면의 마찰 효과
② 공정부에 생기는 인발되는 양
③ 파단이 시작되는 정확한 점의 결정

커핑 시험은 금속의 대략적인 시험으로 널리 사용된다. 그리고 그림 4-11은 에릭센 치(Erichsen value)에 대한 곡선이다. 파단면이 생겼을 때의 압입자국 깊이가 직접 그 재료의 딥 드로잉(deep drawing) 성질의 실제지수(index)가 되는 것이 아니고, 파단면의 형상 및 압입자국인 돔(dome)의 외관 등의 형상도 고찰하지 않으면 안 되며, 인발작업에 필요한 금속의 특성이 원주상에 생기게 된다. 좋은 Ni-Au 합금과 같이 냉간 압연을 많이 받는 금속은 1방향에만 파단면이 나타날 것이고 또 인발작업에는 적당치 않을 것이다. 주름살이 생기고 또한 억센(rough) 돔(dome)은 인발공구의 저항이 증가되고, 너무 무른 재질이거나 또는 억센 재질일 것이다. 또한 연하다고 할지라도 빨리 파괴될 것이다.

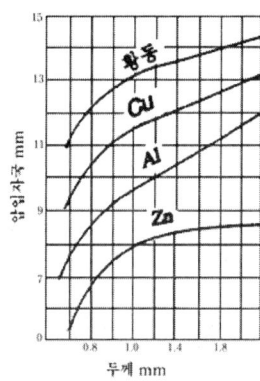

그림 4-11 에릭센 시험곡선

비철 합금, 암코 철, 전기동의 오버 어닐링(over annealing) 등은 변동이 작으나 극연강은 그렇지 않고, 많은 변화가 있다.

4. 응력측정법(應力測定法)

1) 기계적인 스트레인 측정

인장 및 압축과 같은 파괴 시험에서 공업적인 스트레인 측정에는 마이크로미터 및 측장기가 사용된다. 그러나 탄성 한도(elastic limit)와 같은 것은 정밀도가 높은 측정 장치를 사용하지 않으면 측정할 수 없다. 재료시험에서 기계적인 스트레인 측정에 다음과 같은 기구를 갖는 장치들이 사용된다.

① 레버식 확대장치를 사용한 것.
② 레버와 다이얼 게이지를 사용한 것.
③ 옵티컬 레버를 사용한 것.

(1) 레버식 확대장치
① 기계적 1단 레버 확대 스트레인 게이지

그림 4-12는 기계적 1단 확대장치의 예이다. 여기서 (a)는 몸체 (b)에 고정된 접촉점이다. (c)는 지침 (d)와 일체로 된 접촉점으로 확대율은 약 50이다.

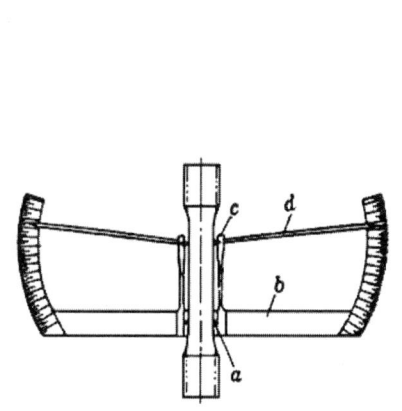 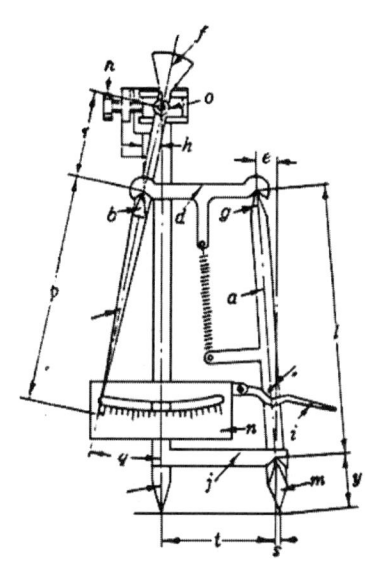

그림 4-12 기계적 1단 레버장치　　그림 4-13 Huggenberger type 스트레인 게이지

② 기계적 2단 레버에 의한 확대 스트레인 게이지

기계적 방법 중에서 확대율이 높고 널리 사용되는 것에 Huggenberger type의 스트레인 게이지가 있다. 표점거리는 25mm(1″)가 표준이나 $\frac{1}{2}″\sim 8″$ 까지 측정하는 것도 있다. 보통 확대율은 1,000~2,000배이고 취급이 간편하다. 특히 구조물의 스트레인 측정에 널리 쓰인다. 그림 4-13은 이것을 표시한다. 이것의 명세 예를 들면 다음과 같다.

- gauge length : 1 inch
- magnification : 1,200(approx)
- scale : 38 division of 0.05 inch
- stranin range : 0.004 inch

- dimension : $6\frac{1''}{2} \times 2\frac{1''}{16}$ wide $\times \frac{5''}{8}$ depth

- weight : $2\frac{1}{2}$ oz

(2) 다이얼 게이지와 레버에 의한 확대 장치

① 다이얼 게이지에 의한 확대

다이얼 게이지를 사용한 기계적인 스트레인 게이지는 피니언과 랙의 기구로서 대부분 $\frac{1}{10,000}''$ 스케일을 갖는 다이얼 게이지를 사용하여 스트레인을 측정한다.

그림 4-14는 미국 Olsen type의 다이얼 게이지식 기계적 스트레인 게이지의 예이다.

그림 4-15는 Whittemove fulerum plate 스트레인 게이지이다. 신연을 직접 다이얼 게이지로서 볼 수 있으며, 프레임 A와 B는 마찰없이 평행운동을 할 수 있도록 2개의 판상스프링으로 결합되어 있다.

표점거리는 50 mm, 100 mm, 250 mm 등 측정할 수 있는 조절식 구조를 갖는 것도 있다.

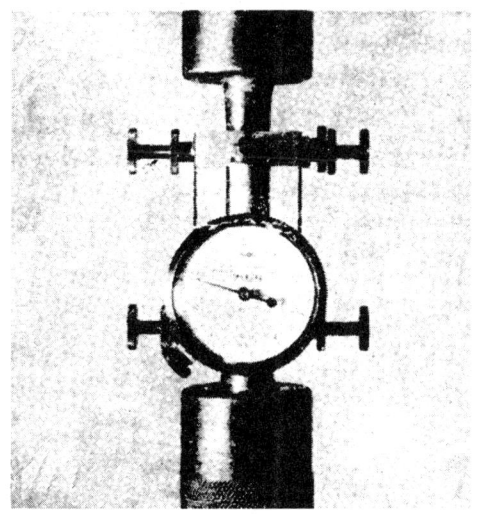

그림 4-14 다이얼 게이지를 이용한 스트레인 게이지

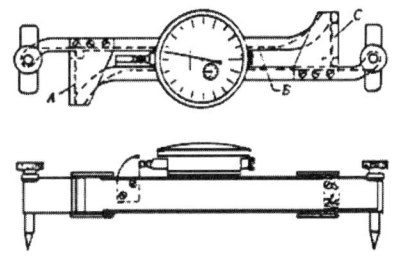

그림 4-15 Whittemove fulerum plate strain gage

② 다이얼 게이지와 레버를 이용한 것

그림 4-16은 다이얼 게이지와 레버를 이용한 Berry type 스트레인 게이지를 표시한다. 다이얼 게이지와 레버를 응용하면 감도가 대단히 높으며 그 명세는 다음과 같다.

- 표점거리 : 2″
- 감도 : $\dfrac{5}{100,000}$
- 정밀도 : 0.00002
- 측정범위 : 0.100 inch
- weigh : 2 lbs

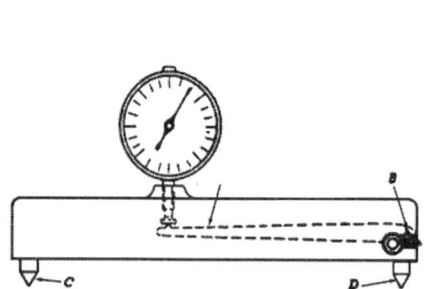
그림 4-16 Berry type strain gage

그림 4-17 Metiger type strain gage

그림 4-19는 2″ Metzger type strain gage를 표시한다. 다이얼 게이지와 레버를 결합한 구조를 가지고 있으며 표점거리는 표준 펀치가 있어 이것으로 표시한다.

(3) 옵티컬 레버를 이용한 방법

광학식 스트레인 게이지의 대표적인 기구에는 그림 4-17과 같은 Martens type이 있다.

이 방법은 직선변위를 레버로서 거울의 회전으로 변환시키면 옵티컬 레버의 거울에 광선이 반사되므로써 작은 변위를 크게 확대할 수 있다.

그림 4-18에서 시편이 인장 또는 압축을 받으면 여기서 시편의 표점부에서 레버의 일단과 레버의 타단에 있는 고정구 K의 부분에 거울 m이 있어 신연 λ로 인하여 K가 각도 ϕ만큼 경사지면 거울도 이에 따라 같은 각도만큼 회전하므로 망원경의 눈금을 보아 그 이동거리 β를 측정하면 λ를 알 수 있다. 즉,

$$\frac{B}{A} = \tan 2\phi \tag{4.1}$$

r를 능형 나이프 에지의 긴쪽 대각선의 길이라고 하면

$$\sin \phi = \frac{\lambda}{r} \tag{4.2}$$

여기서 ϕ가 작을 때에는 $\tan 2\phi \fallingdotseq 2\phi$ 또한 $\sin \phi \fallingdotseq \phi$이다.
따라서

$$\frac{B}{A} = \frac{2\lambda}{r} \text{ 이므로 확대율 } \frac{B}{\lambda} = \frac{2A}{r}$$

$$\therefore \lambda = \frac{Br}{2A} \tag{4.3}$$

식 (4.3)에서 A와 r는 정수이므로 신연은 B에 비례하고 B를 측정하면 λ를 구할 수 있다. 보통 r는 4~6 mm 정도이므로 A=1,000 mm로 하면 약 500배의 확대율은 쉽게 얻어진다.

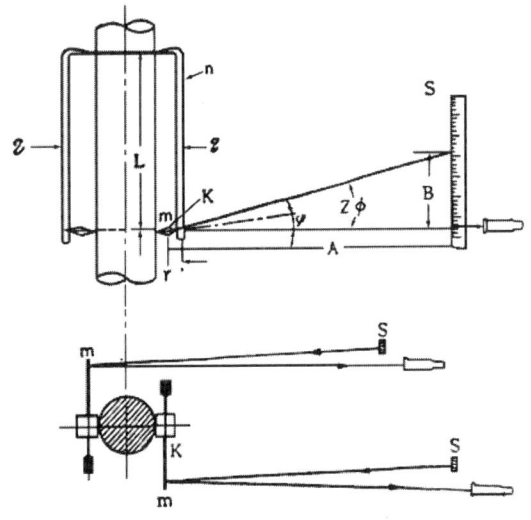

그림 4-18 광학적 스트레인 게이지

최근에는 광전관, 편광 등을 이용한 특수 공학 응력 측정 장치가 출현되어 있고, 또한 위의 원리와 전혀 다른 방법으로 그림 4-19와 같은 광 간섭(光干涉)을 이용한 것도 있다.

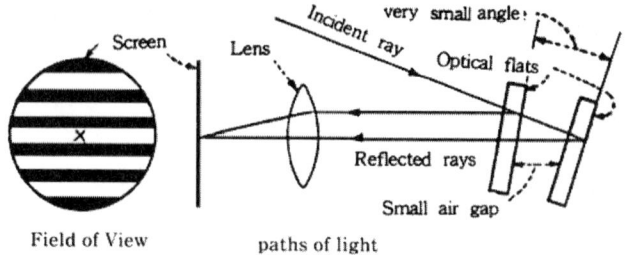

그림 4-19 interferometer의 원리(Davis troxell)

2) 전기적인 스트레인 측정

(1) 전기저항을 이용한 스트레인 측정

기계적인 힘 또는 스트레인을 전기적인 방법으로 쉽게 측정하는데 가장 널리 사용되는 전기저항선 스트레인 게이지는 Load Kelvin의 "탄성한도 내에서 전기 저항의 변화는 스트레인의 변화에 비례한다"는 법칙에 따라서

$$\frac{\frac{\Delta R}{R}}{\frac{\Delta L}{L}} = F \tag{4.4}$$

  R : 전기저항(Ω)
  ΔR : 전기저항의 변화량(Ω)
  L : 시편의 표점거리(mm)
  ΔL : 표점거리의 변화량(mm)
  F : 게이지 상수(gage factor)
  ε : 스트레인(strain : $\frac{\Delta L}{L}$)

게이지 상수 F는 저항선의 재질에 따라 결정되는 상수이다.

식 (4.4)에서 스트레인 ε은

$$\varepsilon = \frac{\Delta L}{L} = \frac{\Delta R}{RF} \tag{4.5}$$

식 (4.5)에서 R은 전기저항선의 저항이다.

게이지가 결정되면 일정한 값으로서 보통 R=120 Ω이 많이 사용되며 350 Ω, 500 Ω, 1,000 Ω, 2,000 Ω 등도 사용된다.

기계적인 스트레인 변화는 전기적인 변화 ΔR을 측정하면 쉽게 알 수 있다. 보통 ΔR 측정에는 다음과 같은 휘스톤 브리지가 사용된다. 그림 4-20은 휘스톤 브리지의 회로를 표시한다.

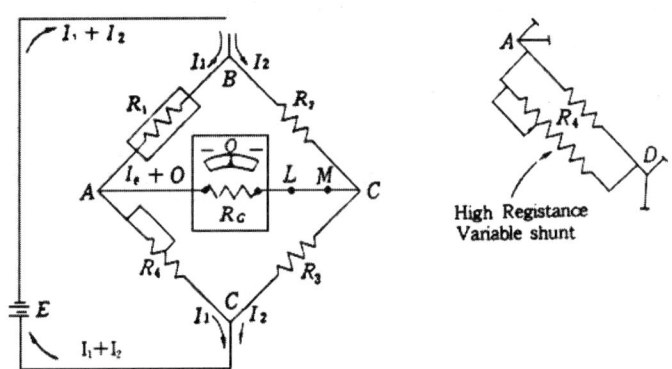

그림 4-20 휘스톤 브리지의 회로

여기서 각 브리지 암(bridge arm)의 저항 R_1, R_2, R_3, R_4 사이에는

$$\frac{R_1}{R_4} = \frac{R_2}{R_3} \tag{4.6}$$

의 관계가 성립되므로 암 레티오(arm ratio)를 일정히 하고, R_1에 전기저항 스트레인 게이지를 연결하면 전기저항의 변화는

$$\Delta R_1 = \frac{R_2}{R_2} \Delta R_4 \tag{4.7}$$

갈바노미터로서 브리지를 평형시키면, ΔR_4를 휘스톤 브리지에서 알 수 있으므로 ΔR_1이 측정되고, 이것을 식 (4.5)에 대입하면 스트레인이 측정된다. 또한 Hooke's law에서

$$E = \frac{\sigma}{\varepsilon} \text{ 이므로 } \sigma = E\varepsilon \tag{4.8}$$

$$\sigma = E\varepsilon = E \times \frac{1}{FR} \times \frac{R_2}{R_3} \times \Delta R_4 \tag{4.9}$$

로 식 (4.7)에서 $\frac{R_2}{R_3} = 1$이다. 이것으로 동적 및 정적하중에 대한 인장응력, 압축응력, 전단응력, 굽힘응력 및 비틀림응력을 측정한다. 전기저항 스트레인 게이지의 구조에는 2종이 있다.

① 본디드 와이어 스트레인 게이지(bonded wire strain gage)
② 언본디드 와이어 스트레인 게이지(unbonded wire strain gage)

그림 4-21은 가장 널리 사용되는 본디드 와이어 스트레인 게이지를 표시한 것이다.

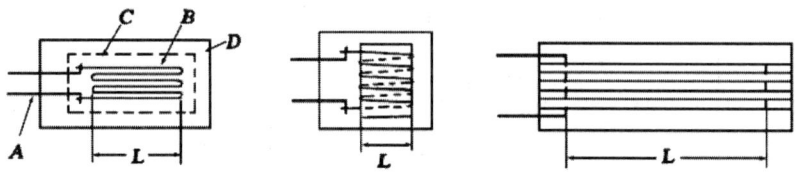

그림 4-21 본디드 와이어 스트레인 게이지

그림 4-22는 언본디드 와이어 스트레인 게이지를 표시한 것이다.

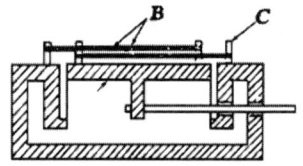

그림 4-22 언본디드 와이어 스트레인 게이지

이것은 변위계 및 가속도계로서 널리 사용된다. 일반적으로 언본디드 스트레인 게이지는 비교적 저항이 큰 저항선을 사용하므로 증폭기를 사용하지 않을 때도 있다.

그림 4-23 (a), (b), (c)는 각종 재료시험에 전기저항식 스트레인 게이지를 사용하는 방식을 표시한 것이다.

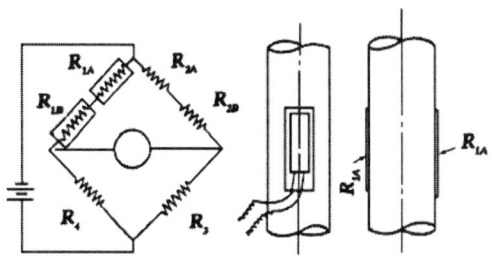

(a) 인장 및 압축응력 측정방식

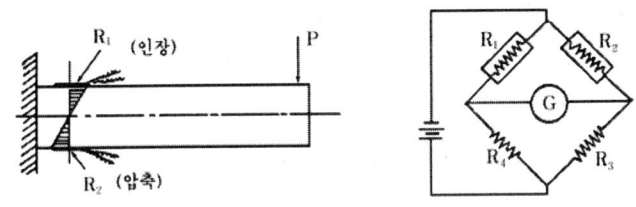

(b) 굽힘응력(bending stress) 측정방식

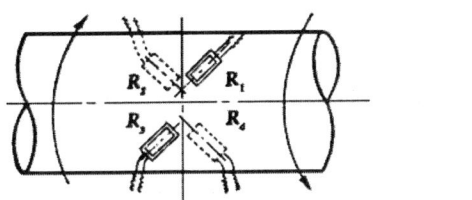

(c) 비틀림응력(torsional stress) 측정방식

그림 4-23

(2) 디퍼렌셜 트랜스포머(differential transformer, 차동 트랜스)의 방법

전기적인 스트레인 측정으로 가장 보편적인 방법 중의 하나인 디퍼렌셜 트랜스포머를 사용하면 안정성이 크고 출력도 크며, 상당히 큰 변행도 직선성을 갖게 할 수 있는 특징이 있다.

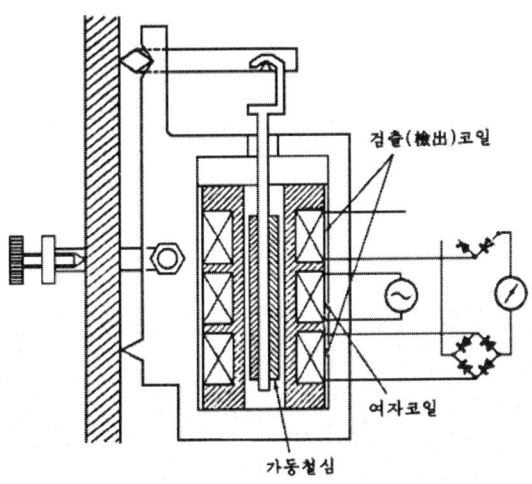

그림 4-24 디퍼렌셜 트랜스포머의 구조

그림 4-24는 디퍼렌셜 트랜스포머의 구조를 표시한다. 그림에 표시된 여자(勵磁) 코일에 일반 주파수 50~60 cps 또는 1~2 kc의 캐리어 웨이브(carrier wave)를 보내어 2개의 검출 코일의 교류 출력차를 브리지에서 정류하여 차동적으로 가하면서 검출하는 가장 간단한 방식의 측정기이다. 이 장치는 각종 동정하중, 변위, 진동, 가속도 등 측정에 쓰인다.

(3) 커패시터(capacitor)를 이용한 방법

변형측정에 커패시터를 사용한 것을 전기용량형 변위계라고 한다.

그림 4-25는 용량행 변위계의 원리를 표시한다. 표점거리 사이의 이동으로 인하여 극판의 거리 또는 서로 상대로 된 면적을 변화시키는 것으로서 미소한 전기용량의 변화를 전기회로를 이용하여 측정한다.

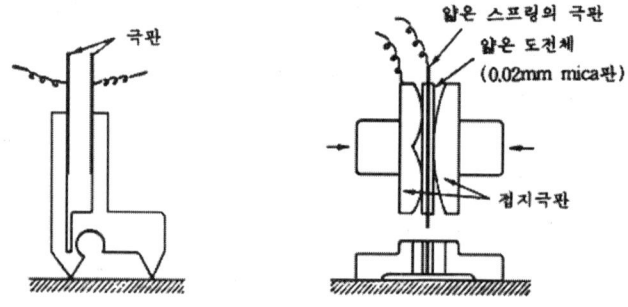

그림 4-25 전기용량형 변위계

3) 광탄성시험

(1) 광탄성 개요

오늘날 여러 가지 재료의 응력상태를 탄성학에 의해서 해석적으로 해결하고는 있으나 복잡한 행상을 가진 부재의 해석은 수학적인 방법에 의해서 풀 수 없으므로 인장시험기, 스트레인 게이지, 광탄성학적 방법 등과 같은 실험적인 방법으로서 많은 문제를 해결하고 있다.

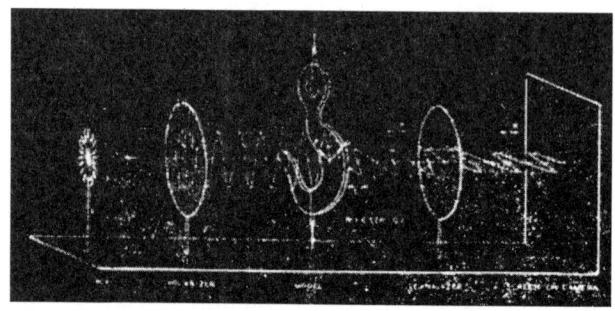

그림 4-26 광탄성 사진의 예

이 방법은 1816년에 David Brewster가 응력을 받고 있는 유리에 편광(polarized light)을 투과시키면 응력에 따라 화려한 색채 모형이 나타난다는 것을 발표하므로서 처음으로 학계의 주목을 끌었다. 그러나 별다른 진전을 보지 못하고 20세기 초에 Maxwell Wilson에 의해 발전을 보았고, 1920년경에 Coker가 '광탄성학'이라는 책을 냄으로써 하나의 학문으로 나타나게 되었다.

이 방법은 평면응력(plane stress)의 해석에 국한되지 않고 3차원응력(three-dimensional stress)까지도 해결하여 널리 공학문제 해결에 공헌을 하고 있다. 그림 4-27은 광탄성 장치를 표시한다.

그림 4-27 광탄성 사진의 예

(2) 편광 시험장치(polaris cope)

광탄성학 시험에 사용되는 중요한 장치의 구성요소는 다음과 같다.

① 광원(light source)
② 폴라리저(polarizer)
③ 애널라이저(analyzer)
④ 광의 전파 방향을 조절하는 여러 가지 렌즈
⑤ 단색광이 요구될 때 사용하는 필터
⑥ 원형 편광(circular polarization)을 내는 데 필요한 $\frac{1}{4}$ 파장판(quarter wave plate)

주 응력면을 찾는데 광원으로서 백색광을 사용하나 대부분 단색광을 투사하므로써 실험을 한다. 이런 목적에 이용되는 수은등은 62번 wratten filter를 통해서 거의 완전한 5461 Å의 파장을 가진 단색광을 내고 있다.

평면 편광(plane polarization)은 니콜 프리즘이나 폴라로이드 판으로서 이루어지고, 한 특정 방향으로만이 진동을 하는 평면 편광을 응력을 받는 시편에 투사하면 등색선과 등경사선이 동시에 모형상에 나타나게 된다.

시편상에 입사되는 광은 반드시 평행이 되어야 하며, 만약 평행이 안 되는 경우 경계선상에 심한 오차를 가져올 뿐 아니라 불확실한 모형을 얻게 되므로 여러 가지 렌즈로서 평행과 집광을 해야 한다.

원형 편광을 얻기 위해서는 평면 광을 $\frac{1}{4}$ 파장판에 투과시키므로서 얻어진다. 원형 편광에 의해서 모형상에 등경사선이 없어져 등색선만이 남게 된다.

4) X-Ray에 의한 응력 측정

금속 재료에는 극히 작은 결정입자들이 불규칙하게 집합하여 있다. 이것을 충분히 풀림 처리하면 응력이 없는 무응력상태에서 한 개 한 개의 결정입자 중의 원자들은 금속원자의 고유한 배열을 갖는다. 외력이 작용하면 그 형상에 변화가 생기면서 원자상호간의 위치가 변하게 된다. 이 때 각 원자들은 본래 위치로 돌아가려는 반작용으로 응력이 생긴다. 금속의 응력은 결정입자의 극히 작은 변형에 의하여 생기므로 X-ray 회절법을 이용하여 원자 위치의 변위를 측정하여 이것에서부터 작용된 응력을 알 수 있다. X-ray 법에서는 표면의 응력밖에 측정할 수 없다. 그러나 대부분의 경우에 최대 응력은 표면에 존재하므로 대단히 중요한 거치를 가지고 있다.

X-ray에 의한 응력 측정은 2개의 장점을 갖는다.
① 비파괴 측정법이므로 실제 사용되는 재료, 조립된 기계 및 구조물 등도 그대로 응력 측정이 가능하다.
② 응력 분포가 극히 불균일할 때에도 표면의 극히 작은 부분에 존재하고 있는 응력을 측정할 수 있다.

금속 재료에 하중을 가하여 변형이 생길 때 하중이 작은 구역에서는 탄성변형이 생기나 탄성한도를 지나면 소성변형이 생긴다. 탄성한도 이하의 하중이 작용할 때에는 결정 격자도 탄성변형을 갖는다. 이 탄성 응력은 X-ray의 회절법을 적용하면 회절선의 위치가 변한다. 탄성한도 이상의 하중이 작용하면 결정 격자에 슬립이 생기면서 변형을 일으킨다. 이것으로 결정의 규칙성이 상실되므로 회절선의 강도 분포에 변화를 일으킨다. 이와 같은 응력을 소성 응력이라고 한다.

탄성 응력은 원자적인 관점에서 볼 때 비교적 넓은 범위의 격자 변형으로 볼 수 있으나, 소성 응력은 같은 구역 내에서도 각각의 위치마다 불균일하므로 측정법이 다르다. 탄성 응력은 X-ray 방법에서 측정에 많은 발전을 보고 있으나 소성 응력 측정은 아직 이상적인 측정 방법이 발견되지 않고 있다.

일반적으로 X-ray 회절법은 금속의 표면에서만 국한하여 반사되므로 내부에는 X-ray가 도달하지 않는다. 이것은 회절법에는 파장이 큰 X-ray가 이용되기 때문이다.

예를 들면 Co 특성의 X-ray로서 Fe를 시험할 때 표면의 0.02 mm 이내이고, 또한 Cu 특성의 X-ray로서 Al을 시험할 때 표면의 0.1 mm 이내에서 회절이 생긴다. 그림 4-28은 X-ray 응력 측정법의 원리를 표시한다.

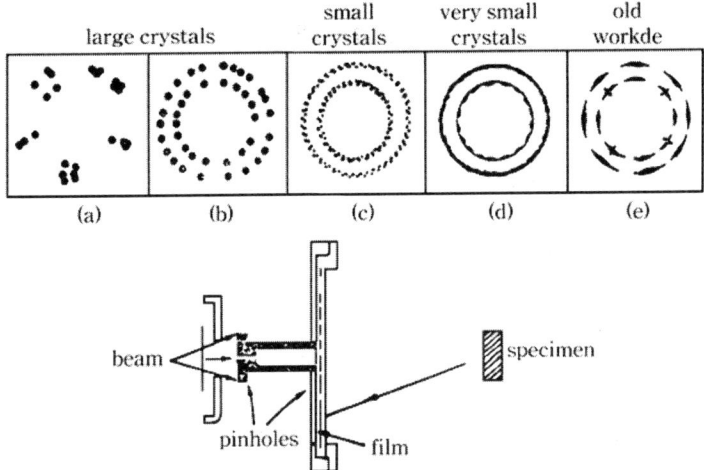

그림 4-28 X-Ray의 응력 측정 원리

예상문제

001. 강의 피로 반복횟수는 어느 정도인가?
㉮ $10^{7\sim8}$　　　㉯ $10^{8\sim9}$
㉰ $10^{5\sim6}$　　　㉱ $10^{6\sim7}$

002. 다음 중 동적 시험방법은?
㉮ 인장시험　　　㉯ 피로시험
㉰ 굽힘시험　　　㉱ 경도시험

003. S-N 곡선과 관계 있는 것은?
㉮ 인장시험　　　㉯ 피로시험
㉰ 경도시험　　　㉱ 충격시험

004. 피로시험에서 S-N 곡선은 어느 것인가?
㉮ 응력과 변형　　　㉯ 응력과 반복횟수
㉰ 반복횟수와 시험기간　　　㉱ 반복횟수와 변형

005. 다음 중 피로 파괴를 일으키지 않는 것은 어느 것인가?
㉮ 차축　　　㉯ 와셔
㉰ 스프링　　　㉱ 크랭크 축

006. 탄성한계 이내의 안전 하중일지라도 계속적으로 반복하여 작용시키면 파괴된다. 이러한 파괴를 무엇이라고 하는가?
㉮ 반복 파괴　　　㉯ 충격 파괴
㉰ 피로 파괴　　　㉱ 크리프

정답 1.㉱ 2.㉯ 3.㉯ 4.㉯ 5.㉯ 6.㉰

007. 영구히 재료가 파괴되지 않는 응력 중 최대의 것을 무엇이라 하는가?
㉮ 피로 한도 ㉯ 크리프 한도
㉰ 인장강도 ㉱ 에릭센값

008. 재료의 일정한 하중을 가할 때 생기는 변형량의 시간적 변화를 무엇이라 하는가?
㉮ 크리프(creep) ㉯ 피로
㉰ 압축 ㉱ 인장

009. 내열강 creep 시험에서 일정시간 동안 strain 속도가 가장 큰 단계는?
㉮ 3차 ㉯ 4차
㉰ 1차 ㉱ 2차

010. 용융점이 낮은 금속은 상온에서도 creep 현상이 일어난다. 강철 등은 몇 ℃ 이상에서 일어나는가?
㉮ 300 ℃ 이상 ㉯ 200 ℃ 이상
㉰ 500 ℃ 이상 ㉱ 400 ℃ 이상

011. 재료에 일정 하중을 가했을 때 재료는 늘어난다. 이와 같이 시간의 경과에 따라 점점 늘어남이 증가하여 파단하는 현상을 무엇이라 하는가?
㉮ 피로(fatigue) ㉯ 전단(shearing)
㉰ 비틀림(torsion) ㉱ 크리프(creep)

012. 마모시험에서 주로 측정하는 사항이 아닌 것은?
㉮ 마멸량 ㉯ 경도
㉰ 온도 ㉱ 마찰계수

013. 다음 피로시험을 하려면 어떤 시험기를 사용하여야 하는가?
㉮ 샤르피시험기 ㉯ 암슬러시험기
㉰ 오노시험기 ㉱ 로크웰시험기

정답 7.㉮ 8.㉮ 9.㉮ 10.㉮ 11.㉱ 12.㉯ 13.㉰

014. 얇은 금속편 굽힘에 적합한 방법은?
  ㉮ 에릭센시험   ㉯ 랩굽힘시험
  ㉰ 이중항절시험   ㉱ 외팔보시험

015. 다음 크리프 시험의 변율장치가 아닌 것은?
  ㉮ 옵티컬레버   ㉯ 전기적방법
  ㉰ 다이얼게이지   ㉱ 팬듈럼

016. 다음 금속재료의 냉간가공에 따른 성질 변화 중 옳지 않은 것은?
  ㉮ 인장강도 증가   ㉯ 경도 증가
  ㉰ 연신율 감소   ㉱ 인성 증가

017. 고온에서 일정한 부하를 두고 재료의 신연을 주어 그 재료의 성질을 조사하는 시험은?
  ㉮ 크리프 시험   ㉯ 피로시험
  ㉰ 충격시험   ㉱ 경도시험

018. 다음 중 틀린 것은 어느 것인가?
  ㉮ 연신율이 큰 것은 대체로 충격에 잘 견딘다.
  ㉯ 일정응력, 일전온도 밑에서 경과에 따라 변형이 증대될 때의 한계응력을 피로한도라 한다.
  ㉰ Ni-Cr강의 뜨임메짐이 일어나는 온도는 500~650℃이다.
  ㉱ 고온에서 기계적 성질로 중요한 것은 강도, 경도, 연신율, 금속의 creep 한도 등이다.

019. 영구히 재료가 파괴되지 않는 응력 중 최대의 것을 무엇이라 하는가?
  ㉮ 크리프한도   ㉯ 피로한도
  ㉰ 에릭센값   ㉱ 인장강도

020. 내열강 크리프 시험에서 변형속도가 가장 큰 단계는
  ㉮ 1차   ㉯ 2차
  ㉰ 3차   ㉱ 4차

정답 14.㉮ 15.㉱ 16.㉱ 17.㉮ 18.㉯ 19.㉯ 20.㉰

021. 하중을 무한히 반복적으로 사용하여도 파단되지 않는 응력 중 가장 큰 응력을 무엇이라고 하는가?
- ㉮ 항복점
- ㉯ 최대응력
- ㉰ 탄성한도
- ㉱ 피로한도

022. 재료에 일정한 응력을 가할 때 생기는 변형량의 시간적 변화를 무엇이라 하는가?
- ㉮ 피로
- ㉯ 크리프
- ㉰ 인장
- ㉱ 압축

023. 다음 재료시험방법 중 동적시험에 속하는 것은?
- ㉮ 인장시험
- ㉯ 굽힘시험
- ㉰ 비틀림시험
- ㉱ 피로시험

024. 다음 스프링 시험에서 측정할 수 없는 것은?
- ㉮ 재질형상
- ㉯ 마모정도
- ㉰ 탄성한도
- ㉱ 내구한도

025. 외력이 작용하는 방법에 따라 강도를 분류할 때 관계 없는 사항은?
- ㉮ 굴곡강도
- ㉯ 전단강도
- ㉰ 비틀림강도
- ㉱ 피로강도

정답 21.㉱ 22.㉯ 23.㉱ 24.㉯ 25.㉱

제5장

비파괴시험

일반 재료시험에서는 시편 또는 제품을 파괴하며 시험한다. 그러나 비파괴시험에서는 제품을 파괴하지 않고 시험한다. 처음에는 이 방법에 X-선 투과법만이 사용되었으나 그 후 자기결함 검사법, 초단파 등이 사용되었고, 또한 최근에는 비파괴적 방법에 의한 스트레인 측정의 일부에까지 확대되고 있다.

비파괴시험(non-destructive test)의 응용은 고압증기 시설에 사용되는 용접보일러와 항공기용의 알루미늄 주물 및 단조품 등의 시험에 그 부분품을 파괴하지 않고 완성된 제품의 결점을 검사하는 방법에 주의를 집중시키고 있다. 비파괴에 적용되는 방법으로서 유압법, 음향법, 자력결함 검사법, 형광법 및 X-선법 등이 있다. 아래에 그 대표적인 것들을 설명한다.

1. 자력 결함 검사법

이 방법은 철강제품의 자력화하는 부분과 미세철분을 포함한 석유 중에 시험물품을 침지시키는 부분으로 되어 있다. 만약 재질 내부에 균열이 자력선 통로에 가로 놓이게 되면 균열부의 양변에 미세한 철분이 집중된다. 자력 결함 검사법에서는 철분 분포 집중으로 내부의 결함을 알 수 있게 된다.

이 방법은 주로 자성재료에 사용된다. 그림 5-1과 같이 결함이 있을 때 자속선에 방향의 변화가 생긴다.

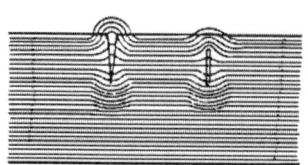

그림 5-1 결합부분의 자속선

결함상태가 확실하지 않을 때에는 자속 방향을 바꾸어 두 번 검사하는 것이 좋다. 이 방법에서 미세철분은 착색하여 여러 가지 색으로 할 수 있다. 시험물에 따라 색을 조절한다. 그리고 미세철분은 경유 1ℓ에 대하여 0.75~1.5g을 첨가하여 사용한다. 최근에는 미세철분에 형광물질을 혼합하고 이것을 자외선으로 검사하여 대단히 좋은 결과를 나타내고 있다. 그림 5-2는 금속의 결함과 자속선에 대한 예이다.

자화에는 AC 및 DC가 사용되나 표면에 가까운 부분을 검사하는 것이므로 표피효과가 있는 AC가 더욱 효과가 크다. 자화전류의 크기는 500~5,000A 범위가 널리 사용되나 작은 것은 이보다 적은 전류라도 좋다. 통전시간은 DC에서 0.2~0.5sec, AC에서는 3~5sec 정도이다. 자기결함 검사 후에는 탈자작업(dimagnetizing)을 하는 것이 필요하다. 이 때에는 흔히 감쇠교번자계를 사용한다.

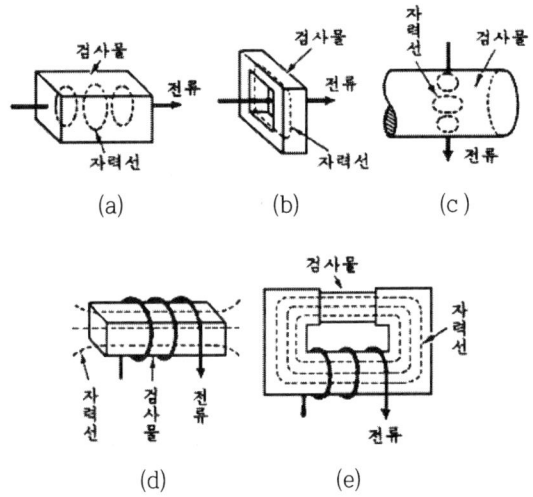

그림 5-2 금속의 결함과 자속선의 방향

2. 형광 검사법

자성 재료의 제한을 받지 않는 이 방법은 그 균열부에 침투할 수 있는 형광 물질을 함유한 용액 중에 검사할 부품을 침지시킨 후 과잉액을 표면에서 제거하고 건조한 후에 자외선으로 시험한다. 그러면 균열부는 형광으로 인하여 광휘(光輝) 있는 빛이 나타나게 된다(그림 5-3 참조).

사진 필름과 관련 있는 방사성 동위원소 또는 가이거 검사기(Giger counter) 등이 이와 유사한 방법에 사용될 수 있다. 검사할 물체를 기름 속에 오랫동안 담가두면 결함부에 기름이 침지된다. 이 것을 건져내어 표면을 깨끗이 닦고 백묵을 칠하든가 또는 석회, 알코올, 점토 등을 바르면 기름이 새어나온 부분이 검게 착색되므로 결함이 있는가 없는가를 판정할 수 있다. 이때에 기름이 새어 나오는 상태로 결함의 깊이 및 크기를 추정하는 누출시험 방법도 있다.

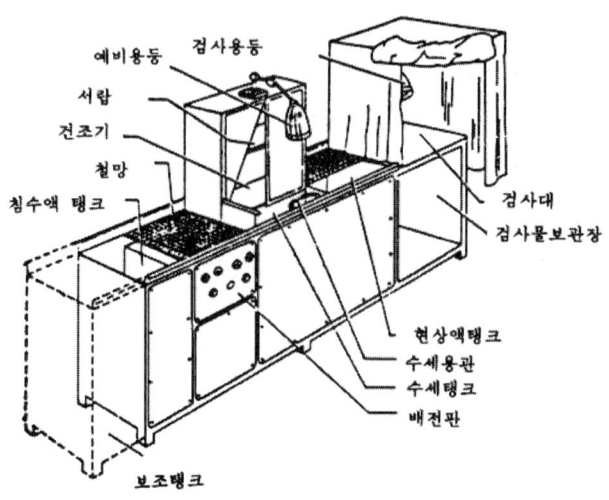

그림 5-3 형광 침투탐상 장치

표 5-1 형광결함 검사의 표준 침투시간

검사물	결함의 종류	최단 침투시간(min)
모래주형 주물 금속주형 주물 다이캐스팅 주물	수축공, 수축균열, 표면 다공질	20
단조물	단조균열, 흠집	30
압연재	연결부, 경계부	30
용접재	균열, 슬랙부, 겹침부	20
경합금 단조물	균열, 흠집	45

3. 초단파 검사법

고주파 전자의 파동을 석영결정과 병용하므로써 비파괴시험에 응용하고 있다. 결정간에 있어 어떠한 시간적인 간격을 두고 시편의 말단(末端)에서부터 또는 시편의 용적 중에 포함되어 있는 어떤 결함으로부터 반사되어 오는 반응을 검사한다. 수신된 신호는 시간적 연관성을 가지고 있는 음극선관에 나타난다. 초단파 검사법에는 반사식과 투과식, 공진식 등 3종의 방식이 있다.

1) 반사식

그림 5-4와 같이 검사할 물체에 수정의 결정 조파기(造波器)를 접촉시키고 극히 짧은 시간 충격적으로 초음파를 발사하면 결함부에서 반사되는 신호를 받아 그 사이의 시간 지연(time lag)으로서 결함까지의 거리를 측정한다. 이 관계를 브라운식 오실로스코프로 관측하기 위해 어떤 주기의 반복 충격파를 보내어 검사하는 장치가 그림 5-4에 표시되어 있다. 이 때 반사상태는 그림 5-5에 표시되어 있으며 반사파의 크기, 형상 등으로 결함의 크기와 상태를 판정한다.

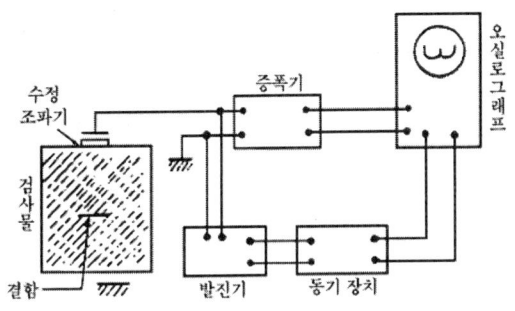

그림 5-4 반사식 초음파검사 장치

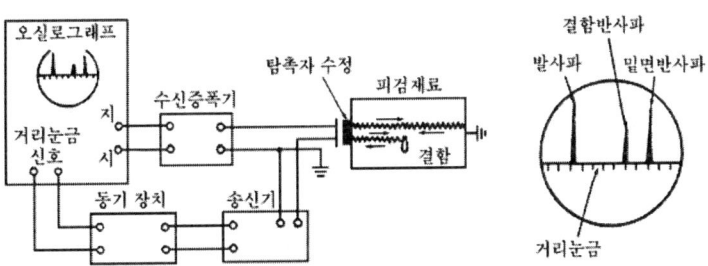

그림 5-5 반사식 초음파검사 장치에서의 반사 상태

2) 투과식

그림 5-6은 검사할 물체의 한쪽면의 발진 장치에서 연속적으로 초음파를 보내고 반대면의 수진장치에서 신호를 받을 때 결함에 의한 초음파의 도착에 이상이 생기므로 이것으로부터 결함의 위치와 크기 등을 판정하며, 보통 50 mm 정도까지에 적용한다.

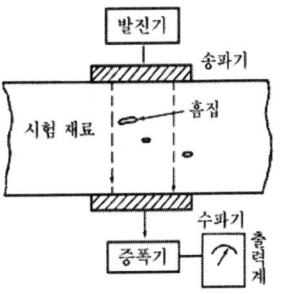

그림 5-6 투과식 초음파의 검사 원리

3) 공진식

발진 장치의 파장을 순차로 변화시켜 공진이 생기는 파장을 구한다. 결함이 있다면 그림 5-7과 같이 결함까지의 거리가 파장의 $\frac{1}{2}$ 정수배될 때에 공진이 생기므로 쉽게 결함의 위치를 알 수 있다. 이 방법이 보통 결함의 깊이 측정에 사용되며 결함이 옆으로 뻗어 있을 때에 검사에 적합하다.

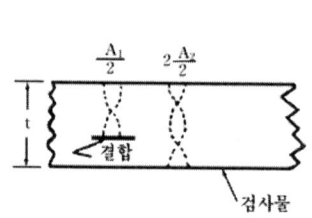 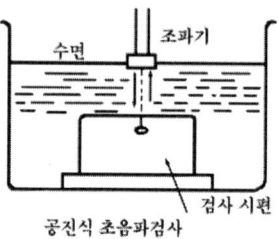

그림 5-7 공진식

4. X-선 검사법(X-ray test method)

X-선은 전자라고 부르는 음전기의 부하미립자의 유동과 충돌될 때에 밀도가 큰 물질에서 원인이 될 파동, 즉 소위 진공판의 대음극선(對陰極線)으로 볼 수 있다(그림 5-8).

이 전자들이 인접한 미립자와 충돌하지 않고 목표물에 적중되도록 하려면 진공이 필요하게 된다. 그러나 이 진공도는 사용되는 X-선 진공관의 형식에 따라서 다르다. 이 진공판은 2개의 주요형으로 분류된다. 즉, 특수 가스관과 고온 음극관(高溫陰極管)이다. 앞쪽의 형식에 있어서 가스의 전류가 전자의 원천으로서 작용할 수 있도록 진공관 중에 약간 남겨놓게 된다. 또 가스 누출장치가 전류 가스량을 변화시키기 위하여 부속으로 되어 있다.

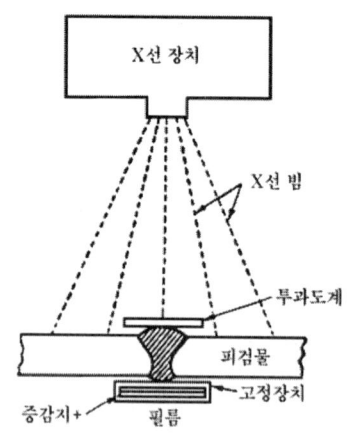

그림 5-8 X-선 촬영 방식의 예

전자는 큰 잠재 세력전압(50,000~200,000 volts) 때문에 진공관 대음극에 향하여 대단히 빠른 고속도 유동이 생기게 된다. 진공관 대음극부에 생기는 진동은 금속 중의 원자간 거리와 거의 같은 크기의 파장이다. 따라서 금속을 관통할 수 있다(그림 5-9).

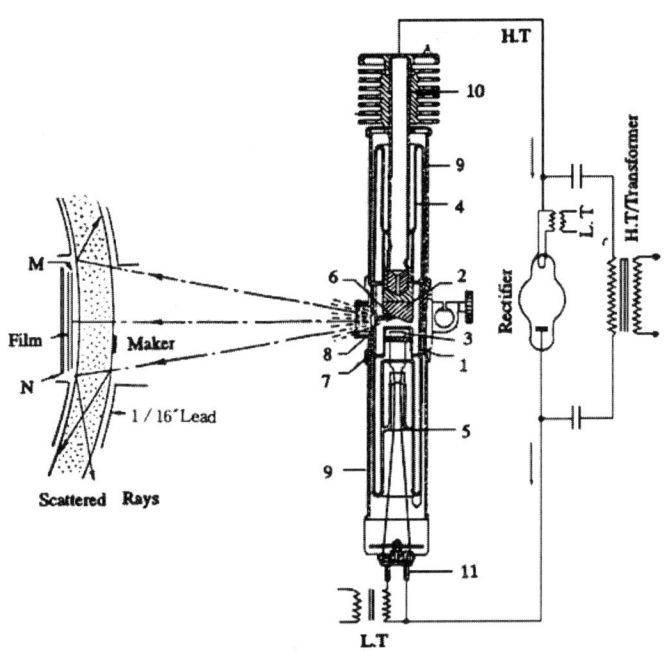

1. Cr-Fe 실린더, 2. 대음극, 3. 필라멘트(filament), 4. 유리보호 실린더, 5. 유리보호 실린더, 6. 타겟(target), 7. 연(lead) 자켓, 8. 애퍼처 캡(aperture cap), 9. 베이클라이트 실린더, 10. Al방열기, 11. 플럭 연결부

그림 5-9 X-Ray tube(Rollason)

X-선은 직선 방향으로 이동되며, 또 불투명체인 물질을 관통하는 능력을 가지고 있다. 관통에 대한 저항은 물체의 밀도에 대개 비례한다. X선 또는 γ선 등의 방사선을 시험부에 통과시키고, 시편의 뒷면에 필름을 감광시켜, 시편 내부의 결함을 검출할 때 X선의 강도 I_0가 두께 d의 물체를 통과하면 그 강도가 I로 감소하게 된다. 이 때의 관계식은 다음과 같다.

$$I = I_0 e^{-\mu d} \tag{5.1}$$

단, 여기서 μ는 흡수계수이다. 금속재료 내부에 결함이 있을 때에는 μ의 값에 착의가 있기 때문에 방사선 투과사진(radiograph)에 밝은 부분과 어두운 부분이 생겨 결함이 판명된다.

일반적으로 납(鉛)은 일정한 방사선에 대하여서는 알루미늄과 상대적으로 불투명체이다. 관통력이 큰 광선은 하드(hard)라고 부르고, 관통력이 작은 광선은 소프트라고 부른다.

위 두 용어는 파장과 관계가 있는 것을 표시하는 것으로 하드 광선은 소프트 광선에 비해 더욱 작은 파장을 가지고 있다. X-선은 광선이 사진판에 주는 것과 비슷한 영향을 준다. 즉, X-선은 베릴륨백금청화물로서 형광을 발생케 하는 특징을 가진 어떤 물질에 사진판 감광작용을 일으킨다. 이와 같은 성질은 X-선의 강도를 변화시키며 결함검사에 이용된다.

5. 감마선(γ-선) 검사법

공업용 방사선 사진에 대한 X-선의 응용은 현재 최고 $4\frac{1}{4}$인치 두께의 강철까지로 한정되어 있는데 대하여 γ 방사선은 더욱 작은 파장이므로 두께 3~10인치까지 적용할 수 있다. 그리고 결과적으로 보아 사용물에 대한 대조의 곤란성과 더불어 비교적 큰 침투력을 가지고 있다. 이 방법을 사용할 때에 전력이나 급수가 필요하지 않아 실외 가공물 또는 한정된 장소에서도 사용할 수 있다. γ-선은 라듐(Ra) 혹은 방사성 동위원소 Co^{60}, $Ir^{41\sim92}$, Cs^{137}과 같은 물질에서 방사된다.

라듐은 화학적으로 활발한 금속이다. 그러나 검사에 있어 라듐은 순금 상태에서 사용할 수 없고 항상 염화물, 취화물(臭化物), 혹은 유화물의 상태로서 사용된다. 이와같은 물체들은 알파(α), 베타(β), 감마(γ)라고 부르는 방사선을 발생한다. 처음 둘의 α 및 β 방사능은 검사에는 가치가 없다. γ-선은 충분히 주의하지 않으면 사용자에게 유해한 생리적 작용을 일으킨다. 그 통로는 금속의 얇은 중개물체로 방지된다. 따라서 라듐 염화물을 넣은 유리 용기는 강주물제(鋼鑄物製)로 만들어 보관하여 둔다. 라듐 용기는 시험물에 노출하는 동안 γ-선이 출현할 수 있도록 2개의 구멍을 가진 $1\frac{1}{2}$인치의 두께인 Pb로 된 내벽(內壁)을 만들지 않으면 안 된다.

최근 방사선 동위원소가 입수하기 쉬우므로 라듐의 이용은 점차로 적어지고, 대신 강력한 투과력을 갖는 코발트(Co)를 많이 쓰고 있다. 방사선 동위원소 중에서 비파괴검사에 사용되는 것에는 다음과 같은 것이 있다.

표 5-2 동위원소와 γ-선 에너지

동위원소 종류	반감기(半減期)	γ-선 에너지(NeV)
Co^{60}	2.5(년)	1.33, 1.7
Cs^{137}	37.0(년)	0.661
Ir^{92}	75(일)	0.1, 0.6
Tm^{170}	129(일)	0.085

예상문제

001. 다음 시험법 중 비파괴시험은?
  ㉮ 인장시험
  ㉯ 굴곡시험
  ㉰ 크리프 시험
  ㉱ 초음파탐상법

002. 다음 중 비파괴시험법으로만 짝지어진 것은?
  ㉮ 인장시험, 굴곡시험
  ㉯ 압축시험, 자기탐상법
  ㉰ 방사선탐상법, 자기탐상법
  ㉱ 압축시험, 크리프 시험

003. 비파괴시험 중 자분이 필요한 시험방법은?
  ㉮ 자기탐상법
  ㉯ 초음파탐상법
  ㉰ 침투탐상법
  ㉱ 방사선탐상법

004. 다음 비파괴시험의 설명 중 틀린 것은?
  ㉮ 형광탐상법은 내부 흠까지 검사할 수 있다.
  ㉯ 자기탐상법은 비자성 재료에는 적용되지 않는다.
  ㉰ 초음파탐상법에는 투과법과 임펄스법의 두 가지가 있다.
  ㉱ 방사선탐상법에는 방사선으로 X선과 γ선을 사용한다.

005. 비파괴시험 중 자기탐상법과 관계 있는 것은 어느 것인가?
  ㉮ 누설자속
  ㉯ 방사성 동위원소
  ㉰ 임펄스
  ㉱ α 및 β 선

006. 방사선의 투과 정도에 영향을 미치는 것 중 옳지 않은 것은?
  ㉮ 밀도
  ㉯ film의 위치
  ㉰ 물질의 종류
  ㉱ 두께

정답 1.㉱ 2.㉰ 3.㉮ 4.㉮ 5.㉮ 6.㉯

007. 형광시험법으로 검사할 수 있는 것은?
   ㉮ 편석   ㉯ 균열
   ㉰ 결정 용액   ㉱ 내부 기공

008. 초단파법에서 결함의 크기, 형상 등을 검사하면 어떤 식을 쓰는가?
   ㉮ 투과식   ㉯ 반사식
   ㉰ 흡수식   ㉱ 공진식

009. X-ray 법을 이용하는 것은?
   ㉮ 백색 X-ray   ㉯ 특성 X-ray
   ㉰ 청색 X-ray   ㉱ 적색 X-ray

010. 다음 중 비파괴시험에 해당하는 것은?
   ㉮ 경도시험   ㉯ 충격시험
   ㉰ 현미경시험   ㉱ 자기검사법

011. 다음 중 비파괴시험에 속하는 것은 어느 것인가?
   ㉮ 초음파검사법   ㉯ 충격시험
   ㉰ 피로시험   ㉱ 경도시험

012. 현미경조직시험에서 시험준비 순서는?
   ㉮ 시료채취 – 연마 – 부식 – 검정   ㉯ 부식 – 시료채취 – 검정 – 연마
   ㉰ 시료채취 – 부식 – 연마 – 검정   ㉱ 연마 – 시료채취 – 연마 – 검정

013. 재료표면 내부의 결함을 검사할 때 사용하는 비파괴시험법의 종류가 아닌 것은?
   ㉮ 침투 시험법   ㉯ 자분 탐상 시험법
   ㉰ 파면 검사 시험법   ㉱ 방사선 투과 시험법

014. 초음파 검사법에서 송파기에 의해 연속 초음파를 입사시켜 반대측의 수파기에 도달하는 초음파의 강도를 비교하는 검사 방법은?
   ㉮ 펄스 반사법   ㉯ 투과법
   ㉰ 수침 탐상법   ㉱ 공진법

정답 7.㉯ 8.㉯ 9.㉮ 10.㉱ 11.㉮ 12.㉮ 13.㉰ 14.㉯

015. 재료를 타진해 보니 탁음이 났다. 이 재료는 어떠한 상태인가?
㉮ 건전하다.　　　　　　　　　㉯ 균열이 있다.
㉰ 미세결정이다.　　　　　　　㉱ 조대결정이다.

016. 금속제품의 결함검사 중 비파괴검사법이 아닌 것은?
㉮ 충격시험　　　　　　　　　　㉯ 초음파탐사
㉰ 자기탐상법　　　　　　　　　㉱ 방사선 사진검사법

017. 표준조직이 된 강을 나이탈(질산알콜, nital) 부식액으로 부식시킬 때 제일 먼저 부식되는 조건은?
㉮ pearlite　　　　　　　　　　㉯ ferrite
㉰ cementite　　　　　　　　　 ㉱ austenite

018. 금속조직을 연구하는 데 가장 보편적으로 사용하는 방법은?
㉮ 형광시험　　　　　　　　　　㉯ 현미경시험
㉰ γ-선 시험　　　　　　　　　㉱ 초음파시험

019. 다음 중 보편적으로 사용하는 철강부식제는?
㉮ 염화제2철 + 물　　　　　　　㉯ 가성소다 + 물
㉰ 질산 + 빙초산　　　　　　　 ㉱ 질산 + 알코올

020. 구리 및 구리합금의 현미경조직시험의 부식제로 적당한 것은?
㉮ 질산알코올 용액　　　　　　 ㉯ 피르린산알코올 용액
㉰ 염화제2철 용액　　　　　　　㉱ 수산화나트륨

021. spark test란 무엇을 이용한 검사법인가?
㉮ spark수에 의해서　　　　　　㉯ spark의 curve에 의해서
㉰ spark의 form에 의해서　　　㉱ spark의 color form에 의해서

022. 철편을 다음 수용액 중에 담글 때 가장 부식이 심한 것은?
㉮ PH가 5인 묽은 산액　　　　　㉯ PH가 8인 알카리액
㉰ PH가 7인 중성액　　　　　　㉱ PH가 11인 알카리액

정답　15.㉯　16.㉮　17.㉮　18.㉯　19.㉱　20.㉰　21.㉰　22.㉮

제6장 금속의 조직검사 및 결함검사

1. 조직 및 결함 검사법의 종류

금속의 성질과 그 조직은 밀접한 관계를 갖고 있다. 같은 성분이라고 할지라도 응고조건, 가공방법, 열처리의 차이에 따라 많은 변화를 일으킨다. 금속의 조직을 검사하여 타원소의 유무, 결정입자의 크기, 편석의 분포상황, 가공, 균열의 유무, 불순물의 위치와 양적인 관계들을 조사하고, 이것을 활용하여 주조, 소성가공, 절삭가공 및 열처리 등에 대한 영향 및 적부 등을 판단할 수 있게 된다.

조직검사의 방법에는 다음과 같은 것들이 있다.
① 매크로 검사법(macro-examination) 또는 육안검사
② 마이크로 검사법(micro-examination)
③ 결함검사법(defect examination)

위 중에서 육안으로 관찰하든가 또는 10배 이내의 확대경을 사용하여 육안으로 조직을 검사하는 것을 매크로시험(macro test)이라 하고, 배율이 높은 현미경으로 확대하여 검사하는 것을 마이크로시험(micro test) 또는 현미경시험이라고 불러 구별한다.

마이크로 조직검사법은 종래 시편의 표면에 빛을 보내어 반사광선을 이용한 금속 현미경이 주로 사용되었으나, 근년에는 광선 대신으로 전자를 사용하여 확대상을 얻는 전자 현미경이 출현되어 사용되고 있다. 광학 금속 현미경에서는 20~2,000배 정도이나, 전자 현미경은 2,000~40,000배의 확대율로 조직 사진을 찍을 수 있다.

1) 매크로 검사법

매크로시험은 계기를 사용하지 않고 다음과 같이 금속의 성질을 알아낼 수 있다.
① 베어링 금속 중의 Sb, 청동 중의 Pb, 강 중의 S와 같은 함유 원소의 편석에 의한 불균일한 조직

② 슬랙, 유화물 및 산화물과 같은 비금속 물질의 개재
③ 결정의 크기와 결정 성장의 구조 파악
④ 제조방법, 예를 들면 주조, 단조, 용접 및 그 밖의 가공 과정
⑤ 성분의 차이, 경도, 마모 저항, 부식 및 산화 등에 대한 영향
⑥ 결함있는 조직의 기공, 편석, 불순물의 국부적 집합, 강철판 내의 탈탄, 부정확한 열처리에 대한 영향
⑦ 시간의 경과와 더불어 일어나는 시효, 파손의 원인 및 피로 등에 의하여 파괴된 단면 변화의 영향
⑧ 기계적인 왜곡부의 결함

매크로시험에는 파면검사, 설퍼 프린트 및 매크로 에칭 방식 등이 사용된다. 매크로 조직시험에서는 그림 6-1과 같은 순서로 시편을 준비하고 부식제를 사용하여 조직을 검사한다.

매크로 부식제에는 철강 재료용인 표 6-1 및 비철재료인 표 6-2와 같은 것이 각종 목적에 널리 사용되고 있다.

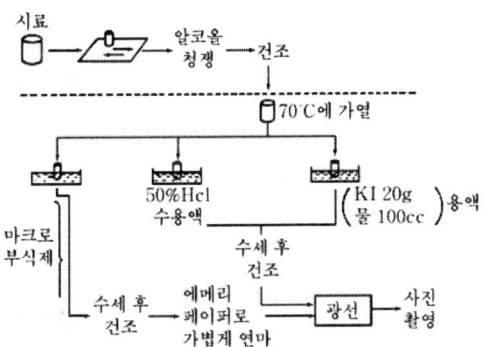

그림 6-1 매크로 부식시험의 순서와 부식공정도

표 6-1 철강재료용 매크로 검사 시약

부식액	조 성		용도 및 사용법
혼합산 (混酸)	HCl H_2SO_4 H_2O	38 cc 12 cc 50 cc	끓는 온도까지 가열하여 15~20 min 사용한다. 편석, 공극, 균열 경화층 등을 검출한다
염산	HCl H_2O	50 cc 50 cc	강괴·간조품의 부식용 70~80 ℃에서 10 min간 부식

부식액	조 성		용도 및 사용법
스테드 시약	$CuCl_2 \cdot 2H_2O$ $MgCl_2 \cdot 6H_2O$ HCl 에틸알코올	10 g 40 g 20 cc 1,000 cc	인편석, 기타 일반 성분의 편석의 검출용
Fry 시약	$CuCl_2$ HCl 물 H_2O	45 g 180 cc 100 cc	연강의 스트레인 모양 검출 200 ℃에서 30 min 가열한다.

표 6-2 비철재료용 매크로 검사 시약

사용합금	조 성		용도 및 사용법
황동	NH_4OH H_2O_2 (3 %)	50 cc 10 cc	솜에 적셔 시편에 칠한다.
황동, 청동 Ni 합금용	$FeCl_3$ HCl H_2O	5 g 50 cc 100 cc	일반용도에 준한다.
Al 합금	HF HCl H_2O	10 cc 15 cc 90 cc	10~20 sec 침지 후 온수로 씻고, H_2SO_4에 담근다.

2) 현미경 조직 시험법

금속의 현미경시험은 내부 조직을 알아내는 데 가장 편리한 방법으로 널리 사용되고 있다. 이 방법은 시편을 잘 연마하여 그 표면이 거울면과 같이 매끈하게 된 것을 적당한 부식제로 부식시켜 조직을 보기 쉽게 만들고, 금속 현미경으로 보아서 그 조직을 알아내는 방법이다. 다음에 이것에 대한 시험방법을 설명한 것이다.

(1) 시편의 준비

그림 6-2는 금속재료의 조직을 현미경으로 시험할 때의 순서를 표시한다. 이 때에는 시험목적에 따라 다음 순서로 진행한다.

① 시편의 채취할 위치 및 방향 선정
② 시편의 연삭 작업(grinding)
③ 시편의 정마(精磨) 작업(polishing)
④ 시편의 부식(etching)

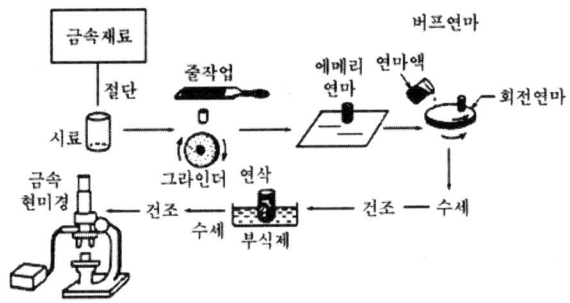

그림 6-2 금속 현미경에 의한 조직시험

시편의 형상이 작든가 또는 불규칙한 것은 마운팅 프레스(mounting press)를 사용하여 마운팅한 후에 정마 작업을 하고 부식시킨다.

(2) 금속 현미경의 구조와 종류

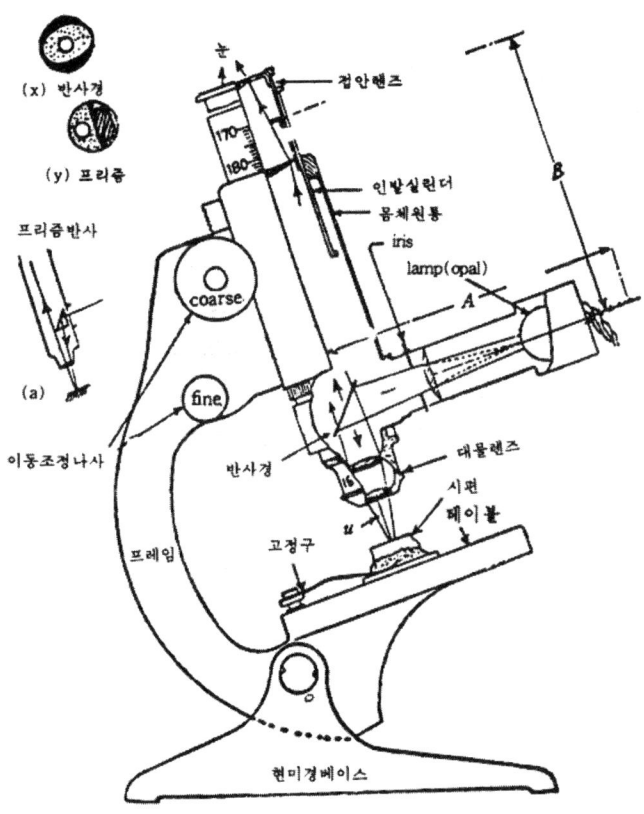

그림 6-3 금속 현미경의 설명도

제6장 금속의 조직검사 및 결함검사 • **533**

① 금속 현미경의 구조

그림 6-3에 금속 현미경이 표시되어 있다. 이것은 전체 몸체를 지지하기 위하여 3개의 지점으로 되어 있다. 다리 부분은 몸체를 적당한 각도로 기울일 수 있도록 피보트 첨단으로 되어 있다. 그리고 래크와 피니언으로 된 장치로서, 목적물의 초점 조절을 쉽게 할 수 있고, 또한 미동 조정을 할 수 있는 조정자도 갖고 있다. 조절에는 대물경과 접안경 사이의 거리를 변화시키는 초점거리 조정 원통을 사용한다. 접안용 렌즈의 배율은 ×5, ×8, ×10, ×12 등이 널리 사용된다. 대물렌즈는 시편에 가장 가까운 렌즈로서 그 질의 양부는 직접 최후 결과를 결정하는 데 영향을 준다. 고급 렌즈는 색수차와 구면 수차를 없애고 정확한 명시 거리에서 보았을 때 색깔의 영향이 없는 상만을 볼 수 있다. 확대율은 초점거리의 영향을 받으며, 초점이 짧은 렌즈는 확대율이 높다. 대물렌즈에는 ×20, ×40, ×80, ×100, ×120 등이 표시되어 있다.

금속 현미경의 수직 조명 장치는 대물렌즈의 바로 뒤에 있는 조정할 수 있는 현미경 원통 속에 고정된 얇은 거울로 그림 6-4와 같이 사용된다. 광원에서 들어온 입사광이 45°로 입사하면 일부는 시편에서 다시 반사되어 눈에 보이고, 일부는 접안경에 직접 반사하여 들어가서 금속 조직을 볼 수 있게 된다. 이 때 사용되는 반사 유리판 대신에 직각 프리즘을 사용할 수 있다. 그림 6-4는 금속 현미경에 사용되는 각종의 수직 조명 방식의 예를 표시한 것이다. 여기서 (a)와 (c)는 반사식이고 (b)는 프리즘식이다.

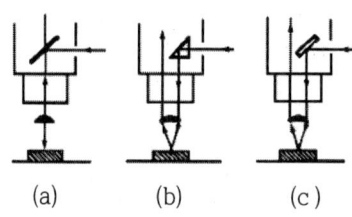

그림 6-4 수직 조명장치

② 금속 현미경의 종류

금속 조직검사에 사용되는 현미경에는 다음과 같은 것이 있다.

㉮ 일반 광학 금속 현미경

㉯ 편광 금속 현미경

㉰ 위상차 현미경

㉱ 고온 금속 현미경

㉲ 전자 현미경

그림 6-5는 금속 현미경과 전자 현미경의 원리를 비교한 설명도이다.

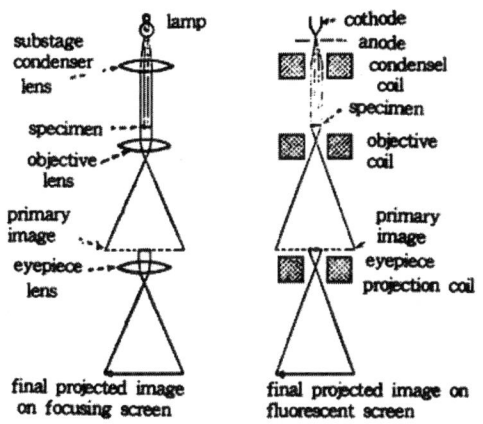

그림 6-5 금속 현미경과 전자 현미경의 원리 비교 설명도

(3) 시편의 부식 및 부식제

① 시편의 부식(etching)

현미경으로 금속 조직을 명백히 보기 위하여 그 시편에 대하여 적당한 조직이 나타났는가를 잘 검토하는 것이 필요하다. 일반적으로 연마된 표면은 선택된 국부적인 부식 또는 전체를 부식시키면서 가장 적당한 방법을 사용한다. 만족할 만한 부식 상태를 얻는 데 생기는 난점은 다음과 같다.

㉮ 불균일한 부식처(腐蝕處) : 일반적으로 시편 표면의 유분(油分)에 기인하므로 이것은 비누 또는 가성소다 용액으로 씻어 제거한다.

㉯ 오점(tint) : 건조시간이 지체되어 일어나는 산화 또는 균열부에서의 부식제의 유출이 원인이 되는 수가 있다.

② 철강 및 주철용 부식제

㉮ 2~5 % 초산 알코올 용액(nitral) : 각종 조직용

㉯ 5 % 피크린산 알코올 용액 : 각종 조직용

㉰ 탄화철(Fe_3C) 부식제 : 피크린산 5 g, 가성소다 25 g, 물 100 cc의 용액을 100 ℃에서 10분간 끓이고 시편을 물에 씻는다. 주로 탄화물의 검출에 사용된다.

㉱ 왕수 글리세린 용액 : 농염산 20 cc, 농초산 10 cc에 글리세린 20 cc의 용액으로 고 Cr강, 고 Mn강, Ni-Cr강, 고속도강 등에 사용한다.

③ 비철금속용 부식제

㉮ 구리, 황동, 청동, 양은용

- 암모니아 과산화수소 용액 : 암모니아 50 cc, 3 %의 과산화수소 10 cc의 용액

- 염화제2철 용액 : 염화제2철 10 g, 농염산 30 cc, 물 120 cc의 용액으로 Al 청동, P 청동 등에도 사용한다.
㉯ Al 합금용
- 불화수소 용액 : HF 0.5 cc, 물 100 cc의 용액
- Barrett 용액 : HCl 45 cc, HNO_3 13 cc, HF 15 cc, 물 25 cc의 용액

㉰ Ni과 그 합금용(Merica 용액) : HNO_3 50 cc, 빙초산 50 cc의 용액
㉱ Mg과 그 합금용 : 에틸렌 그리콜 75 cc, HNO_3 1 cc, 물 24 cc의 용액

3) 결함시험

금속재료의 내부 및 표면의 검사에는 비파괴검사법이 널리 사용된다. 이것에 대한 대표적인 방법은 다음과 같다.

① 자력 결함 검사법
② 형광 검사법
③ 초단파 검사법
④ X-선 검사법
⑤ γ-선 검사법

(1) 자력 결함 검사법

이 방법은 철강 제품을 자력화하는 부분과 미세 철분을 포함한 석유 중에 시험 물품을 침지시키는 부분으로 되어 있다. 만약 재질 내부에 균열이 자력선 통로에 가로 놓이게 되면 균열부의 양변에 미세 철분이 집중된다. 자력 결함 검사법에서는 철분 분포 집중으로 내부의 결함을 알 수 있게 된다.

이 방법은 주로 자성 재료 Fe, Ni, Co와 그 합금 등에 사용된다. 결함이 있을 때 자속선에 방향의 변화가 생긴다. 결함 상태가 확실하지 않을 때에는 자속 방향을 바꾸어 검사하는 것이 좋다. 이 방법에서 미세 철분은 착색하여 여러 가지 색으로 할 수 있다. 시험물에 따라 색을 조절한다. 그리고 미세 철분은 경유 1 ℓ 에 대하여 0.75~1.5 g을 첨가하여 사용한다.

최근에는 미세 철분에 형광 물질을 혼합하고 이것을 자외선으로 검사하면 대단히 좋은 결과를 나타낸다.

(2) 형광 검사법

자성 재료의 제한을 받지 않는 이 방법은 그 균열부에 침투할 수 있는 형광 물질을 함유한 용액 중에 검사할 부품을 침지한 후 과잉액을 표면에서 제거하고 건조한 후에 자외선 아래서 시험한다. 그러면 균열부는 형광으로 인하여 광휘(光輝)있는 빛이 나타나게 된다. 사진 필름과 관련 있는 방사성 동위원소 또는 가이거 검사기(Geiger counter) 등이 이와 비슷한 방법에 사용될 수 있다.

검사할 물체를 기름 중에 오랫동안 담가두면 결함부에 기름이 침지된다. 이것을 건져내고 표면을 깨끗이 닦고 백묵을 칠하든가 또는 석회, 알코올, 점토를 바르면 기름이 새어 나온 부분이 검게 착색되므로 결함이 있는가 없는가를 판정할 수 있다. 이 때에 기름이 새어 나오는 상태로 결함의 깊이 및 크기를 추정하는 방법도 있다.

(3) 초단파 검사법

고주파 전자의 파동을 석영 결정과 병용함으로써 시험 물품중에 응용하고 있다. 결정간에 있어 어떠한 시간적인 간격을 두고 시편의 말단에서부터 시편의 용적 중에 포함되어 있는 결함으로부터 반사되어오는 반응을 검사한다. 수신된 신호는 시간적 연관성을 가지고 있는 음극선관에 나타난다. 초단파 검사법에는 반사식과 투과식, 공진식 등 3종의 방식이 있다.

① 반사식

검사할 물체에 수정의 결정 조파기(造波器)를 접촉시키고 극히 짧은 시간 충격적으로 초음파를 발사하면, 결함부에서 반사되는 신호를 받아 그 사이의 시간 지연으로서 결함까지의 거리를 측정한다. 이 관계를 브라운관식 오실로스코프로 관측하기 위해 어떤 주기의 반복 충격파를 보내어 검사한다.

② 투과식

검사할 물체의 한쪽 면의 발진 장치에서 연속적으로 초음파를 보내고 반대면의 수진장치에서 신호를 받을 때 결함에 의한 초음파의 도착에 이상이 생기므로 이것으로부터 결함의 위치와 크기 등을 판정한다. 이 방법은 보통 50 mm 정도까지 적용한다.

③ 공진식

발진장치의 파장을 순차로 변화시켜 공진이 생기는 파장을 구한다. 결함이 있다면 결함까지의 거리가 파장의 $\frac{1}{2}$ 정수배될 때에 공진이 생기므로 쉽게 결함의 위치를 알 수 있다. 이 방법이 보통 결함의 깊이 측정에 사용된다. 결함이 옆으로 뻗어 있을 때의 검사에 적합하다.

(4) X-선 검사법

X-선은 전자라고 부르는 음전기의 부하 미립자의 유동과 충돌될 때에 밀도가 큰 물질에서 원인이 된 파동, 즉 소위 진공관의 대음극선으로 볼 수 있다.

이 전자들이 인접한 미립자와 충돌하지 않고 목표물에 적중되도록 하려면 진공이 필요하게 된다. 그러나 이 진공도는 사용되는 X-선 진공관의 형식에 따라서 다르다. 이 진공관은 2개의 주요형으로 분류된다. 즉, 특수 가스관과 고온 음극관이다. 앞쪽의 형식에 있어서 가스의 잔류가 전자의 원천으로서 작용할 수 있도록 진공관 중에 약간 남게 된다. 또 가스 누출 장치가 잔류 가스량을 변화시키기 위하여 부속으로 되어 있다.

전자는 큰 잠재 세력 전류(50,000~200,000 volts) 때문에 진공관 대음극에 향하여 대단히 **빠른** 고속도 유동이 생기게 된다. 진공관 대음극부에 생기는 진동은 금속 중의 원자간 거리와 거의 같은 크기의 파장이다. 따라서 금속을 관통할 수 있다.

X-선은 직선 방향으로 이동되며, 또 불투명체인 물질을 관통하는 능력을 가지고 있다. 관통에 대한 저항은 물체의 밀도에 대략 비례한다. 그러므로 납은 일정한 방사선에 대하여서는 알루미늄과 상대적으로 불투명체인 것이다. 관통력이 큰 광선은 하드(hard)라고 부르고, 관통력이 적은 광선은 소프트라고 부른다.

이 두 용어는 파장과 관계가 있는 것을 표시하는 것으로 하드 광선은 소프트 광선에 비해 더욱 작은 파장을 가지고 있다. X-선은 광선이 사진판에 주는 것과 비슷한 영향을 준다. 즉, X-선은 바륨 백금 청화물로서 형광을 발생하게 하는 특징을 가진 어떤 물질에 사진판 감광 작용을 일으킨다. 이와 같은 성질은 X-선의 강도를 변화시키며 결함검사에 사용된다.

(5) 감마선(γ선) 검사법

공업용 방사선 사진에 대한 X-선의 응용은 현재 최고 5인치 두께의 강철까지로 한정되어 있는데 비하여 γ 방사선은 더욱 적은 파장이므로 두께 3~10인치까지 적용할 수 있다. 그리고 결과적으로 보아 사용물에 대한 대조의 곤란성과 더불어 비교적 큰 침투력을 가지고 있다. 이 방법을 사용할 때에 전력이나 급수가 필요하지 않아 실외 공작물 또는 한정된 장소에서도 사용할 수 있다. 감마선은 라듐 혹은 방사성 동위원소 Co^{60}, $Ir^{44\sim92}$, Cs^{13}과 같은 물질에서 방사된다.

라듐은 화학적으로 활발한 금속이다. 그러나 검사에 있어 라듐은 순금속 상태에서 사용할 수 없고 항상 염화물, 취화물(臭化物), 혹은 유화물의 상태로서 사용된다. 이와같은 물체들은 알파(α), 베타(β), 감마(γ)라고 부르는 방사선을 발생한다. 처음 둘의 방사능은 검사에는 가치가 없다. γ선은 충분히 주의하지 않으면 인체에 유해한 생리적 작용을 일으킨다. 그 통로는 금속의 얇은 중개물체로 방지된다. 따라서 라듐 염화물을 넣은 유리 용기는 강주물제(鋼鑄物製)로 만들어 보관하여 둔다. 라듐 용기는 시험물에 노출하는 동안 감마선이 출현할 수 있도록 2개의 구멍을 가진 $1\frac{1}{2}$인치의 두께인 Pb로 된 내벽(內壁)을 만든다.

최근 방사선 동위원소가 입수하기 쉬우므로 라듐의 이용은 점차로 적어지고, 대신 코발트(Co^{60})를 많이 쓰고 있다.

예상문제

001. 현미경 검사용 시험편 연마에 사용되지 않는 것은?
- ㉮ CuO
- ㉯ Al_2O_3
- ㉰ Fe_2O_3
- ㉱ Cr_2O_3

002. 금속 조직 시험에서 강의 부식제는?
- ㉮ 초산 알코올 용액 또는 피크린산 용액
- ㉯ 암모니아, 과산화수소 용액
- ㉰ 질산, 빙초산 용액
- ㉱ 염화제2철 용액

003. 금속 조직을 연구하는 데 가장 보편적으로 사용하는 것은
- ㉮ 형광시험
- ㉯ 현미경시험
- ㉰ γ-선 시험
- ㉱ 초음파시험

004. 금속의 조직은 무엇으로 검사하는가?
- ㉮ 경도계
- ㉯ 투명기
- ㉰ 금속 현미경
- ㉱ 초음파탐사기

005. 현미경 검사에 사용하는 시험편의 부식제는?
- ㉮ 강알칼리
- ㉯ 약산
- ㉰ 강산
- ㉱ 약알칼리

006. 다음 중 금속의 매크로 시험(macro-graphy) 방법이 아닌 것은?
- ㉮ X-선 분석법
- ㉯ 설퍼 프린트
- ㉰ 파단면 검사
- ㉱ 매크로 에칭

007. 다음 금속 조직 검사법 중 가장 정확한 것은?
- ㉮ 금속 현미경
- ㉯ 육안 검사
- ㉰ 매크로 조직 검사법
- ㉱ 파면 검사

정답 1.㉮ 2.㉮ 3.㉯ 4.㉰ 5.㉱ 6.㉮ 7.㉮

008. 열간 부식 검사에 사용되는 현미경은?
    ㉮ 보통 금속 현미경　　　　㉯ 편광 현미경
    ㉰ 전자 현미경　　　　　　㉱ 고온 금속 현미경

009. 매크로 조직 검사시 지름이 몇 mm 이상이어야 크기와 모양을 검사할 수 있는가?
    ㉮ 0.001 mm　　　　　　㉯ 0.01 mm
    ㉰ 0.1 mm　　　　　　　㉱ 0.10 mm

010. 금속의 조직을 검사할 때 사용하는 현미경 중 전파를 이용한 것은?
    ㉮ 편광 현미경　　　　　　㉯ 전자 현미경
    ㉰ 고온 현미경　　　　　　㉱ 일반 금속 현미경

011. 현미경 시험법에서 시편의 일반적인 높이는?
    ㉮ 0.3~0.4 cm　　　　　㉯ 4 cm
    ㉰ 1~2 cm　　　　　　　㉱ 6 cm

012. 현미경 조직시험을 위하여 큰 재료로부터 시료를 채취할 때 다음 글 중 틀린 것은?
    ㉮ 일반적인 조직시험의 시료는 중앙부 및 끝부분으로부터 채취한다.
    ㉯ 결함검사를 위한 시료는 결함이 발생된 곳과 결함이 없는 중간 부분을 취한다.
    ㉰ 단조, 가공한 것은 종단면, 횡단면 모두 시험할 수 있게 한다.
    ㉱ 냉간 압연한 것은 시료표면이 가공방향과 평행하게 한다.

013. 다음 중 철강의 현미경 검사에 사용되는 부식제가 아닌 것은?
    ㉮ 적혈염 알칼리 용액　　　㉯ 피크린산 알코올 용액
    ㉰ 초산 알코올 용액　　　　㉱ 염산 용액

014. 현미경 시료의 단면은 어느 정도가 적당한가?
    ㉮ 5~6 cm²　　　　　　　㉯ 1~2 cm²
    ㉰ 2~3 cm²　　　　　　　㉱ 3~4 cm²

015. 금속 현미경의 배율은 무엇으로 결정되나?
    ㉮ 대물 렌즈만으로　　　　㉯ 대안 렌즈만으로
    ㉰ 대물 및 대안 렌즈로　　㉱ 동경(movable tube)만으로

정답 8.㉱　9.㉰　10.㉯　11.㉰　12.㉯　13.㉱　14.㉯　15.㉰

016. 금속 현미경에 의한 조직검사 방법 중 옳은 것은
㉮ 시료채취 → 연마 → 세척 → 부식 → 검사
㉯ 시료채취 → 연마 → 부식 → 착색 → 검사
㉰ 검사 → 연마 → 부식 → 세척 → 시료채취
㉱ 시료채취 → 세척 → 연마 → 부식 → 검사

017. 금속의 조직을 검사하는 목적이 아닌 것은?
㉮ 열처리 상태
㉯ 조직
㉰ 입자의 크기
㉱ 강도

018. 크롬강, 텅스텐강, 고속도강의 탄화물을 검출할 때 사용하는 부식제는?
㉮ 초산 알코올 용액
㉯ 피크린산 소다 용액
㉰ 적혈염 알칼리 용액
㉱ 피크린산 알코올 용액

019. 현미경 조직시험에 쓰이는 구리, 황동, 청동의 부식제는?
㉮ 염화제2철 용액
㉯ 피크린산 알코올 용액
㉰ 질산 초산 용액
㉱ 왕수

020. 돋보기로 조직을 검사하는 방법은?
㉮ 파면 검사법
㉯ 매크로 조직 검사법
㉰ 금속 현미경
㉱ 경사 단면법

021. 시편을 석유에 침지시켜서 표면에 생긴 균열 등을 검사하는 법은?
㉮ 유압법
㉯ 유침법
㉰ 초음파법
㉱ 열기전력법

022. 다음 중 기계적 성질에 해당되지 않는 것은?
㉮ 탄성계수
㉯ 부식성
㉰ 크리프
㉱ 항복점

023. 금속을 두드려서 나오는 음향으로 결함을 검사하는 방법은?
㉮ 타진법
㉯ 가압법
㉰ 침지법
㉱ 초음파법

정답 16.㉮ 17.㉱ 18.㉰ 19.㉮ 20.㉯ 21.㉯ 22.㉯ 23.㉮

024. 용접부의 용착 상태의 양부를 검사할 때 가장 적당한 시험방법은?
   ㉮ 경도시험   ㉯ 굴곡시험
   ㉰ 압축시험   ㉱ 진자시험

025. 주물의 결함을 검출하는 데 이용되는 시험과 관계되는 것은?
   ㉮ 피로시험   ㉯ X선과 투과검사법
   ㉰ 인장시험   ㉱ 충격시험

026. 강재를 파괴하지 않고 표면의 균열 등의 결함을 검사하는 방법이 아닌 것은?
   ㉮ 설퍼 프린트법   ㉯ 매크로 조직 검사법
   ㉰ 자기탐상법   ㉱ 초음파탐상법

027. 구리 및 구리합금의 현미경 조직시험 부식제로 가장 적당한 것은?
   ㉮ 염화제2철 용액   ㉯ 피크린산 알코올 용액
   ㉰ 질산 알코올 용액   ㉱ 수산화나트륨 용액

028. 철강재료의 결함 검사법이 아닌 것은?
   ㉮ 파면 검사법   ㉯ 자기탐상법
   ㉰ 법촉열 기전력법   ㉱ 설퍼 프린트법

029. 다음에서 보편적으로 사용하는 철강부식제는?
   ㉮ 가성소다 + 물   ㉯ 염화제2철 + 물
   ㉰ 질산 + 알코올   ㉱ 질산 + 빙초산

030. 방사선투과검사에서 투과사진의 질이나 감도를 결정하기 위해 사용하는 것은?
   ㉮ 큐리
   ㉯ 탐촉자
   ㉰ 투과도계
   ㉱ 투과 필름 농도

정답 24.㉯ 25.㉯ 26.㉯ 27.㉮ 28.㉰ 29.㉰ 30.㉰

031. 비파괴 시험에서 X선 투과시험시 검사할 수 있는 두께는 얼마인가?
　　㉮ 0 ~ 120 mm　　　　　　　　㉯ 120 ~ 220 mm
　　㉰ 220 ~ 320 mm　　　　　　　㉱ 320 mm 이상

032. 현미경 조직시험을 위하여 큰 재료로부터 시료를 채취할 때 다음 중 틀린 것은?
　　㉮ 일반적인 조직시험의 시료는 중앙부 및 끝 부분으로부터 채취한다.
　　㉯ 결함검사를 위한 시료는 결함이 발생된 것과 결함이 없는 중간 부분을 위한다.
　　㉰ 단조, 가공한 것은 종단면, 횡단면 모두 시험할 수 있게 된다.
　　㉱ 냉간압연한 것은 시료표면이 가공방향과 평행하게 된다.

033. 강재의 재료시험 중 시료 표면이 가장 많이 사용하지 않는 것은 어느 것인가?
　　㉮ 경도시험　　　　　　　　　㉯ 인장시험
　　㉰ 압축시험　　　　　　　　　㉱ 충격시험

034. 구리 및 구리합금의 부식액은?
　　㉮ 과황산암모늄　　　　　　　㉯ 질산
　　㉰ 염산　　　　　　　　　　　㉱ 수산

035. 시멘타이트 및 기타 탄화물 부식제로서 가장 많이 사용하는 것은?
　　㉮ 피크린산 + 알코올　　　　　㉯ 질산 + 알코올
　　㉰ 염화제2철 + 염산　　　　　 ㉱ 피크린산 + 수산화나트륨

036. 다음 편광 현미경(polarizing microscope)에 대한 설명 중 틀린 것은?
　　㉮ Zn, Zr(육방정), U(사방정)와 같이 광학적으로 이방성을 가진 금속원소에 사용된다.
　　㉯ 경면을 부식하지 않으면, 결정립이나 상이 잘 나타나지 않는다.
　　㉰ Al, Fe 등과 같은 동방성 금속에도 양극산화로, 산화피막을 만들거나 또는 깊이 부식하여 특정의 결정면(100)이 나오거나 하면, 반사광이 편광이 되므로 편광현미경을 사용할 수 있다.
　　㉱ 교차 니콜(nicol)을 쓰는 관계로 시야가 어둡게 되므로 아크 등과 같은 강력한 광원이 필요하다.

정답　31.㉮　32.㉯　33.㉰　34.㉮　35.㉱　36.㉯

037. 아공석강의 표준조직을 부식하여 현미경으로 관찰하였다. 입상(粒狀)으로 된 백색부분은?
    ㉮ 시멘타이트
    ㉯ 페라이트
    ㉰ 펄라이트
    ㉱ 페라이트 + 펄라이트

038. 강(steel) 중에서 초음파의 속도는?
    ㉮ 335 m/s
    ㉯ 1400 m/s
    ㉰ 4200 m/s
    ㉱ 6000 m/s

039. 전해연마 설명 중 옳은 것은?
    ㉮ 양극에 시편, 음극에 납 또는 스테인리스강
    ㉯ 양극에 납 또는 스테인리스강, 음극에 시편
    ㉰ 양극에 백금, 음극에 시편
    ㉱ 양극에 austenite강, 음극에 시편

040. 다음 강에 부식법(macro-etch)의 설명 중 틀린 것은?
    ㉮ 육안 검사의 일종이다.
    ㉯ deep-etch test 또는 hot-acid etch라고도 한다.
    ㉰ 산계(pickling) 정도로는 식별하기 어려운 미세균열, 백점, 편석 등도 확대 검출할 수 있게 된다.
    ㉱ 부식면을 소지 그대로 둔다.

041. 금속을 두들겨서 나오는 음향으로 결함을 검사하는 방법은?
    ㉮ 타진법
    ㉯ 침지법
    ㉰ 가압법
    ㉱ 초음파법

042. 시편을 석유에 침지시켜서 변색부를 보고 검사하는 방법은?
    ㉮ 유압법
    ㉯ 침지법
    ㉰ 가압법
    ㉱ 열기전력법

정답 37.㉯ 38.㉱ 39.㉮ 40.㉱ 41.㉮ 42.㉯

043. 다음 중 시험재의 재질에 제한을 가장 많이 받는 비파괴 검사법은?
㉮ 침투탐상시험　　　　　㉯ 자분 탐상시험
㉰ 초음파 탐상시험　　　　㉱ 방사선 탐상시험

044. 합금의 상변화에 사용되는 현미경은?
㉮ 보통 금속현미경　　　　㉯ 편광현미경
㉰ 고온 금속현미경　　　　㉱ 전자현미경

045. 조직검사에 흔히 사용하는 방법 중 틀린 것은?
㉮ 마크로(mcro) 검사법　　㉯ 불꽃 검사법
㉰ 현미경 검사법　　　　　㉱ 열분석법

046. 구리 및 강합금용 부식제로서 틀린 것은?
㉮ 염화제2철 용액　　　　㉯ 황산암모늄 용액
㉰ 암모니아 + 과산화수소 용액　㉱ 피크린산 + 알코올 용액

047. 강재검사의 가장 간단한 방법은 어느 것인가?
㉮ 파괴검사법　　　　　　㉯ 현미경 검사법
㉰ 타진법　　　　　　　　㉱ SUMP법

048. 침투탐상법에서 FA라고 표시된 것은 어떤 의미인가?
㉮ 수세성 형광염색제 = FA　㉯ 용제제거성 형광염색제 = FC
㉰ 후유화성 형광침투재 = FB　㉱ 용제제거성 염색침투재 = VC

049. 다음 중 비파괴시험 방법이 아닌 것은?
㉮ 초음파 검사 시험　　　㉯ 방사선 검사시험
㉰ 충격 시험　　　　　　㉱ 와류 검사 시험

050. 일반 강제에 대한 산세법의 산액 중 틀린 것은?
㉮ 5 % HCl 물　　　　　㉯ 5 % H_2SO_4 물
㉰ 25 % NaOH액　　　　㉱ 인산

정답 43.㉱　44.㉰　45.㉱　46.㉰　47.㉰　48.㉮　49.㉰　50.㉰

051. 강의 단면을 염산, 염화동암모늄 또는 왕수를 사용하여 단면을 검사하는 방법은?
  ㉮ 자분 검사 시험법
  ㉯ 형광 침투 사용법
  ㉰ 방사선 투과 시험법
  ㉱ 매크로 조직 시험법

052. 비파괴시험법이 아닌 것은?
  ㉮ 형광법
  ㉯ 음향법
  ㉰ 유압법
  ㉱ 크리프 시험

053. X-선에서 방사선 강도 식 $I = I_0 e^{-\mu t}$에 대한 기호 설명 중 맞는 것은?
  ㉮ I_0는 방사선 초기강도
  ㉯ e = 방사선 강도
  ㉰ μ = 자연대수
  ㉱ t = 투과 시간(초)

054. 용접부의 결함 탐상시 사각탐측자에서 발생되는 초음파의 종류는?
  ㉮ 판파
  ㉯ 표면파
  ㉰ 종파
  ㉱ 횡파

055. 두 물체의 상대운동이 가스나 액체 등의 부식성 분위기 중에서 일어날 때, 물체 표면의 전기·화학 반응으로 생성된 부식 생성물들이 위 상대운동에 의해 쉽게 제거되는 마모는?
  ㉮ 피로마모
  ㉯ 응착마모
  ㉰ 연삭마모
  ㉱ 부식마모

056. 철강의 매크로 조직시험법에서 마크로 조직의 표시법 중에서 DT-Sc-N으로 표시되어 있으면 어떤 결함이 나타나는가?
  ㉮ 수지상정, 피트(fit), 중심부 편석, 기포
  ㉯ 수지상정, 다공질, 중심부 편석, 개재물
  ㉰ 수지상정, 피트(fit), 중심부 편석, 개재물
  ㉱ 수지상정, 모세균열, 중심부 편석, 기포

057. 탄소강, 저합금강, 중합금강의 결정경계의 부식에 쓰이는 것은?
  ㉮ 질산 10% + 알코올
  ㉯ 질산 1~5% + 알코올
  ㉰ 질산 35% + 알코올
  ㉱ 진한질산 + 알코올

058. 페라이트와 시멘타이트를 구별하기 위하여 착색시험을 할 때 사용되는 시약은?
   ㉮ C$_6$H$_3$O$_7$N$_3$ + NaOH + 물
   ㉯ CH$_3$OH + HNO$_3$
   ㉰ C$_2$H$_5$OH + HNO$_3$
   ㉱ HCl + 물

059. 마모시험기 형식에 해당하지 않는 것은?
   ㉮ 회전 마모 시험기
   ㉯ 슬라이딩 마모 시험기
   ㉰ 매크로 마모 시험기
   ㉱ 왕복 슬라이딩 마모 시험기

060. 전해정련으로 구리 및 구리합금강에 적합한 전해액은?
   ㉮ 과염산소다 20 % + 무수초산 75 % + 물 9 %
   ㉯ 정인산 50 % + 물 50 %
   ㉰ 황산 70 % + 물 30 %
   ㉱ 과연소산 20 % + 무수초산 80 %

061. 탄소강, 저합금강, 중합금강의 결정경계의 부식에서 상온에서의 부식시간은?
   ㉮ 5분
   ㉯ 30분
   ㉰ 60분
   ㉱ 수초 ~ 1분간

062. 철강재료의 결함검사법이 아닌 것은?
   ㉮ 파면검사법
   ㉯ 자기탐상법
   ㉰ 접촉열기전력법
   ㉱ 설퍼프린트법

정답 58.㉮ 59.㉰ 60.㉯ 61.㉱ 62.㉰

4 도면해독법

제 1 장   제도 일반

제 2 장   치수공차 및 끼워맞춤

제 3 장   기하학적 특성

제 4 장   형상공차 및 자세공차

제 5 장   위치공차

제1장

제도 일반

1. 제도 통칙

 선, 문자 및 기호 등을 사용하여 일정한 규칙에 따라 기계 및 구조물에 대한 부품의 제작 및 설치, 조립, 작동, 취급, 주문, 견적 등에 필요한 도면 및 사양을 정확하고 간단하게 작성하는 작업을 제도라 한다. 정확하게 작성된 도면은 세계 각국에서 언어는 통하지 않아도 도면으로는 통할 수 있어서 공통된 표현으로 널리 사용되고 있으며, 도면을 작성하는 목적은 도면 작성자의 의도를 도면 사용자에게 확실하고 쉽게 전달하는 데 있다. 또한 그 도면에 표시하는 정보의 보존, 검색, 이용이 확실히 이루어지는 것이 바람직하다.

1) 도면이 구비하여야 할 구비 조건
① 대상물의 도형과 함께 필요로 하는 크기, 모양, 자세, 위치의 정보를 포함하여야 하며, 필요에 따라서 면의 표면, 재료, 가공방법 등의 정보를 포함하여야 한다.
② ①의 정보를 명확하고 이해하기 쉬운 방법으로 표현하고 있어야 한다.
③ 애매한 해석이 생기지 않도록 표현상 명확한 뜻을 가져야 한다.
④ 기술의 각 분야 교류의 입장에서 가능한 한 넓은 분야에 걸쳐 정합성·보편성을 가져야 한다.
⑤ 무역 및 기술의 국제 교류의 입장에서 국제성을 가져야 한다.
⑥ 마이크로필름 촬영 등을 포함한 복사 및 도면의 보존, 검색 이용이 확실히 되도록 내용과 양식을 구비하여야 한다.

2) 제도 규격
 제도 규격은 도면에 의한 여러 가지 공업 제품을 가공, 조립, 검사 등 설계자의 의사를 나타낸 도면을 보고 의문이나 오해가 없도록 정확하고 쉽게 이해시키자면 일정한 규칙이 필요하다. 그러므로 각국에서는 필요한 표준 규격을 정하고 있다.

우리나라에서는 한국공업규격(Korean Industrial Standard)이 제정되어 실시되고 있다.

표 1-1 각국의 공업 규격

국 별	규격 기호
한국 산업표준	KS(Korean Industrial Standard)
독일 공업규격	DIN(Deutsche Industrie Normen)
영국 공업규격	BS(British Standards)
미국 공업규격	ASA(American Standard Association)
일본 공업규격	JIS(Japanese Industrial Standard)
국제 표준화기구	ISO(International Organization for Standardization)

KS에서는 각 분야별로 다음과 같이 분류하고 있다.

표 1-2 KS 분류기호

기호		분류	기호		분류
KS	A	기본	KS	G	일용품
KS	B	기계	KS	H	식료품
KS	C	전기	KS	K	섬유
KS	D	금속	KS	L	요업
KS	E	광산	KS	M	화학
KS	F	토건			

3) 도면의 종류

도면은 용도 및 내용에 따라서 여러 가지 종류가 있고, 그 중에서 가장 많이 사용되는 것이 조립도 및 부품도이다.

분류 방법	도면의 종류	설 명
용도에 따른 분류	계 획 도	계획에 사용되는 도면
	제 작 도	제작에 사용되는 도면
	주 문 도	주문서에 첨부되는 도면
	승 인 도	주문자 등의 승인을 얻은 도면
	견 적 도	견적서에 첨부되어 내용을 설명하는 도면
	설 명 도	설명에 사용되는 도면
도면 내용에 따른 분류	조 립 도	전체의 조립을 표시하는 도면
	부분품도	부품을 표시하는 도면
	공 정 도	제작 공정의 과정을 표시하는 도면
	상 세 도	복잡한 부분을 상세히 나타내는 도면
	접 속 도	전기 회로의 접속을 표시하는 도면
	배 선 도	전선의 배치를 표시하는 도면
	배 관 도	관의 배치를 표시하는 도면
	계 통 도	배관의 계통을 표시하는 도면
	기 초 도	기초를 표시하는 도면
	스케치도	스케치를 나타내는 도면
	배 치 도	많은 기계의 설치 위치를 표시하는 도면
	외 형 도	외형을 표시하는 도면
	곡면선도	선체·자동차 등의 복잡한 곡면을 표시하는 도면
	구조선도	기계 또는 건축 구조물의 구조를 표시하는 도면

4) 도면의 크기

도면의 크기는 일정한 치수로 통일되어야 취급 정리 등이 용이하며 용지의 크기, 테두리, 도면의 방향 등이 정해져 있다.

표 1-3 도면의 크기

크기의 호칭		A_0	A_1	A_2	A_3	A_4	A_5
a × b		841×1189	594×841	420×594	297×420	210×297	148×210
c(최소)		10	10	10	5	5	5
d (최소)	철하지 않는 경우	10	10	10	5	5	5
	철할 경우	25	25	25	25	25	25

크기의 호칭	B_0	B_1	B_2	B_3	B_4	B_5	B_6
a × b	1030×1456	728×1030	515×728	364×515	257×364	182×257	128×182

5) 선

(1) 선의 종류 및 용도

① 선의 종류에는 실선, 은선, 쇄선의 3종류가 있다.

② 실선은 외형을 나타내는데 쓰이고 치수선, 치수보조선, 지시선, 해칭선 등에는 가능 실선을 사용한다.

③ 은선은 보이지 않는 부분을 나타내는데 사용한다.

④ 쇄선은 중심선 가상선, 회전단면 외형선, 절단부 쇄선, 경계선, 기준선 등에 사용된다.

선의 종류 및 용도선의 비율은 다음과 같다.

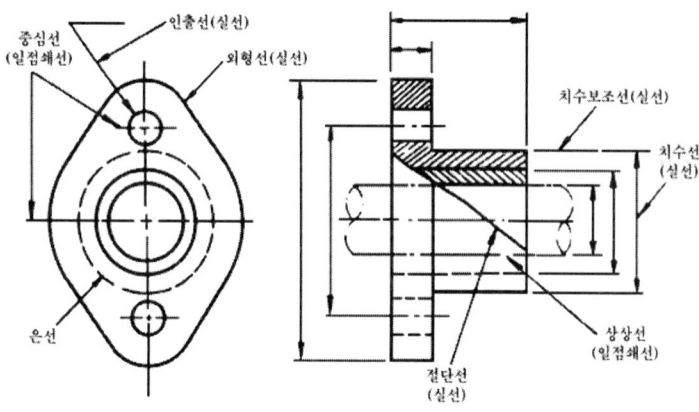

그림 1-1 선의 사용 예

표 1-4 선의 종류와 용도(KS B 001)

용도에 의한 명칭	보기	종류와 굵기	용 도
외 형 선	———————	실선 0.8~0.3 mm	물체의 보이는 부분의 형상을 나타내는 선
은 선	----------	파선 외형선의 약 1/2	물체의 보이지 않는 부분의 형상을 나타내는 선
절 단 선	▬▬▬·—·—▬▬▬	절단부 쇄선(양끝은 굵은 선에 중간은 가는 쇄선)	단면도를 그릴 경우에 그 절단 위치를 표시하는 선
중 심 선	—·—·—·— ———————	일점쇄선 0.2 mm 이하 선의 길이를 절단선·가상선보다 도 길게 한다. 같은 굵기의 실선을 사용할 수 있다.	도형의 중심을 표시하는 선 또는 도형의 대칭선
가 상 선	—————— —··——··——	일점쇄선·외형선의 약 1/2 특히 일점 쇄선과 뚜렷이 구별할 필요가 있을 때는 같은 굵기의 이점쇄선을 사용해도 좋다. 또한 혼동할 염려가 없을 때에는 가는 선의 실선으로 대용해도 좋다.	도시된 물체의 앞면에 있는 부분을 표시하는 선, 물체의 일부의 형태를 실제와 다른 위치에 나타내는 선, 인접부분을 참고로 나타내는 선, 가공 전 또는 가공 후의 형상을 나타내는 선, 동일도를 이용하여 부분적으로 다른 두 종류의 물체를 나타내는 선, 도형 내에 그 부분의 단면형을 90도 회전하여 표시하는 선, 이동하는 부분의 가동위치를 표시하는 선
피 치 선	—·—·—	일점쇄선 0.2 mm 이하	체인·치차 등의 부분에 기입하는 피치원
치 수 선 치수보조선	⊢———⊣	실선 0.2 mm 이하	치수를 기입하기 위하여 쓰는 선
지 시 선	╱ ╱	실선 0.2 mm 이하	각종 기호를 따로 기입하기 위하여 도형에서 빼내는 선
파 단 선	～～～	자유실선 외형선의 약 1/2 자를 쓰지 않고 그린다.	부분 생략 또는 부분 단면의 경계를 나타내는 선 또는 중간을 생략하는 선
표면 처리 표 시 선	▬▬·▬·▬	굵은 일점쇄선	물체의 표면 처리 부분을 표시하는 선

2. 평면도법

1) 주어진 직선 및 원호의 2등분법
① A, B는 주어진 직선 및 원호이다.
② 주어진 직선 및 원호 A에서 반경 R의 원호를 그린다.
③ B에서 반경 R을 원호로 C 및 D를 그리고, 원호의 교점 CD를 연결하면 주어진 직선 및 원호의 2등분이 된다.

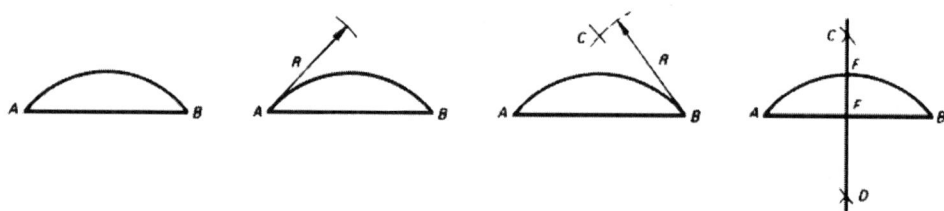

그림 1-2 주어진 직선 및 원호의 2등분

2) 삼각자에 의한 직선의 2등분 및 3등분
① 2등분법 : 주어진 직선 A, B에서 45°의 등각선을 그리고, 교점 C를 통한 수직선을 긋는다.
② 3등분법 : 주어진 직선 A, B에서 30°의 선을 긋고 그 교점을 통하는 60°의 선 CD, CE를 그으면 된다.

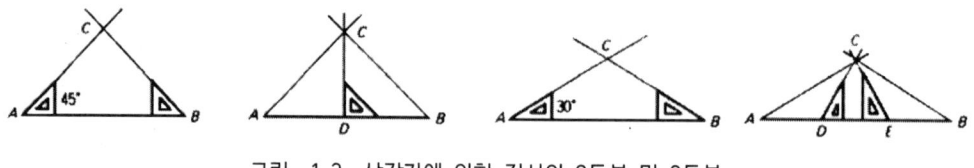

그림 1-3 삼각자에 의한 직선의 2등분 및 3등분

3) 각의 2등분법
① 주어진 각의 중심 A에서 반경 R을 그린다.
② 두 변의 교점을 B, C라고 하고 B, C를 중심으로 반경 R의 원호를 그린 교점을 D라 하고
③ A, D를 연결하면 A, D는 각 A를 2등분한다.

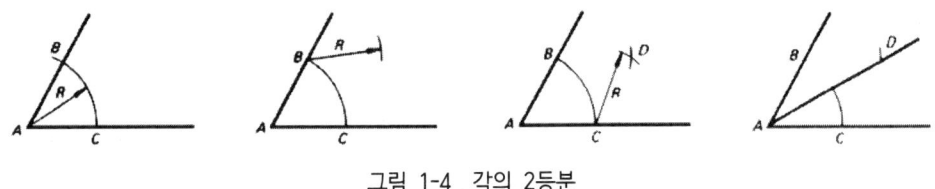

그림 1-4 각의 2등분

4) 주어진 점 P를 통하는 수직선

① 주어진 P를 중심으로 반경 R_1의 원호를 그리고 직선의 교점 A, B를 반경으로 R_2의 원호를 그린다.
② 만난 교점 C와 P를 연결하면 P, C는 구하는 수직선이 된다.

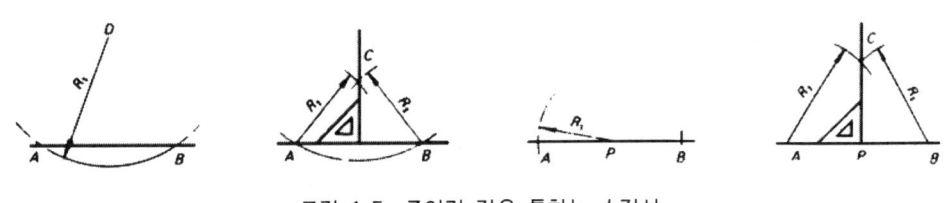

그림 1-5 주어진 점을 통하는 수직선

3. 투상법

하나의 평면에 광선을 비쳐서 이 면(面)에 찍히는 그림으로 물체의 형태를 표시하는 화법을 투상법이라 한다. 이 때 광선을 나타내는 선을 투상선이라 하며 그림에 찍히는 평면을 투상면, 묘사된 그림을 투상도라 한다. 투상도는 보는 사람의 눈의 위치와 물품을 두는 방법에 따라 도형과 크기가 변화한다.

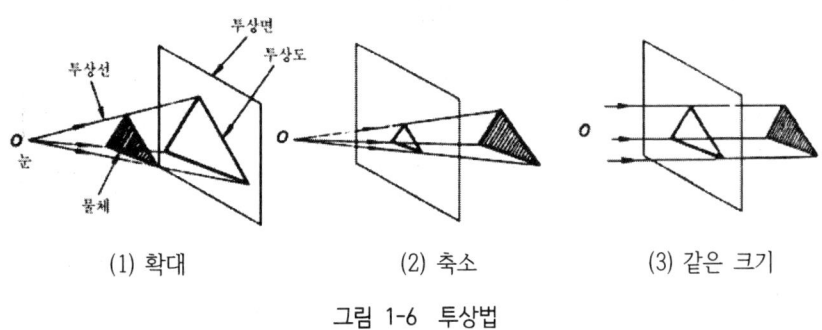

(1) 확대　　　　(2) 축소　　　　(3) 같은 크기

그림 1-6 투상법

1) 제1각법과 제3각법

기계 제도에서는 대부분 정투상법이 사용되고, 때에 따라서 사투상(obligue projection)과 축측투상(axonometric projection)을 쓰기도 한다. 투상법은 기계를 제도지 위에 나타내는 방법으로서, 제도에서는 가장 중요하다.

(1) 제1각법과 제3각법

그림 1-7에서 보는 바와 같이 직교하는 두 평면이 1직선에서 서로 만날 때 연직, 수평의 두 평면은 한 공간을 4개로 구분한다. 이 때, 연직으로 놓은 평면을 직립면, 수평으로 놓은 평면을 수평면이라 하고, 직립면의 오른쪽 수평면의 위쪽에 있는 공간을 제1상한(또는 제1각), 제1상한에서 시계바늘과 반대 방향으로 돌면서 제2, 3, 4, 상한이 정해진다. 제1각 내에 공작물(물체)을 놓고 투상하는 방식을 제1각법(1st angle method)이라 하고(그림 1-8), 또 제3각 내에 공작물을 놓고 투상하는 방식을 제3각법(3rd angle method)이라 한다(그림 1-9). 그림 중의 화살표는 물체를 바라보는 시선 투사선의 방향과 투사선 사이의 관계가 평행임을 표시한다(정투상법의 원리). 또 도면은 한 평면(제도지) 위에 표시되어야 하기 때문에 그림 1-8과 1-9에서 수평면 시계바늘과 같은 방향으로 90° 회전시켜 직립면과 같은 위치로 회전하면 2개의 투상도는 한 투상면 위에 놓이게 된다. 모든 공작물은 이와 같이 몇 개의 투상도로서 한 제도지 위에 표시된다.

KS B 0001 6.1에 의하면 제도에 사용되는 투상법은 제3각법으로 작도함을 원칙으로 삼고 있다. 단, 선박이나 건축물 등의 도면에서와 같이 관습상 불가피한 경우에는 제1각법을 써서 제도하여도 무방하다.

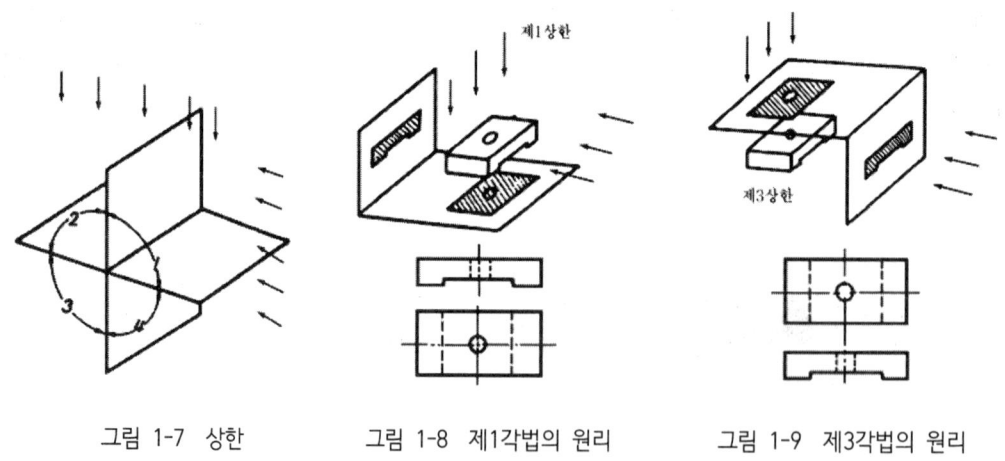

그림 1-7 상한   그림 1-8 제1각법의 원리   그림 1-9 제3각법의 원리

(2) 투상도의 명칭과 도면의 기준배치

그림 1-10, 1-11에 표시한 바와 같이 직립면에 투상된 도형을 정면도(elevation or front view), 수평면에 투상된 도형을 평면도(plan or top view), 또 우측 투상면에 투상된 도형을 우측면도라 한다. 그림 1-10, 1-11 (a)의 투상면을 전개하면 (b)와 같이 투상면이 전개되는데, 그림 (b)에서는 다시 투상면의 테두리선을 없애면 그림 1-12와 같이 된다.

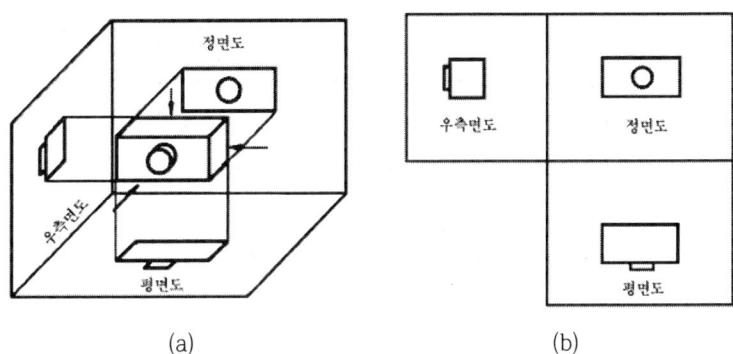

그림 1-10 제1각법에 의한 투상면의 전개

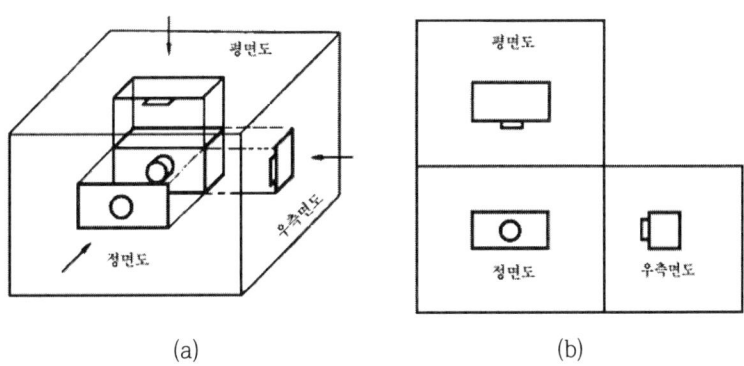

그림 1-11 제3각법에 의한 투상면의 전개

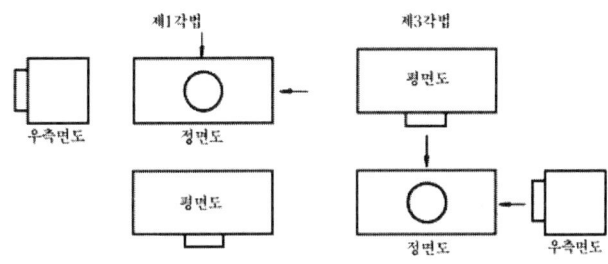

그림 1-12 투상면의 배치

2) 제3각법과 제1각법의 비교

제1각법은 자연적인 형을 나타내지만 도면을 대조하는 데 불편한 일이 많다. 특히 긴 것과 사면(斜面)을 갖는 물체는 제3각법에 따르는 편이 그리기 쉽고 이해하기가 용이하며, 제1각법보다 제3각법이 치수를 쉽게 알아볼 수 있고 비교 대조가 용이하다.

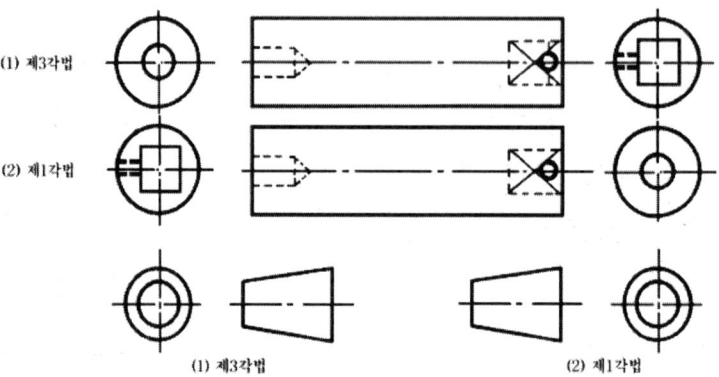

그림 1-13 제3각법과 제1각법의 비교

제2장 치수공차 및 끼워맞춤

1. 치수공차

1) 치수공차의 개념

공차란 다음과 같이 정의한다.

어떤 형체의 최대 허용한계와 최소 허용한계와의 차를 말하며 이는 윗치수 허용차와 아랫치수 허용차와의 차를 말한다. 다시 말하면, 이론 치수에 대한 산포의 범위가 공차로서 설계상 무시할 수 없는 값이다.

공차를 운용하는 기본 원칙은 첫째, 기능상 필요로 하는 공차 등급의 설정(품질적), 둘째, 요구되는 공차를 가장 경제적으로 실행(원가, 시간), 이상 두 단계로서 요약된다.

전자는 공차설정의 단계로서 설계부문에서 담당하고, 후자는 공차실현의 단계로서 제조(공작)부문의 역할이 된다.

2) 용어 설명(tolerance)

① 치수공차 : 최대 허용치수와 최소 허용치수와의 차, 즉 윗치수 허용차와 아랫치수 허용차와의 차로서 단지 공차라고도 한다.
② 실치수(actual size) : 부품의 어떤 부분에 대하여 실제로 측정한 치수
③ 치수(size) : 밀리미터(mm)를 단위로 하여 두 점 사이의 거리를 나타내는 치수
④ 허용한계 치수(limit of size) : 실치수가 그 사이에 들어가도록 정한 대, 소 두 개의 허용되는 치수의 한계를 표시한 치수
⑤ 최대 허용치수(maximum limit of size) : 실치수에 대하여 허용되는 최대 치수
⑥ 최소 허용치수(minimum limit of size) : 실치수에 대하여 허용되는 최소 치수
⑦ 기준 치수(basic size) : 허용한계 치수의 기준이 되는 치수, 도면상에서는 구멍, 축 등의 호칭 치수와 같다.

⑧ 치수 허용차(deviation) : 허용한계 치수에서 기준치수를 뺀 값, 단지 허용차라고도 한다.
⑨ 윗치수 허용차(upper deviation) : 최대 허용치수에서 기준 치수를 뺀 값.
⑩ 아랫치수 허용차(lower deviation) : 최소 허용치수에서 기준 치수를 뺀 값.
⑪ 기준선(zero line) : 허용한계 치수와 끼워맞춤과를 도시할 때 치수 허용차의 기준이 되는 선. 기준선은 치수 허용차가 0인 직선으로 기준치수를 나타내는 데에 사용한다.
⑫ 허용 범위 : 기준선과 치수 공차와의 관계를 도시할 때 윗치수 허용차와 아랫치수 허용차를 나타내는 두 개의 선 사이에 들어 있는 구역으로 치수 공차와 기준선에 대한 위치에 따라 결정된다.
⑬ 기초가 되는 치수 허용차 : 허용한계 치수와 기준치수와의 관계를 결정하는 기초가 되는 치수의 차이며, 구멍축의 종류에 의하여 윗치수 허용차 또는 아랫치수 허용차가 된다.

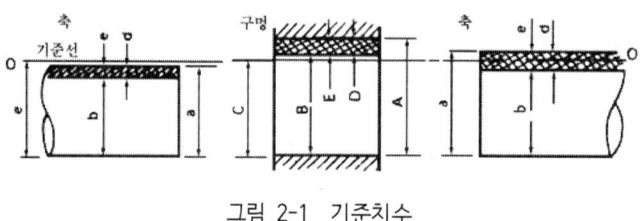

그림 2-1 기준치수

3) 치수공차의 기입

① 보통치수 허용차의 기입 : 도면에 기입되고 있는 치수에 대해서는 모두 그 치수 허용차를 기입하는 것이 원칙이나 단조·프레스 및 절삭가공 등 끼워맞춤하는 상대가 없는 것과 구조상 특히 다른 것에 치수의 제한을 받지 않는 치수에 대해서는 치수 허용차를 도면에 일괄 표시하고 개개의 도면에는 치수 허용차의 지시를 생략하는 수도 있다. 이와 같은 치수 허용차를 보통치수 허용차라 하며, 제도상 수고를 적게 한다.

② 공차는 기준치수 다음에 위, 아래 치수차를 점가하여 표시하며 윗치수차는 위에, 아랫치수차는 아래에 기입하고 치수가 0일 때에는 0이라고 기입한다. 치수공차를 표시하는 숫자는 기준치수를 표시하는 숫자보다 약간 작게 표시하는 것이 좋다.

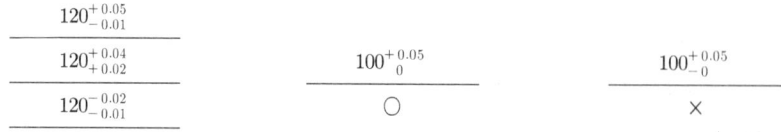

그림 2-2 치수공차의 기입

③ 공차의 기입은 필요에 따라 위, 아래 치수 허용차를 기입하지 않고 한계 치수로서 표시하여도 좋다. 이때 최대 치수는 치수선 위에, 최소 치수는 치수선 아래에 기입한다.
④ 양쪽 공차로서 윗치수차와 아랫치수차가 같은 경우에는 치수차를 한 개로 하여 기입한다.

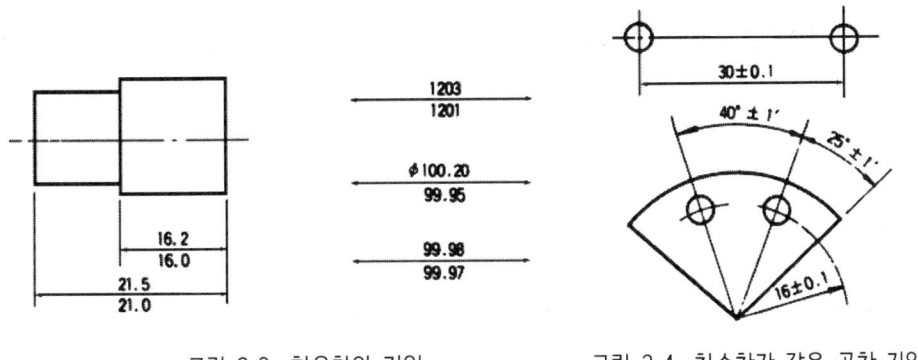

그림 2-3 허용차의 기입   그림 2-4 치수차가 같은 공차 기입

⑤ 길이의 치수에 공차를 기입하는 경우에는 각부에 허용되는 치수에 모순이 일어나지 않게 하기 위하여 중요도가 적은 치수에는 공차를 기입하지 않는 것이 좋다.

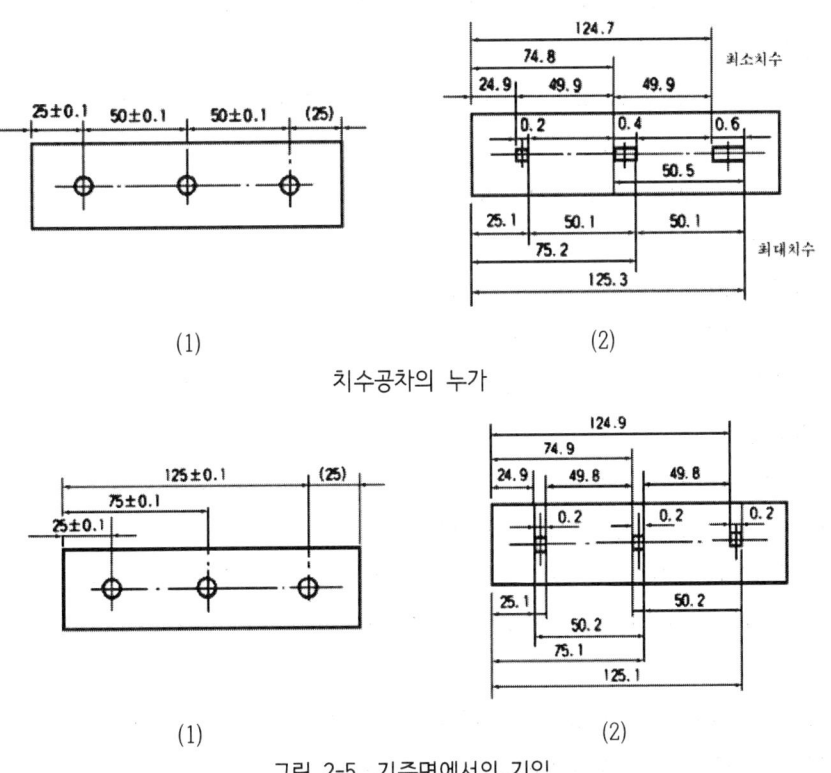

(1)   (2)

치수공차의 누가

(1)   (2)

그림 2-5 기준면에서의 기입

이때에 한 개의 기준면을 정하여 그것을 기준으로 하여 기입하는 것이 확실하다. 중요하지 않은 치수는 치수공차를 기입하지 않고 (   )로 싸서 참고 치수로 하여 나타내든가 혹은 치수를 기입하지 않는다.

2. 끼워맞춤 및 IT 공차

1) 끼워맞춤의 개념

끼워맞춤이란 두 개의 기계 부품이 서로 끼워맞추기 전의 치수차에 의하여 틈새 및 죔새를 갖고 서로 접합하는 관계를 말한다.

① 틈새(clearance) : 구멍의 치수가 축의 치수보다 클 때의 치수차
② 죔새(interferance) : 구멍의 치수가 축의 치수보다 작을 때의 치수차
③ 끼워맞춤의 변동량(variation of fit) : 끼워맞춤이 변동하는 범위로 두 종류의 기계부품이 서로 끼워맞추어지는 구멍과 축과의 치수공차의 합
④ 헐거운 끼워맞춤(clearance fit) : 항상 틈새가 생기는 끼워맞춤, 축의 허용구역은 완전히 구멍의 허용구역보다 아래에 있다.
⑤ 억지 끼워맞춤(interferance fit) : 항상 죔새가 생기는 끼워맞춤, 축의 허용구역은 완전히 구멍의 허용구역보다 위에 있다.
⑥ 중간 끼워맞춤(transition fit) : 경우에 따라 틈새가 생기는 것도 있고 죔새가 생기는 것도 있는 끼워맞춤으로 축의 허용구역은 구멍의 허용구역에 겹친다.
⑦ 최소 틈새(minimum clearance) : 헐거운 끼워맞춤에서 구멍의 최소 허용치수에서 축의 최대 허용치수를 뺀 값
⑧ 최대 틈새(maximum clearance) : 헐거운 끼워맞춤 또는 중간 끼워맞춤에서 구멍의 최대 허용치수에서 축의 최소 허용치수를 뺀 값
⑨ 최소 죔새(minimum interference) : 억지 끼워맞춤에서 축의 최소 허용치수에서 구멍의 최대 허용치수를 뺀 값
⑩ 최대 죔대(maximum interference) : 억지 또는 중간 끼워맞춤에서 조립하기 전의 축의 최대 허용치수에서 구멍의 최소 허용치수를 뺀 값
⑪ 구멍기준 끼워맞춤(basic hole fit) : 여러 가지의 축을 한 가지의 구멍에 끼워맞춤으로서 틈새나 죔새가 다른 여러 가지의 끼워맞춤을 얻는 방식으로, 주로 구멍기준 끼워맞춤을 많이 사용한다.
⑫ 축기준 끼워맞춤(basic shaft fit) : 여러 가지의 구멍을 한 가지의 축에 끼워맞춤으로서 틈새나 죔새가 다른 여러 가지의 끼워맞춤을 얻는 방식

⑬ 기준구멍(basic hole) : 구멍기준 끼워맞춤의 기준이 되는 구멍을 말하며 아랫치수 허용차가 0으로 되는 구멍을 사용한다.
⑭ 기준축(basic shaft) : 축기준 끼워맞춤의 기준이 되는 축을 말하며 윗치수 허용차가 0인 축을 사용한다.

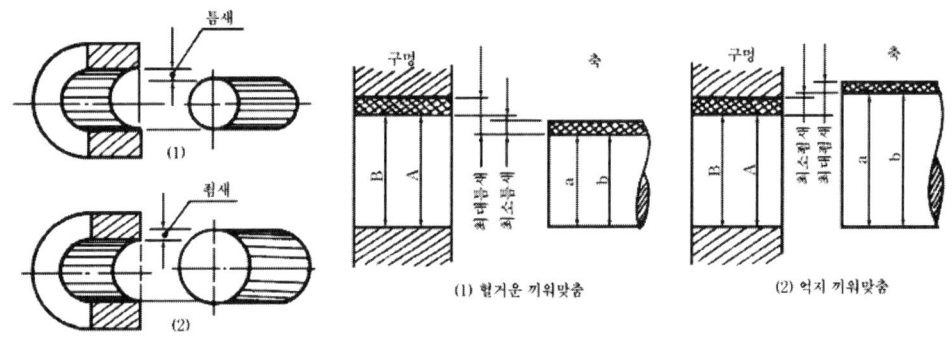

그림 2-6 틈새와 죔새

2) 공차방식

주로 제조법의 피할 수 없는 부정확도 때문에 부품은 주어진 치수로 정확히 만들 수는 없지만 그 목적에 알맞게 하려면 두 개의 허용한계 치수 내에 있으면 충분하며 그 차를 공차라 한다.

편의상 기준치수(basic size)를 그 부품에 정하고 2개의 한계치수는 그 기준치수로부터의 편차(偏差)에 의해 정의된다. 이 편차(허용차 : deviation)의 크기와 부호는 한계치수에서 기준치수를 뺀 값이다.

그림 2-7 (a)는 이들의 정의를 나타내는 것이지만 실제로는 간단히 그림 (b)와 같은 그림으로 나타낸다. 이 경우에는 부품의 중심축은 표시하지 않지만 그림의 아래쪽에 있다.

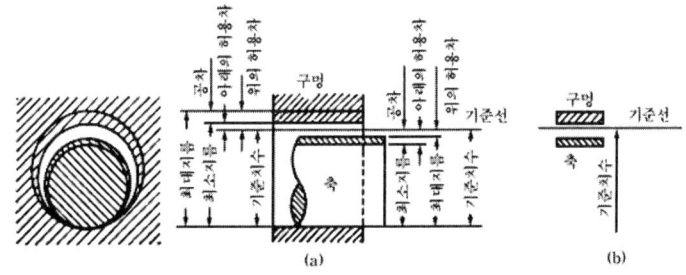

그림 2-7 구멍·축 기준치수와 한계치수(ISO/R 286)

ISO의 공차방식은 500 mm 이하의 호칭치수의 범위와 500 mm를 넘어 3150 mm 이하의 호칭치수의 범위를 포함하고 있다. 이 치수공차의 등급은 정밀도가 동일수준에 있다고 생각되는 치수공차군에 붙여진 정밀, 조잡의 단계이며 등급 n의 기본공차를 ITn으로 표시했다.

5급 이상의 공차는 공차단위를 기초로 정해졌으며 500 mm 이하의 치수에 대한 공차단위 i는 $i = 0.45\sqrt[3]{D} + 0.001D \,(\mu m)$ 의 식으로 주어진다. 여기서 D(mm)는 1개 치수 구분의 두 한계값 D_1, D_2의 기하평균($\sqrt{D_1 D_2}$) 이다.

예를 들면 최초의 기준치수의 구분(3 mm 이하)의 D는 1 mm와 3 mm의 기하평균, 즉 $D = \sqrt{1 \times 3} = 1.732$ mm로 한다.

위 식의 제1항은 호칭치수의 증가에 의한 제작의 곤란한 정도를 표시하는 것이며 제2항은 측정오차(탄성변형, 온도차 등)를 고려한 것이다. 또 500 mm를 초과하는 치수에 대한 공차 단위 I는 $I = 0.004D + 2.1 \,(\mu m)$란 식으로 주어진다.

이것은 500 mm를 넘는 큰 치수에 대해서는 측정오차가 결정적인 역할을 하기 때문이다. 5~16급의 기본공차는 이들의 공차단위 i 또는 I에 표 2-1에 보인 계수(표준수 R5-공비 $\sqrt[3]{10}$)을 곱해서 구한다. 그래서 각 등급의 공차는 그 전의 등급보다 60 % 크다.

표 2-1 기본공차의 계산공식(IT1 ~ IT18)

기준치수	공차 등급(IT)																	
	1	2	3	4	5	6	7	8	9	10	11	12	13	14	15	16	17	18
	기본 공차(단위 : μm)의 계산공식																	
50 mm 이하	*	**	**	**	7i	10i	16i	25i	40i	64i	100i	160i	250i	400i	610i	1000i	1600i	2500i
500 mm 초과 3150 mm 이하	2I	2.7I	3.7I	5I	7I	10I	16I	25I	40I	64I	100I	160I	250I	400I	610I	1000I	1600I	2500I

IT01~IT1급의 기본공차의 값은 다음 식에서 구한다.

표 2-2 기본공차의 계산공식(공차등급 IT01, IT0 및 IT1)
(기준치수 500 mm 이하)

공차등급	IT01*	IT0*	IT1
수치 μm	0.3+0.008D	0.5+0.012D	0.8+0.020D

2~4급의 기본공차의 값은 1급과 5급과의 값 사이를 등비로 분할한 것이다. 등급을 표시하는 숫자에 IT(ISO tolerance)를 붙여 IT5, IT6, … 이라고 하는 식으로 표시하고 있다. KS에서는 IT5급, IT6급으로 표시한다. IT01~IT4급은 게이지에, IT5~IT10급이 끼워맞춤 제품에 쓰이고 IT11급 이상은 끼워맞춤에 직접 관계가 없는 부분에 쓰인다. 기본공차 등급은 IT01~IT18의 20등급으로 분류하고 기본공차의 수치를 표 2-4에 나타낸다.

 500 mm를 넘는 치수에 대한 기본공차의 경우 ISO에서는 측정오차의 중요성 때문에 7급보다 높은 정밀도의 등급은 끼워맞춤용으로 권하지 않고 있으며 7급도 제작이 힘들다. 더욱이 제작자는 한계치수 내에 들어가게 하기 위해 검사기와 측정법의 오차를 포함하도록 주의하여야 한다.

 ISO 방식에는 축 및 구멍의 종류를 그 허용영역의 기준선(기준치수)에 대한 위치에 따라 그림 2-8에 보인 알파벳으로 표시하도록 정해져 있다. 이 경우 대문자는 구멍(안쪽 치수), 소문자는 축(바깥쪽 치수)을 표시한다. 또 이 알파벳 다음에 등급을 표시하는 숫자를 붙여 각 등급의 축 및 구멍이 표시된다. 단, 혼동을 피하기 위해서 다음 문자는 사용하지 않는다(I, L, O, Q, W, i, l, o, q, w).

표 2-3 기본공차의 수치(공차등급 IT01 및 IT0)

기준 치수의 구분 mm	초과	-	3	6	10	18	30	50	80	120	180	250	315	400
	이하	3	6	10	18	30	50	80	120	180	250	315	400	500
기본 공차의 수치 μm	IT01	0.3	0.4	0.4	0.5	0.6	0.6	0.8	1	1.2	2	2.5	3	4
	IT0	0.5	0.6	0.6	0.8	1	1	1.2	1.5	2	3	4	5	6

보기 : 구멍의 경우 H7, 축의 경우 h7.

표 2-4 기본공차의 수치

기준치수의 구분(mm)		공 차 등 급																
		1	2	3	4	5	6	7	8	9	10	11	12	13	14(^{1})	15(^{1})	16(^{1})	17(^{1})	18(^{1})
초과	이하	기본 공차의 수치(μm)											기본 공차의 수치(mm)						
-	3(^{1})	0.8	1.2	2	3	4	6	10	14	25	40	60	0.10	0.14	0.26	0.40	0.60	1.00	1.40
3	6	1	1.5	2.5	4	5	8	12	18	30	48	75	0.12	0.18	0.30	0.48	0.75	1.20	1.80
6	10	1	1.5	2.5	4	6	9	15	22	36	58	90	0.15	0.22	0.36	0.58	0.90	1.50	2.20
10	18	1.2	2	3	5	8	11	18	27	43	70	110	0.18	0.27	0.43	0.70	1.10	1.80	2.70

기준치수의 구분(mm)		공차 등급																
		1	2	3	4	5	6	7	8	9	10	11	12	13	14(^{1})	15(^{1})	16(^{1})	17(^{1})	18(^{1})
18	30	1.5	2.5	4	6	9	13	21	33	52	84	130	0.21	0.33	0.52	0.84	1.30	2.10	3.30
30	50	1.5	2.5	4	7	11	16	25	39	62	100	160	0.25	0.39	0.62	1.00	1.60	2.50	3.90
50	80	2	3	5	8	13	19	30	46	74	120	190	0.30	0.46	0.74	1.20	1.90	3.00	4.60
80	120	2.5	4	6	10	15	22	35	54	87	140	220	0.35	0.54	0.87	1.40	2.20	3.50	5.40
120	180	3.5	5	8	12	18	25	40	63	100	160	250	0.40	0.63	1.00	1.60	2.50	4.00	6.30
180	250	4.5	7	10	14	20	29	46	72	115	185	290	0.46	0.72	1.15	1.85	2.90	4.60	7.20
250	315	6	8	12	16	23	32	52	81	130	210	320	0.52	0.81	1.30	2.10	3.20	5.20	8.10
315	400	7	9	13	18	25	36	57	89	140	230	360	0.57	0.89	1.40	2.30	3.60	5.70	8.90
400	500	8	10	15	20	27	40	63	97	155	250	400	0.63	0.97	1.55	2.50	4.00	6.30	9.70
500	630	9	11	16	22	30	44	70	110	175	280	440	0.70	1.10	1.75	2.80	4.40	7.00	11.00
630	800	10	13	18	25	35	50	80	125	200	320	500	0.80	1.25	2.00	3.20	5.00	8.00	12.50
800	1000	11	15	21	29	40	56	90	140	230	360	560	0.90	1.40	2.30	3.60	5.60	9.00	14.00
1000	1250	13	18	24	34	46	66	105	165	260	420	660	1.05	1.65	2.60	4.20	6.60	10.50	16.50
1250	1600	15	21	29	40	54	78	125	195	310	500	780	1.25	1.95	3.10	5.00	7.80	12.50	19.50
1600	2000	18	25	35	48	65	92	150	230	370	600	920	1.50	2.30	3.70	6.00	9.20	15.00	23.00
2000	2500	22	30	41	57	77	110	175	280	440	700	1100	1.75	2.80	4.40	7.00	11.00	17.50	28.00
2500	3150	26	36	50	69	93	135	210	330	540	860	1350	2.10	3.30	5.40	8.60	13.50	21.00	33.00

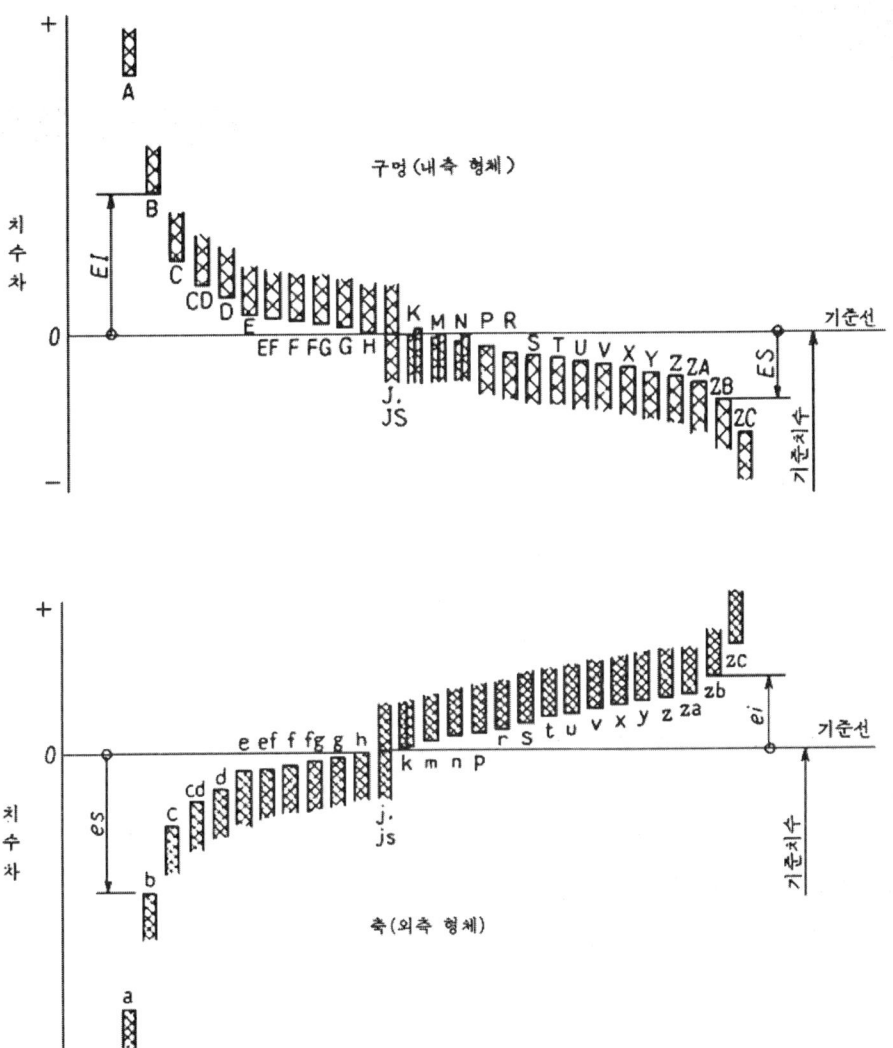

ES, ei : 프랑스어 머리글자로 ES는 상한 허용차, ei는 하한 허용차를 나타낸다.
ES(écart supérieur : 엑가아 슈페리아)
ei(écart inférieur : 엑가아 아페리아)

그림 2-8

제3장 기하학적 특성

1. 서론

기계공업의 발전에 따라 고도의 정밀도와 다량생산이 요구되므로 종래의 치수공차만으로는 제품 간의 충분한 기능을 얻을 수 없으므로 위치 및 형상에 관한 공차를 아울러 부여하여야 할 경우가 많다. 따라서 기하학적 치수공차 방식(GD&T : geometric dimensioning and tolerancing)은 설계자의 의도를 명확하게 전달하고 최종 제품을 가장 경제적이고 효과적인 생산을 할 수 있도록 하고, 기능 및 끼워맞춤 관계의 호환성 및 검사방법에 중점을 두고 일관된 해석을 하도록 도면에 치수 및 형상, 위치공차를 결정하는 것이 주요 목적이다.

기하학적 치수공차 방식은 부품형체에 기능 또는 호환성이 중요한 경우나 기능적인 검사방법이 바람직한 경우와 제조 및 검사간에 일관성을 확실하게 할 경우 등에 주로 적용된다. 이에 관한 규정으로는 ISO/R 1101(국제 표준화 기구 규격), ANSI Y 14.5(미국 표준규격) 및 KS B 0425 등이 있다.

1) 적용 범위

① 여기의 규약은 형상정도에 관한 기계제도에 사용되는 기호와 제도방식에 대한 원리를 규정하고 적절한 기하학적 정의를 확립하는 것이다. 정도표시에 관한 이 방법의 목적은 완전한 기능과 호환성을 확립하는데 있다.
② 여기의 정도들은 그것이 부품의 이용 목적에 확실히 부합되도록 불가결한 경우에만 규정되어야 한다.
③ 치수정도가 규정되어 있는 경우에만 이것으로부터 형상오차의 한계를 규정할 수 있다. 즉, 실제표면 형상은 치수정도 속에 들어 있는 상태로서, 일정한 기하학적 상태에 대해서 산포를 이루고 있다. 형상오차가 별도의 허용한계 안에 있어야 할 때에는 형상정도를 규정해야 한다.
④ 형상정도는 치수정도가 전혀 정해져 있지 않아도 규정될 수 있다.

⑤ 형상정도와 위치정도의 표시방법은 제작, 측정 또는 게이징(gauging)에 있어서의 어떠한 특정한 방법을 쓰도록 규정하지는 않는다.

2) 치수공차와 표면 거칠기와의 관계

형상공차는 기준의 형상(이상적인 형상)에 대해서 상한과 하한을 정하여 가공된 제품이 이 범위에 들도록 규정하는 것이다.

어떤 부품에 대하여 형상공차를 규정지어 주는 것은 치수공차 내에서 허용되는 무제한의 형상변화에 하나의 조건을 추가시켜 주므로서 변화의 양식을 일정하게 제한시켜 주는 것이므로 당연히 형상공차는 치수공차를 초과하여서는 안 된다. 마찬가지로 표면거칠기는 형상공차보다 그 치수가 적어져야함은 물론이다. 따라서 동일부품에 대해서 이 삼자의 공차값을 비교하면 다음과 같다.

$$치수공차 > 형상공차 > 표면거칠기$$

2. 기하학적 특성

(KS B ISO 1101)

구분	공차의 타입	특성	기호	데이텀 지시 여부
개개의 형체	모양(형상) 공차	진직도	—	없음
		평면도	▱	없음
		진원도	○	없음
		원통도	⌀	없음
		선의 윤곽도	⌒	없음
		면의 윤곽도	⌓	없음
상호관련 형체	자세공차	평행도	//	필요
		직각도	⊥	필요
		경사도	∠	필요
		선의 윤곽도	⌒	필요
		면의 윤곽도	⌓	필요

구분	공차의 타입	특성	기호	데이텀 지시 여부
상호관련 형체	위치공차	위치도	⊕	필요 또는 없음
		동심도(또는 동축도)	◎	필요
		대칭도	=	필요
		선의 윤곽도	⌒	필요
		면의 윤곽도	⌒	필요
	흔들림 공차	원주 흔들림	↗	필요
		온 흔들림	↗↗	필요

3. 최대실체조건(最大實體條件 : maximum material condition)

기하학적 치수공차 방식에서 가장 중요한 원칙의 하나가 최대실체조건이라 불리우는 것으로, 이는 최대질량의 실체를 갖는 부품형체의 상태를 말한다.

그림 3-1에서 보는 바와 같이 구멍의 경우는 최소허용치수(24.8)가 최대실체조건 치수로 구멍의 최대허용치수보다 질량이 크다는 것은 분명하다.

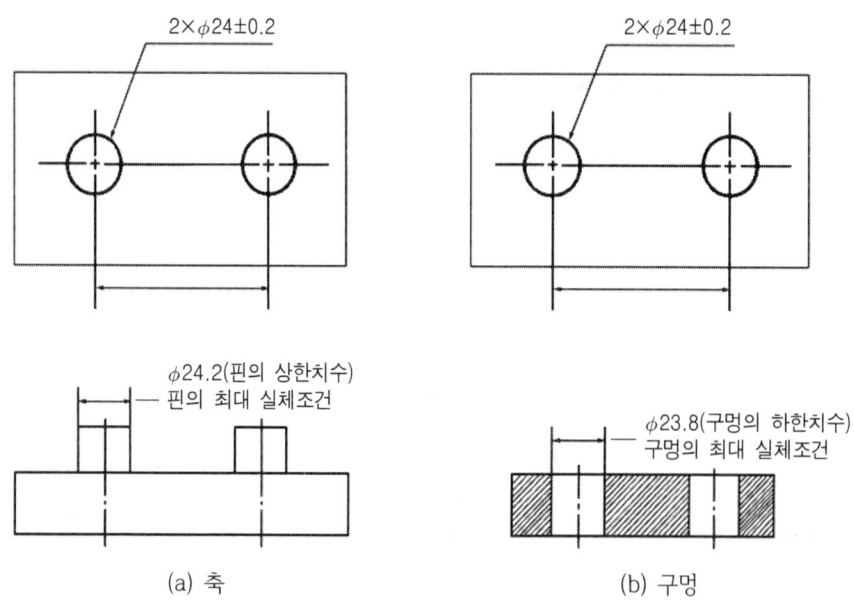

그림 3-1 구멍과 축의 MMC

축의 경우는 최대허용치수(24.2)가 최대실체조건 치수로 구멍과 반대이다. 최대실체조건의 기호는 Ⓜ으로 표시하며 약자로는 MMC로 나타낸다. 이 약자는 형체규제기호 중에는 사용하지 않고 주기중에는 사용할 수 있다.

일반적으로 최대실체조건의 원칙을 사용하면 최대실체조건의 치수를 초과하면 공차변동에 따라 공차가 크게 허용된다. 이로서 결합부품의 호환성을 확실하게 하고 기능게이지 방법을 사용할 수 있게 한다. 최대실체조건의 원칙은 통상 다음 2가지 조건이 함께 존재할 경우에 한하여 유효하다.

① 2개 또는 그 이상의 형체가 위치 또는 형상에 관하여 상호관계가 있고(예를 들면 하나의 구멍과 하나의 면, 두 개의 구멍 등) 적어도 하나는 크기 치수를 갖는 형체이어야 한다.
② MMC 원칙을 적용하는 형체는 축심이나 중간면을 갖는 크기 치수상의 형체이어야 한다.

4. 최소실체조건(最小實體條件 : least material condition)

최소질량을 갖는 부품형체치수의 상태를 말하며 예를 들면 구멍의 최대허용치수, 축의 최소허용치수로 최대실체조건의 반대이다. 약자로는 LMC, 기호는 Ⓛ로 표시한다.

5. 형체치수 무관계(regardless of feature size)

형체가 그 치수공차 내에서 어떤 치수를 갖고 있거나 관계 없이 형상 또는 위치공차가 엄수하여야 할 조건으로서 형체치수가 공차 내에서 어떠한 치수로 되든 위치나 형상공차의 추가를 전혀 허용하지 않는다. 기호로는 Ⓢ로 표시하며, 약자로는 RFS로 표시한다(ANSI 규격에는 있으나 ISO 규격에는 없음). 기호는 별도로 없으며, 약어로는 RFS로 나타낸다.

6. 기준(basic)치수와 데이텀(datum)

1) 기준(basic)치수

치수의 기준으로서 기준치수로 도면에 규정된 치수는 형체의 정확한 치수, 형상 또는 위치를 나타내기 위하여 사용되는 이론적인 치수이며, 이것을 기초로 하여 다른 치수에 주어진 공차에 의하여 허용될 수 있는 변동량을 확립하기 위한 기준으로서 사용된다.

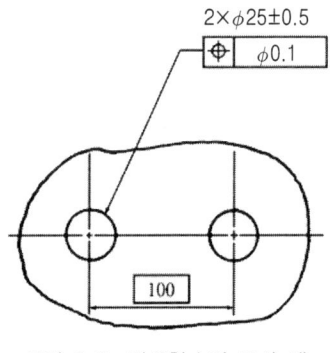

그림 3-2 기준치수의 표시 예

기준치수는 그 기준치수에 포함되는 형체에 대한 공차를 필요로 하며, 기호 표시는 치수에 ⬛과 같이 나타낸다.

2) 데이텀(datum)

데이텀이란 형체의 기준을 말하며, 기준으로 하기 위해 정확하다고 가정되는 점, 선, 평면, 원통, 축심 등을 바탕으로 부품의 위치나 형상에 관한 여러 가지 형체를 확립하는 것을 말한다. 데이텀 식별기호는 다음과 같이 장방형의 테두리 안에 데이텀 참조 문자를 알파벳으로 나타낸다.

7. 공차의 도시 방법

규제하고자 하는 형체의 형상 및 위치공차에 대한 규제는 기하학적 특성기호, 데이텀참조, 형성 및 위치공차, 공차영역, Ⓜ 등의 필요한 사항을 칸막이된 직사각형 테두리 안에 기입하여 다음과 같이 나타낸다.

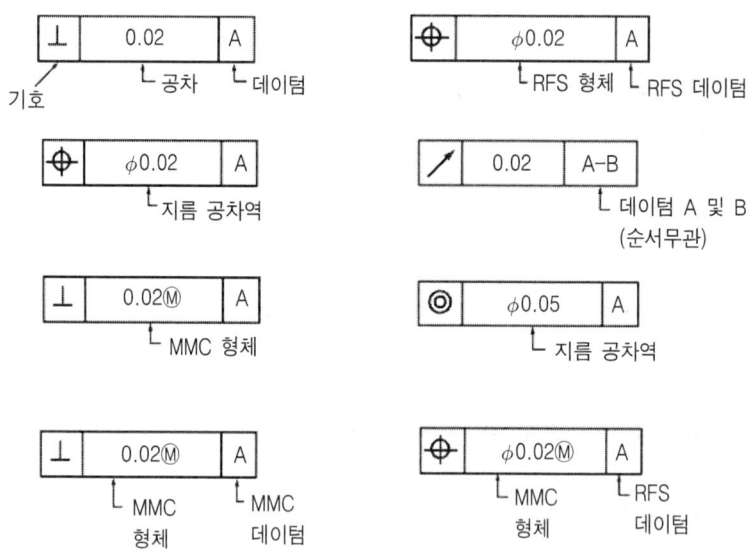

그림 3-3 데이텀을 기준으로 한 형체 규제기호

8. 형체 규제기호의 도면상의 표시

형체 규제기호는 형상 및 위치공차를 필요로 하는 형체에 대하여 다음과 같이 도면에 표시한다.
① 규제되는 형체면의 연장선이나 인출선에 의하여 나타낸다.
② 규제되는 형체가 원통일 경우 치수선이나 치수보조선의 연장선 및 인출선에 의해 나타낸다.
③ 규제되는 형체를 인출선에 의해 치수공차를 나타내고 그 밑에 나타낸다.
④ 규제되는 형체의 치수보조선이나 치수밑에 나타낸다.
⑤ 규제되는 형체가 선이나 면일 경우에는 형상의 외곽선상이나 그 연장선상에 나타낸다.
⑥ 형체의 기준(datum)은 검게 칠한 삼각형을 기준선이나 면일 경우 그 선이나 면의 외곽선이나 연장선상에 나타내고, 부품전체가 형체의 기준일 경우 치수보조선이나 중심선상에 나타낼 수 있다.

9. 일반 통칙

기하학적 치수공차방식은 몇가지 기본적인 법칙에 바탕을 두고 있다. 이들 법칙 중 어떤 것은 여러 가지 특성의 표준적인 해석에서 나온 것이고, 어떤 것은 일반통칙으로서 기하학적 치수공차방식 전체에 걸쳐서 적용되는 것이다.

1) 통칙1
① 개별형체 치수 : 치수공차만이 명시되어 있는 경우, 개별형체의 한계치수는 그것의 기하학적 형상 및 치수(size)가 허락하는 범위 내의 오차로 규정한다.
② 치수오차 : 개별형체를 어떠한 단면으로 자르더라도 절단면의 실제치수는 명시된 치수공차 내에 있어야만 한다.
③ 형상오차 : 개별형체의 형상은 다음의 설명과 그림에서 규정된 한계치수로 규제된다.

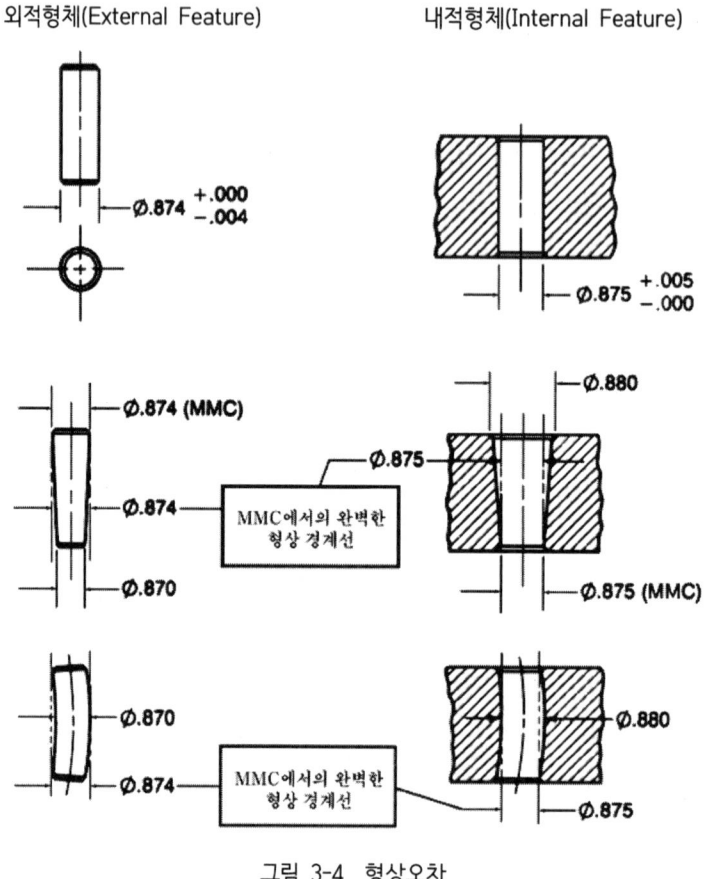

그림 3-4 형상오차

2) 통칙2 : 위치공차 법칙

위치공차에 대하여 도면에 표기된 개별공차, 데이텀 참조 또는 두 곳에 모두 Ⓜ 또는 Ⓛ을 명시하여야만 한다.

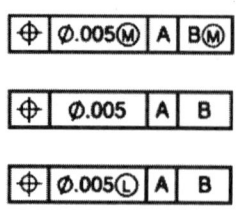

3) 통칙3

(1) 위치공차를 제외한 법칙

위치공차를 제외한 다른 모든 공차에 대하여 따로 모디파이어(Modifiers) 기호가 명시되어 있지 않는 경우에 개별공차, 데이텀참조 또는 두 곳에 모두 RFS가 적용된다. MMC가 요구되는 경우에는 도면상에 Ⓜ을 명시하여야만 한다.

(필요한 경우 사이즈 형체에 Ⓜ을 사용할 수 있다.)

※ 참고 : 다음의 기하공차 특성 및 규제는 언제나 RFS에서 적용 가능하며 규제의 성격상 MMC에서는 적용할 수 없다.

ISO에서는 동축도(동심도), 대칭도에 Ⓜ를 사용할 수 있다. 하지만 ASME에서는 동축도(동심도), 대칭도에 Ⓜ을 사용할 수 없다. Ⓜ을 사용하고 싶은 경우에는 ⌖ 를 사용해야 한다.

(2) 피치직경의 법칙

볼트(screw thread)에 대한 방위공차, 위치공차 및 데이텀참조는 볼트의 피치원 통축심에 적용된다. 이와 같은 통칙에 예외인 경우에는 볼트의 특정형체에 관해(MAJOR ϕ 또는 MINOR ϕ 표시) 형체규제테두리 아래나 혹은 데이텀형체기호 아래에 언급한다.

기어, 스플라인 등에 관한 방위공차, 위치공차, 데이텀참조를 명시하는 경우에도 기어(gear), 스플라인(spline) 등의 특정 형체를 지적해 주어야만 한다(PITCH ϕ, PD, MAJOR ϕ, 또는 MINOR ϕ). 이러한 내용은 형체규제 테두리 또는 데이텀형체기호 아래에 적는다.

(3) 데이텀, 실효 조건의 법칙

사이즈의 데이텀형체가 1차, 2차 또는 3차 중 어느 데이텀으로 사용되는가에 따라 그것의 중심 또는 중심면이 기하학적 공차에 의해 규제되는 경우, 사이즈의 데이텀형체에 대해 실효조건이 존재하게 된다. 그와 같은 경우에는, 형체규제 테두리 내에 MMC에서 적용하도록 명시되어 있다하더라도 실효조건을 적용하지 않으면 안 된다.

10. 최대실체조건(maximum material condition, Ⓜ)

기하학적 치수공차법에 있어서 기초이면서 가장 중요한 원칙 중의 하나는 최대실체조건이다. 따라서 그 의미를 완벽하게 이해해야 하는 것은 필수적이다.

다음 그림에서 지름 .250 ± .005로 주어진 구멍의 최대실체조건 치수는 .245, 즉 주어진 치수의 하한치수이다. 구멍의 치수가 하한값을 가질 때에는 그것이 더 큰 지름값을 갖거나 상한치수의 지름값을 가질 때보다 주어진 물체가 더 많은 질량을 소유하게 된다는 것은 자명한 일이다. 그러므로 구멍이나 그와 유사한 형체에 있어서는 "최대실체조건"은 구멍사이즈의 하한값으로 정의된다.

또한 지름 .235 ± .005로 주어진 핀의 경우는 그것의 상한값인 .240이 "최대실체조건 치수"가 된다. 핀의 경우, 최대 허용치수에서 가장 많은 질량을 소유하게 되기 때문이다. 이와같이 구멍과 핀에 있어서는 하한과 상한이라는 차이는 있으나 MMC 상태에서 주어진 물체가 최대질량을 소유한다는 동일한 원리가 존재한다. 이러한 방식으로 결합부품을 관련짓는 것은 부품들간의 기능적 관계를 확실하게 하여 주고, 다른 한편, 본서에서 나중에 다시 설명하겠지만, 형상공차, 방위공차 및 위치공차를 결정하는 판정기준을 제공하게 되는 것이다.

"최대실체조건"의 기호로는 Ⓜ을 사용하거나, 위에서와 같이 약자 MMC를 때대로 사용한다. 그러나 약자 MMC는 주기에는 사용될 수 있으나 형체규제테두리 내에 기호로는 사용하지 못한다. "최대실체조건" 원칙의 적용방법은 실례와 함께 나중에 다시 다루기로 한다.

일반적으로 "최대실체조건"의 원칙을 사용하게 되면, 각각의 부품들이 최대실체조건의 한계값으로 변화되므로 보다 큰 공차값을 가능하게 한다. 뿐만아니라 부품의 호환성을 높이고 기능게이징 기술을 사용할 수 있게 한다. 이것은 기하학적 치수공차법의 근간이 되는 원칙이기도 하다. 최대실체조건의 정의 및 적용상의 주의점을 아래에 적었다.

※ 정의 : 주어진 한계치수 내에서 최대의 질량을 갖는 임의 형체의 상태

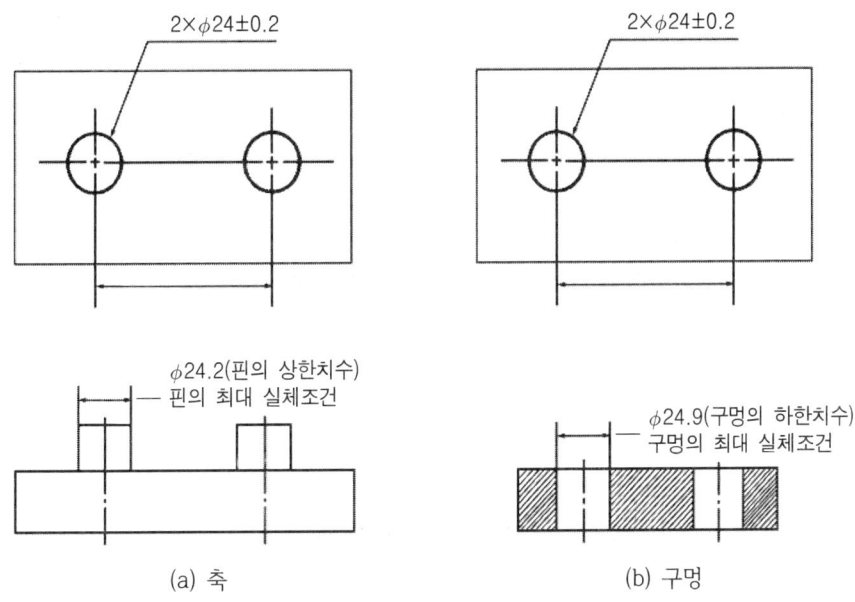

(a) 축   (b) 구멍

"최대실체조건"의 원칙은 통상 다음 2가지 조건이 함께 존재할 경우에 한하여 유효하다.

① 2개 또는 그 이상의 형체가 위치 또는 형상에 관하여 상호관계하고 있고(예를 들면 1개의 구멍과 1개의 모서리 또는 1개의 면, 2개의 구멍 등), 적어도 관계하고 있는 형체의 하나는 사이즈 치수에 대한 형체이지 않으면 안 된다.

② MMC의 원칙을 적용하는 형체가 축심 또는 중심면을 갖는 사이즈치수상(예를 들면 구멍, 홈, 핀 등)의 형체이지 않으면 안 된다.

최대실체조건의 원리가 적합지 않은 경우에는 "형체치수무관계" 원리를 적용할 수 있다.

11. 형체치수 무관계(기호 없음, 약자 RFS)

※ 정의 : 형체가 그 치수공차 내에서 어떤 치수를 갖고 있거나 간에 이와 관계 없이 형체의 형상 또는 위치의 공차가 엄수되지 않으면 안될 조건.

"형체치수무관계"는 충분히 이해하지 않으면 안 될 기하학적 치수공차법의 또 한가지 원칙이다. MMC와는 달리 "형체치수무관계"의 원칙은 관계하는 형체의 치수가 공차 내에서 어떻게 만들어지건 위치, 형상 또는 자세공차의 추가를 전혀 허용하지 않는다. RFS는 그 자체가 독립한 치수공차의 표시법의 하나이며 MMC의 원칙이 도입되기 그 이전에도 계속 사용되어 오던 것이다.

"형체치수무관계(RFS)"는 도입 초기에는 기호 ⓢ를 사용하여 왔으나 최대실체공차방식 Ⓜ이 적용 되지 않는 경우에는 당연히 RFS가 적용되는 것으로 개정하였다. "형체치수무관계"의 원리에 대해서는 후에 예를 들어가며 자세히 설명하기로 한다.

RFS의 원리는 사이즈형체(예 : 축심이나 중심면을 갖는 구멍, 홈, 핀 등)에 적용하는 경우에만 유효하다. "크기"를 갖지 않는 형체에 대해서는 치수에 관한 이야기를 할 수 없기 때문이다.

12. 최소실체조건의 원칙(기호 Ⓛ, 약자 LMC)

주어진 한계치수 내에서 최소의 질량을 갖는 임의 형체의 상태. 구멍의 경우는 최대직경이며 축인 경우에는 최소직경이 최소실체조건이 된다.

13. 상호 요구 사항(기호 Ⓡ, 약자 RMR)

최대 실체 요구 사항(MMR, Ⓜ) 또는 최소 실체 요구 사항(LMR, Ⓛ)에 부가해서 사용하게 되며, 사용되는 형체치수에 대한 부가적 요구 사항으로, 치수(크기) 공차가 기하 공차와 실제 기하 편차 사이의 차에 의해 증가된다. 여기서 최대 실체 요구 사항(MMR, Ⓜ)은 최대실체조건과 같은 개념이고 실체 요구 사항(LMR, Ⓛ)은 최소실체조건과 같은 개념이다(KS B ISO 2692 참조).

사용 예)

| ⌖ | ⌀0.1ⓂⓇ | A | B | C |

,

| ⌖ | ⌀0.1ⓁⓇ | A | B | C |

제4장

형상공차 및 자세공차

형상에 대한 공차는 도면이 나타내는 곳의 요구 형상으로부터 실제의 표면 또는 형체가 얼마만큼 변동할 수 있는가를 규정하는 것이다. 형상공차는 기능과 호환성이 중요한 모든 형체에 대하여 규정한다. 즉,

① 현장의 작업표준이나 필요한 정밀도를 얻는데 신뢰할 수 없을 경우
② 적절한 공작수준을 확립할 만한 작업표준이 만들어져 있지 않을 경우
③ 위치 및 치수공차만으로는 필요한 규제가 되지 않는 경우에 적용된다.

1. 평면도(▱)

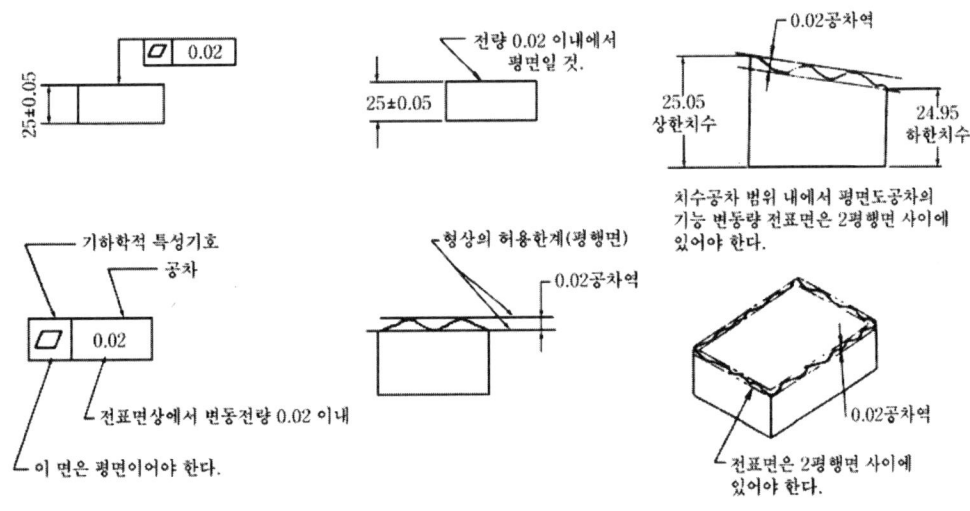

그림 4-1 평면도 규제의 예

평면도는 평면부분의 기하학적 평면에서 벗어난 표면 조건을 말한다. 평면도 공차는 실제의 면이 들어가지 않으면 안 되는 2평행 평면 사이의 거리를 공차역으로 규정한다. 평면도 공차는 크기를 나타내는 치수공차 범위 내에 있어야 하며, 데이텀 참조를 필요로 하지 않고 표면을 규제하는 형상공차이므로 MMC를 적용시킬 수 없다.

2. 진직도(—)

진직도란 표면의 직선부분이 기하학적 이상직선으로부터 벗어난 크기를 말하며, 진직도 공차는 진직선에 따르는 균일한 폭의 공차역을 규제하는 것으로서 그 영역 내에서 표면이 진직해야 한다. 진직도공차의 전형적인 사용예는 원통 또는 원추표면의 가로방향의 진직한 상태를 규제하는 형상공차이다. 진직도공차는 데이텀이 필요없고 MMC로 규제할 수 없다.

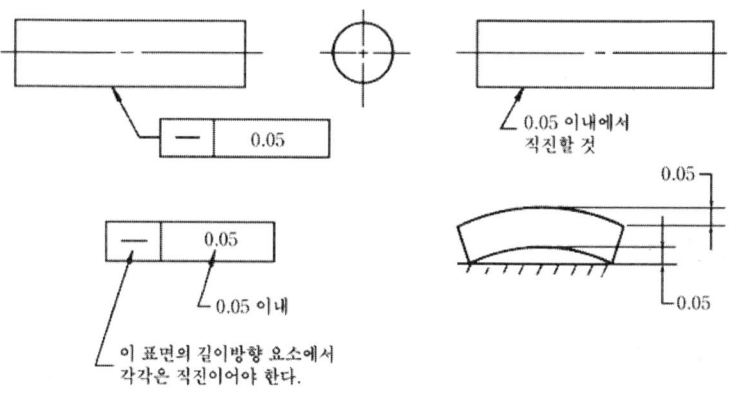

그림 4-2 진직도 규제 예

두 개의 서로 다른 진직도가 한 평면상에서 두 방향으로 주어졌을 경우에는 다음 그림과 같이 나타낸다(그림 4-3).

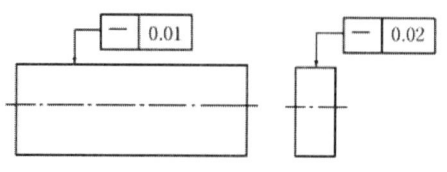

그림 4-3 한 평면의 두 개의 진직도

3. 평행도(∥)

평행도란 평행하여야 하는 형체의 표면, 선, 축심에 대하여 데이텀을 기준으로 기하학적 직선 또는 평면으로부터 벗어난 크기를 말한다.

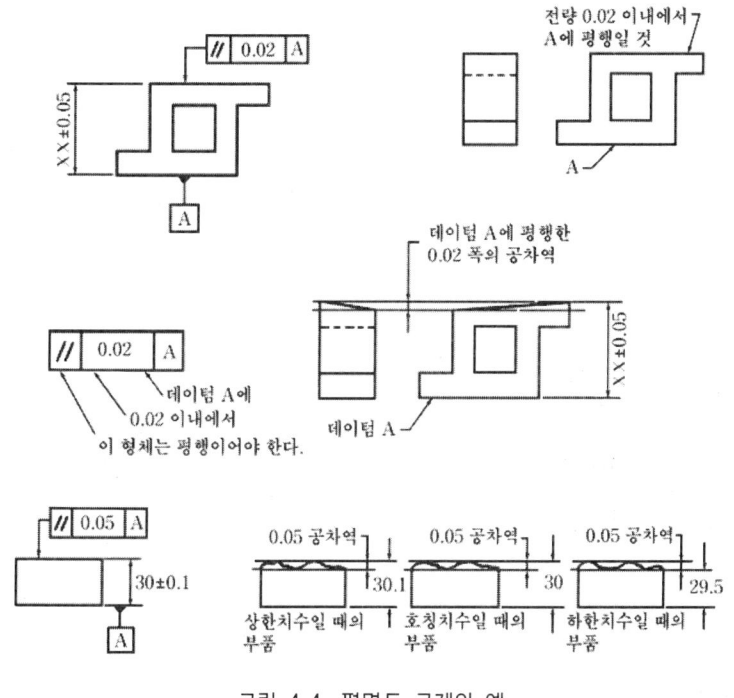

그림 4-4 평면도 규제의 예

평탄한 표면에 대하여 평행도 공차가 주어지고 평면도 공차가 주어지지 않았을 때는 평행도 공차는 평면도까지 규제한다. 평행도 공차는 반드시 데이텀을 기준으로 규제되어야 하고 MMC 조건하에서 규제할 수도 있다.

① 기준면에 대한 구멍 중심의 평행도는 검게 칠한 삼각형을 기준면으로 구멍의 중심은 0.01 범위 내에서 평행해야 한다(그림 4-5 (1)).

② 기준 중심에 대한 면의 평행도는 구멍 중심을 기준으로 0.1 범위 내에서 평행해야 하며 다음 그림과 같이 나타낸다(그림 4-5 (2)).

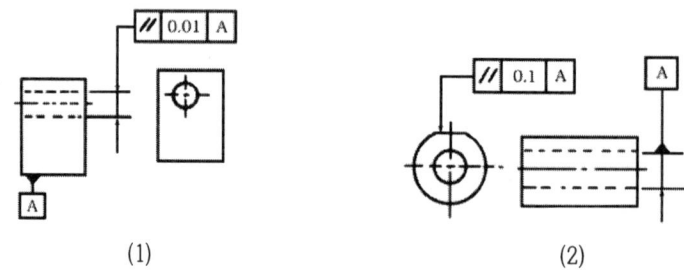

그림 4-5 평행도 규제의 예

③ 두 개의 구멍에 대한 평행도는 하나의 구멍 중심을 기준으로 규제되는 구멍의 중심은 0.05 범위 내에서 평행해야 하며 요구조건에 따라 그림 4-6의 ①, ②, ③과 같이 규제할 수도 있다. 형체는 RFS, 데이텀 RFS

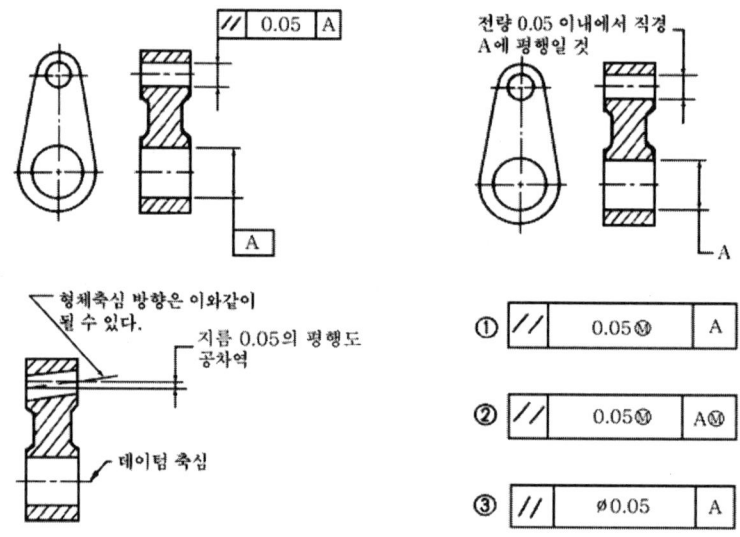

그림 4-6 평행도 규제의 예

4. 직각도(⊥)

직각도란 데이텀 평면이나 데이텀 축심을 기준으로 규제되는 형체의 직각인 형체에 대한 기하학적 직선 또는 평면으로부터의 벗어난 크기를 말한다.

1) 직각도 공차가 규정하는 공차역

① 데이텀 평면에 직각인 2평면에 끼워지는 공차역 내에서 형체의 표면이나 중간면이 존재해야 한다(그림 4-7 (1), (2)).

② 데이텀 축심에 직각인 두 평행면에 끼워지는 공차역으로 규정하고 그 공차역 내에 형체의 축심이 존재하지 않으면 안 된다(그림 4-7 (3)).

③ 데이텀 평면 또는 데이텀 축심에 직각인 두 평행 직선에 끼워진 공차역을 규정하고 그 공차역 내에 표면의 요소가 존재해야 한다(그림 4-7 (5) 반경의 직각도).

④ 데이텀 평면에 직각인 원통의 공차역을 규정하고 이 공차역 안에 축심이 존재해야 한다(그림 4-7 (4)).

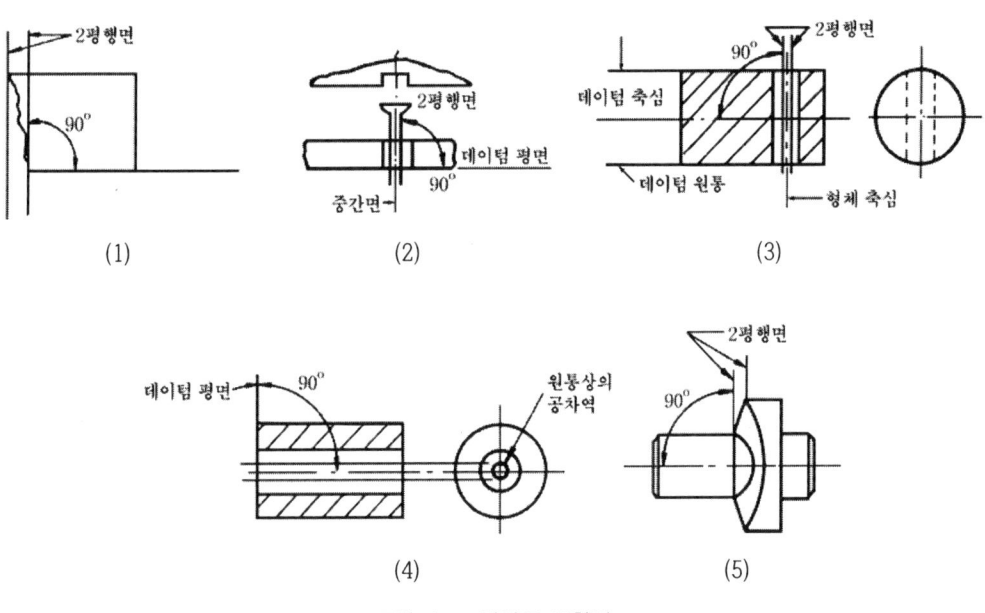

그림 4-7 직각도 공차역

2) 직각도 공차의 규제

① 기준면에 대한 면의 직각도는 A면에 수직이고 0.08만큼 떨어져있는 평행한 2개의 평면 사이에 수직해야 한다(그림 4-8 (1)).

② 기준면에 대한 축심의 직각도는 A면 수직한 직경 0.01의 원통 안에서 수직해야 한다(그림 4-8 (2)).

③ 기준면에 대한 축심이 0.1과 0.2 직사각형의 범위 내에서 수직해야 할 경우 그림 4-8 (3)과 같이 규제한다.

④ 기준 축심을 기준으로 한 면의 직각도는 그림 4-8 (4)와 같이 규제한다.

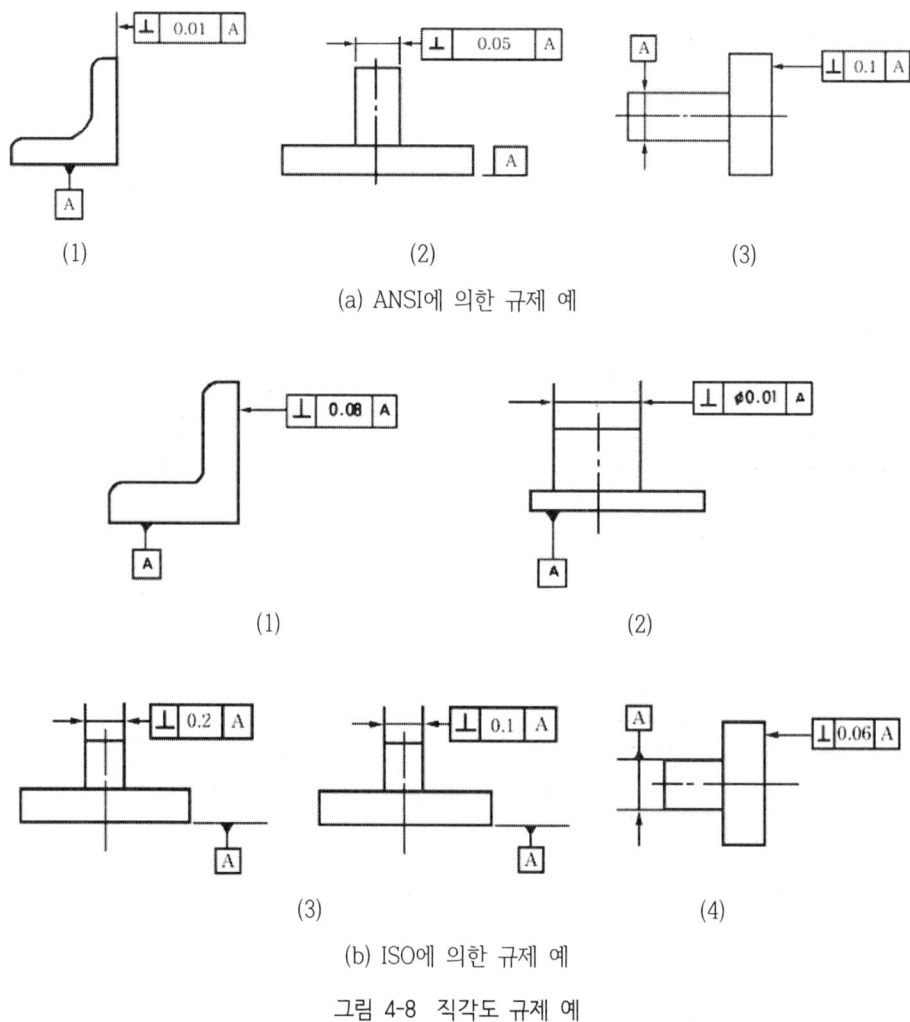

(a) ANSI에 의한 규제 예

(b) ISO에 의한 규제 예

그림 4-8 직각도 규제 예

3) MMC와 RFS로 규제된 직각도

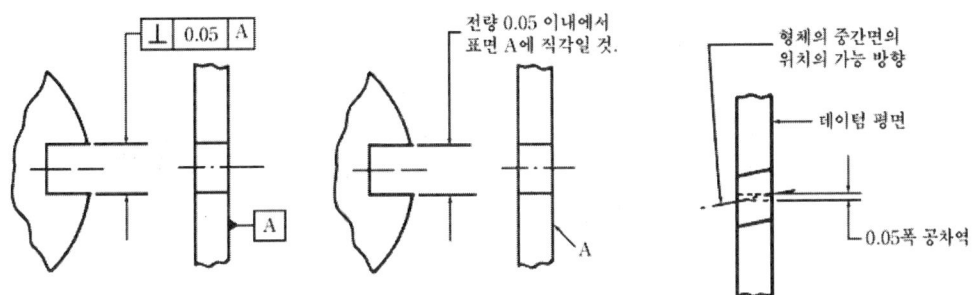

형체의 중간면은 위치에 대하여 규정공차 내에 있어야 한다. 실제의 형체크기에 관계없이 그 중간면은 데이텀면에 수직인 두 평행면 사이(0.05 간격)에 놓아져 있어야 한다.

그림 4-9 RS로 규제된 직각도

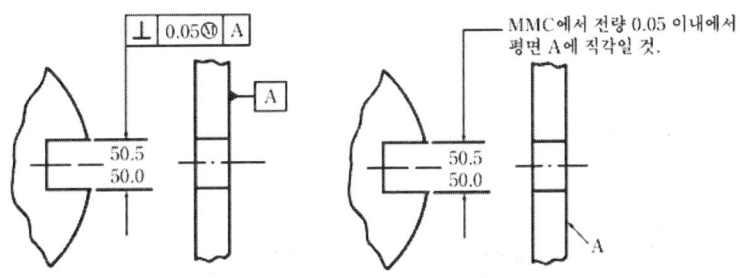

형체의 중간면은 규정된 직각도 공차 내에 있어야 한다. 형체가 최대 실체조건에 있을 때 최대 직각도는 0.05 폭이다. 형체가 그 규정된 최소 크기보다 더 커질 때 직각도 공차는 더 많이 허용될 수 있다.

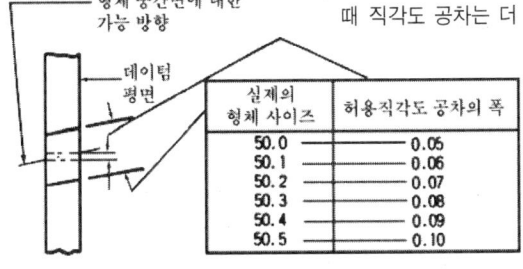

실제의 형체 사이즈	허용직각도 공차의 폭
50.0	0.05
50.1	0.06
50.2	0.07
50.3	0.08
50.4	0.09
50.5	0.10

그림 4-10 MMC로 규제된 직각도

4) 데이텀 A평면과 MMC인 축의 직각도와 기능게이지

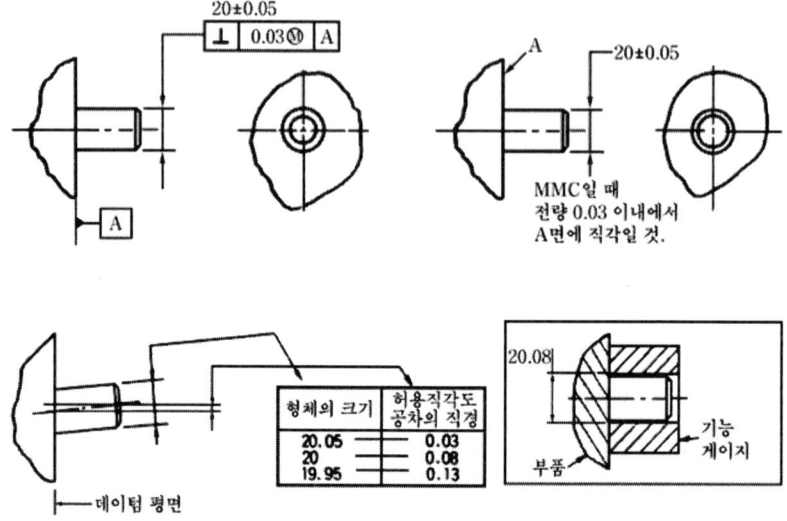

그림 4-11 직각도 규제 예와 기능 게이지

5) 구멍의 MMC인 경우의 영 공차

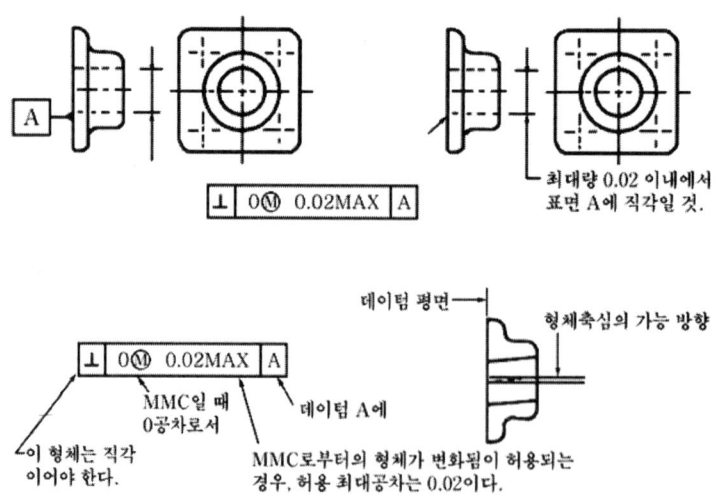

그림 4-12 구멍이 MMC인 경우의 영 공차

5. 경사도(∠)

경사도란 데이텀면 또는 데이텀 축심에 대하여 90°를 제외한 임의의 각도를 이루는 면 또는 축심에 대한 공차역인 두평면 사이에 존재하는 벗어난 크기를 말한다. 크기를 나타내는 치수를 갖는 형체에 경사도가 규제되는 경우에는 그 형체의 중간면 또는 축심이 경사도 규제의 기준이 된다.

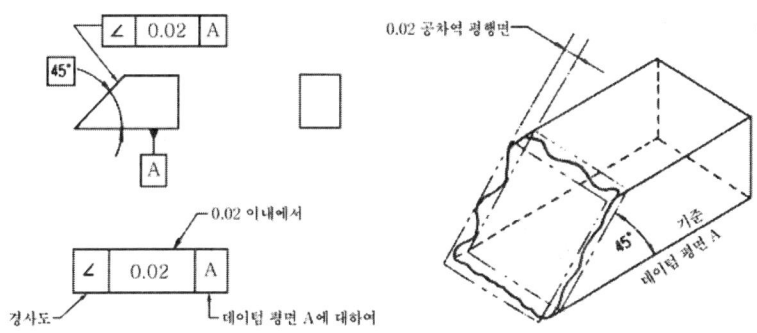

그림 4-13 경사도 공차역

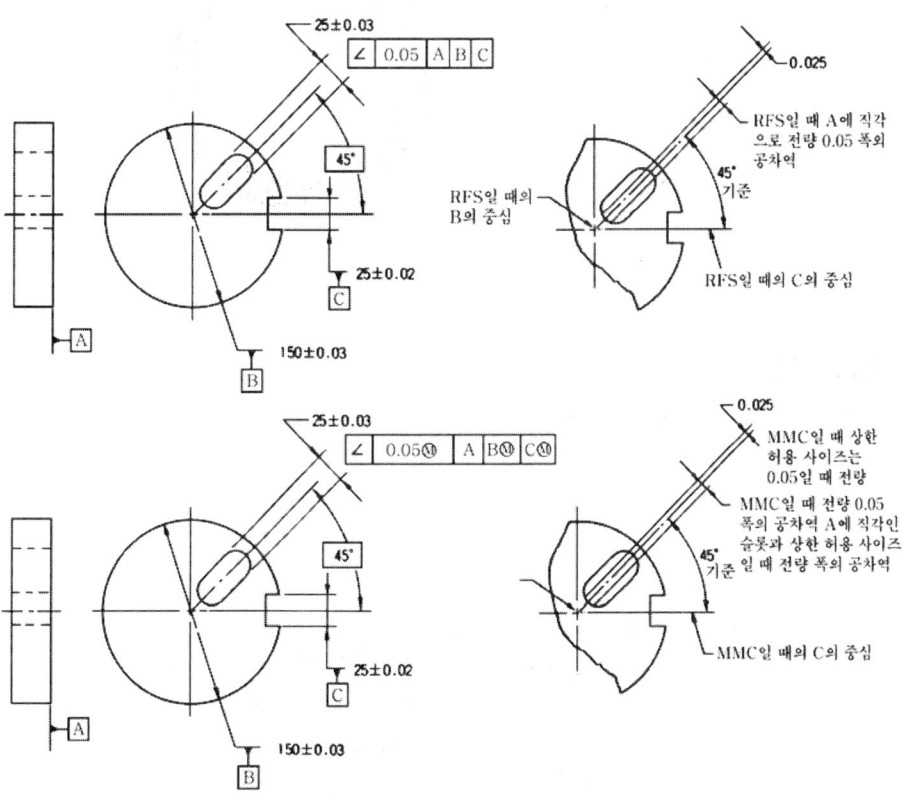

그림 4-14 경사도 규제역

제4장 형상공차 및 자세공차 • 589

6. 진원도(○)

진원도란 회전표면(원통, 원추, 球)의 표면상태로서 공통의 축심 수직인(원통, 원추) 또는 공통중심을 통하는(球), 임의의 평면과 교차하는 표면의 모든 점이 축심 또는 중심에서 같은 거리에 있는 상태로서 실제의 원주 표면이 들어가야 하는 동일 평면상의 두 개의 동심원을 경계로 하는 영역이다. 진원도 공차는 표면의 요소를 규제하는 것으로 MMC를 적용시킬 수 없으며 데이텀 참조도 필요 없고 RFS하에서 규제된다.

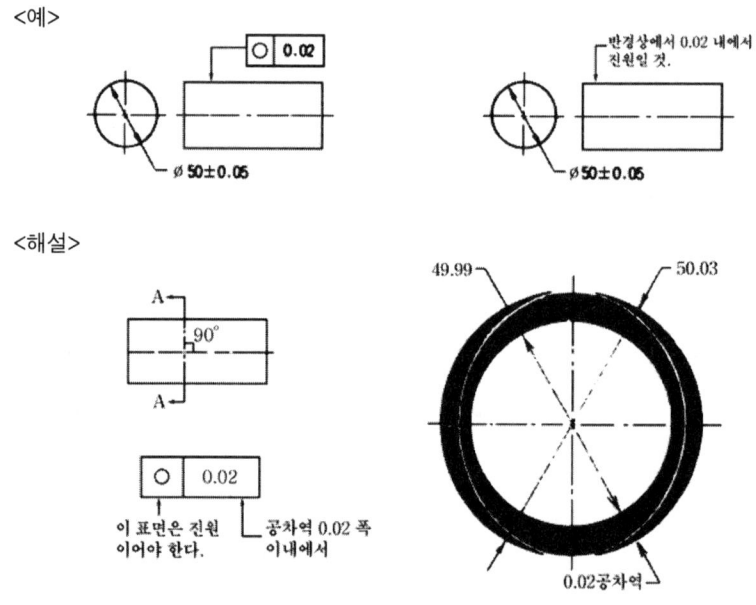

그림 4-15 진원도 공차역

1) 진원도 측정

진원도 측정인 V-블록에 의한 측정법과 양 센터로 측정하는 방법, 진원도 측정기에 의한 방법이 있으며, 그 예는 다음과 같다.

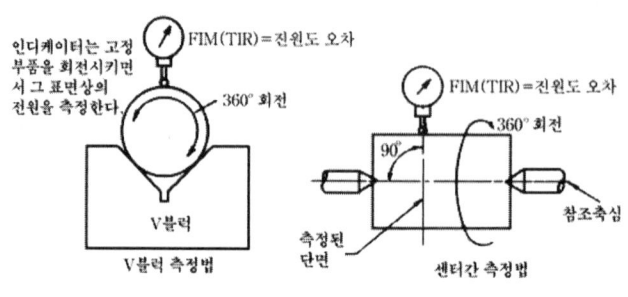

그림 4-16 진원도 측정법

7. 원통도(⌭)

　원통도란 2개의 동심원통에 끼워진 환상(環狀) 부분을 공차역으로 규정하고 부품표면은 이 범위 내에 존재해야 한다. 원통도 공차는 반경상의 공차역이며, 진원도 공차방식을 확대하여 원통의 전표면을 규제하기 위하여 사용되며 동시에 원통형상 표면요소의 진원도, 진직도 및 평행도를 규제한다. 진원도는 단면 또는 직경상의 측정에 관해 고려되는데 비하여 원통도 공차는 원통형상의 전표면에 대하여 적용된다. 원통도는 데이텀 참조도 필요없고 MMC도 적용할 수 없다.

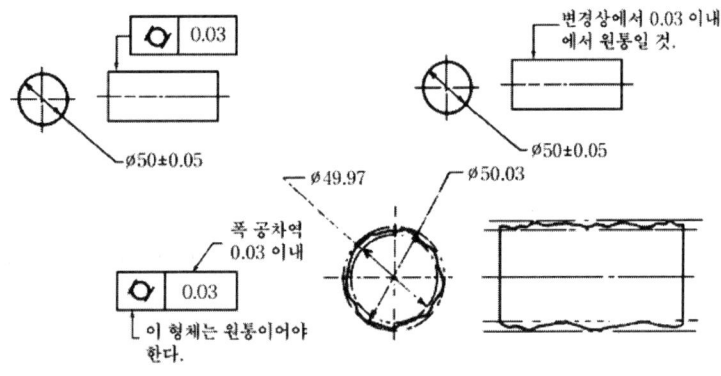

그림 4-17 원통도 공차 적용 예

8. 윤곽공차방식

　윤곽공차방식이란 표면이나 표면요소의 변동량을 일정하게 규제하기 위한 방법으로 임의의 면의 윤곽(⌒)과 임의의 선의 윤곽(⌒)의 두 가지가 있다.

　선의 윤곽은 이론적으로 정확한 치수에 의하여 결정된 기하학적 윤곽으로부터 선의 윤곽이 벗어난 크기를 말하고, 면의 윤곽은 이론적으로 정확한 치수에 의하여 결정된 기하학적 윤곽면으로부터의 면의 윤곽이 벗어난 크기를 말한다. 윤곽공차는 기준윤곽에 대하여 항상 법선방향으로 표시되며 측정되는 공차역을 규정하는 부품의 윤곽이 이 공차역 범위 내에 존재해야 한다. 윤곽공차방식은 불규칙한 곡선이나 특수한 부품의 윤곽을 규제하기 위해 효과적인 방법이다. 윤곽공차방정식은 표면상의 규제이므로 MMC 적용은 하지 않는다. 데이텀 참조가 사용되는 경우는 RFS를 암시한다.

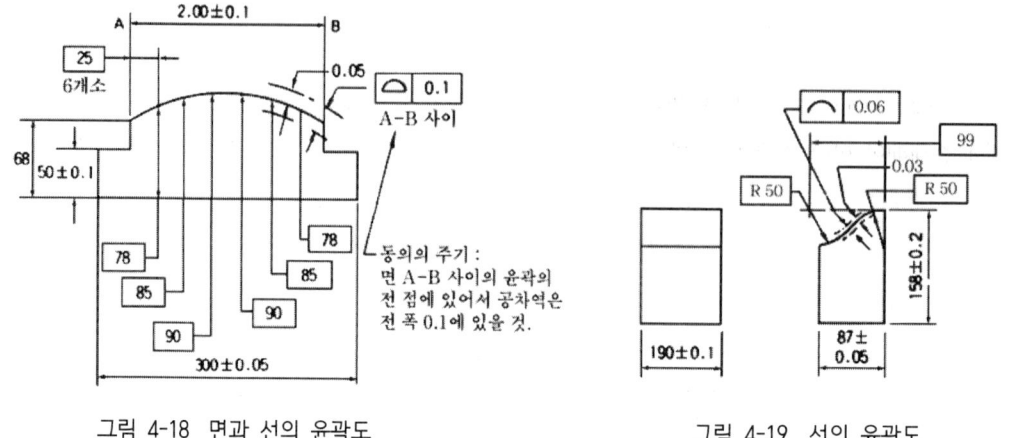

그림 4-18 면과 선의 윤곽도   그림 4-19 선의 윤곽도

9. 흔들림(⁄)

흔들림이란 회전표면의 완전한 형상에서의 변동을 말하며 다이얼 게이지를 사용하여 부품을 데이텀 축심주위로 완전 회전시켜서 다이얼게이지에 나타난 전 읽음량으로 검출하는 것이다.

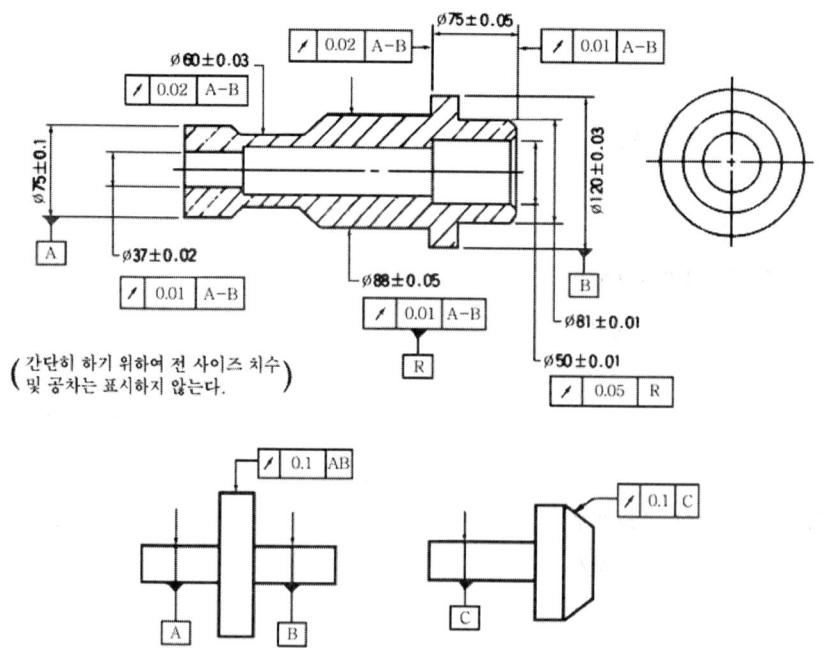

그림 4-20 흔들림의 규제 예

흔들림공차가 규정하는 공차역은 데이텀 축심 주위에 대상형체(원통, 원추, 호)와 동일 형상이고 전둘레에 걸쳐서 균일한 두께를 갖는 것과 같은 두 개의 동축외형이 이루는 영역 또는 대상형체 주위에서 데이텀 축심에 수직한 2개의 평면이 이루는 영역으로 대상형체의 표면은 이 영역 내에 존재해야 한다. 부품이 공칭동축의 형체를 갖고 있고 이들 형체의 표면의 허용변동량이 형체의 크기 치수에 무관계(RFS)로 규제되지 않으면 안 될 경우에 적용된다.

이 형식의 공차방식은 개개 표면의 진원도, 원통도, 진직도, 평면도, 경사도 및 평행도에 있어서의 변동도 고려되는 것이고, 본질적으로 흔들림 공차의 효과는 부품의 기능에 영향을 미치는 데이텀 축심과 그에 부수되는 데이텀에 관련하는 복수형체에 대하여 복합적인 형상 규제를 확립하는데 있다. 흔들림 공차를 규제하는 데는 대상 형체를 관련짓는 데이텀 축심을 확립하지 않으면 안 된다. 또 데이텀 축심을 기준으로 한 표면의 흔들림 상태이기 때문에 MMC가 적용되지 않고 RFS에서만 적용된다.

1) 실효치수

형체의 실효치수란 결합부품 또는 형체들 사이에서 틈새를 정함에 있어서 고려하지 않으면 안 될 윤곽에 대한 유효치수로서 규정된 공차 내에서 허용되는 모든 윤곽의 종합적 효과에 따라 생기는 치수이다.

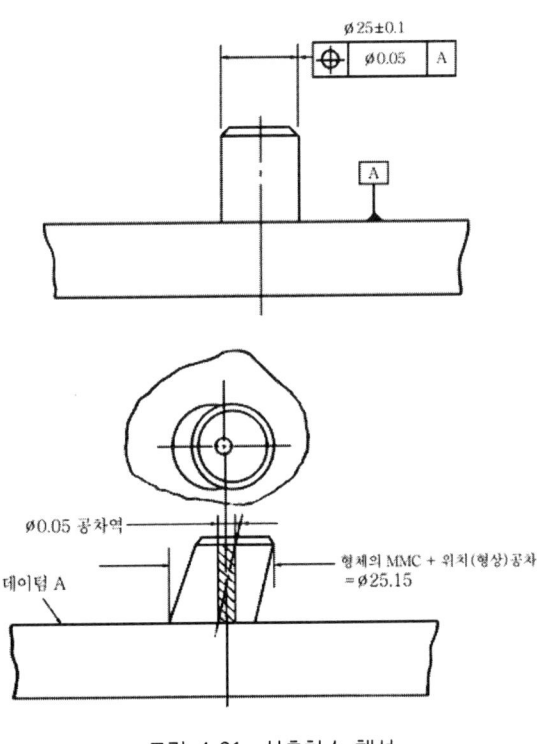

그림 4-21 실효치수 해석

실효치수는 MMC에서 조립상 가장 극한에 있는 상태를 나타낸다. 설계상에서 결합되는 상대부품의 치수공차 및 형상 위치공차를 결정하는데 실효치수를 기준으로 한다.

축의 실효치수 = 축의 MMC치수 + 형상 또는 위치공차
구멍의 실효치수 = 구멍의 MMC치수 - 형상 또는 위치공차

제5장

위치공차

위치공차란 다른 형체나 데이텀에 관계된 형체의 규정 위치에서 허용되는 변위량을 말한다. 위치공차는 진위치도, 동심도, 대칭도를 대상으로 한다. 위치공차는 크기를 가진 형체의 중심선, 중간면 및 축심의 관계를 포함하고 있어 적어도 두 형체가 필요하며 위치공차가 유효하기 위해서는 적어도 하나는 크기를 갖는 형체이어야 한다.

조립되는 부품형체의 상호 호환성 및 기능을 고려할 때 MMC 원칙은 잇점이 있을 것이다. 특히 진위치도와 MMC 적용은 기하학적 치수 공차방식의 최대 장점 중의 하나이다.

1. 위치도(⌖)

위치도란 데이텀 또는 다른 형체와 대상이 되는 형체의 점, 선 또는 평면 사이의 완전한 위치 관계를 기술하는 용어로서 위치도 공차는 형체의 그 진위치에 관한 위치의 전 허용변화량을 말한다. 원통상에 대하여 위치도가 규정하는 공차역은 직경으로서 그 중심은 진위치에 있고 대상 형체의 축심은 그 영역 내에 있어야 한다. 또 비원통상의 슬롯(slot), 탭(tabs) 등에 대한 공차역은 폭공차역으로 중심면은 폭공차 영역 내에 있어야 한다. 진위치도 공차방식은 기능 및 호환성이 고려되어야 하는 결합부품에 보통 적용된다. 이것은 설계요구조건을 만족시키고 보다 큰 제작 공차를 허용하며 요구되는 실제 기능검사를 할 수 있다는 잇점이 있다. 기능 게이지는 서로의 상호 결합부품의 최악의 상태로 만든 마스터(master) 게이지로서 생각하면 된다. 위치도는 위치공차이면서도 복합된 형상공차요소를 포함한다.

다음 그림은 직교좌표 방식에 의한 치수 및 공차와 위치도에 의한 치수공차를 비교하여 나타낸 것이다.

4개의 구멍은 결합되는 상대부품의 핀이나 축에 의한 조립부품으로 생각하자.

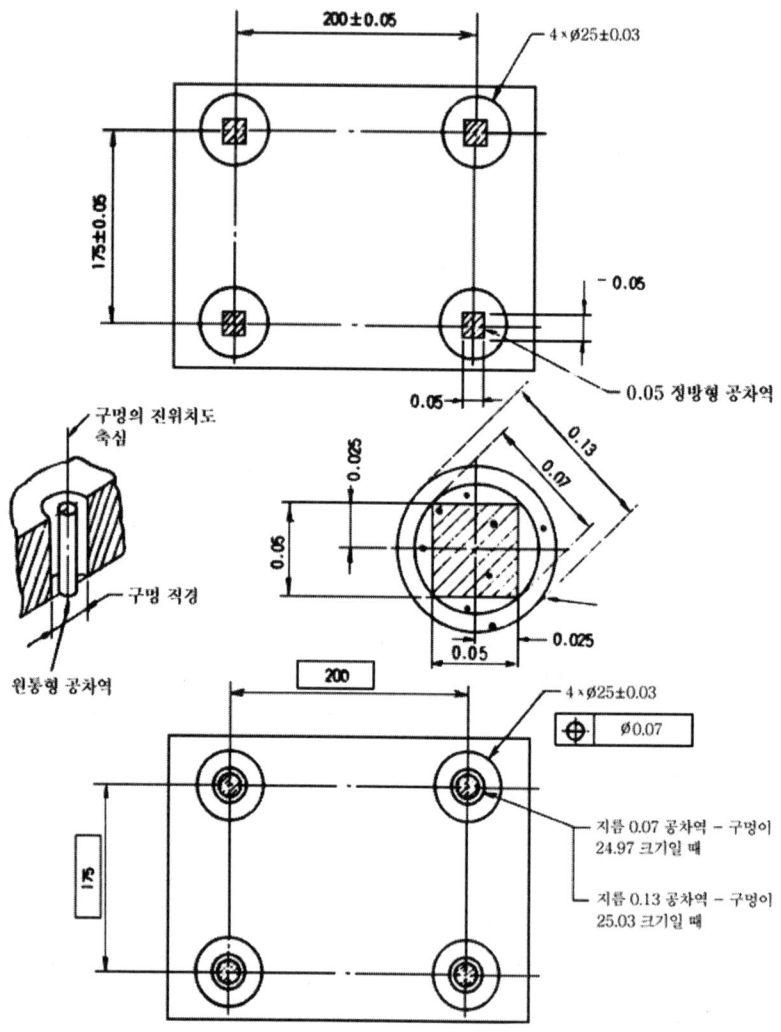

그림 5-1 진위치도 공차방식과 직교좌표 방식의 비교

위의 그림은 직교 좌표방식에 의한 치수 및 공차를 나타낸 그림이고, 아래 그림은 위치도 공차에 의한 치수 및 공차를 나타낸 그림이다. 위의 그림에서 각 구멍은 가로 세로 0.05를 가진 정4각형의 폭공차역이고, 아래 그림은 $\phi 0.07$의 직경공차역이다.

중간 그림에서 0.05 직교 좌표공차역은 0.07의 진위치도 공차역과 같다. 0.13 공차역은 4개의 구멍이 상한치수(25.03)일 때 적용되는 진위치도 공차역이다.

흑점(•)은 8개의 부품구멍을 검사할 때 구멍 중심의 분포를 나타낸 것이다. 만일 직교 좌표방식을 적용하였다면 8개 부품 중 3개만 합격이고 진위치도 공차역을 적용했을 때는 6개가 합격이다.

결론적으로 직교 좌표방식에서 구멍의 중심으로부터 벗어남을 대각선 방향에서는 수직방향이나 수평방향보다 큰 공차를 취할 수 있음을 말한다.

1) 결합부품, 고정파스너(fixed fastener)

나사나 축이 고정된 부품이고 여기에 구멍을 가진 부품과 결합되는 형체일 때 양부품이 결합되는 상태를 고정파스너라 하고, 위치를 결정하는 다우엘 구멍이나 탭구멍에 널리 응용되고 있다.

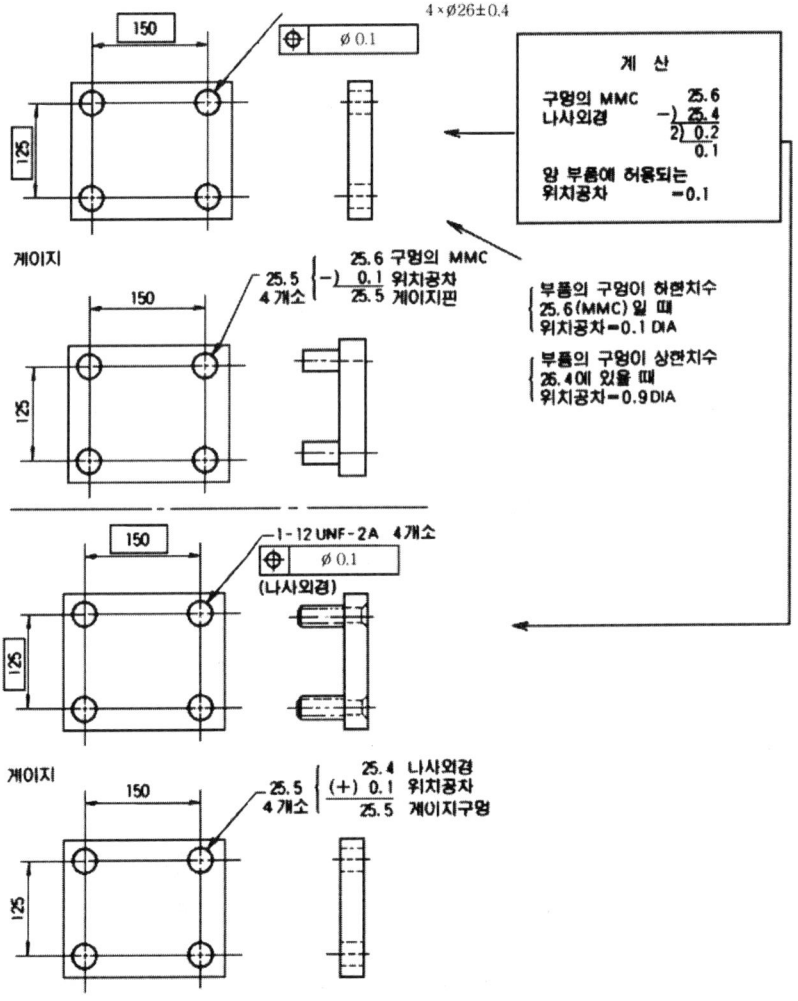

그림 5-2 고정파스너 공차계산과 기능게이지

위치도공차는 구멍의 MMC치수와 구멍에 결합되는 축이나 나사의 MMC치수의 차이만큼을 두 부품에 분배하여 위치도공차를 준다. 이 경우에 MMC 원칙의 응용은 기능적 호환성, 설계의 완전성, 최대제작공차, 기능게이지 적용 및 설계의 통일성을 기할 수 있다.

고정파스너의 계산식은 다음과 같다.

$$T = \frac{H - F}{2}$$

H : 구멍의 MMC
F : 파스너의 MMC
T : 진위치도 공차

위의 그림은 고정되어 있는 나사에 구멍이 결합되는 고정파스너의 공차계산과 기능게이지의 적용 예이다.

2) 위치도의 이론

다음 그림은 위치도 이론을 보다 명백히 한 것이다. 앞에서 고찰한 부품의 2개 구멍의 크기 변화에 따른 위치관계를 나타낸 그림이다.

그림 (a)는 기준치수 200을 기준으로 구멍이 MMC치수(24.97)일 때의 완전한 구멍위치와 게이지 핀(24.9)을 나타낸 것이고, 그림 (b)는 MMC 구멍일 때 0.07 위치도 공차 범위 내에서 2개의 구멍이 바깥쪽으로 가공되어 실제 구멍위치는 200.07일 때의 그림이고, 그림 (c)는 구멍이 최소실체 조건(LMC) 상한치수(25.03)일 때 허용되는 최대 진위치도 공차 0.13 범위 내에서 실제 구멍중심이 200.13일 때의 위치관계를 나타낸 그림이다

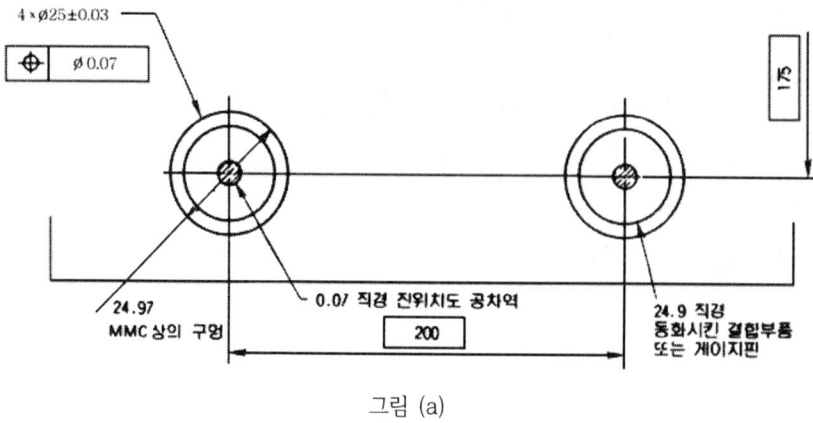

그림 (a)

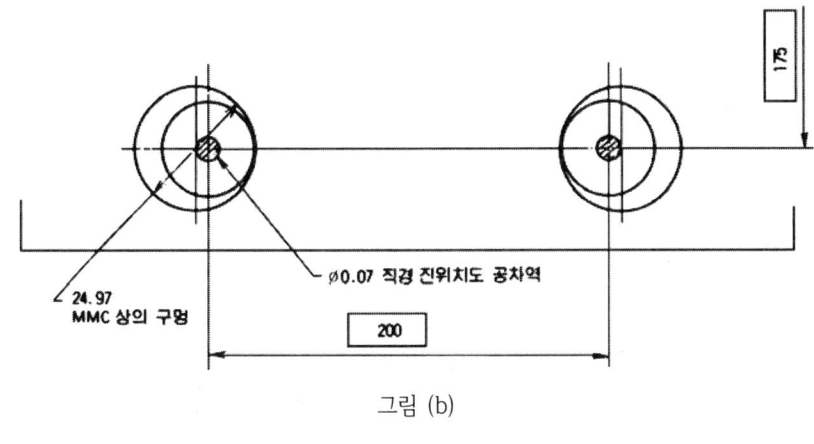

그림 (b)

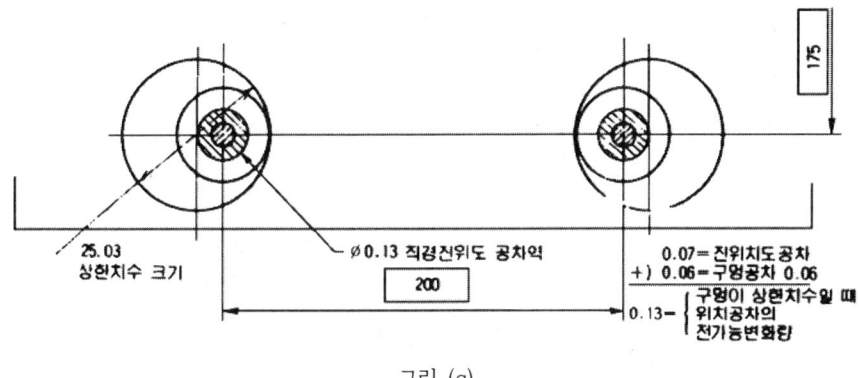

그림 (c)

그림 5-3 위치도공차에 의한 위치관계

3) 결합부품, 부동파스너(floating fastener)

두 개의 부품이 볼트와 너트로 결합될 때 모두 MMC를 기초로 해서 두 부품에 위치도 공차를 준 것을 부동파스너 방식에 의한 결합부품이라고 한다. 부동파스너에 의한 공차의 계산은 다음과 같은 계산식으로 한다.

$$T = H - F$$

여기서 T는 위치도 공차이며, H는 구멍의 MMC치수, F는 파스너의 MMC치수이다(파스너 : 구멍에 결합되는 축).

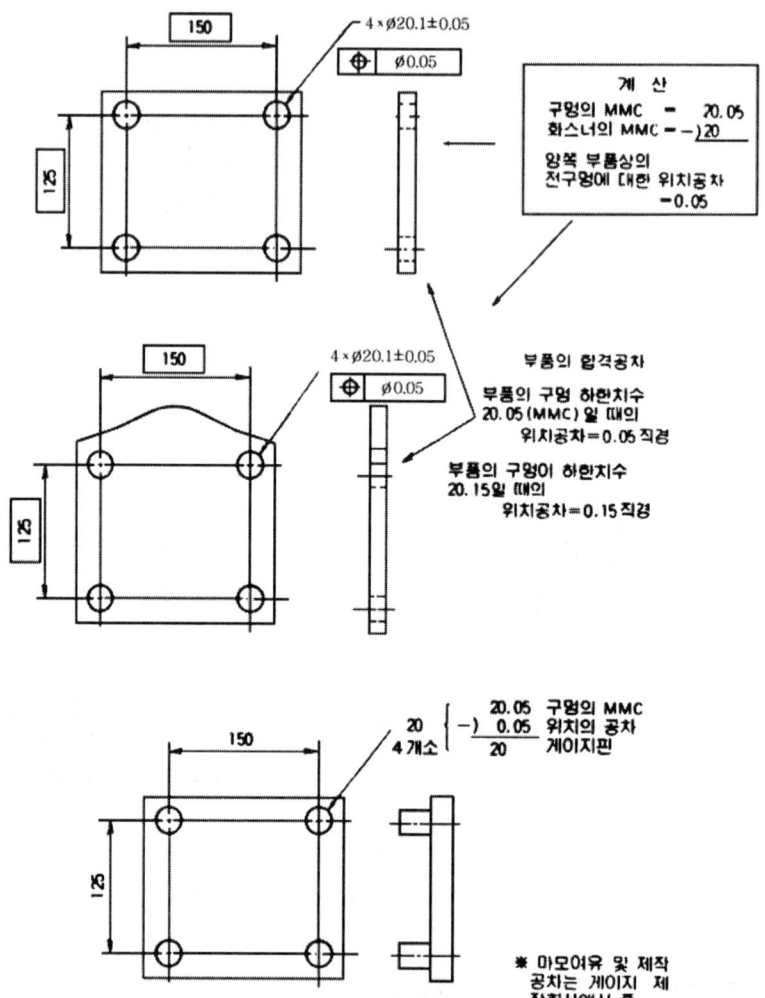

그림 5-4 부동파스너 공차계산과 기능게이지

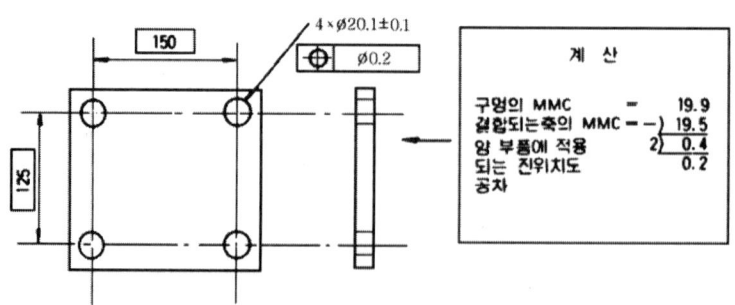

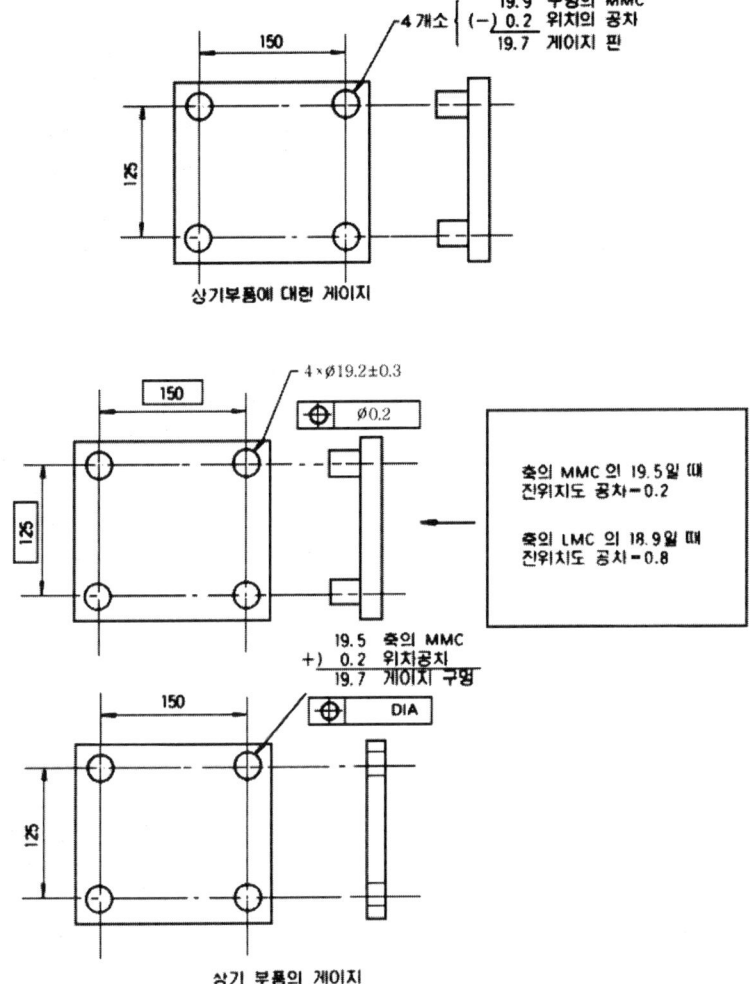

그림 5-5 결합부품 고정파스너의 기능게이지

4) 데이텀과 형체가 결합되는 부품형체의 위치도

다음에 도시된 결합부품은 데이텀과 데이텀이 결합되고 형체와 형체가 결합되는 비원통상의 결합부품에 적용되는 폭공차역의 적용 예이며, 그림 (a)는 MMC일 때의 0.5공차역과 최소실체조건(LMC)일 때의 0.9와 0.8 폭 공차역을 나타낸 그림이다. MMC에서 LMC로 치수변화에 따라 크다. 큰 간격으로 안전하게 결합된다.

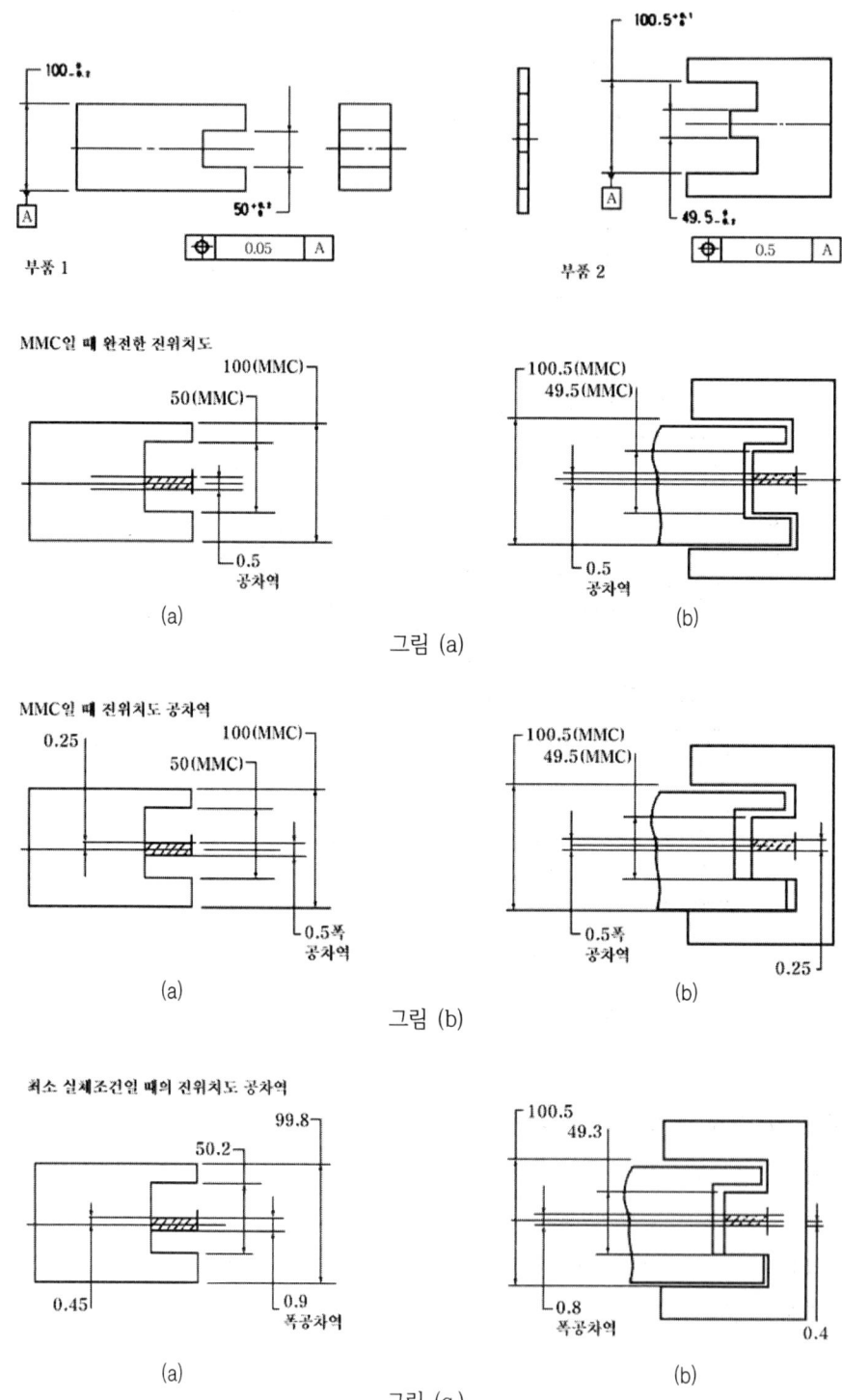

그림 5-6 비원통상 결합부품의 진위치도

5) 비원통상 결합부품의 공차를 정하기 위한 MMC 계산

다음 그림의 부품 1과 부품 2의 결합부품에 대한 위치도 공차계산은 다음과 같다.

- MMC 크기의 슬롯부(부품 1) =   50
- MMC 크기의 돌출부(부품 2) = (-) 49.5
                                        0.5 ························· 0.5
- MMC 크기의 데이텀 슬롯부(부품 2) =   100.5   ···→ + 0.5
- MMC 크기의 데이텀 돌출부(부품 1) = (-) 100 ·········   1
                                       0.5

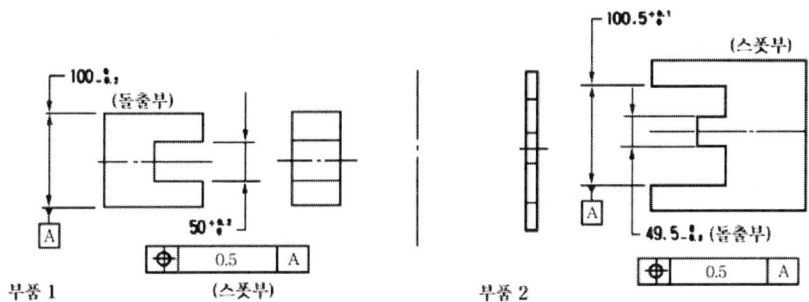

그림 5-7 비원통상 부품형체

각 부품에 필요로 하는 진위치도 공차를 설정하기 위하여 공차전량을 위치정확도에 따라 분할하여 주고 합계가 1이 되도록 임의로 조합한다. 예를 들면 부품 1에 0.5, 부품 2에 0.5를 나누어 준다. 각 부품에 대한 최대허용되는 진위치도 공차는 다음과 같다.

① 부품 1

형체치수가 MMC로부터 변화함으로써 허용된 슬롯부의 진위치도공차
- 슬롯부가 50의 MMC일 때의 지정위치도공차 ·· 0.5
- 더하기(+) 50의 슬롯부의 치수공차전량 ··· (+) 0.2
- 데이텀 폭이 100의 MMC일 때의 위치도공차 ··· 0.7
- 더하기(+) 100의 데이텀 폭 치수공차 전량 ·· (+) 0.2
- 최소실체조건(LMC)의 경우 슬롯부 및 데이텀 폭의 위치도공차전량 ···························· 0.9
  (최대 슬롯부, 최소 데이텀 폭)

② 부품 2

형체치수가 MMC로부터 변화함에 다른 허용된 돌출부의 위치도 공차

- 돌출부가 49.5의 MMC일 때의 지정위치도공차 ·· 0.5
- 더하기(+) 49.5의 돌출부 치수공차전량 ··· (+) 0.2
- 데이텀 슬롯부가 100.5 MMC일 때 위치도공차 ·· 0.7
- 더하기(+) 100.5 데이텀 슬롯부 치수공차전량 ··· (+) 0.1
- 최소실체조건(LMC)의 경우 돌출부 및 데이텀 개구부의 위치도공차전량 ············ 0.8
  (돌출부 최소, 데이텀 개구부 최대)

6) 비원통상 결합부품의 기능게이지

기능게이지는 위치도 공차를 사용하는 비원통상 부품에도 사용된다. 다음 그림은 위치도를 점검하기 위한 기능게이지의 예이다. 게이지의 실제 제작에는 게이지 제작공차가 고려되어야 할 것이다. 이 기능게이지에 통과된 부품은 상대부품과의 결합이 보장된다. 이 게이지는 단지 진위치도 요구조건만을 점검하기 위한 것이다.

MMC 기능게이지(MMC FANCTIONAL GAGE)

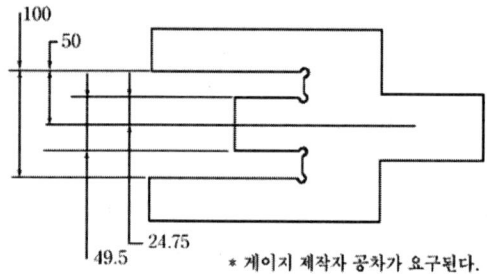

* 게이지 제작자 공차가 요구된다.

게이지의 계산

- MMC 크기 부품 스롯 = 50
- 마이너스(-) 진위치도공차 = -) 0.5
- 게이지 크기 = 49.5

- 데이텀 폭(100)의 MMC 크기가 게이지 폭 크기를 확립한다.
  = 100

MMC 기능게이지(MMC FANCTIONAL GAGE)

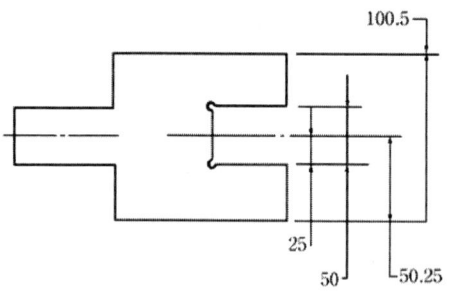

* 게이지 제작자 공차의 선정이 필요하다.

게이지의 계산

- MMC 크기 부품 돌출부 = 49.5
- 더하기 진위치도 공차 = (+)0.5
- 게이지 크기 = 50

- 부품 데이텀 폭(100.5)의 MMC 크기가 게이지 폭 크기를 확립한다.
  = 100.5

그림 5-8 비원통상 형체의 기능게이지

2. 동심도(동축도 ◎)

동심도(동축도)란 데이텀 축심으로부터 규제형체의 축심이 벗어난 크기로서 공차역은 직경공차역이며 축심은 그 영역 내에 있지 않으면 안 된다. 동심도는 위치공차방식의 한 가지 형식으로서 언제나 크기치수에 대한 2개 또는 그 이상의 기본적인 형체를 포함하여 형체축심이 불일치량을 규제한다.

이러한 특성에 의해서 동심도 공차는 언제나 RFS 기준으로 적용한다. 동심도 공차는 편심오차, 축심의 평행도오차, 진원도오차 및 원통도오차를 포함한다.

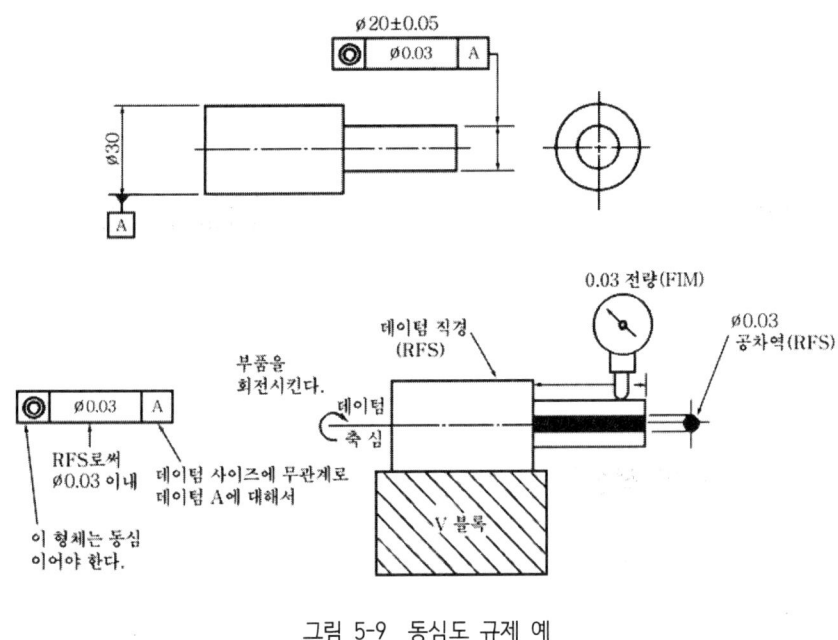

그림 5-9 동심도 규제 예

3. 대칭도(≐)

대칭도란 형체의 중심면 또는 축심주위 양측에 대해서 동일한 윤곽과 평면을 갖는 상태를 말한다. 대칭도 공차는 두 개의 평행면 사이의 거리이고 형체의 중간면은 이 안에 존재해야 한다. 공차역은 전폭 공차역이고 RFS 기준으로만 적용된다.

<예>

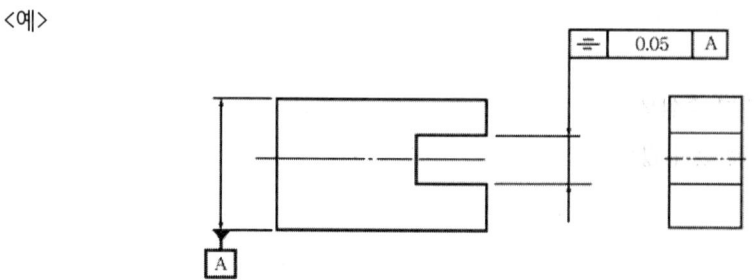

<해설>

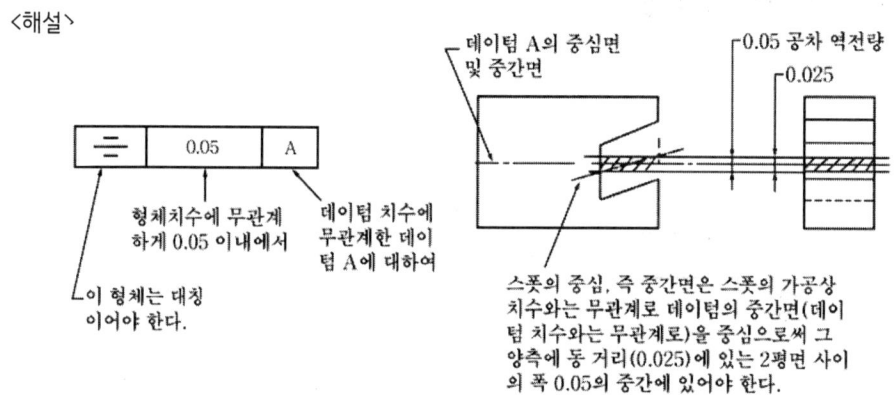

그림 5-10 대칭도 공차역

4. 동축 형체의 적절한 규제의 선택

상호관계가 있는 형체가 동축일 때에는 결합상태 및 기능에 따라 다음 3가지 방법 중 한 가지로 규제할 수 있다.

(1) 진위도 공차(⊕)

원통형체를 한 부품이 상대부품과 결합이 되는 경우 조립성이나 상호 기능적 관계를 확실하게 하기 위하여 원통형체의 동축관계를 규제할 필요가 있는 경우 형상과 위치의 변동을 복합적으로 고려할 수 있을 때에는 진위치도 공차로 규제한다.

(2) 흔들림 공차(⁄)

원통형체를 한 동축의 부품 및 형체의 표면(직각도, 진원도, 원통도, 진직도, 경사도 및 평행도의 복합 오차)에 있어서의 허용 변동이 그 치수에 무관계(RFS)로 규제되지 않으면 안 될 경우에는 흔들림으로 규제한다.

(3) 동심도(동축도) 공차(◎)

둘 또는 그 이상이 기본적으로 동축인 경우 데이텀 축심을 기준으로 규제되는 형체의 위치의 오차가 형체축심의 편심량을 규제할 필요가 있는 경우에는 동심도로 규제한다. 동심도 공차는 직경공차역(DIA)으로 형체치수무관계(RFS) 기준으로 적용된다.

예상문제

001. 다음 중 3면도와 관계 없는 것은?
- ㉮ 평면도
- ㉯ 정면도
- ㉰ 측면도
- ㉱ 전개도

해설 제1면도 : 정면도
제2면도 : 정면도, 평면도, 정면도, 측면도
제3면도 : 정면도, 평면도, 측면도

002. 경사진 부분을 측면도와 평면도에서 나타낼 때 그 형상을 나타내기 힘들 때 사용하는 투상법은?
- ㉮ 회전투상
- ㉯ 보조투상
- ㉰ 가상투상
- ㉱ 부분투상

해설 보조투상 : 경사면의 실물 형상을 표시할 필요가 있을 때, 그 경사면에 대응하는 위치에 필요 부분만 그린 투상도를 보조투상도라 한다.

003. 다음 그림은 어떤 투상법인가?
- ㉮ 제1각법
- ㉯ 제2각법
- ㉰ 제3각법
- ㉱ 제4각법

해설 제1각법 : 우측면도가 좌측에 있고 평면도가 정면도 아래에 있다.

004. 다음 보기와 같은 정면도의 옳은 평면도는 어느 것인가?
- ㉮ 1
- ㉯ 2
- ㉰ 3
- ㉱ 4

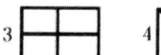 

해설 위에서 본 그림(평면도)이기 때문에 1과 같다.

정답 1.㉱ 2.㉯ 3.㉮ 4.㉮

005. 다음 중 특수 투상도는?

㉮ 보조 투상도 ㉯ 회전 투상도
㉰ 관용 투상도 ㉱ 보조 투상도

해설 관용 투상도 : 관과 관끼리 만날 때에는 상관선을 생략해서 관용 투상을 한다.

006. 다음 선의 투상에서 측화면(측면도)에서 실제길이로 나타내는 도면은?

㉮ 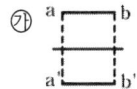   ㉯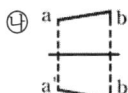

㉰ 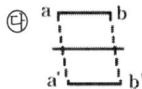   ㉱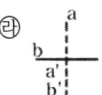

해설 측화면(측면도)상에서 실제길이로 나타나면 입화면(정면도)상에서는 1점으로 나타난다.

007. 다음 그림과 같은 물체를 제3각법으로 투상했을 때, 각 그림의 투상도가 잘못된 것은?

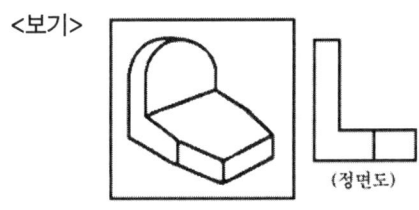

㉮ (좌측면도)   ㉯ 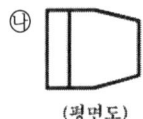 (평면도)

㉰ (우측면도)   ㉱  (배면도)

해설 투상도 : 정면도, 우측면도, 좌측면도, 평면도, 저면도, 배면도가 있다.

정답 5.㉰ 6.㉱ 7.㉱

008. 다음 보기를 3각법으로 맞게 나타낸 것은?

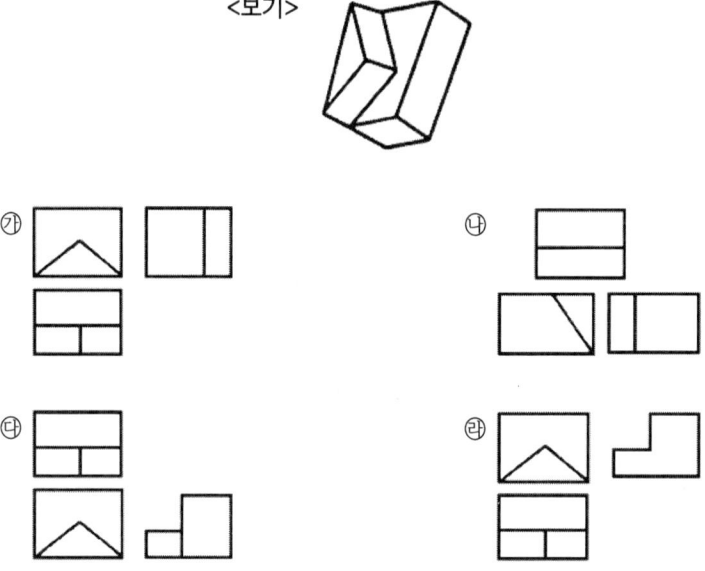

해설 제3각법 : 정면도 중심으로 우측에 우측면도, 정면도 위에 평면도가 있다.

009. 제도에서 사용되는 선에 대한 설명 중 맞지 않는 것은?
    ㉮ 은선이 외형선에 접속할 때는 여유를 둔다.
    ㉯ 표면 처리선은 가는 일점쇄선이다.
    ㉰ 선의 굵기는 외형선의 굵기(0.3~0.8 mm)를 기준으로 하여 다른 선의 굵기를 정한다.
    ㉱ 중심선은 외형선에서 약간 밖으로 나오게 그린다.
    해설 표면 처리선은 부품의 표면을 열처리하는 것을 나타내는 것으로 굵은 일점 쇄선으로 나타낸다.

010. 전체의 조립을 나타낸 그림으로서 그 구조나 각 부품끼리의 관련이 있게 그려져 있는 것은?
    ㉮ 제작도   ㉯ 기초도
    ㉰ 계획도   ㉱ 조립도

011. 기계제도에서 축척을 1/2로 하면 면적은 얼마나 되겠는가?
    ㉮ 1/2배   ㉯ 1/4배
    ㉰ 1/8배   ㉱ 2배

정답 8.㉰ 9.㉯ 10.㉱ 11.㉯

012. 원근감이 나도록 그려진 그림은?
　㉮ 정 투상도　　　　　　　㉯ 투시도
　㉰ 등각 투상도　　　　　　㉱ 사 투상도

　해설　투시도는 원근감이 나타나도록 그린 투상도로서 투시 투상을 필요로 하는 건축제도, 토목제도, 조선제도 등에 쓰인다.

013. 회화적 투상법에 해당되지 않는 것은?
　㉮ 정 투상도　　　　　　　㉯ 등각 투상도
　㉰ 사 투상도　　　　　　　㉱ 투시도

　해설　정투상도 : 직사광선에 의해 평행하게 물체가 투상면에 비쳐 나타난 투상도

014. 다음은 보조 투상도를 논하였다. 관계 있는 것은?
　㉮ 물체를 가상해서 나타낸 것.　　　　㉯ 물체를 90°회전시켜 나타낸 것.
　㉰ 물체의 사면의 실제 형상을 나타낸 것.　㉱ 특수한 부분을 부분적으로 나타낸 것.

　해설　보조 투상도
　　① 정면 보조 투상도 : 3면도를 완성한 후 경사진 면을 보조 투상한 것.
　　② 부분 보조 투상도 : 정면도와 경사진 부분을 보조 투상한 것.

015. 다음 도면에서 (A)선의 용도에 의한 명칭은?
　㉮ 은선
　㉯ 중심선
　㉰ 외형선
　㉱ 치수선

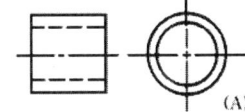

016. 설계하며 도면을 작성할 때까지 고려하지 않아도 좋은 사항은?
　㉮ 명세표 작성　　　　　　㉯ 작업일정의 작성
　㉰ 제작도의 작성　　　　　㉱ 기본 치수 및 재료의 결정

017. 기계의 제작도(부품도)에 기입하는 치수에 대한 설명 중 적합하지 않은 것은?
　㉮ 치수는 특별히 명시하지 않는 한 소재 치수를 표시한다.
　㉯ 치수가 여러 개 인접하면서 연속되어 있을 때에는 치수선은 되도록 일직선으로 맞추는 것이 좋다.
　㉰ 치수의 소수점은 밑에 찍고 자릿수가 많아도 3자리마다 컴마를 찍지 않는다.
　㉱ 치수선은 가급적 물체를 표시하는 도면의 외부에 긋는다.

정답　12.㉯　13.㉮　14.㉰　15.㉯　16.㉰　17.㉮

018. 트레이싱 순서에 맞는 것은?

1. 원호를 그린다.   2. 가로선을 긋는다.
3. 세로선을 그린다.   4. 경사선을 긋는다.

㉮ 1 - 4 - 3 - 2   ㉯ 1 - 2 - 3 - 4
㉰ 2 - 3 - 4 - 1   ㉱ 3 - 2 - 1 - 4

019. 도면에서 10 mm를 2/1배척으로 그릴 때 도면에 기입하는 치수는?

㉮ 10   ㉯ 20
㉰ 40   ㉱ 100

해설 치수는 척도에 상관없이 실제 치수로 기입한다.

020. 트레이싱할 때 가장 적합한 것은?

㉮ 큰 원호 - 작은 원호 - 직선   ㉯ 작은 원호 - 직선 - 큰 원호
㉰ 직선 - 작은 원호 - 큰 원호   ㉱ 작은 원호 - 큰 원호 - 직선

021. 각국의 공업규격 중 틀린 것은?

㉮ 독일 : BS   ㉯ 일본 : JIS
㉰ 미국 : ASA   ㉱ 한국 : KS

해설 독일 : DIN, 영국 : BS, 스위스 : VSM, 국제표준규격 : ISO

022. 실물을 축소하여 그리는 것은 무엇인가?

㉮ 현척   ㉯ 축척
㉰ 배척   ㉱ 실척

023. 굵은 실선의 굵기는 어느 것인가?

㉮ 0.2 mm 이하   ㉯ 0.6 ~ 0.7 mm
㉰ 0.2 mm 이상   ㉱ 0.4 ~ 0.8 mm

해설 중심선, 피치선, 치수선, 지시선 등의 굵기는 0.3 mm 이하로 한다.

024. 각종 단면도를 그릴 때 일반적으로 절단하여 단면으로 표시하는 부품은?

㉮ 스핀들   ㉯ 태핑나사
㉰ 벨트풀리   ㉱ 볼 베어링의 볼

정답 18.㉯ 19.㉮ 20.㉱ 21.㉮ 22.㉯ 23.㉱ 24.㉰

025. 연필로 그린 원도 위에 트레이싱 페이퍼를 놓고 연필이나 먹물로 그린 도면을 무엇이라 하는가?
㉮ 트레이스도　　　　　　㉯ 원도
㉰ 청사진　　　　　　　　㉱ 외형도

026. 다음 척도 중 실척은?
㉮ 1/1　　　　　　　　　㉯ 1/5
㉰ 5/1　　　　　　　　　㉱ 1/25

027. 제품을 만들 때 사용되는 도면은?
㉮ 기초도　　　　　　　　㉯ 조립도
㉰ 제작도　　　　　　　　㉱ 계획도

해설　계획도 : 제작에 앞서 그려지는 도면 설계자의 계획을 표시
　　　조립도 : 전체의 조립상태를 나타내는 도면(제작 도면에 포함)
　　　기초도 : 구조물 기계설치의 기초공사에 필요한 도면

028. 다음 그림은 제도판 위에 삼각자 한쌍과 T자를 그림과 같이 밀착시켜 놓은 상태이다. 삼각자 B의 긴 변이 T자와 이루는 각은?
㉮ 15°
㉯ 30°
㉰ 45°
㉱ 60°

해설　45°-30°=15°

029. 기계제도에 관한 일반적인 원칙을 설명한 것이다. 잘못된 것은?
㉮ 도면은 되도록 중복을 피하고 간단히그린다.
㉯ 도면은 1각법으로 만 표시한다.
㉰ 도면에는 불 필요한 것은 기입하지 않는다.
㉱ 도면은 되도록 은선으로 표시하는 것을 피할 수 있도록 투상면을 선택한다.

030. 치수표기에 있어서 이론적으로 정확한 치수는 어떻게 표시 하는가?
㉮ 치수를 ( ) 안에 기입　　㉯ 치수를 { } 안에 기입
㉰ 치수를 □ 안에 기입　　㉱ 치수를 [ ] 안에 기입

정답　25.㉮　26.㉮　27.㉰　28.㉮　29.㉯　30.㉰

031. 파단선이란?

㉮ 단면 부분을 나타내는 해칭선

㉯ 물체의 일부를 파단한 곳을 나타내는 선

㉰ 단면도를 그릴 경우에 절단 위치를 나타내는 선

㉱ 물체의 보이지 않는 부분을 가정해서 나타내는 선

032. 체인, 기어 등에서 피치원을 나타낼 때 쓰이는 선으로 맞는 것은?

㉮ 실선   ㉯ 은선

㉰ 이점쇄선   ㉱ 일점쇄손

033. 물체에 표면처리 부분을 표시하는 선은?

㉮ 가는 실선   ㉯ 가는 2점 쇄선

㉰ 굵은 1점 쇄선   ㉱ 가는 1점 쇄선

034. A열의 0번의 제도지의 면적은 약 얼마인가?

㉮ 0.5 m²   ㉯ 1 m²

㉰ 1.5 m²   ㉱ 2.0 m²

해설 $A_0 = 841 \times 1189 \text{ mm} = 999\ 949 \text{ mm}^2 \fallingdotseq 1 \text{ m}^2$

035. 제도지 크기 열의 가로, 세로비는?

㉮ 1 : 2   ㉯ 1 : $\sqrt{2}$

㉰ 1 : 3   ㉱ 1 : $\sqrt{3}$

해설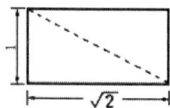

036. KS제도 규격의 필요성은?

㉮ 도면을 보고 작업자가 의문이나 오해가 없도록 설계자의 뜻을 정확히 이해시키기 위해서

㉯ 현대화된 다량 생산에 발맞추기 위해서

㉰ 다른 나라에서 정하고 있으므로

㉱ 제품에 호환성을 주고 만들기 쉽게 하기 위해서

정답 31.㉯ 32.㉱ 33.㉰ 34.㉯ 35.㉯ 36.㉮

037. KS 분류 기호가 잘못된 것은?
㉮ A - 기본 ㉯ B - 기계
㉰ C - 광산 ㉱ D - 금속

038. KS에서 KS B의 분류 기호는 다음 중 어느 것인가?
㉮ 전기 ㉯ 기계
㉰ 건축 ㉱ 의료

039. KS A의 분류 기호는 무엇을 의미하는가?
㉮ 전기 ㉯ 금속
㉰ 기본 ㉱ 화학

040. 다음 제도의 정의에 대한 설명이 맞는 것은?
㉮ 입체감을 주어 그린 그림
㉯ 기계를 설계하는 것.
㉰ 자기만 알 수 있는 문자, 선, 기호 등을 이용하여 제도지 위에 표시하는 그림
㉱ 문자, 선, 기호 등을 이용하여 물체의 다듬질 정도, 재료 및 공정 등을 제도지에 작성하는 과정

041. KS규격의 재료 기호에서 일반 구조용 압연강재 표시방법은?
㉮ SKH3 ㉯ SS400
㉰ SF400 ㉱ SM45C

042. 도면의 종류 중 용도에 따른 분류에 속하지 않는 것은?
㉮ 제작도 ㉯ 계획도
㉰ 조립도 ㉱ 주문도
해설 용도에 따른 분류에 속하는 도면으로는 계획도, 제작도, 주문도, 승인도, 설명도, 견적도 등이 있다.

043. 디바이더의 사용 용도가 아닌 것은?
㉮ 선의 등분 ㉯ 원의 등분
㉰ 원을 그림 ㉱ 치수를 옮김

정답 37.㉱ 38.㉯ 39.㉰ 40.㉱ 41.㉯ 42.㉰ 43.㉰

044. 다음 가는 실선을 사용하지 않는 것은 어느 것인가?
    ㉮ 해칭선   ㉯ 지시선
    ㉰ 은선   ㉱ 치수선
    해설 은선은 물체가 보이지 않는 부분을 나타내는 선

045. 1각법보다 3각법이 편리한 점이 아닌 것은?
    ㉮ 두 가지 투상도의 대조가 용이하다.
    ㉯ 치수 기입하기가 1각법보다 3각법이 까다롭다.
    ㉰ 보조 투상도를 나타낼 때 1각법보다 쉽게 이해할 수 있다.
    ㉱ 투상도의 중간에 상관된 치수를 나타낼 수 있어 이해가 쉽다.

046. 보조 투상도에 해당되는 것은?
    ㉮ 물체의 사면의 실형을 도시한 것.
    ㉯ 복잡한 물체를 절단하여 도시한 것.
    ㉰ 물체의 수평 또는 수직선의 일부 형태를 도시한 것.
    ㉱ 3각법으로 된 투상도에 필요에 따라 부분적으로 일각법으로 그린 것.

047. 도면의 치수는 가급적 어느 곳에 기입하여야 하는가?
    ㉮ 측면도   ㉯ 조립도
    ㉰ 정면도   ㉱ 평면도

048. 다음 보기에서 3각법의 평면도는?

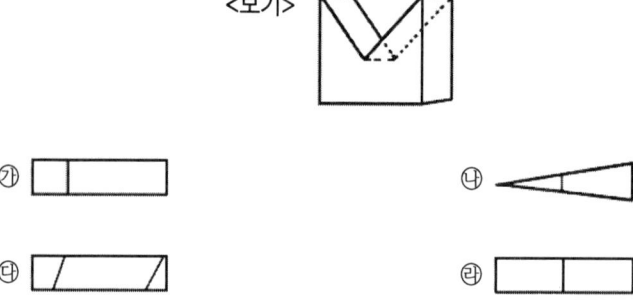

정답 44.㉰ 45.㉯ 46.㉮ 47.㉰ 48.㉱

049. 다음 보기의 투상도는 오른쪽 어느 겨냥도에 해당하는가?(3각법)

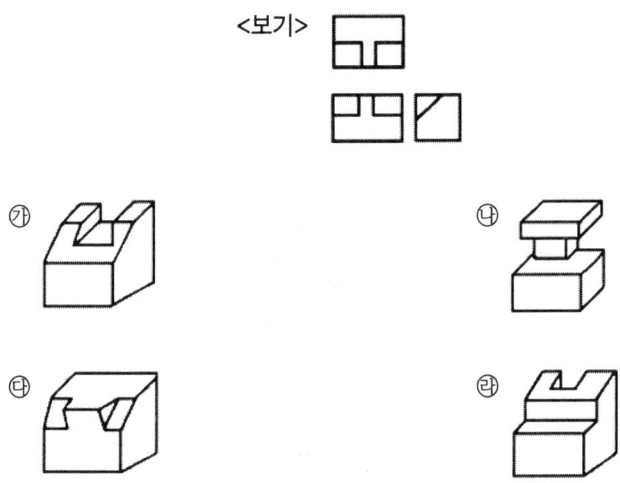

050. 다음 그림을 보고 같은 겨냥도와 투상도에 해당하는 것은 어느 것인가?

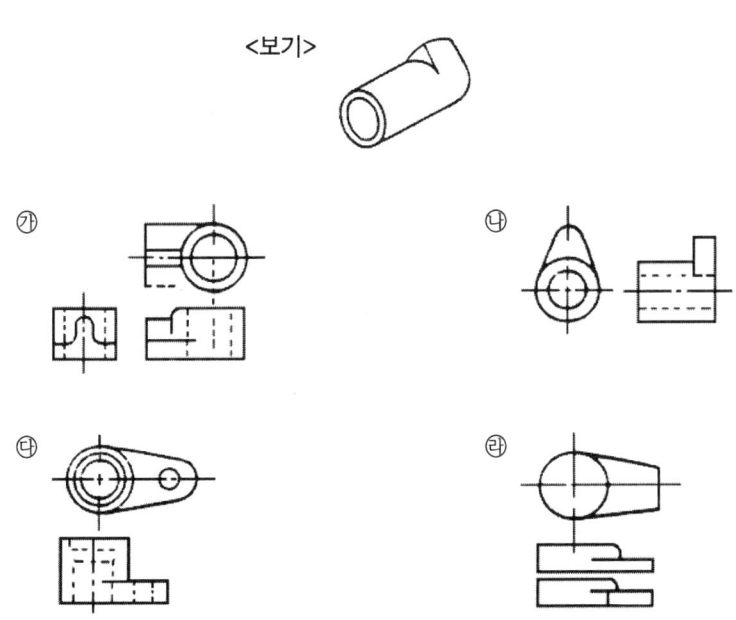

051. 다음 보기와 같이 겨냥도를 제3각법으로 투상한 것은?

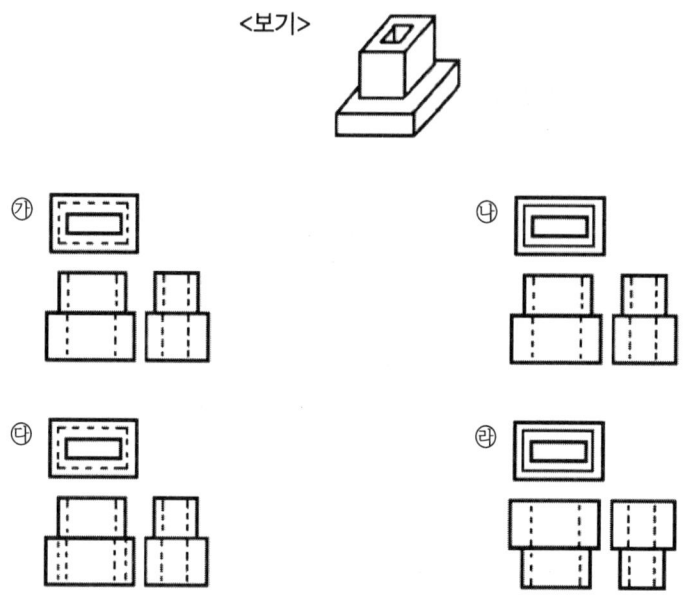

해설 제3각법 : 물체를 제3각에 두고 투상하는 방법

052. 다음 보기에서 물체 A를 화살표 방향에서 본 것을 정면도로 했을 때 다음 중 적당하게 표현된 것은?

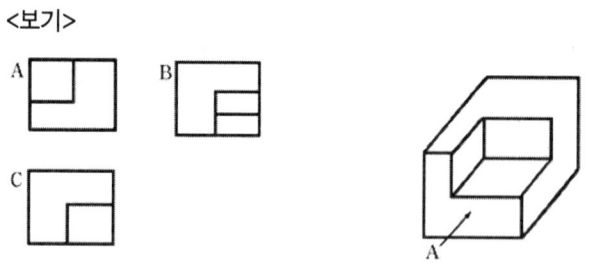

㉮ B는 평면도이다.
㉯ C는 정면도 아래 배치
㉰ C는 우측면도이다.
㉱ A는 정면도 우측에 배치

053. 보기의 그림을 삼각법으로 표시할 경우 옳은 것은?

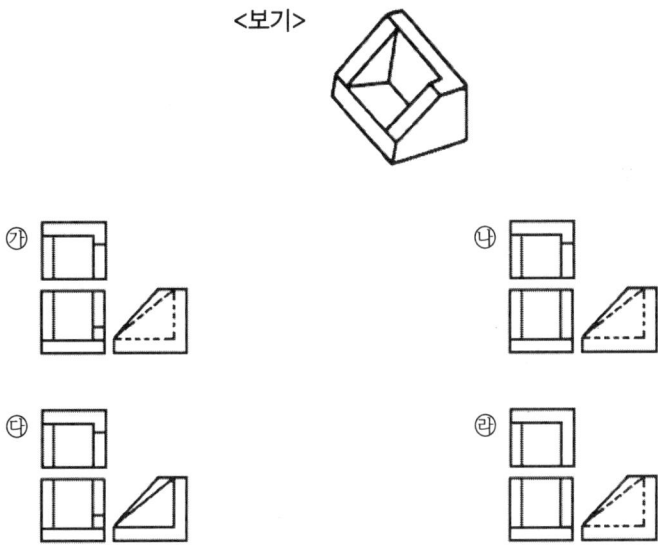

054. 오른쪽 겨냥도에서 화살표 방향에서 볼 때 정면도는?(3각법)

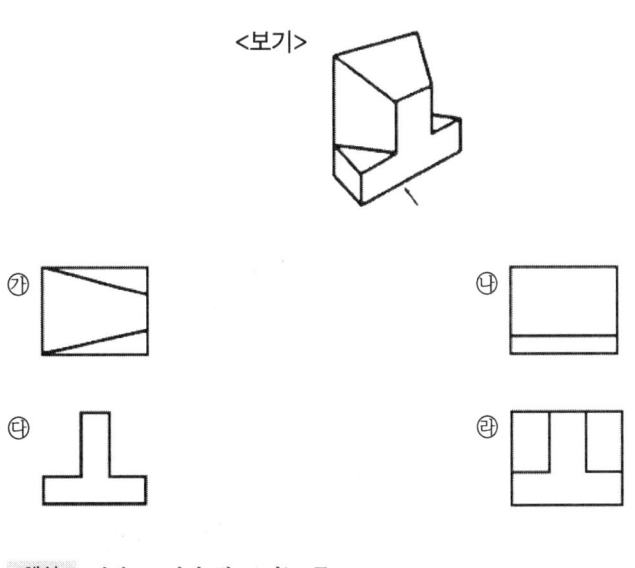

해설 정면도 : 가장 잘 보이는 곳

정답 53.㉯ 54.㉰

055. 다음 정 투상도에서 어느 방향의 투상이 불충분한가?

㉮ 정면도와 평면도
㉯ 정면도와 우측면도
㉰ 평면도와 우측면도
㉱ 전부 완전한 도형이다.

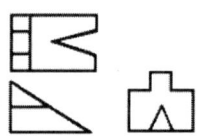

해설 정면도 : 가장 잘 보이는 곳

056. 다음 보기를 제3각법으로 옳게 그린 것은?

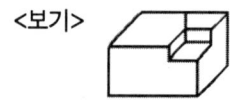

057. 다음 단면 표시법에 대한 설명이 옳은 것은 어느 것인가?

㉮ 단면 부분은 반드시 해칭을 해야 한다.
㉯ 필요한 부분만 절단한 것을 계단 단면이라 한다.
㉰ 단면 표시는 반드시 중심선과 평행한 가는 실선으로 해야 한다.
㉱ 동일 도면에서는 재질이 다른 경우 단면 표시도 다르게 해야 한다.

058. 다음 도면은 단면도의 종류 중 어디에 해당하는가?

㉮ 전단면도
㉯ 반단면도
㉰ 부분 단면도
㉱ 계단 단면도

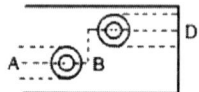 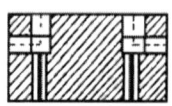

059. 다음 그림과 같은 단면도는 어떤 단면도인가?
㉮ 전단면도
㉯ 반단면도
㉰ 회전단면
㉱ 계단단면

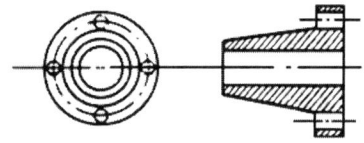

060. 다음 중 물체의 단면을 표시하는 것은?
㉮ 파단선
㉯ 해칭선
㉰ 절단선
㉱ 외형선

061. 다음은 3각법을 설명한 것이다. 틀린 것은?
㉮ 선박 제도에 사용하면 더욱 편리하다.
㉯ 보조 투상도를 그릴 때는 더욱 간편하게 이해하기 쉽다.
㉰ 양투상면 중간에 치수를 기입하므로 치수 기입이 편리하고 이해하기 쉽다.
㉱ 각 투상면이 가까운 거리에서 직접 투상되므로 비교 대조가 용이하다.

062. 다음 도형의 표시법 중 틀린 것은?
㉮ 가급적 자연 위치를 나타낸다.
㉯ 은선은 이해하는데 지장이 없는 한 생략해도 좋다.
㉰ 문제의 주요면이 투상도면에 평행하거나 수직하게 나타낸다.
㉱ 물체의 특징을 가장 명료하게 나타내는 투상도는 평면도로 선택한다.

063. 다음 단면도 중 옳게 도시된 것은?

㉮ 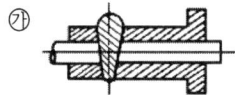　　㉯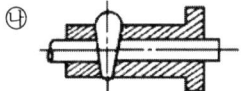

㉰ 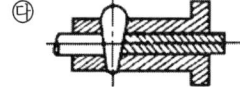　　㉱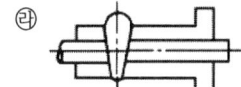

정답　59.㉮　60.㉯　61.㉮　62.㉱　63.㉮

064. 부분 단면도에 관한 설명 중 틀린 것은?
- ㉮ 일부분만을 잘라서 표시한 것이다.
- ㉯ 파단선은 가는 실선으로 표시한다.
- ㉰ 내부를 특히 표시할 때 쓰인다.
- ㉱ 단면의 경계가 분명할 때 부분 단면으로 표시한다.

065. 길이 방향으로 절단할 수 있는 것은?
- ㉮ 볼트, 너트
- ㉯ 리벳
- ㉰ 작은 나사
- ㉱ 파이프

066. 단면에도 암, 리브, 핸들 등은 어느 단면을 사용하는 것이 좋은가?
- ㉮ 전단면
- ㉯ 계단단면
- ㉰ 부분단면
- ㉱ 회전단면

067. 물체의 상하 또는 좌우 대칭일 때 사용하는 단면은?
- ㉮ 반단면
- ㉯ 계단단면
- ㉰ 전단면
- ㉱ 부분단면

해설 반단면도 : 외형도의 1/2, 단면도 1/2

068. 물체의 외형과 내부를 동시에 나타낼 수 있는 단면도법은?
- ㉮ 전단면
- ㉯ 반단면
- ㉰ 계단단면
- ㉱ 회전단면

해설 반단면도 : 물체의 1/4을 절단하여 투상한 것.

069. 암이나 리브 림 등의 단면을 도형 내에 나타낼 때 선의 종류는?
- ㉮ 가는 실선
- ㉯ 굵은 실선
- ㉰ 가상선
- ㉱ 은선

070. 다음은 단면도에 관한 설명이다. 틀린 것은 어느 것인가?
- ㉮ 단면도는 투상법칙에 따른다.
- ㉯ 단면 뒤의 은선은 반드시 생략한다.
- ㉰ 판독이 용이한 도면에서는 해칭선을 생략할 수 있다.
- ㉱ 내부 구조를 확실히 알기 어려울 때 쓰인다.

정답 64.㉱ 65.㉱ 66.㉱ 67.㉮ 68.㉯ 69.㉰ 70.㉯

071. 다음은 가상선의 용도이다. 옳지 않은 것은?
㉮ 인접 부분을 참고로 나타내는 선
㉯ 도시된 물체의 앞면에 있는 부분을 나타내는 선
㉰ 이동하는 부분을 이용한 위치에 나타내는 선
㉱ 부분단면도를 그릴 경우 그 절단 위치를 나타내는 선

072. 단면도에서 단면부의 내측 주위를 청색이나 적색 연필로 엷게 칠한 것은 무엇인가?
㉮ 스머징   ㉯ 해칭
㉰ 잉킹   ㉱ 재료표시

073. 다음 그림은 무엇을 표시한 것인가?
㉮ 구면
㉯ 철망
㉰ 평면
㉱ 너얼링

해설 너얼링, 철망의 생략 : 일부분에만 무늬를 표시하고 다른 곳은 생략한다.

074. 다음 중 평면을 표시하는 것은?
㉮ ⊠   ㉯ ▭
㉰ C   ㉱ ⌀

해설 지름 φ, 정사각형 □, 반지름 R, 45°모따기 C

075. 다음 중 부품표란에 기입되지 않는 것은?
㉮ 갯수   ㉯ 공정
㉰ 무게   ㉱ 척도

076. 다음 그림은 어떤 단면을 나타내고 있는가?
㉮ 부분단면
㉯ 반단면
㉰ 전단면
㉱ 회전단면

정답 71.㉱ 72.㉮ 73.㉯ 74.㉮ 75.㉱ 76.㉯

077. 다음 그림에서 콘크리트를 나타낸 것은?

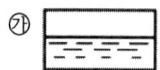 ㉮  ㉯

 ㉰ 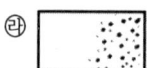 ㉱

078. 건축, 선박, 제도에서 주로 사용하는 것은 몇 각법인가?
  ㉮ 제1각법 ㉯ 제2각법
  ㉰ 제3각법 ㉱ 제4각법

  해설 제1각법 : 건축, 선박, 제도 등
  　　　제3각법 : 기계제도 등에 사용

079. KS에 규정되어 있는 투상법은?
  ㉮ 제1각법이 원칙이나 부득이한 경우 제3각법
  ㉯ 제3각법이 원칙이나 부득이한 경우 제1각법
  ㉰ 제1각법
  ㉱ 제3각법

  해설 제3각법이 원칙이나 부득이한 경우 제1각법을 써도 상관이 없다.

080. 등각 투상도법에서 쓰이지 않는 각도는?
  ㉮ 20° ㉯ 30°
  ㉰ 45° ㉱ 60°

  해설 등각 투상도법 각도 : 30°, 45°, 60°

081. 투상법 중 KS 규격에 맞지 않는 것은?
  ㉮ 삼각법의 원칙
  ㉯ 동일면에서 1각법과 3각법을 통용한다.
  ㉰ 1각, 3각 구별할 때 적합한 위치에 표시한다.
  ㉱ 물체의 경사면은 그 실형을 보조 투상도로 한다.

  해설 투상법 : 투상이란 어떤 물체의 한면 또는 여러면을 도면에 나타내는 방법으로 정투상, 사투상, 투시도법이 있다.

정답 77.㉱ 78.㉮ 79.㉯ 80.㉮ 81.㉯

082. 다음에 표시된 단면도는 어느 단면도에 속하는가?

㉮ 전 단면도
㉯ 부분 단면도
㉰ 계단 단면도
㉱ 합성 단면도

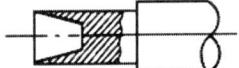

083. 다음 도면 중 회전 단면이 아닌 것은?

㉮ 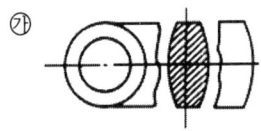   ㉯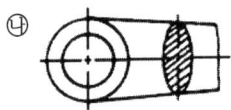

㉰ 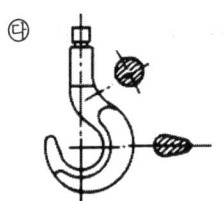   ㉱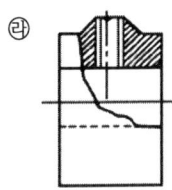

084. 다음 보기를 보고 제3각법으로 제도한 것 중 맞는 것을 골라라.

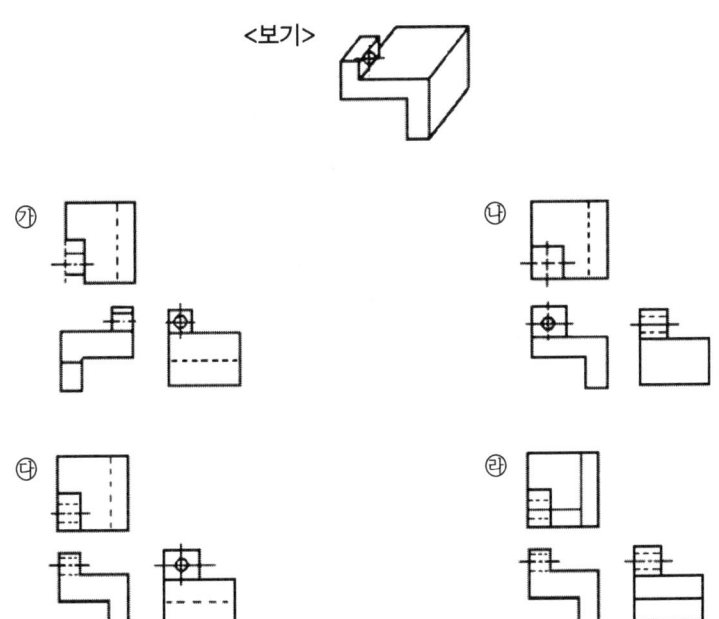

정답 82.㉯ 83.㉱ 84.㉰

085. 다음 단면도에 표시된 것은 어느 단면도에 속하는가?

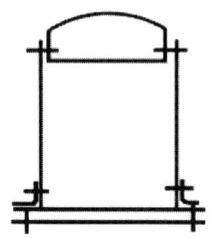

㉮ 전 단면도
㉯ 부분 단면도
㉰ 계단 단면도
㉱ 얇은 것의 단면도

086. 보기의 물체를 정상투법에 의하여 나타낸 것이다. 옳지 못한 것은 어느 것인가?

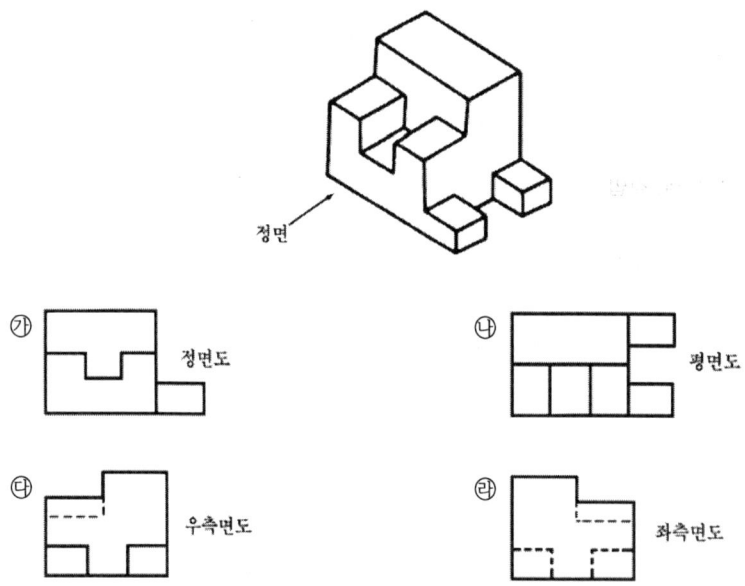

정답 85. ㉱   86. ㉱

087. 다음 도면을 보고 올바른 겨냥도는?

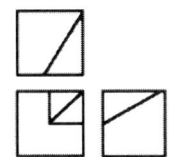

㉮ 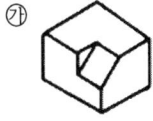   ㉯

㉰    ㉱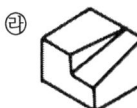

088. 그림과 같은 표면거칠기의 표면 기호표시 설명 중 틀린 것은?

㉮ c　: 가공방법
㉯ a, b : 거칠기 파라미터
㉰ d　: 거칠기 최대값
㉱ e　: 가공 여유

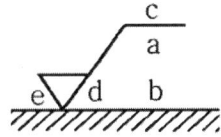

089. 그림과 같은 도면에서 ⊥ | 0.06 | A 의 설명으로 옳은 것은?

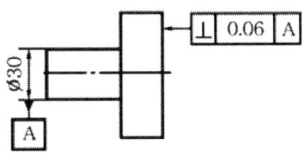

㉮ 오른쪽은 축 "A"(기준선)에 수직이고 0.06 mm만큼만 떨어져 있는 두 개의 평행면 사이에 있지 않으면 안 된다.
㉯ 오른쪽면은 축 "A"(기준선)에 수직이 되고, 그 직각도가 A에 대해 0.06° 이내라야 한다.
㉰ 오른쪽면은 축 "축"(기준선)에 수직이 되고, 직각도가 A에 대해 0.06 mm를 벗어나야 한다.
㉱ 오른쪽면은 축 "A"(기준선)에 수직이고 0.06 mm만큼 떨어져 있는 두 개의 평행면 사이에 있지 않아야 한다.

정답 87.㉰ 88.㉯ 89.㉮

090. 다음 투상에서 빠진 선을 보충할 경우 바른 것은?

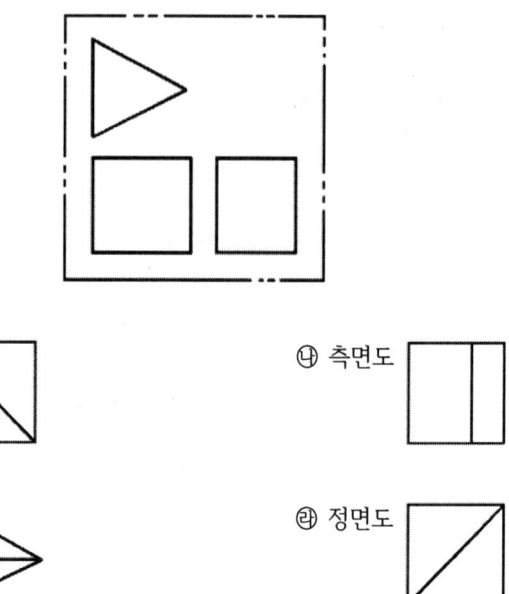

091. 다음 겨냥도를 화살표 방향으로 투상한 투상도로 가장 적당한 것은?

정답   90.㉰   91.㉮

092. 겨냥도와 같은 물체를 제3각법으로 투상한 것이다. 정면도를 완성하면 어느 것이 되는가?

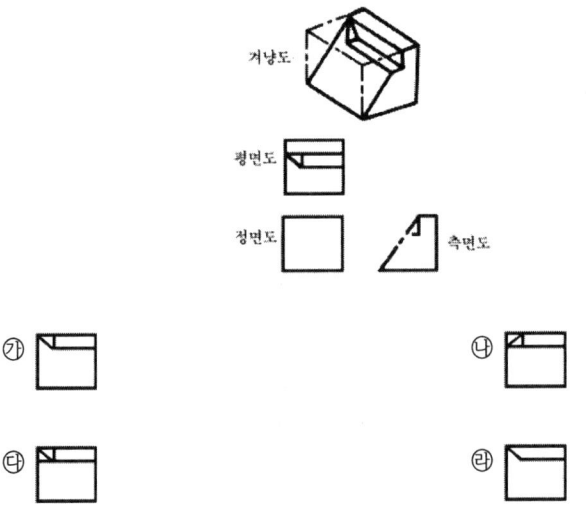

093. 공작물을 화살표 방향에서 보았을 때 올바르게 도시한 것은?

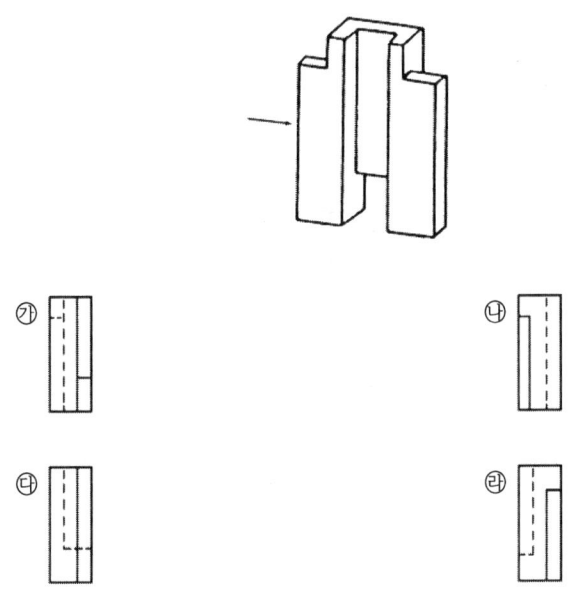

정답 92.㉣ 93.㉣

094. 다음 겨냥도에서 화살표 방향이 정면도일 경우 3각법에 의한 평면도로 가장 적합한 것은?

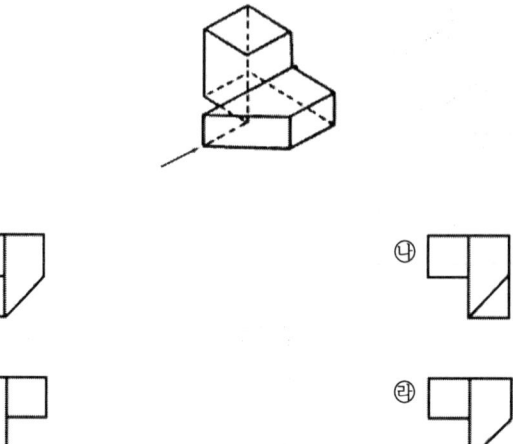

095. 다음 3각법에 의한 투상도는 어느 겨냥도에 해당하는가?

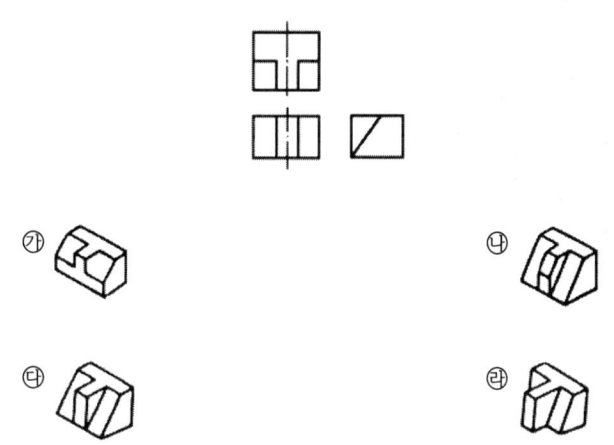

096. 다음 정면도와 평면도를 보고 우측면도를 제3각 투상법에 맞게 제도한 것은?

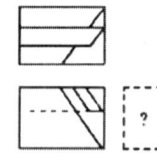

정답 94.㉣ 95.㉢ 96.㉮

㉮ ⊿   ㉯ ⊔

㉰ ⊿   ㉱ ⊔

097. 치수기입에 대한 설명으로 틀린 것은?
  ㉮ 치수는 가급적 외형선에 기입한다.
  ㉯ 치수는 가급적 은선에 기입하도록 한다.
  ㉰ 치수선은 원칙적으로 외형선 바깥에 표시한다.
  ㉱ 치수는 원칙적으로 그림의 위쪽이나 오른쪽에 기입한다.

098. 치수기입 방법에 대한 설명으로 올바른 것은?
  ㉮ 치수는 가급적 단위를 기입한다.
  ㉯ 치수는 가급적 소재 치수를 기입한다.
  ㉰ 연속된 치수는 가급적 일직선상에 기입한다.
  ㉱ 치수선의 중앙을 절단하여 치수를 기입한다.

099. 단위를 붙이지 않을 경우에 도면에 나타낸 숫자의 단위는?
  ㉮ mm   ㉯ inch
  ㉰ m   ㉱ cm

100. 가능한 한 치수는 다음의 어느 곳에 기입하는가?
  ㉮ 정면도   ㉯ 조립도
  ㉰ 측면도   ㉱ 평면도

101. 다음에서 선을 그을 때 굵기를 다르게 하는 것은?
  ㉮ 치수선   ㉯ 지시선
  ㉰ 외형선   ㉱ 치수보조선

  해설 외형선은 굵은 실선, 치수선, 치수 보조선, 지시선은 가는 실선으로 표시한다.

정답 97.㉯ 98.㉰ 99.㉮ 100.㉮ 101.㉰

102. 다음 중 치수를 기입할 때 필요치 않은 것은?
㉮ 치수 보조선 ㉯ 지시선
㉰ 은선 ㉱ 화살표

103. 치수선에 관한 설명으로 틀린 것은?
㉮ 이웃한 치수선은 가급적 계단식으로 긋는다.
㉯ 외형선에는 10~15 mm 정도 떨어져서 긋는다.
㉰ 치수를 기입하기 위하여 외형선에 평행하게 그은 선이다.
㉱ 0.25 mm 이하의 가는 실선으로 긋고 양단에 화살표를 붙인다.

104. 다음 거칠기 곡선의 기준길이에서 최대 높이 거칠기 값은 어느 것으로 나타내는가?

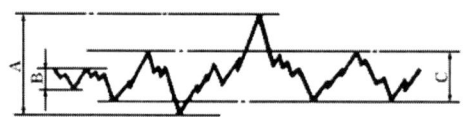

㉮ A ㉯ B
㉰ C ㉱ (A + B) ÷ 2

105. 도면에서 Ra 0.8의 의미는?
㉮ 산술 평균 거칠기가 0.8 μm임을 나타낸다.
㉯ 산술 평균 거칠기가 0.8 mm임을 나타낸다.
㉰ 최대 높이 거칠기가 0.8 μm임을 나타낸다.
㉱ 최대 높이 거칠기가 0.8 mm임을 나타낸다.

106. 끼워맞춤 방식에서 구멍의 치수가 축의 치수보다 작은 경우를 무엇이라고 하는가?
㉮ 죔새 ㉯ 틈새
㉰ 공차 ㉱ 허용차

107. 중간 끼워맞춤에서 구멍의 치수 $\phi 50^{+0.05}_{0}$, 축의 치수 $\phi 50^{+0.08}_{-0.02}$ 일 때 최대 죔새는?
㉮ 0.03 ㉯ 0.05
㉰ 0.06 ㉱ 0.08

해설 축의 최대 허용치수 - 구멍의 최소 허용치수 = 50.08 - 50.00 = 0.08

정답 102.㉰ 103.㉮ 104.㉮ 105.㉮ 106.㉮ 107.㉱

108. 틈새란 무엇을 말하는가?
㉮ 축 지름이 구멍 지름보다 항상 작을 때의 치수차
㉯ 축 지름이 구멍 지름보다 항상 클 때의 치수차
㉰ 축의 최대 허용치수가 실제 치수보다 클 때의 치수
㉱ 구멍의 최대 허용치수가 기준치수보다 작을 때의 치수

109. 억지 끼워맞춤일 때 축의 최소 허용치수에서 구멍의 최대 허용치수를 뺀 값은?
㉮ 최대 틈새　　　　　　　　㉯ 중간 틈새
㉰ 최대 죔새　　　　　　　　㉱ 최소 죔새

110. 구멍의 치수가 $\phi 50^{+0.05}_{-0.03}$, 축의 치수 $\phi 50^{+0.03}_{-0.02}$ 일 때 최대 틈새는?
㉮ 0.02　　　　　　　　　　㉯ 0.01
㉰ 0.07　　　　　　　　　　㉱ 0.05

111. 끼워맞춤에서 최소 틈새란 무엇인가?
㉮ 구멍의 최소 허용치수 - 축의 최대 허용치수
㉯ 축의 최소 허용치수 - 구멍의 최대 허용치수
㉰ 축의 최대 허용치수 - 구멍의 최소 허용치수
㉱ 구멍의 최대 허용치수 - 축의 최소 허용치수

112. 다음 보기를 보고 물음에 답하라. 최소 틈새는 얼마인가?

	구멍	축
최대 허용치수	50.06 mm	49.995 mm
최소 허용치수	50.00 mm	49.950 mm

㉮ 0.05　　　　　　　　　　㉯ 0.025
㉰ 0.005　　　　　　　　　㉱ 0.075

해설 최소 틈새 = 구멍의 최소 허용치수 - 축의 최대 허용치수 = 50.00 - 49.995 = 0.005

113. 끼워맞춤에서 기본 공차의 등급이 커질 때의 공차는?(단, 기타 조건은 일정함.)
㉮ 커진다.　　　　　　　　㉯ 작아진다.
㉰ 항상 같다.　　　　　　　㉱ 관계 없다.

정답　108. ㉮　109. ㉱　110. ㉰　111. ㉮　112. ㉰　113. ㉮

114. 다음 중 기준 축은 어느 것인가?
- ㉮ h
- ㉯ k
- ㉰ g
- ㉱ a

115. 구멍 기준식에서의 상용 끼워맞춤은?
- ㉮ H4 ~ H10
- ㉯ H6 ~ H9
- ㉰ H5 ~ H10
- ㉱ H5 ~ H9

116. 주어진 투상도에서 평면도로 맞는 것은?

117. 다음에 표시된 끼워맞춤 관계 중 틈새가 가장 많은 것은?
- ㉮ H7 f6
- ㉯ H7 m5
- ㉰ H7 g6
- ㉱ H6 j6

118. 다음 중 끼워맞출 때 틈새가 가장 큰 끼워맞춤은?
- ㉮ Z구멍과 z축
- ㉯ A구멍과 a축
- ㉰ Z구멍과 a축
- ㉱ A구멍과 z축

정답 114.㉮ 115.㉰ 116.㉱ 117.㉮ 118.㉯

119. KS 규격의 끼워맞춤에서 H7은 무엇을 의미하는가?
- ㉮ 축 기준식
- ㉯ 억지 끼워맞춤
- ㉰ 구멍 기준식 끼워맞춤
- ㉱ 중간 끼워맞춤

120. 다음 끼워맞춤에서 중간 끼워맞춤은 어느 것인가?
- ㉮ 55H7 f6
- ㉯ 48H7 k6
- ㉰ 60H6 g6
- ㉱ 55H7 h6

121. 기준 구멍 H6에 축 k5는 어느 곳에 적당한가?
- ㉮ 사진기
- ㉯ 측정기
- ㉰ 크랭크
- ㉱ 전동축

122. 끼워맞춤에서 다음 중 치수공차가 0.1이 아닌 것은?
- ㉮ $\phi 30 \pm 0.1$
- ㉯ $\phi 30^{+0.07}_{-0.03}$
- ㉰ $\phi 30^{+0.1}_{0}$
- ㉱ $\phi 30 \pm 0.05$

123. 다음에 표시된 끼워맞춤 표기법이 틀린 것은?
- ㉮ $\phi 20H7/g6$
- ㉯ $\phi 20H7\ g6$
- ㉰ $\phi 20H6/g6$
- ㉱ $\phi 20 \dfrac{H7}{g6}$

124. 다음 그림에서 치수를 올바르게 기입한 것은??

㉮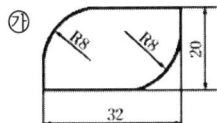
㉯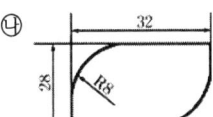
㉰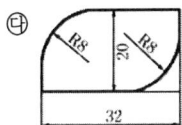
㉱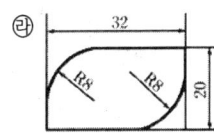

정답 119.㉰ 120.㉯ 121.㉱ 122.㉮ 123.㉮ 124.㉱

125. 다음은 제3각법으로 그린 투상도이다. 가장 옳게 그려진 것은 어느 것인가?

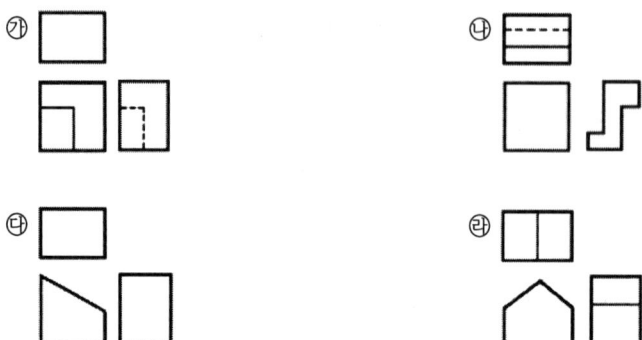

126. 투상도의 선택법 중 잘못된 것은?
㉮ 은선이 적게 나타나도록 한다.
㉯ 정면도가 중심이 되도록 한다.
㉰ 정면도 하나로 나타낼 수도 있다.
㉱ 정면도 아래쪽에 좌측면도가 오도록 한다.

127. 다음 그림 중 옳게 나타낸 것은?

128. 보기와 같은 겨냥도의 투상도에 해당하는 것은 어느 것인가?(3각법)

정답 125.㉱ 126.㉱ 127.㉮ 128.㉯

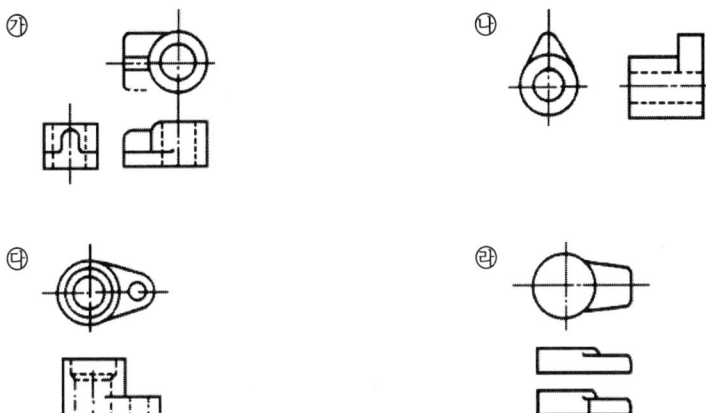

129. 다음 겨냥도에서 화살표 방향에서 본 것을 정면으로 할 때 평면도는? (3각법)

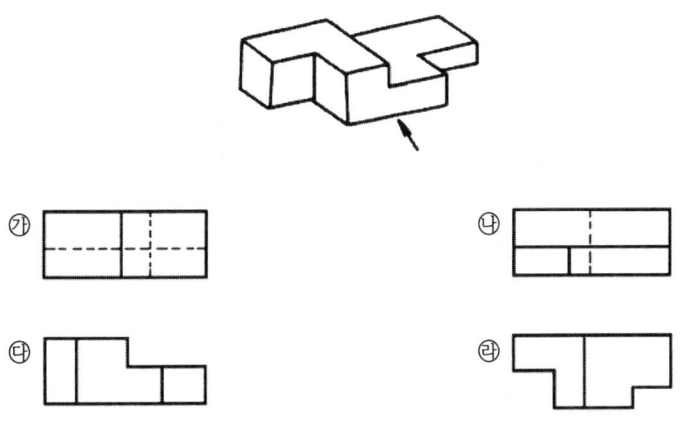

130. 표면 거칠기 기호로 표시하였다. Rz는 무엇을 뜻하는가?

㉮ 최대 높이 거칠기
㉯ 가공방법
㉰ 가공여유
㉱ 가공 무늬방향

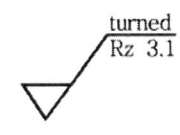

해설 Rz : 표면거칠기 파라미터로 최대높이 거칠기를 나타낸다.

정답 129. ㉱   130. ㉮

131. 그림과 같은 표면 거칠기의 표면 기호는 무엇을 뜻하는가? 틀린 것을 골라라.

㉮ U : 거칠기 상한값
㉯ Rz : 최대 높이 거칠기
㉰ L : 가공방법(선반 가공)
㉱ Ra : 산술 평균 거칠기

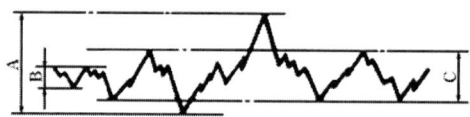

해설 U는 거칠기의 상한값이고 L은 거칠기의 하한값을 나타낸다.

132. 다음 그림에서 A는 표면거칠기 Rt 값을 나타낸다. Rt 값을 구하는 표준 길이는?

㉮ 평가길이   ㉯ 기준길이
㉰ 기준길이의 2배   ㉱ 기준길이의 3배

해설 거칠기 Rt 값은 평가길이(기준길이의 5배가 표준)를 기준으로 계산한다.

133. 다음 기호 중 최대높이 거칠기를 나타내는 기호는?

㉮ Ra   ㉯ Rz
㉰ Rq   ㉱ RSm

해설 Ra : 산술평균거칠기, Rz : 최대높이 거칠기, Rq : 제곱평균평방근 높이, RSm : 요소의 평균너비 이다.

134. 표면 거칠기 중 일반적으로 많이 쓰이는 것은?

㉮ Ra, Rz   ㉯ RSm
㉰ Rv   ㉱ Rq

135. 다음 중 가장 매끈한 상태를 나타낸 것은?

㉮ 100S   ㉯ 25S
㉰ 6.3S   ㉱ 0.8S

136. 표면 거칠기의 구 표시방식에서 3S는 μm로 표시하는 데 1 μm은 다음 중 무엇에 해당하는가?

㉮ $\dfrac{1}{10}$ mm ㉯ $\dfrac{1}{100}$ mm

㉰ $\dfrac{1}{1000}$ mm ㉱ $\dfrac{1}{100000}$ mm

해설 1 μm는 $\dfrac{1}{1000}$ mm 이다.

137. 가공할 필요가 없을 경우의 파상 기호는?

㉮ ~ ㉯ ▽

㉰ ▽▽ ㉱ ▽▽▽

해설 ~는 제거가공을 하지 않음.

138. 다음 기호 중 표면정도를 표시하는 기호는?

㉮ 35S ㉯ C4

㉰ t4 ㉱ R4

139. 0.4-S의 다듬질 기호는?

㉮ ▽ ㉯ ▽▽

㉰ ▽▽▽ ㉱ ▽▽▽▽

해설 0.4~S = ▽▽▽▽(0.1-S, 0.2-S, 0.8~S)

140. ∜ 기호는 다음 중 어디에 쓰이나?

㉮ 비절삭가공 ㉯ 용접가공

㉰ 절삭가공 ㉱ 연삭가공

해설 ∜ 는 ISO 1302(KS B ISO 1302)에서 주조면 등 비절삭가공을 나타낸다.

141. 구 다듬질 기호 중에서 12~25S라 함은 무슨 뜻인가?

㉮ 최대 거칠기가 12~25 미크론이라는 뜻

㉯ 최대 거칠기가 12~25 mm라는 뜻

㉰ 다듬질을 최소 12~25번 하라는 뜻

㉱ 숫돌의 입자가 12~25번 정도를 사용하라는 뜻

정답 136.㉰ 137.㉮ 138.㉮ 139.㉰ 140.㉮ 141.㉮

142. 다음 그림이 나타내는 뜻은?

㉮ 화살표 방향의 흔들림은 B축을 기준으로 해서 0.2 mm보다 커서는 안 된다.
㉯ 화살표 방향의 흔들림은 B축을 기준으로 해서 0.2 mm보다 작아서는 안 된다.
㉰ 축 방향의 흔들림은 B축을 기준으로 해서 0.2 mm보다 커서는 안 된다.
㉱ 축 방향의 흔들림은 B축을 기준으로 해서 0.2 mm보다 작아서는 안 된다.

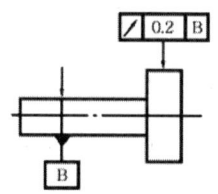

143. 기하공차 표기시 셋으로 칸막이 된 기입란의 첫째 칸에는 무엇을 기입하는가?
㉮ 데이텀   ㉯ 공차값
㉰ 공차 등급   ㉱ 기하공차 기호

해설 □□□과 같은 세 칸 중 첫째 칸은 기하공차 기호, 둘째 칸은 공차값, 셋째 칸은 데이텀을 기입한다.

144. [그림] 로 표시된 것의 뜻은?
㉮ 지시된 원판의 원주는 0.05 mm만큼 떨어진 두 개의 평행 평면사이에 있어야 한다.
㉯ 임의의 길이는 0.05 mm만큼 떨어진 두 개의 평행 평면사이에 있어야 한다.
㉰ 지시된 면은 0.05 mm만큼 떨어진 두 개의 평행 평면사이에 있어야 한다.
㉱ 지시된 면은 주어진 임의의 길이에 대하여 0.5 mm만큼 떨어져서 평행을 이루어야 한다.

145. 다음 그림이 나타내는 뜻은?

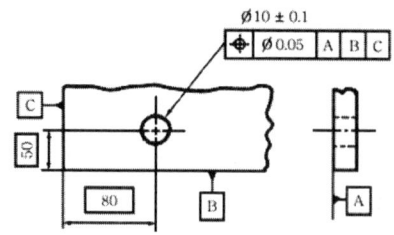

정답 142.㉰ 143.㉱ 144.㉰ 145.㉯

㉮ 구멍의 축심은 50×80의 진위치를 중심으로 한 지름 0.05 mm의 원통 밖에 있어야 한다.
㉯ 구멍의 축심은 50×80의 진위치를 중심으로 한 지름 0.05 mm의 원통 안에 있어야 한다.
㉰ 지시된 원의 중심은 50×80의 진위치를 중심으로 한 지름 0.05 mm의 원 안에 있어야 한다.
㉱ 지시된 원의 중심은 50×80의 진위치를 중심으로 한 지름 0.05 mm의 원 밖에 있어야 한다.

146. 다음 그림이 나타내는 뜻은?

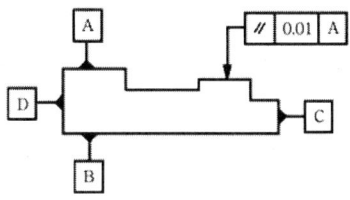

㉮ 밑면을 기준으로 평행도가 0.01 mm
㉯ 밑면을 기준으로 직각도가 0.01 mm
㉰ 데이텀 A를 기준으로 평행도가 0.01 mm
㉱ 데이텀 A를 기준으로 직각도가 0.01 mm

해설 데이텀(기준) A를 기준으로 평행도가 0.01 mm 이내에 있어야만 된다는 뜻이다.

147. 다음 그림이 나타내는 형상 정도는?

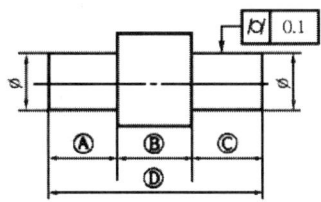

㉮ Ⓐ부분의 원통도
㉯ Ⓑ부분의 원통도
㉰ Ⓒ부분의 원통도
㉱ Ⓓ부분의 원통도

정답 146.㉰ 147.㉯

148. 다음 그림이 나타내는 뜻은?

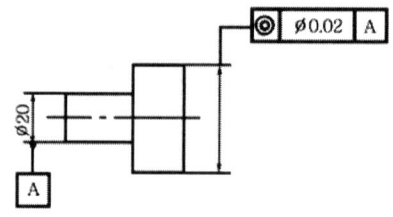

㉮ 원주의 외주는 그 위치에서 0.2 mm만큼 떨어진 동심원 사이에 있어야 한다.
㉯ 원주의 외주는 0.2 mm만큼 떨어진 두 개의 동심원 내에 있어야 한다.
㉰ 원주의 외주는 0.2 mm만큼 떨어진 두 개의 동심원 사이에 있어야 한다.
㉱ 원주의 외주는 그 축심이 0.2 mm인 원통상 내에 있어야 한다.

149. 다음 표기법 중에서 맞는 것은?

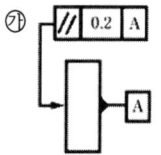 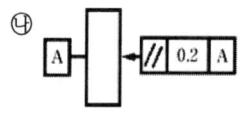

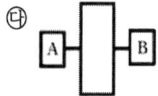 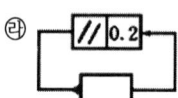

150. 형상 공차 중 관련 형체의 위치에 관한 것은?
㉮ 진직도　　　　　㉯ 원통도
㉰ 동축도　　　　　㉱ 직각도

151. 다음은 형상 공차 중 단일 형체의 형상에 대한 것이다. 해당없는 것은?
㉮ 직각도　　　　　㉯ 진직도
㉰ 진원도　　　　　㉱ 평면도

정답 148.㉮　149.㉮　150.㉰　151.㉮

152. 다음 형상 기호 중 동심도를 나타내는 기호는?

㉮ ⌖   ㉯ ○

㉰ ⌗   ㉱ ◎

153. 다음 형상 기호의 평면도는?

㉮ ▱   ㉯ ∥

㉰ ∠   ㉱ ⌖

154. 다음 중 기준 형상을 지시한 것은?

㉮ ⌖   ㉯ ⌖

㉰ 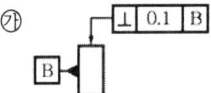   ㉱ ⊢

155. 다음 표기법 중 틀린 것은?

㉮ 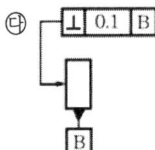   ㉯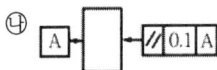

㉰ (도형)   ㉱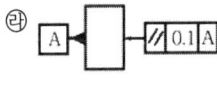

156. 다음 그림에서 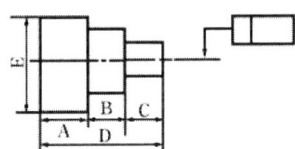 이 뜻하는 것은?

㉮ E부분의 형상 정도   ㉯ C부분의 형상 정도
㉰ A부분의 형상 정도   ㉱ D부분의 형상정도

정답 152.㉱ 153.㉮ 154.㉰ 155.㉯ 156.㉱

157. 다음 그림에 뜻하는 형상 정도는?

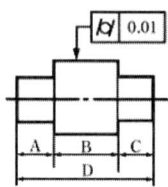

㉮ A부분의 원통도 ㉯ C부분의 원통도
㉰ D부분의 원통도 ㉱ B부분의 원통도

158. ⏐ // ⏐ 0.02 ⏐ A ⏐ 로 표시된 것의 뜻은?
㉮ 소정의 길이에 대하여 0.02 mm의 평행도
㉯ 구분 구간의 직각도가 0.02 mm이다.
㉰ 전체 길이에 대하여 0.02 mm의 평행도
㉱ 전체 길이에 대하여 0.02 mm의 직각도

159. 다음 형상 기호 중 위치도를 나타내는 기호는?
㉮ ○   ㉯ //
㉰ ◎   ㉱ ⊕

160. 다음 중 대칭 부품을 나타내는 기호는?
㉮ ⊕   ㉯ ◎
㉰ ○   ㉱ ⚌

161. 다음 중 단일형상에 대한 기하공차는?
㉮ 직각도   ㉯ 흔들림
㉰ 경사도   ㉱ 진원도

정답 157.㉱ 158.㉰ 159.㉱ 160.㉱ 161.㉱

162. $\boxed{\begin{array}{c|c} // & 0.01 \\ \hline & 0.005/100 \end{array}}$ 로 표시된 것의 뜻은?

㉮ 소정의 길이 100 mm에 대하여 0.005 mm, 전체 길이에 대하여 0.01 mm의 평면도
㉯ 소정의 길이 100 mm에 대하여 0.005 mm, 전체 길이에 대하여 0.01 mm의 대칭도
㉰ 소정의 길이 100 mm에 대하여 0.005 mm, 전체 길이에 대하여 0.005 mm의 직각도
㉱ 소정의 길이 100 mm에 대하여 0.005 mm, 전체 길이에 대하여 0.01 mm의 평행도

163. "지시된 원통의 축은 기준 축 A, B와 일치하는 지름 0.05 mm의 동축 내에 있어야 한다"를 옳게 도시한 것은?

㉮ 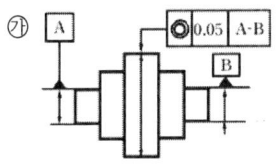   ㉯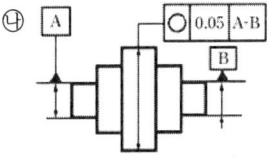

㉰ 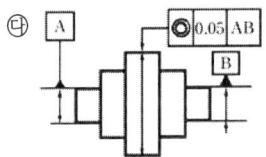   ㉱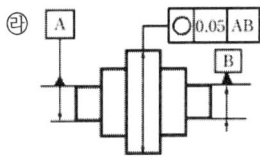

164. 다음 그림이 뜻하는 것은?

㉮ 데이텀에 대한 a부분의 평행도
㉯ 데이텀에 대한 b부분의 평행도
㉰ 데이텀에 대한 c부분의 평행도
㉱ 데이텀에 대한 d부분의 평행도

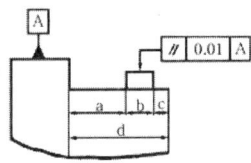

165. 다음 그림에서 표시된 $\boxed{\;//\;|\;0.02/100\;|\;B\;}$ 의 뜻은?

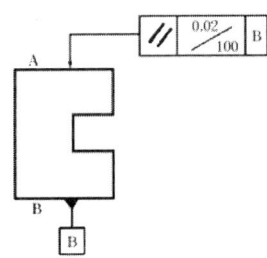

정답 162.㉱ 163.㉮ 164.㉯ 165.㉯

㉮ 기준면 B의 길이는 100이고 A면은 이것과 평행도가 0.02 mm이다.

㉯ A면은 기준면 B와 평행하되 구분 구간 100 mm당 평행도는 0.02 mm이다.

㉰ B면은 기준면 A와 평행하되 100 mm당 평행도는 0.02 mm이다.

㉱ 길이 100 mm인 기준면 A와 B면의 평행도는 0.02 mm이다.

166. 다음 치수나 기호 기입이 올바르지 못한 것은?

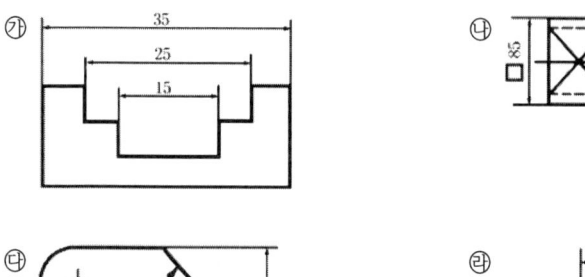

167. 보기의 그림을 삼각법으로 표시할 경우 옳은 것은?

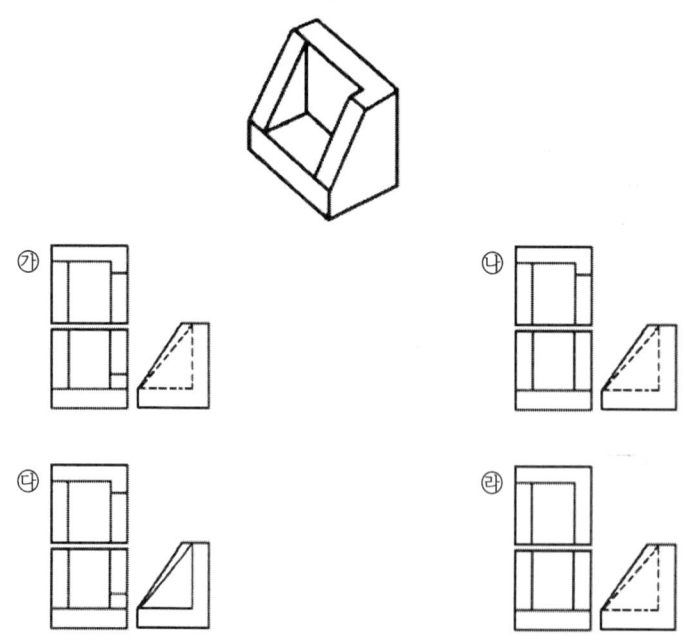

정답 166. ㉱   167. ㉯

168. 보기의 그림을 3각법으로 표시했을 경우, 옳은 것은?

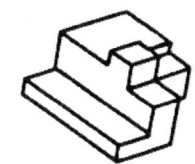

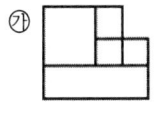　　　　　　　　　　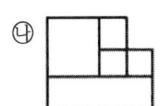

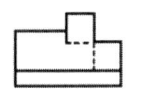 　　　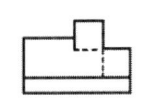

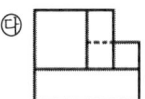　　　　　　　　　　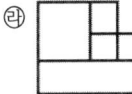

　　　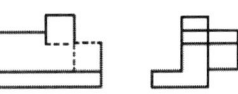

169. 축과 구멍 사이에 항상 틈새가 있는 끼워맞춤은?
　㉮ 억지 끼워맞춤　　　　　　㉯ 헐거운 끼워맞춤
　㉰ 중간 끼워맞춤　　　　　　㉱ 냉간 끼워맞춤

170. 구멍의 치수는 $50^{+0.025}_{\ \ \ 0}$, 축의 치수가 $50^{-0.025}_{-0.050}$ 이라면 무슨 끼워맞춤이겠는가?
　㉮ 헐거운 끼워맞춤　　　　　㉯ 중간 끼워맞춤
　㉰ 가열 끼워맞춤　　　　　　㉱ 억지 끼워맞춤

171. 구멍의 최대 치수보다 축의 최소 치수가 큰 경우의 끼워맞춤은?
　㉮ 억지 끼워맞춤　　　　　　㉯ 헐거운 끼워맞춤
　㉰ 중간 끼워맞춤　　　　　　㉱ 가열 끼워맞춤

정답　168. ㉮　169. ㉯　170. ㉮　171. ㉮

172. 축과 구멍 사이에 항상 죔새가 있는 끼워맞춤은 어느 것인가?
㉮ 헐거운 끼워맞춤 ㉯ 가열 피트
㉰ 중간 끼워맞춤 ㉱ 억지 끼워맞춤

173. 구멍의 치수는 $80^{+0.025}_{0}$, 축의 치수가 $80^{-0.025}_{-0.050}$이라면 무슨 끼워맞춤인가?
㉮ 억지 끼워맞춤 ㉯ 중간 끼워맞춤
㉰ 헐거운 끼워맞춤 ㉱ 열간 끼워맞춤

174. 중간 끼워맞춤에 대한 설명 중 맞는 것은?
㉮ 구멍의 최소 치수는 축의 최소 치수보다 작다.
㉯ 축의 최대 치수는 구멍의 최소 치수보다 작다.
㉰ 축의 최대 치수는 구멍의 최소 치수와 같거나 구멍의 최소 치수보다 크다.
㉱ 최대 틈새와 최대 죔새가 항상 다른 끼워맞춤이다.

175. 다음 중 옳게 표시된 것은?
㉮ 최대 틈새 = 구멍의 최소 허용치수 - 축의 최소 허용치수
㉯ 최대 죔새 = 구멍의 최소 허용치수 - 축의 최대 허용치수
㉰ 최소 죔새 = 구멍의 최소 허용치수 - 축의 최대 허용치수
㉱ 최대 죔새 = 축의 최대 허용치수 - 구멍의 최소 허용치수

176. 끼워맞춤에서 죔새란 무엇을 말하는가?
㉮ 축 지름이 구멍 지름보다 클 때
㉯ 축 지름이 구멍 지름보다 작을 때
㉰ 축 지름이 구멍 지름과 같거나 또는 축지름이 작을 때
㉱ 실제 치수가 기준보다 클 때

177. 중간 끼워맞춤에서 구멍 $\phi 50^{+0.04}_{-0.02}$, 축 $\phi 50^{+0.07}_{-0.05}$일 때 최대 죔새는?
㉮ 0.01 ㉯ 0.02
㉰ 0.09 ㉱ 0.05

해설 최대 죔새 = 구멍의 최소 허용치수 - 축의 최대 허용치수 = 49.98-50.07 = -0.09

정답 172.㉱ 173.㉰ 174.㉰ 175.㉱ 176.㉮ 177.㉰

178. $70^{+0.05}_{0}$ 의 치수공차 표시에서 아래치수 허용차는?
㉮ +0.05　　　　　　　　　㉯ 70.05
㉰ -0.05　　　　　　　　　㉱ 0

179. 기준치수가 20, 최대 허용치수가 19.97, 최소 허용치수가 19.95일 때, 아래치수 허용차는?
㉮ -0.05　　　　　　　　　㉯ +0.05
㉰ +0.03　　　　　　　　　㉱ -0.03

180. $\phi 50 \pm 0.005$ 로 나타난 공차의 최소 허용치수는?
㉮ +49.995　　　　　　　　㉯ -50.005
㉰ 0.01　　　　　　　　　　㉱ 0

181. 오차의 한계를 표시한 치수를 무엇이라고 하는가?
㉮ 기준 치수　　　　　　　㉯ 호칭 치수
㉰ 허용 한계 치수　　　　　㉱ 실 치수

182. 부품의 정해진 치수를 다듬질하여 측정한 치수를 무엇이라고 하는가?
㉮ 실제 치수(실수)　　　　 ㉯ 기준 치수
㉰ 허용 한계 치수　　　　　㉱ 치수 공차

183. 치수 허용차란 무엇인가?
㉮ 최대 허용치수 - 기준 치수　　㉯ 허용 한계 치수 - 기준 치수
㉰ 최소 허용치수 - 기준 치수　　㉱ 실제 치수 - 기준 치수

184. 끼워맞춤에 사용되는 게이지로 사용하기 편하고 능률적인 것은?
㉮ 버니어캘리퍼스　　　　　㉯ 링 게이지
㉰ 자　　　　　　　　　　　㉱ 다이얼 게이지

185. 구멍과 축 사이에 항상 틈새가 있는 끼워맞춤은?
㉮ 헐거운 끼워맞춤　　　　　㉯ 억지 끼워맞춤
㉰ 중간 끼워맞춤　　　　　　㉱ 타이트 피트

정답　178.㉱　179.㉮　180.㉮　181.㉰　182.㉮　183.㉯　184.㉯　185.㉮

186. 끼워맞춤의 종류 중 관계가 없는 것은?
  ㉮ 억지 끼워맞춤(tight fit)　　㉯ 헐거운 끼워맞춤(running fit)
  ㉰ 중간 끼워맞춤(sliding fit)　　㉱ 열간 끼워맞춤(hot fit)

187. 다음 중에서 끼워맞춤 방식의 이점이 아닌 것은?
  ㉮ 많은 게이지가 필요하다.　　㉯ 생산가격이 싸다.
  ㉰ 분업화 할 수 있다.　　㉱ 호환성을 부여한다.

188. 최대 허용치수와 최소 허용치수와의 차를 무엇이라고 하는가?
  ㉮ 치수차　　㉯ 오차
  ㉰ 편차　　㉱ 공차

189. 축의 지름이 $80^{+0.025}_{-0.020}$ 일 때, 공차는?
  ㉮ 0.025　　㉯ 0.02
  ㉰ 0.045　　㉱ 0.005

190. $70^{+0.05}_{+0.04}$ 의 치수공차 표시에서 공차(tolerance)는 얼마인가?
  ㉮ 0.04　　㉯ 0.09
  ㉰ 0.01　　㉱ 0.05

191. 도면에 $\phi 50^{-0.015}_{-0.005}$ 로 표시된 것의 기준 치수 50에 대한 공차는?
  ㉮ -0.010　　㉯ 0.02
  ㉰ +0.010　　㉱ +0.02
  해설　-0.015 - (- 0.005) = - 0.010

192. 호칭 치수에 해당되는 것은 어느 것인가?
  ㉮ 실제 치수　　㉯ 기준 치수
  ㉰ 치수 공차　　㉱ 한계 치수

193. 허용 한계 치수를 사용할 때의 좋은 점이 아닌 것은?
  ㉮ 호환성이 좋아진다.　　㉯ 대량 생산에 적합하다.
  ㉰ 정밀도가 높아진다.　　㉱ 도면이 불필요하다.

정답　186.㉱　187.㉮　188.㉱　189.㉰　190.㉰　191.㉮　192.㉯　193.㉱

194. 다음에 표시된 공차 중 정밀도가 가장 높은 것은?

㉮ 50 ± 0.01 ㉯ $50^{+0.02}_{-0.01}$

㉰ $50^{+0.03}_{0}$ ㉱ $50^{0}_{-0.03}$

195. 위치수 허용차를 구하는 식은?

㉮ 최대 허용 치수 - 기준 치수 ㉯ 최소 허용 치수 - 기준 치수
㉰ 최대 허용 치수 - 최소 허용 치수 ㉱ 허용 한계 치수 - 실제 치수

196. 아래치수 허용차는 어떻게 계산하는가?

㉮ 최대 허용 치수 - 최소 허용 치수
㉯ 허용 한계 치수 - 기준 치수
㉰ 최소 허용 치수 - 기준 치수
㉱ 최대 한계 치수 - 실제 치수

197. 최대 허용한계 치수에서 기준 치수를 뺀 값은?

㉮ 치수 허용차 ㉯ 위치수 허용차
㉰ 아래치수 허용차 ㉱ 실 치수

198. 70±0.05의 치수 공차 표시에서 최대 허용 치수는?

㉮ 70 ㉯ 70.05
㉰ 69.95 ㉱ 71

199. 35±0.05로 표시된 공차의 위치수 허용차는?

㉮ +0.05 ㉯ -0.05
㉰ ±0.05 ㉱ 0.1

200. 반지름을 표시하는 치수선은 원호의 중심이 멀 때 중심을 어떻게 표시하는 것이 좋은가?

㉮ 중심을 이동시킨다. ㉯ 중심위치를 줄인다.
㉰ 중심위치를 늘인다. ㉱ 중심을 이동하면 안 된다.

해설 원호의 중심이 멀 때에는 중심을 이동시켜 준다.

정답 194.㉮ 195.㉮ 196.㉰ 197.㉯ 198.㉯ 199.㉮ 200.㉮

201. 제도 도면에서 쓰이는 화살표의 설명으로 틀린 것은?
  ㉮ 보통 길이를 2.5~3mm로 한다.
  ㉯ 길이와 폭의 비율이 4 : 1이 되게 한다.
  ㉰ 화살표의 각도는 프리 핸드로 그리면 안 된다.
  ㉱ 한 도면에 사용되는 화살표의 크기는 같게 해야 한다.

202. 치수선으로 쓰이는 것은 어느 것인가?
  ㉮ 일점 쇄선
  ㉯ 가는 실선
  ㉰ 굵은 실선
  ㉱ 이점 쇄선

  해설 일점 쇄선 : 중심선, 가는 실선, 치수선, 굵은 실선, 외형선
  이점 쇄선 : 가상선

203. 구 도면상에 표시된 0.4s의 설명 중 틀린 것은?
  ㉮ ▽▽▽▽의 기호이다.
  ㉯ 거칠기 값은 inch로 표시한다.
  ㉰ 거칠기 값은 0.4 μm 이하
  ㉱ 최대 높이의 거칠기이다.

  해설 단위는 μm이다.

204. 다음 다듬질 기호 중 가장 정밀한 것은?
  ㉮ ⌒
  ㉯ ▽
  ㉰ ▽▽
  ㉱ ▽▽▽

  해설 ⌒ : 주조면, ▽ : 거친 다듬질, ▽▽ : 보통 다듬질, ▽▽▽ : 고운 다듬질

205. 다음 다듬질 기호 중 25S에 해당하는 것은?
  ㉮ ⌒
  ㉯ ▽
  ㉰ ▽▽
  ㉱ ▽▽▽

  해설 ▽ : 100S, ▽▽ : 25S, ▽▽▽ : 6.3S, ▽▽▽▽ : 0.06S

206. 다음 그림에서 표면기호가 잘못된 곳은?

㉮ A
㉯ B
㉰ C
㉱ D

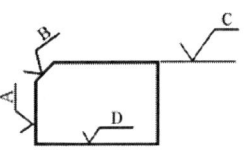

해설 제품 안에 표면기호의 표시방법을 할 수 없다.

207. 다음 다듬질 기호의 기입법이 틀린 것은?

㉮    ㉯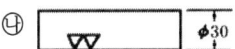

㉰ 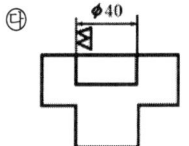   ㉱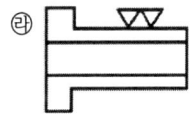

해설 다듬질 기호는 삼각기호(▽)와 파형기호(~)가 있다. 삼각기호는 제거가공을 하는 면에 사용되며 수가 많을수록 표면의 다듬질 정도가 좋다. 개정된 규격에서는 사용하지 않는다.

208. 단면 곡선은 다음 어느 것을 말하나?

㉮ 가공하지 않은 면을 절단했을 때 나타난 윤곽곡선
㉯ 가공한 면을 가공 방향에 따라서 절단했을 때 나타나는 윤곽곡선
㉰ 가공한 면을 가공 방향의 직각되게 절단했을 대 나타나는 윤곽곡선
㉱ 주물 표면 상태의 표면을 절단했을 때 나타나는 윤곽곡선

209. 다음 그림에 대한 설명 중 맞는 것은?

㉮ 전체면을 ▽▽로 다듬질하고 도면에 ▽▽▽로 표시한 부분만 ▽▽▽로 가공한다.
㉯ 전체면을 ▽▽로 다듬고 끼워지는 면은 ▽▽▽로 가공한다.
㉰ 전체면을 ▽▽로 다듬고 공차가 있는 부분만 ▽▽▽로 가공한다.
㉱ 전체면을 ▽▽로 가공한다.

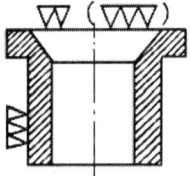

정답 206.㉱ 207.㉯ 208.㉰ 209.㉮

210. 최대 허용치수와 최소 허용치수와의 차를 무엇이라고 하는가?
㉮ 치수차　　　　　　　　　　㉯ 오차
㉰ 편차　　　　　　　　　　　㉱ 공차

해설　최대 허용치수 - 최소 허용치수 = 공차이다.

211. 축의 지름이 $80^{+0.025}_{-0.020}$ 일 때 공차는?
㉮ 0.025　　　　　　　　　　㉯ 0.02
㉰ 0.045　　　　　　　　　　㉱ 0.005

해설　+0.025 - (- 0.020) = 0.045

212. 도면에 $\phi 50^{+0.015}_{-0.005}$ 로 표시된 것의 기준치수 50에 대한 공차는?
㉮ -0.010　　　　　　　　　　㉯ 0.2
㉰ +0.010　　　　　　　　　　㉱ 0.02

해설　- 0.015 - (- 0.005) = - 0.010

213. 호칭 치수에 해당되는 것은 어느 것인가?
㉮ 실제치수　　　　　　　　　　㉯ 기준치수
㉰ 치수공차　　　　　　　　　　㉱ 한계치수

해설　기준치수 : 허용한계 치수의 기준이 되는 치수

214. 허용 한계 치수를 사용할 때의 좋은 점이 아닌 것은?
㉮ 호환성이 좋아진다.　　　　　㉯ 대량생산에 적합하다.
㉰ 정밀도가 높아진다.　　　　　㉱ 도면이 불필요하다.

해설　허용 한계 치수 : 실치수가 그 사이에 들어가도록 정한 대소 2개의 허용되는 치수의 한계를 표시한 치수

215. 윗치수 허용차를 구하는 식은?
㉮ 최대 허용 치수 - 기준 치수　　　㉯ 최소 허용 치수 - 기준 치수
㉰ 최대 허용 치수 - 최소 허용 치수　㉱ 허용 한계 치수 - 실제 치수

216. 70±0.05의 치수공차 표시에서 최대 허용치수는?
㉮ 70　　　　　　　　　　　　㉯ 70.05
㉰ 69.95　　　　　　　　　　　㉱ 71

정답　210.㉱　211.㉰　212.㉮　213.㉯　214.㉱　215.㉮　216.㉯

217. 구멍의 치수는 $50^{+0.025}_{0}$, 축의 치수가 $50^{+0.025}_{-0.050}$ 이라면 무슨 끼워맞춤이겠는가?

㉮ 헐거운 끼워맞춤 ㉯ 중간 끼워맞춤
㉰ 가열 끼워맞춤 ㉱ 억지 끼워맞춤

218. 중간 끼워맞춤에 대한 설명 중 맞는 것을 골라라.

㉮ 구멍의 최소 치수는 축의 최소 치수보다 작다.
㉯ 축의 최대 치수는 구멍의 최소 치수보다 작다.
㉰ 축의 최대 치수는 구멍의 최소 치수보다 크다.
㉱ 최대 틈새와 최대 죔새가 항상 다른 끼워맞춤이다.

해설 중간 끼워맞춤 : 축과 구멍의 치수공차에 따라 죔새 또는 틈새가 생기는 끼워맞춤

219. 다음 중 옳게 표시된 것은?

㉮ 최대 틈새 = 구멍의 최대 허용치수 - 축의 최대 허용치수
㉯ 최소 틈새 = 구멍의 최소 허용치수 - 축의 최소 허용치수
㉰ 최소 죔새 = 구멍의 최소 허용치수 - 축의 최대 허용치수
㉱ 최대 죔새 = 축의 최대 허용치수 - 구멍의 최소 허용치수

220. 기준 치수가 20, 최대 허용치수가 19.98, 최소 허용치수가 19.95일 때, 아랫치수 허용차는?

㉮ -0.05 ㉯ +0.05
㉰ +0.03 ㉱ -0.03

221. $\phi 60 \pm 0.005$ 로 나타난 공차의 최소 허용치수는?

㉮ 59.995 ㉯ 60.005
㉰ 0.01 ㉱ -0.005

해설 (50 - 0.005) = 49.995

222. 오차의 한계를 표시한 치수를 무엇이라고 하는가?

㉮ 기준 치수 ㉯ 호칭 치수
㉰ 허용 한계 치수 ㉱ 실 치수

해설 허용 한계 치수 : 실 치수가 그 사이에 들어가도록 정한 대소 2개의 허용되는 치수의 한계를 표시한 치수

정답 217.㉮ 218.㉰ 219.㉱ 220.㉮ 221.㉮ 222.㉰

223. 부품의 정해진 치수를 다듬질하여 측정한 치수를 무엇이라고 하는가?
  ㉮ 실제 치수
  ㉯ 기준 치수
  ㉰ 허용 한계 치수
  ㉱ 치수 공차

224. 억지 끼워맞춤에서 축의 최소 허용치수에서 구멍의 최대 허용치수를 뺀 값은?
  ㉮ 최소 죔새
  ㉯ 최대 죔새
  ㉰ 최소 틈새
  ㉱ 최대 틈새

  해설 (축의 최소 허용치수) - (구멍의 최대 허용치수) = 최소 죔새

225. 끼워맞춤 방식에서 구멍의 치수가 축의 치수보다 작은 경우를 무엇이라고 하는가?
  ㉮ 죔새
  ㉯ 틈새
  ㉰ 공차
  ㉱ 허용차

  해설 죔새 : 구멍의 치수가 축의 치수보다 작을 때의 치수차

226. 중간 끼워맞춤에서 구멍의 치수 $\phi 80^{+0.05}_{0}$, 축의 치수 $\phi 80^{+0.08}_{-0.02}$ 일 때 최대 죔새는?
  ㉮ 0.03
  ㉯ 0.05
  ㉰ 0.06
  ㉱ 0.08

  해설 축의 최대 허용치수 - 구멍의 최소 허용치수 = 50.08 - 50.00 = 0.08

227. 구멍의 치수가 $\phi 55^{+0.05}_{-0.03}$, 축의 치수가 $\phi 55^{+0.03}_{-0.02}$ 일 때 최대 틈새는?
  ㉮ 0.02
  ㉯ 0.01
  ㉰ 0.07
  ㉱ 0.05

  해설 최대 틈새 : 헐거운 끼워맞춤 또는 중간 끼워맞춤에서 구멍의 최대 허용치수에서 축의 최대 허용치수를 뺀 값

228. 틈새란 무엇을 말하는가?
  ㉮ 축 지름이 구멍 지름보다 항상 작을 때의 치수차
  ㉯ 축 지름이 구멍 지름보다 항상 클 때의 치수차
  ㉰ 축의 최대 허용치수가 실제 치수보다 클 때의 치수
  ㉱ 구멍의 최대 허용치수가 기준 치수보다 작을 때의 치수

  해설 틈새 : 구멍의 치수가 축의 치수보다 클 때의 치수차

정답 223. ㉮ 224. ㉮ 225. ㉮ 226. ㉱ 227. ㉯ 228. ㉮

229. 끼워맞춤에서 죔새란 무엇을 말하는가?
㉮ 축 지름이 구멍 지름보다 클 때
㉯ 축 지름이 구멍 지름보다 작을 때
㉰ 축 지름이 구멍 지름과 같거나 또는 축 지름이 작을 때
㉱ 실제 치수가 기준보다 클 때

230. 구멍 기준식에서의 상용 끼워맞춤은?
㉮ H5 - H10　　　　　㉯ h5 - h10
㉰ H6 - H10　　　　　㉱ h5 - h9

231. 상용하는 끼워맞춤의 기준 구멍 기호는?
㉮ A　　　　　㉯ F
㉰ H　　　　　㉱ H

해설 상용하는 구멍기호 H의 기준으로 나타낸다.

232. KS 규격 끼워맞춤에서 H7이 뜻하는 것은 무엇인가?
㉮ 축과 구멍의 공차의 0.07mm이다.
㉯ 축의 최소 허용치수가 0.07mm이다.
㉰ 축 기준 7급인 구멍
㉱ 구멍 기준 7급인 구멍

해설 H7 : 구멍기호에서(축기준) 7급인 구멍

233. H6 구멍에 가장 헐겁게 끼워맞추어지는 축은?
㉮ a6　　　　　㉯ h6
㉰ k6　　　　　㉱ g6

해설 H7 : 축의 헐거운 끼워맞춤. a6으로 하는 것이 좋다.

234. 다음 중 끼워맞출 때 틈새가 가장 큰 끼워맞춤은?
㉮ Z구멍과 z축　　　　　㉯ B구멍과 b축
㉰ Z구멍과 a축　　　　　㉱ A구멍과 z축

해설 H(h) 기준으로 좌측으로 갈수록 점점 지름이 커진다.

정답 229.㉮ 230.㉰ 231.㉰ 232.㉱ 233.㉮ 234.㉯

235. KS 규격의 끼워맞춤에서 H8은 무엇을 의미하는가?
  ㉮ 축 기준식
  ㉯ 억지 끼워맞춤
  ㉰ 구멍 기준식 끼워맞춤
  ㉱ 중간 끼워맞춤

  해설   구멍기준식 끼워맞춤 : H7을 기준으로 한다.

236. 다음 끼워맞춤에서 중간 끼워맞춤은 어느 것인가?
  ㉮ 55H7 f6
  ㉯ 48H7 m6
  ㉰ 60H7 e7
  ㉱ 55H7 g6

237. 치수기입에 대한 설명으로 틀린 것은?
  ㉮ 치수는 가급적 외형선에 기입한다.
  ㉯ 치수선은 원칙적으로 외형선 바깥에 표시한다.
  ㉰ 치수는 가급적 은선에 기입하도록 한다.
  ㉱ 치수는 원칙적으로 그림의 위쪽이나 오른쪽에 기입한다.

  해설   치수기입은 수평 방향의 치수선에 대하여는 위쪽으로 향하고 수직 방향의 치수선에 대하여는 왼쪽으로 향하게 한다.

238. 치수기입 방법에 대한 설명으로 올바른 것은?
  ㉮ 치수는 가급적 단위를 기입한다.
  ㉯ 치수는 가급적 소재 치수를 기입한다.
  ㉰ 연속된 치수는 가급적 일직선상에 기입한다.
  ㉱ 치수선의 중앙을 절단하여 치수를 기입한다.

  해설   치수기입 방법 : 연속된 치수는 가급적 일직선상에 기입치수는 공정별로 기입한다.

239. 다음 중 치수를 기입할 때 필요치 않은 것은?
  ㉮ 은선
  ㉯ 화살표
  ㉰ 치수 보조선
  ㉱ 지시선

  해설   은선은 물체의 보이지 않는 부분의 형상을 표시하는 선

정답   235.㉰   236.㉯   237.㉰   238.㉰   239.㉮

240. 다음 표를 보고 물음에 답하라. 최소 틈새는 얼마인가?

	구멍	축
최대 허용치수	50.06 mm	49.996 mm
최소 허용치수	50.00 mm	49.950 mm

㉮ 0.05　　　　　　　　　　　　　㉯ 0.025
㉰ 0.004　　　　　　　　　　　　 ㉱ 0.075

해설　최소 틈새 = 구멍의 최소 허용치수 - 축의 최대 허용치수 = 50.00 - 49.996 = 0.004

241. 끼워맞춤에서 기본공차의 등급이 커질수록 공차는?(단, 기타 조건은 일정함)
㉮ 커진다.　　　　　　　　　　　　㉯ 작아진다.
㉰ 항상 같다.　　　　　　　　　　　㉱ 관계 없다.

해설　공차 : ISO 공차방식에 따른 기본공차. 등급을 달리하여 정밀도에 따라 몇 개의 공차를 정함.

242. 다음 중 기준 축은 어느 것인가?
㉮ h　　　　　　　　　　　　　　　㉯ K
㉰ g　　　　　　　　　　　　　　　㉱ a

243. IT 공차에 관한 것 중 틀린 것은?
㉮ IT 01 ~ IT 4 : 주로 게이지류
㉯ IT 5 ~ IT 10 : 주로 끼워맞추는 부분
㉰ IT 11 ~ IT 16 : 끼워맞춤이 필요 없는 부분
㉱ IT는 IT 01 ~ IT 16까지 18등급이다.

해설　기본된 치수 공차를 IT 기본 공차(ISO tolerance)라고 한다. 치수 공차는 01급에서 18급까지 20등급이 있다. 이 중에서 IT 01 ~ IT 4는 주로 게이지류, IT 5 ~ IT 10은 주로 끼워맞추는 부분, IT 11 ~ IT 18은 주로 끼워맞춰지지 않는 부분의 공차에 적용된다.

244. 주로 끼워맞춤에 적용되는 IT 공차는?
㉮ IT 01 ~ IT 4　　　　　　　　　㉯ IT 4 ~ IT 7
㉰ IT 5 ~ IT 10　　　　　　　　　㉱ IT 9 ~ IT 15

정답　240.㉰　241.㉮　242.㉮　243.㉱　244.㉰

245. IT 기본 공차는 몇 등급으로 나누어졌는가?
- ㉮ 10등급
- ㉯ 14등급
- ㉰ 20등급
- ㉱ 22등급

246. 주로 게이지류에 적용되는 IT 공차는?
- ㉮ IT 01~IT 4
- ㉯ IT 4~IT 9
- ㉰ IT~IT 10
- ㉱ IT 9~IT 9~IT 15

247. 다음 중 허용 한계 치수 기입방법이 맞는 것은?
- ㉮ $35^{+0.1}_{-0.1}$
- ㉯ $35^{-0.1}_{+0.1}$
- ㉰ $\frac{34.991}{34.975}$
- ㉱ $35+0.035 \atop -0$

248. 끼워맞춤 중 끼워맞춤 공차 기호로 표시할 수 없는 것은?
- ㉮ 억지 끼워맞춤
- ㉯ 헐거운 끼워맞춤
- ㉰ 가열 끼워맞춤
- ㉱ 중간 끼워맞춤

249. 다음 끼워맞춤 중 죔새가 가장 많은 것은?
- ㉮ H7 m6
- ㉯ F7 g6
- ㉰ M7 m6
- ㉱ G7 f6

250. 다음에 표시된 헐거운 끼워맞춤 중 가장 정밀급에 속하는 것은?
- ㉮ H7 g6
- ㉯ H5 g5
- ㉰ H7 f6
- ㉱ H6 f6

251. 다음 중 기초가 되는 치수 허용차 중 아래 치수 허용차가 0인 구멍은?
- ㉮ H7
- ㉯ j7
- ㉰ h7
- ㉱ J7

정답 245.㉰ 246.㉮ 247.㉰ 248.㉰ 249.㉰ 250.㉯ 251.㉮

252. 다음 도면에서 구멍 위치도를 측정하기 위한 좌표계 설정 결과는?

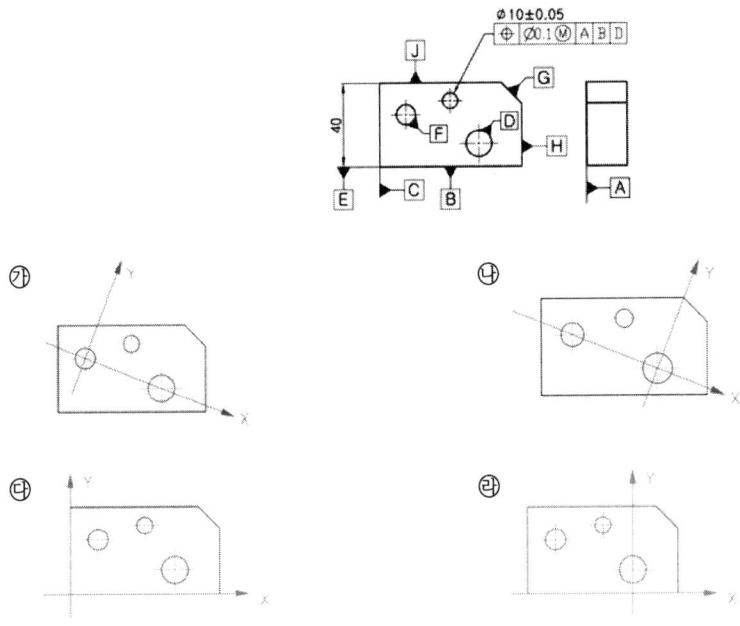

253. 다음 도면에서 구멍 위치도를 측정하기 위한 좌표계 설정 결과는?

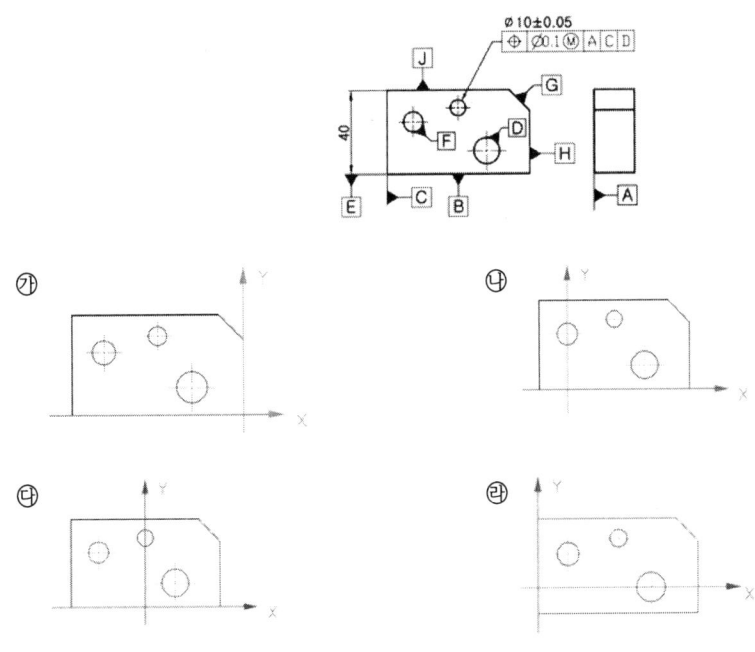

정답 252. ㉣ 253. ㉣

254. 다음 도면에서 구멍 위치도를 측정하기 위한 좌표계 설정 결과는?

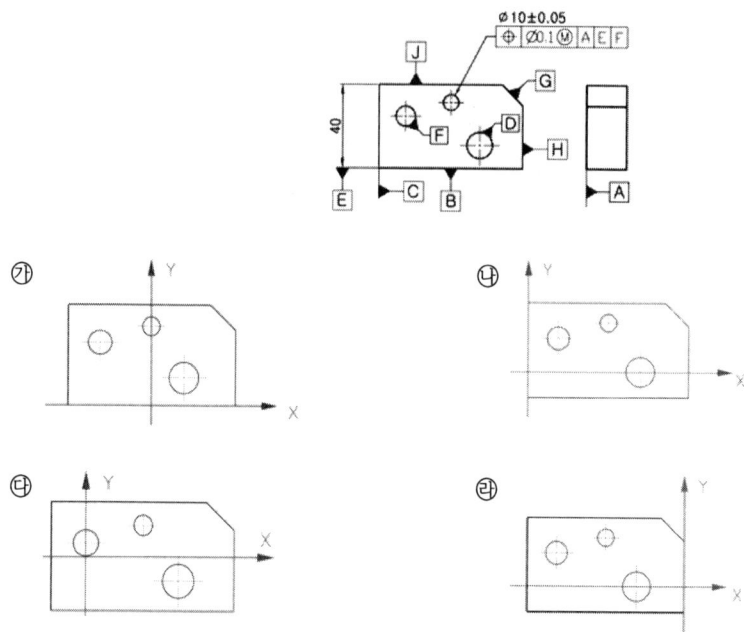

255. 다음 도면에서 3차원측정기로 구멍의 위치도를 측정하기 위한 좌표계 설정 결과는?

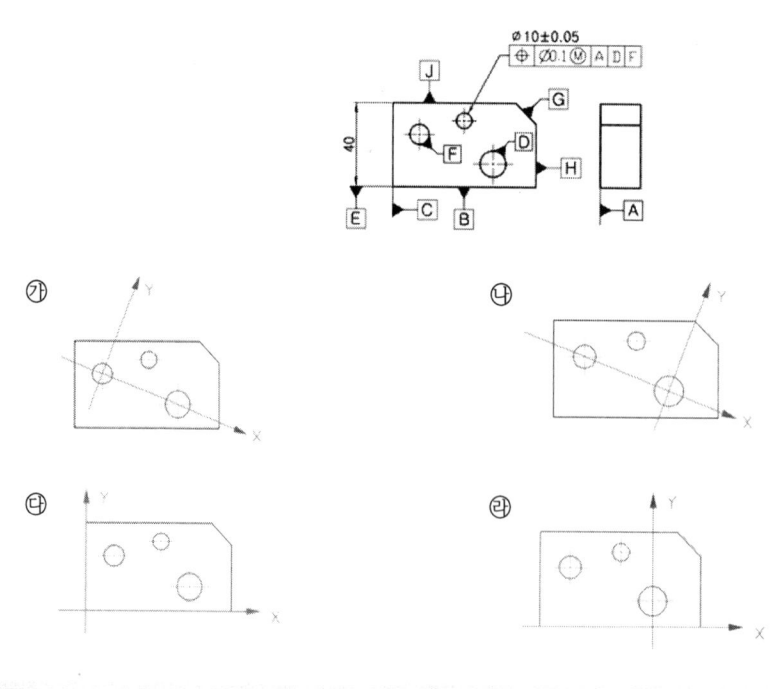

정답   254. ㉰   255. ㉯

256. 다음 도면에서 3차원측정기로 구멍의 위치도를 측정하기 위한 좌표계 설정 결과는?

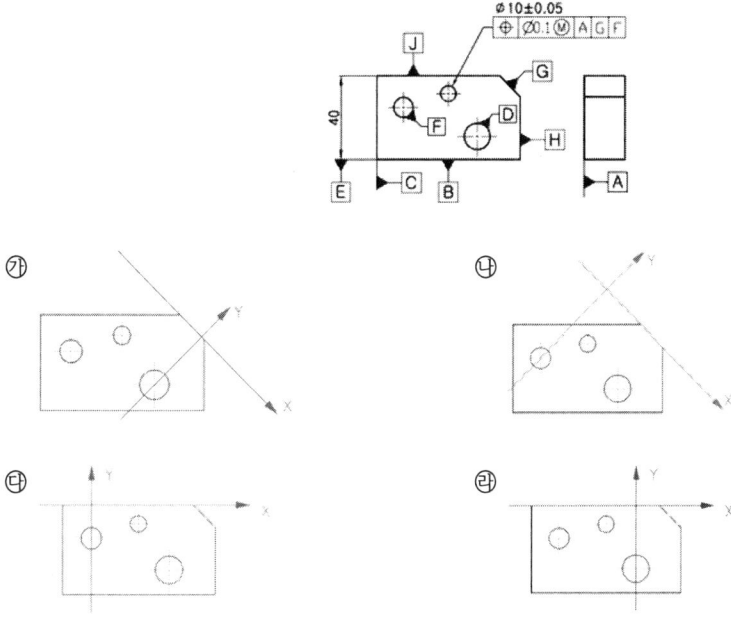

257. 다음 도면에서 3차원측정기로 구멍의 위치도를 측정하기 위한 좌표계 설정 결과는?

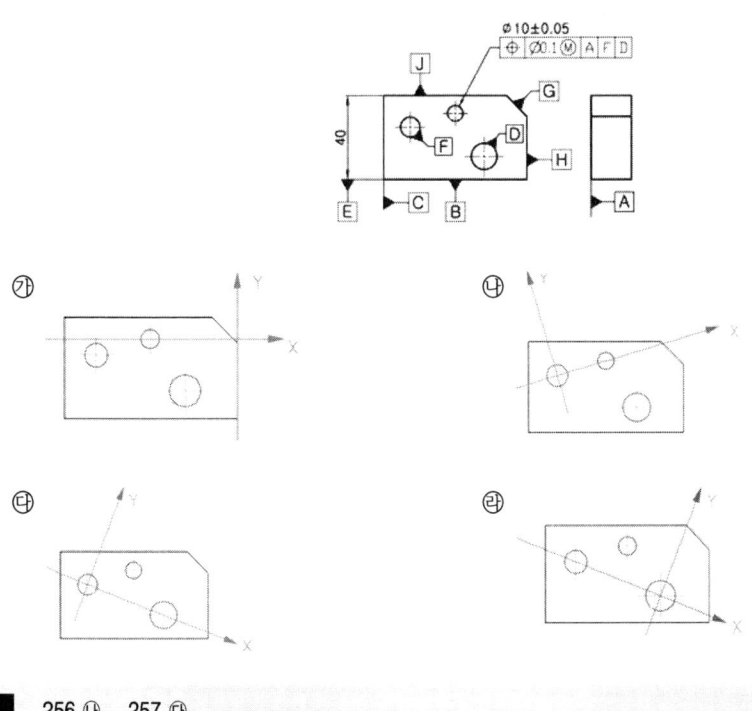

정답   256. ㉯   257. ㉰

258. 다음 도면에서 3차원측정기로 구멍의 위치도를 측정하기 위한 좌표계 설정 결과는?

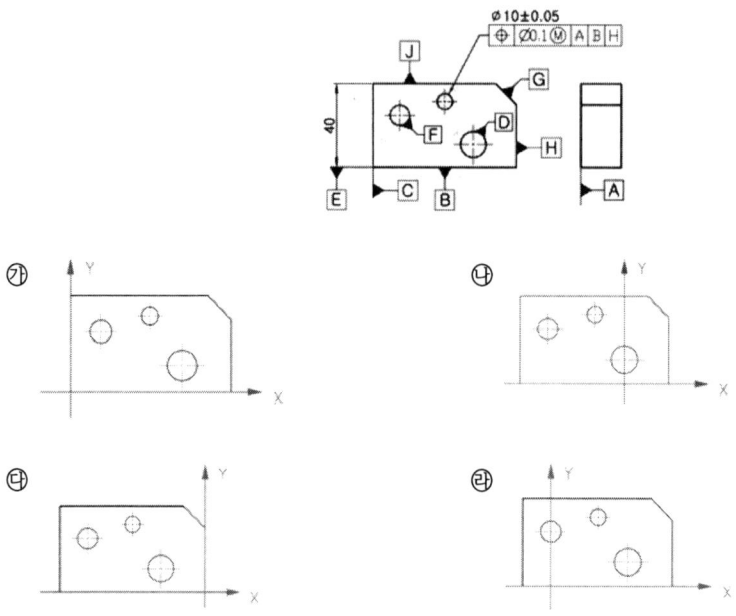

259. 다음 도면에서 3차원측정기로 구멍의 위치도를 측정하기 위한 좌표계 설정 결과는?

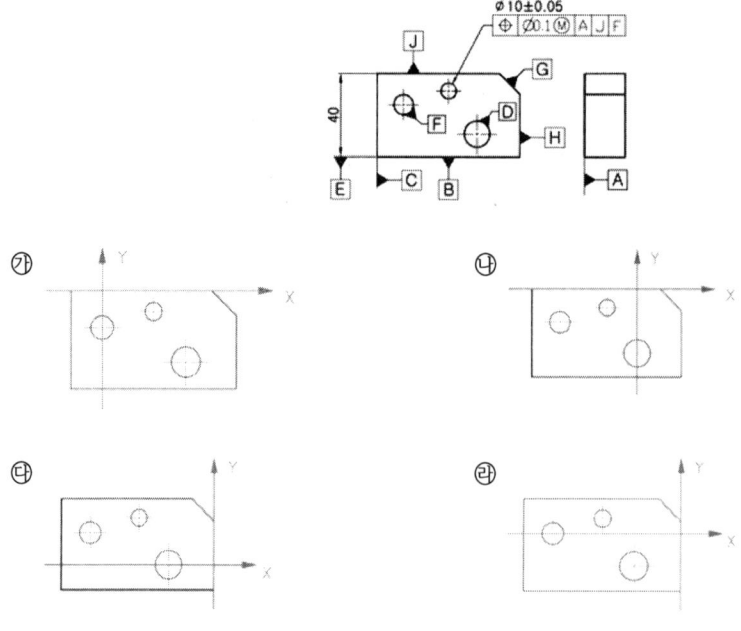

정답 258. ㉡ 259. ㉮

260. 다음 도면에서 3차원측정기로 구멍의 위치도를 측정하기 위한 좌표계 설정 결과는?

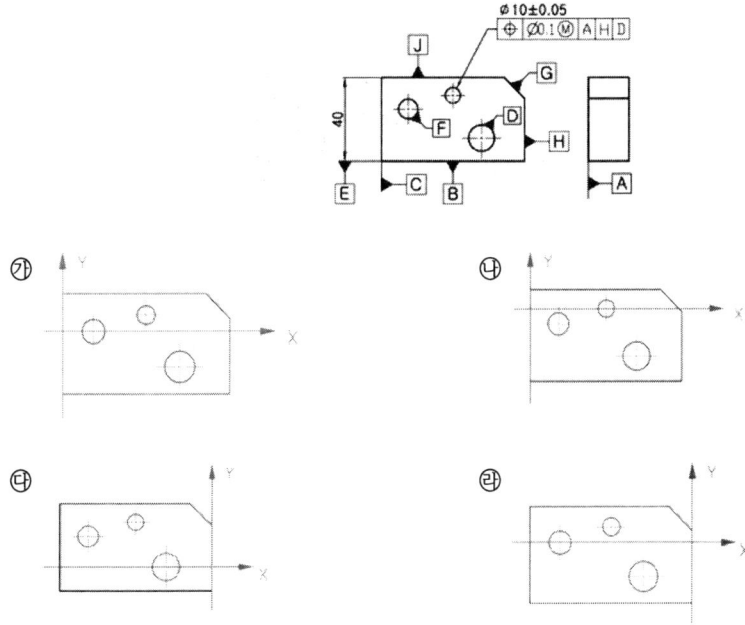

261. 다음 도면에서 3차원측정기로 구멍의 위치도를 측정하기 위한 좌표계 설정 결과는?

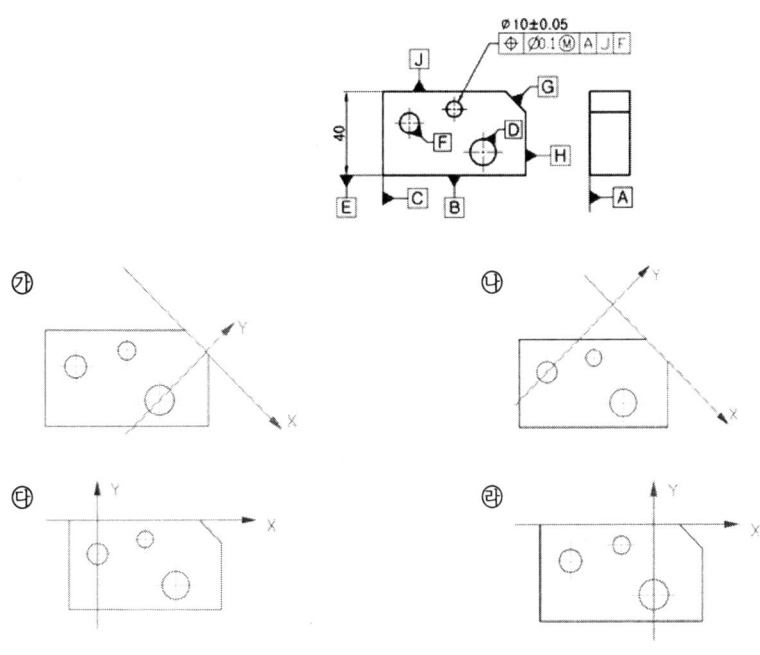

정답 260. ㉯ 261. ㉯

262. 다음 도면에서 3차원측정기로 구멍의 위치도를 측정하기 위한 좌표계 설정 결과는?

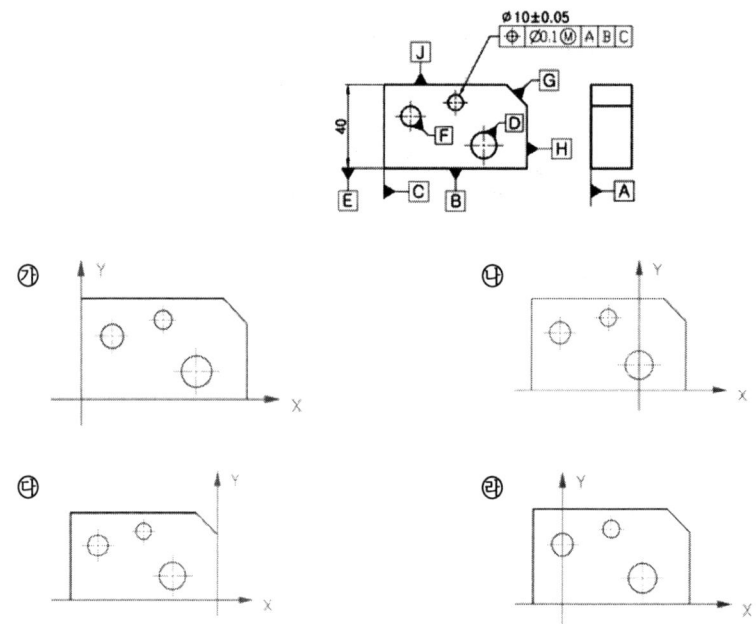

정답 262.㉮

5 부 록

과년도 출제문제

과년도 출제문제

■ 2011년도 제1회

【 제1과목 : 정밀계측 】

01. 마이크로미터 중 한계게이지 대용으로도 사용할 수 있는 것은?
 ㉮ 표준 마이크로미터 ㉯ 포인트 마이크로미터
 ㉰ 깊이 마이크로미터 ㉱ 지시 마이크로미터

02. 정기검사 방식 중 현장에 대출한 측정기를 검사 시기가 된 것부터 회수하여 검사실에 모아 검사하는 방식은?
 ㉮ 순회방식 ㉯ 집중방식
 ㉰ 동일방식 ㉱ 비교방식

03. 게이지블록과 같은 단도기를 지지할 때 사용하는 방법으로 처음 평행한 2개의 단면이 굽힘 후에도 평행하게 지지하고자 할 때 지지점 a를 구하는 식으로 옳은 것은?

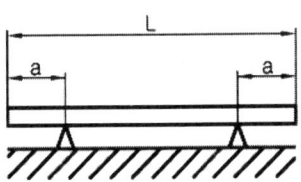

 ㉮ a=0.2113 L ㉯ a=0.2203 L
 ㉰ a=0.2232 L ㉱ a=0.2386 L

04. 길이가 2000 mm인 금형의 수평을 조절하기 위하여 감도가 0.02 mm/m이고, 길이가 100 mm인 수준기를 0점 조정하여 금형 윗면에 올려놓았더니 수준기 눈금이 2눈금 우측으로 움직였다. 금형 윗면 양끝의 높이차는?
 ㉮ 0.02 mm ㉯ 0.04 mm
 ㉰ 0.08 mm ㉱ 0.16 mm

05. 다음 측정기 중 비교 측정기에 속하는 것은?
㉮ 하이트 게이지　　　　㉯ 마이크로미터
㉰ 다이얼 게이지　　　　㉱ 버니어캘리퍼스

06. 측정범위가 75 mm~100 mm인 마이크로미터의 지시범위는 몇 mm인가?
㉮ 25　　　　㉯ 75
㉰ 100　　　　㉱ 175

07. 다음 중 기계식 레버를 이용한 측정기는?
㉮ 다이얼게이지　　　　㉯ 마이크로미터
㉰ 미니미터　　　　㉱ 옵티미터

08. KS에서 규정한 진원도 평가 시 사용하는 기준원이 아닌것은?
㉮ 최대 영역 기준원　　　　㉯ 최소 외접 기준원
㉰ 최소 제곱 기준원　　　　㉱ 최대 내접 기준원

09. 측정값과 도수에 대한 정규분포 상태에서 표준편차의 설명으로 가장 적합한 것은?
㉮ 표준편차의 ±3배 내에 들어갈 확률은 약 99.7 %이다.
㉯ 표준편차의 ±2배 내에 들어갈 확률은 약 91.4 %이다.
㉰ 표준편차의 ±1배 내에 들어갈 확률은 약 54.6 %이다.
㉱ 통계적으로 표준편차와 분포 확률 범위 사이에는 특정한 관계가 없다.

10. 다음 중 일반적인 표면거칠기 측정방법이 아닌 것은?
㉮ 테이블 회전식　　　　㉯ 현미 간섭식
㉰ 촉침식　　　　㉱ 광절단식

11. M20, 피치가 2 mm인 미터나사를 삼침법으로 측정할 때 가장 적합한 삼침 지름은 약 몇 mm인가?
㉮ 1.114　　　　㉯ 1.155
㉰ 1.176　　　　㉱ 1.901

12. 마이크로미터 측정면의 평행도 검사에 가장 적합한 측정기는?
㉮ 옵티컷 패러렐　　　　㉯ 옵티컬 플랫
㉰ 3차원측정기　　　　㉱ 버니어캘리퍼스

13. 눈금선 간격이 1.0 mm이고, 그 눈금선이 나타내는 최소 읽음값이 0.001 mm인 다이얼 게이지의 감도는 얼마인가?
  ㉮ 0.001
  ㉯ 0.1
  ㉰ 100
  ㉱ 1000

14. 3차원 측정기의 사용 중 각 축의 정밀도 시험을 할 경우 필요한 측정기로 옳은 것은?
  ㉮ 단차 게이지블록
  ㉯ 옵티컬 플랫
  ㉰ 스트레이트 엣지
  ㉱ 전기 마이크로미터

15. 광선정반을 이용하여 게이지블록의 평면도를 측정하였다. 간섭무늬의 굽힘량과 간섭무늬의 중심간격의(피치)의 비가 1 : 4이었고 사용한 빛의 파장이 0.58마이크로미터라면 평면도는 몇 마이크로미터인가?
  ㉮ 0.0725
  ㉯ 0.145
  ㉰ 1.16
  ㉱ 0.58

16. 유량식 공기 마이크로미터에서 측정값을 지시하는 곳은?
  ㉮ 측정노즐
  ㉯ 유리 테이퍼관
  ㉰ 정밀 압력 조정기
  ㉱ 바이 패스 조정기

17. 오토콜리메이터와 함께 원주 눈금, 할출판, 기어의 각도 분할의 검정에 이용되는 것은?
  ㉮ 폴리곤 프리즘(다면경)
  ㉯ 수준기
  ㉰ 게이지 블록
  ㉱ 투영기

18. 컴퍼레이터의 종류 중 광학적 컴퍼레이터 해당하지 않는 것은?
  ㉮ 옵티미터
  ㉯ 지침측미기
  ㉰ 미크로룩스
  ㉱ 간섭측미기

19. 롤러의 중심거리가 100 mm인 사이바로 21°30′의 각도를 만들 때 낮은 쪽의 블록 게이지의 높이를 10.00 mm라 하면 높은 쪽은 약 몇 mm가 되는가?
  ㉮ 36.65
  ㉯ 46.45
  ㉰ 93.04
  ㉱ 103.04

20. 제품의 치수가 허용한계치수 내에 있는가만을 검사할 경우에 가장 적합한 게이지에 속하는 것은?
㉮ 나사 피치 게이지 ㉯ 다이얼게이지
㉰ 와이어 게이지 ㉱ 플러그 게이지

【 제2과목 : 재료시험법 】

21. 직경이 2a인 환봉에 비틀림 파단 토크 T를 가하여 비틀림시험을 하였을 시, 응력이 탄성한도를 지나 소성비틀림이 발생하였다. 이 때 환봉의 표면에서 발생한 비틀림 파단 응력이 τ_b라고 할 때 이를 구하는 식으로 옳은 것은?

㉮ $\tau_b = \dfrac{3T}{\pi a^3}$ ㉯ $\tau_b = \dfrac{2T}{\pi a^3}$

㉰ $\tau_b = \dfrac{3T}{2\pi a^3}$ ㉱ $\tau_b = \dfrac{3T}{2\pi a^2}$

22. 쇼어 경도 시험에 대한 설명 중 틀린 것은?
㉮ 선단에 다이아몬드를 붙인 해머를 일정 높이로부터 시험면에 자유 낙하시킨다.
㉯ 반발되는 높이는 경도값과 비례한다.
㉰ C형, SS형, D형, L형 등의 시험기가 있다.
㉱ 시료의 질량은 0.1 kg 이상으로 되도록 크게 한다.

23. 인장시편의 중앙부에 있는 동일 단면의 전 부분 길이를 무엇이라 하는가?
㉮ 파단 길이 ㉯ 표점 거리
㉰ 신연 길이 ㉱ 평행부 길이

24. C스케일 로크웰 경도시험기로 경도시험을 하였더니 시편에 압입된 압입깊이가 0.083 mm로 나타났다. 이 시편의 경도값(HRC)은?(단, 총 시험하중은 1471 N이다.)
㉮ 108.5 ㉯ 88.5
㉰ 58.5 ㉱ 12.4

25. 마모시험의 결과에 영향을 주는 인자로 거리가 먼 것은?
㉮ 미끄럼 속도 ㉯ 접촉면의 표면조도
㉰ 접촉하중 ㉱ 상대 금속의 비중

26. 일반적으로 만능 재료 시험기에서 시험할 수 없는 것은?
   ㉮ 인장시험　　　　　　　　㉯ 경도시험
   ㉰ 충격시험　　　　　　　　㉱ 마모시험

27. 응력 변형률 선도는 어느 시험을 할 때 얻을 수 있나?
   ㉮ 피로시험　　　　　　　　㉯ 경도시험
   ㉰ 충격시험　　　　　　　　㉱ 인장시험

28. 측정관 내의 초강구 해머가 용수철의 힘으로 시편 표면에 충돌할 때 충돌 전후의 해머 속도비를 재료의 경도로 나타내는 경도시험은?
   ㉮ 쇼어 경도시험　　　　　　㉯ 에코팁 경도시험
   ㉰ 로크웰 경도시험　　　　　㉱ 브리넬 경도시험

29. 샤르피 충격 시험기에서 시편을 파단하는데 필요한 에너지(E)에 대한 관계식으로 옳은 것은?
   (단, W : 해머 질량에 의한 부하(N), R : 해머의 회전축 중심(中心)에서 중심(重心)까지의 거리(m), α : 해머의 초기 인상 각도(°), β : 시험편 파단 후 해머의 상승각도(°)이다.)
   ㉮ $E = WR(\cos\beta - \cos\alpha)$　　　　㉯ $E = \dfrac{\cos\beta - \cos\alpha}{WR}$
   ㉰ $E = \dfrac{WR}{\cos\beta - \cos\alpha}$　　　　㉱ $E = \dfrac{1}{WR(\cos\beta - \cos\alpha)}$

30. 평탄한 도로나 거친 노면을 달리는 자동차 차축의 경우와 같이 반복되는 부하에 의한 재질의 변화를 보기 위한 시험으로 적합한 것은?
   ㉮ 피로시험　　　　　　　　㉯ 크리프시험
   ㉰ 인장시험　　　　　　　　㉱ 굽힘시험

31. 다음 중 굽힘시험의 목적으로 가장 적합한 것은?
   ㉮ 인성 또는 취성 측정　　　㉯ 피로강도 측정
   ㉰ 강성계수와 비틀림강도 측정　㉱ 변형저항이나 파단강도 측정

32. 충격시험에서 하중이 작용하는 방식에 따라 구분할 때 이에 속하지 않는 것은?
   ㉮ 충격 인장　　　　　　　　㉯ 충격 압축
   ㉰ 충격 굽힘　　　　　　　　㉱ 충격 경도

33. 비커스 경도 시험기의 시험하중 검정에서 시험하중에 대한 각 측정치는 몇 %의 허용오차 이내에 있어야 하는가?(단, 시험하중이 1.961 N 이상인 경우)
  ㉮ 0.1
  ㉯ 1.0
  ㉰ 1.5
  ㉱ 3.0

34. 브리넬 경도시험법과 비교하여 비커스 경도시험법의 장점으로 볼 수 없는 것은?
  ㉮ 압입자국이 비교적 커서 불균일한 재료의 평균적인 경도값을 측정하는데 유리하다.
  ㉯ 압입자가 diamond형이므로 아주 여문 재료도 쉽게 측정이 가능하다.
  ㉰ 자국이 항상 상사형이므로 하중을 변경해도 경도값이 거의 일정하다.
  ㉱ 아주 얇은 금속판, 침탄층, 질화층의 경도 시험 평가에 유리하다.

35. 샤르피 충격시험기는 어떤 에너지를 이용하여 충격 시험을 하는 것인가?
  ㉮ 위치에너지
  ㉯ 열 에너지
  ㉰ 마찰 에너지
  ㉱ 전기 에너지

36. 길이 ℓ, 단면2차모멘트 I, 종탄성계수 E인 굽힘시험편의 양단이 단순보의 형태로 지지되고 그 중앙지점에서 하중P가 작용할 때 중앙점에서의 굽힘변형량(deflection) Y_{max}은?
  ㉮ $Y_{max} = \dfrac{P\ell^3}{3EI}$
  ㉯ $Y_{max} = \dfrac{P\ell^3}{16EI}$
  ㉰ $Y_{max} = \dfrac{P\ell^2}{16EI}$
  ㉱ $Y_{max} = \dfrac{P\ell^3}{48EI}$

37. 다음 중 초음파 검사 시험법의 종류에 해당하지 않는 것은?
  ㉮ 투과법
  ㉯ 펄스반사법
  ㉰ 공진법
  ㉱ 굴절법

38. 강의 단면을 염산, 염화동암모늄 또는 왕수를 사용하여 단면을 검사하는 방법은?
  ㉮ 형광 침투 사용법
  ㉯ 매크로 조직 시험법
  ㉰ 자분 검사 시험법
  ㉱ 방사선 투과 시험법

39. 금속의 성질 중 일정 한도 이상으로 응력을 가하면, 그 응력을 제거하여도 원래 상태로 돌아오지 않고 영구 변형되는 성질을 무엇이라고 하는가?
  ㉮ 인성(toughness)
  ㉯ 탄성(elasticity)
  ㉰ 소성(plasticity)
  ㉱ 취성(brittleness)

40. 다음 중 긴 실험시간이 필요한 정적시험은?
㉮ 인장시험
㉯ 비틀림(torsion)시험
㉰ 크리프(creep)시험
㉱ 굽힘시험

【 제3과목 : 도면해독 】

41. 그림과 같은 부등변 부등두께 R 형강의 표시방법으로 옳은 것은?(단, 형강의 길이는 L이다.)
㉮ L-LB*A*T2*T1
㉯ LA*B*T1*T2-L
㉰ LB*A*T1*T2-L
㉱ L-LA*B*T2*T1

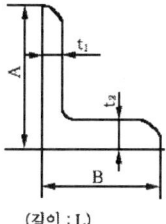
(길이 : L)

42. 다음 그림의 기하공차에 대한 해석으로 가장 적합한 것은?

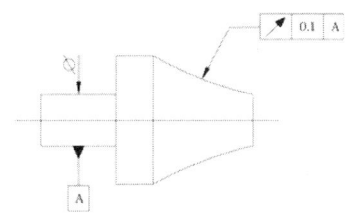

㉮ 곡면 위의 모든 점에서 축직선 A를 기준으로 1회전시켰을 때 축방향으로 0.1 mm의 흔들림을 초과해서는 안 된다.
㉯ 곡면 위의 모든점에서 축직선 A를 기준으로 1회전시켰을 때 축의 직각 방향으로 0.1 mm의 흔들림을 초과해서는 안 된다.
㉰ 곡면 위의 모든 점에서 축직선 A를 기준으로 1회전시켰을 때 곡면 위 접선의 수직한 방향으로 0.1 mm의 흔들림을 초과해서는 안 된다.
㉱ 축을 고정한 상태에서 곡면의 임의의 점과 축 중심선과의 거리가 B라고 하고, 그 점에서 축 중심선에 대칭되는 곡면의 점과 축 중심선과의 거리가 C라고 할 때 그 거리 차이(B-C)가 0.1 mm를 초과해서는 안 된다.

43. 다음 형체규제를 가장 올바르게 설명한 것은?

⊥ | ⌀0.02 Ⓜ | A Ⓜ

㉮ A데이텀 MMC일 때 직각도가 Min0.02 이내이다.
㉯ A데이텀 MMC에서 규제형체가 LMC일 때 직각도 공차가 0.02 이상이다.
㉰ A데이텀 MMC에서 규제형체가 MMC일 때 직각도 공차가 지름 0.02 이내이다.
㉱ A데이텀 MMC에서 규제형체가 LMC일 때 직각도 공차가 지름 0.02 이내이다.

44. 다음 기하 공차 중 원통도를 나타내는 기호는?
㉮ ⌖　　　　　　　　　㉯ ○
㉰ ⌗　　　　　　　　　㉱ ◎

45. 기계제도에 있어서 가는 2점 쇄선으로 그려야 하는 경우에 해당하지 않는 것은?
㉮ 가공에 사용하는 공구, 지그 등의 모양을 나타낼 때
㉯ 절단면의 앞쪽에 있는 부분을 나타낼 때
㉰ 특수한 가공부분의 범위를 나타낼 때
㉱ 인접 부분의 형상을 나타낼 때

46. 다음 기하 공차 중 단독 형체에 적용되는 것이 아닌 것은?
㉮ 평면도 공차　　　　㉯ 진원도 공차
㉰ 경사도 공차　　　　㉱ 원통도 공차

47. 그림과 같이 대상물의 구멍, 홈 등 한 국부만의 모양으로 도시하는 투상도의 명칭은?

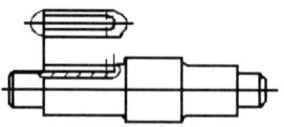

㉮ 보조 투상도　　　　㉯ 부분 투상도
㉰ 국부 투상도　　　　㉱ 부분 확대도

48. 아래와 같이 기하공차가 주어졌을 때 축부위 (∅6.5)의 실효치수(VS)로 옳은 것은?

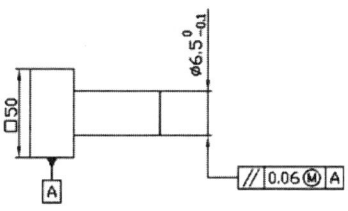

㉮ 6.34 ㉯ 6.44
㉰ 6.51 ㉱ 6.56

49. 제도 시 일반적인 치수기입의 원칙에서 어긋나는 것은?
㉮ 치수는 가급적 주 투상도에 집중하여 표시한다.
㉯ 치수는 중복되더라도 되도록 모두 기입한다.
㉰ 치수는 필요에 따라 기준으로 하는 점, 선 또는 면을 기준으로 하여 기입한다.
㉱ 치수는 대상물의 기능, 제작, 조립 등을 고려하여 필요하다고 생각되는 치수를 명료하게 도면에 지시한다.

50. 기하공차에서 선의 윤곽도 기호로 옳은 것은?
㉮ —   ㉯ ⌒
㉰ ⌓   ㉱ ▱

51. 데이텀과 관련한 용어 중 데이텀을 설정하기 위해서 가공, 측정 및 검사 용의 장치, 기구 등에 접촉시키는 대상물 위의 점, 선, 또는 한정된 영역을 의미하는 것은?
㉮ 데이텀 시스템   ㉯ 데이텀 표적
㉰ 데이텀 형체   ㉱ 데이텀 영역

52. 그림과 같은 도면을 보고 잘못 설명한 것은?
㉮ 45°는 경사도의 기준값이다.
㉯ 경사도는 각도 중심점을 기준으로 기준값 각도의 ±0.01° 이내의 평면 사이에 지정면이 위치하여야 한다.
㉰ 경사도 데이텀을 필요로 한다.
㉱ 45°는 별도 공차는 붙일 수 없다.

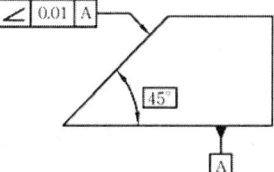

53. KS규격에서 선과 그 용도 설명이 일치하지 않는 것은?
   ㉮ 가는 1점 쇄선 : 도형의 중심을 표시하는 데 사용한다.
   ㉯ 가는 2점 쇄선 : 인접 부분을 참고로 표시하는 데 사용한다.
   ㉰ 굵은 1점 쇄선 : 외형선 및 숨은선의 연장을 표시하는데 사용한다.
   ㉱ 아주 굵은 실선 : 얇은 부분의 단면 도시를 명시하는데 사용한다.

54. IT공차역을 나타내는 문자 기호에서 잘못을 피하기 위해 사용하지 않는 문자에 해당하는 것은?
   ㉮ c   ㉯ q
   ㉰ v   ㉱ x

55. 25 H7/p6로 표시된 끼워맞춤에서 최대 죔새는 얼마인가?(단, $25\ H7 = 25^{+0.021}_{0}$, $25\ p6 = 25^{+0.035}_{+0.022}$이다.)
   ㉮ 0.035   ㉯ 0.022
   ㉰ 0.014   ㉱ 0.001

56. 체인이나 기어 등의 피치원을 나타내는 데 사용하는 선은?
   ㉮ 가는 1점 쇄선   ㉯ 굵은 실선
   ㉰ 굵은 1점 쇄선   ㉱ 가는 실선

57. 어떤 도면에 기입되어 있는 치수 중 □ 속에 들어있는 치수에 대한 설명으로 가장 올바른 것은?
   ㉮ 이론적으로 정확한 치수이다.
   ㉯ 참고 치수로써 형상공차 적용시 주로 사용된다.
   ㉰ 일반 공차를 적용하는 치수이다.
   ㉱ 조립상태에 따라 제작자가 임의로 정할 수 있는 치수이다.

58. 조립된 구멍과 축의 공통 치수에 대한 끼워맞춤 표시를 지시하는 경우 기입 방법이 올바르지 못한 것은?
   ㉮ 50 H7/g6   ㉯ 50 H7-g6
   ㉰ 50 $\dfrac{H7}{g6}$ ㉱ 50 H7, g6

59. 기하공차를 나타낸 기호 중 MMC가 적용되는 것은?
   ㉮ ⌐   ㉯ ∠
   ㉰ ⌖   ㉱ ○

60. 구멍의 치수가 $\varnothing 20^{+0.002}_{0}$ ⌖ ⌀0.01Ⓜ A 로 규제되어 있을 때 이 구멍의 실효치수는 얼마인가?
- ㉮ 20.03
- ㉯ 20.01
- ㉰ 20.00
- ㉱ 19.99

【 제4과목 : 정밀가공학 】

61. 구성인선 (built up edge)의 방지책으로 틀린 것은?
- ㉮ 경사각을 크게 한다.
- ㉯ 절삭속도를 크게 한다.
- ㉰ 마찰계수가 큰 고속도강 공구를 사용한다.
- ㉱ 윤활성이 좋은 절삭유제를 사용한다.

62. CNC 와이어 컷 방전가공에서 가공액의 기능에 해당하지 않는 것은?
- ㉮ 극간의 절연 회복
- ㉯ 폭발압력의 배제
- ㉰ 가공부분의 냉각
- ㉱ 가공 칩의 제거

63. 버니싱 작업에서 버니싱 공구(강구)의 크기가 일정하고 공작물의 두께가 얇아질 경우 공작물의 변형 형태 및 버니싱 효과 정도의 설명으로 옳은 것은?
- ㉮ 공작물의 변형은 거의 탄성적으로 이루어져서 버니싱 효과가 거의 없어진다.
- ㉯ 공작물의 변형은 거의 탄성적으로 이루어져서 버니싱 효과가 커진다.
- ㉰ 공작물의 변형은 소성변형이 커져서 버니싱 효과가 거의 없어진다.
- ㉱ 공작물의 변형은 소형변형이 커져서 버니싱 효과가 커진다.

64. wa 공구를 사용하여 절삭가공 시 절삭속도와 공구 수명은 다음과 같다. 이 경우 절삭속도 v_3 = 50 m/min일 경우 공구 수명은 약 몇 min인가?

절삭 속도	공구 수명
V_1 = 100 m/min	T_1 = 30 min
v_2 = 400 m/min	T_2 = 1 min

- ㉮ 64
- ㉯ 125
- ㉰ 208
- ㉱ 287

65. 슈퍼피니싱 가공에 관한 설명으로 틀린 것은?

㉮ 숫돌 입자는 일반적으로 AL_2O_3 계를 사용하거나 SIC계를 주로 사용한다.

㉯ 숫돌의 입도에서 입자의 크기가 크면 다듬질 능력은 커지지만 다듬질 면의 조도는 좋지 않게 된다.

㉰ 공작물의 속도는 가공초기에는 8~27 m/min의 빠른 속도로 가공하고, 마무리 가공 시에 6~10 m/min 정도로 속도를 줄여 가공하는 것이 좋다.

㉱ 가공시 사용되는 공작액은 일반적으로 석유를 사용하거나 기계유를 혼합하여 사용한다.

66. 복식 공구대를 회전시켜 그림과 같은 테이퍼를 선반 가공할 때 공구의 회전각은 약 몇 ° 인가?

㉮ 23.6
㉯ 17.4
㉰ 14.0
㉱ 7.1

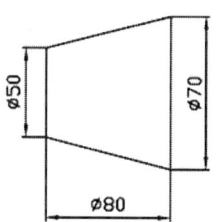

67. 선반 가공에서 공작물의 길이가 200 mm, 지름이 90 mm이고, 절삭속도 32 m/min, 이송 0.15 mm/rev일 때, 공작물의 길이 방향으로 1회 절삭에 필요한 가공시간은 약 몇 분인가?

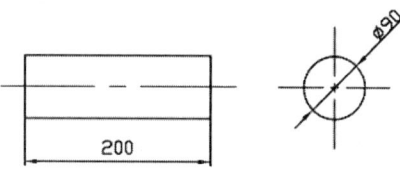

㉮ 6 ㉯ 8
㉰ 12 ㉱ 16

68. 피치가 6 mm인 미식선반에서 피치가 2 mm인 나사를 가공하려 할 때 변환기어 잇수의 관계로 가장 적합한 것은?(단, 주축에 연결된 기어 : 어미나사에 연결된 기어이다.)

㉮ 16 : 40 ㉯ 24 : 72
㉰ 72 : 127 ㉱ 32 : 48

69. 밀링작업에서 브라운 샤프형 분할판을 사용하여 원주를 12°씩 분할하는 방법으로 올바른 것은?
㉮ 15 구멍 열을 선택하여 1회전하고 5 구멍씩 전진하여 가공한다.
㉯ 18 구멍 열을 선택하여 1회전하고 7 구멍씩 전진하여 가공한다.
㉰ 21 구멍 열을 선택하여 1회전하고 9 구멍씩 전진하여 가공한다.
㉱ 23 구멍 열을 선택하여 1회전하고 11구멍씩 전진하여 가공한다.

70. 숏 피닝(shot peening)에 대한 설명 중 틀린 것은?
㉮ 분사속도가 너무 크면 가공물 표면 조직이 파괴될 우려가 있다.
㉯ 분사각도는 90°일 때 피닝 효과가 가장 크다.
㉰ 숏 피닝은 판 스프링 등의 스프링에 효과적이며 와셔, 핀, 차축 등에도 사용 시 피로강도를 높일 수 있다.
㉱ 형상이 단순하고, 대량 생산일 경우 압축공기 방식이 유리하고, 소형이거나 복잡한 형상은 원심력 방식이 유리하다.

71. 일반적인 공구 수명이 종료 되었다고 판단되는 기준으로 가장 거리가 먼 것은?
㉮ 가공 면에 광택이 있는 점이나 무늬가 생길 때
㉯ 가공 완성 치수의 변화가 일정량에 달할 때
㉰ 공구 인선의 마모가 일정량에 달할 때
㉱ 절삭저항의 주분력이 절삭을 시작했을 때보다 감소할 때

72. 고온절삭가공은 여러 가지 장점에도 불구하고 몇 가지 단점을 인해 일반적인 적용이 어려운데 이러한 단점에 해당하지 않는 것은?
㉮ 고속 절삭의 칩 생성기구에 대한 이해와 연구가 부족하다.
㉯ 고속 절삭에 사용되는 공구는 높은 고온경도가 요구된다.
㉰ 가공속도가 높음에 따라 경도가 높은 재료의 절삭이 어렵다.
㉱ 공구의 런아웃(run-out)이 가공정밀도에 지대한 영향을 주기 때문에 공구 및 공구홀더의 선택이 어렵다.

73. 밀링에서 지름이 20 mm이고 날수가 2개인 엔드밀이, 깊이 10 mm를 날 하나당 0.2 mm 이송하며 450 rpm으로 회전하여 가공할 경우 테이블 이송 속도는 몇 mm-min인가?
㉮ 90 　　　　　　　　　　㉯ 180
㉰ 360 　　　　　　　　　㉱ 540

74. 브로칭 작업으로 가공할 수 없는 것은?
  ㉮ 내면 기어 가공
  ㉯ 헬리컬 기어 가공
  ㉰ 스플라인 구멍 가공
  ㉱ 기어 보스부의 키 홈 가공

75. 전해연마에 대한 설명으로 틀린 것은?
  ㉮ 전기 도금과 같은 현상을 이용한 가공으로 가공물을 음극. 전기 저항이 작은 구리, 아연 등을 양극으로 하여 가공한다.
  ㉯ 철 금속은 전해 연마가 어렵고, 구리 및 구리합금 등에 이용된다.
  ㉰ 가공 변질 층이 없고, 평활한 가공면을 얻을 수 있다.
  ㉱ 가공면에 방향성이 없고, 내 마모성, 내 부식성이 향상된다.

76. 연삭작업에서 숫돌의 입자가 마멸되어 탈락하고 다시 날이 생성되는 과정을 무엇이라고 하는가?
  ㉮ 떨림(chattering) 현상
  ㉯ 로딩(loading) 현상
  ㉰ 자생작용
  ㉱ 글레이징(glazing)

77. 평면 연삭기에서 숫돌의 원주 속도가 v = 2000 m/min 연삭 저항이 196 N일 때 이 연삭기에 동력이 8.8 KW 공급되었다면 이 연삭기의 효율은 얼마인가?
  ㉮ 68 %
  ㉯ 74 %
  ㉰ 83 %
  ㉱ 91 %

78. 절삭유제가 갖춰야 할 구비조건으로 틀린 것은?
  ㉮ 윤활성이 높고, 마찰계수가 작아야 한다.
  ㉯ 유막의 내압력이 높아야 한다.
  ㉰ 인화점이 낮고, 방청성이 양호해야 한다.
  ㉱ 공구면과 칩 사이에 신속히 침투해야 한다.

79. 센터리스 연삭기의 특징 설명 중 틀린 것은?
  ㉮ 대형 가공물의 연삭에 적합하다.
  ㉯ 가공물의 지지대가 있어 가공상태가 안정한 편이므로 중절삭이 가능하다.
  ㉰ 긴 홈이 있는 가공물의 연삭은 어렵다.
  ㉱ 미 숙련자도 용이하게 작업할 수 있다.

80. 절삭가공에서 치수 효과를 설명하는 것으로 옳은 것은?
    ㉮ 공작물의 직경이 작아지면 비절삭 저항이 증가하는 현상
    ㉯ 공구 직경이 작아지면 비절삭 저항이 증가하는 현상
    ㉰ 절삭깊이를 크게 했을 때 비절삭 저항이 증가하는 현상
    ㉱ 절삭깊이를 작게 했을 때 비절삭 저항이 증가하는 현상

정답

1. ㉱	2. ㉯	3. ㉮	4. ㉰	5. ㉮	6. ㉮	7. ㉰	8. ㉮	9. ㉮	10. ㉮
11. ㉯	12. ㉮	13. ㉰	14. ㉯	15. ㉮	16. ㉯	17. ㉰	18. ㉮	19. ㉯	20. ㉱
21. ㉰	22. ㉰	23. ㉱	24. ㉰	25. ㉱	26. ㉱	27. ㉱	28. ㉯	29. ㉮	30. ㉮
31. ㉱	32. ㉱	33. ㉯	34. ㉮	35. ㉮	36. ㉱	37. ㉱	38. ㉱	39. ㉰	40. ㉰
41. ㉯	42. ㉯	43. ㉰	44. ㉯	45. ㉱	46. ㉱	47. ㉱	48. ㉱	49. ㉯	50. ㉱
51. ㉯	52. ㉯	53. ㉰	54. ㉰	55. ㉮	56. ㉮	57. ㉮	58. ㉰	59. ㉰	60. ㉱
61. ㉰	62. ㉯	63. ㉮	64. ㉰	65. ㉰	66. ㉱	67. ㉰	68. ㉯	69. ㉮	70. ㉱
71. ㉱	72. ㉰	73. ㉯	74. ㉯	75. ㉮	76. ㉰	77. ㉯	78. ㉰	79. ㉮	80. ㉱

2012년도 제3회

【 제1과목 : 정밀계측 】

01. 정밀측정의 디지털(digital)화에 관한 일반적인 설명 중 올바른 것은?
  ㉮ 개인차에 따른 측정 오차가 제거된다.
  ㉯ 정보의 전송은 쉬우나 연산할 때 오차가 크다.
  ㉰ 읽음과 기록은 간단하나, 측정하는 시간이 많이 소요된다.
  ㉱ 측정의 자동화 작업이 어렵다.

02. 초점거리 500 mm의 오토콜리메이터로서 상의 변위가 0.2 mm일 때 경사각은 몇 초(″)인가?
  ㉮ 약 41″   ㉯ 약 46″
  ㉰ 약 51″   ㉱ 약 56″

03. 다음 중 아베의 원리에 합당하지 못한 구조의 측정기는?
  ㉮ SIP 만능 측장기   ㉯ 벤치 마이크로미터
  ㉰ 하이트 게이지   ㉱ 단체형 내측 마이크로미터

04. 사인 바(sine bar)의 호칭치수는 다음 어느 것에 의해 표시되는가?
  ㉮ 사인 바 지지 양측 롤러의 중심거리   ㉯ 사인 바 지지 양측 롤러의 내측거리
  ㉰ 측정면과 한쪽 롤러 중심까지의 거리   ㉱ 사인 바 지지 양측 롤러의 외측거리

05. 기계 가공품의 평면도 측정에 사용되지 않은 것은?
  ㉮ 옵티컬 플랫(optical flat)   ㉯ 공구 현미경
  ㉰ 수준기   ㉱ 오토콜리메이터

06. 직접측정의 장점으로 거리가 먼 것은?
  ㉮ 일반적으로 측정범위가 다른 측정 방법보다 상대적으로 넓다.
  ㉯ 피측정물의 실제치수를 직접 읽을 수 있다.
  ㉰ 대량 측정 등의 측정 자동화에 유리하다.
  ㉱ 수량이 적고, 종류가 많은 제품을 측정하기에 적합하다.

07. 기어물림 시험에서 규정의 백래시를 주며 두 기어를 맞물려 회전시켜 회전각 전달 오차를 측정하는 것은?
㉮ 편측 치면 맞물림 시험 ㉯ 양측 치면 맞물림 시험
㉰ 이홈의 흔들림 측정 ㉱ 원주 피치의 측정

08. 공구 현미경에서 1.5배인 대물렌즈로 75배로 확대시켰다면 접안렌즈의 비율은 얼마인가?
㉮ 112.5배 ㉯ 75배
㉰ 50배 ㉱ 15배

09. 암나사 유효지름 측정 시 가장 알맞은 측정기는?
㉮ 투영기 ㉯ 다이얼 게이지
㉰ 측장기 ㉱ 피치 게이지

10. 측정범위 300~325 mm인 외측 마이크로미터의 종합정도가 ±6 μm일 때 이 마이크로미터로 정도가 ±5 μm인 기준봉에 영점 조정하여 측정하였을 경우 최대오차의 범위는?(단, 오차전파의 공식(error propagation formula)에 의한 최대 오차 범위를 구한다.)
㉮ ±6.0 μm ㉯ ±7.8 μm
㉰ ±11.0 μm ㉱ ±5.5 μm

11. 게이지 블록을 서로 접촉시킨 다음 압력을 가하면서 회전시켜 블록 게이지를 서로 밀착시키는 것은?
㉮ 본딩(bonding) ㉯ 콘택팅(contacting)
㉰ 링깅(wringing) ㉱ 빌딩(building)

12. 3차원 측정기의 측정 정도를 결정하는 요인으로 가장 거리가 먼 것은?
㉮ 볼 베어링의 마찰에 의한 오차 ㉯ 스케일 자체의 오차
㉰ 프로브 접촉오차와 방향특성 ㉱ 기계의 경년변화

13. 다음 측정기 중에서 단도기로 분류되는 것은?
㉮ 버니어캘리퍼스 ㉯ 공기 마이크로미터
㉰ 마이크로미터 ㉱ 직각자

14. 100 mm의 사인 바에 의하여 5° 각도를 만드는데 필요한 양측의 게이지 블록의 높이 차는 약 몇 mm인가?
- ㉮ 4.374
- ㉯ 8.716
- ㉰ 16.845
- ㉱ 99.619

15. 다음 중 오토콜리메이터로 측정할 수 있는 항목으로 거리가 먼 것은?
- ㉮ 공작기계 베드면의 진직도
- ㉯ 정밀 정반의 평면도
- ㉰ 공작기계 베드면의 직각도
- ㉱ 마이크로미터 측정면의 표면거칠기

16. 3차원 측정기 공간 정밀도를 측정하고자 할 때 가장 적합한 측정기는?
- ㉮ 전기수준기
- ㉯ 레이저 간섭계
- ㉰ 오토콜리메이터
- ㉱ 스텝 게이지

17. 그림에서 A 다이얼 게이지의 값이 3.5 mm이고 B 다이얼 게이지의 값이 2.5 mm일 때 이 부품의 테이퍼량은?

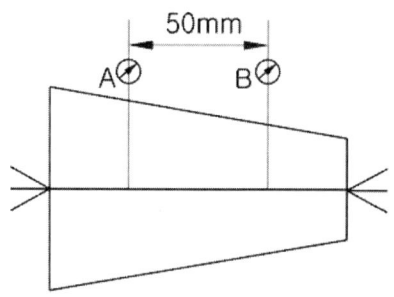

- ㉮ $\dfrac{1}{20}$
- ㉯ $\dfrac{1}{25}$
- ㉰ $\dfrac{1}{50}$
- ㉱ $\dfrac{1}{100}$

18. 독일의 N.Gunther는 공구 현미경으로 원통의 직경을 측정할 때 최적 조리개의 지름을 구하는 실험식을 제시하였는데, 이 식으로 옳은 것은?(단, d는 피측정물의 지름, F는 콜리메이터 렌즈의 초점거리이다.)
- ㉮ $0.18 F \sqrt{\dfrac{1}{d}}$
- ㉯ $0.36 F \sqrt{\dfrac{1}{d}}$
- ㉰ $0.36 F \sqrt[3]{\dfrac{1}{d}}$
- ㉱ $0.18 F \sqrt[3]{\dfrac{1}{d}}$

19. 다음 중 배율이 좋고 정도가 좋은 측정기이나 측정부 지시 범위가 작고, 응답시간이 다소 늦는 측정기로서 특히 내경 측정에 적합한 측정기는?

㉮ 전기 마이크로미터
㉯ 공기 마이크로미터
㉰ 실린더 게이지
㉱ 3점식 내측 마이크로미터

20. 다음 중 이론적으로 최대 0.001mm까지 측정할 수 있는 마이크로미터 구조에 해당하지 않는 것은?

㉮ 나사피치 0.5 mm, 딤블원주 500등분
㉯ 나사피치 0.2 mm, 딤블원주 200등분
㉰ 나사피치 1 mm, 딤블원주 1000등분
㉱ 나사피치 2 mm, 딤블원주 4000등분

【 제2과목 : 재료시험법 】

21. 그림과 같이 탄성 상태에서 보의 중앙에 하중 P가 작용할 때 중앙부 처짐량(σ_{max})을 구하는 식으로 옳은 것은?(단, E는 세로탄성계수이고, I는 단면2차모멘트이다.)

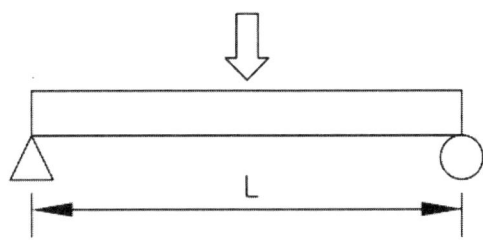

㉮ $\sigma_{max} = \dfrac{5PL^3}{12EI}$
㉯ $\sigma_{max} = \dfrac{PL^3}{24EI}$
㉰ $\sigma_{max} = \dfrac{PL^3}{48EI}$
㉱ $\sigma_{max} = \dfrac{5PL^3}{384EI}$

22. 저온에서 인장시험을 할 때 사용하는 냉각재가 아닌 것은?

㉮ 드라이아이스
㉯ 알콜
㉰ 벤탄
㉱ 염화바륨

23. 굽힘 시험에 관한 설명으로 틀린 것은?
    ㉮ 재료에 굽힘 모멘트가 걸렸을 때 변형저항이나 파단강도를 측정한다.
    ㉯ 환봉이나 각주를 구부린 경우 인장 또는 압축력이 시험편 표면에서 0이 되며, 중심부에서는 최대가 된다.
    ㉰ 응력구배가 생기므로 항복이나 균열은 표면에서 시작하여 중심으로 향한다.
    ㉱ 시험편이 탄성범위에 있는 경우 응력은 중심축에서의 거리에 비례한다.

24. 재료시험기의 구비 조건이 아닌 것은?
    ㉮ 안정성이 있을 것
    ㉯ 내구성이 클 것
    ㉰ 조작이 간편하고 정밀검사가 가능할 것
    ㉱ 정밀도가 우수하고 불확도가 클 것

25. 샤르피 충격시험을 할 때 시험편의 모양은 어떤 보의 형태가 가장 적당한가?
    ㉮ 3점지지보   ㉯ 부정정보
    ㉰ 단순보   ㉱ 내다지보

26. 충격시험에서 같은 재료라고 하더라도 노치부의 둥글기와 노치 깊이에 따라 충격에너지가 달라질 수 있는데, 이에 대한 설명으로 옳은 것은?
    ㉮ 노치부의 둥글기가 작을수록, 노치의 깊이가 클수록 충격에너지는 감소한다.
    ㉯ 노치부의 둥글기가 클수록, 노치의 깊이가 클수록 충격에너지는 감소한다.
    ㉰ 노치부의 둥글기가 작을수록, 노치의 깊이가 작을수록 충격에너지는 감소한다.
    ㉱ 노치부의 둥글기가 클수록, 노치의 깊이가 작을수록 충격에너지는 감소한다.

27. 비틀림시험에서 시편과 시편고정 장치에 관한 서술 중 적합하지 않은 것은?
    ㉮ 시편의 형상은 보통 원형 단면의 재료를 사용한다.
    ㉯ 전단응력과 전단변형과의 관계를 구할 때는 두께가 얇은 중공(中空)시편을 사용하기도 한다.
    ㉰ 양단의 고정부는 고정하기 쉽게 시험부분보다 굵게 만든다.
    ㉱ 시험기는 시편에 인장하중이 가해지지 않도록 주의한다.

28. 경도시험방법을 압입경도시험, 반발경도시험, 긋기경도시험으로 분류할 때 다음 중 압입경도시험에 해당하지 않는 것은?
㉮ 브리넬 경도시험   ㉯ 로크웰 경도시험
㉰ 비커스 경도시험   ㉱ 쇼어 경도시험

29. 다음 중 상온에서도 실용에 영향을 줄 수 있는 현저한 크리프(Creep) 현상이 나타나는 금속으로 거리가 먼 것은?
㉮ 구리   ㉯ 주철
㉰ 주석   ㉱ 납

30. 시험하중이 98 N이고, 다이아몬드 압흔 2개의 대각선 길이 산술평균이 0.146 mm일 때 비커스 경도값은 약 얼마인가?(단, 일반 비커스 경도시험을 기준으로 한다.)
㉮ HV 120   ㉯ HV 250
㉰ HV 560   ㉱ HV 870

31. 자분탐상검사에서 사용하는 자화 방법 중 시험체 또는 검사할 부위를 전자석 또는 영구자석의 자극 사이에 놓는 방법으로 휴대형으로 제작하여 취급하기 쉽고 표면결함을 검출하기 좋으나 자극 주변은 누설 자속이 많아 탐상할 수 없다는 단점이 있는 자화방법은?
㉮ 축 통전법   ㉯ 코일법
㉰ 극간법   ㉱ 자속 관통법

32. 비틀림시험에서 다음 중 축의 세로 및 가로 방향과 45°의 방향으로 나선형 전단파괴가 가장 일어나기 쉬운 재료는?
㉮ 연강   ㉯ 동
㉰ 황동   ㉱ 주철

33. 샤르피 충격시험에서 파단에 따른 흡수 에너지를 구하기 위한 요소와 관계가 없는 것은?
㉮ 해머의 무게   ㉯ 해머의 들어올림 각도
㉰ 해머의 암 길이   ㉱ 코일의 감은 수

34. KS의 금속재료의 브리넬 경도 시험 방법에서 초경 합금구로 된 압입자로 경도 시험 시 시험 재료의 경도는 몇 HBW 이하이어야 하나?
㉮ 300 HBW 이하   ㉯ 450 HBW 이하
㉰ 650 HBW 이하   ㉱ 900 HBW 이하

35. 피로시험에 있어서 시간에 따라 반복적인 응력을 가하는 형태는 크게 4가지로 구분하는데 그림과 같이 응력을 가할 경우 그 종류는?

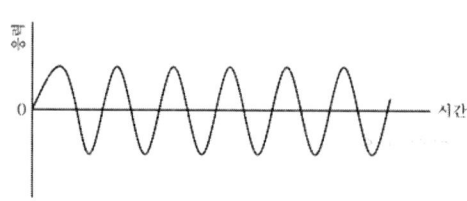

㉮ 완전 양진 응력(complete reversed stress)
㉯ 부분 양진 응력(partial reversed stress)
㉰ 편진 응력(pulsating stress)
㉱ 부분 편진 응력(partial pulsating stress)

36. 어떤 시험편의 지름이 20 mm, 높이가 30 mm인 원통형의 시험편을 하중 65 KN으로 압축시험을 하였을 때 공칭응력은 약 몇 MPa인가?
㉮ 207 ㉯ 20.7
㉰ 92   ㉱ 9.2

37. 마모의 종류 중 부식마모에 대한 설명으로 틀린 것은?
㉮ 부식마모는 두 물체의 상대운동이 가스나 액체 등의 부식성 분위기 하에서 표면에 전기, 화학적인 반응이 일어날 때 발생할 수 있다.
㉯ 산화가 발생하는 경우 부식에 의해 형성된 산화피막에 의해 마모가 촉진되므로 산화에 의한 부식을 방지하는 것이 좋다.
㉰ 부식마모에 있어서 부식작용과 상대운동이 모두 마모과정에 작용하므로 발생 원인이 복잡하다.
㉱ 부식이 마모의 주된 요인으로 작용하는 경우에는 여러 가지의 마모기구들이 복잡하게 관여하지만 주로 환경과의 화학작용 또는 전기화학반응이 지배적인 마모과정이 된다.

38. 다음 인장시험 결과에 따라 단면수축률을 계산하면 약 몇 %인가?

[시험결과]
 - 시험편 평행부의 시험 전 지름 : 15 mm
 - 시험편 파단부의 최종 지름 : 12 mm

㉮ 18 %   ㉯ 36 %
㉰ 1.8 % ㉱ 3.6 %

39. 로크웰 경도시험에서 시험편에 관한 사항 중 틀린 것은?

㉮ 시험편은 표면이 편평하고, 산화물이나 이물질 특히 윤활제가 완전히 제거된 시험면에서 하여야 한다.

㉯ 시험편 준비 과정에서 열이나 냉간 가공으로 인해 표면 경도의 변화가 되도록 생기지 않도록 해야 한다.

㉰ 시험편의 최소 두께는 원주형 누르개로 시험할 경우 영구 누르개 자국 깊이의 3배 이상 되어야 한다.

㉱ 시험 하중은 시험편의 면에 수직이 되도록 가해져야 한다.

40. 가청음을 넘는 음파를 피시험물 내부에 침입시켜 내부의 결함 또는 불균일층의 존재를 검출하는 방법은?

㉮ 방사선 탐상법 ㉯ 침투 탐상법
㉰ 초음파 탐상법 ㉱ 자분 탐상법

【 제3과목 : 도면해독 】

41. 흔들림(runout) 공차에 대한 설명으로 틀린 것은?

㉮ 흔들림은 데이텀 축심을 기준으로 규제형체가 완전한 형상으로부터 벗어난 크기이다.

㉯ 흔들림 공차는 허용되는 범위에서 가장 크게 벗어난 값이며, 진원도, 진직도 등의 다른 기하공차를 포함하는 복합공차 성격을 지닌다.

㉰ 흔들림 공차는 반드시 데이텀을 기준으로 규제되어야 하고, MMC 조건으로 규제되어야 한다.

㉱ 흔들림 공차는 다른 기하공차와 함께 복합적으로 규제할 수도 있다.

42. 축의 치수가 $\varnothing 4040^{+0.025}_{-0.025}$일 때 치수공차로 맞는 것은?

㉮ 0.025 ㉯ 0.020
㉰ 0.050 ㉱ 0.005

43. 기하학적 공차방식에서 기준치수(Basic Dimension)에 대한 설명 중 옳지 않은 것은?

㉮ 공차가 표시되어 있지 않은 치수이므로 일반공차를 적용한다.

㉯ 도면상에서 4각형 테두리선 내에 치수를 기입한다.

㉰ 위치도, 윤곽도 또는 경사도 등의 공차를 형체에 지정하는 경우 사용된다.

㉱ 이론적으로 정확한 치수이다.

44. 도면에서 가상선으로 사용되는 선은?
㉮ 가는실선　　　　　　㉯ 가는 파선
㉰ 가는 2점 쇄선　　　　㉱ 가는 1점 쇄선

45. 다음 형상공차에 대한 설명으로 맞는 것은?

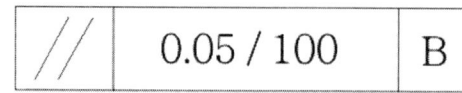

㉮ 대칭도가 B에 대하여 전체길이에 대해 0.025 mm의 허용치를 갖는다.
㉯ 대칭도가 B에 대하여 지정길이 100 mm마다 0.05 mm의 허용치를 갖는다.
㉰ 평행도가 B에 대하여 전체길이에 대해 0.05 mm의 허용치를 갖는다.
㉱ 평행도가 B에 대하여 지정길이 100 mm마다 0.05 mm의 허용치를 갖는다.

46. 기하공차의 종류를 크게 자세 공차, 위치 공차, 흔들림 공차, 모양 공차로 분류할 경우 다음 중 위치공차에 해당되는 것은?
㉮ 평행도 공차　　　　　㉯ 직각도 공차
㉰ 온 흔들림 공차　　　　㉱ 동심도 공차

47. KS의 재료 기호에서 일반 구조용 압연강재에 해당하는 것은?
㉮ SKH3　　　　　　　　㉯ SF400
㉰ SS400　　　　　　　　㉱ SM45C

48. 기하공차 기호의 기입에 있어서 선 또는 면의 어느 한정된 범위에만 공차값을 적용할 때에는 어느 선으로 한정하는 범위를 나타내는가?
㉮ 굵은 실선　　　　　　㉯ 가는 1점 쇄선
㉰ 가는 파선　　　　　　㉱ 굵은 1점 쇄선

49. 다음 그림에서 최대 허용치수는 얼마인가?

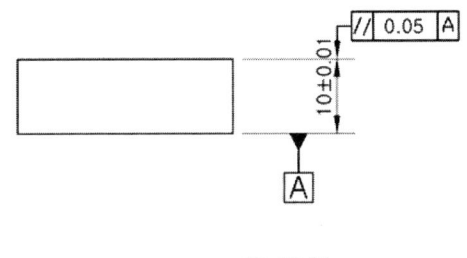

㉮ 10 ㉯ 10.01
㉰ 9.99 ㉱ 10.05

50. 다음 끼워맞춤 공차 중 억지 끼워맞춤에 해당되는 것은?
㉮ H7/p6 ㉯ H7/f6
㉰ H7/g6 ㉱ H7/h6

51. 외측 형체에 대해서는 최대허용치수에 자세공차, 위치공차 등을 더한 치수가 되고, 내측 형체에 대해서는 최소허용치에 자세공차 혹은 위치공차를 뺀 치수를 무엇이라 하는가?
㉮ 실효 치수 ㉯ MMS 치수
㉰ 데이텀 치수 ㉱ 돌출공차 치수

52. 축 ∅50±0.2의 최대 실체 치수(MMS)는?
㉮ ∅49.8 ㉯ ∅50
㉰ ∅50.2 ㉱ ∅50.4

53. 다음 기하공차의 표현에서 A, B의 의미를 가장 정확하게 설명한 것은?

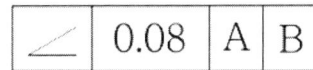

㉮ A 또는 B를 데이텀으로 한다.
㉯ A와 B의 구간을 데이텀으로 한다.
㉰ A 다음 B의 순으로 데이텀 우선순위를 둔다.
㉱ 데이텀 A와 B의 우선 순위를 문제삼지 않는다.

54. 다음 중 단독형체로 적용되는 기하공차가 아닌 것은?
- ㉮ 진원도
- ㉯ 원통도
- ㉰ 면의 윤곽도
- ㉱ 직각도

55. 다음 기하공차 기호 ∅0.02ⓟ에서 ⓟ가 의미하는 것은?

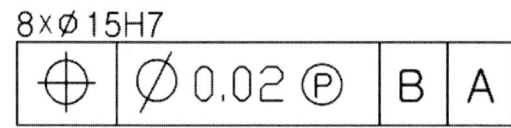

- ㉮ 위치도 공차역
- ㉯ 유효 공차역
- ㉰ 돌출 공차역
- ㉱ 좌표 공차역

56. 다음과 같은 공차로 가공한다고 할 때 가공 정밀도가 가장 높아야 하는 것은?
- ㉮ 45 ± 0.01
- ㉯ $45^{+0.6}_{0}$
- ㉰ $45^{+0.12}_{-0.15}$
- ㉱ $45^{0}_{-0.03}$

57. 기계제도에서 선의 모양이 가는 1점 쇄선인 것은?
- ㉮ 치수선
- ㉯ 치수 보조선
- ㉰ 피치선
- ㉱ 지시선

58. 다음 조립도면의 표준 부품 중에서 ④의 평 와셔 호칭을 결정할 때 기준이 되는 것은?

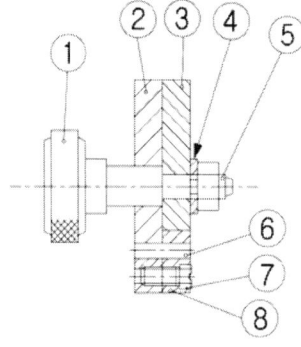

- ㉮ 조립된 나사의 호칭지름
- ㉯ 평와셔의 내경
- ㉰ 평와셔의 외경
- ㉱ 조립된 나사의 골지름

59. 위치도 공차에 대한 설명으로 틀린 것은?
   ㉮ 데이텀이 필요할 수도 있고, 데이텀이 없어도 규제된다.
   ㉯ 축이 아닌 구멍에만 적용되며 중심 위치의 정밀도를 규제하기 위하여 기입한다.
   ㉰ 조립 및 호환성이 고려되어야 하는 결함부품에 주로 적용된다.
   ㉱ 원형 형상의 공차역의 경우 형체규제 테두리 안의 치수공차 앞에 ∅를 명시한다.

60. 표면의 결 도시방법에서 가공에 의한 컷의 줄무늬 방향을 지시할 때 사용되는 기호에 해당하지 않는 것은?
   ㉮ X
   ㉯ Y
   ㉰ C
   ㉱ M

【 제4과목 : 정밀가공학 】

61. 절삭속도와 공구 수명과의 관계를 나타낸 Taylor 공구 수명식으로 맞는 것은?(단, V=절삭속도(m/min), C=상수, T=공구수명(min), n=지수이다.)
   ㉮ $VT^n = C$
   ㉯ $\dfrac{V}{T^n} = C$
   ㉰ $\dfrac{V}{T} = C$
   ㉱ $VT = C$

62. 구성인선(built up edge)의 방지대책으로 틀린 것은?
   ㉮ 절삭속도를 크게 한다.
   ㉯ 경사각(rake angle)을 크게 한다.
   ㉰ 마찰계수가 큰 공구를 사용한다.
   ㉱ 절삭 깊이를 적게 한다.

63. 절삭유제(cutting fluids)를 사용하는 목적으로 거리가 먼 것은?
   ㉮ 냉각 작용
   ㉯ 윤활 작용
   ㉰ 칩의 제거 작용
   ㉱ 동력 감소 작용

64. 밀링작업에서 브라운 샤프형 분할판을 사용하여 원주를 80등분하고자 한다. 다음 중 가장 적합한 분할판의 구멍수는?
   ㉮ 17
   ㉯ 20
   ㉰ 21
   ㉱ 35

65. 지름이 50 mm인 연강 둥근봉을 20 m/min의 절삭속도로 선반에서 가공할 때 주축의 회전수는 약 몇 rpm인가?
㉮ 127 ㉯ 327
㉰ 552 ㉱ 658

66. 밀링머신의 부속장치 중 밀링커터를 고정하는 것은?
㉮ 아버 ㉯ 컬럼
㉰ 새들 ㉱ 니

67. 다음 중 숏 피닝 가공법과 가장 비슷한 가공법은?
㉮ 호닝 ㉯ 샌드 블라스트
㉰ 래핑 ㉱ 전해 연마

68. 브로칭 머신에서 절삭날의 길이에 따른 적절한 피치를 구하는 식으로 옳은 것은?(단, p : 피치(pitch), L : 절삭날의 길이, C : 정수로서 1.5~2 정도)
㉮ $P = C \cdot L^{1/3}$ ㉯ $P = C \cdot \sqrt{L}$
㉰ $P = C \cdot L$ ㉱ $P = C \cdot L^2$

69. 연산액의 구비조건으로 틀린 것은?
㉮ 냉각성이 우수할 것
㉯ 부식작용이 발생하지 않을 것
㉰ 윤활성은 적고 유동성은 우수할 것
㉱ 화학적으로 안정될 것

70. 래핑(Lapping)가공에 관한 특징 설명으로 틀린 것은?
㉮ 가공면이 매끈한 거울면을 얻을 수 있다.
㉯ 가공된 면은 윤활성 및 내마모성이 좋다.
㉰ 가공이 쉬워서 숙련공이 아니어도 고도의 정밀가공이 가능하다.
㉱ 평면도, 진원도, 진직도 등의 이상적인 기하학적 형상을 얻을 수 있다.

71. 밀링 가공에서 지름 10 cm의 공작물에 리드 60 cm를 가지는 스파이럴(spiral) 가공을 할 때 이 가공물이 가지는 헬리컬 각도(α)는 약 몇 °인가?
㉮ 15.4 ㉯ 19.8
㉰ 24.7 ㉱ 27.6

72. 연삭숫돌의 성능을 결정하는 5대 구성요소로 볼 수 없는 것은?
㉮ 입도   ㉯ 강도
㉰ 조직   ㉱ 결합체

73. 다음 중에서 선반으로 할 수 없는 작업은?
㉮ T-홈가공(T-Slotting)   ㉯ 릴리빙 가공(Relieving)
㉰ 나사 절삭(Threading)   ㉱ 모방 절삭(Copying)

74. 전기도금의 반대현상으로 가공물의 양극(+)으로 하여 전해액속에서 전기를 통하면 전기에 의한 화학적인 작용으로 가공물의 표면이 용출되어 필요한 형상으로 가공하는 것은?
㉮ 이온빔 가공(ion beam machining)   ㉯ 전해 연마(electrolytic polishing)
㉰ 초음파 가공(ultrasonic machining)   ㉱ 에칭 가공(etching machining)

75. 일반적인 절삭 가공이론에서 절삭의 3분력이 아닌 것은?
㉮ 주분력   ㉯ 배분력
㉰ 이송분력   ㉱ 중단분력

76. 밀링머신에서 사용할 수 있는 커터의 최대지름이 300 mm, 최소지름은 20 mm이다. 절삭 최저속도를 32 m/min, 절삭최대속도가 100 m/min일 경우, 이 밀링머신의 최대회전수는 약 몇 rpm인가?
㉮ 1321   ㉯ 1872
㉰ 1430   ㉱ 1592

77. 드릴링 머신에서 할 수 없는 작업은?
㉮ 리밍   ㉯ 카운터 보링
㉰ 버핑   ㉱ 카운터 싱킹

78. 절삭길이가 50 cm 되는 봉을 1회 선반가공을 하는데 소요되는 시간은 약 몇 분인가?(단, 이 때 회전수는 800 rpm이고, 피드는 0.4 mm/rev로 한다.)
㉮ 6.04분   ㉯ 4.55분
㉰ 3.05분   ㉱ 1.56분

79. 숫돌에서 입자에 칩이 끼어서 숫돌면을 평활하게 만들어 연삭이 잘 안 되는 상태가 되는 것을 의미하는 용어는?
㉮ 글레이징(glazing)   ㉯ 로딩(loading)
㉰ 드레싱(dressing)   ㉱ 클리닝(cleaning)

80. 다음 중 절삭가공에서 고속가공에 따른 장점에 해당하지 않는 것은?
㉮ 가공시간의 단축   ㉯ 가공에 소요되는 에너지의 저감
㉰ 표면거칠기 및 표면 품질의 향상   ㉱ 절삭 공구의 수명 연장

정답

1. ㉮ 2. ㉮ 3. ㉰ 4. ㉮ 5. ㉯ 6. ㉰ 7. ㉮ 8. ㉰ 9. ㉯ 10. ㉯
11. ㉰ 12. ㉮ 13. ㉱ 14. ㉯ 15. ㉯ 16. ㉯ 17. ㉮ 18. ㉱ 19. ㉯ 20. ㉱
21. ㉰ 22. ㉱ 23. ㉯ 24. ㉱ 25. ㉯ 26. ㉮ 27. ㉱ 28. ㉱ 29. ㉯ 30. ㉱
31. ㉯ 32. ㉱ 33. ㉱ 34. ㉯ 35. ㉰ 36. ㉮ 37. ㉯ 38. ㉯ 39. ㉯ 40. ㉰
41. ㉰ 42. ㉰ 43. ㉮ 44. ㉯ 45. ㉰ 46. ㉯ 47. ㉰ 48. ㉱ 49. ㉯ 50. ㉮
51. ㉮ 52. ㉯ 53. ㉰ 54. ㉱ 55. ㉯ 56. ㉮ 57. ㉯ 58. ㉮ 59. ㉯ 60. ㉯
61. ㉮ 62. ㉯ 63. ㉱ 64. ㉯ 65. ㉯ 66. ㉮ 67. ㉯ 68. ㉯ 69. ㉰ 70. ㉯
71. ㉱ 72. ㉯ 73. ㉮ 74. ㉯ 75. ㉯ 76. ㉱ 77. ㉯ 78. ㉱ 79. ㉯ 80. ㉯

2013년도 제1회

【 제1과목 : 정밀계측 】

01. 마이크로미터의 앤빌과 스핀들의 측정면의 평행도 검사에 적합한 측정기는?
㉮ 게이지 블록
㉯ 기준봉
㉰ 옵티컬 패러렐
㉱ 다이얼 게이지

02. 다음 중 평면도 측정방법으로 가장 관계가 먼 것은?
㉮ 회전중심에 의한 평면도 측정
㉯ 빛의 간섭에 의한 평면도 측정
㉰ 정반과 인디케이터에 의한 평면도 측정
㉱ 수준기 및 오토콜리메이터에 의한 평면도 측정

03. 그림과 같은 원추의 각도를 측정하는데 있어서 α를 구하고자 할 때 그 식으로 옳은 것은?

㉮ $\sin\dfrac{\alpha}{2} = \dfrac{D_2 - D_1}{2t_1 + D_1 + 2t_2 - D_2}$

㉯ $\sin = \dfrac{D_2 - D_1}{2t_1 + D_1 + 2t_2 - D_2}$

㉰ $\tan\dfrac{\alpha}{2} = \dfrac{D_2 - D_1}{2t_1 + D_1 + 2t_2 - D_2}$

㉱ $\tan = \dfrac{D_2 - D_1}{2t_1 + D_1 + 2t_2 - D_2}$

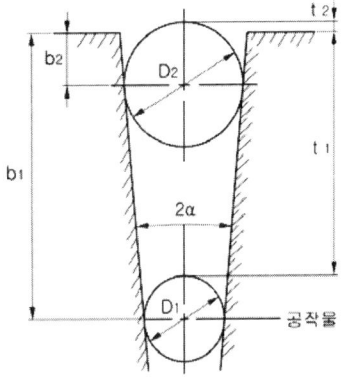

04. 마이크로미터의 측정 구간별 측정오차 검사에 사용되는 측정기는?
㉮ 옵티컬 플랫
㉯ 게이지 블록
㉰ 옵티컬 패러렐
㉱ 지침 측미기

05. 버니어캘리퍼스의 사용상의 주의점에 관한 설명으로 옳지 않은 것은?

㉮ 피측정물이 회전시에는 측정하지 않는다.

㉯ 시차를 고려하여 눈금면에 수직의 위치에서 측정값을 읽는다.

㉰ 버니어캘리퍼스에는 측정력을 일정하게 하는 장치가 있으므로 피측정물을 측정할 때에는 고정력을 확실하게 가한다.

㉱ m형 캘리퍼스로 작은 구멍을 측정할 때에는 구조상 약간의 오차는 피할 수 없으므로 이를 주의하여 측정한다.

06. 3차원 측정기 중 CNC type에 관한 설명으로 틀린 것은?

㉮ 미리 작성된 프로그램에 따라 작동될 수 있다.

㉯ X, Y, Z 축의 구동원으로 모터를 갖는다.

㉰ 측정물이 운동축에 대해서 기울어진 방향으로는 측정할 수 없다.

㉱ 컴퓨터 프로그램에 의해 측정이 자동적으로 수행될 수 있다.

07. 광선정반을 이용하여 가공재의 표면에 밀착시켰더니 아래 그림과 같은 무늬가 생겼다. 가장 적합한 설명은?

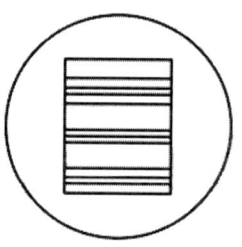

㉮ 완전한 평면이다.   ㉯ 이물질이 들어있다.

㉰ 계단층이 되어 있다.   ㉱ 완전한 곡면이다.

08. 다음 중 레버와 기어를 이용한 구조의 비교 측미기는?

㉮ 옵티미터(Optimeter)   ㉯ 공기 마이크로미터(air micrometer)

㉰ 오르도 테스터(Ortho tester)   ㉱ 미크로케이터(Mikrokator)

09. 다음 측정기 중 비교측정기로 가장 적합한 것은?

㉮ 전기 마이크로미터   ㉯ 표준 마이크로미터

㉰ 버니어캘리퍼스   ㉱ 그루브 마이크로미터

10. 기준치수 25 mm의 원통 4개를 만들어 측정한 결과가 A, B, C, D로 나타났다. 오차 백분율이 ±0.2 % 이하가 합격이라고 할 때 합격품에 해당하는 것은?(단, A=25.05 mm, B=25.01 mm, C=24.94 mm, D=24.93 mm이다.)
  ㉮ D
  ㉯ B, C
  ㉰ A, B
  ㉱ A, B, C, D

11. 1000 mm의 게이지 블록을 양 끝면이 항상 평행하게 하기 위해서 2개의 지지점으로 지지할 때 끝면에서 하나의 지지점까지의 거리(airy point)는 몇 mm인가?
  ㉮ 189.5 mm
  ㉯ 196.3 mm
  ㉰ 200.5 mm
  ㉱ 211.3 mm

12. 다음 나사의 측정요소 중 삼침법에 의한 측정에 가장 적합한 것은?
  ㉮ 유효지름
  ㉯ 나사의 길이
  ㉰ 나사산의 각도
  ㉱ 피치

13. 아베의 원리에 벗어난 측장기에서 측정 길이가 30 mm이고, 안내가 부정확하기 때문에 생긴 경사가 10′로 나타났을 경우 생기는 오차는 약 몇 µm인가?
  ㉮ 0.13 µm
  ㉯ 1.23 µm
  ㉰ 13 µm
  ㉱ 130 µm

14. 회전하는 원통 기계부분 외면의 흔들림량 측정 시 가장 적합한 측정기는?
  ㉮ 바 게이지
  ㉯ 정밀 수준기
  ㉰ 오토콜리메이터
  ㉱ 지렛대식 다이얼 테스트 인디케이터

15. 공구현미경을 이용하여 2개의 작은 구멍 중심사이 거리를 측정할 때 가장 편리하게 사용하는 부속품은?
  ㉮ 이중상 접안경
  ㉯ 형판 접안렌즈
  ㉰ 각도 접안렌즈
  ㉱ 반사 조명장치

16. 계통적 오차의 원인으로 거리가 먼 것은?
  ㉮ 측정력의 변화에 따른 오차
  ㉯ 눈금오차에 따른 오차
  ㉰ 온도변화에 따른 오차
  ㉱ 부주의로 발생하는 오차

17. 이미 치수를 알고 있는 기준편과의 차를 이용하여 측정값을 구하는 측정방법은?
㉮ 직접측정 ㉯ 비교측정
㉰ 절대측정 ㉱ 간접측정

18. 다음 중 게이지 블록에서 적용되는 등급에 해당하지 않는 것은?
㉮ K ㉯ 1
㉰ 2 ㉱ 3

19. 다음 중 구멍용 한계 게이지로 볼 수 있는 것은?
㉮ 테보 게이지 ㉯ 링 게이지
㉰ 스냅 게이지 ㉱ 플러시 핀 게이지

20. 나사의 유효지름 측정시 사용하는 마이크로미터는?
㉮ 외측 마이크로미터 ㉯ 3점식 마이크로미터
㉰ 공기 마이크로미터 ㉱ 나사 마이크로미터

【 제2과목 : 재료시험법 】

21. 로크웰 경도 잣대가 B, F, G일 경우 이 누르개의 형태로 옳은 것은?
㉮ 강구 1/16인치(1.5875 mm) ㉯ 강구 1/8인치(3.175 mm)
㉰ 강구 1/4인치(6.35 mm) ㉱ 원추선단각도 120°인 다이아몬드

22. 브리넬 경도시험에서 일반적으로 누르개에 시험하중을 가하는 방법 설명으로 가장 옳은 것은?
㉮ 1~4초 사이에 시험하중까지 증가시키고 5~10초 동안 시험하중을 유지하여 측정한다.
㉯ 2~8초 사이에 시험하중까지 증가시키고 10~15초 동안 시험하중을 유지하여 측정한다.
㉰ 2~15초 사이에 시험하중까지 증가시키고 20~60초 동안 시험하중을 유지하여 측정한다.
㉱ 5~30초 사이에 시험하중까지 증가시키고 30~60초 동안 시험하중을 유지하여 측정한다.

23. 샤르피 충격시험에서 해머의 질량에 의한 부하는 300 N, 해머 중심에서 회전축 중심까지의 거리는 0.8 m일 때 시편을 파단하는데 들어간 에너지는 약 몇 J인가?(단, 초기 들어올림 각도는 50°이고, 시험편 파단 후 해머의 들어올림 각도는 32.8°이다.)
㉮ 41.5 ㉯ 43.5
㉰ 45.5 ㉱ 47.5

24. KS에서 규정하는 금속재료의 인장시험에서 내력을 구하는 방법에 해당하지 않는 것은?
㉮ 오프셋법   ㉯ 파단 연신율법
㉰ 영구 연신율법   ㉱ 전체 연신율법

25. 충격 굽힘시험 중 반복충격시험에 해당하는 것은?
㉮ 샤르피 충격시험   ㉯ 길레이 충격시험
㉰ 마쯔무라 충격시험   ㉱ 아이죠드 충격시험

26. 비틀림 시편의 변형을 측정하는 장치로서 맞는 것은?
㉮ 다이나모미터(Dynamometer)   ㉯ 만능재료시험기(UTM)
㉰ 멀티미터(Multimeter)   ㉱ 토크 쉘(Torque Shell)

27. 방사선투과검사에서 투과사진의 질이나 감도를 결정하기 위해 사용하는 것은?
㉮ 투과 필름 농도   ㉯ 큐리
㉰ 탐촉자   ㉱ 투과도계

28. 브리넬 경도시험기의 압입자의 모양은?
㉮ 구   ㉯ 4각뿔
㉰ 원추   ㉱ 3각뿔

29. 다름 Stress-Strain 곡선에서 항복점은 무엇인가?

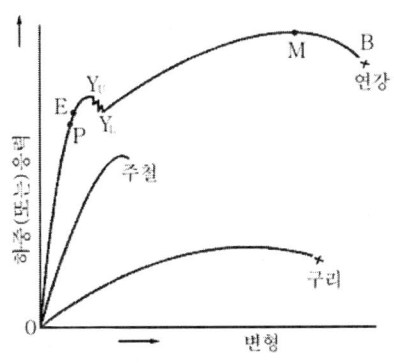

㉮ E 점   ㉯ P 점
㉰ Yu, YL 점   ㉱ M 점

30. KS에서 규정하는 재료 시험용 굽힘 시험기의 최소 한계값은 최대 시험 하중의 얼마 미만으로 나타낼 수 있어야 하는가?
㉮ 1/5
㉯ 1/10
㉰ 1/20
㉱ 1/50

31. 변형이 일정한 조건 아래에서 부하되고 있는 재료의 응력이 시간의 경과에 따라 발생되는 소성 변형으로 인하여 점차 감소하는 과정을 무엇이라 하는가?
㉮ 응력이완
㉯ 트레이닝
㉰ 숏 피닝
㉱ 파괴응력

32. 주철에서의 마모현상에 있어서 미끄럼 속도에 따른 마모량의 설명으로 가장 옳은 것은?
㉮ 임계속도까지는 속도가 증가할수록 마모량이 증가하다가 임계속도를 지나서는 마모량이 감소한다.
㉯ 임계속도까지는 속도가 증가할수록 마모량이 감소하다가 임계속도를 지나서는 마모량이 증가한다.
㉰ 속도가 증가할수록 마모량이 증가한다.
㉱ 속도가 증가할수록 마모량이 감소한다.

33. 비틀림시험에서 변형량은 어느 항목을 측정하여 구하는가?
㉮ 비틀림각
㉯ 하중속도
㉰ 하중의 크기
㉱ 연신량

34. 경도시험 방법 중 반발저항에 의해 경도를 측정하는 시험은?
㉮ 로크웰 경도시험
㉯ 브리넬 경도시험
㉰ 쇼어 경도시험
㉱ 비커스 경도시험

35. 재료를 인장시키면 재료의 단면이 점차 수축되며 극한강도를 지난 한계값에 이르러 파단된다. 이때 인장하기 전의 재표단면적과 시험편에 작용하는 하중과의 관계를 나타내는 응력은?
㉮ 실제응력
㉯ 공칭응력
㉰ 전단응력
㉱ 파단응력

36. 축격 시험 시 충격 시편에 대한 설명으로 틀린 것은?
  ㉮ 노치의 깊이가 같아도 반지름이 작은 것이 빨리 절단된다.
  ㉯ 노치의 깊이가 클수록 충격치는 감소한다.
  ㉰ Cr, Mn 등의 탄화물을 형성하는 원소가 함유되어 있는 특수강에서는 담금질한 후에 템퍼링 온도에서 천천히 냉각하였을 때, 같은 조건에서 급랭한 것에 비하여 충격치가 크게 된다.
  ㉱ 시편의 폭의 증가에 따라 처음에는 충격 흡수 에너지가 비례되어 변하나, 재표에 따라서는 어떤 폭 이상에서 오히려 감소하는 예도 있다.

37. 피로 시험에서 시험결과에 영향을 미치는 인자로 가장 거리가 먼 것은?
  ㉮ 시편의 형상
  ㉯ 시편의 표면 가공도
  ㉰ 시편의 열팽창계수
  ㉱ 반복 하중의 진동수

38. 재료시험의 종류 중 정하중을 가하여 시험하는 정적시험이 아닌 것은?
  ㉮ 피로시험
  ㉯ 인장시험
  ㉰ 전단시험
  ㉱ 비틀림시험

39. 지름이 d인 원형 단면의 연성재료에 비틀림 토크가 작용하여 파단이 일어났을 경우 비틀림 파단 토크(T_b)를 구하는 식으로 옳은 것은?(단, τ_b는 비틀림 파단 응력이다.)
  ㉮ $T_b = \tau_b * \pi d^3 / 2$
  ㉯ $T_b = \tau_b * \pi d^3 / 4$
  ㉰ $T_b = \tau_b * \pi d^3 / 8$
  ㉱ $T_b = \tau_b * \pi d^3 / 12$

40. 다른 비파괴검사와 비교하여 초음파탐상검사의 일반적인 특징으로 거리가 먼 것은?
  ㉮ 전파 능력이 우수하다.
  ㉯ 균열 등의 미세한 결함의 검출능력은 다소 떨어진다.
  ㉰ 검사결과를 신속히 알 수 있다.
  ㉱ 재료의 내부 조직에 따른 영향이 크다.

【 제3과목 : 도면해독 】

41. 다음 기호 중 최소 실체 공차 방식을 나타내는 기호는?
  ㉮ Ⓢ
  ㉯ Ⓜ
  ㉰ Ⓛ
  ㉱ Ⓟ

42. 다음 중 최소 틈새에 대한 설명으로 맞는 것은?

㉮ 헐거운 끼워맞춤에서 구멍의 최소 허용치수와 축의 최대 허용치수와의 차
㉯ 헐거운 끼워맞춤에서 구멍의 최대 허용치수와 축의 최소 허용치수와의 차
㉰ 억지 끼워맞춤에서 축의 최대 허용치수와 구멍의 최소 허용치수와의 차
㉱ 억지 끼워맞춤에서 축의 최소 허용치수와 구멍의 최대 허용치수와의 차

43. 재료기호가 "SS45C"라고 되어 있을 때 첫부분의 "S"는 무엇을 나타내는가?

㉮ 제품명　　　　　　　　　　㉯ 재질
㉰ 인장강도　　　　　　　　　㉱ 제품형상기호

44. 그림과 같이 상호 관련된 4개의 구멍에 대하여 MMC조건에 따른 실효 치수는?

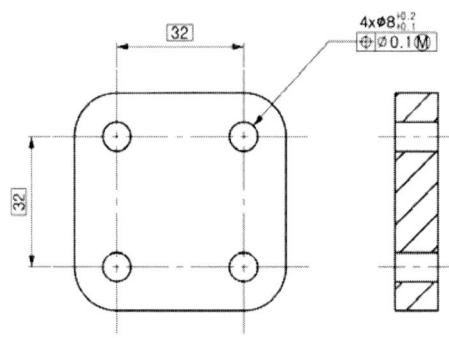

㉮ ∅8.3　　　　　　　　　　㉯ ∅8.2
㉰ ∅8.0　　　　　　　　　　㉱ ∅7.8

45. 물체의 경사면을 실제 모양으로 도시할 때 그 경사면에 평행하게 그린 도면을 무엇이라고 하는가?

㉮ 부분 투상도　　　　　　　㉯ 보조 투상도
㉰ 회전 투상도　　　　　　　㉱ 국부 투상도

46. 다음 중 MMC의 원리를 적용할 수 있는 형제로 가장 거리가 먼 것은?

㉮ 평면　　　　　　　　　　㉯ 핀
㉰ 축　　　　　　　　　　　㉱ 구멍

47. 기계제도에 관한 일반사항에 대한 설명으로 틀린 것은?
   ㉮ 도형의 크기와 대상물의 크기와의 사이에 올바른 비례관계를 보유하도록 그린다.
   ㉯ 다수의 선이 1점에 집중할 경우에는 복잡하지 않은 한, 선 간격이 선 굵기의 약 3배 되는 위치에서 선을 정지하고 점의 주위를 비우는 것이 좋다.
   ㉰ 투명한 재료로 만들어지는 대상물 또는 부분은 투상도로 나타낼 때 투명한 것(없는 것)으로 하고 그린다.
   ㉱ 길이 치수는 특별한 지시가 없는 한 그 대상물의 측정을 2점 측정에 따라 행한 것으로 하여 지시한다.

48. 다음 도면의 기하공차에 관한 설명이 옳지 못한 것은?

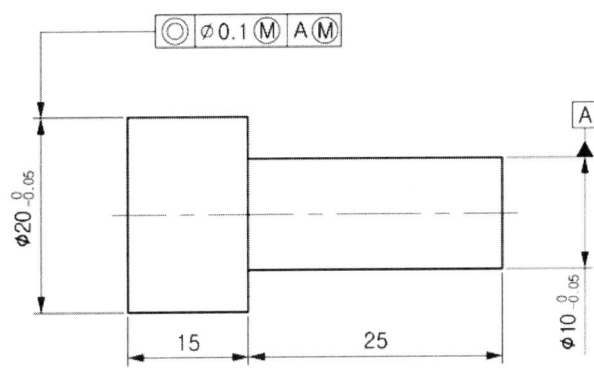

   ㉮ 최소로 허용되는 등축도 공차는 0.10이다.
   ㉯ 최대로 허용되는 등축도 공차는 0.20이다.
   ㉰ 데이텀이 9.99, 규제형체 지름이 19.99일 때 등축도 허용 공차는 0.12이다.
   ㉱ 두 원통의 지름이 MMS(최대실체치수)일 때 공차의 허용은 최대가 된다.

49. 기계제도에서 가상선의 용도로 틀린 것은?
   ㉮ 인접부분을 참고로 표시한다.
   ㉯ 도시된 단면의 앞쪽에 있는 부분을 표시한다.
   ㉰ 가동 부분을 이동 중의 특정한 위치로 표시한다.
   ㉱ 대상면의 일부를 파단한 경계를 표시한다.

50. 다음과 같이 도면에 표시된 기하공차의 종료는?

◎ ∅0.1 A

㉮ 위치도 ㉯ 진원도
㉰ 동심도 ㉱ 평행도

51. 데이텀을 설정하기 위해서 가공, 측정 및 검사용의 장치, 기구 등에 접촉시키는 대상물 위의 점, 선 또는 한정된 영역을 무엇이라 하는가?

㉮ 데이텀 검사 ㉯ 실용 데이텀 형체
㉰ 데이텀 형체 ㉱ 데이텀 표적

52. 그림과 같이 도시되어 있는 기하공차에 관한 설명으로 옳지 않은 것은?

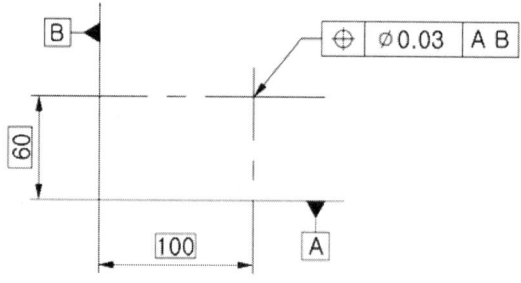

㉮ 위치도 공차를 나타낸다.
㉯ 데이텀 직선의 우선순위는 A가 B보다 높다.
㉰ 기하공차가 나타낸 점은 지름 0.03 mm의 원 안에 있어야 한다.
㉱ 데이텀 직선 A로부터 60 mm, 데이텀 직선 B로부터 100 mm 떨어진 위치에 대해 규정하고 있다.

53. 면의 윤곽도 공차에 있어서 최대실체공차방식과 데이텀 사용여부에 관한 설명으로 가장 옳은 것은?

㉮ 최대실체공차방식은 적용할 수 있고, 데이텀은 적용하지 않는다.
㉯ 최대실체공차방식은 적용할 수 있고, 데이텀은 적용될 수 있다.
㉰ 최대실체공차방식은 적용되지 않고, 데이텀도 적용하지 않는다.
㉱ 최대실체공차방식은 적용되지 않고, 데이텀은 적용될 수도 있다.

54. 최대허용치수와 최소허용치수와의 차이를 무엇이라고 하는가?
- ㉮ 치수 변위
- ㉯ 치수 오차
- ㉰ 치수 공차
- ㉱ 치수 차

55. 다음 기하 공차의 설명이 틀린 것은?
- ㉮ A : 동심도
- ㉯ B : 대칭도
- ㉰ C : 진원도
- ㉱ D : 원통도

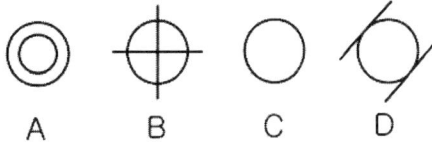

56. 단면도에 대한 설명 중 옳지 않은 것은?
- ㉮ 기본 중심선에서 절단한 온단면도에서 절단면은 반드시 기입해야 한다.
- ㉯ 한쪽 단면법에 의한 도면은 외형과 단면을 동시에 표시할 수 있다.
- ㉰ 부분 단면도에서의 파단선은 불규칙한 파형의 가는 실선으로 그린다.
- ㉱ 길이 방향으로 절단하지 않는 부품에는 축, 볼트, 키, 리벳, 기어의 이 등이 있다.

57. 기하공차의 종류를 크게 모양공차, 자세공차, 위치공차 및 흔들림 공차로 분류할 때, 다음 중 자세공차에 해당되는 것은?
- ㉮ 진직도 공차
- ㉯ 경사도 공차
- ㉰ 대칭도 공차
- ㉱ 평면도 공차

58. 다음 기호의 의미를 설명한 것은?

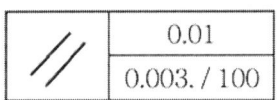

- ㉮ 평행도가 구분 구간 100 mm에 대해서는 0.003 mm, 전체 길이에 대해서는 0.01 mm의 허용 값을 갖는다.
- ㉯ 대칭도가 구분 구간 100 mm에 대해서는 0.003 mm, 전체 길이에 대해서는 0.01 mm의 허용 값을 갖는다.
- ㉰ 평행도가 구분 구간에 대해서는 0.01 mm, 전체길이에 대해서는 0.003/100 mm의 허용값을 갖는다.
- ㉱ 대칭도가 구분 구간에 대해서는 0.01 mm, 전체 길이에 대해서는 0.003/100 mm의 허용값을 갖는다.

59. 다음과 같이 기하공차를 규제할 때 바르게 표시한 것은?

지시선의 화살표로서 나타낸 원통면의 임의의 모선 위에서 임의로 선택한 길이 200 mm의 부분은 축선을 포함하는 평면 내에 있어서 0.1 mm만큼 떨어진 2개의 평행한 직선의 사이에 있어야 한다.

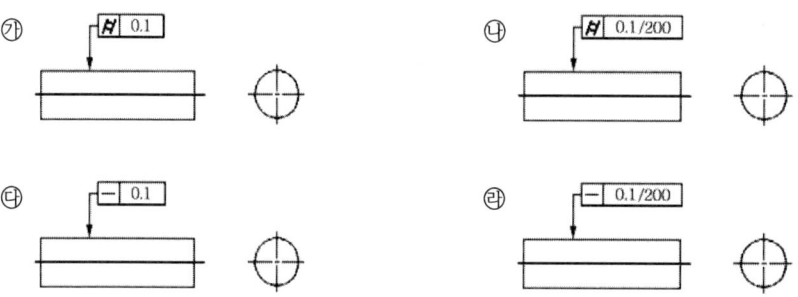

60. 다음을 읽고 (가)에 들어갈 기하공차로 맞는 것은?

지시선의 화살표로 나타낸 중심면은 데이텀 중심 평면A에 대칭으로 0.08 mm 간격을 가지는 평행한 2개의 평면 사이에 있어야 한다.

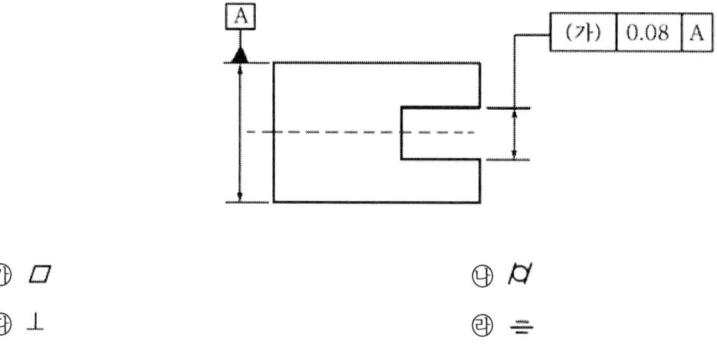

㉮ ⌗　　　　　㉯ ⌀

㉰ ⊥　　　　　㉱ ≡

【 제4과목 : 정밀가공학 】

61. 다음 중 구성인선 발생을 방지하기 위한 대책으로 거리가 먼 것은?
  ㉮ 절삭 깊이를 적게 할 것
  ㉯ 절삭공구의 인선을 예리하게 할 것
  ㉰ 절삭속도를 크게 할 것
  ㉱ 경사각을 작게 할 것

62. 연삭가공을 할 경우에 발생되는 떨림 현상은 여러 가지 원인이 있다. 다음 중 그 원인으로 거리가 먼 것은?
  ㉮ 연삭숫돌의 결합도가 낮을 때
  ㉯ 연삭기 자체의 진동이 있을 때
  ㉰ 숫돌의 평형상태가 불량할 때
  ㉱ 숫돌축이 편심되어 있을 때

63. 밀링에서 사용되는 분할방법이 아닌 것은?
  ㉮ 직접 분할
  ㉯ 단식분할
  ㉰ 차동분할
  ㉱ 간접분할

64. 선반가공에서 절삭가공면의 표면거칠기는 여러 인자의 영향을 받으나 공구 끝의 형상에 의한 영향이 크다. 이송을 f(mm/rev), 공구 노즈 반지름 r(mm)이라고 할 때 이론적인 표면 거칠기 H(mm)의 값은?
  ㉮ $H ≒ \dfrac{f}{r}$
  ㉯ $H ≒ \dfrac{f^2}{8r}$
  ㉰ $H ≒ \dfrac{f}{r^2}$
  ㉱ $H ≒ 8rf$

65. 절삭속도를 120 m/min 절삭깊이는 6 mm, 이송이 0.2 mm/rev 로 80mm의 원형 봉을 선삭하려 한다. 원형 봉의 길이가 800 mm이라고 하면 이를 1회 선삭할 때 필요한 가공시간은 약 몇 분 정도인가?
  ㉮ 4.2
  ㉯ 8.4
  ㉰ 12.6
  ㉱ 16.8

66. 다음 재료 중 초음파 가공으로 정밀하게 가공하기가 가장 어려운 재료는?
  ㉮ 구리, 연강과 같이 연성이 큰 재료
  ㉯ 초경합금과 같이 취성이 큰 재료
  ㉰ 다이아몬드, 수정 등과 같은 보석류
  ㉱ 실리콘이나 게르마늄과 같은 반도체

67. 드릴링의 작업조건으로 절삭속도는 30 m/min 드릴지름이 20 mm 이송을 0.1 mm/rev로 하고 드릴 지름이 6 mm이면 두께가 50 mm인 구멍을 뚫는데 소요되는 시간은 약 몇 분인가?
- ㉮ 1.2분
- ㉯ 2.2분
- ㉰ 3.2분
- ㉱ 4.2분

68. 다음 중 전해 연마의 특징 설명으로 틀린 것은?
- ㉮ 전기도금과는 반대로 연마하려는 공작물을 양극으로 한 다음 전해액 속에서 전류를 보내 전기에 의한 화학적 용해작용을 일으켜 표면을 가공한다.
- ㉯ 전 가공에서 표면에 요철이 있을 경우 이 표면을 평활하고 광택이 있는 매끄러운 면으로 가공이 가능하다.
- ㉰ 일반 철강 재료에도 가공을 할 수 있으며, 특히 주철의 표면 가공에 유리하다.
- ㉱ 주로 사용하는 전해액으로는 과염소산, 인산, 황산, 질산 등이 있다.

69. 밀링머신의 부속장치 중에서 주축의 회전운동을 공구대의 왕복운동으로 변환시키고, 가공물에 키 홈 등을 가공하는데 사용하는 장치는?
- ㉮ 래크 절삭 장치
- ㉯ 회전 테이블 장치
- ㉰ 방진구
- ㉱ 슬로팅 장치

70. 선반에서 양센터 작업시 공작물의 떨림이나 처짐을 방지하기 위하여 사용하는 부속장치는?
- ㉮ 심압대
- ㉯ 방진구
- ㉰ 맨드릴
- ㉱ 체이싱 다이얼

71. 브라운 샤프형의 21구멍 분할판을 사용, 단식 분할하여 원주를 7등분하는 방법으로 옳은 것은?
- ㉮ 분할 크랭크를 5회전하고 3구멍씩 전진하면서 가공한다.
- ㉯ 분할 크랭크를 3회전하고 7구멍씩 전진하면서 가공한다.
- ㉰ 분할 크랭크를 3회전하고 5구멍씩 전진하면서 가공한다.
- ㉱ 분할 크랭크를 5회전하고 15구멍씩 전진하면서 가공한다.

72. 밀링가공에서 상향절삭과 비교하여 하향절삭에 관할 설명 중 틀린 것은?
- ㉮ 백래쉬 제거 장치가 필요하다
- ㉯ 공구수명이 길다.
- ㉰ 공작물 고정이 불안함으로 확실히 고정해야 한다.
- ㉱ 동력소비가 적다.

73. 선반에서 테이퍼 절삭 방법이 아닌 것은?
㉮ 심압대를 편위시키는 방법　　㉯ 테이퍼 절삭장치를 이용하는 방법
㉰ 백기어를 사용하는 방법　　㉱ 복식 공구대를 경사시키는 방법

74. 래핑의 장점에 대한 설명으로 거리가 먼 것은?
㉮ 거울면과 같은 다듬질면을 얻을 수 있다.
㉯ 다량생산에 적합하고, 작업방법이 간단하다.
㉰ 고도의 정밀가공에도 숙련이 필요하지 않다.
㉱ 다듬질면은 내마모성과 윤활성이 좋다.

75. 공작기계의 절삭 가공시 수용성 절삭유의 사용 목적 및 특징 설명으로 틀린 것은?
㉮ 공구와 공작물의 냉각작용　　㉯ 공작물의 가공 표면조도 향상
㉰ 공구와 공작물의 부식방지　　㉱ 공구 팁의 마모 감소

76. 연삭가공 시 숫돌의 투루잉 설명으로 가장 적합한 것은?
㉮ 숫돌에 예리한 입자가 나타나도록 하는 것
㉯ 연삭숫돌의 회전 시 무게 중심을 맞추는 가공
㉰ 연삭숫돌의 외형이 변화된 것을 올바르게 원형으로 고치는 가공
㉱ 연삭숫돌의 교환을 쉽게 하기 위해 지그를 설치하는 작업을 하는 것

77. 버니싱 가공에 관한 설명으로 올바른 것은?
㉮ 정밀 연삭가공의 일종이다
㉯ 소성가공으로 표면 정밀도를 향상시키는 가공을 한다.
㉰ 가공면에서 피로한도가 저하되는 결점이 있다.
㉱ 스프링 백 현상이 없어서 가공정밀도가 우수하다.

78. 선반에서 60 mm의 강을 250 rpm으로 가공할 때 절삭속도는 약 몇 m/min인가?
㉮ 17　　㉯ 27
㉰ 37　　㉱ 47

79. 숫돌의 글레이징 현상에 관한 설명으로 틀린 것은?

㉮ 마멸된 연삭입자가 떨어져 나가지 않고 무디어진 상태로 숫돌 표면을 형성한 상태이다.

㉯ 연삭숫돌의 결합도가 필요이상 높으면 발생하기 쉽다.

㉰ 연삭입자와 입자사이에 칩이 끼어서 표면이 반들반들하게 빛이 나는 현상을 말한다.

㉱ 글레이징이 일어난 숫돌은 드레싱 작업을 하여 본래 숫돌 형태로 수정할 수 있다.

80. 지그 보링 머신에 대하여 설명한 것 중 잘못된 것은?

㉮ 포신과 같이 가공할 구멍이 크거나 내부에 심재가 남아 있는 환형의 홈을 가공하는데 적합하다.

㉯ 치공구와 같은 정밀도가 높은 기계의 구멍가공에 사용한다.

㉰ 높은 정밀도를 유지하기 위하여 주로 항온, 항습실에서 작업한다.

㉱ 테이블과 주죽대의 위치를 결정하기 위하여 다이얼 게이지나 광학장치 같은 좌표측정기를 사용한다.

정답

1. ㉰	2. ㉱	3. ㉯	4. ㉯	5. ㉰	6. ㉰	7. ㉰	8. ㉰	9. ㉮	10. ㉰
11. ㉱	12. ㉮	13. ㉮	14. ㉱	15. ㉮	16. ㉱	17. ㉯	18. ㉱	19. ㉮	20. ㉱
21. ㉮	22. ㉯	23. ㉱	24. ㉯	25. ㉰	26. ㉱	27. ㉱	28. ㉮	29. ㉰	30. ㉯
31. ㉮	32. ㉮	33. ㉮	34. ㉱	35. ㉯	36. ㉱	37. ㉰	38. ㉮	39. ㉱	40. ㉯
41. ㉰	42. ㉮	43. ㉯	44. ㉰	45. ㉰	46. ㉰	47. ㉯	48. ㉰	49. ㉱	50. ㉰
51. ㉱	52. ㉯	53. ㉱	54. ㉰	55. ㉯	56. ㉮	57. ㉯	58. ㉮	59. ㉱	60. ㉱
61. ㉱	62. ㉮	63. ㉱	64. ㉰	65. ㉰	66. ㉮	67. ㉮	68. ㉰	69. ㉱	70. ㉯
71. ㉱	72. ㉯	73. ㉰	74. ㉯	75. ㉰	76. ㉰	77. ㉯	78. ㉱	79. ㉰	80. ㉮

2013년도 제3회

【 제1과목 : 정밀계측 】

01. 지름 20 mm, 길이 1 m인 연강봉의 길이 측정 시 0.3 µm가 압축되었다면 이 때 측정력은 약 몇 N인가?(단, 연강의 탄성계수는 2.058×10^5 N/mm으로 한다.)
㉮ 1.94
㉯ 19.4
㉰ 7.76
㉱ 77.6

02. 한계 게이지에 관한 설명 중 올바른 것은?
㉮ 양쪽 다 통과하지 않게 되어 있다.
㉯ 양쪽 다 통과하게 되어 있다.
㉰ 한쪽은 통과하고 다른 한쪽은 통과하지 않는다.
㉱ 한쪽은 빽빽하게, 다른 한쪽은 헐겁게 통과한다.

03. 마이크로미터 기준봉(25 mm)의 실제길이는 24.996 mm였다. 이 기준봉으로 영점 세팅한 마이크로미터로 제품을 측정한 값은 30.286 mm일 때 제품의 실제 길이는 얼마인가?
㉮ 30.278 mm
㉯ 30.282 mm
㉰ 30.286 mm
㉱ 30.290 mm

04. 광학식 측정기에서 사용하는 것으로 집광렌즈의 초점위치에 점광원을 두어 배율오차가 생기지 않도록 하는 조명방법을 이용한 광학계는?
㉮ 텔레센트릭(Telecentric) 광학계
㉯ 로벌버(Rovolver) 광학계
㉰ 줌(Zoom) 광학계
㉱ 수직 반사식(Vertical reflect) 광학계

05. 다음 중 오토콜리메이터로 측정하기 힘든 항목은?
㉮ 직육면체의 직각도 측정
㉯ 원통의 진원도 측정
㉰ 정반의 진직도 측정
㉱ 양단면의 평행도 측정

06. 다음 중 비교 측정기(Comparator)가 아닌 것은?
㉮ 옵티미터(optimeter)
㉯ 다이얼 게이지(dial gauge)
㉰ 오르도 테스터(ortho tester)
㉱ 측장기(length measuring machine)

07. 삼차원 측정기의 조작방법에 따른 형식이 아닌 것은?
  ㉮ 플로팅(floating)식
  ㉯ 모터 드라이브식
  ㉰ CNC식
  ㉱ 좌표치 검출식

08. 마이크로미터에서 나사의 피치를 0.5 mm, 딤블의 원주 눈금이 50등분되었을 때 딤블 1눈금의 회전에 의한 스핀들의 이동량은 몇 mm인가?
  ㉮ 0.01 mm
  ㉯ 0.02 mm
  ㉰ 0.001 mm
  ㉱ 0.002 mm

09. 1000 mm의 게이지 블록을 지지한다고 할 때에 적합한 방법이며, 처음 평행한 두 단면이 지지 후에도 평행이 되도록 하려 한다. 이 때 게이지 블록 양쪽 끝면에서 두 지지점까지의 거리는 약 몇 mm가 적합한가?
  ㉮ 183.3
  ㉯ 199.3
  ㉰ 201.3
  ㉱ 211.3

10. 게이지 블록은 KS 규정에 따라 치수 안정도를 몇 개의 등급으로 구분하는가?
  ㉮ 4개
  ㉯ 6개
  ㉰ 8개
  ㉱ 10개

11. 그림과 같이 중심거리(L) 100 mm의 사인바를 사용하여 각도를 30도로 만들려면 양단 게이지 블록의 높이차(H-h)는 몇 mm이어야 하는가?

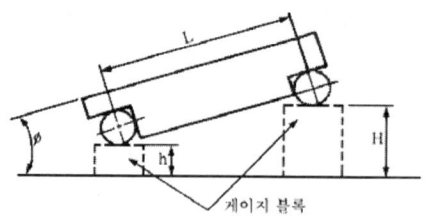

  ㉮ 100
  ㉯ 86.6
  ㉰ 50
  ㉱ 43.3

12. 나사의 유효지름 측정 방법 중 가장 정밀도가 높은 것은?
  ㉮ 삼침법
  ㉯ 투영기에 의한 방법
  ㉰ 공구 현미경에 의한 방법
  ㉱ 나사 마이크로미터에 의한 방법

13. 정반의 평면도 측정 데이터 처리방법이 아닌 것은?
㉮ 최소 자승법
㉯ 최소 영역법
㉰ 외단8점 기준법
㉱ 양단 기준법

14. 측정에서 정확도와 정밀도의 비교 설명으로 틀린 것은?
㉮ 정확도는 참값에 대해 한 쪽으로 치우침이 작은 정도이다.
㉯ 정확도의 양적인 표시법은 모표준 편차이다.
㉰ 정밀도는 측정자의 흩어짐이 작은 정도이다.
㉱ 정확도의 원인은 계통적 오차이고, 정밀도의 원인은 우연 오차이다.

15. 한 쌍의 기어를 백래쉬 없이 맞물리고 이들을 회전시켰을 때의 중심거리 변화량을 측정하는 것은?
㉮ 잇줄방향 오차 측정
㉯ 편측 치면 맞물림 시험
㉰ 이홈 흔들림 측정
㉱ 양측 치면 맞물림 시험

16. 광선정반을 이용하여 마이크로미터 앤빌의 평면도를 검사할 경우 평면도를 계산하는 식은?(단, n : 간섭무늬수, λ : 사용광선의 파장)
㉮ $n \times \lambda$
㉯ n/λ
㉰ $n \times \lambda/2$
㉱ $2n \times \lambda$

17. 원통의 바깥지름에 대한 진원도를 반경법으로 측정하고자 할 때 적합하지 않는 측정기는?
㉮ 양 센터와 측미기
㉯ 양 센터와 다이얼게이지
㉰ 외측 마이크로미터
㉱ 진원도 측정기

18. 다음 중 내경 측정용 측정기의 0점 조정용으로 사용되는 것은?
㉮ 실린더 게이지(Cylinder gauge)
㉯ 텔레스코핑 게이지(Telescoping gauge)
㉰ 마스터 링 게이지(Master ring gauge)
㉱ 스몰 홀 게이지(Small hole gauge)

19. 측정기를 선택할 경우에 고려할 사항으로 가장 거리가 먼 것은?
㉮ 측정할 대상물
㉯ 측정할 수량
㉰ 측정자의 성별
㉱ 측정 방법

20. 다음 중 아베의 원리에 맞는 측정기는?
㉮ 하이트 게이지　　　　　㉯ 버니어캘리퍼스
㉰ 캘리퍼형 마이크로미터　㉱ 단체형 내측 마이크로미터

【 제2과목 : 재료시험법 】

21. 일반적으로 비틀림시험기에서 비틀림 변형량을 측정하는 장치에 해당하는 것은?
㉮ 옵티컬 플랫　　㉯ X-선 회절 장치
㉰ 토크 셀　　　　㉱ 프로파일로미터(profilometer)

22. 마모시험의 결과에 미치는 인자로 거리가 먼 것은?
㉮ 접촉면의 조도　　　㉯ 미끄럼속도
㉰ 윤활제의 사용 유무　㉱ 시험편의 치수

23. 굽힘시험용 시편을 지점 간의 거리 ℓ인 단순보의 형태로 지지하고 정중앙에 집중하중 P를 작용시킬때 하중 작용점에서의 최대처짐량(δ)을 나타내는 식으로 옳은 것은?(단, E는 종탄성 계수, I는 시편 단면의 단면2차 모멘트이다.)
㉮ $(P\ell^2)/(16EI)$　　㉯ $(P\ell^3)/(3EI)$
㉰ $(P\ell^3)/(48EI)$　　㉱ $(P\ell^2)/(2EI)$

24. 충격시험을 하는 목적은 다음 중 무엇을 알기 위한 것인가?
㉮ 연신율　　　㉯ 항복강도
㉰ 경도와 강도　㉱ 인성과 취성

25. 로크웰 경도시험에서 N 잣대와 T 잣대를 제외한 다른 로크웰 경도 잣대에서 작용하는 기준하중(=초하중) 값으로 옳은 것은?
㉮ 29.42 N　　㉯ 49.04 N
㉰ 98.07 N　　㉱ 196.14 N

26. 인장시험편의 용어 중 평행부에 찍어놓은 2개의 표점사이의 거리로서, 연신율 측정에 기준이 되는 길이는?
㉮ 평행부거리　㉯ 표점거리
㉰ 물림부 거리　㉱ 물림간격

27. 샤르피 충격시험에 관한 설명으로 틀린 것은?

㉮ 충격시험기는 보통 반지름 2 mm의 충격 날을 사용한다.

㉯ 받침대에 시편을 물릴 경우 노치부 중앙과 시편 받침대 사이의 중앙과의 물림은 0.5 mm 이내로 하는 것이 바람직하다.

㉰ 저온에서 시험을 하는 경우 해당 온도로 유지된 액조 또는 기조 안에서 시험 온도를 맞추어야 하는데, 액조 안에서는 적어도 30분간, 기조안에서는 적어도 5분간 시험편의 온도를 일정하게 유지한다.

㉱ 시험 온도에 특별한 지정이 없고, 시험 온도가 시험 결과에 큰 영향이 없을 경우 23±5 ℃의 범위 내에서 시험을 한다.

28. 다음 중 크리프 한도를 정의하는 것으로 옳은 것은?

㉮ 어떤 온도에서 어떤 시간 후에 재료가 파단될 때의 응력을 말한다.

㉯ 어떤 온도에서 어떤 시간 후에 크리프 속도가 제로(Zero)가 되는 응력을 말한다.

㉰ 어떤 온도에서 어떤 시간 후에 크리프 속도가 갑자기 증가되는 순간의 응력을 말한다.

㉱ 어떤 온도에서 어떤 시간 후에 크리프 속도가 최대가 되는 응력을 말한다.

29. 품질보증의 절차로서 방사선 투과시험을 사용할 때의 장점에 해당하지 않는 것은?

㉮ 마이크로 터짐이나 특히 라미네이션(lamination)의 검출이 용이하다.

㉯ 필름에 시험편의 영구적인 화상을 기록하여 제공할 수 있다.

㉰ 자성의 유무, 두께의 대소 등에도 영향을 받지 않고 시험을 수행할 수 있다.

㉱ 투과 두께의 1~2 %까지의 크기를 가지는 결함을 확실하게 검출할 수 있다.

30. 충격시험기를 하중이 작용하는 방식에 따라 구별할 때 이에 해당되지 않는 것은?

㉮ 충격 경도시험기 ㉯ 충격 인장시험기
㉰ 충격 압축시험기 ㉱ 충격 비틀림시험기

31. 인장시험에서 표점거리가 50 mm이고 지름이 10 mm인 환봉이 최대 하중 18 kN에서 파단되었다. 파단되었을때 표점거리가 60 mm, 지름이 8 mm이었다면, 이 재료의 인장 강도는 약 몇 Mpa인가?

㉮ 22.9 ㉯ 229
㉰ 35.8 ㉱ 358

32. 자분탐상검사의 자화방법 중 그 부호를 "M"으로 표시하며, 시험체 또는 시험할 부위를 전자석 또는 영구자석의 자극 사이에 놓는 방법은?
㉮ 코일법
㉯ 극간법
㉰ 자속관통법
㉱ 전류관통법

33. 재료의 충격시험 시 시편의 노치형상에 대한 설명으로 옳지 않은 것은?
㉮ 노치의 반지름이 작을수록 응력집중이 커진다.
㉯ 노치의 반지름이 작을수록 충격치가 커진다.
㉰ 노치의 반지름이 작을수록 흡수에너지도 작아진다.
㉱ 노치의 반지름이 작을수록 빨리 절단된다.

34. 다음 중 전단탄성계수(G)를 측정하기 위한 시험으로 옳은 것은?
㉮ 굽힘시험
㉯ 비틀림시험
㉰ 인장시험
㉱ 압축시험

35. 다음 중 브리넬 경도(HBW)를 구하는 식으로 옳은 것은?(단, F는 시험하중[N], D는 누르개의 지름[mm], D는 누르개 자국의 평균 지름[mm]이다.)

㉮ $HBW = 0.102 \times \dfrac{F}{\pi D(D - \dfrac{\sqrt{D^2 - d^2}}{2})}$

㉯ $HBW = 0.102 \times \dfrac{2F}{\pi D(D - \dfrac{\sqrt{D^2 - d^2}}{2})}$

㉰ $HBW = 0.102 \times \dfrac{F}{\pi D(D - \sqrt{D^2 - d^2})}$

㉱ $HBW = 0.102 \times \dfrac{2F}{\pi D(D - \sqrt{D^2 - d^2})}$

36. 다음 중 정적시험과 가장 관계가 먼 것은?
㉮ 비틀림시험
㉯ 인장시험
㉰ 충격시험
㉱ 굽힘시험

37. 시험편의 압입하중을 압흔의 표면적으로 나눈 값으로 표시되는 경도시험은?
㉮ 브리넬 경도시험
㉯ 인장시험
㉰ 충격시험
㉱ 굽힘시험

38. 비틀림시험(torsion test)만으로 측정할 수 없는 것은?
㉮ 포와송 비
㉯ 비틀림 변형률
㉰ 비틀림 강도
㉱ 비틀림 파단 계수

39. 비커스 경도시험 시 시험편의 관한 설명으로 틀린 것은?

㉮ 시험은 압입 자국의 대각선 길이를 정확하게 측정할 수 있도록 산화물, 이물질, 윤활제가 완전히 제거된 부드럽고 평평한 표면 위에서 측정이 수행되어야 한다.

㉯ 시험편 또는 층의 두께는 압입 자국의 대각선 길이의 1.5배 이상이어야 한다.

㉰ 작은 단면 또는 고르지 않은 형상의 시험편에 대해서는 보조 지지 장치를 필요로 할 수 있다.

㉱ 시험편 준비는 예를 들어 열간 가공 또는 냉간 가공으로 인한 표면 변화를 최대화하는 방법으로 수행되어야 한다.

40. 재료를 완전한 탄성체로 생각할 때 피로시험 시 노치 효과에서 형상계수(α)는?(단, σ_{max}는 노치 부분에 생긴 최대응력, σ_n은 노치가 없을 때의 응력이다.)

㉮ $\alpha = \dfrac{\sigma_{max}}{\sigma_n}$ ㉯ $\alpha = \dfrac{\sigma_n}{\sigma_{max}}$

㉰ $\alpha = \sigma_{max} - \sigma_n$ ㉱ $\alpha = \sigma_n + \sigma_{max}$

【 제3과목 : 도면해독 】

41. 일반적인 기어의 제도방법에 관한 설명 중에서 틀린 것은?

㉮ 기어의 잇봉우리원은 굵은 실선으로 그린다.

㉯ 기어의 피치원은 가는 1점 쇄선으로 그린다.

㉰ 기어의 이골원은 가는 실선으로 그린다.

㉱ 기어의 잇줄방향은 3개의 가는 1점 쇄선으로 그린다.

42. KS규격에서 규정한 IT 기본공차는 몇 개의 등급으로 되어 있나?

㉮ 20등급   ㉯ 19등급
㉰ 18등급   ㉱ 17등급

43. 다음 기하공차 기호의 도면해독으로 올바른 것은?

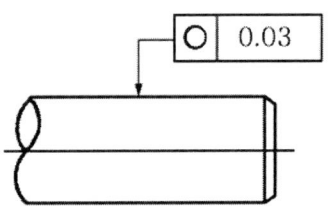

㉮ 지시선의 화살표로 나타내는 원통면 위의 임의의 모선은 그 원통의 축선을 포함하는 평면 내에 있어서 0.03 mm만큼 떨어진 2개의 평행한 직선 사이에 있어야 한다.

㉯ 지시선의 화살표로 나타낸 축선은 데이텀 축직선에 평행하고 0.03 mm만큼 떨어진 2개의 평면 사이에 있어야 한다.

㉰ 대상으로 하고 있는 면은 0.03 mm만큼 떨어진 2개의 동축 원통면 사이에 있어야 한다.

㉱ 임의의 축직각 단면에 있어서의 바깥둘레는 동일 평면 위에서 0.03 mm만큼 떨어진 두 개의 동심원 사이에 있어야 한다.

44. 다음 기하공차의 기호에서 자세공차가 아닌 것은?

㉮ ∠ ㉯ ∥
㉰ ▱ ㉱ ⊥

45. 그림과 같은 도면 기호를 올바르게 설명한 것은?

—	0.01
—	0.003/100

㉮ 지정길이 100 mm에 대하여 0.003 mm, 전체길이에 대하여 0.01 mm 대칭
㉯ 전체길이 100 mm에 대하여 0.03 mm, 지정길이에 대하여 0.01 mm 대칭
㉰ 지정길이 100 mm에 대하여 0.01 mm, 전체길이에 대하여 0.003 mm 대칭
㉱ 전체길이 100 mm에 대하여 0.01 mm, 지정길이에 대하여 0.003 mm 대칭

46. 다음 그림에서 ∅5 구멍의 실효 치수는?

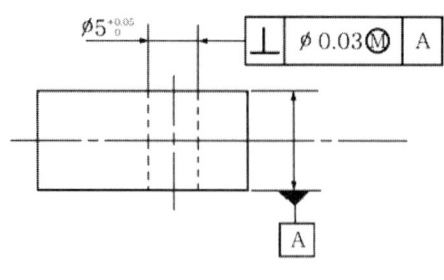

㉮ 4.92 ㉯ 4.97
㉰ 5.03 ㉱ 5.08

47. 기하공차 중에서 동심도(동축도)에 대한 내용으로 틀린 것은?

㉮ 공차기호는 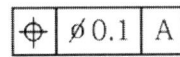 이다.

㉯ 두 개 원통의 축심이 동일하거나 하나의 직선상에 있으면 동축이 된다.

㉰ 위치에 관련된 기하공차이다.

㉱ 축심사이의 거리(편심)가 동심도이다.

48. 다음 그림에서 테이퍼의 값을 알맞게 나타낸 것은?

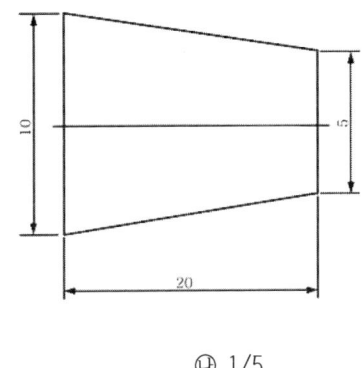

㉮ 1/8 ㉯ 1/5
㉰ 1/4 ㉱ 1/2

49. 도면상에 구멍의 위치공차가 그림과 같이 표시되었다면 어떻게 해석해야 하는가?

$$\boxed{\oplus \ | \ \emptyset 0.1 \ | \ A}$$

㉮ 구멍의 중심선의 위치공차는 구멍의 치수가 어떠하든 항상 ∅0.1 이내에 있어야 한다.

㉯ 구멍의 중심선의 위치공차는 구멍의 치수가 MMS 치수일 때 ∅0.1 이내에 있어야 한다.

㉰ 구멍의 중심선의 위치공차는 구멍의 치수가 LMS 일 때 ∅0.1 이내에 있어야 한다.

㉱ 구멍의 중심선의 위치공차는 구멍의 치수가 ∅0.2를 초과해서는 안 된다.

50. 단면도에서 수나사와 암나사가 조립되어 있는 형체를 나타내고자 할 때 수나사의 바깥지름(암나사의 골지름) 부분은 어떤 선으로 나타내는가?

㉮ 굵은 실선 ㉯ 가는 실선
㉰ 가는 1점 쇄선 ㉱ 굵은 1점 쇄선

51. 다음 중 최대 실체 공차 방식을 적용할 경우 기능에 문제가 발생되는 항목에 해당하지 않는 것은?

㉮ 움직이는 연동장치
㉯ 기어센터
㉰ 결합에 서로 영향을 미치는 구멍
㉱ 4개의 구멍과 4개의 축이 동시에 조립되는 구조물

52. 다음 기하공차 기호에서 H는 무엇을 나타내는가?

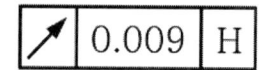

㉮ 수직면 기호
㉯ 데이텀을 지시하는 문자 기호
㉰ 열처리 기호
㉱ 표면 다듬질 기호

53. 아래의 기하공차기호에서 ⓟ는 무엇을 나타내는가?

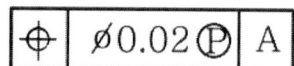

㉮ 부분 공차역
㉯ 돌출 공차역
㉰ 최대 공차역
㉱ 전체 공차역

54. 치수선에 대한 설명으로 틀린 것은?

㉮ 치수를 기입하기 위하여 외형선에서 2~3 mm 연장하여 그은 선이다.
㉯ 외형선과 평행하게 긋는다.
㉰ 가는 실선을 사용한다.
㉱ 치수 기입에 사용되는 선으로 치수보조선과 함께 쓰인다.

55. 직각도를 규제하는 공차역을 설명한 것으로 맞는 것은?

㉮ 데이텀 평면에 수평한 평면을 갖는 형태
㉯ 데이텀 평면에 수직한 중간면을 갖는 형태
㉰ 데이텀 평면이나 축심에 평행한 다른 면을 갖는 형태
㉱ 데이텀 축심에 대해 경사도를 갖는 형태

56. 구멍과 축에 공통인 기준치수에 공차기호를 같이 기입하는 경우 표현이 잘못된 것은?

㉮ ⌀50H7-g6   ㉯ ⌀50H7,g6

㉰ ⌀50H7/g6   ㉱ ⌀50 $\frac{H7}{g6}$

57. 구멍의 치수가 $80^{+0.025}_{0}$, 축의 치수가 $80^{-0.025}_{-0.050}$ 일 때 끼워맞춤의 종류는?

㉮ 억지 끼워맞춤   ㉯ 중간 끼워맞춤

㉰ 헐거운 끼워맞춤   ㉱ 열간 끼워맞춤

58. 다음 그림에서 중앙의 원에 대해 A-B 데이텀을 기준으로 적용할 수 있는 기하공차로 가장 옳은 것은?

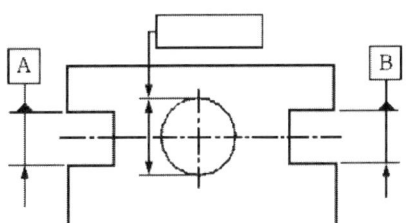

㉮ ⌰ | 0.08 | A-B   ㉯ ∥ | 0.08 | A-B

㉰ ⊥ | 0.08 | A-B   ㉱ ↗ | 0.08 | A-B

59. 데이텀이 필요치 않은 기하 공차의 기호는?

㉮ ◎   ㉯ ⊥

㉰ ∠   ㉱ ○

60. 이론적으로 정확한 치수임을 나타내는 제도 기호는?

㉮ ⌀5/A1 (화살표)   ㉯ ⎡50⎤

㉰ Ⓟ   ㉱ Ⓜ

【 제4과목 : 정밀가공학 】

61. 다음 중 공구수명의 일반적인 판정기준으로 거리가 먼 것은?
㉮ 가공면에 광택이 있는 색조 또는 반점이 생길 때
㉯ 공구 인선의 마모가 일정량에 달했을 때
㉰ 절삭저항의 주분력에는 변화가 적어도 이송분력이나 배분력이 급격히 증가할 때
㉱ 구성인선(built up edge)의 생성 크기가 커졌을 때

62. 높은 정밀도를 요구하는 가공물, 정밀기계의 구멍가공 등에 사용하는 보링머신으로 온도 변화에 따른 영향을 받지 않도록 항온항습실에 설치하는 보링머신은?
㉮ 정밀 보링머신
㉯ 지그 보링머신
㉰ 코어 보링머신
㉱ 수직 보링머신

63. HRC50 이상의 경화된 강을 CBN 등과 같은 고경도 공구를 사용하여 선삭 공정에 의해 다듬질 가공을 수행하는 하드 터닝(hard Turning)가공법의 특징에 관한 설명으로 틀린 것은?
㉮ 연삭 공정을 하드 터닝으로 대체함으로써 공정을 단축하여 생산성을 향상시킬 수 있다.
㉯ 칩이 발생하지 않아 칩 비산에 따른 칩 처리 공정을 생략할 수 있다.
㉰ 공구 인선이 가하는 소성력에 의해 큰 압축응력을 받은 상태로 가공되어 피로 수명을 향상시킬 수 있다.
㉱ 일반가공에 비해 재료 제거율을 절감할 수 있어 생산 비용을 줄일 수 있다.

64. 다음 중 액체 호닝의 일반적인 장점으로 거리가 먼 것은?
㉮ 가공시간이 짧다
㉯ 다듬질면의 진원도와 진직도가 좋아진다.
㉰ 가공물의 피로강도가 향상된다.
㉱ 형상이 복잡한 것도 쉽게 가공할 수 있다.

65. 비수용성 절삭유제 중 염소, 황, 인 등의 유기화합물이 첨가된 것으로 중절삭에 적합하여 비수용성 절삭유의 주류를 차지하는 것은?
㉮ 광유
㉯ 혼성유
㉰ 극압유
㉱ 동식물유

66. 와이어 컷 방전가공 시 가공 정밀도를 높이려면 극간에 공급되는 방전 펄스의 파형이 좋아야 하는데, 좋은 파형을 만들기 위한 방법으로 거리가 먼 것은?
㉮ 진동폭이 좁고 전류 파고값이 높아야 한다.
㉯ 일부 재질을 제외하고는 극성은 역극성(와이어 전극은 양극, 공작물은 음극)으로 하는 것이 좋다.
㉰ 방전회로로서는 콘덴서 방식이 좋다.
㉱ 충전회로로서는 트랜지스터식 스위칭 회로를 사용하는 것이 좋다.

67. 밀링가공에서 브라운샤프형 분할판을 이용하여 원주를 30등분할 때 가공방법으로 가장 적합한 것은?
㉮ 브라운샤프 No 1 판의 15 구멍열에서 분할 크랭크를 1회전시키고, 5구멍씩 전진하면서 가공한다.
㉯ 브라운샤프 No 1 판의 15 구멍열에서 분할 크랭크를 1회전시키고, 6구멍씩 전진하면서 가공한다.
㉰ 브라운샤프 No 1 판의 18 구멍열에서 분할 크랭크를 1회전시키고, 5구멍씩 전진하면서 가공한다.
㉱ 브라운샤프 No 1 판의 18 구멍열에서 분할 크랭크를 1회전시키고, 8구멍씩 전진하면서 가공한다.

68. 브로칭 가공의 특징에 대한 설명 중 틀린 것은?
㉮ 브로칭 공구는 보통 일회 통과로 거친 절삭과 다듬질을 완료할 수 있다.
㉯ 다듬질 면이 매우 곱고 균일하여 호환성 있는 부품 제작에 적합하다.
㉰ 브로치 가공은 다품종 소량 생산에 적합하다.
㉱ 브로칭 가공은 내면뿐 아니라 외면도 가공할 수 있다.

69. 불규칙한 모양의 일감을 고정할 수 있으며 4개의 조(jaw)가 단독으로 움직이는 척의 종류는?
㉮ 연동척
㉯ 콜릿척
㉰ 단동척
㉱ 마그네틱척

70. 구성인선(built-up edge)이 생기는 것을 방지하기 위한 대책으로서 틀린 것은?
㉮ 절삭속도를 증가시킨다.
㉯ 절삭 깊이를 적게 한다.
㉰ 윤활성이 좋은 절삭유를 준다.
㉱ 경사각을 작게 한다.

71. 연삭하려는 부품의 형상으로 연삭 숫돌을 성형하거나, 성형연삭으로 인하여 숫돌 형상이 변화된 것을 부품의 형상으로 바르게 고치는 가공을 무엇이라고 하는가?
㉮ 로딩(loading)
㉯ 글레이징(glazing)
㉰ 드레싱(dressing)
㉱ 트루잉(truing)

72. 절삭가공 속도를 1200 m/h 로 직경 150 mm의 재료의 외경을 절삭할 때 주축의 회전수는 약 몇 rpm으로 하여야 하는가?
㉮ 21.5   ㉯ 42.4
㉰ 78.5   ㉱ 133.5

73. 선반에서 척으로 고정할 수 없는 불규칙하거나 대형의 공작물을 고정할 때 사용하는 부품으로 볼트와 앵글플레이트 등을 같이 사용하는 것은?
㉮ 센터드릴   ㉯ 방진구
㉰ 돌림판   ㉱ 면판

74. 절삭 공구의 수명 T 와 절삭속도 V 사이의 관계식인 테일러(Taylor)의 공구 수명식으로 옳은 것은?(단, V = 절삭속도(m/min), n= 지수, T = 절삭공구의 수명(min), C = 상수이다.)
㉮ $VT = C^n$ ㉯ $VT^n = C$
㉰ $T^n = VC$ ㉱ $C^n V = T$

75. 선반 작업에서 할 수 있는 릴리빙(relieving) 가공을 설명한 것으로 가장 적합한 것은?
㉮ 테이퍼를 절삭하는 작업이다.
㉯ 나사를 절삭하는 방법 중의 하나이다.
㉰ 밀링 커터 등의 여유각을 절삭하는 작업이다.
㉱ 회전공구의 경사각을 절삭하는 작업이다.

76. 주분력 절삭저항이 1 kN, 절삭속도 120 m/min로 선반 작업이 이루어질 때, 소요되는 절삭동력은 약 몇 kW인가?(단, 기계적 효율은 0.75이다.)
㉮ 1.50   ㉯ 2.00
㉰ 2.67   ㉱ 3.45

77. 다음 중 슈퍼피니싱의 특징 설명으로 틀린 것은?
㉮ 다듬질 면이 평활하고 표면 변질층이 극히 미세하다.
㉯ 치수변화가 주목적이 아니고 고정도의 표면을 얻는 것이 주목적이다.
㉰ 공구로서 숫돌은 미세한 입자를 결합제로 결합한 것을 사용한다.
㉱ 가공면에 방향성이 발생한다.

78. 밀링가공 시 상향절삭과 비교하여 하향절삭의 특징으로 틀린 것은?

㉮ 백래시의 영향으로 인해 백래시를 제거하고 가공해야 한다.

㉯ 공구 수명이 상대적으로 짧다.

㉰ 절입할 때 발생하는 마찰력은 적은 편이다.

㉱ 가공 표면에 광택은 적으나 저속 이송에서는 회전저항이 발생하지 않아 표면거칠기가 좋다.

79. 전기도금의 역 과정으로 전해액의 전기화학적 작용으로 가공하는 방법은?

㉮ 전해연마 가공   ㉯ 방전 가공

㉰ 수퍼피니싱 가공   ㉱ 호닝 가공

80. 밀링가공에서 다듬질 절삭에 관한 설명으로 가장 적합한 것은?

㉮ 절삭속도를 높이고 이송량을 작게 한다.

㉯ 이송량을 크게 하고 절삭속도를 높힌다.

㉰ 절삭속도를 낮추고 이송량을 크게 한다.

㉱ 절삭속도와 이송량을 모두 작게 한다.

정답

1. ㉯	2. ㉰	3. ㉯	4. ㉮	5. ㉯	6. ㉱	7. ㉱	8. ㉮	9. ㉱	10. ㉮
11. ㉰	12. ㉮	13. ㉱	14. ㉯	15. ㉱	16. ㉯	17. ㉯	18. ㉰	19. ㉯	20. ㉱
21. ㉰	22. ㉱	23. ㉯	24. ㉰	25. ㉯	26. ㉯	27. ㉯	28. ㉯	29. ㉮	30. ㉯
31. ㉯	32. ㉯	33. ㉯	34. ㉯	35. ㉯	36. ㉯	37. ㉮	38. ㉰	39. ㉱	40. ㉮
41. ㉱	42. ㉮	43. ㉯	44. ㉯	45. ㉮	46. ㉯	47. ㉯	48. ㉯	49. ㉮	50. ㉮
51. ㉱	52. ㉯	53. ㉯	54. ㉮	55. ㉯	56. ㉯	57. ㉯	58. ㉮	59. ㉱	60. ㉯
61. ㉯	62. ㉯	63. ㉯	64. ㉯	65. ㉯	66. ㉯	67. ㉯	68. ㉰	69. ㉰	70. ㉯
71. ㉱	72. ㉯	73. ㉱	74. ㉯	75. ㉯	76. ㉰	77. ㉱	78. ㉯	79. ㉮	80. ㉮

■ 2014년도 제1회

【 제1과목 : 정밀계측 】

01. 1250 mm의 게이지블록을 양 끝면이 항상 평행하게 하기 위해서 2개의 지지점으로 지지할 때 끝면에서 하나의 지지점까지의 거리(airy point)는 몇 mm인가?
㉮ 298.250 mm
㉯ 297.000 mm
㉰ 264.125 mm
㉱ 275.375 mm

02. 컴퓨터제어를 통한 3차원 측정기의 일반적인 사용 효과로 거리가 먼 것은?
㉮ 기준면 설정이 컴퓨터에 의해 되기 때문에 측정 능률이 향상된다.
㉯ 오차 요인이 전혀 없어 오차가 없는 정확한 측정 데이터를 얻을 수 있다.
㉰ 컴퓨터에 의하여 데이터가 연산처리되기 때문에 자동화의 효과가 있다.
㉱ 복잡한 자유곡면을 연속적으로 신속 정확하게 측정할 수 있다.

03. 표면거칠기에서 단면곡선의 최대높이에 해당하는 파라미터는?
㉮ Pz, Rz, Wz
㉯ Pa, Ra, Wa
㉰ Pc, Rc, Wc
㉱ Pp, Rp, Wp

04. 표준형 버니어캘리퍼스 사용시 유의사항에 대한 설명으로 옳은 것은?
㉮ 아베의 원리에 적합한 구조가 아니므로 될 수 있는 대로 턱의 안쪽(어미자에 가까운 쪽)에서 측정하는 것이 좋다.
㉯ 아베의 원리에 적합한 구조가 아니므로 될 수 있는 대로 턱의 바깥쪽(어미자에서 먼 쪽)에서 측정하는 것이 좋다.
㉰ 아베의 원리에 적합한 구조이므로 될 수 있는 대로 턱의 안쪽(어미자에서 가까운 쪽)에서 측정하는 것이 좋다.
㉱ 아베의 원리에 적합한 구조이므로 될 수 있는 대로 턱의 바깥쪽(어미자에서 먼 쪽)에서 측정하는 것이 좋다.

05. 그림과 같은 원추의 각도를 측정하는데 있어서 α를 구하고자 할 때 그 식으로 옳은 것은?

㉮ $\alpha = 2\sin^{-1} \dfrac{D_2 - D_1}{2t_1 + D_1 + 2t_2 - D_2}$

㉯ $\alpha = \sin^{-1} \dfrac{D_2 - D_1}{2t_1 + D_1 + 2t_2 - D_2}$

㉰ $\alpha = 2\tan^{-1} \dfrac{D_2 - D_1}{2t_1 + D_1 + 2t_2 - D_2}$

㉱ $\alpha = \tan^{-1} \dfrac{D_2 - D_1}{2t_1 + D_1 + 2t_2 - D_2}$

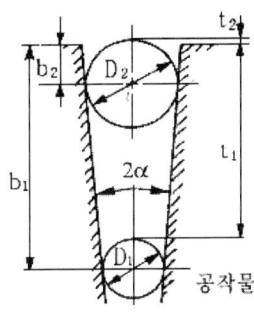

06. 다음 중 오토콜리메이터로 측정할 수 있는 항목으로 가장 거리가 먼 것은?

㉮ 공작기계 베드면의 진직도 ㉯ 정밀 정반의 평면도
㉰ 공작기계 베드면의 직각도 ㉱ 원통면의 윤곽도

07. 게이지블록의 일반적인 특징에 관한 설명으로 옳지 않은 것은?

㉮ 광파에 의하여 그 길이를 측정할 수 있다.
㉯ 다른 도구가 필요치 않고 직접적으로 길이를 측정할 수 있다.
㉰ 측정면이 서로 밀착하는 특성을 가지고 있다.
㉱ 표시하는 길이의 정도가 아주 높다.

08. 다음 중 내측(구멍)을 검사하는 게이지가 아닌 것은?

㉮ 봉 게이지 ㉯ 원통형 플러그 게이지
㉰ 테보 게이지 ㉱ 플러시 핀 게이지

09. 그림과 같이 A에서 B까지 210 mm 이동시킨다면, 테이퍼 값이 1/30일 때 A점과 B점의 다이얼 게이지 눈금차는 얼마이어야 되는가?

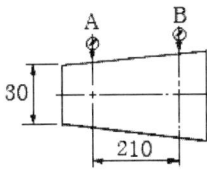

㉮ 0.88 mm ㉯ 1.75 mm
㉰ 3.50 mm ㉱ 7.00 mm

10. 다음 중 3차원 측정기에서 축의 이동 마찰을 최소화하고, 각 축의 운동 정밀도 향상시키기 위해 주로 사용되고 있는 베어링은?
 ㉮ 오일리스 베어링   ㉯ 니들 베어링
 ㉰ 워터 베어링   ㉱ 정압 공기베어링

11. 다음 중 간접 측정으로 볼 수 없는 것은?
 ㉮ 사인바에 의한 각도의 측정   ㉯ 롤러와 게이지블록에 의한 테이퍼 측정
 ㉰ 마이크로미터에 의한 원통 측정   ㉱ 삼침법에 의한 나사의 유효지름 측정

12. 다음 중 정확도는 좋지만, 정밀도가 좋지 않은 것은?(단, X로 표시된 좌표 위치가 참값이다.)

㉮ 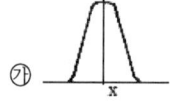   ㉯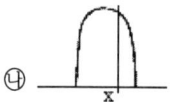

㉰ 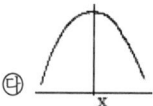   ㉱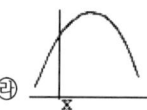

13. 다음 중 이론적으로 가장 좋은 진원도 측정방법은?
 ㉮ 반지름법   ㉯ 지름법
 ㉰ 3점법   ㉱ 2점법

14. 각도의 측정에서 1 라이안(radian)은 약 몇 도(°)인가?
 ㉮ 114.592°   ㉯ 94.694°
 ㉰ 67.257°   ㉱ 57.296°

15. 수준기에서 한 눈금의 길이는 2 mm이고, 이 수준기의 곡률반지름이 40 m일 경우 수준기 한 눈금의 경사에 상당하는 각도는 약 몇 초(″)인가?
 ㉮ 10.3   ㉯ 13.4
 ㉰ 16.8   ㉱ 20.4

16. 어떤 부품을 버니어 마이크로미터로 측정하였을 때 그림과 같이 나타났다면 이 부품의 길이는 몇 mm인가?

㉮ 6.243
㉯ 7.243
㉰ 6.213
㉱ 7.213

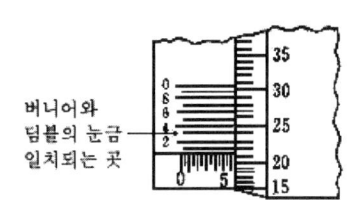

17. 다음 측정오차 원인 중 외부조건(환경)에 의한 오차에 해당하는 것은?

㉮ 측정자의 심리적 상태에서 오는 오차
㉯ 실온이나 채광으로 인한 오차
㉰ 계기 마모에 의한 오차
㉱ 시차(視差)

18. 나사의 유효지름을 측정하고자 할 때 가장 적합하지 않은 방법은?

㉮ 삼침법(三針法)을 이용하여 측정
㉯ 전기 마이크로미터를 이용하여 측정
㉰ 공구 현미경을 이용하여 측정
㉱ 나사 마이크로미터를 이용하여 측정

19. 측정량의 변화에 대하여 지침의 흔들림의 크기를 말하며, 그 확대율을 의미하는 것은?

㉮ 감도   ㉯ 눈금선 간격
㉰ 지시 범위   ㉱ 흔들림 오차

20. 게이지블록의 평면도를 옵티컬 플랫으로 측정한 결과 간섭무늬의 간격이 2.5 mm, 휨량이 0.5 mm를 얻었다면 평면도는 몇 μm인가?(단, 빛의 파장은 0.6 μm이다.)

㉮ 0.6   ㉯ 0.06
㉰ 0.3   ㉱ 0.03

【 제2과목 : 재료시험법 】

21. 굽힘장치에서 재료의 단면2차모멘트(I)가 200 cm⁴인 연강 시편을 2개의 받침대에 올려놓고 두 받침대의 정중앙에 하중을 7.8 kN로부터 11.8 kN로 증가시킨 결과 중앙부 최대처짐량은 0.017 cm만큼 변화하였다. 이 재료의 세로탄성계수는 몇 N/cm²인가?(단, 받침대간의 거리는 100 cm 이다.)
㉮ 24.5×10^6
㉯ 2.45×10^6
㉰ 49.0×10^6
㉱ 4.9×10^6

22. 인장시험기에서 연성파괴(ductile fracture)에 관한 설명에 해당하지 않는 것은?
㉮ 금속이 상당한 에너지를 소비하면서 서서히 찢어짐(tearing)에 의하여 파단이 일어난다.
㉯ 인장에서 연성파괴는 네킹(necking)이라는 단면적의 국부적인 감소에 의하여 진행한다.
㉰ 연성균열의 경우 그 선단이 파괴의 개시점을 향하는 쉐브론 형태(chevron pattern)로 관찰되는 경우가 많다.
㉱ 파괴의 형상은 소위 컵 앤드 콘(cup and cone)형으로 나타난다.

23. 대면각이 136°의 다이아몬드 피라미드형 압입자로 일정하중으로 눌러 생긴 압입자국의 대각선의 길이를 이용하여 경도를 측정하는 시험기는?
㉮ 쇼어 경도시험기
㉯ 브리넬 경도시험기
㉰ 로크웰 경도시험기
㉱ 비커스 경도시험기

24. 브리넬 경도시험기의 특징에 관한 설명으로 틀린 것은?
㉮ 시편 윗면의 상태에 의하여 측정치에 큰 오차가 발생하지 않는다.
㉯ 측정시간이 비교적 짧다.
㉰ 커다란 압입자국을 얻을 수 있으므로 불균일한 재료의 평균적인 경도 값을 측정할 수 있다.
㉱ 간단한 장치로 현장에서 쉽게 경도를 측정할 수 있다.

25. 재료의 인성(toughness)과 취성(brittleness)을 모두 평가하기에 가장 적당한 시험법은?
㉮ 인장시험
㉯ 경도시험
㉰ 내마모시험
㉱ 충격시험

26. 재료를 완전한 탄성체로 생각할 때 노치부분에 생긴 최대 응력을 σ_{max}라 하고, 노치가 없을 때의 응력을 σ_n이라 할 때 이 비 $\alpha(=\frac{\sigma_{max}}{\sigma_n})$를 응력집중계수라고 한다. 이에 대한 설명으로 옳은 것은?

㉮ 응력집중계수는 노치의 형상에 따라 결정되며 재료의 종류와는 관계가 없다.
㉯ 응력집중계수는 노치의 형상에 따라 결정되며 재료의 종류와는 관계가 없다.
㉰ 응력집중계수는 재료의 종류에 따라 결정되며 노치의 형상과는 관계없다.
㉱ 응력집중계수는 노치의 형상과 재료의 종류에 따라 결정된다.

27. 다음 시험 항목 중 동적하중이 가해지는 시험에 해당되는 것은?
㉮ 인장시험 ㉯ 피로시험
㉰ 크리프시험 ㉱ 비틀림시험

28. 샤르피 충격시험기에 관한 설명으로 틀린 것은?
㉮ 장치가 비교적 작아서 취급하기 쉽다.
㉯ 시편파괴에 요하는 에너지는 간단히 구할 수 있다.
㉰ 시편을 설치할 때에는 시편의 노치부를 지지대의 중앙에 일치시키고 노치부의 정면을 정확히 때려야 한다.
㉱ 지정 시험온도보다 기온차이가 클 경우 지정 시험온도의 액조에서 10분 이상 시편을 유지시킨 후 5초 이내에 시험을 시행하도록 한다.

29. 가한 하중을 시편이 변형한 후의 실제 단면적으로 나눈 값을 무엇이라고 하는가?
㉮ 진응력(true stress) ㉯ 공칭응력(nominal stress)
㉰ 1차응력(primary stress) ㉱ 잔류응력(residuel stress)

30. 지름 30 mm, 길이 1 m인 연강의 한 끝을 고정하고 다른 끝에 490 N·m의 비틀림 토크가 작용할 때 이 봉에 생기는 최대 전단 응력은 몇 MPa인가?
㉮ 9.3 ㉯ 92.4
㉰ 18.2 ㉱ 183.5

31. 로크웰 경도시험 중 시험편에 관한 설명으로 틀린 것은?
  ㉮ 제품이나 재료 규격에서 달리 규정하지 않는 한 시험은 표면이 편평해야 한다.
  ㉯ 산화물이나 이물질 특히 윤활제가 완전히 제거된 시험면에서 해야 한다.
  ㉰ 시험편 준비과정에서 열이나 냉간가공에 의한 표면 경도의 변화가 되도록 생기지 않도록 해야 하며, 누르개 자국의 깊이가 깊을수록 이 영향이 커지므로 특히 주의해야한다.
  ㉱ 시험편의 최소 두께는 원추형 누르개로 시험할 경우는 누르개 자국 깊이의 10배 이상, 구형 누르개로 시험할 경우는 15배 이상이 되어야 한다.

32. 자분검사시험에서 그림과 같이 시험품의 구멍 등에 철심을 통해 놓고 그 철심에 교류 자속을 흘림으로써 시험품 구멍 주변에 유도전류를 발생시켜 그 전류가 만드는 자장에 의해서 시험품을 자화시키는 방법은?
  ㉮ 축동전법
  ㉯ 극간법
  ㉰ 코일법
  ㉱ 자속관통법

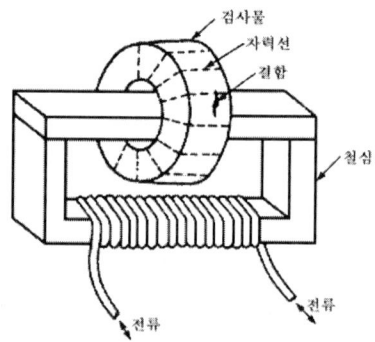

33. 초음파검사시험의 방법 중 공기 중에서 초음파 펄스를 한쪽면에서 입사시키고, 타 단면 및 내부 결함부터의 반사파를 동인면상의 탐촉자로 받아서 발생하는 전압펄스를 브라운관상에서 관찰하는 방법은?
  ㉮ 투과법   ㉯ 공진법
  ㉰ 펄스 반사법   ㉱ 수침탐사법

34. 크리프한도(creep limit)의 이론적인 정의를 옳게 설명한 것은?
  ㉮ 측정 온도, 특정 응력에서 크리프 속도가 0(zero)이 되는 시간을 말한다.
  ㉯ 특정온도에서 어떤 시간 후에 크리프 속도가 0(zero)이 되는 응력을 말한다.
  ㉰ 특정 온도, 특정 응력에서 크리프 속도가 처음 크리프 속도의 10% 이하로 되는 시간을 말한다.
  ㉱ 특정 온도에서 어떤 시간 후에 크리프 속도가 처음 크리프 속도의 10% 이하로 되는 응력을 말한다.

35. 비틀림시험에서 가로탄성계수 G는 세로탄성계수 E와 프아송비 μ와의 사이에 어떤 식이 성립하는가?
㉮ G = E/2
㉯ G = E/2(1 + μ)
㉰ G = 2E(1 + μ)
㉱ G = 2(1 + μ)/E

36. 비틀림시험에서 비틀림 모멘트를 측정하는 방법이 아닌 것은?
㉮ 펜듈럼식
㉯ 유압식
㉰ 레버식
㉱ 탄성식

37. 충격시험을 출격 하중의 횟수와 충격 하중이 작용하는 방식에 따라 분류할 때 충격하중의 횟수에 따라 분류되는 시험은?
㉮ 충격 압축시험
㉯ 충격 굽힘시험
㉰ 충격 비틀림시험
㉱ 단일 충격시험

38. 마모의 형태 중 주로 기어 또는 베어링에서 주로 발생하는 마모 형태는?
㉮ 응착마모(adhesive wear)
㉯ 연삭마모(abrasive wear)
㉰ 피로마모(fatigue wear)
㉱ 부식마모(corrosion wear)

39. 경도시험은 시험하는 방법에 따라 크게 3가지 분류하는데 이에 속하지 않는 것은?
㉮ 압입 경도시험
㉯ 굽힘 압축경도시험
㉰ 반발 경도시험
㉱ 긋기 경도시험

40. 기계재료 시험에서 표점거리가 50 mm의 재료를 인장시험하여 전단 후 표점거리가 60 mm가 된 재료의 연신율은 몇 %인가?
㉮ 17 %
㉯ 20 %
㉰ 83 %
㉱ 120 %

【 제3과목 : 도면해독 】

41. 누진치수기입을 할 때 기점 기호로 옳은 것은?
㉮ ○
㉯ ●
㉰ □
㉱ ■

42. 그림에서 홈 부위의 실체 치수가 37.9로 측정되었을 경우 이 부분에 허용되는 직각도 공차는 얼마인가?

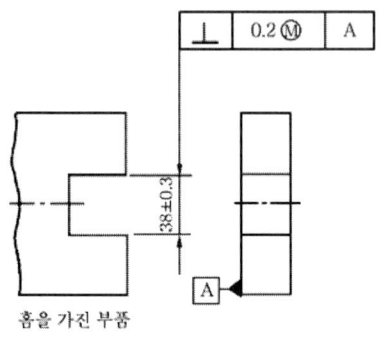

홈을 가진 부품

㉮ 0.2 　　　　　㉯ 0.3
㉰ 0.4 　　　　　㉱ 0.5

43. 다음에서 나타낸 선의 종류 중 "가공 전 또는 가공후의 모양을 표시하는 선"으로 사용하는 선은?

㉮ 숨은선 　　　　　㉯ 파단선
㉰ 외형선 　　　　　㉱ 가상선

44. 탄소강 단강품의 재료 기호로 옳은 것은?

㉮ STS 11 　　　　　㉯ SW - A
㉰ GCD 350 　　　　　㉱ SF 390 A

45. 등각투상법으로 그릴 경우 좌우의 각도(θ)는 얼마인가?

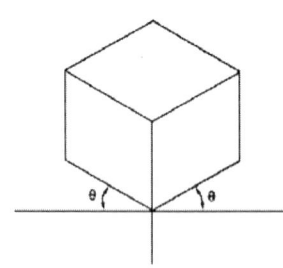

㉮ 15° 　　　　　㉯ 30°
㉰ 45° 　　　　　㉱ 60°

46. 헐거운 끼워맞춤에서 구멍의 최대 허용치수와 축의 최소허용치수의 차이는?

㉮ 최대틈새 ㉯ 최소 틈새
㉰ 최대 죔새 ㉱ 최소 죔새

47. 다음 부품에서 동축도 규제형체의 지름이 20.0, 데이텀(A) 원통 지름이 40.0일 때 허용되는 동축도 허용 공차는?

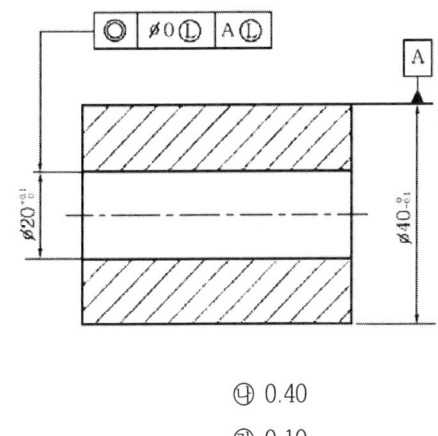

㉮ 0.20 ㉯ 0.40
㉰ 0.60 ㉱ 0.10

48. 다음 도면을 보고 기하공차에 관련한 설명으로 틀린 것은?

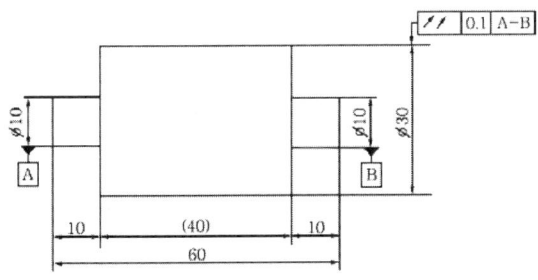

㉮ 온 흔들림 공차를 나타낸 것이다.
㉯ 축직선 A-B로 원통 부분을 회전시켰을 때에 원통 표면 위에 임의의 점에서 0.1 mm의 규제값을 가진다.
㉰ 60 mm 전체길이에 대한 흔들림을 규제한 것이다.
㉱ A와 B는 데이텀을 나타낸다.

49. 도면의 종류 중 판금 작업시 주로 이용되는 도면으로 대상물을 구성하는 면을 평면으로 펴서 나타낸 도면을 무엇이라고 하는가?

㉮ 스케치도 ㉯ 투상도
㉰ 확산도 ㉱ 전개도

50. 35±0.05로 표시된 공차의 위 치수허용차는?

㉮ 0.05 ㉯ 0.1
㉰ 35.05 ㉱ 34.95

51. 다음 중 흔들림 공차에 대한 설명으로 틀린 것은?

㉮ 흔들림 공차는 데이텀이 필요 없는 공차다.
㉯ 원주 흔들림 공차와 온 흔들림 공차가 있다.
㉰ 온 흔들림을 규제하는 이중 화살표는 표면의 두 방향인 원형과 직성방향 모두에 적용됨을 의미한다.
㉱ 흔들림 오차는 일반적으로 제품을 V블록이나 맨드릴(mandrel) 등에서 360° 회전시키면서 다이얼 인디케이터를 표면에 접촉시켜 측정한다.

52. 그림과 같이 대상물의 구멍, 키 홈 등과 같이 한 부분의 모양을 도시하는 것으로 충분할 경우에 사용되는 투상도는?

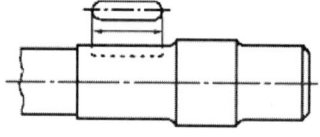

㉮ 보조 투상도 ㉯ 회전 투상도
㉰ 국부 투상도 ㉱ 부분 확대도

53. 기하 공차에서 평행도가 전체 면에 대한 공차가 0.08이고, 지정길이 100에 대한 공차가 0.01일 때 바르게 표시된 것은?

㉮ | // | 0.08 |
    | | 0.01/100 |

㉯ | // | 0.08/100 |
    | | 0.01 |

㉰ | // | 0.01 |
    | | 0.08/100 |

㉱ | // | 0.01/100 |
    | | 0.08 |

54. 다음 도면에서 가공한 축의 지름이 ∅50.03인 경우 허용되는 진직도 공차는 얼마인가?

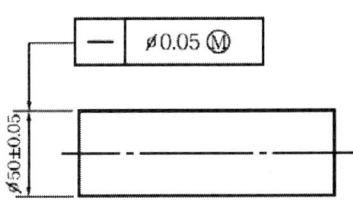

㉮ 0.03 mm ㉯ 0.05 mm
㉰ 0.07 mm ㉱ 0.10 mm

55. KS 기하공차 중 자세 공차의 종류에 해당하는 것은?
㉮ 진직도 공차 ㉯ 평행도 공차
㉰ 평면도 공차 ㉱ 원통도 공차

56. 어떤 축의 진직도 공차가 ∅0.01/100으로 도시되어 있다. 이 축의 전체 길이가 400 mm이면, 축 전체길이에 대한 진직도 오차는 최대 몇 mm까지 되는가?
㉮ 0.04 ㉯ 0.08
㉰ 0.16 ㉱ 0.32

57. 길이 치수 기입에서 사각형 안에 표시된 50이란 치수는 무엇을 의미하는가?
㉮ 한 변의 길이가 50 mm인 정사각형이다.
㉯ 길이 50 mm에 대하여 일반 공차가 적용된다.
㉰ 길이가 이론적으로 정확하게 50 mm이다.
㉱ 참고치수가 50 mm이다.

58. 기하공차의 분류 중 모양 공차에 해당되는 것은?
㉮ 원주 흔들림 공차 ㉯ 원통도 공차
㉰ 대칭도 공차 ㉱ 위치도 공차

59. 다음과 같이 구멍과 축의 끼워 맞춤을 표기할 때 나타낸 치수 중 ⌀50H7의 공차가 $50^{+0.025}_{0}$ 일 때 ⌀50h7의 공차는 얼마가 되겠는가?

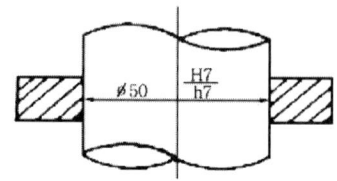

㉮ $50^{0}_{-0.050}$
㉯ $50^{0}_{-0.025}$
㉰ $50^{0.050}_{0.025}$
㉱ $50^{-0.025}_{-0.050}$

60. 그림은 기하 공차에서 무엇을 나타내는 것인가?

㉮ 동심도
㉯ 원통도
㉰ 진원도
㉱ 위치도

【 제4과목 : 정밀가공학 】

61. 연삭숫돌 결합제의 구비조건이 아닌 것은?

㉮ 입자 사이에 기공이 없어야 한다.
㉯ 결합능력을 필요에 따라 조절할 수 있어야 한다.
㉰ 고속회전에서도 파손되지 않아야 한다.
㉱ 연삭액에 대하여 안전성이 있어야 한다.

62. 연삭작업에서 연삭력이 300 N, 연삭속도가 1000 m/min일 때 연삭 동력은 약 몇 KW인가?

㉮ 3.3
㉯ 4.4
㉰ 5.0
㉱ 6.7

63. 나사 연삭을 하기 위하여 숫돌을 나사모양으로 만드는 작업과 가장 관계 깊은 용어는?

㉮ 드레싱(Dressing)
㉯ 글레이징(Glazing)
㉰ 트루잉(Truing)
㉱ 로딩(Loading)

64. 다음 중 선반의 연동척에 대한 일반적인 설명으로 옳은 것은?
㉮ 조(jaw)가 각자 움직이며 중심 잡는데 시간이 걸린다.
㉯ 사용 후에는 가공물에 잔류 자기가 남아 있을 수 있다.
㉰ 스크롤(scroll) 척이라고도 하며 조임이 약한 편이다.
㉱ 편심가공 시에 편리하며 가장 많이 사용되는 척이다.

65. 밀링 머신으로 가공할 때 단위시간에 절삭되는 칩의 체적(cm^3/min)을 구하는 일반적인 식은? (단, b : 절삭 폭(mm), t : 절삭 깊이(mm)이고, f : 분당 이송(mm/min)이다.)
㉮ $\dfrac{b \times t \times f}{1000}$
㉯ $1000 \times \dfrac{b \times t}{f}$
㉰ $1000 \times f \times \sqrt{b \times t}$
㉱ $\dfrac{b \times f}{1000 \times t}$

66. 절삭 가공 시 절삭온도의 측정방법으로 거리가 먼 것은?
㉮ 칩(chip)의 형태에 의한 방법
㉯ 삽입된 열전대에 의한 방법
㉰ 칼로리미터에 의한 방법
㉱ 복사고온계에 의한 방법

67. 선반에서 각도가 크고, 길이가 짧은 테이퍼 가공을 할 때 가장 적합한 방법은?
㉮ 복식 공구대를 이용한다.
㉯ 심압축을 편위시킨다.
㉰ 백기어를 사용한다.
㉱ 모방 가공 장치를 사용한다.

68. 절삭속도를 증가시키면서 공구수명을 시험하였더니 절삭 속도가 62 m/min일 때 공구수명은 120 min 절삭속도 100 m/min일 때 공구수명은 18 min이었다. Taylor 공구 수명식($VT^n = C$)의 공구 수명상수 C값은 약 얼마인가?
㉮ 107
㉯ 207
㉰ 307
㉱ 407

69. 액체 호닝(honing) 가공에 대한 설명으로 틀린 것은?
㉮ 연마제를 가공액과 함께 고속으로 분사하여 공작물 표면을 매끈하게 한다.
㉯ 녹이나 흑피, 유지 등을 제거하는 세정작용도 한다.
㉰ 기계 가공에서 생긴 지느러미(fin)를 삭제거하는 가공법이다.
㉱ 피닝 효과가 있어서 가공물의 피로강도를 향상시킬 수 있다.

70. 전해연마의 특징에 관한 설명으로 잘못된 것은?
   ㉮ 가공면에는 방향성이 없다.
   ㉯ 복잡한 형상의 공작물에 대해서도 가공 가능하다.
   ㉰ 주철에 대해서도 광택 있는 가공면을 얻을 수 있다.
   ㉱ 전기도금의 반대 현상을 이용한 가공이다.

71. 절삭면적을 표시하는 식으로 옳은 것은?
   ㉮ 절삭속도×절삭 깊이
   ㉯ 절삭속도×이송
   ㉰ 절삭속도×절삭 깊이×칩 단면적
   ㉱ 이송×절삭 깊이

72. 정밀 보링머신에 대한 설명 중 틀린 것은?
   ㉮ 표면거칠기가 작은 우수한 내면을 얻는데 주로 사용된다.
   ㉯ 포신과 같은 구멍이 큰 가공에 적합하다.
   ㉰ 다이아몬드 또는 초경합금을 절삭공구 재료로 사용한다.
   ㉱ 고속회전 및 정밀한 이송기구를 갖추고 있다.

73. 전통적인 연삭작업은 재료제거율이 낮은 편이나 연삭 깊이를 깊게 하고 이송 속도를 작게 함으로써 재료 제거율을 대폭을 높인 연삭작업을 무엇이라 하는가?
   ㉮ 플런지 연삭
   ㉯ 트래버스 연삭
   ㉰ 센터리스 연삭
   ㉱ 크리프 피드 연삭

74. 슈퍼피니싱(Super finishing) 가공에 대한 설명으로 틀린 것은?
   ㉮ 입도가 작고 연한 숫돌에 적은 압력으로 가압하면서 가공물에는 이송과 동시에 숫돌에 진동을 주어 표면 거칠기를 향상시키는 가공이다.
   ㉯ 숫돌 절삭날의 자생작용이 크고 단시간에 비교적 평활한 면을 만들 수 있다.
   ㉰ 철상 종류에는 GC 계열 숫돌을, 주철종류에는 WA계열 숫돌이 가공에 좋은 것으로 알려져 있다.
   ㉱ 가공액은 석유나 경유를 주성분으로 하여 기계유를 첨가하여 사용한다.

75. 선반 작업에서 가늘고 길이가 긴 가공물 작업 시 진동으로 인하여 정밀한 가공할 수 없을 때 사용하는 것은?
   ㉮ 면판
   ㉯ 돌리개
   ㉰ 심봉
   ㉱ 방진구

76. 방전 가공 시 전극 재료로 적합하지 않은 것은?
  ㉮ 구리
  ㉯ 스트론튬
  ㉰ 흑연
  ㉱ 세라믹

77. 밀링가공에서 커터의 지름이 100 mm, 커터의 날수가 6개인 정면 밀링커터로 길이 400 mm의 공작물을 절삭할 때 가공시간은 약 몇 분(min)인가?
  ㉮ 1.6분
  ㉯ 2.6분
  ㉰ 3.2분
  ㉱ 5.4분

78. 센터리스 연삭작업에서 연삭숫돌 지름이 500 mm, 조정숫돌(regulating wheel)의 지름이 300 mm일 때, 숫돌축이 5°의 경사를 이루고 있다. 연삭숫돌의 회전수가 250 rpm이고 조정숫돌의 회전수는 200 rpm인 경우 이송속도는?
  ㉮ 16.42 m/min
  ㉯ 12.63 m/min
  ㉰ 15.24 m/min
  ㉱ 18.15 m/min

79. 다음 중 일반적으로 밀링 머신에서 할 수 있는 작업으로 볼 수 없는 것은?
  ㉮ 총형 가공
  ㉯ 윤곽 가공
  ㉰ 기어 가공
  ㉱ 널링 가공

80. 일반적인 밀링 머신에서 단식 분할법으로 원주를 8등분으로 분할하고자 할 때 분할 크랭크는 몇 회전씩 회전시켜 가공하면 되는가?
  ㉮ 4회전
  ㉯ 5회전
  ㉰ 6회전
  ㉱ 8회전

정답

1. ㉰	2. ㉯	3. ㉮	4. ㉮	5. ㉯	6. ㉱	7. ㉯	8. ㉱	9. ㉰	10. ㉯
11. ㉰	12. ㉰	13. ㉮	14. ㉱	15. ㉮	16. ㉯	17. ㉯	18. ㉰	19. ㉮	20. ㉯
21. ㉮	22. ㉰	23. ㉱	24. ㉯	25. ㉱	26. ㉯	27. ㉰	28. ㉰	29. ㉰	30. ㉰
31. ㉰	32. ㉱	33. ㉰	34. ㉰	35. ㉮	36. ㉯	37. ㉯	38. ㉰	39. ㉯	40. ㉯
41. ㉮	42. ㉰	43. ㉰	44. ㉯	45. ㉯	46. ㉯	47. ㉰	48. ㉰	49. ㉰	50. ㉮
51. ㉮	52. ㉯	53. ㉰	54. ㉯	55. ㉰	56. ㉰	57. ㉰	58. ㉰	59. ㉯	60. ㉱
61. ㉮	62. ㉯	63. ㉯	64. ㉯	65. ㉯	66. ㉮	67. ㉮	68. ㉰	69. ㉯	70. ㉯
71. ㉱	72. ㉰	73. ㉱	74. ㉯	75. ㉱	76. ㉯	77. ㉯	78. ㉮	79. ㉱	80. ㉯

2014년 제3회

【 제1과목 : 정밀계측 】

01. 수나사의 유효지름을 측정하기에 가장 부적합한 측정기는?
- ㉮ 투영기
- ㉯ 공구현미경
- ㉰ 피치 게이지
- ㉱ 나사마이크로미터

02. 외측 마이크로미터에서 생기는 기차(器差)의 원인과 가장 관계가 적은 것은?
- ㉮ 눈금오차
- ㉯ 스핀들의 원통도
- ㉰ 측정면의 평행도
- ㉱ 측정 스핀들의 피치 오차

03. 한계 게이지에 대한 특징 설명으로 틀린 것은?
- ㉮ 제품의 실제 치수를 읽을 수 없다.
- ㉯ 일반적으로 호칭 치수가 크면 공차가 증간한다.
- ㉰ 게이지 한 개로는 보통 3개 이상의 치수를 측정해야 한다.
- ㉱ 게이지 공차는 정지측과 통과측 모두 고려해야 한다.

04. 진직도 측정에서 수준기 이용 시에는 사용되지 않고, 오토콜리메이터 이용 시에만 사용되는 것은?
- ㉮ 마그네틱 베이스
- ㉯ 수준기(200 mm 1종)
- ㉰ 직선자(Straight edge)
- ㉱ 반사경대(Reflector base)

05. 공구 현미경에서 원통의 지름을 측정할 때 조리개의 직경 D를 나타내는 식은 다음 중 어느 것인가?(단, d : 피 측정물의 직경, F : 콜리메이터 렌즈의 초점 거리이다.)
- ㉮ $0.08F \times \sqrt[3]{\frac{1}{d}}$
- ㉯ $0.18F \times \sqrt[3]{\frac{1}{d}}$
- ㉰ $0.08F \times \sqrt{\frac{1}{d}}$
- ㉱ $0.18F \times \sqrt{\frac{1}{d}}$

06. 각도 정규 (Bevel protractor)에서 23°를 버니어에서 12 등분한 것의 최소 눈금은 얼마인가?
- ㉮ 5분
- ㉯ 6분
- ㉰ 7분
- ㉱ 8분

07. 버니어캘리퍼스 한 측정기만으로 완전한 측정이 불가능한 것은?
   ㉮ 깊이 측정　　　　　　　　㉯ 내경 측정
   ㉰ 홈의 폭 측정　　　　　　　㉱ 나사 유효지름 측정

08. 다이얼 게이지를 사용할 때 스핀들이 들어갈 때와 나올 때의 동일 측정량에 대한 지시차의 최대 차는?
   ㉮ 되돌림 오차　　　　　　　㉯ 반복 정밀도
   ㉰ 좁은 범위 정밀도　　　　　㉱ 넓은 범위 정밀도

09. 광파장으로부터 직접 길이를 측정할 수 있고, 측정면이 서로 밀착하는 특성이 있어 몇 개의 수로 많은 치수의 기준을 얻을 수 있는 것은?
   ㉮ 게이지 블록　　　　　　　㉯ 캘리퍼 체커
   ㉰ 버니어캘리퍼스　　　　　　㉱ 다이얼 게이지

10. 게이지 블록과 마찬가지로 밀착이 가능하기 때문에 홀더가 필요없으며, 광학적인 각도 측정기와 병행하여 게이지면을 반사면으로 해서 각도 측정이 가능한 측정기는?
   ㉮ 사인바　　　　　　　　　　㉯ 전기 수준기
   ㉰ NPL식 각도 측정기　　　　 ㉱ 요한슨식 각도 게이지

11. 광학적 컴퍼레이터에 해당하지 않는 것은?
   ㉮ 옵티미터　　　　　　　　　㉯ 미크로 룩스
   ㉰ 측미 현미경　　　　　　　　㉱ 오르도 테스트

12. 피 측정물과 기계적으로 접촉하는 것이 아니고 단면의 형상을 광학적으로 관측해서 표면 거칠기를 측정하는 방식은?
   ㉮ 촉침법　　　　　　　　　　㉯ 광 절단법
   ㉰ 광파 간섭법　　　　　　　　㉱ 모아레 무늬법

13. 길이를 측정하여 체적을 구하는 것과 같은 측정 방법은?
   ㉮ 직접측정법　　　　　　　　㉯ 기본측정법
   ㉰ 간접측정법　　　　　　　　㉱ 정의측정법

14. 공기 마이크로미터의 장점이 아닌 것은?
    ㉮ 배율이 높다.
    ㉯ 정도가 좋다.
    ㉰ 접촉 측정자를 사용하지 않을 때 측정력은 거의 0에 가깝다.
    ㉱ 전용 측정부가 필요 없기 때문에 다품종 소량생산에 주로 사용한다.

15. 0점 조정한 수준기(KS 1종)를 정반명상에 올려 놓았더니 기포가 4눈금 이동하였다. 1 m에 대한 경사량에 높이(mm)는?
    ㉮ 0.06
    ㉯ 0.08
    ㉰ 0.6
    ㉱ 0.8

16. 감도(感度)를 올바르게 나타낸 식은?
    ㉮ $\dfrac{측정량의 변화}{참값}$
    ㉯ $\dfrac{지시량의 변화}{참값}$
    ㉰ $\dfrac{지시량의 변화}{측정량의 변화}$
    ㉱ $\dfrac{측정량의 변화}{지시량의 변화}$

17. 길이가 500 mm인 게이지블록을 길이 방향으로 20 kgf 힘으로 고정할 때 게이지 블록은 길이 방향으로 약 몇 mm 줄어드는가?(단, 게이지 블록의 단면은 35×9 mm, 게이지 블록의 세로 탄성계수는 $2.1×10^4$ kgf/mm² 이다.)
    ㉮ 0.0015
    ㉯ 0.0020
    ㉰ 0.0025
    ㉱ 0.0030

18. 석(石) 정반의 특징을 설명한 것으로 틀린 것은?
    ㉮ 유지비가 싸다.
    ㉯ 녹이 슬지 않는다.
    ㉰ 상처 발생시 돌기가 생기지 않는다.
    ㉱ 주철에 비해 온도의 변화에 민감하다.

19. 정밀측정 오차의 종류가 아닌 것은?
    ㉮ 필연오차
    ㉯ 개인오차
    ㉰ 기기오차
    ㉱ 우연오차

20. H형 및 X형 단면의 표준자와 같이 중립면에 눈금을 만든 눈금자를 지지할 때 사용되는 방법이고 눈금면에 따라 측정한 길이와 눈금선 사이의 직선거리와의 차가 최소로 되는 지지점을 구하는 식은?(단, ℓ : 표준자의 길이, a : 양끝에서 지점까지의 거리)
   ㉮ a = 0.2113 ℓ
   ㉯ a = 0.2203 ℓ
   ㉰ a = 0.2232 ℓ
   ㉱ a = 0.2386 ℓ

【 제2과목 : 재료시험법 】

21. 다음 경도시험의 종류 중 그 성격이 다른 하나는?
    ㉮ 로크웰 경도시험
    ㉯ 누프 경도시험
    ㉰ 마텐스 경도시험
    ㉱ 마이어 경도시험

22. 초음파 탐상시험에서 결함 에코(echo)의 높이를 기준 에코 높이 대비 2배로 높이면 게인(gain) 값은 약 몇 dB이되는가?
    ㉮ 4dB
    ㉯ 6dB
    ㉰ 8dB
    ㉱ 14dB

23. 다음 중 인장시험에서 구한 연신율로 직접적으로 알 수 있는 재료의 성질은?
    ㉮ 절삭성
    ㉯ 용접성
    ㉰ 피로내구성
    ㉱ 전연성

24. 다음 중 비틀림시험에서 구할 수 없는 것은?
    ㉮ 비틀림 경도
    ㉯ 전단탄성계수
    ㉰ 비틀림 비례한도
    ㉱ 비틀림 스트레인 에너지

25. 상대적으로 경한 입자나 미세돌기와의 접촉에 의해 표면으로부터 마모입자가 이탈하는 현상으로 마모면에 긁힌 자국이나 끝이 파인 홈들이 나타나는 마모는 무엇인가?
    ㉮ 응착마모
    ㉯ 연삭마모
    ㉰ 피로마모
    ㉱ 부식마모

26. 충격시험을 크게 단일 충격시험과 반복 충격시험으로 구분할 때 다음 중 단일 충격시험에 속하지 않는 것은?
㉮ 마츠무라(Matzumura) 충격시험
㉯ 아이조드(Izod) 충격시험
㉰ 길레이(Guillery) 충격시험
㉱ 올센 (Olsen) 충격시험

27. 샤르피 충격시험에서 다음과 같은 결과를 얻었을 경우 시험편의 파단에 소요된 에너지(E)는 얼마인가?

[시험 결과]
- 해머의 무게 : 400 N
- 해머의 중심에서 타격점까지 거리 : 0.75 m
- 해머를 들어올린 각도 : 90°
- 시험편 파단 후 해머의 올라간 각도 : 80°
- 마찰 및 공기저항에 따른 손실 : 1.5 J

㉮ 53.59 J
㉯ 50.59 J
㉰ 94.11 J
㉱ 91.11 J

28. 누르개의 지름 10 mm, 시험하중 2452 N으로 브리넬 경도시험을 수행한 결과 누르개 자국의 평균 지름이 2.2 mm로 측정되었다면, 이 재료의 브리넬 경도값은?
㉮ HBW 32
㉯ HBW 65
㉰ HBW 318
㉱ HBW 637

29. 그림과 같이 받침과 심봉으로 구성된 굽힘 시험 장치에서 받침 사이의 거리(l)로 적합한 것은? (단, KS 기술 표준에 따른다.)

㉮ $l = (2D + 5a) \pm \dfrac{a}{2}$

㉯ $l = (2D + 3a) \pm \dfrac{a}{2}$

㉰ $l = (D + 5a) \pm \dfrac{a}{2}$

㉱ $l = (D + 3a) \pm \dfrac{a}{2}$

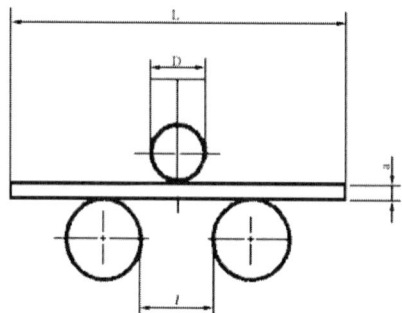

30. 일반적으로 인장시험에서 시험온도가 높을수록 시험결과에 나타나는 영향은?
  ㉮ 인장강도는 증가하고 연성은 증가한다.
  ㉯ 인장강도는 증가하고 연성은 감소한다.
  ㉰ 인장강도는 감소하고 연성은 증가한다.
  ㉱ 인장강도는 감소하고 연성도 감소한다.

31. 피로시험의 S-N곡선에서 응력이 작으면 반복횟수(N)가 증가하고 어떤 한계에서 곡선이 수평으로 된다. 이와 관계하여 응력(S)을 수식으로 옳게 표시한 것은?(단, k와 n은 실험상수이다.)
  ㉮ $S = kN^n$
  ㉯ $S = kN^{-n}$
  ㉰ $S = k(N+n)$
  ㉱ $S = \dfrac{k}{N+n}$

32. 다음 재료시험법 중 정적 시험으로 볼 수 없는 것은?
  ㉮ 인장시험
  ㉯ 전단시험
  ㉰ 경도시험
  ㉱ 충격시험

33. 굽힘시험(bending test)에 대한 일반적인 설명으로 틀린 것은?
  ㉮ 굽힘시험은 재료의 굽힘 모멘트가 걸렸을 때의 변형저항이나 파단강도를 측정하는 시험이다.
  ㉯ 굽힘시험에서 탄성범위에 있는 한 응력은 중심축으로부터의 거리 비례하게 되어 각 위치에 따른 응력을 계산할 수 있다.
  ㉰ 연성재료의 항절시험결과를 재료역학적으로 해석하는 것은 의미가 있지만, 취성재료의 경우는 특수한 경우를 제외하고는 계산이 곤란하다.
  ㉱ 공업적으로는 주철 등의 재료를 굽힘 파단강도를 측정하는 항절시험과 재료의 소성가공성이나 용접부 변형 등을 측정하기 위한 굽힘시험이 있다.

34. 금속재료의 충격시험방법에 대한 설명으로 틀린 것은?
  ㉮ 충격시험기는 보통 반지름 8 mm의 충격날을 사용한다. 다만, KS 재료규격에서 규정이 있는 경우는 반지름 2 mm의 충격날을 사용한다.
  ㉯ 샤르피 충격시험에서 시험편은 노치부의 중앙과 시험편 받침대 사이 중앙과의 물림은 0.5 mm 이내로 하는 것이 바람직하다.
  ㉰ 실온에서 시험을 하는 경우 시험온도는 특별히 지정이 없는 한 23±5℃ 범위에서 실시한다.
  ㉱ 저온에서 시험하는 경우 지정한 온도의 액조 안에서는 적어도 5분간, 지정한 온도의 기조 중에서는 30분간 시험편 온도를 일정하게 유지한 후 시험한다.

35. 비틀림시험에서 사용하는 비틀림 시험편에 대한 설명 중 틀린 것은?
㉮ 응력구배의 효과를 피하고 싶을 때는 얇은 판의 원통 시험편을 사용한다.
㉯ 절삭에 의한 잔류응력 발생을 적게 하는 것이 좋다.
㉰ 응력집중을 피하기 위해서는 어깨부의 곡률 반지름이 작을수록 좋다.
㉱ 척과 시험편의 축이 일치하도록 해야 한다.

36. 목측형(C형)계측통을 가진 쇼어 경도시험기에서 해머의 낙하높이가 254 mm이고, 이 해머가 다시 튕겨 올라가는 높이가 124 mm로 측정되었을 때 이 재료의 경도는 약 얼마인가?
㉮ HS17   ㉯ HS35
㉰ HS68   ㉱ HS75

37. 크리프(creep)현상이란?
㉮ 재료에 어떤 온도에서 일정한 응력을 가할 때 시간이 경과함에 따라 변화량이 증가하는 현상
㉯ 재료에 일정한 고온의 열을 가할 때 시간이 경과함에 따라 변형량이 증가하는 현상
㉰ 재료에 일정한 응력을 가할 때 재료가 점차로 재결정이 되는 현상
㉱ 재료에 일정한 하중을 가할 때 재료가 점차로 재결정이 되는 현상

38. 초음파 탐상검사의 장점으로 볼 수 없는 것은?
㉮ 이동성이 좋다.
㉯ 내부 결함의 위치, 크기, 방향을 정확히 측정할 수 있다.
㉰ 검사자 또는 주변 사람에 대한 장애가 없다.
㉱ 재료의 내부 조직이 검사 결과에 미치는 영향이 적다.

39. 인장시험에서 변형된 금속의 불연속 띠(band)는 어느 부분에서 일어나는가?
㉮ 국부압축부분   ㉯ 응력집중부분
㉰ 단면적 증가 부분   ㉱ 연신율 증가 부분

40. 비커스 경도시험에서 시험하중은 196.1 N이고, 시험결과 나타난 압입자국에서 2개의 대각선 산술평균값은 1.6 mm일 때 이 재료의 경도값은 약 얼마인가?
㉮ HV142   ㉯ HV227
㉰ HV14.5   ㉱ HV23.2

【 제3과목 : 도면해독 】

41. 기하공차를 모양공차, 자세공차, 위치공차, 흔들림 공차로 구분할 때 자세공차에 속하는 것은?
   ㉠ ◎   ㉯ ∠
   ㉰ ⌇   ㉱ ▱

42. 데이텀 축심으로부터 규제 형체 축심의 벗어난 크기를 나타낸 공차는?
   ㉠ 공차도   ㉯ 동심도
   ㉰ 원통도   ㉱ 진원도

43. 기하공차를 사용할 때 다음 중 최대 실체 조건(Maximum Material Condition)을 적용하는 형체로 거리가 먼 것은?
   ㉠ 구멍   ㉯ 축
   ㉰ 평면   ㉱ 홈

44. 그림과 같이 경사면부가 있는 대상물에서 그 경사면의 실형을 나타내는 투상도의 명칭으로 알맞은 것은?

   ㉠ 회전 투상도   ㉯ 보조 투상도
   ㉰ 부분 확대도   ㉱ 국부 투상도

45. 가공에 의한 컷의 줄무늬 방향 기호와 그 설명으로 틀린 것은?
   ㉠ X : 가공에 의한 컷의 줄무늬 방향이 기호를 기입한 그림의 투영면에 비스듬하게 2방향으로 교차
   ㉯ M : 가공에 의한 컷의 줄무늬가 여러 방향으로 교차 또는 무방향
   ㉰ R : 가공에 의한 컷의 줄무늬가 기호를 기입한 면의 중심에 대하여 거의 동심원 모양
   ㉱ = : 가공에 의한 컷의 줄무늬 방향이 기호를 기입한 그림의 투영면에 평행

46. 다음 도면의 기하공차 해석 중 가장 올바른 것은?

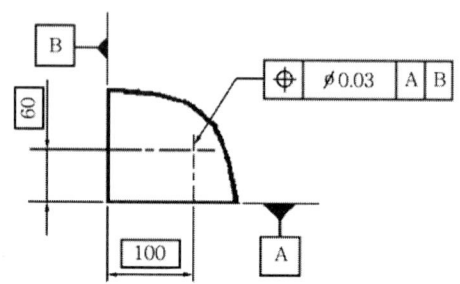

㉮ 동축도 공차를 적용한 것이다.
㉯ 지시선의 화살표가 나타낸 점은 데이텀 직선 A로부터 60 mm 떨어진 정확한 위치를 중심으로 하는 지름 0.03 mm의 원 안에만 있으면 된다.
㉰ 지시선의 화살표로 나타낸 점은 데이텀 직선 B로부터 100 mm 떨어진 위치를 중심으로 하는 지름 0.03 mm의 원 안에 있으면 된다.
㉱ 지시선의 화살표로 나타낸 점은 데이텀 직선 A로부터 60 mm, 데이텀 직선 B로부터 100 mm 떨어진 진위치를 중심으로 하는 지름 0.03 mm 원 안에 있어야 한다.

47. 두 개의 데이텀 형체에 의하여 설정하는 공통 데이텀을 표시하는 것으로 옳은 것은?

㉮ | | | A | B |
㉯ | | | A-B |
㉰ | A | B | | |
㉱ | A-B | | | |

48. 다음의 치수 공차와 끼워 맞춤에 대한 용어 설명으로 틀린 것은?
㉮ 실치수는 형체의 실측치수이다.
㉯ 내측 형체는 대상물의 내측을 형성하는 형체이다.
㉰ 구멍은 주로 원통형의 내측 형체를 말하지만 원형 단면이 아닌 외측 형체도 포함한다.
㉱ 허용 한계치수는 형체의 실제 치수가 그 사이에 들어가도록 정한 대·소 2개의 극한치수이다.

49. 그림과 같은 도면의 기하공차 기호에서 ㉮부분에 들어갈 공차 기호로 가장 적합한 것은?

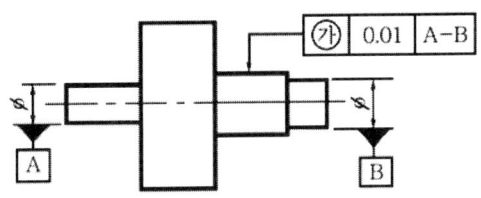

㉮ ∠
㉯ ○
㉰ ↗
㉱ ▱

50. 지름이 ∅$30^{+0.025}_{+0}$ 인 구멍에, ∅$35^{+0.059}_{+0.043}$ 의 축이 조립된다면 어떤 끼워맞춤에 해당하는가?

㉮ 헐거운 끼워 맞춤
㉯ 중간 끼워 맞춤
㉰ 억지 끼워 맞춤
㉱ 냉간 끼워 맞춤

51. 축의 지름 ∅$30^{+0.025}_{+0.012}$일 때 이 축의 공차는 얼마인가?

㉮ 0.009
㉯ 0.012
㉰ 0.021
㉱ 0.033

52. 다음 데이텀에 대한 도시 방법 중 올바르지 않은 것은?

㉮ 데이텀을 지시하는 문자기호는 정사각형 안에 영어의 소문자로 나타낸다.
㉯ 규제하는 형체가 단독 형체인 경우에는 문자기호를 공차 기입 틀에 기입하지 않는다.
㉰ 데이텀 삼각기호는 빈틈없이 칠하거나 또는 칠하지 않아도 된다.
㉱ 데이텀은 치수보조선상에 표시할 수 있다.

53. 기하 공차 기호 ⌭ 은 무엇을 나타내는가?

㉮ 진원도
㉯ 위치도
㉰ 원통도
㉱ 평행도

54. 캠의 형상 곡선에 적용할 수 있는 기하공차는?

㉮ 면의 윤곽도 공차
㉯ 진직도 공차
㉰ 평행도 공차
㉱ 원통도 공차

55. 제3각 투상법에 대한 설명 중 틀린 것은?
   ㉮ 물체를 표시할 때 제도상 편리하다.
   ㉯ 도면의 대조관계가 편리하다.
   ㉰ 실물을 상상하기 쉽다.
   ㉱ 등화에 의한 투영과 일치하여 자연스럽다.

56. 끼워 맞춤 중 죔새가 가장 큰 것은?
   ㉮ H7/h6
   ㉯ H7/p6
   ㉰ H7/k6
   ㉱ H7/m6

57. 지시선으로 사용되는 선의 종류는?
   ㉮ 굵은 실선
   ㉯ 가는 실선
   ㉰ 가는 파선
   ㉱ 가는 1점 쇄선

58. 다음 그림에서 실효치수는 얼마인가?

   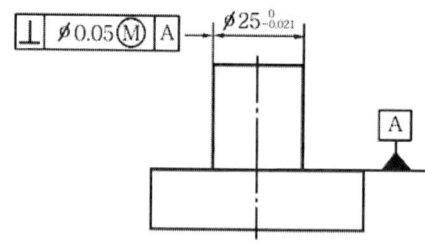

   ㉮ ⌀25.05
   ㉯ ⌀25.00
   ㉰ ⌀24.975
   ㉱ ⌀24.979

59. 조립된 구멍과 축의 공통 치수에 대한 끼워맞춤 표시를 지시하는 경우 기입 방법이 올바르지 못한 것은?
   ㉮ 50 H7/g6
   ㉯ 50 H7-g6
   ㉰ $50 \dfrac{H7}{g6}$
   ㉱ 50 H7, g6

60. 다음 부품에서 최대로 허용 가능한 위치도 공차는 얼마인가?

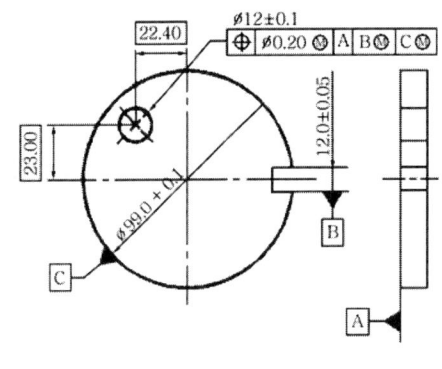

㉮ 0.2　　　　　　　　㉯ 0.4
㉰ 0.6　　　　　　　　㉱ 0.7

【 제4과목 : 정밀가공학 】

61. 표준 드릴의 선단 각은 몇 °인가?
㉮ 100°　　　　　　　　㉯ 118°
㉰ 125°　　　　　　　　㉱ 120°

62. 지름이 20 mm, 날 끝 원추부의 높이가 5.8 mm인 드릴을 사용하여 절삭속도가 31.4 m/min, 이송이 0.2 mm/rev의 조건으로 깊이 94.2 mm의 구멍을 가공 때 소요 시간은 약 몇 분인가?
㉮ 1분　　　　　　　　㉯ 12분
㉰ 3분　　　　　　　　㉱ 10분

63. ∅20 mm의 구멍에 스플라인의 홈을 가공하려 할 경우 다음 가공 중 어느 것이 가장 적합한가?
㉮ 호빙 머신　　　　　　㉯ 플레이너
㉰ 브로칭 머신　　　　　㉱ 밀링 머신

64. 연삭액의 요구 조건 중 틀린 것은?
㉮ 냉각성　　　　　　　㉯ 유동성
㉰ 윤활성　　　　　　　㉱ 마모성

65. 일반적으로 가장 많이 공작기계에서 채택하고 있는 주축 회전수 속도열은?
㉮ 등차 급수 속도열　　㉯ 등비 급수 속도열
㉰ 계단 급수 속도열　　㉱ 대수 급수 속도열

66. 래핑 가공면에 흠집이 생기는 원인으로 거리가 먼 것은?
㉮ 래핑제에 불순물이 있을 때　　㉯ 래핑제의 입자가 불균일할 때
㉰ 래핑유의 점도가 너무 적을 때　　㉱ 래핑제와 공작액이 적당하지 않을 때

67. 다음 중 균열형 칩이 주로 발생하는 경우는?
㉮ 연한 재료를 작은 경사각으로 절삭할 때
㉯ 연강과 같이 연하고 인성이 큰 재질을 절삭할 때
㉰ 점성이 큰 재료를 작은 경사각으로 절삭할 때
㉱ 주철과 같이 취성이 있는 큰 재료를 저속으로 절삭할 때

68. 밀링머신에서 지름 60 mm의 환봉에 리드가 280 mm인 나선홈을 절삭할 경우 나선각 θ는 약 얼마인가?
㉮ 12°51′　　㉯ 18°26′
㉰ 33°57′　　㉱ 42°82′

69. 경유, 머신 오일, 스핀들 오일 등의 혼합유로 윤활작용은 좋으나 냉각작용은 비교적 약하며 주로 경(輕) 절삭에 사용되는 절삭유는?
㉮ 광유　　㉯ 유화유
㉰ 수용성 절삭유　　㉱ 지방질유

70. 밀링 가공에 있어서 상향 절삭과 비교하여 하향 절삭이 가지는 특징에 관한 설명으로 틀린 것은?
㉮ 백래시를 제거해야지 원활한 가공이 가능하다.
㉯ 가공할 때 충격이 있어서 기계의 높은 강성이 요구된다.
㉰ 상향 절삭에 비해 공구수명이 길다.
㉱ 광택은 있으나 전체적으로 가공면의 표면 거칠기가 좋지 않다.

71. 래핑(lapping)작업의 특징 설명 중 틀린 것은?
    ㉮ 래핑 액은 경유, 석유, 올리브유 등을 사용한다.
    ㉯ 가공된 면은 윤활성 및 내마모성이 좋다.
    ㉰ 랩 재질의 경도는 공작물의 경도보다 높아야 가공 효율을 높일 수 있다.
    ㉱ 고도의 정밀 가공은 작업자의 숙련이 필요하다.

72. 바이트의 날 위에 칩 브레이커를 붙이는 가장 주된 이유는?
    ㉮ 연속형의 칩을 절단하기 위해서
    ㉯ 바이트의 날을 보완하기 위해서
    ㉰ 바이트 날의 수명을 연장시키기 위해서
    ㉱ 절삭면을 곱게 하기 위해서

73. 구성인선(built-up edge)의 크기를 좌우하는 주요인자로 거리가 먼 것은?
    ㉮ 절삭 속도   ㉯ 공구의 전면 여유각
    ㉰ 절삭 깊이   ㉱ 공구의 상면 경사각

74. 입자가 날아와 공작물 표면에 충돌하여 이물질 제거 및 피로 강도를 증가시켜주는 가공방식으로만 짝지어진 것은?
    ㉮ 그릿 블라스트(grit blast), 숏 피닝(shot peening)
    ㉯ 샌드 블라스트(sand blast), 버핑(buffing)
    ㉰ 그릿 블라스트(grit blast), 폴리싱(polishing)
    ㉱ 숏 피닝(shot peening), 래핑(laffing)

75. 연삭숫돌 결합제 중 탄성이 커서 절단용 연삭숫돌, 센터리스 연삭기의 조정 숫돌 결합제로 많이 사용되는 것은?
    ㉮ 셸락 결합제(shellac bond)   ㉯ 레지노이드 결합제(resinoid bond)
    ㉰ 러버 결합제(rubber bond)   ㉱ 실리케이트 결합제(silicate bond)

76. 밀링가공에서 브라운 샤프형 단식분할대를 사용하여 잇수가 70개인 평기어를 가공하려 할 때, 분할판 선택으로 가장 적합한 것은?
    ㉮ 21 구멍짜리 분할판을 선택하여 12 구멍씩 회전
    ㉯ 31 구멍짜리 분할판을 선택하여 14 구멍씩 회전
    ㉰ 33 구멍짜리 분할판을 선택하여 15 구멍씩 회전
    ㉱ 41 구멍짜리 분할판을 선택하여 18 구멍씩 회전

77. 그림과 같은 테이퍼를 선반 가공하는데 심압대를 편위시켜 가공한다고 하면 심압대의 편위 거리는 약 몇 mm 이어야 하는가?

㉮ 5.00
㉯ 6.67
㉰ 20.0
㉱ 10.0

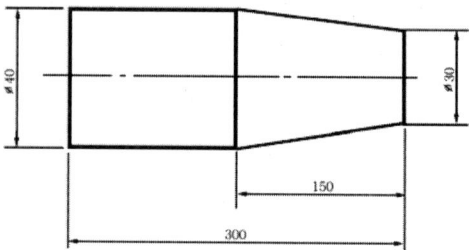

78. 유동형 칩의 발생 조건을 설명한 것으로 가장 옳은 것은?
㉮ 절삭 깊이가 클 때   ㉯ 절삭 속도가 느릴 때
㉰ 취성의 재료를 가공할 때   ㉱ 경사각이 클 때

79. 지름이 50 mm인 연강 둥근 막대를 선반에서 절삭할 때 주축의 회전수를 100 rpm이라 하면 절삭속도는 몇 m/min인가?
㉮ 15.7   ㉯ 20.4
㉰ 23.6   ㉱ 28.2

80. 연삭숫돌의 표시가 "WA 46 K m V"일 때 "46"은 무엇을 표시하는가?
㉮ 조직   ㉯ 결합도
㉰ 입도   ㉱ 결합제

정답

1. ㉰	2. ㉯	3. ㉰	4. ㉱	5. ㉯	6. ㉮	7. ㉱	8. ㉮	9. ㉮	10. ㉰
11. ㉱	12. ㉯	13. ㉰	14. ㉯	15. ㉯	16. ㉯	17. ㉮	18. ㉯	19. ㉮	20. ㉯
21. ㉰	22. ㉯	23. ㉱	24. ㉰	25. ㉯	26. ㉮	27. ㉯	28. ㉯	29. ㉱	30. ㉰
31. ㉯	32. ㉱	33. ㉰	34. ㉰	35. ㉰	36. ㉰	37. ㉮	38. ㉯	39. ㉰	40. ㉰
41. ㉯	42. ㉯	43. ㉰	44. ㉯	45. ㉯	46. ㉰	47. ㉰	48. ㉰	49. ㉯	50. ㉰
51. ㉮	52. ㉮	53. ㉯	54. ㉮	55. ㉱	56. ㉰	57. ㉯	58. ㉮	59. ㉱	60. ㉰
61. ㉯	62. ㉮	63. ㉱	64. ㉱	65. ㉯	66. ㉯	67. ㉱	68. ㉰	69. ㉮	70. ㉰
71. ㉰	72. ㉮	73. ㉯	74. ㉮	75. ㉰	76. ㉮	77. ㉱	78. ㉱	79. ㉮	80. ㉰

출 제 기 준 (필기)

직무분야	기계	중직무분야	기계제작	자격종목	정밀측정산업기사	적용기간	2016.01.01 ~2018.12.31

○ **직무내용**: 기계관련 제품의 적합성을 확인하기 위해 도면을 해독하여 제품을 측정 및 시험하고, 측정 자료의 분석, 데이터 관리 등을 수행하며, 정밀측정기기 등을 최적의 상태로 유지관리하기 위하여 일상 및 정기점검을 수행하는 직무

필기검정방법	객관식	문제수	80	시험시간	2시간

필기 과목명	문제수	주요 항목	세부 항목	세세 항목
정밀계측	20	1. 정밀 측정 기초	1. 정밀 측정의 개념	1. 정밀 측정의 개념 2. 측정기의 특성 및 오차
		2. 길이 측정	1. 직접 측정기	1. 버니어 캘리퍼스 2. 하이트게이지 3. 마이크로미터 4. 측장기 및 지침 측정기
			2. 비교 측정기	1. 게이지 블록 및 다이얼게이지 2. 컴퍼레이터 3. 기타 길이 측정기
		3. 각도 측정 및 한계게이지	1. 각도게이지	1. 각도 측정기 종류 및 특성
			2. 한계게이지	1. 표준게이지 2. 한계게이지
		4. 기하공차 및 표면거칠기 측정	1. 모양공차 측정	1. 진원도 2. 진직도 3. 평면도 4. 원통도 등
			2. 자세공차 측정	1. 평행도 2. 직각도 3. 경사도 등
			3. 위치공차 측정	1. 위치도 2. 대칭도 3. 동축도(동심도) 등
			4. 표면거칠기 측정	1. 표면거칠기 측정
		5. 나사 및 기어 측정	1. 나사 측정	1. 나사 측정
			2. 기어 측정	1. 기어 이두께, 치형, 피치오차 측정 2. 기어 편심오차 측정 3. 잇줄방향 오차 측정
		6. 3차원 측정 및 정밀도 관리	1. 3차원 측정	1. 3차원 측정기의 정밀도와 측정
			2. 측정기 정밀도 관리	1. 기타 측정기의 정밀도 관리
		7. 기타 정밀 측정	1. 측정의 디지털화	1. 디지털 측정기
			2. 레이저이용 측정 등	1. 레이저를 이용한 측정 등

필기 과목명	문제수	주요 항목	세부 항목	세 세 항 목
도면해독	20	1. 제도 일반	1. 제도 통칙	1. 설계와 제도 2. 도면의 분류 및 크기와 양식 3. 문자와 선, 도면관리
			2. 기계제도	1. 투상법 2. 도형의 표시방법 3. 치수기입법 및 재료의 표시방법 4. IT공차 및 끼워맞춤
		2. 기하공차 방식	1. 기하공차 특성	1. 기하공차특성과 데이텀 2. 기하공차의 도시방법 3. 최대(최소)실체 공차방식 4. 돌출공차역 등
			2. 모양공차 해독	1. 진원도 2. 진직도 3. 평면도 4. 원통도 5. 면의 윤곽도 6. 선의 윤곽도
			3. 자세공차 해독	1. 평행도 2. 직각도 3. 경사도 등
			4. 위치공차 해독	1. 위치도 2. 대칭도 3. 동축도(동심도) 등
			5. 흔들림공차 해독	1. 원주 흔들림 2. 온 흔들림
정밀가공학	20	1. 절삭이론	1. 기초 이론	1. 공작기계의 기본운동 2. 절삭조건 및 저항
			2. 칩, 공구 및 절삭제	1. 칩의 생성과 구성인선 2. 공구수명과 절삭제
		2. 절삭가공	1. 선반가공	1. 선반의 구조 및 절삭공구 2. 선반 부속품 및 부속장치 3. 선반가공법
			2. 밀링가공	1. 밀링의 구조 및 절삭공구 2. 밀링 부속품 및 부속장치 3. 밀링가공법
			3. 기타 절삭가공	1. 드릴가공 및 보링가공 2. 브로칭 3. 기어가공 4. 절삭에 의한 표면거칠기
		3. 입자가공 특수가공	1. 연삭가공	1. 연삭 숫돌 및 연삭조건 2. 연삭 가공법
			2. 입자가공 및 특수가공	1. 래핑, 호닝, 수퍼피니싱 등 2. 배럴, 숏피닝, 롤러, 폴리싱, 버핑, 버니싱 3. 전해 가공, 레이저 가공, 전자빔 가공 등 특수가공 4. 방전 가공, 초음파 가공, 화학적 가공 5. 기타 특수가공 및 수치제어 가공

필기 과목명	문제수	주요 항목	세부 항목	세 세 항목
재료시험법	20	1. 인장 시험과 압축 시험	1. 재료 시험의 개요	1. 재료 시험의 개요
			2. 변형률 곡선	1. 변형률 곡선
			3. 인장 시험기	1. 인장 시험기
			4. 인장 시험편	1. 인장 시험에 영향을 주는 인자 2. 저온과 고온에서의 인장 시험 및 이방성
		2. 굽힘 시험과 비틀림 시험	1. 굽힘 이론	1. 굽힘 이론
			2. 탄성 및 소성 비틀림	1. 탄성 및 소성 비틀림
			3. 비틀림 시험과 인장 시험의 비교	1. 비틀림 파괴의 형태 2. 비틀림 시험과 인장 시험의 비교
		3. 전단 시험	1. 전단 시험	1. 전단응력 2. 전단 시험 장치 및 시험방법
		4. 경도 시험	1. 브리넬 경도 시험	1. 브리넬 경도 시험
			2. 로크웰 경도 시험	1. 로크웰 경도 시험
			3. 비커스 경도 시험	1. 비커스 경도 시험
			4. 반발 경도 시험	1. 반발 경도 시험
			5. 기타 경도 시험	1. 기타 경도 시험
		5. 충격 시험	1. 충격 시험	1. 충격 시험 2. 충격 시험기 3. 시험 결과에 영향을 주는 인자
		6. 피로시험	1. 피로 시험기	1. 피로 시험기
			2. 피로파단면과 피로균열	1. 피로파단면과 피로균열
		7. 크리프 시험	1. 크리프 시험기	1. 크리프 시험기
			2. 크리프 파단 시험 및 크리프 시험	1. 크리프 파단 시험 및 크리프 시험 2. 크리프 시험결과의 취급 및 응력이완
		8. 마모시험	1. 마모 시험 종류	1. 마모 시험 종류
			2. 마모 시험기	1. 마모 시험기
		9. 비파괴시험	1. 방사선 투과 시험	1. 방사선 투과 시험
			2. 초음파 검사 시험	1. 초음파 검사 시험
			3. 자분 검사 시험	1. 자분 검사 시험
			4. 기타 비파괴 시험	1. 기타 비파괴 시험

출 제 기 준 (실기)

직무분야	기계	중직무분야	기계제작	자격종목	정밀측정산업기사	적용기간	2016.01.01 ~2018.12.31

○ **직무내용** : 기계관련 제품의 적합성을 확인하기 위해 도면을 해독하여 제품을 측정 및 시험하고, 측정자료의 분석, 데이터 관리 등을 수행하며, 정밀측정기기 등을 최적의 상태로 유지관리하기 위하여 일상 및 정기점검을 수행하는 직무

○ **수행준거** : 1. 정밀측정 기기 및 시험기 등을 이용하여 제시된 기준에 따라 부품의 길이, 각도, 형상, 표면거칠기 측정 및 재료시험 등을 할 수 있다.
    2. 측정데이터를 이용하여 품질관리 실무를 수행할 수 있고, 통계처리, 기하편차 및 측정데이터 환산 작업을 할 수 있다.
    3. 기하공차 정의에 따라 기하공차를 해석하고 기하편차(형상편차, 자세편차, 위치편차 등)를 측정할 수 있다.
    4. 교정용 표준 장비를 이용하여 마이크로미터 등의 길이 측정기 교정 작업과 측정 불확도 산출 및 교정실무를 할 수 있다.

실기검정방법	작업형		시험시간	4시간정도

실기과목명	주요 항목	세부 항목	세 세 항 목
정밀측정실무	1. 측정자료 환산 및 데이터 관리	1. 길이 측정 데이터 관리	1. 구멍 또는 형상 간 길이 측정값을 산정할 수 있어야 한다.
		2. 각도 측정 데이터 관리	1. 볼 및 롤러를 이용한 테이퍼, 경사각, 홈각, 더브테일 등 측정값을 산정할 수 있어야 한다. 2. 사인바, 정반, 오토콜리메터 등 이용한 각도 측정값을 산정할 수 있어야 한다.
		3. 기하공차 데이터 관리	1. 모양공차를 산정할 수 있어야 한다. 2. 자세공차를 산정할 수 있어야 한다. 3. 위치공차를 산정할 수 있어야 한다.
		4. 측정 데이터 통계관리	1. $\bar{x}$-R 관리도 통계처리를 할 수 있어야 한다. 2. Pn 관리도 통계처리를 할 수 있어야 한다.
	2. 정밀 측정 작업	1. 길이 및 형상 측정	1. 단차, 구멍, 형상의 길이 측정을 할 수 있어야 한다. 2. 구멍 또는 형상간의 거리 측정을 할 수 있어야 한다. 3. 높이마이크로미터를 이용하여, 길이 비교 측정을 할 수 있어야 한다.
		2. 기하편차 측정	1. 부품의 모양편차 측정을 할 수 있어야 한다. 2. 부품의 자세편차 측정을 할 수 있어야 한다. 3. 부품의 위치편차 측정을 할 수 있어야 한다 4. 부품의 흔들림 측정을 할 수 있어야 한다.

실기 과목명	주요 항목	세부 항목	세 세 항 목
정밀측정 실무	2. 정밀측정작업	3. 측정기 교정	1. 캘리퍼스 교정을 할 수 있어야 한다. 2. 외측마이크로미터 교정을 할 수있어야 한다. 3. 높이마이크로미터 교정을 할 수있어야 한다. 4. 다이얼게이지 교정을 할 수 있어야 한다. 5. 인디케이터 교정을 할 수 있어야 한다. 6. 깊이마이크로미터 교정을 할 수 있어야 한다. 7. 길이 측정기의 측정 불확도를 산출할 수 있어야 한다.
		4. 표면거칠기 측정	1. 부품의 표면거칠기를 측정할 수 있어야 한다.
		5. 재료 시험	1. 로크웰 경도 시험을 할 수 있다 2. 비커스 경도 시험을 할 수 있다 3. 브리넬 경도 시험을 할 수 있다. 4. 쇼어 경도 시험을 할 수 있다
		6. 품질관리 실무	1. 부품의 측정 평균값 및 표준 편차 등을 구할 수 있어야 한다.
		7. 3차원 측정하기	1. 측정물의 좌표계를 설정할 수 있다. 2. 3차원 측정기를 이용하여 도면에서 제시된 요소를 측정할 수 있다. 3. 측정 프로그램을 이용하여 자동 측정할 수 있다. 4. 측정결과를 분석하고 판정할 수 있다. 5. 측정데이터를 활용할 수 있다.

정밀측정산업기사 문제

2015년 1월 3일 제1판제1발행
2017년 1월 5일 제1판제3발행

편저자 정밀측정기술연구회
발행인 나 영 찬

발행처 **기전연구사**

서울특별시 동대문구 천호대로4길 16(신설동)
전 화 : 2235-0791/2238-7744/2234-9703
FAX : 2252-4559
등 록 : 1974. 5. 13. 제5-12호

정가 30,000원

◆ 이 책은 기전연구사와 저작권자의 계약에 따라 발행한 것이므로, 본 사의 서면 허락 없이 무단으로 복제, 복사, 전재를 하는 것은 저작권법에 위배됩니다.
ISBN 978-89-336-0887-6
www.kijeonpb.co.kr

불법복사는 지적재산을 훔치는 범죄행위입니다.
저작권법 제97조의 5(권리의 침해죄)에 따라 위반자는 5년 이하의 징역 또는 5천만원 이하의 벌금에 처하거나 이를 병과할 수 있습니다.